C. Hoffmeister G. Richter W. Wenzel

Veränderliche Sterne

Zweite, völlig überarbeitete Auflage

Mit 170 Bildern und 64 Tabellen

Springer-Verlag
Berlin Heidelberg New York Tokyo 1984

Dr. rer. nat. GEROLD RICHTER
stellv. Abteilungsleiter am Zentralinstitut für Astrophysik
der Akademie der Wissenschaften der DDR
DDR-6400 Sonneberg-Neufang, Sternwarte Sonneberg

Dr. rer. nat. WOLFGANG WENZEL
Abteilungsleiter am Zentralinstitut für Astrophysik
der Akademie der Wissenschaften der DDR
DDR-6400 Sonneberg-Neufang, Sternwarte Sonneberg

Die Originalausgabe erscheint beim Johann Ambrosius Barth Verlag, Leipzig
Lizenzausgabe für alle nichtsozialistischen Länder:
Springer-Verlag Berlin Heidelberg New York Tokyo

ISBN 3-540-13396-8
Springer-Verlag Berlin Heidelberg New York Tokyo
ISBN 0-387-13396-8
Springer-Verlag New York Heidelberg Berlin Tokyo

Printed in the German Democratic Republic
Gesamtherstellung: VEB Druckerei „Thomas Müntzer“ DDR-5820 Bad Langensalza

Inhalt

Vorwort

Der Vorschlag, eine zweite Auflage dieses Buches herauszubringen, kam gleichermaßen vom Kreis der Benutzer, vom Verlag und von den Herausgebern der ersten Auflage. Durch einen glücklichen Zufall fällt die Vollendung des Manuskripts und die Abfassung dieser Zeilen in die Zeit des 90. Geburtstages von CUNO HOFFMEISTER, dem Autor der ersten Auflage, und so soll das vorliegende Werk seinem Andenken gewidmet sein.

Was CUNO HOFFMEISTER zu Beginn des Vorworts der ersten Auflage über die Schwierigkeiten der Literaturauswahl schrieb, galt natürlich nicht nur für ihn damals, sondern es gilt für uns heute in verstärktem Maße. Zwar hat, nicht zuletzt durch die Aktivität der Internationalen Astronomischen Union, die Anzahl zusammenfassender Darstellungen von Teilgebieten, die beispielsweise auf Symposien oder Kolloquien behandelt wurden, stark zugenommen. Die Autoren dieser zweiten Auflage konnten und mußten hierauf vielfältig zurückgreifen und verweisen. Trotzdem mußte in zahlreichen Fällen die Literaturauswahl subjektiv bleiben, und sie führte nicht selten, gelegentlich sogar gewollt, zu einer Betonung eigener Arbeitsgebiete und Interessen. In- und ausländische Fachkollegen mögen freundlich entschuldigen, wenn sie nicht genügend oder gar nicht zitiert sind, weil wir keinerlei Versuch gewagt haben, Vollständigkeit anzustreben.

Das Buch richtet sich an denselben Leserkreis wie die erste Auflage. Was an letzterer gelegentlich als Mangel empfunden wurde — das noch zu geringe Eingehen auf physikalische Hintergründe —, haben wir mit bescheidenen Mitteln versucht zu verbessern. Dies ist auch umso eher möglich gewesen, als in der Zwischenzeit viele neue Erkenntnisse mehr Klarheit geschaffen haben. Die Folge war allerdings, daß fast alle Abschnitte des Hauptteils vollständig umgearbeitet werden mußten, und neue Typen von Veränderlichen Sternen sind dazugekommen. In einigen Fällen haben wir gerade der Darlegung modernerer Arbeitsgebiete und Details bewußt etwas mehr Raum gewidmet als «konventionellen» Abschnitten.

Die Gliederung des Buches ist, soweit sie die Typologie der Veränderlichen Sterne betrifft, im wesentlichen nach den physikalischen Hauptursachen der Helligkeitsänderungen durchgeführt. Das Vorhaben der ersten Auflage (auch dort nicht geglückt), die entwicklungsmäßige Stellung oder das Alter der Sterne als Leitfaden zu nehmen, hat sich sehr bald als undurchführbar erwiesen. Die Ursachen sind astrophysikalischer Natur: Ähnliche physikalische Vorgänge, z. B. Pulsationen, können in ganz unterschiedlichen stellaren Entwicklungsphasen auftreten, und eine vielfache Redundanz wäre nötig, wenn man nach letzteren gliedern würde.

Diese zweite Auflage ist aus der täglichen Praxis unserer Tätigkeit an der Sternwarte Sonneberg entstanden. Allen Mitarbeiterinnen und Mitarbeitern, deren Arbeit uns weitergeholfen hat, sagen wir unseren herzlichen Dank.

Februar 1982 G. RICHTER und W. WENZEL

Aus dem Vorwort zur 1. Auflage

Es ist eine jedem Beteiligten bekannte Tatsache, daß uns die Entwicklung des wissenschaftlichen Publikationswesens seit einigen Jahrzehnten vor schwierige Aufgaben stellt. Es ist nicht nur die absolute Menge dessen, was auf uns zuströmt und bewältigt werden will, die die Kritiker zu drastischen Kennzeichnungen veranlaßt, es ist auch der Umstand, daß durch die fortschreitende Verschmelzung der Wissenschaftsgebiete viel mehr beherrscht und berücksichtigt werden muß als ehedem.

Mit dieser Feststellung soll jedoch nicht gesagt werden, daß es die dazu Berufenen an der Unterrichtung ihrer dem Gebiet ferner stehenden Kollegen und der Allgemeinheit hätten fehlen lassen; im Gegenteil, es sind eine große Reihe von ausgezeichneten Beiträgen zu breiter angelegten Werken erschienen, die in ihrer Gesamtheit wohl ein gutes Bild vom Stande der Forschung hätten geben können, wenn sie den ganzen Bereich überdeckten. Das ist aber nicht der Fall. Und zweitens erlaubt es diese Art der Darstellung nicht, das Gewicht der einzelnen speziellen Erkenntnisse und die Verbindung zwischen den Teilgebieten richtig zu beurteilen. Am nächsten kommen dem Wunsch nach einer Gesamtdarstellung die Beiträge von Ledoux und Walraven im Handbuch der Physik (1958) und von Beyer im Landolt-Börnstein (1965), obgleich auch in diesen beiden Fällen Stoffteile herausgenommen und von anderen Autoren bearbeitet worden sind.

Im Kapitel 1 ist kurz ausgeführt, wie die Lehre von den Veränderlichen Sternen zu einer hohen Aktualität gelangt ist durch die Erkenntnis, daß die Veränderlichkeit kein Ausnahmezustand, sondern eine normale Phase der Entwicklung ist, woraus sich Beziehungen zum Alter der Sterne und zum Aufbau der Galaxis ergeben. Die hier vorgelegte Gesamtdarstellung ist unter diesem Gesichtspunkt der Sternentwicklung angelegt, zumal sich dabei Ansatzpunkte für die weitere Forschung ergeben. Genannt seien die Möglichkeiten, statistisch zur Abschätzung der Verweilzeiten in den Zuständen der Instabilität zu gelangen und die vielfältigen Beziehungen zwischen Populationszugehörigkeit und Bau der Galaxis zu erforschen. Die Möglichkeiten sind jetzt erkannt, die Methoden geschaffen und zum Teil schon erprobt; das nächste Ziel in dieser Hinsicht muß sein, das erforderliche statistische Material bereitzustellen. So stehen wir hier vielleicht an einem entscheidenden Punkt der Forschungsarbeit: ein Grund mehr, sich Rechenschaft zu geben über das Erreichte und den beschrittenen Weg zurückzublicken.

Die diesem Buch zugrunde liegende Absicht ist, einen Überblick zu geben nicht nur für den Fachmann, sondern auch für mit entsprechender Vorbildung ausgestattete Freunde der Astronomie. Vorausgesetzt wird die Kenntnis der wichtigsten Gasgesetze und einiger Grundbegriffe der Atomphysik, ebenso einiges aus der Sphärischen Trigonometrie und über Koordinatensysteme. Mit Rücksicht auf die nicht entsprechend vorgebildeten Leser schien es jedoch geboten, einen nicht zu knapp gehaltenen Abschnitt «Erklärung von Grundbegriffen» voranzustellen, der vom Begriff des Sterns über die wichtigsten Zustandsgrößen bis zum Bau der Galaxis und der Sternentwicklung reicht. Er dürfte, trotz sehr gedrängter Darstellung, geeignet sein, das Buch einem weiteren Kreis von Lesern zu erschließen.

Wegen des großen Umfangs der Literatur läßt sich einige meist unbewußte Willkür in der Auswahl dessen, was in dem Quellennachweis zitiert wird, nicht vermeiden. Daher wurde dem Buch eine Tabelle der zusammenfassenden Darstellungen beigegeben, die nicht nur die älteren und neueren Buchveröffentlichungen enthält, sondern auch die zahlreichen Handbuchartikel neueren Datums, die mit oft sehr ausführlichen Literaturnachweisen ausgestattet sind.

Es ist hier wohl der geeignete Ort, einiges zu sagen über meinen Weg zu den Veränderlichen Sternen, zumal dabei diese oder jene historische Tatsache berührt wird, deren Kenntnis sonst leicht verloren gehen könnte. Als junger Amateur, der mit 16 Jahren die Schule verlassen mußte, erhielt ich den ersten Hinweis auf die Veränderlichen Sterne durch PHILIPP FAUTH, den ich um Rat bat wegen einer nützlichen Verwendung meines 52-mm-Fernrohrs. Eine konkrete Empfehlung gab mir bald darauf R. LEHNERT, damals Assistent bei ANDING in Gotha, später in Bamberg. Er veranlaßte mich, Algolsterne zu beobachten, und ich machte mich mit der Argelanderschen Methode vertraut. Ein Besuch in Bamberg im Juni 1914 wurde richtungweisend. E. ZINNER, damals Assistent von HARTWIG, gab mir ein Programm von Veränderlichen, die in den vorausgegangenen Jahren entdeckt und noch unbestätigt waren, zwecks Bestimmung von Typus und Periode. Die Aufgabe wurde mit gutem Erfolg durchgeführt, und ich entdeckte bei der Beobachtung von RT CrB die Veränderlichkeit eines Nachbarsterns. Er erwies sich als raschwechselnder Bedeckungsstern und trägt jetzt die Bezeichnung RW CrB. Da ZINNER bei Ausbruch des 1. Weltkrieges Bamberg verlassen und im Feldwetterdienst arbeiten mußte, bot ich mich Prof. HARTWIG als Hilfe an und ging im April 1915 nach Bamberg. Die fast 4 Jahre bis Ende 1918 sind meine eigentliche Lehrzeit geworden. HARTWIG hatte einige Jahre bei WINNECKE in Straßburg gearbeitet, und WINNECKE war 1856 bis 1858 bei ARGELANDER in Bonn gewesen.

Meine Hauptaufgabe in Bamberg war die Mitarbeit an der «Geschichte und Literatur der Veränderlichen Sterne» (GuL). Die Ausarbeitungen waren von G. MÜLLER in Potsdam gemacht worden, und ich hatte die Literaturnachweise mit dem in Bamberg unabhängig geführten Zettelkatalog zu vergleichen, Fehlendes nachzutragen und Unstimmigkeiten aufzuklären. Ferner übergab mir HARTWIG die Original-Beobachtungsbücher von WINNECKE mit der Aufgabe, Epochen zu bestimmen und diese in die GuL aufzunehmen.

Die Arbeit an der GuL wurde ebenfalls richtungweisend für mich. Ich ärgerte mich über die vielen Fälle, bei denen nichts anderes geschrieben werden konnte als «Art und Periode unbekannt», zumal darunter auch relativ helle, gut beobachtbare Sterne waren. Ich sah mich veranlaßt, diese Sterne am 160-mm-Kometensucher, zum Teil auch am 260-mm-Refraktor zu beobachten und konnte vielfach mindestens den Typus, zum Teil auch die Elemente, so zeitig bestimmen, daß sie in die erste Ausgabe der GuL aufgenommen werden konnten.

Die Tätigkeit in Bamberg endete 1918 mit der Rückkehr ZINNERS. In Anbetracht meiner vorauszusehenden Rückkehr in die kaufmännische Tätigkeit hatte ich jedoch vorgesorgt, die Beobachtungen in Sonneberg fortsetzen zu können, indem ich aus den Erträgen schriftstellerischer Arbeiten einige bescheidene Instrumente und literarische Hilfsmittel gekauft hatte. Aus diesen Anfängen entstand dann die Sternwarte Sonneberg. Da ihre Frühgeschichte von anderer Seite geschrieben worden ist (BRANDT 1967), genügt hier dieser Hinweis.

Ein wichtiger Umstand aber muß noch erwähnt werden. Ich hatte die Arbeiten an den Veränderlichen Sternen auch während meiner Studienzeit an der Universität Jena (1920 bis 1924) mindestens in den Ferien fortgesetzt und allmählich erkannt, wo die Schwerpunkte dieser Tätigkeit in der Zukunft liegen würden. Hatte ich mich bis dahin auf die Bestimmung von Typen und Elementen beschränkt, so kam jetzt ein höherer Gesichtspunkt hinzu: die Probleme der Statistik. Welcher Anteil der Sterne ist veränderlich? Wie verteilt sich dieser Anteil auf die verschiedenen Typen? Wie ist die Verteilung an der Sphäre und im Raum? Durch die damalige «Notgemeinschaft der Deutschen Wissenschaft» erhielt ich aus den Beständen von Miethe in Charlottenburg ein Zeiss-Triplet 170/1200 mm. Ich überzeugte mich durch Versuche, daß es die Aufnahmen sehr gut ermöglichten, neue Veränderliche zu entdecken. 1926 begann ich mit dieser Unternehmung, die sich in den darauffolgenden Jahren zum Sonneberger Felderplan, zur Statistik der Veränderlichen Sterne, entwickelte.

Das Schicksal dieses Planes mit Erfolgen und Rückschlägen ist in dem vorerwähnten historischen Rückblick wenigstens kurz angedeutet. Viele Erfahrungen, die dabei gewonnen wurden, sind in diesem Buch niedergelegt. Mögen auch andere Beobachter und Bearbeiter so viel Freude an der Beschäftigung mit einem der faszinierendsten Gebiete der modernen Astrophysik finden, wie mir beschieden war.

Dezember 1967 C. Hoffmeister

1. Allgemeine Hinweise

1.1. Einleitung und Übersicht

Verglichen mit anderen Zweigen der Astronomie ist die Erforschung der Veränderlichen Sterne ein verhältnismäßig neues Gebiet. Seine wissenschaftliche Begründung ist etwa in der Mitte des 19. Jahrhunderts anzusetzen. Die ersten einschlägigen Beobachtungen galten den Supernovae der Jahre 1054, 1572, 1604, aber diesen Objekten wurde eine Sonderstellung zugewiesen, und erst im 20. Jahrhundert erscheinen sie als eine Untergruppe der Veränderlichen Sterne.

Definition

Ein Veränderlicher ist ein Stern, der seine Lichtstärke ändert. Diese Definition bedarf jedoch einiger Einschränkungen, weil sie in dieser allgemeinen Formulierung auf jeden Stern paßt, da ja mit der normalen Entwicklung über Zeiten von den Größenordnungen 10^6 bis 10^9 Jahre Änderungen in der Lichtintensität verbunden sind, ferner da viele Sterne veränderlich im Bereich der Hundertstel der Größenklasse sind und endlich, da Sterne, die allgemein als konstant gelten, wie etwa die Sonne, als Veränderliche erscheinen, wenn man in extremen Wellenlängen beobachtet, im Röntgengebiet und Ultraviolett einerseits, im Bereich der Zentimeter- und Meterwellen andererseits. Die Definition ist demnach in dreifacher Hinsicht einzuschränken: Erstens soll die Veränderlichkeit innerhalb einer Zeit von höchstens Jahrzehnten auftreten, zweitens soll sie in den sogenannten «optischen» Bereichen, d. h. im visuellen oder photographischen Bereich, beobachtet werden, wobei man den letzteren auch auf das nahe Infrarot ausdehnen darf, drittens soll ihre Amplitude mit dem Auge, entweder direkt oder durch Vermittlung der Photographie, wahrnehmbar sein, also mindestens 2 oder 3 Zehntel der Größenklasse betragen. Der letzte Punkt bedarf noch einer Erklärung: Auch Sterne mit Amplituden $< 0{,}1$ mag gelten als Veränderliche; sie werden aber allgemein getrennt von denen mit größeren Amplituden behandelt, weil sie, von Ausnahmen abgesehen, physikalisch gesonderte Gruppen bilden und nur der lichtelektrischen Beobachtung zugänglich sind.

Historisches

Den Beginn, die **erste Stufe** der wissenschaftlichen Erforschung der Veränderlichen Sterne, sieht man im Erscheinen von ARGELANDERS Aufforderung an Freunde der Astronomie in SCHUMACHERS Jahrbuch für 1844. Von den 133 Seiten dieser Abhandlung sind 48 den Veränderlichen Sternen gewidmet. Der Verfasser gibt einen Überblick über das, was damals über Veränderlichkeit bekannt war, und entwickelt die nach ihm benannte Stufenmethode, die jedermann in die Lage versetzt, Helligkeitsbestimmungen von hoher Genauigkeit auszuführen, was ihn bewog, alle Freunde der Astronomie zur Mitarbeit aufzufordern.

Die in Tabelle 1 enthaltenen Sterne waren im Jahre 1844 als veränderlich erkannt.

Tabelle 1 Bekannte Veränderliche im Jahre 1844

Stern	Entdecker	Jahr der Entdeckung
o Ceti (Mira)	Holwarda	1639
β Persei (Algol)	Montanari	1669
χ Cygni	Kirch	1687
R Hydrae	Maraldi	1704
R Leonis	Koch	1782
η Aquilae	Pigott	1784
β Lyrae	Goodricke	1784
δ Cephei	Goodricke	1784
α Herculis	W. Herschel	1795
R Coronae Borealis	Pigott	1795
R Scuti	Pigott	1795
R Virginis	Harding	1809
R Aquarii	Harding	1810
R Serpentis	Harding	1826
S Serpentis	Harding	1828
R Cancri	Schwerd	1829
α Orionis	J. Herschel	1836

Es sind 17 Objekte, Argelander aber nennt die Zahl 18. Das hat folgenden Grund: Argelander führte in seiner Liste α Cassiopeiae und α Hydrae, zwei rote Sterne, die der Veränderlichkeit verdächtig waren, heute aber als unveränderlich gelten. Dafür fehlte in Argelanders Liste R Cancri, dessen Veränderlichkeit von Schwerd in seinen Bemerkungen zur Hora VIII der «Akademischen Sternkarten» angezeigt war. Offenbar hatte man dies übersehen, deshalb erscheint der Stern erst von 1850 ab in Argelanders Programm.

Eine englische Übersetzung des auf die Veränderlichen bezogenen Teils von Argelanders «Aufforderung» erschien 1912 in der amerikanischen Zeitschrift «Popular Astronomy» (Cannon 1912). Die Übersetzerin Annie J. Cannon bemerkt in ihrem Vorwort, daß zur Zeit Argelanders die Anzahl der bekannten Veränderlichen nach der von ihm aufgestellten Liste 18 betragen habe, im Jahre 1912 aber waren es 4000, denn jetzt fand man Beobachter nicht nur «in Aachen, Breslau und in Bonn», sondern in fast jedem Land Europas, in nahezu allen Staaten der USA, in Japan, Südamerika, Australien, Ägypten, Südafrika. — Aus diesem Hinweis kann man schließen, daß Argelanders Anregungen weithin wirksam geworden waren, unterstützt noch von einem anderen Umstand: der Einführung der Photographie, der vor allem das rasche Ansteigen der Zahl der bekannten Veränderlichen zu verdanken ist. An erste Stelle rückte das Harvard College Observatory in Cambridge Mass., wo etwa von 1890 ab auf photographischen Platten systematisch nach Veränderlichen gesucht wurde, zumal in demselben Jahre die Südstation des Observatoriums zu Arequipa in Peru zu arbeiten begann. Die dichten Sternwolken der südlichen Milchstraße und die Magellanschen Wolken brachten reiche Ausbeute an Neuentdeckungen. Das Interesse an den Veränderlichen Sternen stieg auch im Zusammenhang mit der Entwicklung der Astrophysik, besonders der Stern-Spektroskopie. Damit war die **zweite Stufe** in der Erforschung der Veränderlichen erreicht worden.

Die **dritte Stufe** gehört ganz ins 20. Jahrhundert. Erfolgreich weiterentwickelt hatte sich nur ein Teilgebiet, das der Bedeckungssterne, die aber ihrer Natur nach außerhalb der eigentlichen Problematik stehen, weil die Ursache der Veränderlichkeit überwiegend optisch-mechanischer Art ist. Bei den «Physischen Veränderlichen» waren bis zur Jahrhundertwende und noch später keine Erkenntnisse gewonnen worden, die eine Erklärung der Erscheinungen ermöglicht hätten. So war man geneigt, die Veränderlichen als seltene Ausnahmen anzusehen. Den Anstoß zu einer Entwicklung der Theorie hat wohl EMDENS Buch «Gaskugeln» (1907) gegeben, und in den darauffolgenden Jahrzehnten waren es die Arbeiten von EDDINGTON über den inneren Aufbau der Sterne zusammen mit der Entwicklung der Atomphysik, die das Problem der Veränderlichkeit der Sterne in einem neuen Licht erscheinen ließen.

Es kam die Pulsationstheorie, die von SHAPLEY (1914) als Hypothese zur Diskussion gestellt und später von EDDINGTON (1918) mathematisch begründet wurde. Die historische Entwicklung soll hier nicht in ihren Einzelheiten dargestellt werden. Verwiesen sei auf das Buch von SCHILLER (1923). Lediglich die Namen MOULTON, LUDENDORFF, BOTTLINGER und GUTHNICK sollen neben den schon zitierten noch genannt werden. Die Pulsationstheorie bedeutete einen großen Fortschritt. Durch weitere Erfahrungen bestätigt, kann sie heute als gesicherte Erkenntnis in ihrer Anwendung auf δ-Cephei-Sterne und verwandte Typen gelten.

Weniger glücklich war man bei anderen Erklärungsversuchen. Als auffälligste Erscheinung boten sich die Novae an. Aber weder die Deutung, daß ein Stern, wenn er mit großer Geschwindigkeit in eine Wolke interstellaren Gases und Staubes eindringt, aufleuchten könnte wie ein Meteorit in der Erdatmosphäre, noch jene anderen Annahmen, die den Aufsturz eines Planeten als Ursache ansehen, konnten in der Zukunft bestätigt werden. Diese Versuche waren verfrüht, denn man wußte damals noch viel zu wenig über die Vorgänge der Energieerzeugung in den Sternen, und auch gegenwärtig sind die Probleme, die uns die Novae und verwandte Typen ebenso wie die am Anfang der Entwicklungsreihe stehenden Sterne stellen, noch nicht vollkommen gelöst.

Diese Bemerkung verweist uns auf die **vierte Stufe** der Erkenntnis. Ein wichtiges Zustandsdiagramm der Sterne, das Hertzsprung-Russell-Diagramm (s. Kap. 1.2.), stellt das Nebeneinander der Sterntypen mit verschiedenen physikalischen Eigenschaften, wie Temperatur, Dichte, Leuchtkraft, dar. Sehr früh schon vermutete man, daß dieser Verteilung ein Entwicklungsschema zugrunde liege. Aber erst die Einblicke in die Energieerzeugung der Sterne durch atomare Kernprozesse erlaubten, diese Ansicht wissenschaftlich zu begründen. Daß die Veränderlichen Sterne der verschiedenen Typen an sehr unterschiedlichen Stellen im Hertzsprung-Russell-Diagramm stehen, wurde dem Entwicklungsstand der Sterne zugeschrieben, und es erwies sich als eine neue Erkenntnis von fundamentaler Bedeutung, daß die Veränderlichen, vielleicht von seltenen Ausnahmen abgesehen, nicht abnorme Sterne sind, sondern normale Entwicklungsstufen darstellen, die jeder Stern bei entsprechend gegebenen Anfangsbedingungen durchlaufen muß. Ferner werden verschiedene Typen der Veränderlichkeit verschiedenen Teilen des Milchstraßensystems — Kern, Kernscheibe, Spiralarme, Halo — zugeordnet, und ihr Vorhandensein oder Fehlen kann umgekehrt dazu dienen, den Charakter jener Bauteile des Systems kenntlich zu machen, da diese Teile ja auch verschiedenen Alters sind. Das Verfahren ähnelt dem der Geologie, aus dem Auftreten bestimmter «Leitfossilien» auf das Alter der betreffenden Erdschichten zu schließen.

Die Aufdeckung der Beziehung zwischen der Veränderlichkeit der Sterne und der allgemeinen Sternentwicklung sowie der Zuordnung zu verschiedenartigen und verschieden alten Teilen des Milchstraßensystems hat die Erforschung der Veränderlichen Sterne in hohem Maß aktuell werden lassen. Die Ziele liegen dabei in zwei verschiedenen Richtungen: Erstens wird man charakteristische oder sonstwie bemerkenswerte Einzelfälle sehr genau untersuchen müssen, um ihre physikalischen Eigenschaften zu erkennen und aus einer Gesamtheit derartiger Erfahrungen die Erscheinungen zu erklären, was ja bei der Mehrzahl der Typen bis jetzt nur unvollständig gelungen ist. Zweitens wird man die gesamten statistischen Erkenntnisse anwenden, um den Bau des Milchstraßensystems räumlich und zeitlich noch besser verstehen zu lernen. Aber die Bedeutung dieser Arbeit reicht noch weiter, denn auf der «Perioden-Helligkeits-Beziehung» der Pulsationsveränderlichen beruht die genaueste Methode der Bestimmung kosmischer Entfernungen bis in den Bereich der Galaxien der «Lokalen Gruppe», der Magellanschen Wolken, des Andromedanebels, des Spiralnebels im Sternbild Dreieck und anderer. Und wenn man über die Grenzen der «Lokalen Gruppe» hinausgreift in Entfernungen, in denen auch mit den größten Instrumenten keine Einzelsterne mehr wahrgenommen werden können, so beruht auch da die Eichung des Maßstabes primär auf der Anwendung der Perioden-Helligkeits-Beziehung im engeren Bereich.

1.2. Erklärung von Grundbegriffen

Was ist ein Stern?

In physikalischer Sicht ist ein Stern eine **Gaskugel.** Didaktisch läßt sich diese Behauptung glaubhaft machen durch den Hinweis, daß die Temperatur an der Oberfläche der Sonne 5800 K beträgt und daß bei dieser Temperatur alle uns bekannten Stoffe in den Gaszustand übergegangen sind. Im Inneren der Sonne und der Sterne sind die Temperaturen noch sehr viel höher.

Auf eine Gaskugel lassen sich die Gasgesetze und die Strahlungsgesetze anwenden. Erstere bestimmen die Beziehungen zwischen Druck, Temperatur und Dichte. Aus der Beobachtung ergeben sich die Oberflächentemperatur, die Gesamtmasse, das Volumen und daraus die mittlere Dichte, so daß dann über die Gasgesetze und einige vereinfachende Annahmen der Aufbau der Gaskugel berechnet werden kann, d. h., in welcher Weise Dichte und Temperatur von der Oberfläche zum Kern hin zunehmen. Die Energieerzeugung findet hauptsächlich im Kerngebiet des Sterns statt. Dabei tritt überwiegend sehr kurzwellige Strahlung auf: Die Strahlung diffundiert langsam nach außen und wird schließlich von der Oberfläche aus in den Raum abgestrahlt. Setzt man eine ungestörte Energieerzeugung voraus, stellt sich der Stern auf einen Gleichgewichtszustand ein, so daß genausoviel Energie an der Oberfläche abgestrahlt wird, wie im Inneren entsteht. Zu beachten ist, daß auf jedes Volumenelement zwei einander entgegengerichtete Kräfte wirken, der Gas- und Strahlungsdruck, die den Stern auszudehnen suchen, und die Schwerkraft, die eine Kontraktion anstrebt. Da die mit der Sternentwicklung verbundenen Veränderungen der Energieerzeugung, von seltenen kritischen Übergangszuständen abgesehen, äußerst langsam verlaufen, kann ein Stern sogar über Milliarden von Jahren praktisch im **stabilen Gleichgewicht** verweilen. Die Sonne ist ein Beispiel dafür.

Eine Verstärkung der Energieerzeugung würde den Stern ausdehnen, eine Verminderung seinen Radius verkleinern, jeweils so weit, bis das Gleichgewicht zwischen Energieerzeugung und Abstrahlung wieder hergestellt ist. Daß damit auch eine Veränderung der Oberflächentemperatur verbunden ist, läßt sich leicht verstehen.

Die Zahlenwerte der Eigenschaften, die den physikalischen Zustand des Sternes kennzeichnen, nennen wir «**Zustandsgrößen**»: Masse, Radius, mittlere Dichte, Leuchtkraft, effektive Temperatur, Spektrum, chemische Zusammensetzung, mittlere Energiefreisetzung, Schwerebeschleunigung an der Oberfläche. Allerdings ist bei gegebener chemischer Zusammensetzung normalerweise nur eine dieser Größen, z. B. die Masse, frei wählbar; alle anderen sind dann daraus ableitbar (Vogt-Russell-Theorem). Außerdem spielen bei manchen Sternen Konvektion, Rotation und Magnetfeld eine Rolle.

Strahlung der Sterne

Vom Physikunterricht ist bekannt, daß Gase im allgemeinen ein Emissionsspektrum aussenden, der Wasserstoff beispielsweise im sichtbaren Bereich Linien der Balmer-Serie (Hα, Hβ usw.). Auf die Sterne als Gaskugeln läßt sich diese Regel jedoch nicht anwenden. Ein Emissionsspektrum kommt nur dann zustande, wenn die Atome des Gases frei schwingen können, wenn also die Dichte so gering ist, daß die Atome sich nicht gegenseitig behindern. In den Sternen sind, abgesehen von den äußersten Schichten, die Gasdichten jedoch so hoch, daß die Strahlung sich wie die eines festen oder flüssigen Körpers verhält, daß also ein **Kontinuum** entsteht. Durch Bestimmung der Lage des Maximums oder des ganzen Verlaufs der Intensität des Kontinuums kann über das Plancksche Strahlungsgesetz oder das Stefan-Boltzmannsche Gesetz die Temperatur der Sternoberfläche bestimmt werden. Je nach der angewandten Methode oder dem benutzten Wellenlängenbereich ergeben sich etwas unterschiedliche Werte. Bezüglich der Unterscheidung von effektiver Temperatur, Strahlungs- und Farbtemperatur sei auf die Lehrbücher verwiesen. Wesentlich ist, daß die genannten Gesetze streng nur für den Schwarzen Körper gelten; das ist ein gedachter Körper, der die Eigenschaft hat, alle auf ihn fallende Strahlung zu absorbieren. Kein natürlicher Körper erfüllt diese Bedingung streng, aber die Sterne verhalten sich so, daß die Annahme «Schwarzer Strahlung» eine brauchbare erste Annäherung darstellt.

Wichtig für unsere Betrachtung ist, daß das Spektrum eines Sterns im wesentlichen durch seinen Gehalt an **Absorptions- und Emissionslinien** bestimmt wird. Diese entstehen immer nur in den äußeren Schichten, in der Atmosphäre des Sterns, die Fraunhofer-Linien der Sonne in der Chromosphäre oder umkehrenden Schicht, die eine sehr geringe vertikale Ausdehnung hat und bei totalen Sonnenfinsternissen das sogenannte Flash-Spektrum in Emission erzeugt. Die Absorptionslinien geben also immer nur Aufschluß über die chemische Zusammensetzung der Sternatmosphäre, und auch das Absorptionsspektrum ist sehr stark von der Temperatur abhängig: Je niedriger die Temperatur der Sternoberfläche, desto reicher wird das Spektrum an Absorptionslinien.

Noch bei der Temperatur der Sonne sind manche Elemente in der Chromosphäre ionisiert, z. B. das Kalzium, und chemische Verbindungen findet man nur in den Atmosphären roter Sterne, so z. B. die Absorptionsbanden von TiO in den langperiodischen Veränderlichen. Im tiefen Inneren eines Sterns gibt es überhaupt keine chemischen Elemente, sondern ein Gas, das aus Elementarteilchen (Protonen, Neutronen, Elektronen), den daraus entstehenden Deuteronen und Heliumkernen sowie Strahlungsquanten besteht, wozu in späteren Entwicklungsstadien auch schwerere Kerne kommen.

Emissionslinien entstehen immer außerhalb des Sterns und deuten auf die Existenz einer **ausgedehnten Gashülle** hin, die hauptsächlich durch die Strahlung des Sterns zum Eigenleuchten angeregt wird. Diese Hüllen sind für die Deutung der Erscheinungen an Veränderlichen Sternen von großer Wichtigkeit. Weist die Gashülle relativ niedrige Temperaturen auf ($\approx$ 15000 bis 20000 K), so findet man in deren Spektren die niedrig angeregten Emissionslinien des Wasserstoffs (Balmerserie) und des neutralen Heliums (He I). Bei hohen Temperaturen (50000 K und mehr) haben wir ein hoch angeregtes Spektrum mit Linien des ionisierten Heliums (He II = He^+) und des ein- oder gar mehrfach ionisierten Sauerstoffs, Kohlenstoffs, Stickstoffs und Eisens (O II, III, ..., C II, III, ..., N II, III, ..., Fe II, III ...) und anderen Linien. Ist das Gas hochgradig verdünnt, so treten zusätzlich zu diesen «erlaubten» Linien noch die sogenannten «Verbotenen Linien» hinzu, die man bei der Beschreibung von Spektren in eckige Klammern einschließt, z. B. «Linien des [Fe II]».

Die Messung der Intensitätsverhältnisse zwischen einigen dieser Linien ermöglicht Rückschlüsse auf Temperatur und Dichte des linien-aussendenden Gases.

Auf andere Komponenten der Sternstrahlung, wie Korpuskular- und Neutrinostrahlung sowie extrem kurzwellige Strahlung im Lyman- und Röntgen-Bereich, soll hier nur in Ausnahmefällen eingegangen werden.

Die kühlsten Sterne, wenn wir von einigen fast nur im Infrarot strahlenden Objekten absehen, haben eine Oberflächentemperatur von etwa 2000 K. Alle hier gegebenen Temperaturen beziehen sich auf die Kelvin-Skala, die sich von der Celsius-Skala dadurch unterscheidet, daß ihr Nullpunkt nicht bei der Gefriertemperatur des Wassers, sondern beim «absoluten Nullpunkt» −273 °C liegt. Es besteht also die Beziehung: Kelvin-Temperatur = Celsius-Temperatur +273 °. Bei den hohen Temperaturen der Sterne ist der Unterschied meist von geringer Bedeutung.

Scheinbare Helligkeit der Sterne — Größenklassen

Schon im Altertum wurden die Sterne nach ihrer (dem irdischen Beobachter erscheinenden, d. h. «scheinbaren») Helligkeit klassifiziert. Es war eine willkürlich aufgestellte Ordnung; die hellsten Sterne wurden an die erste Stelle gesetzt, die weniger hellen, die des Großen Bären etwa, an die zweite. So ergaben sich bis zur Grenze der Sichtbarkeit für das bloße Auge 5 oder 6 solcher Gruppen. Das jetzt übliche System der Größenklassen ist von Pogson 1856 den bis dahin gebräuchlichen Bezeichnungen so gut wie möglich angepaßt worden.

Die Wahrnehmungen der Sternhelligkeit durch den Beobachter entsprechen dem **psychophysischen Grundgesetz** von Fechner: Das Auge empfindet gleiche Differenzen, wo in Wirklichkeit gleiche Verhältnisse bestehen. Das heißt, die Empfindung entspricht einer arithmetischen Reihe, wenn die Intensitäten des Reizes in einer geometrischen Reihe fortschreiten. Beibehalten wurde der Brauch, die Bezeichnung der Größenklassen m ansteigen zu lassen mit abnehmender Helligkeit. Pogson fand, daß im Mittel ein Stern der Größe m etwa 2 bis 3mal so hell war wie ein Stern der Größe $m + 1$, und er wählte für sein System das konstante Verhältnis 2,512:1. Diese Zahl ist dadurch begründet, daß ihr Logarithmus den glatten Wert 0,4 hat. Der Logarithmus des

Intensitätsverhältnisses zweier Sterne, die sich um n Größenklassen unterscheiden, ist dann 0,4 n. Die allgemeine Formel ist

$$I_1/I_2 = 10^{-0,4(m_1 - m_2)}$$

wobei die Indizes 1 und 2 den beiden Sternen zugehören. Einer Differenz von 5 Größenklassen entspricht das Intensitätsverhältnis 100:1, von 10 Größenklassen 10000:1. Dem praktischen Bedürfnis entsprechend hat man die Skala über die erste Größe hinaus nach der helleren Seite hin erweitert und die Größen 0, −1, −2 usw. eingeführt. Die Größenklasse wird durch ein hochgestelltes m (lat. Größe = magnitudo) und die Größenklassendifferenz durch «mag» bezeichnet.

Zur Erläuterung beantworten wir die Frage: Welches ist das am Himmel zu beobachtende Intensitätsverhältnis von Sonne und Sirius? — Die Sonne hat die Größe — $26^{m}\!,78$ visuell, Sirius die Größe — $1^{m}\!,44$. Die Sonne erscheint uns also um 25,34 mag heller als Sirius. Der Logarithmus des gesuchten Verhältnisses ist 25,34 · 0,4 = 10,136, der zugehörige Numerus $1{,}3677 \cdot 10^{10}$ = 13,677 Milliarden.

Eine Lichtquelle von der Stärke der Internationalen Kerze erscheint aus einem Abstand von 1120 Metern von der Helligkeit eines Sterns 1. Größe.

Das Zeichen] vor Angabe einer Größenklassenzahl bedeutet «heller als», das Zeichen [bedeutet «schwächer als». Diese Vereinbarung war zweckmäßig, weil die Sterngrößen mit abnehmender Helligkeit ansteigen, so daß die Zeichen $>$ und $<$ leicht zu Verwechslungen Anlaß geben könnten.

Helligkeitsangaben in verschiedenen Wellenlängenbereichen

Die Sterngrößen fallen meist unterschiedlich aus, wenn man in verschiedenen Wellenlängenbereichen mißt, was wiederum durch die verschiedene **Empfindlichkeit der Empfänger** bedingt ist. Für das Auge liegt das Empfindlichkeitsmaximum bei etwa 540 nm (m_v), für die unsensibilisierte photographische Platte bei etwa 430 nm (m_{pg}). Beide Werte können von Fall zu Fall verschieden sein, bei den Photoplatten infolge der Sensibilisierung, wobei durch Ausdehnung des Spektralbereichs nach der langwelligen Seite hin auch eine Erhöhung der Gesamtempfindlichkeit erreicht wird, beim Auge auf Grund individueller Besonderheiten. Allgemein ist daher ein roter Stern visuell heller als photographisch; bei einem blauen Stern ist es umgekehrt. Größen, die photographisch durch geeignete Sensibilisierung und Filter im Bereich der normalen Empfindlichkeit des Auges erhalten werden, nennt man «photovisuell» (m_{pv}). Durch ein Vergleichen der Aufnahmen in verschiedenen Spektralbereichen kann man dann leicht die Farbe eines Sterns ermitteln, was zumal bei den Veränderlichen oft sehr wichtig ist. — Bolometrische Größen beziehen sich auf die Gesamtstrahlung, d. h. die Strahlung im gesamten Wellenlängenbereich des elektromagnetischen Spektrums. Da die Erdatmosphäre nur für bestimmte Spektralbereiche durchlässig ist, bereitet die Ermittlung der bolometrischen Helligkeiten einige Schwierigkeiten.

Die Helligkeitsdifferenz zwischen der oben erwähnten photographischen und der visuellen Helligkeit, $m_{pg} - m_v$, nennt man «**internationalen Farbenindex**» (FI). Er ist positiv für gelbe und rote Sterne, negativ für extrem heiße blaue Sterne. In der Praxis werden vielfach andere Bereiche benutzt, die man z. B. als *U* (Ultraviolett), *B* (Blau), *V* (Visuell), *G* (Grün), *R* (Rot) und *I* (nahes Infrarot) bezeichnet. Insbesondere das *U-B-V*-System, daneben auch das *R-G-U*-System, dient dazu, die Farbe eines Sterns und die Energieverteilung in seinem Spektrum zu kennzeichnen. Im

Anschluß an den Infrarot-Bereich *I* sind im mittleren und fernen Infrarot-Gebiet noch die Bereiche *J*, *K*, *L*, *M*, *N*, *Q* (letzteres bei einer Wellenlänge von 22 μm) festgelegt worden.

Absolute Helligkeit, Spektral- und Leuchtkraftklassen

Die Astrophysik hat ein großes Interesse daran, die Sterne untereinander nach ihrer Leuchtkraft zu vergleichen. Unterschiede in diesem Bereich wären unmittelbar zu beobachten, wenn alle Sterne dieselbe Entfernung von uns hätten. Da das nicht der Fall ist, müssen wir die scheinbaren Helligkeiten umrechnen auf eine willkürlich und zweckentsprechend definierte Einheit der Entfernung. Es wurde dafür die **Entfernung 10 parsec** = 32,6 Lichtjahre gewählt. Wenn wir daher lesen, daß unsere Sonne die absolute visuelle Größe $4\overset{m}{,}71$ habe, so bedeutet das: In die Einheit der Entfernung von 10 parsec versetzt würde uns die Sonne als ein Stern der Größenklasse $4\overset{m}{,}71$ erscheinen. Die absolute Helligkeit wird durch das Symbol *M* bezeichnet. Das hochgestellte M verwenden wir analog dem hochgestellten m.

Über 99% aller Sterne gehören der **Hauptfolge der Sternspektren** an, die durch die Buchstaben O, B, A, F, G, K, M bezeichnet wird. Es ist im wesentlichen eine **Temperaturskala**. Am Anfang stehen die heißesten Sterne mit 100000 K Oberflächentemperatur und Absorptionslinien des ionisierten Heliums He II. Die Klasse B wird durch die Linien des neutralen Heliums He I und durch beginnende Wasserstoffabsorption (Balmerserie) gekennzeichnet, die beim Typus A vorherrscht und bei F mehr und mehr durch die Linien des ionisierten Kalziums Ca II abgelöst wird. Es erscheinen Metall-Linien, u. a. Fe, die im G-Spektrum neben den noch sehr starken Ca II-Linien und den schon viel schwächeren H-Linien stehen und beim Typus K überwiegen. Im Übergang zum Typus M erscheinen Molekülbanden, besonders solche des TiO, die bei den schon stark roten M-Sternen vorherrschen.

Daneben existieren einige **Seitenlinien**. Bei den heißen Sternen am Anfang der Reihe schließen sich die Typen P von Planetarischen Nebeln als Emissionsspektren, Q von Novae, W von Wolf-Rayet-Sternen mit breiten Emissionen an. Eine Seitenlinie bei den kühlen Sternen repräsentieren die Kohlenstoffsterne des Typs C (früher als R und N bezeichnet), wo die TiO-Banden des Typs M durch solche von CN (Cyan), CO (Kohlenoxid) und C_2 ersetzt sind. Eine andere Variante ist der Typus S mit Banden des Zirkonoxids ZrO. Die Tabelle 2 gibt die Beziehung zwischen Spektraltypus und Farbenindex von F5 ab getrennt für Zwerge (d = dwarf) und Riesen (g = giant).

Der Farbenindex ist so definiert, daß ein A0-Stern als gleichhell im photographischen wie im visuellen Bereich angenommen wird.

Im ersten Jahrzehnt des 20. Jahrhunderts entdeckte man, daß die roten Sterne zwei sehr gegensätzliche Gruppen bilden, zwischen denen keine direkten Übergangsformen bestehen: die hellen Riesensterne sehr geringer Dichte, wie αOri und αSco, und die zahlreichen viel schwächeren Sterne relativ großer Dichte. Diese Erkenntnis war wohl der Ausgangspunkt für das nach seinen Autoren Russell und Hertzsprung benannte **Hertzsprung-Russell-Diagramm** (HRD). Es besagt folgendes:

Trägt man die Sterne als Punkte in ein zweidimensionales Diagramm ein, dessen x-Achse die Spektralklasse von B bis M oder N, dessen y-Achse die absolute Helligkeit (Leuchtkraft) ist, so sind die Sterne keineswegs gleichmäßig verteilt, sondern ordnen sich erstens in einem etwa diagonal von links oben nach rechts unten verlaufenden Streifen, der **Hauptreihe**, an, zweitens in einem weniger scharf begrenzten Bereich

Tabelle 2 Beziehung zwischen Spektraltypus und Farbenindex (oberer Teil: Leuchtkraftklasse V, unterer Teil: III)

Spektrum	*FI*	*B – V*	*U – B*
B0	$-0\overset{m}{,}21$	$-0\overset{m}{,}30$	$-1\overset{m}{,}08$
B5	−0,14	−0,18	−0,58
A0	0,00	−0,02	−0,02
A5	+0,21	+0,15	+0,09
F0	+0,38	+0,29	+0,02
dF5	+0,49	+0,42	−0,01
dG0	+0,59	+0,58	+0,05
dG5	+0,74	+0,68	+0,21
dK0	+0,93	+0,81	+0,48
dK5	+1,22	+1,15	+1,08
dM0	+1,52	+1,40	+1,23
gF5	+0,51	+0,42	+0,07
gG0	+0,77	+0,66	+0,27
gG5	+1,00	+0,81	+0,50
gK0	+1,23	+0,99	+0,85
gK5	+1,67	+1,50	+1,80
gM0	+1,86	+1,54	+1,84

rechts vom oberen Teil der Hauptreihe, dem **Riesenast**, drittens in sehr wenig dicht besetzten Gruppen über und unter der Hauptreihe und dem Riesenast. Die Bezeichnungen sind aus Bild 1 zu entnehmen. Als Argument kann man an Stelle des Spektraltypus auch die effektive Temperatur oder den Farbenindex nehmen; in letzterem Falle bezeichnet man die Darstellung als Farben-Helligkeits-Diagramm (FHD).

Da bei sehr hellen und sehr schwachen Sternen dieselbe Temperatur auftreten kann, besonders bei roten Objekten, ist die absolute Helligkeit (Leuchtkraft) in weitem Umfang ein Kriterium für die wirksame Fläche des Sterns. Man teilt in Leuchtkraftklassen ein und bezeichnet diese durch eine römische Ziffer hinter der Spektralklasse wie folgt:

Ia, Ib ... Überriesen
IIa, IIb ... helle Riesen
III ... normale Riesen
IV ... Unterriesen
V ... Zwerge der Hauptreihe.

Die Leuchtkraft bestimmt man aus der Anwesenheit und Schärfe bestimmter Spektrallinien. Sie ist im physikalischen Sinn natürlich keine Kraft, sondern die Strahlungsleistung des Sterns, die man in Watt oder erg/s angeben kann. Leuchtkraft L und absolute bolometrische Helligkeit M hängen formelmäßig wie folgt zusammen:

$$L = 3{,}9 \cdot 10^{26} \cdot 10^{-0{,}4(M-4{,}72)}\ \text{Watt}\,.$$

Entfernungen

Der Astronom steht zu Unrecht in dem Ruf, besonders große, sogenannte «astronomische» Zahlen zu gebrauchen. Diese großen Zahlen erscheinen nur, wenn der Laie verlangt, kosmische Entfernungen in den ihm gewohnten Maßen ausgedrückt zu finden, beispielsweise in km. Der Astronom folgt meist dem Brauch, die Einheit des Maß-

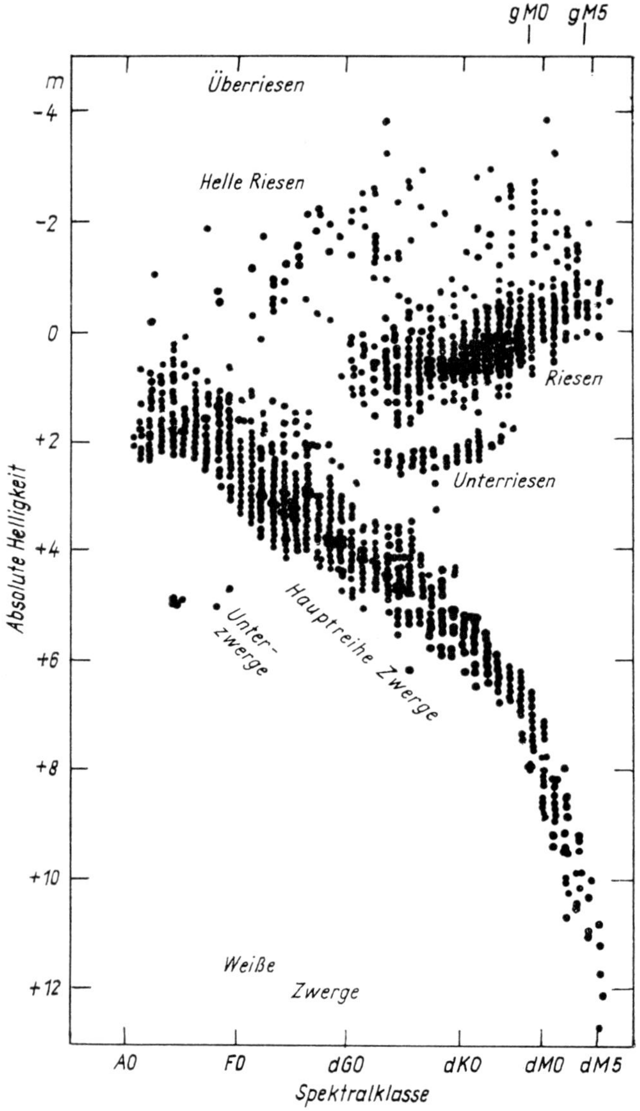

Bild 1 Hertzsprung-Russell-Diagramm (ohne B-Sterne) auf Grund spektroskopisch bestimmter absoluter Helligkeiten (Mt. Wilson)

stabes der zu messenden Größe anzupassen. Im Planetensystem ist die Einheit die mittlere Entfernung Sonne—Erde von $149{,}598 \cdot 10^6$ km. Man bezeichnet sie als «Astronomische Einheit» (AE). Somit wird der Abstand der Venus von der Sonne mit 0,723, des Jupiters mit 5,203, des Saturns mit 9,546 und des Neptuns mit 30,09 AE angegeben.

Die Einheit für die Vermessung des Sternsystems ist das **Parsec** (pc). Die Bezeichnung Parsec ist ein Kunstwort aus den Bestandteilen Parallaxe und Sekunde. Es ist die Entfernung, die der Parallaxe von einer Bogensekunde entspricht, das heißt die Entfernung, aus der der Erdbahnhalbmesser, die Astronomische Einheit, unter einem Winkel von 1″ erscheint.

Gebräuchlich ist ferner das Lichtjahr. Es ist die Strecke, die das Licht in einem Jahr durchläuft.

Die Lichtgeschwindigkeit ist 299793 km/sec. Man sollte im Unterricht und bei allgemeinverständlichen Vorträgen nicht unterlassen, darauf hinzuweisen, daß das Lichtjahr, trotz seines Namens, ein Längenmaß ist, ähnlich der Wegstunde oder Autostunde.

Zwischen den verschiedenen Einheiten bestehen folgende Beziehungen:

1 pc = 206265 AE = 3,2617 Lichtjahre
1 Lichtjahr = 63239 AE.

Für die Entfernungen in unserem Sternsystem bedienen wir uns oft der nächstgrößeren Einheit, des «Kiloparsec» (1 kpc = 1000 pc).

Eine noch größere Einheit, das Megaparsec, ist der Metagalaxis vorbehalten: 1 Mpc = 1000 kpc = 10^6 pc = 3,26 Millionen Lichtjahre.

Zwischen scheinbarer Helligkeit m, absoluter Helligkeit M und Entfernung r (in pc) besteht folgender Zusammenhang:

$$m - M = 5(\lg r - 1) + A .$$

Man nennt $m-M$ «Entfernungsmodul». Hierin berücksichtigt A (in mag) die Wirkung einer eventuellen interstellaren Extinktion, siehe unten.

Sternsystem, Sternpopulationen

Die Sonne mit ihren Planeten gehört zum Sternsystem, auch Milchstraßensystem oder Galaxis genannt, das aus 150 bis 200 Milliarden Sternen besteht. Es hat in seiner Gesamtheit eine flache, linsenförmige Gestalt, genauer die eines «**Spiralnebels**» mit einem sternreichen Kern und den von ihm ausgehenden Spiralarmen. Der größte Durchmesser in der Hauptebene beträgt etwa 30 kpc = 100000 Lichtjahre. Das Sonnensystem befindet sich nahe der Hauptebene, etwa 8 kpc vom Kern entfernt, der von uns aus in der Richtung zum Sternbild des Schützen hin liegt. Das optische Phänomen der Milchstraße bezeichnet die Lage der Hauptebene. Das so beschriebene System ist von einem fast sphärischen Schleier geringer Dichte, welcher u. a. RR-Lyrae-Sterne enthält, umgeben, dem galaktischen Halo, dem auch die Kugelhaufen angehören und der einen Durchmesser von mindestens 50 kpc besitzt.

1952 wurde von Baade der Begriff der Stern-Populationen eingeführt. Er wies darauf hin, daß in der Galaxis das Sterngemisch der Spiralarme (Population I genannt) von ganz anderer Art ist als das der Umgebung des Kernbereichs, der in den hellen Milchstraßenwolken im Schützen beobachtbar ist (Population II). Der extremen Population II gehören neben dem Kern der Galaxis die Kugelhaufen und die Sterne des galaktischen Halos an. Wir unterscheiden jetzt auch Übergangsformen. Population I umfaßt im wesentlichen die jüngeren Sterne, auch die Bereiche, in denen noch Sterne neu entstehen, Population II die alten Sterne.

Bei Untersuchungen zum Aufbau des Sternsystems benutzt man spezielle Koordinaten: Die galaktische Breite b mißt den senkrechten Winkelabstand eines Objektes an der Sphäre von der Mittellinie des Milchstraßenbandes (dem galaktischen Äquator), die galaktische Länge l wird von der Richtung zum Zentrum der Galaxis aus entlang dem galaktischen Äquator gezählt. So hat z. B. die Mitte des Sternbilds Scutum die genäherten Koordinaten $l = 23°$, $b = +2°$.

Zugrundegelegt wird in diesem Buch ohne besondere Kennzeichnung das seit 1959 benutzte neue System, in welchem die Lage von Äquator und Zentrum modern festgelegt ist. Weiterhin existiert ein räumliches Koordinatensystem, in dem R die auf die Milchstraßen-Hauptebene projizierte Entfernung eines Objektes vom galaktischen Zentrum und z der senkrechte Abstand dieses Objektes von der Hauptebene darstellen, beide gemessen in pc. Für unsere Sonne gilt z. B. $R \approx 8$ kpc, $z \approx 15$ pc.

Interstellare Materie

Außer den Sternen enthält die Galaxis große Mengen (etwa 5 Massenprozent) von Gas und Staub, Staub besonders in den leuchtenden Reflexionsnebeln und den z. T. mit bloßen Augen sichtbaren Dunkelwolken, hauptsächlich in den Spiralarmen, so daß das System in der Hauptebene an den meisten Stellen undurchsichtig ist. Auch das Kerngebiet ist für uns hinter dichten Dunkelwolken verborgen. Ein anderes großes Feld von Dunkelwolken liegt in den Sternbildern Taurus und Orion. Wasserstoff befindet sich überall im Raum zwischen den Sternen, in größerer Dichte aber auch nur in den Spiralarmen, meist in Verbindung mit den Staubwolken. In bezug auf die Masse ist das Gas mit 99% gegen 1% Staub vorherrschend. Es setzt sich zusammen aus etwa 60% Wasserstoff, 38% Helium, 2% schweren Elementen (Natrium, Kalzium, Eisen u. a.).

In bestimmten, meist eng begrenzten Arealen werden auch Spektrallinien von Molekülwolken nachgewiesen, darunter von Verbindungen, die unter irdischen Bedingungen instabil sind (z. B. OH).

Sichtbar tritt das Gas dort in Erscheinung, wo es durch energiereiche Sternstrahlung zum Leuchten angeregt wird: in den Gasnebeln, wie etwa dem Orionnebel. Der neutrale Wasserstoff H I strahlt jedoch im Radiowellenbereich eine Emissionslinie von 21 cm Wellenlänge aus. Etwa 10% der Wasserstoffwolken sind durch Sternstrahlung ionisiert; man nennt sie H II-Gebiete.

Die interstellare Materie, insbesondere der aus sehr kleinen Teilchen bestehende Staub, erschwert alle Arbeiten über die Verteilung der Sterne durch die schwer ermittelbaren Einflüsse der interstellaren Extinktion. Außerdem schwächt die Extinktion das Licht der hinter den Staubgebieten stehenden Sterne wellenlängenabhängig, so daß es eine Rötung erfährt: Die Farbenindizes dieser Sterne erscheinen um einen Betrag, den man Farbexzeß nennt, größer, als ihnen nach ihrem Spektraltyp zukommt.

Sternentwicklung

Schon früh wurde vermutet, daß das HRD ein Entwicklungsschema sei. Mit LOCKYER nahm man an, daß die Sterne aus Nebeln hervorgehen und ihre Laufbahn als rote Riesen beginnen, durch Kontraktion heißer und dichter werden, in die Hauptreihe übergehen und schließlich als rote Zwerge erlöschen. Die Entwicklung sollte also im wesentlichen entlang der Hauptreihe in Richtung der kühlen Zwerge erfolgen. Daher nennt man die Spektraltypen der letzteren noch heute «spät», im Gegensatz zu den «frühen» Typen O bis A. Damals waren die Energiequellen der Sterne noch nicht bekannt. Erst die Entwicklung der Atomphysik, insbesondere die Erforschung der Kernfusion, gewährte tiefere Einblicke in die möglichen Entwicklungslinien der Sterne.

Der heute mit gutem Grund angenommene Verlauf ist dem oben angedeuteten entgegengesetzt. Der **Protostern** ist eine gravitativ, d. h. unter der Wirkung der eigenen Schwerkraft, kontrahierende Staub- und Gaskugel, die überwiegend aus Wasserstoff besteht. Bei der Kontraktion wird die potentielle Energie teilweise in Wärme, d. h. in kinetische Energie der Partikel, umgesetzt. Dadurch wird das Innere der Gaskugel so stark aufgeheizt, daß schließlich, bei etwa 10 Millionen Grad, die ersten «**Kernprozesse**» einsetzen können: der Proton-Proton-Prozeß, aus dem ein Deuterium-Kern hervorgeht, und der Proton-Helium-Prozeß, bei dem aus 4 Protonen ein He^4-Kern entsteht. In beiden Fällen wird ein kleiner Teil der Materie «zerstrahlt». Er erscheint wieder als eine harte Gammastrahlung, die vom inneren Teil der Gaskugel langsam nach außen diffundiert, dabei vielfach absorbiert und re-emittiert wird und schließlich die äußeren Schichten als UV-, sichtbare und Wärmestrahlung verläßt. Diese jungen Sterne sind instabil, was sich in ihrer **Veränderlichkeit** ausdrückt. Wenn dann die Kontraktion abgeschlossen ist, hat der Stern einen stabilen Zustand auf der Hauptreihe erreicht, den er, langsam heller werdend und dabei im HRD zunächst nach links oben steigend, einige Millionen bis Milliarden Jahre beibehalten kann; die Entwicklungsgeschwindigkeit ist abhängig von der Masse des jeweiligen Sterns.

Eine neue Phase der Instabilität bereitet sich vor, wenn im Kernbereich des Sterns aller Wasserstoff verbraucht und ein reiner Heliumkern entstanden ist. Die atomare Energieerzeugung wird hier dadurch zunächst unterbrochen; der Stern kontrahiert und erhitzt sich dabei so stark, daß ein neuer Prozeß der Kernfusion ermöglicht wird, der vom Helium He^4 auf den Kohlenstoff C^{12}, zum Teil auch auf Sauerstoff O^{16} führt und sehr große Energiemengen freisetzt. Der Stern verläßt die Hauptreihe und wird ein Riese; als solcher durchläuft er zeitweise die durch freie Schwingungen (Pulsationen) gekennzeichneten Zustände. Während im Inneren der Helium-Kohlenstoff-Prozeß wirksam ist, der eine Temperatur von etwa 100 Millionen Grad erfordert, setzt sich in weiter außen liegenden, noch an Wasserstoff reichen Kugelschalen der Wasserstoff-Helium-Prozeß fort. Zu bemerken ist noch, daß der zeitliche Ablauf dieser Entwicklung sehr stark von der primären Masse des Sterns abhängt. Je massereicher ein Stern ist, desto rascher entwickelt er sich, und wenn wir bei den Modellrechnungen die Anfangsmasse von 1 auf wenige Sonnenmassen erhöhen, kann sich der Ablauf, insbesondere die Verweilzeit auf der Hauptreihe, um den Faktor 100 verkürzen.

Bis zur Phase des Helium-«Brennens» beherrscht man die Sternmodelle rechnerisch in sehr befriedigender Weise. Darüber hinaus aber wissen wir sehr wenig vom weiteren Verlauf. Die **Endphase** der Sternentwicklung wird erreicht, wenn alle Energievorräte aufgebraucht sind. Dann verschwindet nämlich der Strahlungsdruck, der zusammen mit dem Gasdruck die Schwerkraft kompensiert, und der Gasdruck allein ist nicht in der Lage, der Wirkung der Schwerkraft Einhalt zu gebieten: Der Stern kollabiert. Eine beobachtbare Endphase der Sternentwicklung ist der «Weiße Zwerg», ein Stern, dessen Materie weitgehend «entartet» ist. Man versteht darunter eine so dichte Lagerung der Partikel, daß mittlere Dichten von über 10^5 g/cm^3 erreicht werden. Besitzt ein Stern gegen Ende seiner Entwicklung eine Masse von 1,5 bis etwa 3 Sonnenmassen, so kollabiert er nach Verbrauch aller Vorräte an Kernenergie letzten Endes zu einem «Neutronenstern», dessen Zentraldichte über 10^{14} g/cm^3 liegen kann.

Beide Endphasen finden wir wahrscheinlich in den «eruptiven Doppelsternen» vor.

1.3. Lichtkurven und Perioden

Grundbegriffe

Ein Veränderlicher Stern heißt **periodisch**, wenn seine Erscheinungen, insbesondere die Maxima oder Minima seiner Helligkeit, in angenähert gleichen zeitlichen Abständen wiederkehren. «Angenähert» bedeutet, daß kleine Unregelmäßigkeiten ohne Bedenken hingenommen werden. Übersteigen diese ein gewisses Maß, sei es, daß Abweichungen von der Größenordnung eines Drittels der Periode auftreten oder daß die Lichtkurve zeitweilig so verändert ist, daß Maxima und Minima nicht entnommen werden können, wenn auch später wieder der regelmäßige Wechsel wirksam wird, so bezeichnet man den Stern als **halbregelmäßig**. Ist keine Periodizität zu erkennen, mit Einschluß der Fälle, bei denen Wellen von bestimmter Größenordnung, aber ohne erkennbare Wiederholung auftreten, so gilt der Stern als **unregelmäßig**. Die Lichtkurve entsteht, wenn man beobachtete Helligkeitswerte über der Zeitachse aufträgt und durch die Punktfolge eine Kurve legt. Voraussetzung ist, daß eine hinreichend dichte Reihe von Beobachtungen vorliegt. Bei raschwechselnden regelmäßigen Veränderlichen kann man Beobachtungen aus verschiedenen Zyklen mit Hilfe der als bekannt vorauszusetzenden Periode vereinigen und so eine mittlere Lichtkurve erhalten. Dazu ist für jede Beobachtung die Phase zu bestimmen, die Zeit seit dem letztvorausgegangenen Maximum oder Minimum, die zweckmäßigerweise in Einheiten der Periode ausgedrückt wird.

Es folgen hier die gebräuchlichen **Bezeichnungen** und ihre Beziehungen.

M_E = Zeit des Maximums } bei der Epochenzahl E
m_E = Zeit des Minimums } (E = 0, 1, 2 ...)
P = Periode

Die folgenden Darlegungen gelten für die Bearbeitung solcher Sterne, bei denen die Maxima ausgeprägter sind als die Minima. Im umgekehrten Falle (z. B. bei den Bedeckungssternen) gilt natürlich Entsprechendes, nur daß an die Stelle des Begriffs «Maximum» der Begriff «Minimum» tritt.

Elemente (Formel) zur Berechnung der Maxima:

$$M_\mathrm{E} = M_0 + P \cdot \mathrm{E}$$

M_0 nennt man das Ausgangsmaximum. Den Index E läßt man häufig beiseite.

Maß für die Asymmetrie der Lichtkurve:

$$\varepsilon = (M - m)/P\,,$$

wobei $M - m$ die Dauer des Aufstiegs ist; dieser Wert hat nur für sinusähnliche Kurven Bedeutung, also nicht für Bedeckungssterne, bei denen D die Dauer des Minimums, d die Dauer eines etwaigen konstanten kleinsten Lichtes bedeuten.

Amplitude: Differenz der Helligkeit zwischen Maximum und Minimum.

Die oben genannte Phase φ errechnet sich für den Zeitpunkt t nach der Formel

$$\varphi = \frac{t - M_0}{P} - \mathrm{E}\,(t)\,.$$

Phasenberechnung

Mit dieser letztgenannten Formel kann berechnet werden, wie lange, ausgedrückt in Einheiten der Periode P, eine zur Zeit t durchgeführte Beobachtung nach dem letztvergangenen Maximum liegt, wobei diesem die Epochenzahl $E(t)$ zugeordnet ist. Die Gleichung dient der Reduktion der unter Umständen zahlreichen Beobachtungen auf eine Einheitsepoche zur Erlangung einer **mittleren Lichtkurve**. Dieses Verfahren hat Bedeutung bei regelmäßigen Veränderlichen einschließlich der Bedeckungssterne.

Bei allen diesen Berechnungen bedienen wir uns der sogenannten Julianischen Tage, die fortlaufend gezählt werden, wobei die Uhrzeit der Beobachtungen in Dezimalteilen des Tages, meist auf 3 Stellen, ausgedrückt wird. Dies wird in Kap. 1.4 erklärt. Der mit den Verhältnissen nicht vertraute Leser möge dieses erst zu Rate ziehen, ehe er hier fortfährt.

Die routinemäßige Phasenberechnung läßt sich besonders gut bei Verwendung einer elektromechanischen Rechenmaschine erläutern, da diese ein elegantes Verfahren ermöglicht. Wir stellen alle Zahlen auf Null und bringen in die obere Ziffernreihe, die normalerweise die Umdrehungen zählt, das Ausgangsmaximum M_0. Den Reziprokwert der Periode ($1/P$; P^{-1}) geben wir in das Einstellwerk. Alsdann setzen wir die Maschine in Tätigkeit, bis im Umdrehungszählwerk das Datum t erscheint. Dann steht im Resultatwerk E (t) mit Dezimalstellen: Letztere sind die gewünschte Phase, ausgedrückt in der Einheit P. Zu achten ist auf die Stellung des Kommas. P^{-1} wird bei raschwechselnden Sternen zweckmäßigerweise auf 7 Dezimalstellen berechnet, weil der Faktor $t - M_0$ bei langen Beobachtungsreihen groß werden kann. Daß von den errechneten 10 Dezimalstellen nur die 3 ersten benutzt werden, ist kein Nachteil.

Rechenbeispiel:

VX Apodis: RR-Lyrae-Stern; $M = 2434239{,}361 + 0^d{,}484578 \cdot E$. Gesucht ist die Phase zur Zeit $t = 2434540{,}550$.
Die Ziffern 243 des Julianischen Datums können bei der Rechnung weggelassen werden.

Einstellung:	Umdrehungszählwerk (M_0)	4239,361
	Resultatwerk	0000000000000
	Tasteneinstellung (P^{-1})	2,0636513
Nach der Rechnung:	Umdrehungszählwerk (t)	4540,550
	Resultatwerk	621,5490713957

Ergebnis: Phase = 0,549 (des Zyklus 621; der Zyklus ist meist ohne Bedeutung).

Elektronische Taschenrechner benötigen für diese Art Rechnung zwei Speichermöglichkeiten, nämlich für die Konstanten P und M_0. Für jede Phasenbestimmung ist der erste Arbeitsgang die Subtraktion $t - M_0$, der zweite die Division dieser Differenz durch P:

$$\frac{4540{,}550 - 4239{,}361}{0{,}484578} = 621{,}5491\ .$$

Bei dem in der DDR verbreiteten Modell «konkret 600» kann man z. B. (neben anderen Varianten) folgende Bedienreihenfolge zur fortlaufenden Berechnung von Phasenwerten benutzen:
M_0 eingeben, |—|, ↑, ↑, Cx, P eingeben, F, x → m, Cx. Weiter verfährt man zyklisch so: t eingeben, +, F, m → x, ÷, Phase ablesen, Cx, neues t eingeben ...

Bestimmung der Elemente

Die Bestimmung der Elemente des Lichtwechsels periodischer Veränderlicher, das heißt des Ausgangsmaximums M_0 und der Periode P, kann auf folgende Weise geschehen: Gegeben ist jeweils eine Anzahl beobachteter Maxima oder Minima. Wir schreiben sie der Reihe nach untereinander, eventuell unter Kennzeichnung ihrer mutmaßlichen Genauigkeit, und bilden die **Differenzen** aufeinanderfolgender Werte. Alle Differenzen sind vom Charakter $n \cdot P$ ($n = 1, 2, 3 \ldots$). Bei Mirasternen erhalten wir nicht selten den Fall $n = 1$, das heißt den Wert der Periode, direkt als Differenz; bei raschwechselnden Sternen ist die Auffindung der richtigen Periode schwieriger, doch kommen wir hier zum Ziel, wenn wir von den kleinsten Differenzen ausgehen. Bei RR-Lyrae-Sternen weiß man, daß die Periode in den weitaus meisten Fällen zwischen $0^d\!\!.3$ und $0^d\!\!.6$ liegt. Es wird dann so verfahren, daß man 2 für gut gehaltene niedrige Differenzen auswählt und mit dem Rechenstab ausprobiert, durch welchen vernünftigen Periodenwert sie dargestellt werden können. Geht dies mit mehreren Werten, so muß man weitere Differenzen heranziehen und zu entscheiden suchen, welcher der richtige ist. Das Ziel ist jedenfalls, einen möglichst guten **Näherungswert** von P zu erhalten, der dann noch weiter so verbessert werden kann, daß er die ganze Reihe der Epochen einigermaßen darstellt. Als M_0 nehmen wir unbesorgt den ersten der gegebenen Werte. Wir erhalten dadurch eine Näherungsformel, berechnen mit dieser die Werte für die beobachteten Epochen, bilden die Differenzen «**Beobachtung minus Rechnung**», tragen dieselben als Ordinate über den Epochenzahlen graphisch ein und benutzen dies für eine **Ausgleichung**. Die so erhaltene Darstellung nennen wir $(B - R)$-Diagramm. Das Verfahren wird am besten durch ein Beispiel erklärt (Tab. 3).

Tabelle 3 $(B - R)$-Werte beim Mira-Stern AU Oph

Beob. Maxima	Differenzen (Tage)	(Epochen) n	E	R_1	$B - R_1$	R_2	$B - R_2$
241 6631			0	6631	0^d	6622	$+9^d$
	3292	10					
9923			10	9931	-8	9934	-11
	3305	10					
242 3228			20	3231	-3	3246	-18
	2677	8					
5905			28	5871	$+34$	5896	$+9$
	310	1					
6215			29	6201	$+14$	6227	-12
	695	2					
6910			31	6861	$+49$	6889	$+21$

Wir müssen beachten, daß bei einem Mirastern die beobachteten Maxima um 10 bis 20 Tage unsicher sein können, nicht nur wegen Ungenauigkeit und ungünstiger Verteilung der Beobachtungen, sondern auch wegen der von Zyklus zu Zyklus veränderlichen Gestalt der Lichtkurve. Die 5 beobachteten Differenzen legen nahe, die in der 3. Spalte angegebenen Epochendifferenzen anzunehmen. Die wahre Periode dürfte also etwas größer als 300 Tage sein. Nehmen wir in erster Näherung 330^d an, so ergeben sich die in Spalte R_1 angeführten berechneten Daten. Aus den Werten $B - R_1$ kann man ablesen, daß zur Erzielung einer bestmöglichen Darstellung die Ausgangsepo-

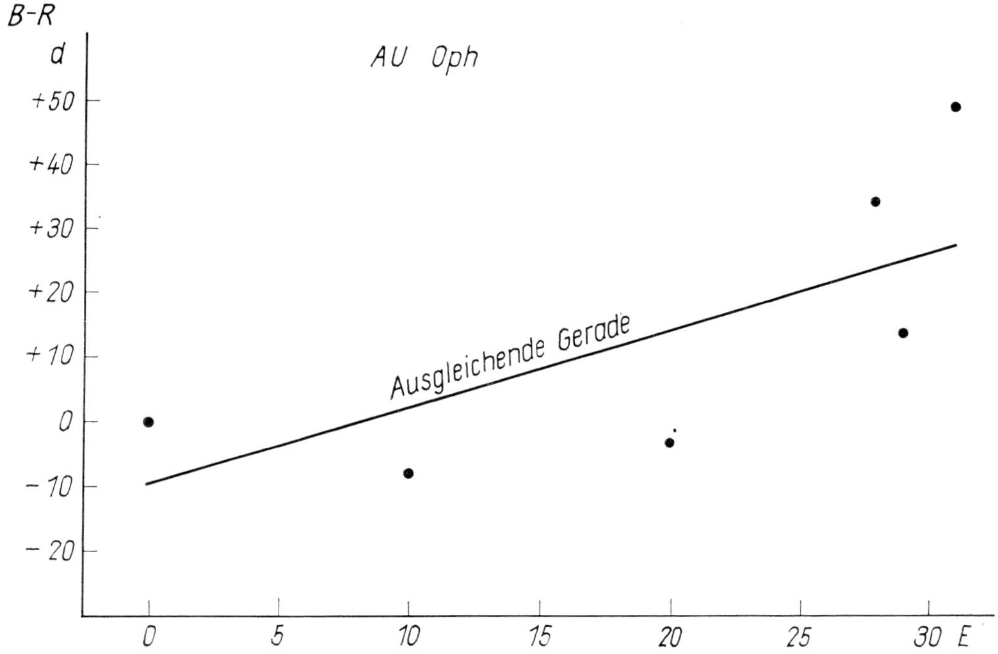

Bild 2 Beispiel für eine graphische Ausgleichung der ($B - R$)-Werte (s. Tab. 3)

chen um einige Tage früher gelegt und die Periode um 1^d bis 2^d verlängert werden müßte. Die Bestimmung der wahrscheinlichsten Werte kann rechnerisch erfolgen; meist aber genügt hier ein einfaches graphisches Verfahren, wie es in Bild 2 dargestellt ist. Die ausgleichende Gerade ist nach Augenmaß so gezeichnet, daß die Abweichungen der Beobachtungen nach Möglichkeit verkleinert und einigermaßen gleichmäßig auf Plus und Minus verteilt werden. Im vorliegenden Falle ist die Unsicherheit ziemlich groß; das liegt aber in der Natur der Sache begründet, zumal nur 6 beobachtete Maxima zur Verfügung stehen. — Das Ausgangsmaximum M_0 erhält nach der Ausgleichung den ($B - R$)-Wert $+9^d$, wird also 6622. Die Steigung der Geraden beträgt 36 Einheiten über 31 Zyklen, also $+1{,}2$ Einheiten je Zyklus; dies ist die Korrektur der Periode, die mithin den Wert $331\overset{d}{,}2$ erhält. Die verbesserten Elemente sind dann

$$M = 241\,6622 + 331\overset{d}{,}2 \cdot \mathrm{E}\,.$$

Es ergeben sich damit die berechneten Werte R_2 und die Abweichungen $B - R_2$, und man kann sich an der Zeichnung überzeugen, daß dies die Abstände der beobachteten Punkte von der ausgleichenden Geraden sind.

Nach Gauss ist die strenge Bedingung für die Lage der wahrscheinlichsten ausgleichenden Geraden

$$\Sigma\left(\mathrm{p} \cdot (B - R)^2\right) = \mathrm{Min.},$$

das heißt: Die Summe der Fehlerquadrate muß den geringstmöglichen Wert annehmen; p ist ein Gewichtsfaktor. Zuvor haben wir einfach $\mathrm{p} = 1$ angenommen. Sind jedoch die Bestimmungen der Maxima offenkundig von verschiedener Genauigkeit, dann empfiehlt es sich, die genaueren mit Gewicht 2 oder 3 zu belegen, je nach ihrer Qualität, deren Abschätzung dem Rechner überlassen bleibt.

Von welchem Näherungswert der Periode wir ausgehen, ist gleichgültig, wenn er nur nahe dem wahren Wert liegt. Bei langen Beobachtungsreihen wird man ein gegen das Ende zu liegendes gut gesichertes Maximum $\widetilde{M}$ verwenden und

$$P_\mathrm{m} = (\widetilde{M} - M_0)/\widetilde{\mathrm{E}}$$

als vorläufigen Mittelwert annehmen.

Rechnerische Ausgleichung

Die beschriebene graphische Ausgleichung hat den Vorzug, übersichtlich zu sein. Dennoch soll hier auch die rechnerische Ausgleichung nach der von Gauss geschaffenen «**Methode der kleinsten Quadrate**» kurz behandelt werden. Die Theorie kann in der entsprechenden Literatur nachgelesen werden. Anspruchsvolle elektronische Taschenrechner besitzen meist ein Programm zur «linearen Regression».

Die Grundgleichung $M_\mathrm{E} = M_0 + P \cdot \mathrm{E}$ ergibt

$$M_0 + P \cdot \mathrm{E} - M_\mathrm{E} = 0\,,$$

eine «lineare Bedingungsgleichung», die dann erfüllt ist, wenn der Lichtwechsel vollkommen regelmäßig ist, Maxima und Periode absolut genau bestimmt sind. Jedes beobachtete Maximum ergibt eine solche Bedingungsgleichung, so daß wir ein System von n Gleichungen haben, denen die zu berechnenden Werte der Unbekannten so gut wie möglich genügen sollen.
Die allgemeine Form ist

$$\begin{aligned} a_1x + b_1y + c_1 &= 0 \\ a_2x + b_2y + c_2 &= 0 \\ \cdot \quad \cdot \quad &\cdots \\ \cdot \quad \cdot \quad &\cdots \\ a_\mathrm{n}x + b_\mathrm{n}y + c_\mathrm{n} &= 0 \end{aligned}$$

Im vorliegenden Falle ist

$$a = 1;\ b = \mathrm{E};\ c = -M_\mathrm{E}\,;$$
$x = M_0;\ y = P$ (die zu berechnenden Unbekannten).

Wir bilden die Produktsummen

$$[\mathrm{p}a^2]\ [\mathrm{p}b^2]\ [\mathrm{p}ab]\ [\mathrm{p}ac]\ [\mathrm{p}bc]\,.$$

Die eckigen Klammern verwendet Gauss als Summenzeichen:

$$[\mathrm{p}a^2] = \mathrm{p}_1a_1^2 + \mathrm{p}_2a_2^2 + \ldots + \mathrm{p}_\mathrm{n}a_\mathrm{n}^2\,,$$

und $\mathrm{p}_1 \ldots \mathrm{p}_\mathrm{n}$ sind die Gewichtsfaktoren. Hiernach bildet man die «Normalgleichungen»

$$\begin{aligned} [\mathrm{p}a^2]\,x + [\mathrm{p}ab]\,y + [\mathrm{p}ac] &= 0 \\ [\mathrm{p}ab]\,x + [\mathrm{p}b^2]\,y + [\mathrm{p}bc] &= 0 \end{aligned}$$

Dies sind zwei Gleichungen mit 2 Unbekannten, woraus x und y berechnet werden können.

Das hier beschriebene Verfahren bringt die Unbequemlichkeit großer Zahlen mit sich, auch wenn man sich auf 4 Ziffern des Julianischen Datums beschränkt. Bei der Verwendung von Rechenmaschinen ist dies kaum von Nachteil. Die großen Zahlen lassen sich aber auch vermeiden, wenn man die Unbekannten M_0 und P nicht direkt berechnet, sondern Näherungswerte annimmt und ihre Verbesserungen ΔM_0 und ΔP als Unbekannte definiert. Aus der Beziehung

$$B - R = \Delta M_0 + \Delta P \cdot \mathrm{E}$$

folgt $\Delta M_0 + \Delta P \cdot \mathrm{E} - (B - R) = 0$,

und das ist wieder eine lineare Bedingungsgleichung mit $a = 1, b = \mathrm{E}, c = -(B - R)$, $x = \Delta M_0$, $y = \Delta P$. Jetzt wird weitergerechnet, wie oben angegeben. Die für x und y erhaltenen Werte sind die an die Näherungswerte von M_0 und P anzubringenden Verbesserungen.

Es sei auch die etwas einfachere Methode von CAUCHY beschrieben. Wir haben wieder die n Bedingungsgleichungen

$$a_1 x + b_1 y + c_1 = 0 \text{ usw.}$$

und beschränken die Betrachtung auf den hier immer gegebenen Fall $a = 1$. Wir bilden die Summe der n Gleichungen,

$$\mathrm{n}x + [b]\, y + [c] = 0\ ,$$

und erhalten, indem wir durch n dividieren, die mittlere Gleichung

$$x + \frac{[b]}{\mathrm{n}} y + \frac{[c]}{\mathrm{n}} = 0\ .$$

Wenn wir jetzt diese mittlere Gleichung von jeder der Bedingungsgleichungen subtrahieren, ergeben sich n Gleichungen von der Form

$$\left(b_\mathrm{i} - \frac{[b]}{\mathrm{n}}\right) y + c_\mathrm{i} - \frac{[c]}{\mathrm{n}} = 0 \ (\mathrm{i} = 1, 2 \ldots \mathrm{n})\ ,$$

das heißt, daß x eliminiert ist und aus jeder Gleichung zunächst ein Wert von y, dann ein solcher von x berechnet werden kann. Die erhaltenen y-Werte werden gemittelt, desgleichen die x-Werte.

Variable Perioden

Eine theoretische Voraussetzung für die Anwendung der Methode der kleinsten Quadrate ist, daß sich die $(B - R)$-Werte wie zufällige Fehler verhalten. Bei nicht sehr langen Beobachtungsreihen und der Bestimmung erster Elemente dürfen wir dies meist annehmen. Bei langen Beobachtungsreihen muß indessen die Frage gestellt werden, ob die Periode konstant ist. Eine Nichtkonstanz zeigt sich im $(B - R)$-Diagramm dadurch, daß die ausgleichende Gerade durch eine Kurve ersetzt werden müßte. Man glaubte lange Zeit, daß periodische Änderungen der Periodenlänge die Regel seien und fügte der linearen Formel ein **Sinusglied** bei:

$$M = M_0 + P \cdot \mathrm{E} + k \cdot \sin(\alpha \cdot \mathrm{E} + \varphi)$$

Dabei ist die Konstante k die in Tagen gegebene halbe Amplitude der Verfrühung und Verspätung der Maxima gegen die lineare Formel, und $\frac{2\pi}{\alpha} = P_1$ ist die Periode des Sinusgliedes in Einheiten von P; φ ist eine Konstante, die die Phase des Sinusgliedes zur Epoche $\mathrm{E} = 0$ bestimmt.

Lassen wir die Beschränkung fallen, daß E eine ganze Zahl sein soll, und betrachten es als stetig fortschreitend, als E', so gilt für jeden beliebigen Zeitpunkt T die Beziehung

$$T = M_0 + P \cdot E' + k \cdot \sin(\alpha \cdot E' + \varphi)\,,$$

und durch Differentiation nach E' erhalten wir den jeweiligen Wert P' der Periode:

$$P' = P + k \cdot \alpha \cdot \cos(\alpha \cdot E' + \varphi)$$

Ein Beispiel möge die Verhältnisse erläutern. Die Elemente seien

$$M = M_0 + P \cdot \mathrm{E} + 20^{\mathrm{d}} \cdot \sin(3^\circ \cdot \mathrm{E} + 300^\circ)\,.$$

Die Periode des Sinusgliedes ist 360/3 = 120 Epochen, das heißt, daß die Periode P in 120 Zyklen alle ihr möglichen Werte durchläuft. Mit $k = 20^{\mathrm{d}}$ und $\alpha = \frac{2\pi \cdot 3}{360} = 0{,}052\,358$ (Bogenmaß) ergibt sich $k \cdot \alpha = \pm 1^{\mathrm{d}}\!\!.047$ als Variationsbreite der Periode.

Bild 3 zeigt die Wirkung des Sinusgliedes $+20^{\mathrm{d}} \cdot \sin(3^\circ \cdot \mathrm{E} + 300^\circ)$ auf die Lage der Maxima, wobei, wie eben bemerkt, die Länge des großen Zyklus $360^\circ \mathrel{\hat{=}} 120\,P$ ist und der Winkel von $\varphi = 300^\circ$ die Phase zur Epoche $\mathrm{E} = 0$ bestimmt.

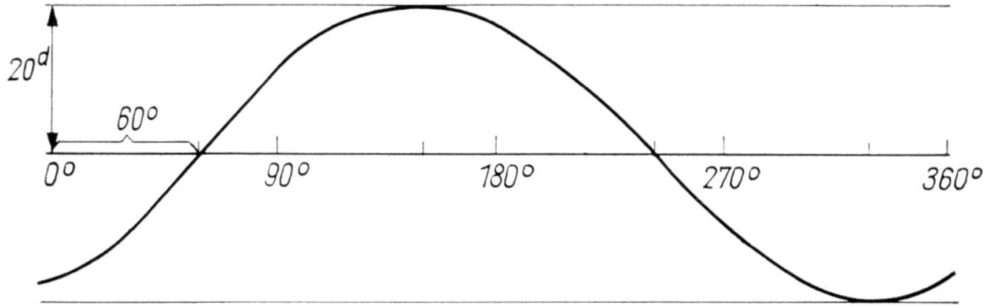

Bild 3 Graphische Darstellung des Sinusgliedes $+20^{\mathrm{d}} \cdot \sin(3^\circ \cdot \mathrm{E} + 300^\circ)$

Die Anwendung von Sinusgliedern, besonders bei den langperiodischen Veränderlichen, hat in den letzten Jahrzehnten sehr an Bedeutung verloren, da erkannt wurde, daß die Änderungen der Perioden meist von anderer Art sind. Es gibt aber auch Fälle von progressiver Verlängerung oder Verkürzung der Perioden. Dieser Art von Änderungen trägt man Rechnung durch Zusatzglieder mit **Potenzen von E**, wobei k_1 und k_2 positive oder negative Konstanten (Einheit: Tag) sind:

$$M = M_0 + P \cdot \mathrm{E} + k_1 \cdot \mathrm{E}^2 + k_2 \cdot \mathrm{E}^3\,.$$

1.4. Julianisches Datum — Zeitangaben

Wie aus den vorstehenden Ausführungen erkennbar ist, müssen zur Durchführung der Rechnung die Tage fortlaufend gezählt werden. Diesen Zweck erfüllt die Julianische Periode, die im Jahre 1581 von Joseph Justus Scaliger eingeführt wurde. In den astronomischen Jahrbüchern finden wir entsprechende Tabellen, doch kann das Julianische Datum leicht berechnet werden, wenn wir die Zahl für Januar 0 kennen. Wir suchen zum Beispiel das Julianische Datum (JD) des 29. Mai 1968. In einer Tabelle finden wir: 1968 Jan. 0 = 2439856 und addieren 31 + 29 + 31 + 30 + 29 = 150 und erhalten: 1968 Mai 29 = 2440006. Die Angabe der Einheit (Tag) unterbleibt gewöhnlich, so z. B. in den Elementen der Veränderlichen. Tabelle 4 ermöglicht die Berechnung des JD für eine Reihe von Jahren; doch bedient man sich in der Praxis

Tabelle 4 Julianisches Datum für Januar 0

1961	243	7300	1981	244	4605
1962	243	7665	1982	244	4970
1963	243	8030	1983	244	5335
1964	243	8395	1984	244	5700
1965	243	8761	1985	244	6066
1966	243	9126	1986	244	6431
1967	243	9491	1987	244	6796
1968	243	9856	1988	244	7161
1969	244	0222	1989	244	7527
1970	244	0587	1990	244	7892
1971	244	0952	1991	244	8257
1972	244	1317	1992	244	8622
1973	244	1683	1993	244	8988
1974	244	2048	1994	244	9353
1975	244	2413	1995	244	9718
1976	244	2778	1996	245	0083
1977	244	3144	1997	245	0449
1978	244	3509	1998	245	0814
1979	244	3874	1999	245	1179
1980	244	4239	2000	245	1544

zweckmäßigerweise der an verschiedenen Stellen zu findenden Tafeln oder rechnet sich selbst Tabellen, die den Wert für jeden Tag eines Jahres enthalten.

Es ist wichtig zu wissen, daß der Julianische Tag **von Mittag zu Mittag Weltzeit** gezählt wird, also nicht um Mitternacht beginnt. Weltzeit (WZ) oder Universal Time (UT) ist die Mittlere Sonnenzeit des Nullmeridians (MZ Greenwich), Mitteleuropäische Einheitszeit (MEZ) minus eine Stunde. Die Zählung von Mittag zu Mittag ist eingeführt worden, um den Datumwechsel um Mitternacht WZ zu vermeiden, und zwar beginnt der Julianische Tag 12 Stunden später als das entsprechende Kalenderdatum. Der 29. Mai 1968 hat das JD 2440006; dieser Tag dauert vom 29. Mai 13^h bis zum 30. Mai 13^h MEZ.

Der fernstehende Leser wird diesen Sachverhalt für eine unnötige Komplikation halten. Es soll deshalb erklärt werden, wie sie zustandegekommen ist. Seit sehr langer Zeit hatten die Astronomen den Tag um Mittag beginnen lassen, aus dem oben angegebenen Grunde, und alle Jahrbücher waren danach berechnet. Da beschlossen die Herausgeber des führenden englischen Jahrbuchs, des Nautical Almanac, mit dem Anfang des Jahres 1925 den Tagesbeginn auf Mitternacht zu legen, und zwar auf Veranlassung der Marine. Da zwischen den Jahrbuchredaktionen aus Gründen der Arbeitsökonomie ein Austausch des Materials mit weitgehender Arbeitsteilung bestand, waren die anderen Jahrbücher — American Ephemeris, Connaissance des Temps, Berliner Astronomisches Jahrbuch u. a. — gezwungen, ebenfalls die Änderung einzuführen. Nur mit dem Julianischen Datum wurde nach internationaler Vereinbarung eine Ausnahme gemacht, denn die Umstellung hätte hier einen Bruch der Kontinuität bedeutet und damit dem Sinn der Einrichtung widersprochen.

Die Tageszeit wird in **Dezimalteilen des Tages** angegeben, bei Beobachtungen Veränderlicher Sterne von kurzer Periode meist auf 3 Dezimalstellen, immer in Weltzeit. Zur Verwandlung von Stunden und Minuten in Dezimalteile des Tages gibt es Tafeln in den Jahrbüchern. Ein Beispiel in Tabelle 5 kann helfen, Fehler zu vermeiden.

Bei raschwechselnden Sternen, d. h. solchen, deren Perioden kleiner sind als ein Tag, ist es zweckmäßig, die Beobachtungszeiten wegen der differentiellen Laufzeit

Tabelle 5 Beispiele von Tagesbruchteilen

Datum	MEZ	WZ	JD	
1968 Mai 29	13^h	12^h	244	0006,000
	21	20		0006,333
	22	21		0006,375
	23	22		0006,417
	24	23		0006,458
Mai 30	1	0		0006,500
	2	1		0006,542
	3	2	244	0006,583

des Lichtes zu korrigieren. Nehmen wir einen Veränderlichen an, der nahe der Ekliptik steht, so wird um die Oppositionszeit das Licht des Sterns auf der Erde um etwa 8 Min. früher ankommen als bei der Sonne; zur Zeit der Quadraturen wird kein Unterschied sein, und gegen die Konjunktion hin wird eine Verspätung eintreten. Mit Hilfe dieses Effekts hat bekanntlich Olaf Römer an den Verfinsterungen der Jupitermonde die Lichtgeschwindigkeit bestimmt. Man reduziert deshalb die beobachteten Maxima- oder Minimadaten, oder besser noch die Einzelbeobachtungen, auf den Ort der Sonne. Die sogenannte **Lichtgleichung** hängt vom Ort des Sterns relativ zur Ekliptik ab; sie hat den Wert Null für die Pole der Ekliptik. Die Formel ist:

$$\text{Lichtgleichung} = -0\overset{d}{,}00577 \cdot R \cdot \cos\beta \cdot \cos(L - \lambda) .$$

Dabei ist R der Radiusvektor der Erde, der nur wenig von 1 abweicht, L die Sonnenlänge, und λ, β sind die ekliptikalen Koordinaten des Sterns. Die um die Lichtgleichung berichtigten Daten nennt man heliozentrische Daten und kennzeichnet sie mit dem Sonnensymbol $\odot$. Tafeln der Lichtgleichung sind von Prager (1932) veröffentlicht worden.

1.5. Benennung der Veränderlichen Sterne

Die zum Teil aus dem Altertum überlieferte Einteilung des Himmels in **Sternbilder** ist auch von der modernen Wissenschaft beibehalten worden. Zu Anfang des 17. Jahrhunderts bezeichnete J. Bayer (1572 bis 1625) die hellen Sterne innerhalb jedes Sternbildes mit griechischen, und soweit diese nicht ausreichten, mit lateinischen Buchstaben. Dazu kamen später für die schwächeren Sterne Nummern aus den Sternkatalogen von Hevelius, Flamsteed und anderen, so daß man auf den heutigen Karten der helleren Sterne Bezeichnungen sehr verschiedener Herkunft nebeneinander findet. Soweit die Veränderlichen Bayersche Buchstaben tragen, bedurfte es keiner Sonderbenennung; Beispiele sind δ Cephei, η Carinae, α Herculis, β Lyrae, α Orionis, β Persei u. a..

Eine neue Phase der allgemeinen Sternbezeichnung begann mit den großen Durchmusterungs-Katalogen, die nach 1850 entstanden. Einige Hunderttausende von Sternen bis etwa 10. Größe wurden durch genäherte Örter und genäherte Helligkeiten gekennzeichnet und erhielten als Namen die Nummern in den von Grad zu Grad fortschreitenden Deklinationszonen. Diese Kataloge, die Bonner nördliche und südliche Durchmusterung, die Cordoba-Durchmusterung, die Cape Photographic Durchmusterung — das Wort Durchmusterung ist international geworden — und endlich der vom Harvard Observatory herausgegebene Henry Draper Catalogue der Sternspektren haben für die Erforschung der Veränderlichen Sterne größte Bedeutung, wie wir bei der Beschreibung der Beobachtungen und ihrer Bearbeitung noch sehen werden, und es ist unerläßlich, bei der Beschreibung eines Veränderlichen anzugeben, ob er in einem dieser Kataloge enthalten ist. Für die Benennung aber kamen diese Katalognummern nicht in Betracht.

Die Erstellung der Bonner Durchmusterung führte zu einer Anzahl von Neuentdeckungen, und so sah sich ihr Initiator Argelander veranlaßt, für die Veränderlichen ein **besonderes System der Benennung** einzuführen. Die kleinen Buchstaben und die ersten großen Buchstaben des Alphabetes waren bereits vergeben, aber die großen Buchstaben gegen das Ende hin waren noch frei. Da Argelander die Veränderlichkeit für eine seltene Erscheinung hielt, glaubte er wohl, daß man in keinem Sternbild jemals mehr als 9 Veränderliche entdecken würde, und empfahl daher, die Veränderlichen jedes Sternbilds mit den Buchstaben R, S, T, U, V, W, X, Y, Z zu bezeichnen, verbunden mit dem Genitiv des lateinischen Sternbildnamens. Dieses System ist bis heute beibehalten worden, bedurfte aber bald der Erweiterung. Der Vollständigkeit halber folgt eine Tabelle der Sternbilder mit den lateinischen Genitiven und den von der IAU eingeführten Kurzbezeichnungen (Tab. 6). Beispiele für Bezeichnungen sind also R Aquilae, U Cephei, X Leonis Minoris, abgekürzt R Aql, U Cep, X LMi.

Bald zeigte sich, daß die von Argelander vorgesehenen 9 Buchstaben bei weitem nicht ausreichten, zumal nach der Einführung der Photographie die Anzahl der Neuentdeckungen rasch anstieg. Man bediente sich der Doppelbuchstaben RR, RS, RT ... bis ZZ. Als diese Möglichkeit erschöpft war, begann man eine neue Reihe mit AA ... AZ, BB ... BZ, die mit QQ ... QZ endete, da die Kombinationen von RR ab bereits vergeben waren. Inversionen, wie BA, sind nicht zugelassen. Es standen somit für jedes Sternbild 334 Buchstabenbezeichnungen zur Verfügung.

Inzwischen hatte der holländische Astronom Nijland vorgeschlagen, eine einheitliche Benennung durchzuführen. Unter Beibehaltung der Sternbilder sollten die Veränderlichen mit V 1, V 2 usw. bezeichnet werden. R Aql hätte demnach V 1 Aql, RR hätte V 10 geheißen. Trotz der Zweckmäßigkeit dieses Vorschlags glaubte man, gute Gründe zu haben, ihn abzulehnen. Erstens waren ja die Buchstabenbezeichnungen seit Jahrzehnten in die Literatur eingegangen, und zweitens verbanden sich mit bestimmten Bezeichnungen feste Typenbegriffe, wie U Gem, SS Cyg, RR Lyr, so daß es nicht ratsam schien, diese durch Zahlen zu ersetzen. Eine Konzession aber machte man dem Vorschlag Nijlands: Als in einigen Sternbildern, zuerst im Sagittarius, QZ erreicht und somit die Buchstabenbezeichnungen erschöpft waren, nannte man die nächsten Veränderlichen V 335, V 336 usw., so daß die jeweils letzte Zahl zugleich die Anzahl der in dem Sternbild bisher benannten Veränderlichen angab, abgesehen von etwaigen hellen Veränderlichen mit eigenen Bezeichnungen. In den meisten Milchstraßensternbildern ist inzwischen die Zahl 334 überschritten worden. Einige Beispiele mit den zur Zeit höchsten Nummern seien hier angeführt (Kukarkin u. Mitarb. 1976): V 1357 Aql, V 822 Cen, V 1739 Cyg, V 2118 Oph, V 1057 Ori, V 926 Sco, V 4064 Sgr.

Da die Veränderlichen besonders in den Wolken der Milchstraße sehr dicht stehen, war eine genaue Festlegung der **Grenzen der Sternbilder** erforderlich. Die Astronomische Gesellschaft, bis zum ersten Weltkrieg als internationale Organisation anerkannt, hatte schon im Jahre 1867 beschlossen, daß allen einschlägigen Arbeiten die Stern-

Tabelle 6 Übersicht der Sternbilder

Lateinischer Name	Genitiv	Kurzbezeichnung	Deutscher Name
Andromeda	Andromedae	And	Andromeda
Antlia	Antliae	Ant	Luftpumpe
Apus	Apodis	Aps	Paradiesvogel
Aquarius	Aquarii	Aqr	Wassermann
Aquila	Aquilae	Aql	Adler
Ara	Arae	Ara	Altar
Aries	Arietis	Ari	Widder
Auriga	Aurigae	Aur	Fuhrmann
Bootes	Bootis	Boo	Bärenhüter
Caelum	Caeli	Cae	Grabstichel
Camelopardalis	Camelopardalis	Cam	Giraffe
Cancer	Cancri	Cnc	Krebs
Canes Venatici	Canum Venaticorum	CVn	Jagdhunde
Canis Maior	Canis Maioris	CMa	Großer Hund
Canis Minor	Canis Minoris	CMi	Kleiner Hund
Capricornus	Capricorni	Cap	Steinbock
Carina	Carinae	Car	Kiel des Schiffes
Cassiopeia	Cassiopeiae	Cas	Cassiopeia
Centaurus	Centauri	Cen	Zentaur
Cepheus	Cephei	Cep	Cepheus
Cetus	Ceti	Cet	Walfisch
Chamaeleon	Chamaeleontis	Cha	Chamäleon
Circinus	Circini	Cir	Zirkel
Columba	Columbae	Col	Taube
Coma Berenices	Comae Berenices	Com	Haar der Berenice
Corona Austrina	Coronae Austrinae	CrA	Südliche Krone
Corona Borealis	Coronae Borealis	CrB	Nördliche Krone
Corvus	Corvi	Crv	Rabe
Crater	Crateris	Crt	Becher
Crux	Crucis	Cru	Kreuz
Cygnus	Cygni	Cyg	Schwan
Delphinus	Delphini	Del	Delphin
Dorado	Doradus	Dor	Goldfisch
Draco	Draconis	Dra	Drache
Equuleus	Equulei	Equ	Füllen
Eridanus	Eridani	Eri	Fluß Eridanus
Fornax	Fornacis	For	Chemischer Ofen
Gemini	Geminorum	Gem	Zwillinge
Grus	Gruis	Gru	Kranich
Hercules	Herculis	Her	Herkules
Horologium	Horologii	Hor	Pendeluhr
Hydra	Hydrae	Hya	Nördl. Wasserschlange
Hydrus	Hydri	Hyi	Südl. Wasserschlange
Indus	Indi	Ind	Inder
Lacerta	Lacertae	Lac	Eidechse
Leo	Leonis	Leo	Löwe
Leo Minor	Leonis Minoris	LMi	Kleiner Löwe
Lepus	Leporis	Lep	Hase
Libra	Librae	Lib	Waage
Lupus	Lupi	Lup	Wolf
Lynx	Lyncis	Lyn	Luchs
Lyra	Lyrae	Lyr	Leier
Mensa	Mensae	Men	Tafelberg

Microscopium	Microscopii	Mic	Mikroskop
Monoceros	Monocerotis	Mon	Einhorn
Musca	Muscae	Mus	Fliege
Norma	Normae	Nor	Winkelmaß
Octans	Octantis	Oct	Oktant
Ophiuchus	Ophiuchi	Oph	Schlangenträger
Orion	Orionis	Ori	Orion
Pavo	Pavonis	Pav	Pfau
Pegasus	Pegasi	Peg	Pegasus
Perseus	Persei	Per	Perseus
Phoenix	Phoenicis	Phe	Phönix
Pictor	Pictoris	Pic	Malerstaffelei
Pisces	Piscium	Psc	Fische
Piscis Austrinus	Piscis Austrini	PsA	Südlicher Fisch
Puppis	Puppis	Pup	Hinterteil des Schiffes
Pyxis	Pyxidis	Pyx	Schiffskompaß
Reticulum	Reticuli	Ret	Netz
Sagitta	Sagittae	Sge	Pfeil
Sagittarius	Sagittarii	Sgr	Schütze
Scorpius	Scorpii	Sco	Skorpion
Sculptor	Sculptoris	Scl	Bildhauerwerkstatt
Scutum	Scuti	Sct	Schild
Serpens	Serpentis	Ser	Schlange
Sextans	Sextantis	Sex	Sextant
Taurus	Tauri	Tau	Stier
Telescopium	Telescopii	Tel	Fernrohr
Triangulum	Trianguli	Tri	Dreieck
Triangulum Australe	Trianguli Australis	TrA	Südliches Dreieck
Tucana	Tucanae	Tuc	Tukan
Ursa Maior	Ursae Maioris	UMa	Großer Bär
Ursa Minor	Ursae Minoris	UMi	Kleiner Bär
Vela	Velorum	Vel	Segel des Schiffes
Virgo	Virginis	Vir	Jungfrau
Volans	Volantis	Vol	Fliegender Fisch
Vulpecula	Vulpeculae	Vul	Fuchs

bildgrenzen der Uranometria Nova, eines im Jahre 1843 von Argelander veröffentlichten Kartenwerkes, zugrunde gelegt werden sollten. Bei den Veränderlichen Sternen ergaben sich jedoch Schwierigkeiten. Erstens waren die Grenzen der Uranometria Linien von unregelmäßigem Verlauf, und bei dem ziemlich kleinen Maßstab gab es zweifelhafte Fälle; zweitens zeigte sich, daß verschiedene Exemplare der Karten nicht exakt übereinstimmten, weil die Sterne und die Sternbildgrenzen von verschiedenen Kupferplatten gedruckt worden waren. Daher beschloß die Internationale Astronomische Union eine neue Festlegung der Grenzen mit der Forderung, daß diese erstens durchweg Rektaszensions- und Deklinationskreise sein und zweitens so gelegt werden sollten, daß Änderungen der schon erfolgten Zuordnung Veränderlicher Sterne zu Sternbildern vermieden würden. Für den südlichen Sternhimmel war die erste Forderung bereits erfüllt durch die 1877 von Gould veröffentlichte Uranometria Argentina, deren Aequinoktium 1875,0 ist. Die Aufgabe war also, den Nordhimmel diesem System anzupassen. Das Ergebnis ist die Délimination Scientifique des Constellations, Cambridge 1930, bearbeitet von Delporte in Uccle bei Brüssel. Zu den Karten gehören Tabellen, die alle Grenzen nach Rektaszension und Deklination angeben. Das Aequinoktium mußte der Einheitlichkeit wegen auch hier auf 1875,0 gelegt werden, was bei der Benutzung des Werkes zu beachten ist.

Zum Teil abweichend ist die Benennung der Veränderlichen Sterne in Kugelhaufen und in den beiden Magellanschen Wolken.

Die hier beschriebenen Benennungen werden den Sternen erst dann zugeteilt, wenn die Tatsache der Veränderlichkeit gesichert und einiges über ihre Art bekannt ist. Bis zum zweiten Weltkrieg hatte es die Redaktion der Astronomischen Nachrichten unternommen, allen als veränderlich angezeigten Sternen **vorläufige Bezeichnungen** zuzuteilen, und zwar eine laufende Nummer in Verbindung mit der Jahreszahl, mit jedem Jahre neu beginnend, z. B. 377.1943 Sge. Unabhängig davon hatten einige Institute, an denen die Suche nach Veränderlichen planmäßig betrieben wurde, eigene Systeme eingeführt, zuerst das Harvard College Observatory, das die Bezeichnung HV mit laufender Nummer und ohne Nennung des Sternbildes von Beginn der Arbeit an wählte. Dieses Verfahren ist dann, nachdem die vorläufige Benennung bei den Astronomischen Nachrichten nicht mehr vorgenommen wurde und keinen Nachfolger fand, von einer Anzahl von Entdeckern angewandt worden. Darauf soll in dem Abschnitt über die Entdeckung der Veränderlichen Sterne noch einmal eingegangen werden.

2. Pulsierende Veränderliche

2.1. Klassische Pulsationssterne

2.1.1. Historisches, Bezeichnungen

Wie aus einem der einleitenden Abschnitte zu entnehmen ist, wurden die ersten der im vorliegenden Abschnitt zu behandelnden Veränderlichen im Jahre 1704 von PIGOTT (η Aql) und GOODRICKE (δ Cep) entdeckt. Nicht die geringste Ahnung konnte man seinerzeit von der Bedeutung haben, die dieser Veränderlichen-Typus später für die Astronomie erlangen sollte. Man erkannte zwar bald die große Regelmäßigkeit der Helligkeitsänderungen, aber mehr als ein Jahrhundert mußte vergehen, bis entdeckt wurde, daß synchron zu den Helligkeitsänderungen die Radialgeschwindigkeit (BELOPOLSKY) und offenbar die effektive Temperatur (K. SCHWARZSCHILD) variieren. Obwohl durch A. RITTER schon 1879 radiale Pulsationen eines homogenen Sterns theoretisch behandelt wurden, hielt sich eine ziemlich künstlich ausgebaute Doppelsternhypothese bis zu den ebenfalls bereits im Einführungskapitel erwähnten Arbeiten von SHAPLEY (1914) und EDDINGTON (1918). Man bedenke, daß die berühmte Perioden-Helligkeits-Beziehung der δ-Cephei-Sterne bereits 1912 von LEAVITT entdeckt worden ist. Jene Beziehung, durch deren Anwendung diese Sterne zum geeigneten und sichersten Mittel der Entfernungsbestimmung naher extragalaktischer Objekte wurden, war also schon anwendbar, bevor eine profunde Theorie zu ihrer Deutung existierte.

Es soll erwähnt werden, daß damals auch versucht wurde, die Helligkeitsänderungen durch gestaltsändernde Schwingungen, allerdings ohne Erfolg, zu erklären, also durch einen Mechanismus, den wir in den modernen Theorien der nicht-radialen Pulsationen (Kap. 2.3.) wiederfinden.

Die Bezeichnungsweise ist leider nicht ganz einheitlich. Im englischen Sprachgebrauch verwendet man häufig den Ausdruck «cepheid» als Oberbegriff für alle im vorliegenden Kapitel 2.1. behandelten Arten und benutzt dann zur weiteren Unterscheidung erläuternde Termini, z. B. population I cepheid. Denselben Typus bezeichnet man auch als «δ-Cephei-Stern» oder noch deutlicher als «klassischen δ-Cephei-Stern». Beobachter neigen dazu, Prototypen, wie oben geschehen, zur Klassifizierung heranzuziehen. Wir selbst vermeiden den Begriff «Cepheiden» an dieser Stelle, da er für die Mitglieder eines Meteorstroms bereits vergeben ist.

2.1.2. δ-Cephei- und W-Virginis-Sterne

Definition, Statistik und Lichtkurven

Die Sterne dieser beiden Gruppen (Bilder 4 u. 5) sind gekennzeichnet durch periodischen Lichtwechsel mit Perioden zwischen 1 und rund 70 Tagen, wobei Perioden un-

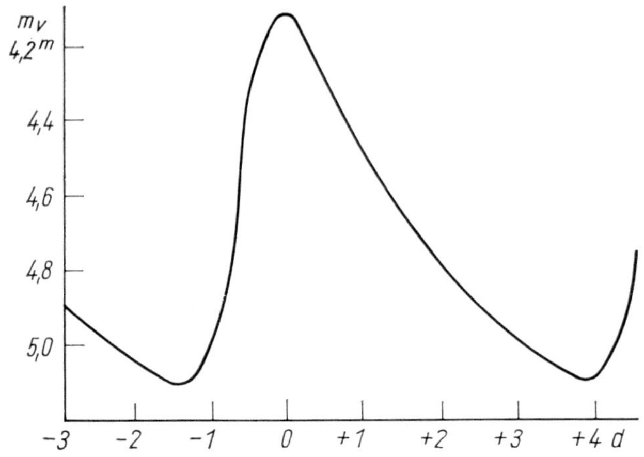

Bild 4 Lichtkurve von δ Cep

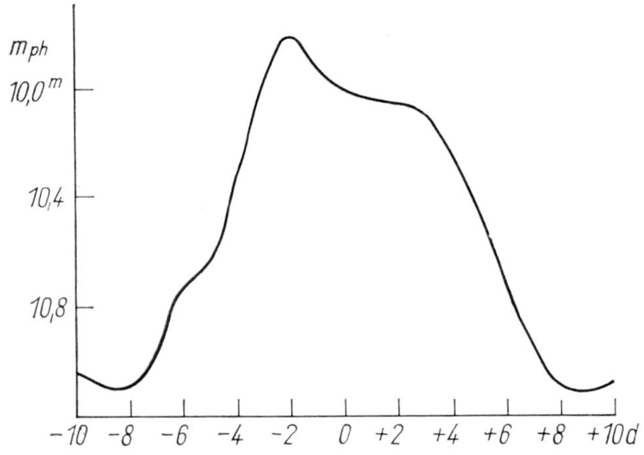

Bild 5 Lichtkurve von W Vir

terhalb 2 und oberhalb 50 Tagen selten sind. Sie werden gelegentlich als «langperiodische δ-Cephei-Sterne» bezeichnet im Gegensatz zu den «kurzperiodischen», den RR-Lyrae-Sternen (Kap. 2.1.3.). Die Amplituden sind mäßig groß, meist zwischen 1 und 2 mag; Werte bis hinab zu 0,1 mag werden gefunden, wenn auch selten. Diese gut definierten Klassen dürfen unter den physischen Veränderlichen als diejenigen angesehen werden, die die geringsten Unregelmäßigkeiten hinsichtlich Periodenlänge und Kurvengestalt aufweisen. Die **Perioden-Helligkeits-Beziehungen** gestatten überdies, durch Ermittlung der Periode die absolute Helligkeit zu erhalten. Man beachte, daß die Periodenbestimmung im allgemeinen keine Probleme bietet, das Vorhandensein einer hinreichenden Anzahl passend verteilter photographischer Aufnahmen oder anderer photometrischer Meßwerte vorausgesetzt.

Es ist ein glücklicher Umstand, daß die beiden Magellanschen Wolken reich an δ-Cephei-Sternen sind. Da es sich um weit entfernte und nicht sehr große Systeme handelt, darf man die Einzelsterne als genähert gleichweit von uns entfernt ansehen, so daß ihre scheinbaren Helligkeiten nur noch um den von der Entfernung abhängigen, in Größenklassen gegebenen Entfernungsmodul zu korrigieren wären, wenn man die absoluten Größen erhalten will. Die Beziehung wurde von Miss Leavitt (1912) an 25 Sternen der Kleinen Magellanschen Wolke entdeckt. Über die Entfernungen der

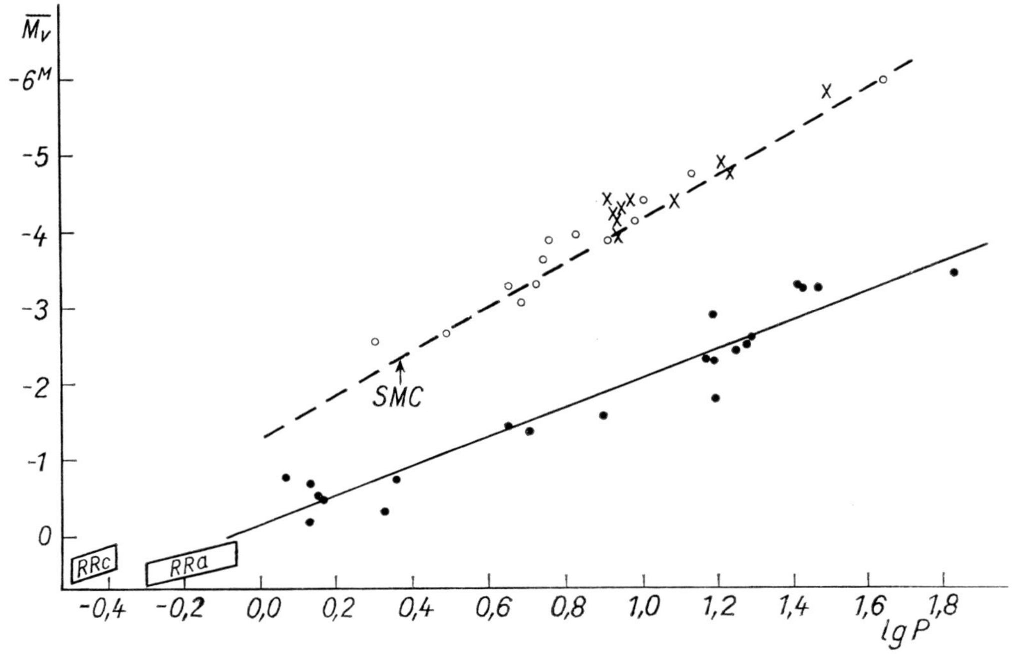

Bild 6 Periode-Leuchtkraft-Beziehungen von δ-Cephei-Sternen (*obere Schar*) und W-Virginis-Sternen in Kugelhaufen (*untere Schar*). ○ Veränderliche in galaktischen Haufen, × Veränderliche in der Großen Magellanwolke. Die gestrichelte Gerade stellt die Beziehung in der Kleinen Magellanwolke dar, die untere Gerade gibt die mittlere Relation für die zugehörige Punkteschar. Zum Vergleich ist noch schematisch die Position der RR-Lyrae-Sterne im Kugelhaufen ω Cen wiedergegeben. Nach DICKENS u. CAREY (1967), ergänzt nach Tabelle 7 (Definition von $\overline{M}_V$ s. d.)

wenigen hellen galaktischen δ-Cephei-Sterne (δ Cep, η Aql und einige andere; die ursprüngliche Arbeit SHAPLEYS umfaßte nur 11 Sterne) bestimmte man deren absolute Helligkeiten und eichte damit die Perioden-Helligkeits-Beziehung, die nun im Prinzip zur verläßlichen Entfernungsbestimmung galaktischer und extragalaktischer Objekte benutzt werden kann. Die Eichung unterlag aber mancherlei Ungenauigkeiten und Fehlern. So mußten beispielsweise im Jahre 1952 die extragalaktischen Entfernungsangaben verdoppelt werden, da bis dahin die absolute Helligkeit der galaktischen δ-Cephei-Sterne zu niedrig angesetzt worden war. Man beachte, daß SHAPLEY unter Heranziehung von Radialgeschwindigkeit und Eigenbewegung auf eine mittlere Parallaxe der 11 Sterne von nur 0,″0034 kam; die Kleinheit dieses Wertes kennzeichnet seine Unsicherheit. Inzwischen ist in zahlreichen Arbeiten diese Perioden-Leuchtkraft-Beziehung präzisiert (Bild 6) und durch Einfügung weiterer Parameter (chemische Zusammensetzung und effektive Temperatur) der zunehmenden Beobachtungsgenauigkeit angepaßt worden. In den grundlegenden Arbeiten von SANDAGE und TAMMANN (z. B. 1969) werden die in Tabelle 7 aufgeführten 13 galaktischen δ-Cephei-Sterne zur Kalibrierung verwandt. Ihre absoluten Helligkeiten sind durch ihre Lage in Sternhaufen und Assoziationen oder in einer Staubwolke bekannter Entfernung (SU Cas) (RACINE 1968) gut bekannt.

Im Generalkatalog der Veränderlichen von KUKARKIN und Mitarb. (1969, 1971, 1974, 1976) sind 396 als sicher klassifiziert anzusehende δ-Cephei-Sterne aufgeführt,

Tabelle 7 δ-Cephei-Sterne zur Kalibrierung der Leuchtkräfte

Stern	Haufen	P	$\overline{M}_V$
SU Cas	—	$1^d_,95$	−2,54
EV Sct	NGC 6664	3,09	−2,62
CE Cas b	NGC 7790	4,48	−3,205
CF Cas	NGC 7790	4,87	−3,075
CE Cas a	NGC 7790	5,14	−3,275
UY Per	h, χ Per	5,36	−3,54
VY Per	h, χ Per	5,53	−3,91
U Sgr	M25	6,74	−3,93
DL Cas	NGC 129	8,00	−3,84
S Nor	NGC 6087	9,75	−4,03
VX Per	h, χ Per	10,89	−4,34
SZ Cas	h, χ Per	13,62	−4,71
RS Pup	Pup III	41,38	−5,95

($\overline{M}_V$ ergibt sich aus der an Hand der Intensitäts-Lichtkurve gebildeten Mittel-Intensität)

die mit wenigen Ausnahmen dem Milchstraßensystem angehören. Die Ausnahmen betreffen vor allem einige Objekte in der weiteren Umgebung der Kleinen Magellanwolke, die physisch zu dieser gehören (z. B. Gessner 1981 a). Da die δ-Cephei-Sterne als typische Mitglieder der Population I meist nur geringen Abstand von der Milchstraßenebene haben, wird ihre Entdeckung trotz ihrer hohen Leuchtkraft durch die interstellaren Dunkelwolken hier und da erschwert.

Neben dieser, der reinen Population I angehörenden Gruppe der **«klassischen» δ-Cephei-Sterne** existiert die zweite, durch Amplitude, Lichtkurve, spektrale Eigenschaften und Radialgeschwindigkeitskurve unterschiedene Gruppe der **W-Virginis-Sterne**. Diese werden in der Literatur oft als «Cepheiden der Population II» bezeichnet, obwohl seit längerer Zeit bekannt ist (z. B. Woolley 1966 und Richter 1967 a), daß eine Vielzahl von W-Virginis-Sternen der Scheibenpopulation angehört. Dem oben zitierten Katalogwerk entnehmen wir 102 hierher zu zählende Sterne. Es soll erwähnt werden, daß bei weiteren rund 270 (z. T. mit Fragezeichen versehenen) Fällen über die Zugehörigkeit zu einer der beiden Gruppen nicht entschieden werden kann, und zwar aus Mangel an geeigneten Beobachtungen.

Für die W-Virginis-Sterne existiert eine gesonderte Periode-Leuchtkraft-Beziehung; ihre Neigung ist flacher als bei den δ-Cephei-Sternen, und die absoluten Helligkeiten sind durchschnittlich mehr als 1 mag geringer (s. Bild 6). Die Bestimmung erfolgt zumeist in kugelförmigen Sternhaufen, und wie bei den δ-Cephei-Sternen ist auch bei den W-Virginis-Veränderlichen die Frage nach der Einheitlichkeit der Periode-Leuchtkraft-Beziehung in unterschiedlichen Sternsystemen (oder -haufen) wohl noch nicht exakt zu beantworten.

Die Verteilung der Sterne auf die verschiedenen **Periodenwerte** in Tabelle 8 entnehmen wir einer Arbeit von Petit (1960). Er bezog 525 Fälle ein. Die Zahl ist geringfügig größer als die Summe unserer oben für 1976 angegebenen Zahlen (498). Dies liegt an einer gewissen Menge früher falsch klassifizierter und inzwischen ausgeschiedener Objekte und zeigt, daß bei späteren Suchaktionen der Zuwachs neuer Veränderlicher dieser Typen jedenfalls nicht erheblich war. Letzteres hängt mit ihrer hohen Leuchtkraft zusammen; sie waren bis in große Raumtiefen ziemlich erschöpfend entdeckt worden, zumindest soweit sie nicht hinter großen Dunkelwolken-Komplexen stehen.

Tabelle 8 Verteilung der Perioden bei galaktischen δ-Cephei- und W-Virginis-Sternen

log P	δ-Cephei-Art	W-Virginis-Art
0,0	0	2
0,05	0	3
0,15	1	6
0,25	3	5
0,35	6	10
0,45	22	4
0,55	42	5
0,65	63	1
0,75	72	3
0,85	58	1
0,95	25	4
1,05	29	8
1,15	30	25
1,25	18	16
1,35	13	12
1,45	6	11
1,55	6	6
1,65	3	2
1,75	0	2
1,85	1	1
1,95	0	0
Gesamtzahl	398	127

(lg P bedeutet jeweils die Mitte eines 0,1 breiten lg P-Intervalls; P in Tagen)

Die Tabelle 8 geht im Argument von $P \approx 1^d$ bis 100^d, doch ist die Anzahl der Sterne auf den Flügeln so gering, daß etwa nicht zugehörige Fälle die Statistik nicht ändern. Man erkennt bei den δ-Cephei-Sternen ein Maximum bei lg $P \approx 0{,}75$, $P = 5^d{,}6$, und ein Nebenmaximum bei lg $P = 1{,}1$, $P = 12 \ldots 13^d$, an einer Stelle, wo die W-Virginis-Sterne ihr Hauptmaximum haben, wogegen diese ein flaches Nebenmaximum bei $P = 2^d{,}2$ aufweisen. Der δ-Cephei-Stern mit der kürzesten gegenwärtig bekannten Periode in unserer Galaxis ist V 473 Lyr (Breger 1981) mit $P = 1^d{,}49$; er besitzt allerdings einige Besonderheiten. Unter den W-Virginis-Sternen scheint BX Del eine der kürzesten Perioden ($1^d{,}09$) aufzuweisen; siehe hierzu die zusammenfassende Darstellung des photometrischen Verhaltens (Gestalt und Variabilität der Lichtkurve) durch Fuhrmann (1982). In diesem unteren Periodenbereich liegen weiterhin noch z. B. V 553 Cen (ein Kohlenstoff-Stern mit $P = 2^d{,}06$), RT TrA ($1^d{,}95$), SW Tau ($1^d{,}58$) und BL Her ($1^d{,}31$). Letzterer wird häufig als Prototyp einer kleinen Gruppe angesehen, insbesondere bei der Erwähnung von Sternen ähnlicher Periodenlänge in Kugelhaufen (Kap. 5).

Auch die **Amplituden** sind von der Periode abhängig. Bei Perioden von 2^d bis 3^d ist die visuelle Amplitude etwa 0,5 mag, die photographische (Bereich B) 1,0 mag, bei $P = 40^d$ bis 50^d sind die Werte 1,2 mag (vis.) und 1,7 mag (pg.). Im Ultravioletten sind die Amplituden noch größer, bei δ Cep um den Faktor 3,4 gegenüber dem visuellen Wert.

Schon Hertzsprung (1926) wies auf ein **systematisches Verhalten der Lichtkurven** der δ-Cephei-Sterne hin (Bild 7). Im Bereich der kürzesten Perioden sind die Kurven glatt. Zwischen $P = 6^d{,}5$ und 9^d beobachtet man vielfach eine Welle im absteigenden Ast, deren Phase mit zunehmender Periode abnimmt. Der Buckel koinzidiert bei

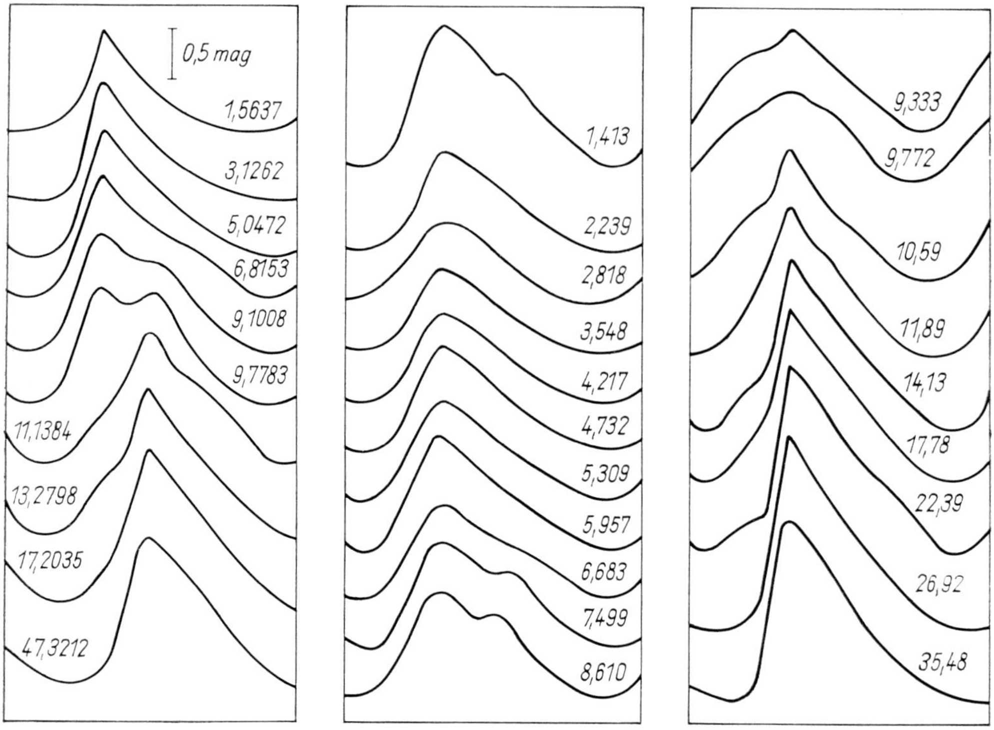

Bild 7 Beziehung zwischen Periodenlänge und Lichtkurvenform bei δ-Cephei-Sternen. *Links*: Magellansche Wolken; *Mitte* und *rechts*: Galaxis (nach PAYNE-GAPOSCHKIN)

$P = 10^{\mathrm{d}}$ mit dem Maximum und erscheint bei größeren Perioden im Aufstieg, insbesondere bei 14^{d} und 15^{d} in dessen unterem Teil. Bei $P > 15^{\mathrm{d}}$ ist die Kurve im allgemeinen wieder glatt. Unter den hellen Vertretern hat η Aql ($P = 7^{\mathrm{d}}_{,}177$) eine deutliche Welle im Abstieg.

Eine ausgedehnte einheitliche photoelektrische Beobachtungsreihe in 5 Farben von ungefähr 150 δ-Cephei-Sternen der südlichen Milchstraße hat PEL (1976) ausgeführt und in nachfolgenden Arbeiten hinsichtlich des Vergleichs mit theoretisch erhaltenen Modell-Parametern diskutiert.

Die Lichtkurven von W-Virginis-Sternen des allgemeinen Feldes hat KWEE (1968) studiert. Er fand, daß sekundäre Wellen und Buckel weitverbreitet sind, insbesondere bei Periodenwerten von 1 bis 3 Tagen und, auf dem absteigenden Ast, zwischen 13 und 19 Tagen (Bild 8). Im allgemeinen scheinen plötzliche Periodenänderungen bei W-Virginis-Sternen viel häufiger vorzukommen als bei δ-Cephei-Sternen.

Ein ganz abnormer und bisher einzigartiger Fall, der im Jahre 1966 die Aufmerksamkeit der Astronomen auf sich zog, ist der W-Virginis-Stern **RU Cam** mit $P = 22^{\mathrm{d}}_{,}26$. Anfang 1966 teilten FERNIE und DEMERS (1966) mit, daß RU Cam anscheinend seine Veränderlichkeit eingestellt habe. Die photographische Himmelsüberwachung der Sternwarte Sonneberg ergab nach der Bearbeitung von HUTH (1966) das in Bild 9 aufgezeigte überraschende Verhalten. Zugleich untersuchte dieser Autor die langfristigen Veränderungen der Periode, die zwischen $22^{\mathrm{d}}_{,}055$ und $22^{\mathrm{d}}_{,}187$ schwankte. Das Spektrum ist veränderlich, K0 im Maximum und R2 im Minimum; es handelt

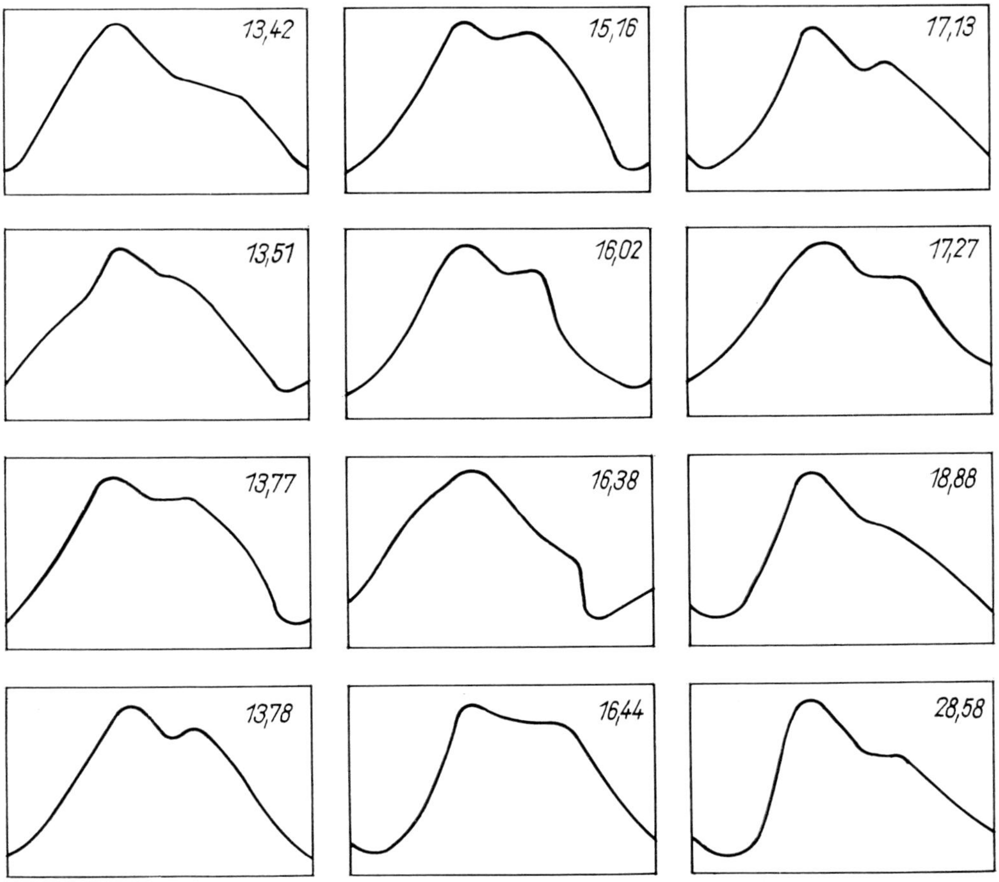

Bild 8 Lichtkurven von 12 galaktischen W-Virginis-Sternen verschiedener Periodenlänge (nach Payne-Gaposchkin)

sich also um einen Kohlenstoffstern, und die dementsprechende Spektralklassifikation ist $C0_1$ bis $C3_2$e. Die Anwesenheit von Kohlenstoff an der Oberfläche kann bei diesen alten Sternen, bei denen im Innern bereits einiges He in C umgewandelt ist, durch Massenverlust der ursprünglich äußeren Schichten erklärt werden. Das vorübergehende Erlöschen der Pulsationen (die Amplitude stieg ab 1967 wieder an) ist jedoch vorerst rätselhaft. Nach Beobachtungen von Wallerstein und Crampton (1967) war auch die Veränderlichkeit der Radialgeschwindigkeit zum Stillstand gekommen.

Zustandsgrößen

Die δ-Cephei-Sterne sind **Überriesen**, im wesentlichen der Leuchtkraftklasse Ib; im Hertzsprung-Russell-Diagramm besetzen sie einen engen, steilen, wenig nach rechts geneigten Streifen, der ungefähr begrenzt wird durch die absoluten Helligkeiten $M_v = -2 \ldots -6$ und die Spektraltypen F5 ... K0, und zwar sind längere Perioden mit späterem Spektraltyp und größerem Farbenindex verbunden. Spektrum und Farbe der Objekte zeigen nicht nur diese Periodenabhängigkeit von Stern zu Stern

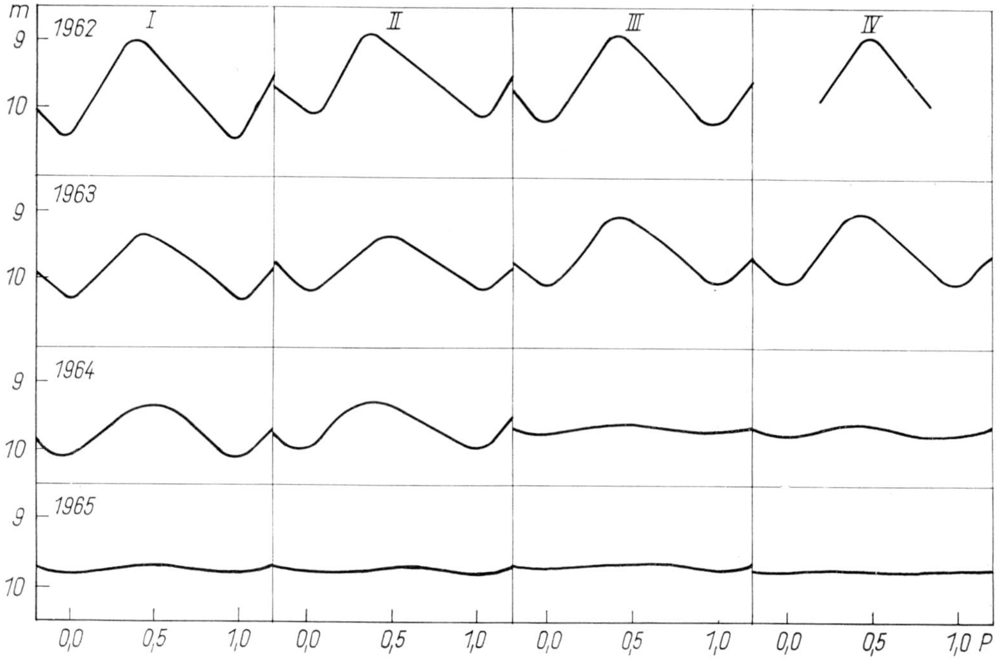

Bild 9 Mittlere photographische Lichtkurve von RU Cam, quartalsweise nach Huth (1966)

Tabelle 9 Spektraltyp-Variationen bei einigen δ-Cephei-Sternen

Stern	Periode	Spektraltyp
SU Cas	$1^{\mathrm{d}}{,}94$	F5 ... F7
δ Cep	5,37	F5 ... G2
η Aql	7,18	F6,5 ... G2
ζ Gem	10,15	F7 ... G3
X Cyg	16,38	F7 ... G8
T Mon	27,01	F7 ... K1

sondern auch eine starke Phasenabhängigkeit beim Einzelstern, so daß sich die Farbe nach dem Roten hin verschiebt, wenn der Stern schwächer wird. Infolgedessen sind, wie oben dargestellt, die photographischen Amplituden meist erheblich größer als die visuellen. In der Tabelle 9 geben wir einige Beispiele für die Spektraltyp-Variationen.

Die mittleren **Radien** der δ-Cephei-Sterne sind von der Größenordnung $5 \cdot 10^6$ bis $100 \cdot 10^6$ km, etwa 10 bis 150 Sonnenradien. Der größere Stern dieser Art würde also, an die Stelle der Sonne gesetzt, bis zur Venusbahn reichen. Erwartungsgemäß haben die mittleren Radien eine enge Korrelation mit den Perioden, die sich durch die Beziehung $R = 4 \cdot 10^6\, P$ (Einheiten: km, Tag) wiedergeben läßt. Für die Mehrzahl der helleren δ-Cephei-Sterne liegen neben den Lichtkurven auch die Kurven der Radialgeschwindigkeit vor. Durch Integration der Radialgeschwindigkeitskurve erhält man die Kurve der Radiusschwankung ΔR in der Form $R\text{-}R_{\mathrm{Min}}$ in linearem Maß. Andererseits kann man aus den spektralen Variationen die Änderung der Effektivtemperatur und damit über das Stefan-Boltzmannsche Gesetz diejenige der Flächenhelligkeit ableiten, woraus unter Einbeziehung der scheinbaren Helligkeit eine Kurve der Radiusschwankung in der Gestalt R/R_{Min} folgt. Der aus der Kombination beider Kurven leicht ableitbare Radius R muß im Prinzip in Verbindung mit der Temperatur denjenigen Wert für die Leuchtkraft ergeben, der davon unabhängig auch aus Entfernung, scheinbarer Helligkeit und interstellarer Extinktion folgt. An diese Betrachtung, die zunächst zur Prüfung der Pulsationshypothese und später zur Bestimmung der durch die genannten Beziehungen verbundenen physikalischen Größen diente, sind Namen wie Baade, Bottlinger, W. Becker, van Hoof und Wesselink geknüpft. In der Tabelle 10 sind einige Werte für die maximale Radiusschwankung von δ-Cephei-Sternen (unter Hinzunahme von RR Lyrae) gegeben; in diesen Betrachtungen bedeuten die Indizes Min und Max die Kennzeichnung der Extrema des Radius.

Tabelle 10 Radiusschwankung bei Pulsationssternen

Stern	P	$R_{\mathrm{Max}}/R_{\mathrm{Min}}$
RR Lyr	$0^{\mathrm{d}}.57$	1,072
T Vul	4,44	1,152
δ Cep	5,37	1,119
η Aql	7,18	1,091
ζ Gem	10,15	1,085

Man erkennt, daß der Radius (und Durchmesser) des Sterns in der Phase maximaler Expansion um etwa 10% größer ist als bei stärkster Kontraktion.

Bild 10 zeigt leicht schematisiert die zeitlichen Änderungen einiger Zustandsgrößen in Abhängigkeit von der Phase bei δ-Cephei-Sternen. Licht- und Radialgeschwindigkeitskurven von δ-Cephei-Sternen sind fast Spiegelbilder voneinander. Lediglich zwischen dem Auftreten der sekundären Wellen in beiden Kurven scheint eine systematische Zeitdifferenz von reichlich einem Tag zu bestehen, die aber theoretisch erklärbar zu sein scheint.

Zu beachten ist, daß der Lichtwechsel der Pulsationssterne durch zwei einander entgegenwirkende Effekte verursacht wird. Im Zustand stärkster Kontraktion ist die sichtbare Fläche verkleinert, bei 10% Radiusänderung im Verhältnis 0,81:1. Bei konstanter Temperatur wäre die Intensität des Sternlichts dann also um 19% geschwächt. Indessen ist die Kontraktion nach den Gasgesetzen mit einer Temperaturerhöhung verbunden, durch welche die Flächenverkleinerung weit überkompensiert wird, weil nach dem Stefan-Boltzmannschen Gesetz die Gesamtstrahlung (Strahlungsleistung, bolometrische Strahlung) proportional der 4. Potenz der absoluten Temperatur ist. Man kann demnach erwarten, daß das Helligkeitsmaximum der Phase stärkster Kompression, d. h. dem Minimum des Radius, entspricht. Dies ist nicht ganz der Fall, vielmehr liegt das Lichtmaximum um etwa 0,13 P später, als die einfache Theorie verlangt, und koinzidiert, wie oben angedeutet, mit der größten Kontraktionsgeschwindigkeit (s. Bild 10). Durch verschiedene theoretische Ansätze hat man versucht, dieses «phase lag problem» zu lösen; indessen wird es von den Theoretikern nicht als erheblich angesehen.

Die **Massen** der δ-Cephei-Sterne liegen abhängig vom Periodenwert zwischen 3 und 16 Sonnenmassen. Die Größenordnung ist durch theoretische Modellrechnung gut fundiert, jedoch geben verschiedene Methoden Unterschiede in den erhaltenen Massen bis zu einem Faktor 3. Eine unabhängige direkte Massenbestimmung war bei BM Cas

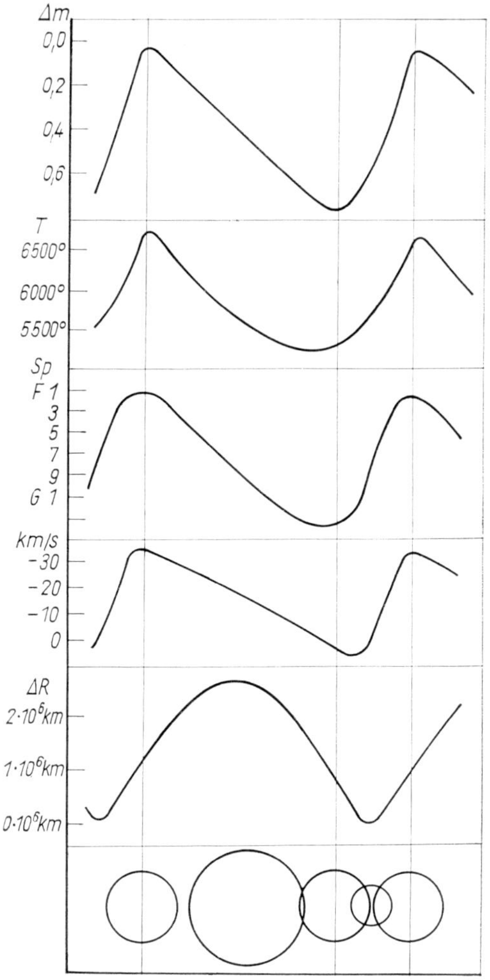

Bild 10 Zeitliche Änderungen einiger Zustandsgrößen bei δ Cep (von *oben*: Helligkeit, effektive Temperatur, Spektraltyp, Radialgeschwindigkeit, Radius und Fläche des Sterns)

möglich, einem Bedeckungssystem, dessen eine Komponente pulsiert. Das System besteht nach THIESSEN (1956) aus einem Überriesen vom Spektraltypus A5 und der absolutenGröße $-8\overset{\mathrm{M}}{,}4$, also einem der hellsten bekannten Sterne, und einem δ-Cephei-Stern mit $P = 27^{\mathrm{d}}$, $M_{\mathrm{bol}} = -6{,}0$. Für letzteren errechnete sich eine Masse von 14,3 Sonnenmassen. Der Wert ist für die angegebene Periode nicht unplausibel; man sollte ihm aber kein allzu hohes Gewicht beimessen, da gegenwärtig ungewiß ist, ob es sich wirklich um einen δ-Cephei-Stern ohne Abnormitäten handelt.

Die Massen der W-Virginis-Sterne sind wesentlich geringer und werden mit rund 0,55 Sonnenmassen angegeben (BÖHM-VITENSE u. Mitarb. 1974).

Zustandekommen der Pulsationen, Entwicklungszustand

Es ist erwiesen, daß im wesentlichen die äußeren Schichten des Sterns pulsieren. Die Ursache ist erst um 1960 erkannt worden, nachdem mehrere Autoren wichtige Vorarbeit geleistet hatten (EDDINGTON, ZHEVAKIN, ROSSELAND u. a.). Es ist demnach nicht so, wie man anfangs glaubte, daß nämlich die einmal angelaufene Pulsation nunmehr die Energieerzeugung im tiefen Innern des Sterns steuert — bekanntlich sind die atomaren Kernprozesse sehr temperaturempfindlich. Vielmehr sind es die **Absorptionsverhältnisse** der äußeren Schichten, die die Pulsation aufrecht erhalten. Den Vorgang nennt man **Kappa-Mechanismus**, nach dem griechischen Formelzeichen $\varkappa$, das man für die Größe der Absorption des aus dem Sterninnern kommenden Strahlungsstroms benutzt. Eine sehr anschauliche Darstellung dieser Vorgänge geben Kippenhahn und Weigert (1964, 1965): Verantwortlich für die Anregung der Pulsation ist im wesentlichen die einige hunderttausend km unter der Sternoberfläche liegende Zone der zweiten Helium-Ionisation. In ihr ist das Element He gemäß der nach innen ansteigenden Temperatur zunehmend und zuletzt vollständig ionisiert. Bei einer geringen Kompression, die als kleine Störung stets vorkommen kann, d. h. bei Erhöhung von Druck und Temperatur, steigt in dieser Zone die Absorption von Strahlungsenergie. Durch diese Zusatzenergie wird der bei stabilen Sternen dämpfend wirkende normale Wärmeverlust kompensiert, und die Rückschwingung der betroffenen Gasschichten nach oben geht über die ursprüngliche Ruhelage hinaus. Diese Expansion bewirkt nun das Gegenteil des eben skizzierten Vorgangs, und es kommt zu einer ungedämpften Schwingung, die prinzipiell so lange anhält, wie die Dimensionen und Eigenschaften der genannten anregenden Zone entwicklungsbedingt im Stern erhalten bleiben. Man hat Kriterien, nach denen man entscheiden kann, ob ein vorliegendes, theoretisch berechnetes, Sternmodell pulsationsveränderlich ist oder nicht.

Der Entwicklungszustand der δ-Cephei-Sterne und seit jüngster Zeit auch derjenige der W-Virginis- und RR-Lyrae-Sterne ist auf Grund ausgedehnter Serien von **Modellrechnungen** einigermaßen gut bekannt. Es handelt sich um Objekte, in deren Zentrum Wasserstoff vollständig in Helium verwandelt ist. Unterschiedliche Auffassungen bestanden lediglich darüber, wieweit der He-C-Prozeß das Zentralgebiet der Sterne bereits mit Kohlenstoff angereichert hat. Hofmeister u. Mitarb. (1964) gingen davon aus, daß die Energiefreisetzung im wesentlichen schon an der Außenschale des «ausgebrannten» C-Kerns durch weitere Umwandlung von He erfolgt. Bei den Objekten von 7 Sonnenmassen entdeckten die genannten Autoren in ihren klassischen Arbeiten den heute gut bekannten mehrmaligen Wechsel von entwicklungsbedingter allmählicher Expansion und Kontraktion der Außenschichten der betrachteten Modelle, und dieser Wechsel spiegelt sich im Hertzsprung-Russell-Diagramm durch ein mehrfaches Hin und Her des Entwicklungsweges wider. Inzwischen sind auch für andere Massen von vielen Autoren ähnliche Entwicklungsrechnungen durchgeführt worden — Namen wie Demarque, Iben und Paczynski sind hier zu nennen, und es zeigt sich, daß sich auch Sterne benachbarter Massen in einem weiten Bereich ähnlich verhalten. Iben (1974) bezeichnete allerdings in einer Zusammenfassung der theoretischen Situation die δ-Cephei-Sterne eindeutig als Objekte mit Energiefreisetzung innerhalb des noch vorhandenen He-Kerns. Alle Rechnungen zeigen in sehr guter Übereinstimmung mit der Beobachtung, daß in diesem Entwicklungszustand die Neigung zu Pulsationen auftritt und daß die Sterne sich dabei in dem als **Pulsationsstreifen** («instability strip») bekannten Gebiet des HR-Diagramms aufhalten. Dieses Gebiet erreichen die massereicheren Sterne zeitlich wesentlich früher und an etwas anderen Stellen (δ-Cephei-Veränderliche) als die Objekte von knapp einer Sonnenmasse (W-Virginis- und auch RR-Lyrae-Sterne). Die Lage der blauen Kante (blue edge) des Streifens wird womöglich vom He-Gehalt der äußeren Schichten und der Masse der in Frage kommenden

Sterne bestimmt, die rote Kante ist wahrscheinlich durch die jenseits von ihr vorkommende Konvektion gegeben, die den Antriebsmechanismus der Pulsation unterdrückt (IBEN 1974). Am Rande sei erwähnt, daß es in diesem Streifen auch unveränderliche Sterne gibt (SCHMIDT 1972). COX u. Mitarb. (1973) versuchten, dies durch Helium-Mangel in jenen Bereichen des Sterninnern zu erklären, die sonst die Helium-Ionisationszonen enthalten.

Zwischen der Periode und der mittleren Dichte $\bar{\varrho}$ besteht die Beziehung

$$P \cdot \sqrt{\frac{\bar{\varrho}}{\bar{\varrho}_\odot}} = \text{const.} = Q\,.$$

Die **Pulsationskonstante** Q hat je nach dem zugrundeliegenden Sternmodell einen theoretischen Wert um $0\overset{d}{,}03$, wenn man voraussetzt, daß die Pulsation in der Grundschwingung erfolgt.

Doppelperiodische Pulsationssterne

Die Existenz einer Gruppe von δ-Cephei-Sternen mit einer abnorm großen Streuung in den photoelektrischen Lichtkurven hat wohl zuerst OOSTERHOFF (1957) erkannt. Die Analyse der Messungen zeigte, daß die Beobachtungen durch die **Überlagerung zweier Schwingungen** erklärt werden können. Sind P_0 und P_1 die beiden zugehörigen Perioden ($P_0 > P_1$), so ergibt sich eine «Schwebung» mit der Periode P_b gemäß der Beziehung

$$\frac{1}{P_1} - \frac{1}{P_0} = \frac{1}{P_b}$$

(beat period im Englischen). Einer Zusammenstellung von STOBIE (1975) entnehmen wir die in Tabelle 11 aufgeführten, seinerzeit bekannten typischen Fälle, denen wir zum Vergleich die beiden einzigen bisher entdeckten mehrfach periodischen RR-Lyrae-Sterne AC And (FITCH u. SZEIDL 1976) und AQ Leo (JERZYKIEWICZ u. WENZEL 1977) hinzugefügt haben. Der Mechanismus der Überlagerung sei an einem vereinfachten Beispiel erläutert. Die Hauptperiode sei $P_0 = 3\overset{d}{,}000$; ihr sei eine Periode P_1 überlagert, die um 1% kleiner ist, also $2\overset{d}{,}970$ beträgt. Zur Epoche 0 sollen die Maxima beider Perioden zusammenfallen, entsprechend einer steilen Gestalt der resultierenden Lichtkurve. In jedem folgenden Zyklus verzögert sich das Maximum von P_0 um $0\overset{d}{,}03$ gegenüber dem Maximum von P_1, so daß nach 49,5 P_0-Zyklen $= 148\overset{d}{,}5$ das Minimum von P_0 und das Maximum von P_1 gleichzeitig eintreten (symmetrische Lichtkurven voraus-

Tabelle 11 Mehrfachperiodische δ-Cephei- und RR-Lyrae-Sterne

Stern	P_0	P_1	P_1/P_0
Y Car	$3\overset{d}{,}6398$	$2\overset{d}{,}5590$	0,703
TU Cas	2,1393	1,5183	0,710
BK Cen	3,1739	2,2366	0,705
VX Pup	3,0117	2,136	0,709
U TrA	2,5684	1,8249	0,710
AP Vel	3,1278	2,1993	0,703
AX Vel	3,6731	2,5928	0,706
AC And	0,7112	0,5251	0,738
AQ Leo	0,5498	0,4101	0,746

gesetzt), nach weiteren $148^{\mathrm{d}}\!\!,5$ aber der Zustand der Epoche 0 sich wiederholt. Demnach ist die beobachtbare Schwebungs- oder Überlagerungsperiode $P_b = 297^{\mathrm{d}}$. Dies ergibt sich auch aus der eingangs mitgeteilten Formel.

Schon unsere Tabelle 11 bringt zum Ausdruck, daß die Verhältnisse in Wirklichkeit verwickelter sind. Die Differenz der beteiligten Perioden ist 25 ... 30%; die Überlagerungsperiode ist also nur wenige Tage und außerdem nicht ganzzahlig. Besonders wichtig ist aber, daß eine genaue Analyse der Lichtkurven eine sogenannte nichtlineare Koppelung der beiden Perioden zeigt. Dies ist insbesondere bei den beiden RR-Lyrae-Sternen (l. c.), aber z. B. auch bei U TrA (Oosterhoff 1957) der Fall und äußert sich in folgendem: Es treten zusätzlich weitere Perioden auf, die sich nach der Formel

$$1/P_{\mathrm{ij}} = |\mathrm{i}/P_0 + \mathrm{j}/P_1| \quad (\mathrm{i};\ \mathrm{j}\ \text{ganze Zahlen})$$

berechnen; z. B. ist bei AQ Leo unter anderem die Periode wirksam, die sich bei $\mathrm{i} = \mathrm{j} = 1$ ergibt, nämlich $P_{11} = 0^{\mathrm{d}}\!\!,2348$. Siehe hierzu auch die entsprechenden Darlegungen im Kapitel 2.1.3. über die RR-Lyrae-Sterne.

Die Modellrechnungen zeigen, daß mit hoher Wahrscheinlichkeit die Perioden P_0 und P_1 mit **Grund-** und **erster Oberschwingung** der radialen Pulsation identifiziert werden können; das beobachtete Verhältnis P_1/P_0 entspricht ziemlich genau dem theoretischen Wert.

Die Bedeutung der doppelperiodischen δ-Cephei-Sterne liegt in der Tatsache, daß theoretische Überlegungen zu einer Möglichkeit geführt haben, Massen und Radien der betreffenden Sterne allein aus der Kenntnis der beiden Perioden abzuleiten (z. B. Petersen 1973). Das Verhältnis P_1/P_0 bestimmt auch die Pulsationskonstante Q und daher ebenfalls die mittlere Dichte (z. B. Fitch 1970). Bezüglich der Einzelheiten muß auf die angegebenen Publikationen verwiesen werden; dort findet man auch weitere Literaturzitate. Die erhaltenen Massen (0,7 ... 1,7 Sonnenmassen) und Radien (14 ... 23 Sonnenradien) stimmen nicht mit den für normale δ-Cephei-Sterne ähnlicher Periode angenommenen Werten ($4{,}5\mathfrak{M}_\odot$ und $30 R_\odot$) überein. Die Ursache ist unklar.

Bezüglich der **entwicklungsmäßigen Stellung** der auch Doppelmoden-Sterne genannten Objekte scheinen gegenwärtig zwei Alternativen näherer Beachtung wert zu sein. Stellingwerf (1975) bevorzugt die Möglichkeit, daß es sich um eine stabile Pulsation mit den beiden gleichwertig angeregten Schwingungen handeln könne, wogegen z. B. Fitch (1970) in der schon oben erwähnten Arbeit annimmt, daß es sich um Objekte handelt, die sich in dem sehr rasch vorübergehenden Prozeß des Umschaltens von der Grundschwingung zur ersten Oberschwingung befinden. Nur zukünftige weitere Beobachtungen können hier Klarheit schaffen.

2.1.3. RR-Lyrae-Sterne

Definition und Statistik

Von den δ-Cephei-Sternen unterscheiden sich die RR-Lyrae-Sterne im wesentlichen durch ihre kürzeren Perioden und ihre Populationszugehörigkeit (II) und damit ihre Stellung im Sternsystem, im Hertzsprung-Russell-Diagramm und in der Sternentwicklung. In Übersichtsartikeln werden sie nicht selten zusammmen mit den W-Virginis-Sternen behandelt. Bemerkenswert ist ihr häufiges Vorkommen in manchen Kugelhaufen; deshalb werden sie auch gelegentlich **Haufen-Veränderliche** (cluster type variables) genannt. Hinsichtlich der Periodenlänge liegt nach unten bei etwa $0^{\mathrm{d}}\!,2$ die Abgrenzung zu den δ-Scuti-Sternen und nach oben bei etwa $1^{\mathrm{d}}\!,0$ der Übergang zu den δ-Cephei- und W-Virginis-Sternen. Besonders die obere Grenze ist durch ein tiefes Minimum in der Häufigkeitsverteilung der Perioden wohldefiniert: In der Periodenlücke zwischen $0^{\mathrm{d}}\!,9$ und $2^{\mathrm{d}}\!,2$ befinden sich nur ganz wenige Fälle; einige davon sind im entsprechenden Abschnitt des Kapitels 2.1.2. bei den δ-Cephei- und W-Virginis-Sternen aufgeführt. Diethelm (1981) nennt in einem Versuch der «photometrischen Klassifizierung der Pulsationssterne mit Perioden zwischen einem und drei Tagen» UX Nor ($P = 2^{\mathrm{d}}\!,4$) als RR-Lyrae-Stern mit der längsten Periode.

Tabelle 12 Verteilung der Perioden bei RR-Lyrae-Sternen

Periode	Prozentuale Anzahl		
	Galaxis	Kugelhaufen A	Kugelhaufen B
$0^{\mathrm{d}}\!,225$	0,8	1,5	0,4
0,275	2,3	5,8	3,2
0,325	4,6	7,7	8,5
0,375	5,6	3,1	27,6
0,425	8,5	5,4	6,8
0,475	19,4	20,0	1,4
0,525	19,6	23,8	3,2
0,575	18,1	17,6	13,1
0,625	11,5	9,6	19,0
0,675	5,7	3,8	9,0
0,725	2,5	1,0	5,9
0,775	0,8	0,4	0,9
0,825	0,3	0,2	0,8
0,875	0,3	0,1	0,2
	100,0	100,0	100,0

(Die erste Spalte gibt die Mitte des entsprechenden Periodenintervalls)

Die **Verteilung über die möglichen Perioden** kann man der Tabelle 12 entnehmen (nach Kukarkin 1975). A und B kennzeichnen Kugelhaufen mit mittlerer und sehr geringer Metallhäufigkeit in den zugehörigen Sternen. Haufen hoher Metallhäufigkeit enthalten keine RR-Lyrae-Veränderlichen. Die Tabelle 12 zeigt, daß die Verteilung über die Perioden im Hauptkörper der Galaxis und in den Kugelhaufen verschiedenen Metallgehalts bestimmte charakteristische Unterschiede zeigt, die darauf hinweisen, daß die RR-Lyrae-Sterne trotz der phänomenologischen Gleichartigkeit ihrer Variabilität keine allzu homogene Gruppe darstellen und wohl einigen kosmogonisch unterschiedlichen Prozessen ihren Ursprung verdanken. Dies äußert sich auch bei einer Anzahl weiterer Parameter, auf die hier nicht eingegangen werden soll. Es muß auf die Literatur, z. B. die genannte Darstellung von Kukarkin, verwiesen werden.

Bei den **Lichtkurven** sind verschiedene Typen zu unterscheiden. Bailey teilte die Sterne in drei Gruppen a, b, c ein, deren Kurven in Bild 11 aufgenommen sind. Auch die mittleren zugehörigen Perioden sind verschieden: a $0^{\mathrm{d}}\!,48$, b $0^{\mathrm{d}}\!,58$, c $0^{\mathrm{d}}\!,32$. Da zwischen a und b ein stetiger Übergang besteht und die Zuordnung oft zweifelhaft war, da außerdem die a-Kurven im Verhältnis von fast 4:1 häufiger sind, unterscheidet man jetzt nur noch die zwei Typen RRab und RRc. Auf die gut getrennte Gruppe RRc kommen im galaktischen Feld weniger als 10% der Fälle. In den metallarmen

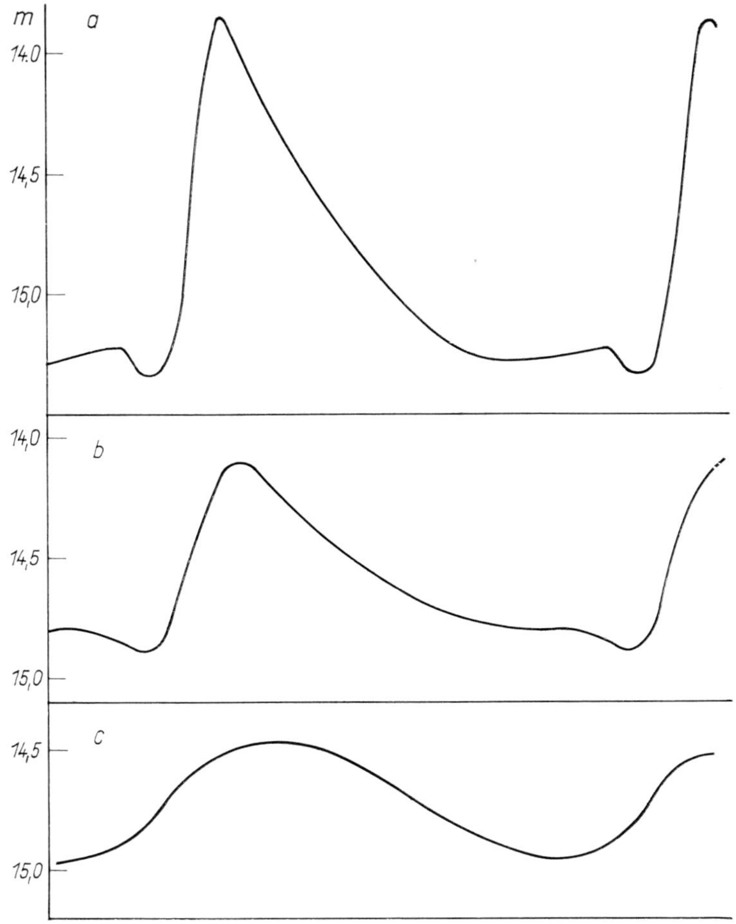

Bild 11 Haupttypen der Lichtkurvenformen von RR-Lyrae-Sternen

Kugelhaufen repräsentieren die Veränderlichen mit Perioden zwischen 0,3 und 0,4 Tagen dagegen ein hohes Maximum der Häufigkeit.

Stellvertretend für viele gute Beobachtungsreihen von RR-Lyrae-Sternen soll hier nur diejenige von Lub (1977) genannt werden, der von 90 Objekten einheitliche photoelektrische Lichtkurven in 6 Farben vorgelegt hat, ein Material, das zu einer vielseitigen Auswertung geführt hat.

Die Kataloge von Kukarkin u. Mitarb. (1969, 1971, 1974, 1976) enthalten über 5800 RR-Lyrae-Sterne der eigentlichen Galaxis. Darunter befinden sich 50% RRab- und knapp 6% RRc-Veränderliche; der Rest war hinsichtlich der engeren Gruppenzugehörigkeit unbestimmt. Man sieht, daß danach auf fast 8 bekannte RR-Lyrae-Sterne erst ein Objekt der δ-Cephei- und W-Virginis-Gruppe kommt.

Scheinperioden

An dieser Stelle sei noch auf das Problem der Scheinperioden hingewiesen, das sich gerade bei schwachen RR-Lyrae-Sternen in nicht wenigen falsch bestimmten Perioden niederschlägt, das aber auch bei anderen Arten periodischer Sterne auftritt. Der Sachverhalt besteht praktisch darin, daß man bei der Reduktion der erlangten Helligkeitswerte nach dem im Kapitel 1.3. erläuterten Verfahren dieselbe Phase φ einer Beobachtung für mehrere ganz unterschiedliche Periodenwerte erhalten kann: Zwei «Perioden» P_1 und P_2 ergeben für den betrachteten Meßwert dieselbe Phase, wenn sie in dem Zusammenhang

$$\varphi(t) = \frac{t - M_0}{P_1} - \mathrm{E}_1(t) = \frac{t - M_0}{P_2} - \mathrm{E}_2(t)$$

oder

$$(t - M_0)\left(\frac{1}{P_1} - \frac{1}{P_2}\right) = \mathrm{E}_1 - \mathrm{E}_2$$

stehen (E_1, E_2 sind als Epochenzahlen ganze Zahlen). Sind in einer Beobachtungsreihe die einzelnen Beobachtungen immer durch die Zeitdifferenz T oder ganze Vielfache davon getrennt (**«Beobachtungsfenster»**), kann man also schreiben

$$t - M_0 = \mathrm{K} \cdot T \qquad (\mathrm{K}\ \text{ganz}),$$

so ergibt sich für die «korrelierten Perioden» die Beziehung

$$\frac{1}{P_1} - \frac{1}{P_2} = \frac{\mathrm{E}_1 - \mathrm{E}_2}{\mathrm{K}} \cdot \frac{1}{T}.$$

Bei RR-Lyrae-Sternen ist häufig

$$T = 1\ \text{Sterntag} = 0\overset{\mathrm{d}}{,}9973$$

(die Messungen erfolgen stets bei demselben Stundenwinkel) und

$$|(\mathrm{E}_1 - \mathrm{E}_2)/\mathrm{K}| = 1\,.$$

Richtige (P) und falsche Periode (Scheinperiode) P_f sind dann verknüpft durch die Relation

$$\left|\frac{1}{P} - \frac{1}{P_\mathrm{f}}\right| \approx 1{,}0027\ \mathrm{d}^{-1}\,.$$

Gelegentlich ist auch T gleich einem mittleren Sonnentag (Messungen immer zur gleichen Nachtstunde) — der Unterschied gegenüber dem Sterntag ist aber hier praktisch vernachlässigbar — oder gleich einem synodischen Monat (Messungen nur in der mondfreien Zeit). Wegen der immer vorhandenen Beobachtungsungenauigkeit ergeben P und P_f auch dann annähernd gleichwertige mittlere Lichtkurven, wenn die Abstände zwischen den Messungen nur genähert der genannten Bedingung genügen. Allein an Hand des Beobachtungsmaterials sind Scheinperioden im allgemeinen lediglich in den Fällen als solche zu erkennen, bei denen es gelingt, Beobachtungen abweichend von dem durch T bestimmten Turnus zu erlangen, also im genannten Fall in anderen Stundenwinkeln als üblich.

Beispiele finden sich zahlreich in der Literatur; falsch bestimmte Perioden können die Statistik bei Untergruppen von RR-Lyrae-Sternen empfindlich stören, wie beispielsweise Pavlovskaya (1957), Wenzel (1962) und Shugarov (s. Kukarkin 1975) zeigten. Zur Verdeutlichung geben wir in Tabelle 13 einige wenige vorgekommene Fälle.

Ein jüngst von Gessner (1982) behandelter interessanter Fall ist auch BG Oct, wo 60 Messungen (allerdings nur eines Sommers) sowohl mit $P_1 = 0\overset{\mathrm{d}}{,}5992$ als auch mit $P_2 = 0\overset{\mathrm{d}}{,}7490$ darstellbar sind; $(\mathrm{E}_1 - \mathrm{E}_2)/\mathrm{K} = 1/3$.

Tabelle 13 Scheinperioden bei RR-Lyrae-Sternen

Stern	Scheinperiode	Richtige Periode
V 672 Aql	$0^d_{,}346$	$0^d_{,}530$
RV Del	0,332	0,498
XX Hya	0,337	0,508
DD Lyr	0,271	0,373
V 1514 Sgr	0,341	0,519

Veränderlichkeit der Lichtkurven und Perioden

Die Mehrzahl der RR-Lyrae-Sterne wiederholen ihre Lichtkurve von Zyklus zu Zyklus mit erstaunlicher Regelmäßigkeit. Schon anfangs des 20. Jahrhunderts wurde aber entdeckt, daß doch einige dieser Sterne merkliche Änderungen der Höhe der Maxima aufweisen und daß die Maxima-Zeiten nicht durch eine lineare Formel dargestellt werden können. RR Lyrae selbst (Bild 12) zeigt ein solches Phänomen (Shapley 1916), das heute nach dem eigentlichen Entdecker **Blazhko-Effekt** genannt wird. Blazhko fand, daß bei dem auch gegenwärtig noch als Musterbeispiel geltenden RW Dra die obengenannten sekundären Änderungen mit einer überlagerten Periode von 41,6 Tagen ablaufen. Szeidl (1976), einer der besten Kenner auf diesem Gebiet, schätzt, daß etwa 15 bis 20% der RRab-Sterne des allgemeinen Feldes Lichtkurven-

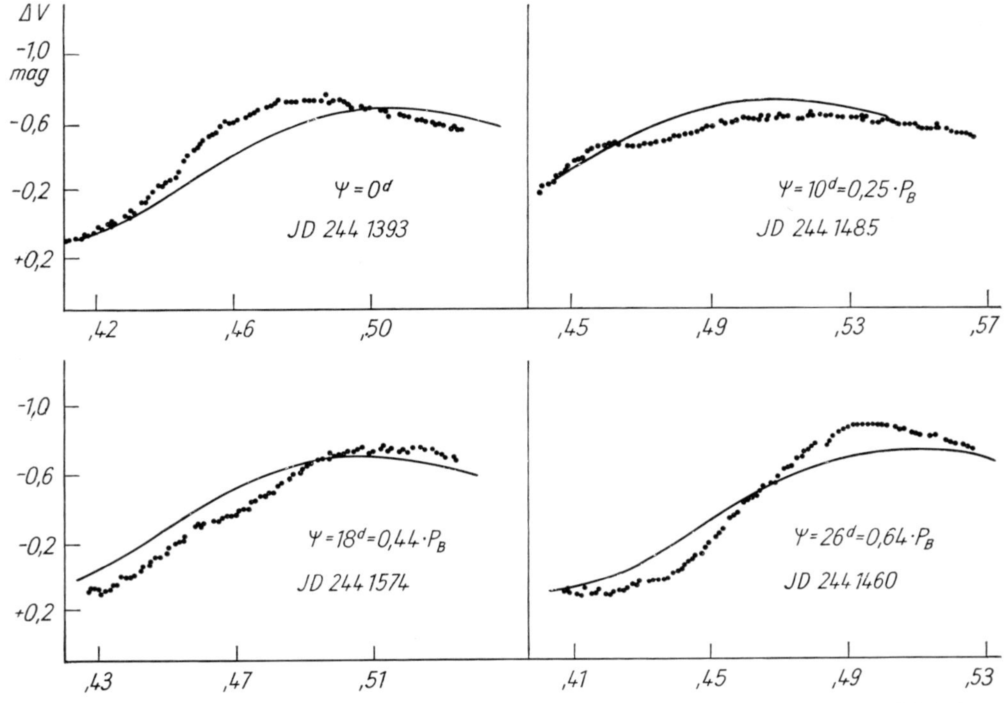

Bild 12 Blazhko-Effekt bei RR Lyr. Form von Aufstieg und Maximum der Lichtkurve zu vier verschiedenen Phasen ψ der Blazhko-Periode ($P_B = 40^d_{,}8$), nach photoelektrischen Messungen in Budapest (Punkte); die ausgezogene Linie stellt die gemittelte Kurve dar (nach Szeidl 1976)

Tabelle 14 RR-Lyrae-Sterne mit Blazhko-Effekt

Stern	P	P_B
RR Gem	$0\overset{d}{.}397$	37^d
SW And	0,442	36,8
RW Dra	0,443	41,7
AR Her	0,470	31,6
SZ Hya	0,537	25,8
RW Cnc	0,547	29,9
TT Cnc	0,563	89
RR Lyr	0,567	40,8
AR Ser	0,575	105
DL Her	0,572	33,6
Z CVn	0,654	22,7
TV Boo	0,313	33,5 RRc

Änderungen zeigen. In einer Tabelle führt er die 26 RRab-Veränderlichen und 3 RRc-Sterne auf, für die die sekundäre Periode, auch Blazhko-Periode P_B genannt, bis dahin bekannt war. Wir entnehmen als Beispiele, etwas willkürlich, aus dieser Aufstellung diejenigen Fälle (Tabelle 14), die in Budapest bearbeitet worden sind.

In der genannten Aufstellung hat die längste Blazhko-Periode RS Boo (537^d), die kürzeste BV Aqr ($11\overset{d}{.}6$); letztere dürfte jedoch noch nicht gesichert sein. Auffällig ist die auch in Tabelle 14 auftretende Häufung zwischen 20 und 40 Tagen. Es hat den Anschein, als ob der Effekt bei metallärmeren RRab-Sternen und auch in Kugelhaufen häufiger auftritt als bei den übrigen Veränderlichen des Typus RR Lyrae. Gelegentlich ist die Stärke des Blazhko-Phänomens selbst wieder Änderungen unterworfen, so bei RR Lyr, für den Detre (1969) einen 4-Jahres-Zyklus nachgewiesen hat. Bei diesem Stern scheinen die Richtung des Magnetfeldes mit der Blazhko-Periode und seine Stärke mit dem 4-Jahres-Zyklus verknüpft zu sein; dies könnte nach Szeidl (1976) «von fundamentaler Bedeutung für das Verständnis der Natur des Blazhko-Effektes» sein.

Auf eine weitere wichtige Form der Lichtkurvenänderungen von RR-Lyrae-Sternen wurde schon bei der Behandlung der doppeltperiodischen δ-Cephei-Sterne hingewiesen. Es handelt sich um die gleichzeitige Anregung der Grundschwingung und der ersten Oberschwingung (AQ Leo) oder sogar von Grund-, erster und zweiter Oberschwingung (AC And) und ihre Kopplung.

Zur Illustration dieses Sachverhalts soll hier eine vollständige Tabelle (15) der bei AQ Leo von Jerzykiewicz u. Wenzel (1977) nachgewiesenen Komponenten der Lichtkurve gegeben werden (gerundete Werte).

Die synthetische Lichtkurve ist eine Summe von Sinus-Wellen,

$$m(t) = \overline{m} + \sum_{i,j} A_{ij} \sin (2\pi t/P_{ij} + \Phi_{ij}) ,$$

wobei nicht nur Harmonische von Grund- und Oberschwingung, sondern, wie oben erwähnt, auch Mischglieder (i und j beide $\neq 0$) auftreten. P_{ij} und A_{ij} sind die in Tabelle 15 angeführten Parameter, die Glieder Φ_{ij}, auf die wir hier nicht näher eingehen, regeln die gegenseitige Phasenlage der einzelnen Wellen, und $\overline{m}$ ist die über einen repräsentativen Zeitraum gemittelte Helligkeit.

Die Übereinstimmung mit der zugrundeliegenden photoelektrisch gemessenen Lichtkurve ist ausgezeichnet (Bild 13). Vor allem aber wurden auch die zur Analyse

Tabelle 15 Komponenten der Lichtkurve von AQ Leo

i	j	P_{ij}	A_{ij}
1	0	$0^d{,}4101$	0,2210 mag
0	1	0,5498	0,1124
1	1	0,2348	0,0522
2	0	0,2051	0,0476
1	−1	1,6151	0,0395
2	1	0,1494	0,0216
3	0	0,1367	0,0175
0	2	0,2749	0,0169
1	2	0,1646	0,0116
2	−1	0,3271	0,0115
2	2	0,1174	0,0111
3	1	0,1095	0,0092
1	−2	0,8334	0,0072
4	0	0,1025	0,0059

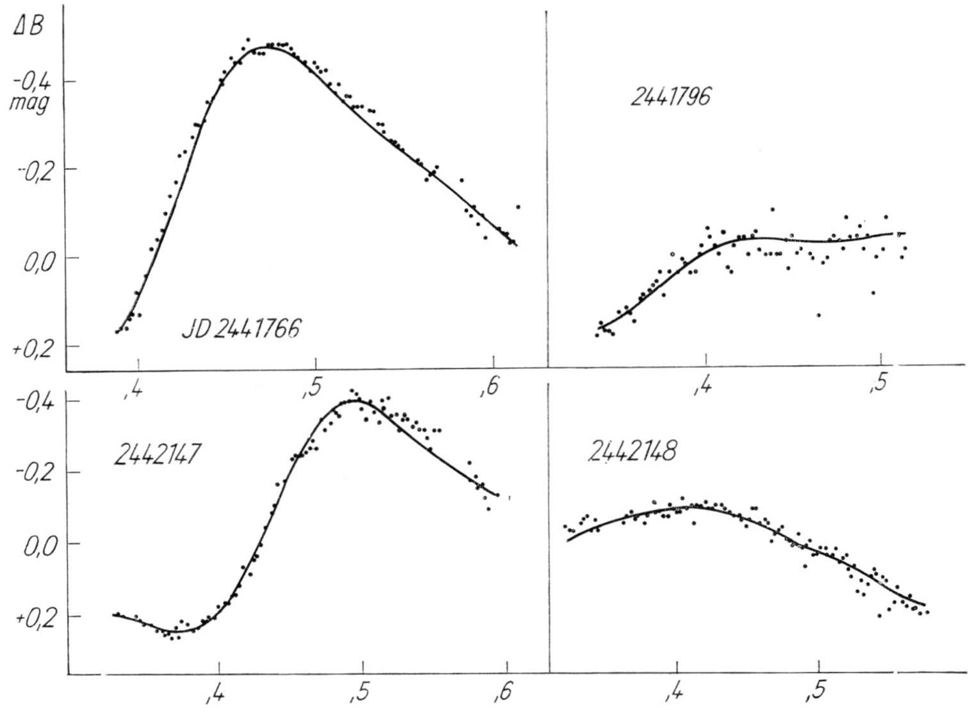

Bild 13 Vergleich der beobachteten (Punkte) und der berechneten (ausgezogene Linie) B-Lichtkurve des doppeltperiodischen RR-Lyrae-Sterns AQ Leo für vier Nächte (nach Jerzykiewicz u. Wenzel 1977)

nicht benutzten Beobachtungen nachfolgender Jahre richtig dargestellt, womit gezeigt ist, daß diese Analyse den physikalischen Sachverhalt der **Doppelmoden-Schwingung** korrekt erfaßt hat. Es soll hier erwähnt werden, daß neuerdings Borkowski (1980) am Beispiel von AR Her auch den Blazhko-Effekt durch Doppelmoden-Pulsation zu deuten versucht, wonach außer der Grundperiode $P_0 = 0^d{,}470$ eine Schwingung mit der reziproken Periode $1/P_1 = 2/P_0 + 1/P_B$ ($P_B = 31\overset{d}{.}6$ Blazhko-Periode) auftritt. P_1 entspräche dann wahrscheinlich der dritten Oberschwingung.

Als dritte Unregelmäßigkeit in den Helligkeitsänderungen von RR-Lyrae-Sternen erwähnen wir **irregulär-plötzliche** oder **säkulare Periodenänderungen** geringen Betrags; letztere geben dem $(B - R)$-Diagramm eine parabolische Form (s. Ende des Kap. 1.3.). Rosino (1972), der die Verhältnisse in Kugelhaufen zusammenfassend darstellte, notiert als Größenordnung der Veränderlichkeit der Perioden 10^{-10} Tage pro Tag. Umfangreiche Arbeiten auf diesem Gebiet leisteten Belserene, Wilkens, Szeidl, Oosterhoff, Coutts und andere. Die ursprüngliche Annahme, daß diese säkularen Verschiebungen mit der Entwicklung der RR-Lyrae-Sterne quer durch den Pulsations-Streifen im HR-Diagramm zusammenhängen, konnte nicht aufrecht erhalten werden, da die Periodenänderungen hierfür mindestens eine Zehnerpotenz zu groß sind und da außerdem beiderlei Vorzeichen auftreten (Zu- und Abnahmen). Siehe hierzu auch Kapitel 5.1.2.

Alle Unstabilitäten der Lichtkurve äußern sich häufig zuerst in einer erhöhten Streuung der Einzelbeobachtungen bei der Erstellung einer mittleren Lichtkurve. Unregelmäßigkeiten der Kurvenform scheinen dabei auch ohne die bisher in diesem Kapitel aufgeführten bekannten Gründe vorzukommen. Eine Tendenz zur verstärkten **Streuung** scheint nach Hoffmeister (1970, S. 66) bei vielen Sternen im absteigenden Ast, etwa bei der Phase 0,3, zu bestehen, wie das Beispiel LX Lyr zeige (Bild 14). Eine ältere zusammenfassende Behandlung von Hoffmeister (1955) ergab, daß von

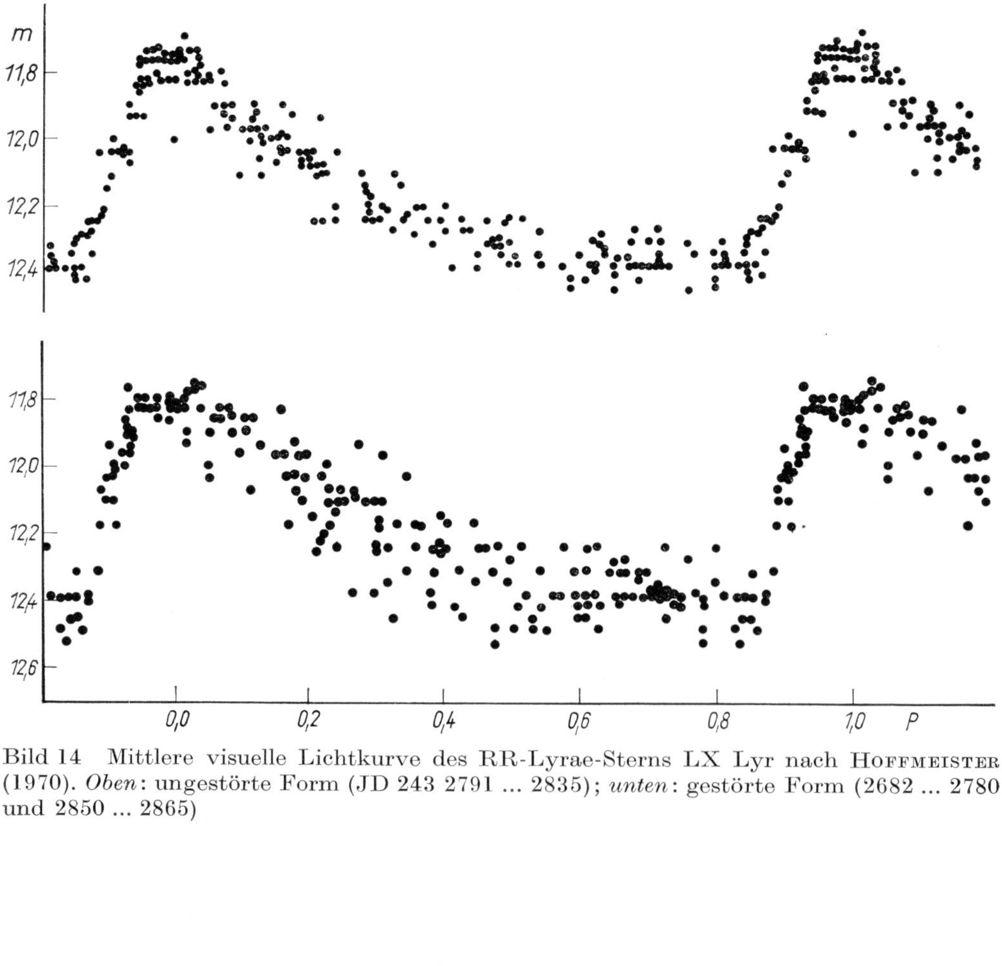

Bild 14 Mittlere visuelle Lichtkurve des RR-Lyrae-Sterns LX Lyr nach Hoffmeister (1970). *Oben*: ungestörte Form (JD 243 2791 ... 2835); *unten*: gestörte Form (2682 ... 2780 und 2850 ... 2865)

30 untersuchten Sternen des allgemeinen Feldes 20 irgendwelche Störungen der Lichtkurven aufwiesen; nur 4 oder 5 Fälle mit echtem Blazhko-Effekt seien darunter. Ein Prototyp der Sterne mit anscheinend unregelmäßig auftretender starker Streuung sei Z Mic. — Abschließend ist zu bemerken, daß trotz großer Bemühungen der Beobachter im Hinblick auf Irregularitäten bei RR-Lyrae-Sternen noch viel zu tun ist; es besteht sehr wohl die Möglichkeit, daß weitere Beobachtungen erweisen werden, daß alle Effekte unter einem einheitlichen Gesichtspunkt zu betrachten sind.

Zustandsgrößen

Die RR-Lyrae-Sterne vom Untertypus RRab betrachtete man lange Zeit als die homogenste Klasse aller Veränderlichen. Hieraus folgerte man ihre sehr gute Eignung als Indikatoren der Population II und somit für die Erforschung des Aufbaus der Galaxis. (Leider haben sie für Entfernungsbestimmung anderer Galaxien, außer den Magellanwolken und einigen Zwerggalaxien, noch keine Bedeutung, da sie im Andromedanebel und in M33 Trianguli gerade unter der Reichweite der größten Instrumente liegen.) Neuerdings mehren sich die Hinweise, wie an anderer Stelle des Kapitels 2.1.3. schon erwähnt, daß auch bei den RR-Lyrae-Sternen physikalisch unterschiedliche Gruppen existieren, die beispielsweise durch Unterschiede in Metallgehalt und Populationszugehörigkeit gekennzeichnet sind. Auch die Invarianz der **absoluten Helligkeit** ist eine nicht mehr sichere Annahme. Als Mittelwert der mittleren absoluten visuellen Helligkeit dürfte $M_V = +0{,}6$ mit einer Streuung von 0,3 bis 0,4 mag anzunehmen sein und $M_B = +1{,}0$. Diese Größen sind nur wenig periodenabhängig.

Letzteres gilt auch für die aus der Stärke der Wasserstoff-Absorptionslinien bestimmten **Spektraltypen**. Sie bewegen sich bei der großen Mehrzahl der RRab-Sterne unabhängig von der Periode zwischen ungefähr A7 im Maximum- und F5 im Minimumlicht. Anders dagegen verhalten sich die aus der K-Linie von Ca II abgeleiteten Spektraltypen. Sie zeigen von Stern zu Stern starke Unterschiede, insbesondere im Minimum, wo die Streuung ungefähr eine Spektralklasse beträgt. Eine erste, klassische Arbeit hierüber stammt von Preston (1959), der die Größe

$$\Delta S = 10 \cdot [Sp.\,(\mathrm{H}) - Sp.\,(\mathrm{Ca\ II})]\,,$$

abgeleitet in der Minimum-Helligkeit, als Parameter zur Beschreibung der Spektren und insbesondere des Metallgehalts eingeführt hat. $\Delta S = 0$ bedeutet starke Ca II-Linien und hohen **Metallgehalt**, $\Delta S = 10$ schwache derartige Eigenschaften; der Wasserstoff-Typus dagegen ist hauptsächlich ein Temperatur-Indikator, wie man es von einer normalen Spektraltyp-Angabe erwartet. Schon Preston und später eine Vielzahl anderer Autoren (s. Kukarkin 1975) erkannten, daß die relativ metallreichen Sterne zur Scheiben-Population der Galaxis gehören (geringe Neigung und geringe Exzentrizität der galaktischen Bahnen, geringere Bewegung relativ zur Sonne, geringere Streuung der Raumgeschwindigkeiten) und die metall-armen RR-Lyrae-Sterne zur Halo-Population. Beide sind mithin vermutlich unterschiedlichen Ursprungs. Es existieren jedoch eine große Anzahl bisher ungeklärter Anomalien.

Die RRc-Sterne haben systematisch frühere Spektraltypen im Minimum, sie zeigen jedoch qualitativ dieselbe Streuung in den spektroskopischen Besonderheiten.

Die Variationen der beiden oben definierten Spektraltypen mit der Phase des Lichtwechsels kann in ihren Grundzügen aus Tabelle 16 und Bild 15 entnommen werden

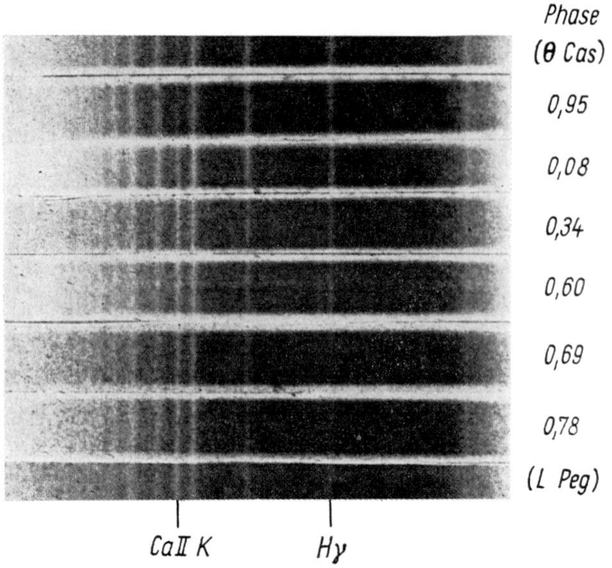

Bild 15 Sechs Spektrogramme des RR-Lyrae-Sterns XZ Dra in verschiedenen Phasen des Lichtwechsels; zum Vergleich ϑCas (A7V) und ιPeg (F5V) (nach PRESTON 1959)

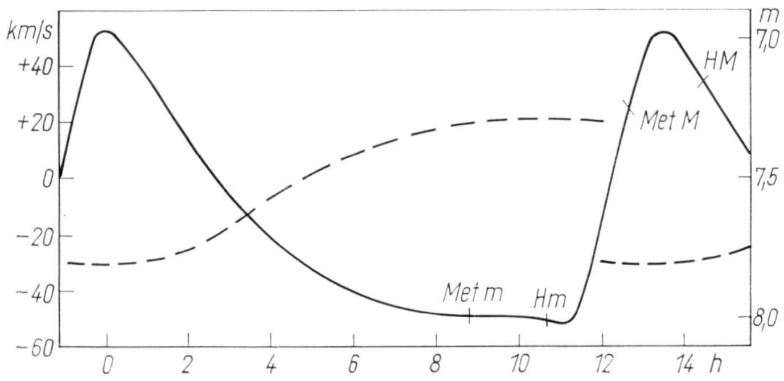

Bild 16 Mittlere Lichtkurve (*ausgezogen*) und mittlere Radialgeschwindigkeitskurve (*gestrichelt*) von RR Lyr; man beachte das Vorhandensein zweier Geschwindigkeiten etwa 2 Stunden vor dem Helligkeitsmaximum (Aufspaltung der Spektrallinien). *Met m* und *Met M*: spätester und frühester Spektraltyp auf Grund der Metallinien; *H m* und *H M*: dasselbe auf Grund der Wasserstofflinien

Tabelle 16 Spektraltyp-Variation bei RR-Lyrae-Sternen

Phase	*Sp.* (H)	*Sp.* (Ca II)		
		$\Delta S = 0$	6	10
$0^{\mathrm{P}}_{,}8$	F5	F5	A9	A5
0,0	A7	A6	A2	A2
0,1	F0	F1	A5	A3
0,3	F4	F4	A8	A5
0,6	F5	F5	A9	A5

(nach PRESTON 1959, Fig. 2); sie ist am geringsten für den Ca II-Typus der metallarmen Objekte.

Als weitere spektroskopische Besonderheit soll noch die Anwesenheit von Wasserstoff-Emissionslinien und einer Linien-Aufspaltung im aufsteigenden Ast der Lichtkurve, zunächst beobachtet bei dem relativ hellen RR Lyr selbst (Bild 16), erwähnt werden (z. B. STRUVE 1947, SANFORD 1949). Dies hat zur Annahme von **Stoßwellen** in den Atmosphären von RR-Lyrae-Sternen und anderen Pulsationssternen der Population II (s. Bilder 17 und 18) geführt. Spätere Untersuchungen zeigten aber, daß die physikalischen Verhältnisse der äußeren Schichten während der Pulsation komplizierter sind.

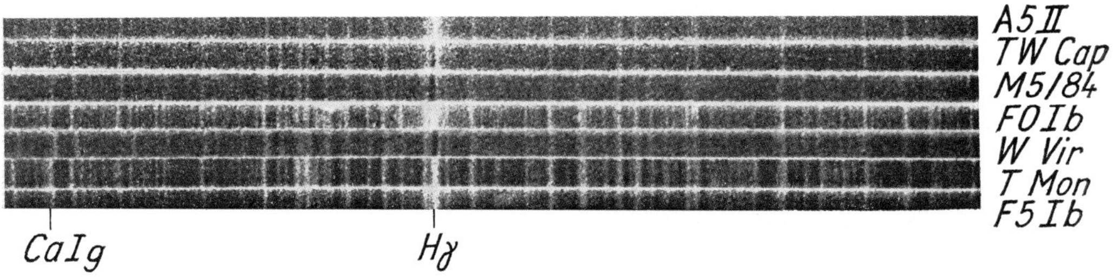

Bild 17 Spektrogramme von W-Virginis-Sternen (TW Cap, Stern 84 in M 5, W Vir) und dem klassischen δ-Cephei-Stern T Mon; zum Vergleich drei Standardspektren normaler Überriesen. Man beachte die Emissionskomponente von Hγ bei den W-Virginis-Sternen; bei dem δ-Cephei-Stern fehlt sie (nach WALLERSTEIN 1958)

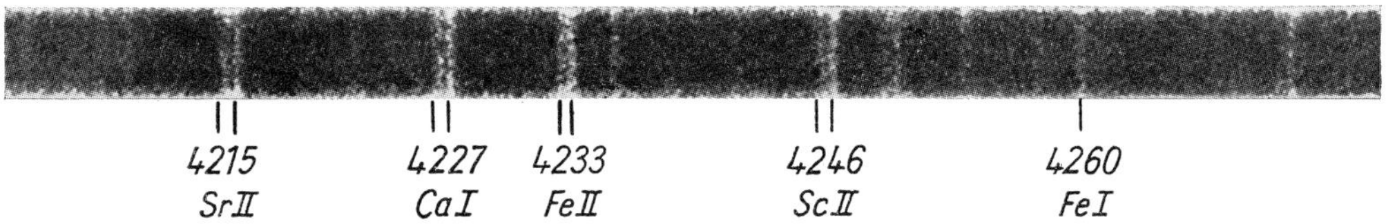

Bild 18 Ausschnitt aus einem Spektrogramm des W-Virginis-Sterns 42 im Kugelhaufen M 5, nahe der Maximum-Helligkeit. Man beachte die Verdopplung mancher Absorptionslinien, die die Anwesenheit zweier verschieden bewegter Masseschichten (auswärts- und einwärtsströmend) anzeigt (nach WALLERSTEIN 1959)

Radien und **Massen** galaktischer RR-Lyrae-Sterne wurden von WOOLLEY und SAVAGE (1971) durch eine Erweiterung der bei den δ-Cephei-Sternen beschriebenen Baade-Wesselink-Methode abgeleitet: Sie erhielten für RRab-Sterne mit $P > 0\overset{d}{.}44$ und $M_v = +0{,}40$ die Werte $R \approx 5{,}5 R_\odot$, $\mathfrak{M} \approx 0{,}5 \mathfrak{M}_\odot$, für RRc-Sterne mit $P > 0\overset{d}{.}36$ $M_v = +0{,}8$, $R \approx 4{,}5 R_\odot$, $\mathfrak{M} \approx 0{,}6 \mathfrak{M}_\odot$. Aus diesen Werten folgt für die Pulsationskonstante $Q \approx 0\overset{d}{.}03$ in prinzipieller Übereinstimmung mit dem theoretischen Wert. Es muß erwähnt werden, daß die Unsicherheit dieser Größen aber auch die von zahlreichen Theoretikern unterstützte Annahme zuläßt, daß die RRc-Veränderlichen in der ersten Oberschwingung pulsieren, deren Periode rund 3/4 der Grundschwingung beträgt.

Eigenbewegungen, Parallaxen und Raumgeschwindigkeiten sind von VAN HERK (1965) für 210 Sterne bestimmt worden. Der aus den Bewegungen abgeleiteten mittleren Parallaxe von $0\overset{''}{.}00097$ entsprechen die **absoluten Größen** $M_{pg} = +0{,}87$ und $M_v = +0{,}68$ als Mittelwerte für die betrachtete Sternauswahl, was mit den anderweitig erhaltenen Werten (siehe oben) gut zusammenpaßt.

Über den Entwicklungszustand der RR-Lyrae-Veränderlichen wurde bereits bei der Behandlung der übrigen klassischen Pulsationssterne (Kap. 2.1.2.) einiges Prinzipielle gesagt.

2.1.4. δ-Scuti-Sterne

Definition, Bezeichnungen, Statistik

δ-Scuti-Sterne sind Veränderliche der Spektraltypen A oder F mit Pulsationsperioden unterhalb von $0\overset{d}{,}3$; im Periodenintervall von etwa $0\overset{d}{,}2$ bis $0\overset{d}{,}3$ finden wir sowohl δ-Scuti- als auch RRc-Sterne, und die Unterscheidung zwischen beiden Gruppen anhand der Periode allein ist nicht möglich. Die Helligkeitsamplituden betragen einige Tausendstel bis einige Zehntel Größenklassen, ein typischer Wert ist 0,02 mag. Die meisten dieser Veränderlichen sind daher nur photoelektrischen Lichtkurvenbestimmungen zugänglich. Bild 19 enthält zwei charakteristische Lichtkurven. Die Bezeichnungsweise ist bis in die Gegenwart umstritten. Wir folgen hier der Einfachheit halber dem Vorschlag von Breger (z. B. 1979), einem der bekanntesten Spezialisten auf diesem Gebiet. Die eben genannte Publikation stellt einen Übersichtsbericht mit zahlreichen Literaturzitaten dar, dem wir im folgenden einige Details entnehmen.

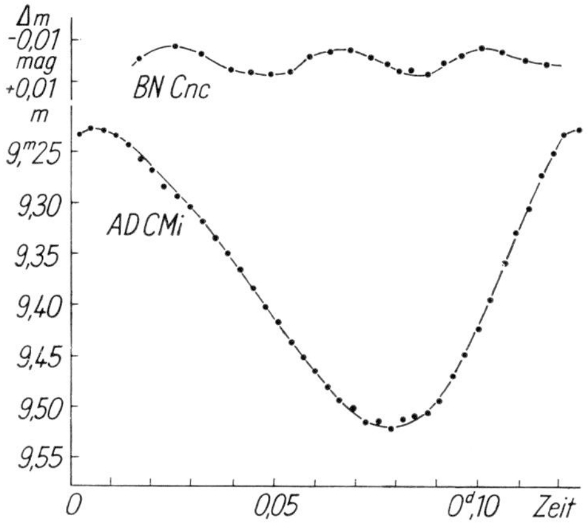

Bild 19 Photoelektrisch gemessene Lichtkurven der beiden δ-Scuti-Sterne BN Cnc und AD CMi (visueller Bereich) (nach Breger 1979)

Der erste sicher zugehörige Fall mit großer Amplitude wurde von Hoffmeister (1934) auf Platten der Sonneberger Photographischen Himmelsüberwachung entdeckt und von Jensch (1934) als «ultrakurzperiodisch» mit der Periode von $0\overset{d}{,}061 = 88$ Min. erkannt: CY Aqr. Die Lichtkurve (Bild 20) ist nur wenig veränderlich und ähnelt derjenigen eines normalen RRab- (nicht RRc-)Sternes. Die visuelle Beobachtung von CY Aqr kann sehr reizvoll sein, denn der Aufstieg um fast eine Größenklasse vollzieht sich in 10 Minuten, so daß man am Fernrohr das Hellerwerden unmittelbar sehen kann und sich mit der Feststellung der Helligkeitswerte sehr beeilen muß. Die Zeit des spitzen Maximums läßt sich auf solche Weise immerhin auf eine Minute genau bestimmen. Diesen Umstand hat Jensch (1936) benutzt, um im Rahmen eines Schulversuches die Lichtgeschwindigkeit zu messen, in derselben Weise, wie es seinerzeit O. Römer mit Hilfe der Erscheinungen an den Jupitermonden gelungen war (s. Kap. 1.4.).

Die Bezeichnung «ultra-short-periodic variables» wurde später z. B. von Eggen (ohne Rücksichtnahme auf die Amplitude) wieder aufgegriffen; sie kann jedoch angesichts der Tatsache, daß pulsierende Weiße Zwerge eine noch viel kürzere Periode aufweisen (Kap. 2.3.2.), angefochten werden. Den ersten Hinweis darauf, daß sich Objekte wie CY Aqr durch ihre physikalischen Eigenschaften von den RR-Lyrae-

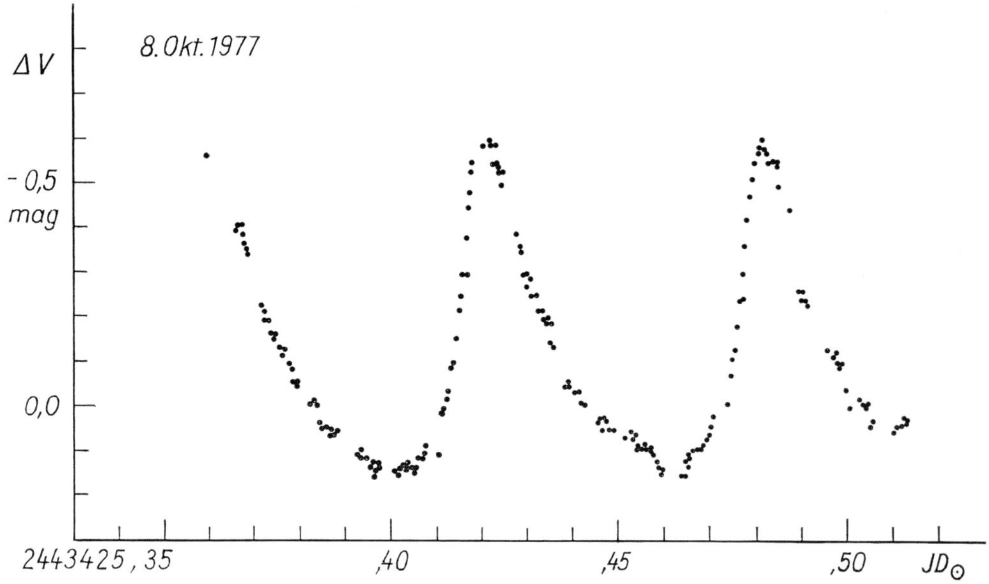

Bild 20 V-Lichtkurve von CY Aqr, photoelektrisch beobachtet 1977 Okt. 8 (Bohusz u. Udalski 1980)

Sternen unterscheiden, gab Smith (1955). Er nannte sie «dwarf cepheids», weil er sie als eine Kleinform der δ-Cephei-Sterne ansah und einer intermediären Population zuordnete. Der Ausdruck ist jedoch in mancherlei Hinsicht irreführend. Er wurde daher von anderen Autoren gelegentlich durch die Bezeichnung «AI-Velorum-Sterne» (Bessell 1969) oder «RRs-Veränderliche» (Kukarkin u. Mitarb. 1969) ersetzt, sofern einigermaßen große Amplituden vorlagen. Nach Breger (1979) und anderen existiert aber **kein physikalischer Unterschied zwischen den Objekten mit großer und kleiner Amplitude**, und da letztere um Größenordnungen häufiger sind, wird deren Prototyp δ Scuti zur Benennung der gesamten Gruppe benutzt.

Die Statistik der δ-Scuti-Sterne ist durch mehrere schwere **Auswahleffekte** entstellt. Photographische Entdeckungsverfahren kommen nur für die Objekte mit größerer Amplitude in Betracht, sind aber auf langbelichteten Aufnahmen wegen der Kürze der Periode wenig wirksam. Zahlreiche photoelektrische Durchmusterungen geeigneter Sternarten (z. B. bei A2V- bis F0V-Sternen) haben die Zahl zugehöriger Fälle stark, aber ziemlich unsystematisch erhöht. Der Generalkatalog GCVS und seine 3 Ergänzungen (Kukarkin u. Mitarb. 1969 ... 1976) führen 157 Fälle (einschließlich der fraglichen) auf, und eine Liste bei Breger (1979) enthält 129 gut untersuchte, helle und/oder besonders interessante δ-Scuti-Veränderliche. Die Verteilung der Helligkeitsamplituden (V-Bereich) in der genannten Liste wird in Tabelle 17 gegeben, und Tabelle 18 enthält Einzelangaben von denjenigen 13 Sternen, deren Amplitude größer als 0,45 mag ist, und von δ Sct selbst.

Zustandsgrößen, Zustandekommen der Pulsationen

Die meisten δ-Scuti-Sterne gehören zur Population I; eine Anzahl davon ist in offenen Sternhaufen, beispielsweise in den Hyaden, nachgewiesen. Einige wenige Veränder-

Tabelle 17 Verteilung der Amplituden bei δ-Scuti-Sternen

Amplitude V	Anzahl
$\leq$ 0,05 mag	90
0,051 ... 0,100	14
0,11 ... 0,20	3
0,21 ... 0,30	4
0,31 ... 0,40	4
0,41 ... 0,50	4
0,51 ... 0,60	5
0,61 ... 0,70	5
	129

Tabelle 18 Einige δ-Scuti-Sterne

Stern	Periode	Amplitude V	Spektrum
SX Phe	$0\overset{d}{,}055$	0,51 mag	sdF0
CY Aqr	0,061	0,73	F0
DY Peg	0,073	0,54	A9
AE UMa	0,086	0,7	A9
EH Lib	0,088	0,50	F0
RV Ari	0,093	0,70	A0
AI Vel	0,112	0,67	F2
V 703 Sco	0,115	0,50	F2
SZ Lyn	0,120	0,51	F0
DY Her	0,142	0,49	F4 III
RS Gru	0,147	0,56	A8
VZ Cnc	0,178	0,61	F2 III
BS Aqr	0,198	0,51	F3
δ Sct	0,194	0,29	F3 III—IV

liche zeigen aber geringen Metallgehalt (Indiz für Population II) und befinden sich wahrscheinlich unterhalb der normalen Hauptreihe der Population I im Hertzsprung-Russell-Diagramm (extremes Beispiel: SX Phe, dessen Leuchtkraft in Tabelle 18 mit sd — subdwarf = Unterzwerg — gekennzeichnet ist). Auch hohe Raumgeschwindigkeiten könnten in einigen Fällen auf eine Mitgliedschaft in der Population II hindeuten.

Die absoluten Helligkeiten liegen im wesentlichen zwischen $M_V = 0$ und $+3$ (Ausnahme: SX Phe, $+4\overset{M}{,}1$), also im Anschluß an den unteren Rand des durch δ-Cephei-, W-Virginis- und RR-Lyrae-Sterne besetzten Pulsationsstreifens. Es existiert eine gut ausgebildete Periode-Leuchtkraft-Beziehung, wenn man die Abhängigkeit der Leuchtkraft vom Spektraltypus durch geeignete Korrekturen berücksichtigt. Im Unterschied zu den δ-Cephei- und RR-Lyrae-Sternen ist die Radialgeschwindigkeitskurve nicht immer ein gutes Spiegelbild der Lichtkurve, und es besteht außerdem eine Phasenverschiebung zwischen beiden von rund 1/10 Periode. Das Temperaturmaximum wird kurz vor dem Helligkeitsmaximum erreicht. Nach früheren Fehlschlägen hat die in Kapitel 2.1.2. geschilderte Baade-Wesselink-Methode des Vergleichs der Radiusänderungen aus Lichtkurve und Radialgeschwindigkeitskurve zu brauchbaren Radien und Massen von δ-Scuti-Sternen geführt (Literatur s. Breger 1980); sie liegen für

Sterne mit $P = 0\overset{d}{,}14$ bei $3R_\odot$ und $2\mathfrak{M}_\odot$, und zwar unabhängig davon, ob es sich um Objekte mit größeren (RRs-Sterne) oder geringeren Amplituden (δ-Scuti-Sterne im engeren Sinn) handelt. Die Pulsationskonstante ergibt sich aus diesen groben Mittelwerten zu $Q = 0\overset{d}{,}038$. Genauere Rechnungen unter Einschluß theoretischer Modellvorstellungen bestätigen, daß **radiale Pulsationen** im allgemeinen den Hauptanteil der Veränderlichkeit liefern. Der Ursprung dieser Pulsationen ist wahrscheinlich wie bei anderen Pulsationssternen im **Kappa-Mechanismus** (Kap. 2.1.2.) zu finden, und zwar in Verbindung mit der He^+-Ionisationszone.

Davon abweichend scheinen jedoch in Einzelfällen auch nichtradiale Pulsationen vorzukommen (s. Kap. 2.3.). Die mehrfach zitierte Arbeit von Breger (1979) führt als Musterbeispiel den Veränderlichen 1 Mon = V474 Mon an, bei dem Shobbrook u. Stobie (1976) sowie Millis (1973) die Frequenzen 7,217, 7,346 und 7,475 Zyklen pro Tag (d. h. Perioden von $0\overset{d}{,}1386$, $0\overset{d}{,}1361$ und $0\overset{d}{,}1337$) gefunden haben; die Gleichheit der Unterschiede je zweier benachbarter Frequenzen ist typisch für solche Schwingungen (s. hierzu Kap. 2.3.). Die Amplitude beträgt hier 0,2 mag, das Spektrum ist mit F2 IV beschrieben. Ähnliche Fälle könnten V571 Mon = 21 Mon, V376 Per und V1208 Aql = 28 Aql sein. Dziembowski (1974) hat auch theoretisch gezeigt, daß nicht-radiale Moden in δ-Scuti-Modellen angeregt sein könnten.

Die δ-Scuti-Sterne besetzen, wie oben erwähnt, im wesentlichen den unteren Teil des bei den δ-Cephei-Veränderlichen erläuterten Instabilitäten- oder Pulsationsstreifens im Hertzsprung-Russell-Diagramm. Jedoch zeigen nur rund ein Drittel aller dort gelegenen Sterne eine meßbare Veränderlichkeit, und ob diese immer vom δ-Scuti-Typus ist, müßte auch erst noch untersucht werden. Nicht alle Faktoren, die für das Auftreten von Pulsationen oder deren Verhinderung verantwortlich sind, sind bisher bekannt. Möglicherweise spielt die Rotation hier eine Rolle, indem in langsam rotierenden Sternen mit geringer «seitlicher» Zirkulation He^+ aus der Ionisationszone abwärts diffundiert und «Metalle» zur Oberfläche: Zu geringer He^+-Gehalt in der Ionisationszone führt zum Versagen des Kappa-Mechanismus und zur Stabilität gegenüber Pulsationen (Am-Sterne). Überhaupt wird erwogen, daß «das empfindliche Gleichgewicht zwischen komplizierten Prozessen, die die Mischung von Sternmaterial begünstigen, und solchen, die es in den für Anregung oder Dämpfung verantwortlichen sehr dünnen Schichten separieren, gelegentlich auch besonders große Amplituden ergeben könnte» (Petersen 1976 in einem Überblick über die theoretischen Aspekte).

Mehrfachperiodizität

Die Bestimmung der Perioden von δ-Scuti-Sternen ist angesichts der meist geringen Amplituden oft schwierig, und nicht selten sind spätere Revisionen eines voreilig publizierten Wertes erforderlich. Die Arbeit wird zusätzlich erschwert durch das häufige Vorhandensein sekundärer Periodizitäten, die der Hauptschwingung überlagert sind. Die Erscheinung gleicht völlig den für die δ-Cephei- und die RR-Lyrae-Sterne beschriebenen Effekten, und die Analyse der Lichtkurve wird mit denselben Mitteln wie bei jenen durchgeführt. Die Tabelle 19 enthält die von Fitch (1976) angeführten sicheren Fälle von Mehrfachperiodizität, die einer Liste von Fitch u. Szeidl (1976) entnommen sind. Die Tabelle kann als Fortsetzung von Tabelle 11 in Richtung kürzerer Perioden verstanden werden.

Die Schwierigkeiten der Analyse zeigen sich z. B. im Falle von V474 Mon, der oben als nicht-radialer Pulsator aufgeführt ist, hier jedoch mit einer radialen Grundschwin-

Tabelle 19 Mehrfachperiodizität bei δ-Scuti-Sternen

Stern	P_0	P_1	P_2	P_1/P_0	P_2/P_1	P_2/P_0
VZ Cnc		$0^{d}_{,}1784$	$0^{d}_{,}1428$		0,8006	
VX Hya	$0^{d}_{,}2234$	0,1727		0,7732		
δ Sct	0,1938		0,1164			0,6005
V 703 Soc	0,1500	0,1152		0,7683		
V 474 Mon	0,1361		0,0826			0,6069
CC And	0,1249		0,0749			0,5999
AI Vel	0,1116	0,0862		0,7727		
BP Peg	0,1094	0,0845		0,7715		
V 571 Mon	0,0999	0,0750		0,7507		
RV Ari	0,0931	0,0720		0,7726		
AE UMa	0,0860	0,0665		0,7734		
CY Aqr	0,0610	0,0454		0,7443		
SX Phe	0,0550	0,0428		0,7782		

gung (P_0) und der zugehörigen zweiten Oberschwingung (P_2) ausgestattet ist. In der Lichtkurve des gut untersuchten hellen δ Sct selbst wurden insgesamt 9 Perioden nachgewiesen, darunter ebenfalls nichtradiale Moden; auch Mischperioden wie bei den δ-Cephei- und RR-Lyrae-Sternen kommen vor (Fitch 1976). Die beobachteten Periodenverhältnisse in Tabelle 19 stimmen übrigens befriedigend mit den für radiale Pulsationen gerechneten theoretischen Modellen überein; diese führen, ziemlich stark abhängig vom Metallgehalt des Sternmaterials, zu $P_1/P_0 = 0{,}74 \ldots 0{,}78$ und $P_2/P_1 \approx \approx 0{,}81$ (z. B. Cox u. Mitarb. 1979). Es scheinen nicht alle δ-Scuti-Sterne in der Grundschwingung zu pulsieren.

2.2. Langsam veränderliche pulsierende Sterne

2.2.1. Mira-Sterne

Die wichtigste Gruppe der langsamen Veränderlichen sind die Mira-Sterne, so genannt nach dem Prototyp o Ceti mit Namen Mira. Ihr besonderes Kennzeichen sind die **großen Amplituden** des im wesentlichen kontinuierlichen Lichtwechsels, die eine **hohe Entdeckungswahrscheinlichkeit** zur Folge haben. Es ist daher anzunehmen, und es wird durch die Erfahrung bestätigt, daß nahezu alle Mira-Sterne, die im Maximum die 11. Größe erreichen, bekannt sind. Die Mira-Sterne sind rote Riesen und Überriesen und bilden im HR-Diagramm eine gut definierte Gruppe am äußersten rechten Ende des Riesenastes. Ihre Populationszugehörigkeit ist jedoch nicht einheitlich, wie die statistischen Daten zeigen werden. Die Spektren haben meist Emissionen des Wasserstoffs und manchmal einiger anderer Elemente; bei den nahe verwandten Halbregelmäßigen mit kürzeren Perioden und kleineren Amplituden sind die Emissionen seltener.

Perioden

Die Abgrenzung des eigentlichen Mira-Typus ist etwas willkürlich. Man nimmt eine Amplitude von mindestens 2 mag, nach anderen Autoren von mindestens 2,5 mag als Grenze an und bezeichnet die Sterne mit kleinerer Amplitude nach dem Prototyp Z Aqr (SRa, Kap. 2.2.2.). Als kürzeste Perioden des eigentlichen Mira-Typus können wir etwa 90^{d} setzen. Hier kommt die Natur dem Statistiker zu Hilfe, denn Sterne mit Perioden zwischen 50^{d} und 90^{d} weisen fast immer Unregelmäßigkeiten auf und sind daher in die Gruppe der Halbregelmäßigen zu versetzen.

Der Mira-Stern mit der kürzesten bekannten Periode dürfte **T Cen** ($90\overset{\mathrm{d}}{,}65$) sein (Spektrum K0 ... M4, Helligkeit $5\overset{\mathrm{m}}{,}5$ ... $9\overset{\mathrm{m}}{,}0$ vis.); er wird allerdings im GCVS zur Gruppe «SRa» gerechnet (s. Kap. 2.2.2.).

Der Mira-Typus vermischt sich hinsichtlich der Periodenlänge mit den langperiodischen δ-Cephei-Sternen und den Halbregelmäßigen von RV-Tauri- und S-Vulpeculae-Art.

Der längstperiodische Mira-Stern scheint **BX Mon** ($P = 1374^{\mathrm{d}}$, *Sp.* = M4ep, $m_{\mathrm{pg}} = 9\overset{\mathrm{m}}{,}5$ ... $13\overset{\mathrm{m}}{,}4$) zu sein. Einige Halbregelmäßige haben noch größere Zyklenlängen.

Die Häufigkeitsverteilung der Periodenlängen der Mira-Sterne wird in den Tabellen 20 und 21 (nach Ikaunieks 1963) gegeben. Das Maximum der Häufigkeitsverteilung liegt bei 278 Tagen.

Tabelle 20 Verteilung der Mira-Sterne nach der Periodenlänge, getrennt nach den drei Haupt-Spektraltypen

Periode	Spektraltyp M	C	S
101^{d} ... 150^{d}	32	—	—
151 ... 200	68	—	—
201 ... 250	148	3	4
251 ... 300	172	3	7
301 ... 350	**184**	5	11
351 ... 400	113	14	**14**
401 ... 450	65	**17**	6
451 ... 500	25	7	5
501 ... 550	12	4	—
551 ... 600	4	—	—
601 ... 650	1	—	—
651 ... 700	2	—	—

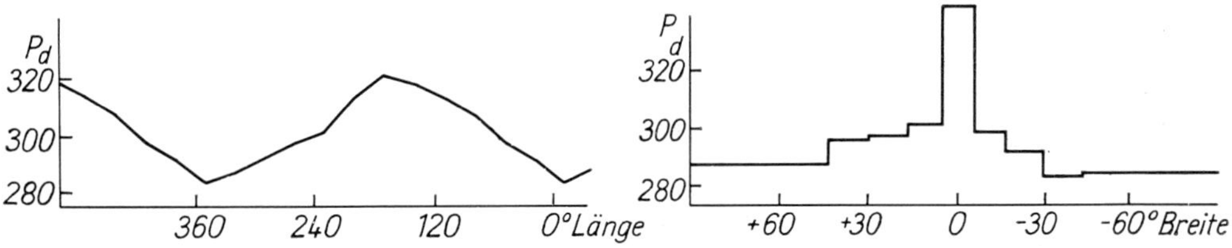

Bild 21 Abhängigkeit der mittleren Periodenlänge von Mira-Sternen von der galaktischen Länge (*links*) und von der galaktischen Breite (*rechts*) (nach Ahnert)

Eine Abhängigkeit der mittleren Periodenlänge von der Stellung in der Galaxis (Bild 21) ist wohl zuerst von Ahnert (1939) bemerkt worden. Er fand für 998 Mira-Sterne mit Maxima heller als $10\overset{\mathrm{m}}{,}5$ den Wert $P = 299^{\mathrm{d}}$, für 117 Sterne in nicht mehr als $\pm 5°$ galaktischer Breite 342^{d}, für das Harvard-Feld G Scorpii aus 198 Fällen 242^{d} und für das in Sonneberg bearbeitete Feld 67 Ophiuchi aus 50 Sternen 259^{d}. Das be-

Tabelle 21 Verteilung der Mira-Sterne und Halbregelmäßigen (SR) nach der Periodenlänge

Periode	Mira	SR
≦ 50^d	0	23
51^d ... 100	4	182
101 ... 150	138	**355**
151 ... 200	331	250
201 ... 250	653	144
251 ... 300	**774**	96
301 ... 350	507	82
351 ... 400	308	63
401 ... 450	177	16
451 ... 500	62	15
501 ... 550	27	9
551 ... 600	4	5
601 ... 650	4	3
651 ... 700	4	4
701 ... 750	1	5
751 ... 800	0	3
801 ... 850	0	3
851 ... 900	0	1
901 ... 950	0	2
951 ... 1000	0	1

deutet, daß die Perioden in der Umgebung des galaktischen Zentrums erheblich kürzer sind als der Mittelwert, für den engsten Bereich der Spiralarme dagegen erheblich länger. Mithin zeigt sich der **Unterschied der beiden Populationen** auch in den Eigenschaften der Mira-Sterne. Kukarkin (1949) fand denselben Effekt, indem er die Mittelwerte der Perioden in Abhängigkeit von der galaktischen Länge bestimmte (Tab. 22, die Länge 0° entspricht der Richtung zum galaktischen Zentrum).

Tabelle 22 Abhängigkeit der Periodenlänge bei Mira-Sternen von der galaktischen Länge

Galaktische Länge	Anzahl	*P*
30° ... 90°	541	$282\overset{d}{,}6$
90 ... 150	209	307,0
150 ... 210	144	319,4
210 ... 270	111	300,4
270 ... 330	315	284,4
330 ... 30	890	256,0

Das bedeutet: In der Umgebung des Zentrums gibt es zahlreiche Mira-Sterne, ihre Perioden sind hier kurz; nach dem Antizentrum hin finden sich wenig Mira-Sterne, und ihre Perioden sind lang.

Neuerdings zweifeln einige Autoren (Maffei 1967 u. Evans 1976) daran, daß der wachsende Anteil kurzperiodischer Mira-Sterne in Richtung zum galaktischen Zentrum die realen Verhältnisse widerspiegelt: Evans suchte die Gegend um das galaktische Zentrum in drei «Fenstern» auf Rot- und Infrarotplatten nach roten Veränderlichen ab mit dem Ergebnis, daß sehr viele Mira-Sterne mit langen Perioden gefunden wurden, die bei früheren Absuchungen auf Blauplatten unentdeckt blieben. Dies liegt daran, daß mit zunehmender Periodenlänge die absolute Blauhelligkeit merklich sinkt. Die langperiodischen Mira-Sterne des etwa 7 bis 9 kpc entfernten galaktischen Zentrums (Kap. 7.2.) liegen daher unter der Reichweite der für die Blauplatten verwendeten Teleskope. Da andererseits die mittleren Spektralklassen und somit mittleren Farbenindizes mit wachsender Periodenlänge sich zum Roten hin verschieben (Bild 23), sind diese langperiodischen Mira-Sterne auf Rot- und Infrarotaufnahmen noch gut zu finden.

Spektrum

Die Mira-Sterne gehören überwiegend zum Spektraltypus M, speziell Me (Bild 22), d. h., sie haben Wasserstoff- und gelegentlich einige andere Emissionen. Eine kleinere Anzahl verteilt sich jedoch auf die Spektralklassen S, N, R und C (letztere sind die Kohlenstof fsterne). Die Verteilung der Mira-Sterne über die Spektraltypen nach Ikauniek s (1963) ist in Tabelle 20 gegeben. Die große Mehrzahl der Mira-Sterne ist jedoch noch nicht spektral klassifiziert. Ein Spektralkatalog der Mira-Sterne der Typen Me und Se ist von Keenan (1966) bearbeitet worden. Bild 23 zeigt die Perioden-Spektrum-Beziehung.

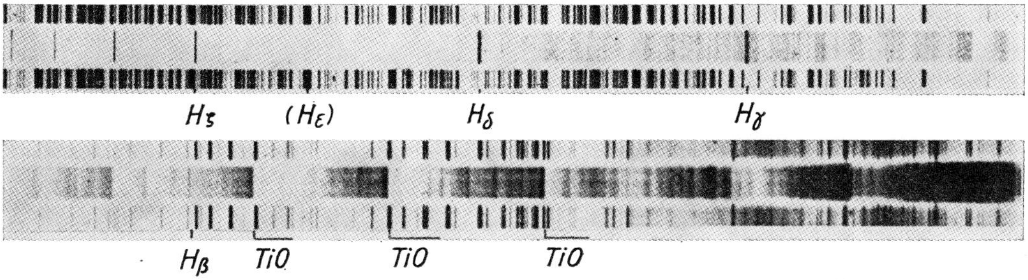

Bild 22 Spektrogramm von Mira; *unten* rotes, *oben* blaues Gebiet des Spektrums. Man beachte die Titanoxid-Absorptionsbanden und die Wasserstoff-Emissionen (nach Struve 1954)

Die M-Spektren ohne Emissionen sind vorwiegend den halb-und unregelmäßig Veränderlichen und den Mira-Sternen mit relativ kurzen Perioden vorbehalten (Mittelwert der Perioden $\overline{P} = 216^{\mathrm{d}}$); hingegen Me: $\overline{P} = 298^{\mathrm{d}}$, Se: $\overline{P} = 367^{\mathrm{d}}$, N: $\overline{P} = 379^{\mathrm{d}}$. (Es sei hier bemerkt, daß im Henry-Draper-Katalog noch die alten Bezeichnungen Ma, b, c verwandt sind und das heutige Me als Md auftritt).

Die Beobachtung des Kontinuums ist durch die normalen **Absorptionsbanden** der M-Sterne, die hauptsächlich dem TiO angehören, erschwert. Selbstverständlich ändert sich die Stärke dieser Banden im Verlaufe des Lichtwechsels.

Lichtkurven

Insbesondere die Höhe der Maxima kann bei ein und demselben Stern stark wechseln. Ein besonders eindrucksvolles, weil mit dem bloßen Auge beobachtbares Beispiel bietet o Cet selbst. Nach der sehr gründlichen Gesamtbearbeitung des bis dahin vorliegenden Materials durch Guthnick (1902) liegen die Extremwerte der scheinbaren

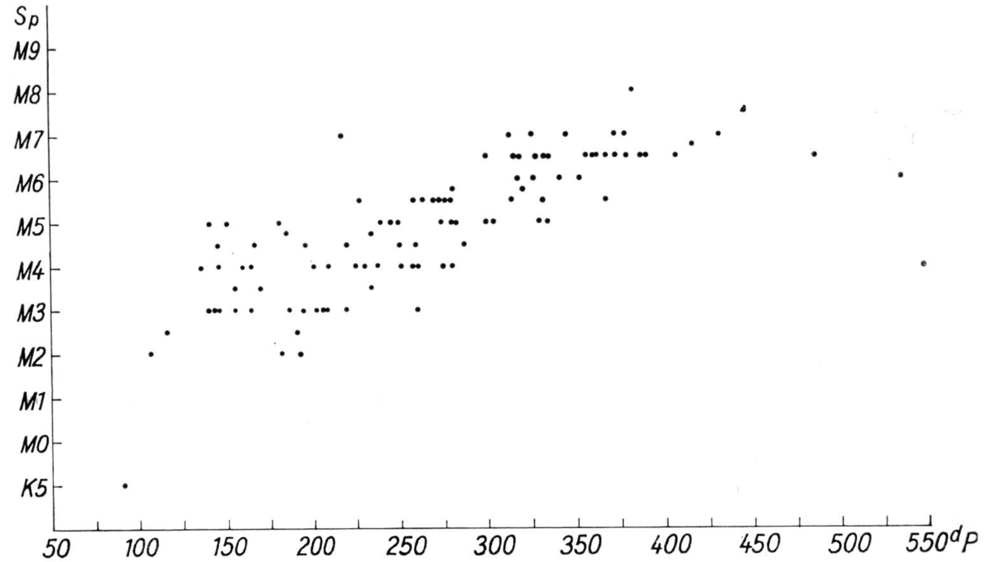

Bild 23 Periode-Spektrum-Beziehung der Mira-Sterne (nach Keenan 1966)

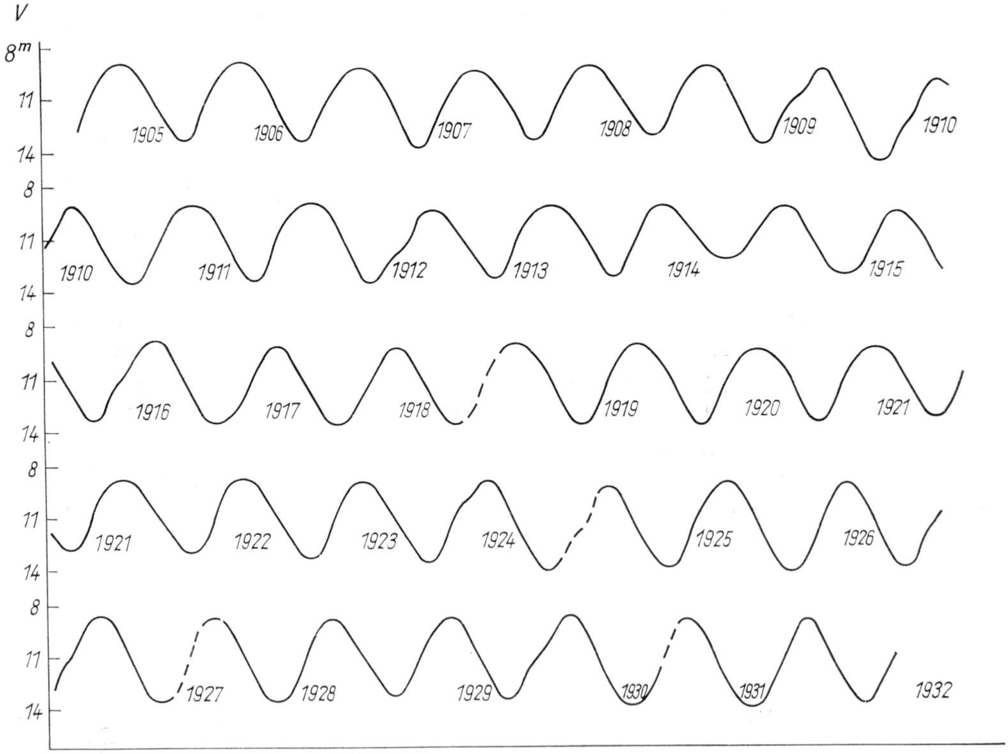

Bild 24 Lichtkurve von S Boo (nach Nijland)

visuellen Helligkeit im Maximum zwischen $1^m_,7$ und $5^m_,2$. Dementsprechend ändert sich auch die Gestalt der Lichtkurve.

Bei dem anderen hellen Mira-Stern, χ Cyg, sind die Verhältnisse ähnlich. Die Gesamtbearbeitung durch ROSENBERG (1906) ergab extreme visuelle Maximalhelligkeiten von $3^m_,3$ und $7^m_,3$, jedoch für die weitaus größte Anzahl der Maxima nur eine Streubreite zwischen $4^m_,5$ und $5^m_,5$, für die Minima zwischen 12^m und 14^m. Solche Änderungen der Lichtkurve sind typisch für die Mira-Sterne, wenn auch die Streubreiten der Maxima von o Cet und χ Cyg Extremfälle darstellen dürften.

Eine relativ regelmäßige Lichtkurve besitzt der Stern S Boo (Bild 24). LUDENDORFF (1928) hat zur Beschreibung der Lichtkurven der Mira-Sterne folgende Typen eingeführt:

Typus α:	Der Anstieg der Kurve ist merklich steiler als der Abstieg; das Minimum, von vereinzelten Ausnahmefällen abgesehen, ist stets breiter als das Maximum.
	Unterabteilungen:
Typus α_1:	hat Kurven mit nahezu oder völlig konstanter Phase von beträchtlicher Dauer (etwa 1/3 bis 1/2 der Periodenlänge) im Minimum und meist sehr steilen Helligkeitsanstieg.
Typus α_2:	Das Minimum weist keine konstante Phase erheblicher Ausdehnung mehr auf, ist aber noch sehr breit; der Anstieg ist meist sehr steil.
Typus α_3:	Das Minimum ist nicht mehr so breit wie bei α_2, aber der Anstieg ist immer noch recht steil.
Typus α_4:	Wie α_3, aber mit weniger steilem Anstieg.
Typus β:	Der Anstieg ist nur noch ganz wenig oder überhaupt nicht mehr steiler als der Abstieg; die Lichtkurve verläuft im wesentlichen symmetrisch.
	Unterabteilungen:
Typus β_1:	Das Maximum ist spitzer als das Minimum.
Typus β_2:	Das Maximum ist ebenso spitz oder flach wie das Minimum.
Typus β_3:	Das Maximum ist flacher als das Minimum.
Typus β_4:	Das Maximum ist sehr breit und zeigt über längere Zeit eine andauernde konstante Phase.
Typus γ:	zeigt Lichtkurven mit Welle im aufsteigenden Ast oder mit Doppelmaximum.
	Unterabteilungen:
Typus γ_1:	hat Welle im aufsteigenden Ast.
Typus γ_2:	Doppelmaximum.

Beispiele:	α_1 ... Y Vel	β_1 ... R Boo	γ_1 ... R Aur
	α_3 ... o Cet	β_3 ... X Cam	γ_2 ... R Nor
	α_4 ... R Dra		

Diese LUDENDORFFsche Klassifikation ist rein phänomenologisch und ohne wesentliche Bedeutung für das physikalische Verständnis der Vorgänge; sie ist aber von historischem Interesse, und dem Leser wird beim Studium der Literatur der Mira-Sterne an dieser oder jener Stelle diese Typeneinteilung noch begegnen.

Wie schon angedeutet, darf niemand erwarten, daß ein Stern immer die ihm im Mittel zugeschriebene Lichtkurve einhält. Selten wird sich der Ablauf zweier Zyklen völlig gleichen. Bei manchen Sternen jedoch sind die Abweichungen ungewöhnlich groß. Als Beispiel möge V Boo betrachtet werden, dessen mittlere Periode zu $258{,}^{\mathrm{d}}8$ bestimmt wurde, bei dem jedoch die Zwischenzeiten aufeinanderfolgender Maxima 230^{d} bis 290^{d} betragen können, diejenigen der Minima indessen nur von 250^{d} bis 270^{d} streuen. Dem entsprechen starke Formänderungen der Lichtkurve, wobei es manchmal zur Ausbildung von zweifachen oder gar dreifachen Maxima kommt (Bild 25).

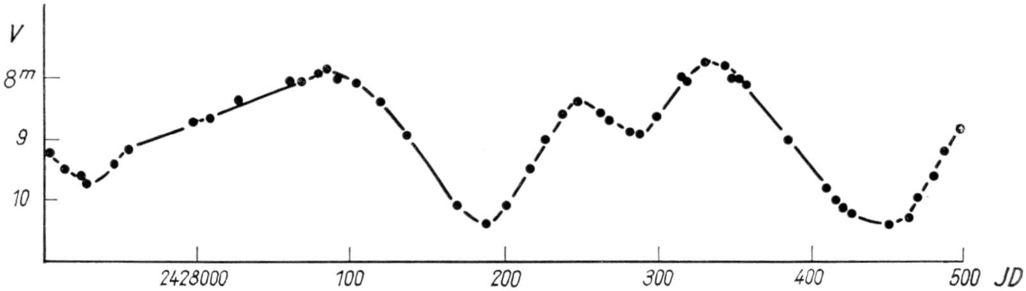

Bild 25 Lichtkurve von V Boo (nach HOFFMEISTER)

Hier sei noch verwiesen auf die umfangreichen Arbeiten von NIJLAND, die von 1930 bis 1938 unter dem Titel «Mittlere Lichtkurven von langperiodischen Veränderlichen» veröffentlicht worden sind, ferner auf die zusammenfassende Darstellung von THOMAS (1932) und eine etwas neuere statistische Bearbeitung von 357 Sternen von FEUCHTER (1967).

Periodenänderungen

Besonderes Interesse beanspruchen jene Objekte, deren Perioden über Jahrzehnte hin sehr starken Änderungen unterlagen. Erwähnt seien hier 2 Fälle, R Aql und R Hya (s. auch WOOD 1975):

Der Stern **R Aql** hatte bei der Entdeckung im Jahre 1856 eine Periode von etwa 348^{d}, die sich in den folgenden 120 Jahren auf 284^{d} verkürzte. Der Prozeß schreitet jetzt noch regelmäßig fort. TURNER (1920) hat ein System von 5 Formeln für 5 Zeitabschnitte aufgestellt, wovon wir die erste und die letzte hier anführen:

Epochen 0 bis 20: $M = 2399173 + 345{,}^{\mathrm{d}}0 \cdot \mathrm{E}$
Epochen 81 bis 86: $M = 2425729 + 301{,}^{\mathrm{d}}5 \cdot \mathrm{E}$.

Eine Neubearbeitung der beiden Sterne von SCHNELLER (1965) ergab für die Periode von R Aql zur Zeit der Epoche E die Formel

$$P_{\mathrm{E}} = 348{,}^{\mathrm{d}}980 - 0{,}^{\mathrm{d}}554202 \cdot \mathrm{E} + 0{,}^{\mathrm{d}}000552309 \cdot \mathrm{E}^2 .$$

Ohne das positive Glied mit E^2 würde die Periode schließlich auf Null abnehmen, was selbstverständlich nicht möglich ist. Bei Differentiation der Formel ergibt sich, daß das absolute Minimum der Kurve bei $P = 210^{\mathrm{d}}$ liegt und bei der Epoche $\mathrm{E} = 502$ eintritt, das ist etwa 400 Jahre nach der Ausgangsepoche, also um das Jahr 2250. Selbstverständlich ist das zunächst nur ein Rechenexempel, denn es ist sehr schwer, bei diesen Sternen zuverlässige Voraussagen auf lange Frist zu geben. Das 2. Zusatzglied ist schon in den älteren Formeln von TURNER und MÜLLER enthalten. MÜLLER fügte noch ein periodisches Glied hinzu.

Bei **R Hya**, der die 4. visuelle Größe erreichen kann und seit 1704 als Veränderlicher bekannt ist, wurde ein viel weniger regelmäßiger Verlauf beobachtet. Damals betrug die Periodenlänge 500^d. Für den Zeitabschnitt 1903 bis 1962 sind alle 55 Maxima durch Beobachtungen belegt; die mittlere Periode war $400\overset{d}{,}055$. Teilt man diese Zeit in 4 Abschnitte, so ergeben sich folgende Einzelwerte:

1903 bis 1923	$P = 405^d$
1923 bis 1935	415
1935 bis 1941	400
1941 bis 1962	386

Seitdem hat sich die Periodenlänge nicht wesentlich verändert. Schon PRAGER hat bemerkt, daß die Periode nicht stetig, sondern wahrscheinlich sprunghaft variiert. Damit würde sich, wie wir im nächsten Abschnitt sehen werden, R Hya nicht grundsätzlich, sondern nur durch die Größe der Sprünge von normalen Mira-Sternen unterscheiden. Vielleicht ist T Cep ein ähnlicher Fall.

Eine mögliche Deutung des Phänomens der Periodenänderungen von Mira-Sternen als Folge einer **Helium-Flash-Tätigkeit** geben WOOD u. ZARRO (1981).

Allgemeines über Periodenänderungen

Es gibt kaum einen Mira-Stern, dessen Maxima wir über sehr lange Zeit mit einer konstanten Periode darstellen können. Die $(B-R)$-Diagramme zeigen zum Teil sehr starke Abweichungen, da die Maxima über längere Zeiten hin früher oder später eingetreten sind, als der mittleren, der aus einer sehr langen Beobachtungsreihe berechneten Periode entspricht (Bild 26). Man hat versucht, diese Abweichungen durch periodische Zusatzglieder der Formel (Sinusglieder) darzustellen, und erreicht damit meist eine sehr erhebliche Verminderung der Fehlerquadratsumme. Zugrunde lag die Hypothese, daß der Lichtwechsel primär durch periodische Vorgänge im Sterninnern gesteuert wird, wie wir sie bei den Pulsationssternen kennen, eine Anschauung also, die auch damals nicht einer gewissen physikalischen Wahrscheinlichkeit entbehrte. Insbesondere MÜLLER hat in der ersten Ausgabe der «Geschichte und Literatur des Lichtwechsels der Veränderlichen Sterne» viele Mira-Sterne auf diese Weise behandelt. Als extremes Beispiel mögen hier die von GUTHNICK aufgestellten Elemente für o Cet stehen:

$$\begin{aligned} M = {} & 2415574{,}96 + 331\overset{d}{,}6926 \cdot \mathrm{E} + 9\overset{d}{,}5 \cdot \sin(1\overset{\circ}{,}4 \cdot \mathrm{E} + 245\overset{\circ}{,}8) \\ & + 11\overset{d}{,}5 \cdot \sin(3\overset{\circ}{,}85 \cdot \mathrm{E} + 124\overset{\circ}{,}1) + 17\overset{d}{,}5 \cdot \sin(4\overset{\circ}{,}56 \cdot \mathrm{E} + 307\overset{\circ}{,}2) \\ & + 12\overset{d}{,}3 \cdot \sin(9\overset{\circ}{,}12 \cdot \mathrm{E} + 71\overset{\circ}{,}8). \end{aligned}$$

Die 4 Sinusglieder dieser Formel entsprechen periodischen Änderungen der Periodenlänge mit Zyklen von etwa 233, 85, 72 und 36 Jahren. Mit solch kunstvollen Formeln gelang es, die gegebenen Beobachtungen ausgezeichnet darzustellen. Wenn aber die zugrundeliegende Hypothese richtig war, müßte es möglich sein, den Verlauf des Lichtwechsels auf längere Zeit vorauszubestimmen, und hier versagte das Verfahren, nicht nur bei Mira, sondern auch bei vielen anderen langperiodischen Sternen. Bekanntlich ist es möglich, mittels trigonometrischer Reihen (Fourier-Reihen) beliebige stetige Funktionen mit jeder gewünschten Genauigkeit darzustellen, also auch die $(B-R)$-Diagramme; hier liegt sicher der Grund für den scheinbaren Erfolg des Verfahrens. Wenn wir jedoch eine größere Anzahl von solchen Diagrammen betrachten (s. Bild 26), so erkennen wir, daß die $(B-R)$-Kurven in den meisten Fällen durch Folgen aneinanderschließender gerader Linien wiedergegeben werden können. Physikalisch

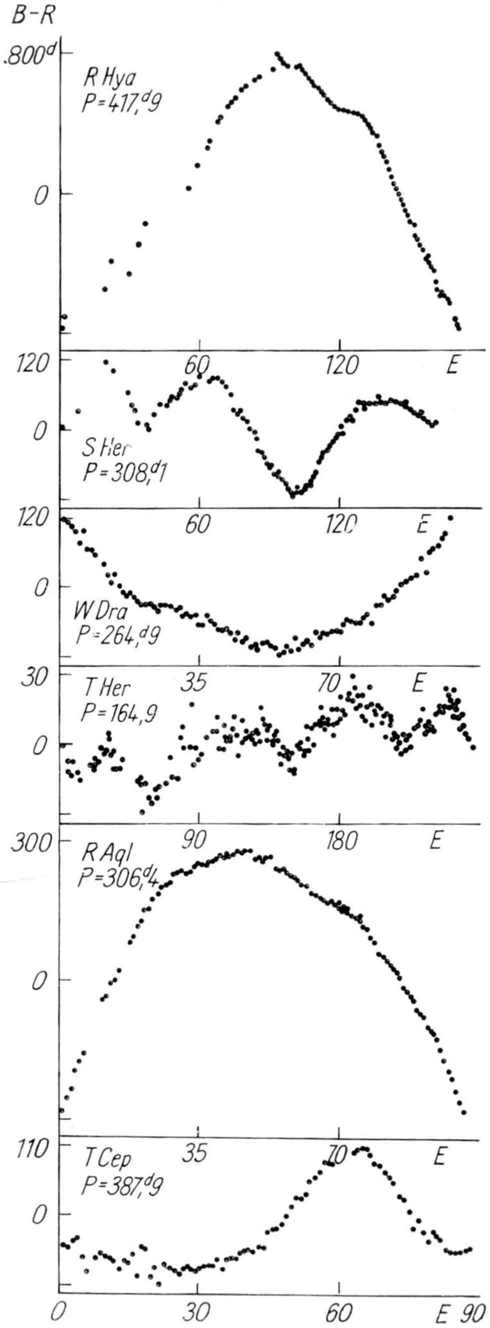

Bild 26 ($B-R$)-Kurven einiger Mira-Sterne (nach WOOD u. ZARRO 1981)

würde dies bedeuten, daß die Periodenwerte dann und wann sprunghaften Änderungen unterliegen, und zwar in unregelmäßigen, nicht vorauszusagenden Abständen. In Babelsberg, wo von 1927 ab die jährliche Veröffentlichung «Katalog und Ephemeriden Veränderlicher Sterne» bearbeitet wurde, haben PRAGER u. GUTHNICK diesen Sachverhalt erkannt und das System der «Instantanen Elemente» eingeführt. Dabei werden Epoche und Periode so angenommen, wie sie dem jeweiligen Verhalten des Sterns entsprechen, und werden geändert, wenn die Beobachtungen eindeutige Abweichungen ergeben. Man kann im allgemeinen damit rechnen, eine instantane Formel für 10 Jahre, meist noch länger, beibehalten zu können.

Eine überraschende Version brachte der amerikanische Theoretiker STERNE (1934) in die Diskussion. Er behauptete, daß die Periodenänderungen der Mira-Sterne und anderer Veränderlicher nicht reell zu sein brauchten, da sie sich auch erklären ließen durch einen Effekt, den er Fehler-Akkumulation nannte. Er zeigte, daß man durch Würfeln $(B-R)$-Kurven erzielen kann, die denjenigen der Sterne sehr ähnlich sind.

Es soll versucht werden, das Grundsätzliche qualitativ kurz zu erklären. Wenn wir zwei Würfel benutzen, dann ist der kleinstmögliche Wurf die 2, der größtmögliche die 12, der Mittelwert aller möglichen Würfe 7. Dieser Wert ist das Analogon zur mittleren Periode des Sterns. Wenn wir immer den Mittelwert würfeln würden und die Augenzahlen addierten, dann erhielten wir die Zahlenreihe 0, 7, 14, 21, 28 usw. Die wirklich gewürfelten Zahlen werden davon abweichen, d. h., sie werden um die Sollwerte nach den Regeln des Zufalls streuen. Nehmen wir an, es sei einmal ein sehr kleiner Wert (2 oder 3) geworfen worden, nach vorher regulärem Verhalten, so liegt die Augensumme dann unter der erwarteten, d. h. $B-R$ ist negativ. In bezug auf den folgenden Wurf bestehen jetzt 3 Möglichkeiten: Entweder er ist wieder zu klein, oder er ergibt eine Zahl in der Nähe von 7, oder er ist überdurchschnittlich hoch. Im letzteren Falle kompensiert er das im vorausgegangenen Wurf geschaffene Defizit mehr oder weniger. Die erste Möglichkeit jedoch verstärkt das Defizit, die zweite läßt es weiterbestehen. Man hat also in etwa die Wahrscheinlichkeit 2/3 dafür, daß auch der folgende $(B-R)$-Wert wieder negativ ist. Darin drückt sich eine gewisse Erhaltungstendenz einer durch Zufall entstandenen starken Abweichung der Summe vom Sollwert aus. Über lange Reihen erfolgt die Kompensation dadurch, daß mit derselben Wahrscheinlichkeit eine Abweichungsserie mit dem entgegengesetzten Vorzeichen entstehen kann.

Zurückkehrend zu den Mira-Sternen bemerken wir, daß sich das Problem auf eine sehr einfache Frage reduziert. Ein mit konstantem Periodenwert berechnetes Maximum der Ordnungszahl n sei M_R; das beobachtete Maximum M_B sei jedoch merklich früher oder später eingetreten. Die Frage ist jetzt: Beginnt der neue Zyklus zur Zeit M_R oder zur Zeit M_B, ist also das folgende Maximum der Ordnungszahl n + 1 zur Zeit $M_R + P$ oder zur Zeit $M_B + P$ zu erwarten? Die zweite Möglichkeit entspricht dem Würfelversuch, und nur unter diesen Umständen wird die Akkumulation wirksam. Aber man muß ernstlich bezweifeln, ob sie in der Natur gegeben ist. Wenn beispielsweise der Lichtwechsel durch einen mechanischen Vorgang gesteuert wird, etwa eine Pulsation, dann liegt es nahe, die Ursachen der Abweichungen vom Sollwert in sekundären Effekten zu suchen, die den Steuerungsprozeß nicht berühren. Das würde bedeuten, daß die $(B-R)$-Diagramme nicht durch Fehler-Akkumulation, sondern durch reelle Änderungen der Periode entstehen.

Nicht nur unter den Mira-Sternen und den halbregelmäßig veränderlichen Sternen, sondern auch unter den Bedeckungssternen gibt es Objekte mit sprunghaften und nicht vorausberechenbaren Periodenänderungen (Kap. 4.5.).

Ganz im Gegensatz zu den Langperiodischen, bei denen offenbar stochastische Prozesse eine große Rolle spielen, kann man z. B. bei den mehrfachperiodischen RR-Lyrae-Sternen die Lichtkurven ein ganzes Stück vorausberechnen (Kap. 2 1.3.).

Zustandsgrößen

Mira Ceti ist wegen ihrer Helligkeit gut bekannt. Die **Masse** ist wahrscheinlich ein wenig größer als eine Sonnenmasse. Ganz allgemein darf man wohl die Massen der Mira-Sterne mit etwa einer Sonnenmasse ansetzen. Für den maximalen **Durchmesser** von Mira, entsprechend dem Minimum der Helligkeit, geben verschiedene Quellen Werte zwischen 310 und 540 Millionen km (s. auch die Arbeit von WELTER u. WORDEN 1980, deren Sterndurchmesser-Bestimmungen auf der sogenannten Speckle-Interferometrie beruhen).

Wenn Mira an der Stelle unserer Sonne stände, würde die Erdbahn unter ihrer Oberfläche noch innerhalb des Sternkörpers liegen. Wir können daraus leicht auf die enorm geringe Dichte dieser Sterne schließen. Die aus Strahlungsmessungen bestimmten Durchmesser der Mira-Sterne haben ihr Minimum zur Zeit des Maximums der Helligkeit, die Amplitude der Schwankung beträgt im Mittel 18%; die Verhältnisse liegen also ähnlich wie bei den δ-Cephei-Sternen. Bild 27 zeigt den Verlauf von visueller und bolometrischer Größe, von Temperatur, Durchmesser und Radialgeschwindigkeit des Sterns o Cet. Die wichtigste Information ist, daß der Helligkeitsänderung von mehr als 6 Größenklassen im visuellen Bereich nur eine solche der (bolometrischen) Gesamtstrahlung von einer Größenklasse gegenübersteht. Hier ist besonders die Absorption

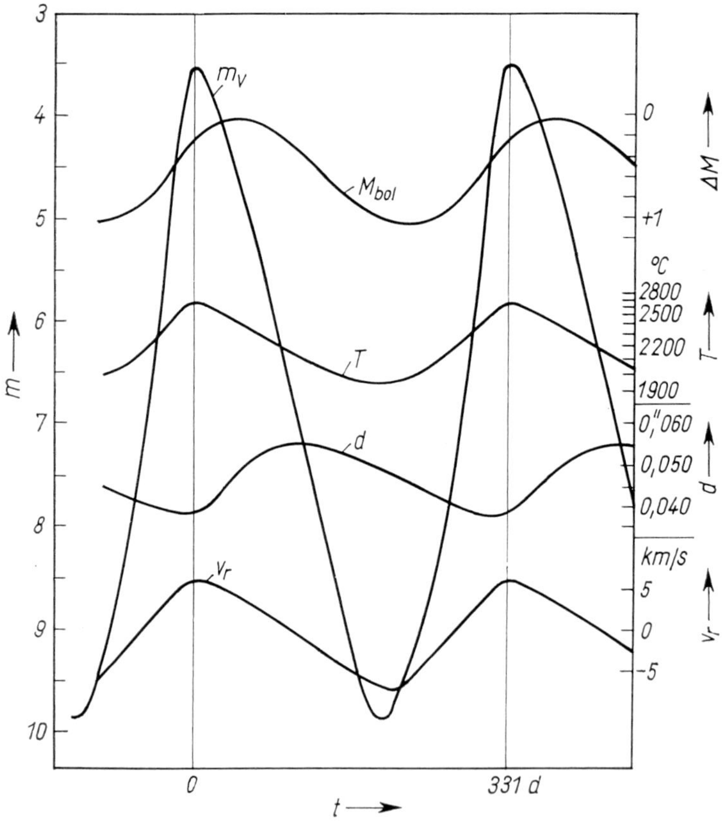

Bild 27 Zeitlicher Verlauf von Helligkeit, Temperatur, Durchmesser und Radialgeschwindigkeit des Sternes Mira Ceti

in den Banden von Titanoxid, bei den S-Sternen von Zirkonoxid, bei anderen Sternen von Kohlenstoffverbindungen, beteiligt. Bei einer effektiven Temperatur von 2300 K entfallen über 96%, bei 1800 K etwa 99% der Gesamtstrahlung auf das Infrarot $\lambda > 760$ nm, ein Umstand, der für die noch ausstehende endgültige Erklärung des Lichtwechsels von entscheidender Bedeutung sein wird.

Aus den letzten Jahren liegen mehrere Arbeiten über die Beobachtung von Mira-Sternen und roten halb- und unregelmäßig veränderlichen Sternen im **Infrarot** (680 bis 3400 nm) vor, siehe Evans (1976), Catchpole u. Mitarb. (1979), Mennesier (1981). Die Amplituden betragen im nahen Infrarot einige Größenklassen.

Daß die roten Riesen- und Überriesensterne allgemein, insbesondere aber die Mira-Sterne, ausgedehnte **zirkumstellare Hüllen** besitzen und durch Sternwinde starke **Massenverluste** erleiden, hat zuerst A. J. Deutsch näher untersucht (s. ausführliche Diskussion bei Reimers 1977).

Die Existenz starker Massenverluste wird auch dadurch nahegelegt, daß sich in jungen Sternhaufen (Hyaden und sogar Plejaden) massearme Sterne in fortgeschrittenem Entwicklungsstadium (Weiße Zwerge) befinden. In diesen Sternhaufen haben sich aber nur massereiche Sterne von der Hauptreihe des HRD fortbewegen können, die Weißen Zwerge müssen daher das Resultat starker Massenverluste sein.

Zirkumstellare Hüllen und Massenverluste in roten Veränderlichen sind auf vielfache Weise nachweisbar:

1. Hochaufgelöste Spektren zeigen **violettverschobene Absorptionskerne** (Dopplerverschiebung) in niedrig angeregten Metallinien. Dies deutet darauf hin, daß oberhalb der Photosphäre ein kühles Gas mit 5 bis 25 km/s expandiert.

2. Nachweis von **Staubemission** im **infraroten** Spektralbereich (Silikate bei 9,7 und 18 µm und Siliziumkarbid bei 11,2 µm; Kohlenstoff-Staub in R, N, C-Sternen).

Der Infrarot-Überschuß der Strahlung der Mira-Sterne ist als das Resultat thermischer Emission aufgeheizter zirkumstellarer Staubhüllen zu deuten.

3. Bei vielen Mira-Sternen und M-Überriesen sind zirkumstellare expandierende Hüllen auch im **Mikrowellenbereich** durch die sogenannte **Maser-Emission** von OH, H_2O und SiO nachgewiesen worden (s. u. a. Reimers 1977, Persi u. Ferrari Toniolo 1980 und Clark u. Mitarb. 1981). Es würde hier zu weit führen, die Entstehung dieser mit radio-astronomischen Instrumenten beobachtbaren Spektrallinien zu erläutern; sie sind für die Messungen der Bewegungsverhältnisse in den Hüllen besonders geeignet, da die Dopplerverschiebungen dieser Linien sehr genau zu bestimmen sind (Ungenauigkeiten etwa ± 1 km/s).

4. Weitere Informationen über die zirkumstellaren Hüllen erhält man durch die Messung von **Radio- und EUV-Emissionen.**

Untersuchungen der Expansion der Hüllen und Abschätzungen der Massenverlustraten bei Mira-Sternen findet man u. a. bei Reimers (1977), Dickinson u. Mitarb. (1978), Kafatos u. Mitarb. (1977), Wood (1979). Einige dieser Arbeiten untersuchen die Kopplung zwischen Masseverlust und Pulsation. Reimers (1975, 1977) fand eine empirische Beziehung zwischen Masseverlust $\dot{\mathfrak{M}}$, Masse $\mathfrak{M}$, Radius R und Leuchtkraft L der Sterne späten Spektraltyps:

$$\dot{\mathfrak{M}} = -A \frac{LR}{\mathfrak{M}},$$

wobei $A = 4 \cdot 10^{-13} \mathfrak{M}_\odot$ pro Jahr.

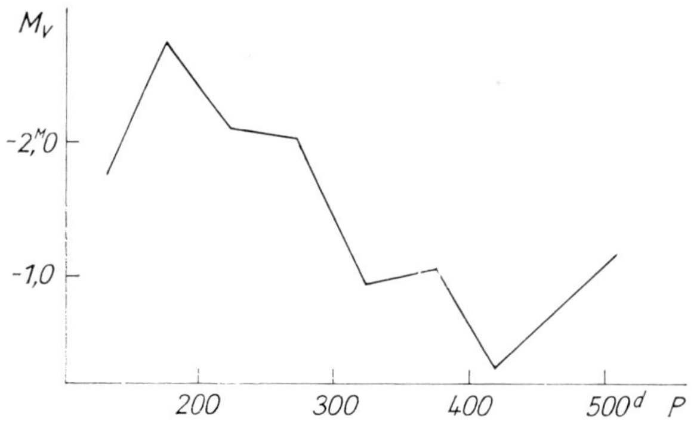

Bild 28 Periode-Leuchtkraft-Beziehung der Mira-Sterne vom Spektraltyp M nach OSVALDS u. RISLEY (1961). M_v ist die visuelle absolute Helligkeit im mittleren Maximum

Tabelle 23 Periode-Leuchtkraft-Beziehung der Mira-Sterne

P	M_V	M_J	M_H	M_K	M_L
91^d ... 149^d	−1,6	−3,4	−4,2	−4,4	−4,8
150 ... 199	−3,0	−5,8	−6,6	−7,0	−7,4
200 ... 249	−1,8	−5,7	−6,5	−6,9	−7,3
250 ... 299	−1,6	−6,0	−6,8	−7,3	−7,7
300 ... 349	−1,3	−5,6	−6,5	−6,9	−7,4
350 ... 399	−0,8	−5,7	−6,6	−7,1	−7,7
400 ... 612	−1,0	−5,7	−6,5	−6,8	−7,3

Die **absoluten Helligkeiten** der Mira-Sterne und der halb- und unregelmäßigen roten Veränderlichen wurden in erster Linie aus statistischen Parallaxen auf Grund von Objekten bekannter Eigenbewegung und Radialgeschwindigkeit bestimmt. Bekannt sind die klassische Arbeit von OSVALDS u. RISLEY (1961) und die hierin zitierten Vorgänger, die eine **Periode-Leuchtkraft-Beziehung** gefunden haben, siehe Bild 28. Die visuellen absoluten Helligkeiten der Mira-Sterne liegen etwa zwischen 0^M und -3^M; für die absoluten Helligkeiten der selteneren Mira-Sterne vom Spektraltyp C und Se gilt $M_v = -1{,}4$ und $-1{,}6$. Neuere Arbeiten auf diesem Gebiet sind die von CLAYTON u. FEAST (1969), FOY u. Mitarb. (1975) und CELIS (1981). ROBERTSON u. FEAST (1981) untersuchten die Periode-Leuchtkraft-Beziehung für bolometrische und infrarote absolute Helligkeiten. Tabelle 23 zeigt eine Zusammenfassung der Befunde. CELIS (1981) gibt einen dreidimensionalen Zusammenhang zwischen Periode, Spektrum und visueller Leuchtkraft. Auf Grund dieser P-Sp-M_v-Beziehungen ist es möglich, die Mira-Sterne als recht genaue Entfernungsindikatoren für die Studien der Struktur unserer Galaxis zu verwenden (Kap. 7.).

Ursachen des Lichtwechsels

Wie schon angedeutet, fehlt noch eine erschöpfende Erklärung. Sicher ist, daß eine **Pulsation** mitwirkt. Die bei der Behandlung der δ-Cephei-Sterne definierte Pulsationskonstante Q ergibt sich für die Mira-Sterne zu $0\overset{d}{,}096$. Aber es ist noch eine andere Ursache beteiligt: **Durchlässigkeitsänderungen** der äußersten Schichten für die sichtbare Strahlung durch die Bildung von **Kohlenstoffteilchen**, die auch heute in der Behandlung der interstellaren Extinktion eine Rolle spielen. Die Sternatmosphären werden dadurch in periodischer Wiederkehr, durch Pulsation gesteuert, durch «Rauch» und

«Ruß» getrübt, und die von dieser Schicht absorbierte Energie strahlt im Bereich längerer Wellen als Wärme wieder aus. Damit ist die geringe bolometrische Amplitude erklärt. Wie schon erwähnt, entspricht das Lichtmaximum dem Minimum des Durchmessers, d. h. der maximalen Dichte der äußeren Schichten. Damit sind aber auch Voraussetzungen für die Wiederauflösung einer absorbierenden Schicht gegeben.

Ein Umstand spielt eine große Rolle: Die Überriesen liegen nahe der natürlichen Stabilitätsgrenze, und in diesem Zustandsbereich genügen sehr kleine Schwankungen des von innen kommenden Energiestromes, um große Wirkungen in den äußeren Schichten hervorzubringen. Dies gilt besonders für die in Kapitel 2.2.2. näher beschriebenen halb- und unregelmäßig veränderlichen Überriesen vom Typus α Ori und α Her.

In diesem Zusammenhang soll auch ein Befund mitgeteilt werden, der die soeben vorgeschlagene Deutung stützt. STEBBINS u. HUFFER (1930) haben 190 nicht als veränderlich bekannte Sterne der Spektraltypen M0 bis M6 lichtelektrisch beobachtet und bei einem Drittel Lichtänderungen von 0,1 mag und größer gefunden. Sie halten es für wahrscheinlich, daß kein roter Riese wirklich konstante Helligkeit hat. Falls sich diese Annahme bestätigt, dann wäre die Veränderlichkeit bei diesen Sternen ein Normalzustand, und als Erklärung bietet sich sofort die oben angeführte Sachlage an. Ähnliche Schlüsse kann man aus den Arbeiten von RICHTER, SCHAIFERS u. WENZEL (1961) ziehen.

Es sei noch bemerkt, daß eine Anzahl von Arbeiten über die Entstehung von Graphitteilchen in den Atmosphären von N-Sternen vorliegt. Der Anlaß waren Untersuchungen über den Ursprung der interstellaren Materie von HOYLE u. WICKRAMASINGHE (1962). Untersuchungen von FRIEDEMANN u. SCHMIDT (1967) stützen diese Ergebnisse und lassen auch die Möglichkeit zu, daß Graphitteilchen bei den Änderungen der Absorption der äußeren Schichten eines Sterns beteiligt sein können, zumal ein Ansteigen der Temperatur im Verlaufe einer Pulsation zur Wiederverdampfung der Teilchen führen kann.

Entwicklungsstadium

Modellrechnungen lassen vermuten, daß sich die Mira-Sterne als Objekte von etwa einer Sonnenmasse auf dem sogenannten «**Asymptotischen Riesenast**» im HRD befinden. Ihre Hüllen verlieren, wie bereits erwähnt, beträchtliche Mengen an Materie.

Einige Autoren diskutieren die Möglichkeit, daß sich auf Grund dieses Materieverlustes die Mira-Sterne weiterentwickeln in Symbiotische Sterne oder Planetarische Nebel, siehe WOOD (1974), KAFATOS u. Mitarb. (1977) und WILLSON (1980).

WOOD u. CAHN (1977), CAHN u. WYATT (1978) und WILLSON (1980) gehen von der beobachteten Perioden-Häufigkeitsverteilung der Mira-Sterne der Sonnenumgebung aus und suchen mit Hilfe von Pulsations-, Sternentwicklungs- und Masseverlust-Theorien Rückschlüsse zu ziehen auf die **Weiterentwicklung** dieser Objekte in Weiße Zwerge oder Planetarische Nebel. Sie leiten eine theoretische Häufigkeitsverteilung der Massen der (nach endgültigem Verlust der zirkumstellaren Hüllen übrigbleibenden) Weißen Zwerge ab. Die genannten Autoren entwickeln etwa folgendes Bild: Aus massenärmeren Hauptreihensternen (von ungefähr einer Sonnenmasse) entstehen gegen Ende ihres Entwicklungsweges Mira-Sterne, aus denen entweder direkt oder auf dem Umweg über Planetarische Nebel Weiße Zwerge werden. Massereichere Sterne hingegen (mehrere Sonnenmassen) machen hiernach kein Mira-Stadium durch.

Die Veränderlichen der Spektraltypen S, R, N, C sind ein theoretisch noch wenig verstandenes Problem. Nach einigen Autoren sind diese Sterne das Ergebnis einer kurzen Phase der Sternentwicklung, in der eine umfassende Durchmischung stattfand, wodurch chemische Elemente, die im Sterninnern entstanden sind, an die Oberfläche transportiert werden; oder aber durch beträchtlichen Masseverlust sind die inneren Teile der Sterne an die Oberfläche getreten. Eine umfassende detaillierte Darstellung der Kenntnisse über veränderliche Kohlenstoffsterne geben ALKSNE u. IKAUNIEKS (1971).

2.2.2. Halbregelmäßige, Unregelmäßige und RV-Tauri-Sterne

Sowohl zwischen den Mira-Sternen und den Halbregelmäßigen als auch zwischen diesen und den Unregelmäßigen gibt es **fließende Übergänge**, so daß die Zuordnung nicht immer eindeutig ist. In ihren Zustandsgrößen aber stehen sich die verschiedenen Untertypen so nahe, daß sie gemeinsam behandelt werden dürfen.

Auch die Halbregelmäßigen, und zumal die Unregelmäßigen, sind rote Riesen und Überriesen, wenngleich bisweilen etwas frühere Spektren (F, G, K) gefunden werden.

Man unterscheidet 4 Gruppen von Halbregelmäßigen SRa, b, c, d (SR = semiregular), 2 Gruppen von Unregelmäßigen Lb, c und 2 Gruppen von RV-Tauri-Sternen mit den auf S. 80 folgenden Kennzeichen (Bilder 29 bis 36).

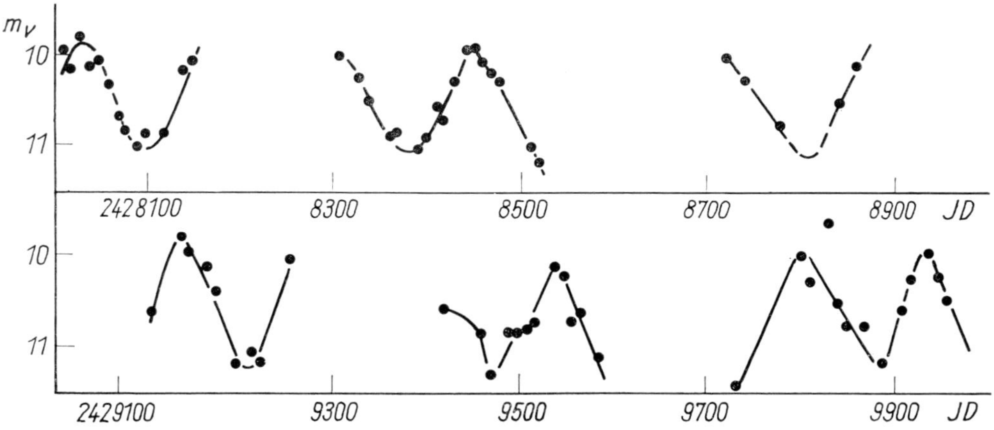

Bild 29 Lichtkurve von Z Aqr (nach PAYNE-GAPOSCHKIN); SRa

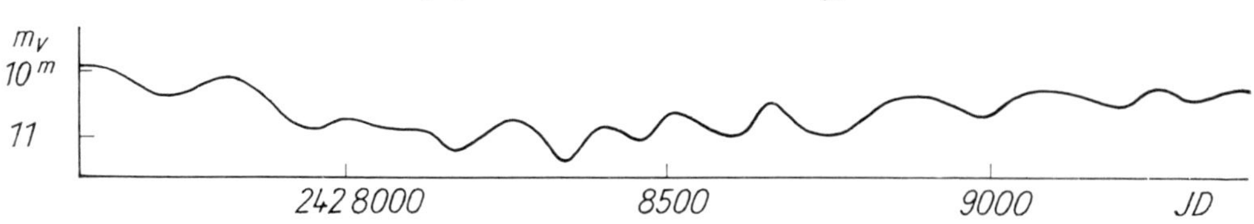

Bild 30 Lichtkurve von CQ Cas (nach BEYER); SRb

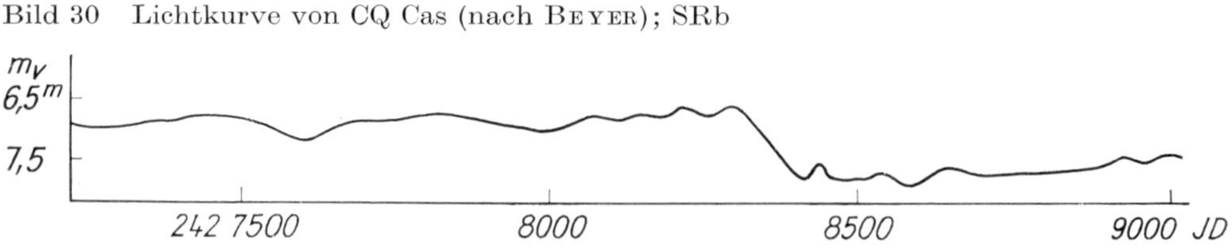

Bild 31 Lichtkurve von TV Gem (nach BEYER); SRc

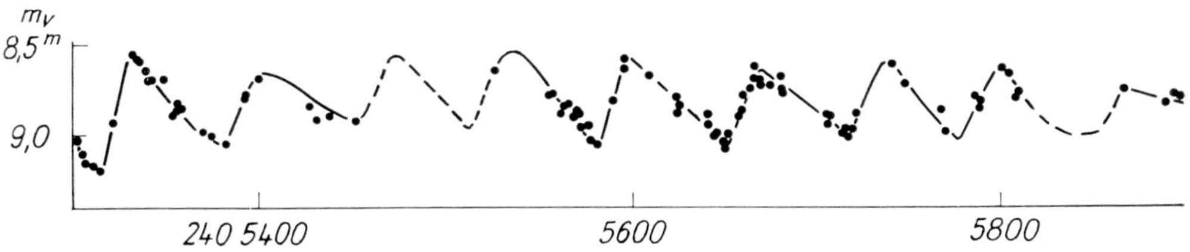

Bild 32 Lichtkurve von S Vul (nach SCHÖNFELD); SRd

Bild 33 Lichtkurve von CO Cyg (nach BEYER); Lb

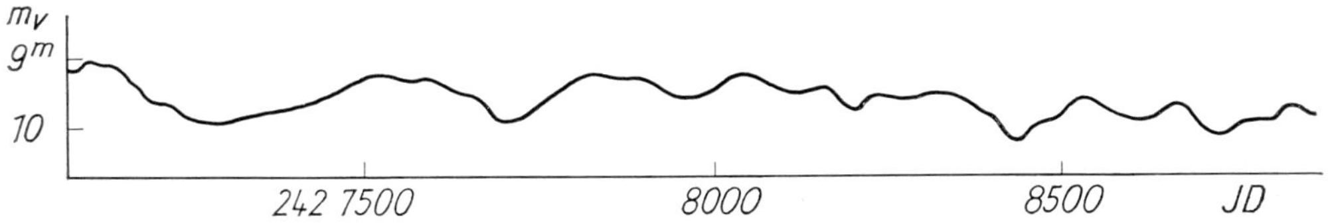

Bild 34 Lichtkurve von TZ Cas (nach BEYER); Lc

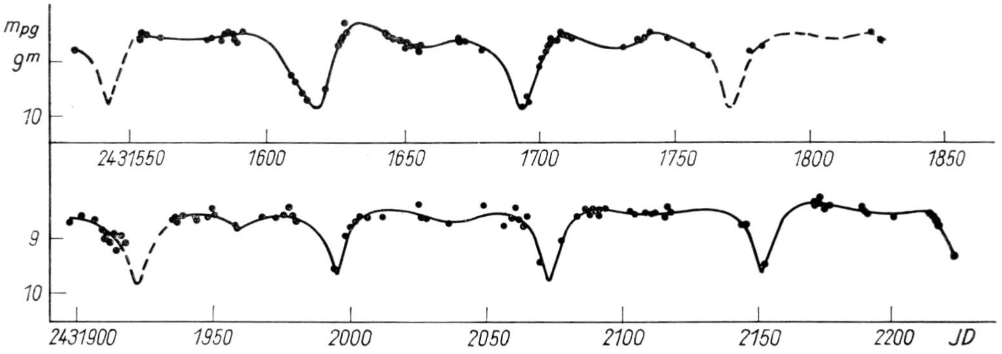

Bild 35 Lichtkurve von V Vul (nach AHNERT); RVa

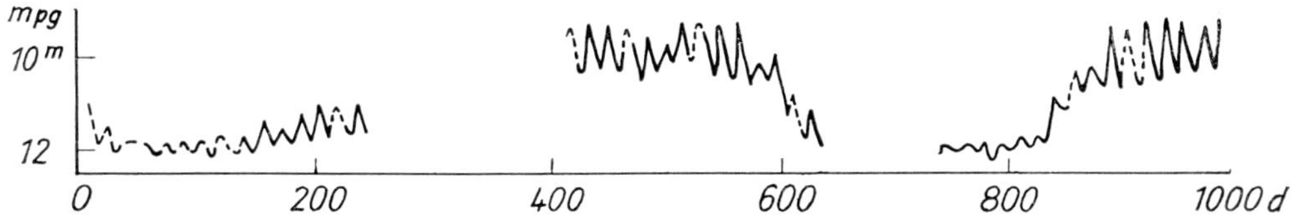

Bild 36 Lichtkurve von SX Cen (nach Helligkeitsschätzungen am Harvard-Observatorium); RVb

SRa: Bei diesen Sternen handelt es sich um Riesen der Spektralklassen M, C, S, die sich von den echten Mira-Sternen meist nur durch ihre kleinere Amplitude unterscheiden. Die Lichtkurven sind sehr veränderlich, doch werden die Perioden im allgemeinen in demselben Maße eingehalten wie bei den Mira-Sternen. Emissionslinien sind weniger häufig. Zu der Gruppe gehört als typischer Vertreter der schon erwähnte Z Aqr.

SRb: Diese Halbregelmäßigen sind Riesen der Spektralklassen K, M, C, S. Eine Art Periode (Zyklenlänge) ist nachweisbar, wird aber zeitweise unwirksam. Der Lichtwechsel ist dann unregelmäßig. Später kommt die Periode wieder zur Geltung, jedoch mit versetzter Phase.

SRc: Diese Objekte sind Überriesen der Spektraltypen G8 bis M6 von fast regellosem Lichtwechsel mit langen Wellen, kleinen Amplituden und gelegentlichen Stillständen. Der Gruppe gehören bekannte helle Sterne an, die früher meist als unregelmäßig klassifiziert wurden.

SRd: Die 4. Gruppe umfaßt gelbe Riesen und Überriesen der Spektralklassen F bis K und ist wenig einheitlich. Sie enthält Objekte, die den langperiodischen W-Virginis-Sternen nahestehen, aber zeitweilig Unregelmäßigkeiten zeigen, wie S Vul, neben solchen, die man früher als RV-Tauri-ähnlich einordnete, und solchen, bei denen 2 Perioden in unregelmäßigen Intervallen einander ablösen.

Lb: Hierzu gehören langsame unregelmäßige Veränderliche der mittleren und späteren Spektralklassen (F bis M, C, S), überwiegend Riesen. Der Lichtwechsel ist charakterisiert durch langsame Lichtänderungen ohne irgendein Merkmal von Periodizität oder höchstens extrem geringe Anzeichen von Periodizität. Das gleiche gilt für folgende Gruppe.

Lc: Dies sind langsame unregelmäßig veränderliche Überriesen später Spektralklassen.

RV: Die Veränderlichen der RV-Tauri-Klasse gehören den Spektralklassen F bis K an. Die typische Lichtkurve ist sehr charakteristisch, da eine Form auftritt, die an einen β-Lyrae-Stern erinnert, jedoch mit relativ spitzen Maxima. Nach einiger Zeit vertieft sich das Nebenminimum und wird zum Hauptminimum, wobei vorübergehend δ-Cephei-artige Kurvenformen auftreten können. Dieser als **RVa** (Bild 35) bezeichneten Art tritt eine Gruppe **RVb** (Bild 36) zur Seite, bei der dem typischen Lichtwechsel eine sehr lange Welle mit großer Amplitude überlagert ist, so daß Gesamtamplituden bis zu 5 mag vorkommen. — Die Spektren zeigen H-Emissionen um die Zeit der Maxima und starke Expansionsverschiebungen. Die Gruppe der RV-Tauri-Sterne weist Nebenformen und Grenzfälle auf, doch sind die typischen Fälle sehr charakteristisch. Es ist daher berechtigt, daß man die Zugehörigkeit auf diese gesicherten Objekte beschränkt.

Typische Vertreter:	SRa	Z Aqr, α Sco
	SRb	V UMi, AF Cyg
	SRc	α Ori, μ Cep, α Her
	SRd	S Vul, UU Her
	Lb	CO Cyg, BY Ser
	Lc	TZ Cas
	RVa	AC Her ($75\overset{d}{,}5$), V Vul ($75\overset{d}{,}7$),
		TW Cam ($85\overset{d}{,}6$), R Sct ($140\overset{d}{,}7$)

RVb SX Cen ($32\overset{\mathrm{d}}{,}9$; 600^{d}), DF Cyg ($49\overset{\mathrm{d}}{,}8$; $780\overset{\mathrm{d}}{,}2$), AI Sco ($71\overset{\mathrm{d}}{,}0$; 965^{d}), R Sge ($70\overset{\mathrm{d}}{,}6$; 1112^{d}), RV Tau ($78\overset{\mathrm{d}}{,}7$; 1224^{d}), U Mon ($92\overset{\mathrm{d}}{,}3$; 2320^{d})

Die eingeklammerten Werte sind die Periodenlängen.

Die **Durchmesser** der roten Halb- und Unregelmäßigen (α Ori, α Sco, α Her u. a.), siehe z. B. WELTER u. WORDEN (1980), sind von derselben Größenordnung wie bei den Mira-Sternen. Daß verschiedene Methoden, wie die Bestimmung aus der Strahlung und die Interferometermessung, auch für den Einzelstern stark streuende Werte ergeben, ist nicht verwunderlich, da es kaum möglich ist, bei Sternen von so geringer Dichte eine Oberfläche überhaupt zu definieren. Bei o Ceti wirkt noch die Unsicherheit der Parallaxe erschwerend und vergrößert den mittleren Fehler des Durchmessers.

Nach JOY (1942) und WILSON (1942) haben die SRb-Sterne vom Spektraltyp M die gleiche mittlere Leuchtkraft wie die Lb-Sterne vom Spektraltyp M. Außerdem stimmen die galaktischen Dichtegradienten und die kinematischen Daten dieser beiden Typen von Veränderlichen und die spektralen Eigenschaften innerhalb der Fehlergrenzen im Mittel überein. Es ist daher zu vermuten, daß die Unterschiede zwischen den beiden genannten Gruppen von Veränderlichen mehr photometrischer als physikalischer Natur sind.

Innerhalb der Gruppen SRb und Lb sind jedoch Objekte sehr unterschiedlicher Merkmale vereinigt, so daß sich die SRb- und Lb-Sterne in mindestens **drei** physikalisch wohl zu unterscheidende **Untergruppen** unterteilen lassen (s. z. B. RICHTER 1967a):

Am häufigsten sind Riesen vom Spektraltyp M (z. B. AF Cyg) und einer mittleren Periode von 160^{d}. Die räumliche Verteilung innerhalb der Galaxis und die relativ hohe Raumgeschwindigkeit deuten darauf hin, daß die Mehrzahl dieser Objekte der intermediären Population II zuzuordnen ist.

Die Riesen vom Spektraltyp C und S (z. B. UX Cas) haben im Mittel eine Periode von 280^{d} und gehören auf Grund ihrer räumlichen Verteilung und mittleren Geschwindigkeit der Population I an.

Eine kleine Gruppe von C-Sternen mit spektralen Besonderheiten, die sogenannten CH-Sterne (z. B. V Ari, TT CVn), haben sehr hohe Raumgeschwindigkeiten und gehören zur extremen Population II.

Mittlere photographische absolute Helligkeiten:

SRa, SRb und Lb,	Spektrum M	0^{M}
SRc und Lc,	Spektrum M	-4
SRa, SRb und Lb,	Spektrum N	$+1$
SRa, SRb und Lb,	Spektrum S	0
SRd		-1

Den RV-Tauri-Sternen wird im Maximum die absolute photographische Größe $-3\overset{\mathrm{M}}{,}0$ zugeschrieben (JOY 1952, BARNES u. DU PUY 1975).

Wir erkennen auch an den absoluten Größen, daß die Gruppen SR und RV keineswegs einheitlich sind. Die Klassifizierung dieser Sterne gilt als schwierige Aufgabe. Die vorstehende, aus dem Generalkatalog (GCVS) übernommene Einteilung ist nicht die einzig mögliche. BEYER (1948), einer der erfahrensten Beobachter dieser Sterne, hat eine in mancher Hinsicht abweichende Gruppenbildung vorgenommen, die auch der von SCHNELLER (1952) angewandten mit einigen Änderungen zugrunde liegt. Die genannten Schwierigkeiten beruhen darauf, daß die Einteilung nicht nach rein phänomenologischen Merkmalen, sondern nach den zur Zeit noch nicht genügend bekannten physikalischen Parametern erfolgen sollte.

Im Gegensatz zu den Sternen vom Typ Mira, SR und L sind die RV-Tauri-Sterne keine Quellen der OH-Radiofrequenz-Strahlung (Bowers u. Cornett 1974).

Das Phänomen der RV-Tauri-Sterne ist physikalisch noch nicht verstanden. Modellrechnungen von Deupree u. Hodson (1976) versuchen, den Ursprung der alternierenden Amplituden in einer zeitlich veränderlichen Konvektion hoher Amplitude zu erklären. Einige Modellvorstellungen werden von Dawson (1979) diskutiert.

Ausführliche Darstellungen des Problems der langsam veränderlichen Sterne findet man bei Ikaunieks (1971).

Die Objekte der Spektraltypen R, N, C werden bei Alksne u. Ikaunieks (1971) abgehandelt; siehe auch Alksnis u. Alksne (1977).

Tabelle 21 gibt die Perioden-Häufigkeitsverteilung und Tabelle 24 die Verteilung der Spektraltypen der Halbregelmäßigen und Unregelmäßigen im Vergleich zu den Mira-Sternen.

Tabelle 24 Häufigkeitsverteilung der Spektraltypen bei Mira-Sternen, Halbregelmäßigen (SR) und Unregelmäßigen (L)

Spektrum	Mira	SR	L	%
K	1	59	42	5
M	865	507	402	80
S	48	18	16	4
R, N, C	53	99	108	11
Summe	967	683	568	100

2.3. Nicht-radiale Pulsatoren

Schon im Kapitel 2.1.4. wurden nicht-radiale Pulsationen als mögliche Ursache eines Teiles der δ-Scuti-Veränderlichkeit erwähnt. Es handelt sich hierbei um **transversal** über die Oberfläche des Sterns laufende Wellen geringer Amplitude, die einen schwachen, meist nur photoelektrisch nachweisbaren Lichtwechsel verursachen. Dieses Phänomen ist mathematisch ziemlich gut beherrscht, harrt aber offensichtlich noch der endgültigen physikalischen Deutung hinsichtlich Anregungsmechanismen und Einordnung in die Theorien zur Sternentwicklung. Eine mögliche Ursache nichtradialer Schwingungen könnte die Gezeitenwirkung durch die Anwesenheit eines umlaufenden Begleitsterns in einem Doppelstern-System sein. Vorläufig fehlt aber jeder beobachtungsmäßige Hinweis darauf, daß alle nicht-radialen Pulsatoren Doppelsterne sind.

Über die formalen Gründe, die zur Annahme solcher Schwingungen führen, ist in den folgenden beiden Kapiteln einiges gesagt.

2.3.1. β-Cephei-Sterne

Die Veränderlichen vom Typus β Cephei (auch β-Canis-Maioris-Sterne genannt) bilden eine im Hertzsprung-Russell-Diagramm scharf definierte Gruppe, deren Spektraltypus zwischen B 0,5 und B 2 und deren Leuchtkraftklasse bei IV oder III liegt. Die

Amplituden der Helligkeitsänderungen liegen gewöhnlich bei 0,1 mag im visuellen Bereich, die Perioden zwischen 3 und 7 Stunden. Zwischen Radialgeschwindigkeits- und Lichtkurve (die Perioden beider sind identisch) besteht eine Verschiebung dergestalt, daß die höchste in Richtung zum Beobachter weisende Geschwindigkeit bei der Phase 0,25 der Lichtkurve auftritt. In ungefähr der Hälfte der bekannten β-Cephei-Sterne existiert eine Modulation der Helligkeitsvariation; dies wird als Interferenz zweier wenig verschiedener Perioden gedeutet. Einer Liste von STERKEN u. JERZYKIEWICZ (1980), die 37 zugehörige Fälle aufführt, entnehmen wir, etwas willkürlich, die in Tabelle 25 angegebenen 13 Sterne, die nicht schwächer als $m_V = 4^m{,}0$ sind.

Tabelle 25 Helle β-Cephei-Sterne

Stern	m_V	Spektrum	P
ϑ Oph	$3^m{,}3$	B 2 IV	$0^d{,}1405$
γ Peg	2,8	B 2 IV	0,1518
β Cru	1,3	B 0,5 III	0,1605
ε Cen	2,3	B 1 III	0,1696
ν Eri	4,0	B 2 III	0,1735
α Vir	1,0	B 1 IV	0,1738
β Cep	3,2	B 1 III	0,1905
$\varkappa$ Sco	2,4	B 1,5 III	0,1999
λ Sco	1,6	B 1,5 IV	0,2137
σ Sco	2,9	B 1 III	0,2468
β CMa	2,0	B 1 II-III	0,2513
α Lup	2,3	B 1,5 III	0,2599
β Cen	0,6	B 1 III	0,30

Die kürzeste Periode besitzt HD 68324 ($0^d{,}108$, STERKEN u. JERZYKIEWICZ l.c., S. 106), die längste der in der Tabelle 25 enthaltene β Cen (BALONA 1977). Eine Periode-Leuchtkraft-Beziehung scheint nicht zu existieren; auch dieser Befund führt zu der «Idee, daß die photometrischen Hauptperioden der β-Cephei-Sterne zu einer Anzahl von nicht-radialen Schwingungsmoden gehören könnten» (JERZYKIEWICZ u. STERKEN 1979).

Eine auch in methodischer Hinsicht aufschlußreiche Arbeit hat JERZYKIEWICZ (1978) anläßlich der Analyse des Sterns 12 Lac publiziert, wo besonders auf die Entstehung der schon bei den δ-Scuti-Sternen erwähnten **äquidistanten Frequenzen** (= Zahl der Lichtwechsel-Zyklen pro Tag $= 1/P$) eingegangen wird:

Er weist darauf hin, daß bereits LEDOUX (1951) gezeigt hat, daß eng benachbarte Frequenzen in einem nicht-radial schwingenden Veränderlichen durch das Vorhandensein einer langsamen Rotation des Sterns entstehen können. Wenn f die Frequenz einer der stationären nicht-radialen Schwingungen ist, die nach den Modellrechnungen möglich sind und die symmetrisch zur Rotationsachse arbeiten, dann ergeben sich beobachtbare Frequenzen weiterer möglicher Oszillationen gemäß der Formel

$$f_m = f - mk\Omega \qquad (m \text{ ganz}) ,$$

wobei Ω die Winkelgeschwindigkeit des Sternes und k eine unter anderem von dessen innerer Struktur abhängige Größe ist. Die Zahl m kann Werte in einem Bereich annehmen, der durch f bestimmt ist. Bei feststehender Grundfrequenz f finden wir zwischen je zwei aufeinanderfolgenden Sekundärfrequenzen f_m immer dieselbe Differenz $f_m - f_{m+1} = k\Omega$; man spricht von «äquidistanten» Frequenzen, und diese stellen ein

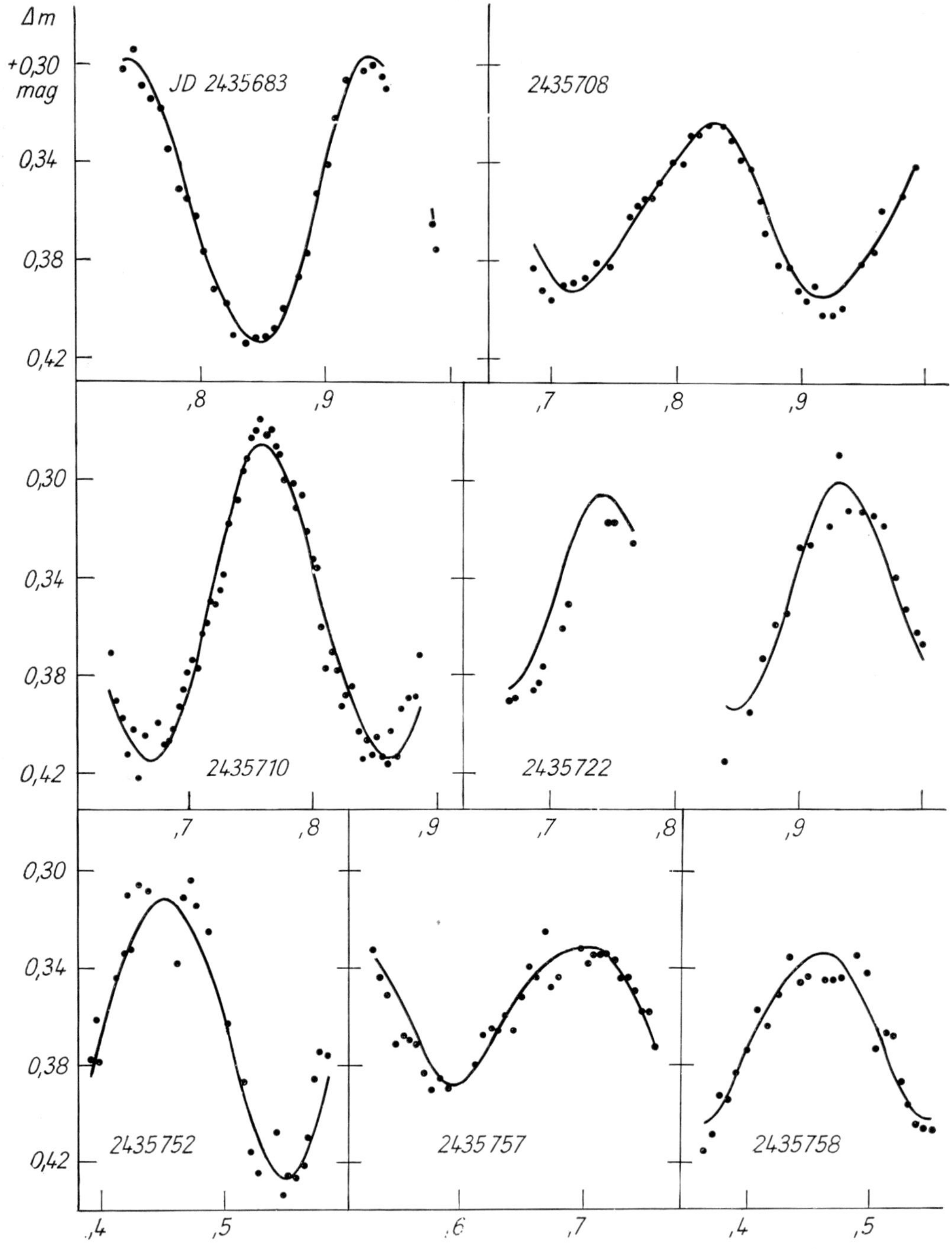

Bild 37 Lichtkurve (gelber Spektralbereich) des β-Cephei-Sterns 12 Lac. Die Punkte geben photoelektrische Beobachtungen in einer internationalen Kampagne wieder, der Linienzug stellt die mittels der in Tabelle 26 aufgeführten Frequenzen berechnete theoretische Kurve dar (nach JERZYKIEWICZ 1978)

wesentliches Kennzeichen nicht-radialer Pulsationen langsam rotierender Sterne dar. Ist $m < 0$, so wandern die durch f_m beschriebenen Wellen in Richtung der Rotation; wenn $m > 0$, verlaufen sie in entgegengesetzter Weise. Bei $\Omega = 0$ (Stern rotiert nicht) ist das Phänomen nicht vorhanden, und ebenso kann gezeigt werden, daß schnelle Rotation den Effekt zerstört.

JERZYKIEWICZ fand bei 12 Lac unter entscheidender Einbeziehung spektroskopischer Befunde die in Tabelle 26 gegebenen Frequenzen (in Zyklen pro Tag, etwas gekürzt; P_i sind die zugehörigen Perioden).

Tabelle 26 Perioden im β-Cephei-Stern 12 Lac

i	f_i	P_i
1	5,1793 d^{-1}	0,1931 d
2	5,0665	0,1974
3	5,4901	0,1821
4	5,3347	0,1875
5	10,5140	0,0951
6	4,2405	0,2358

Man sieht, daß $f_4 - f_1 = f_3 - f_4$ ist (äquidistantes Tripel); auch die Kombinationsfrequenz $f_1 + f_4 = f_5$ und eine zu einer anderen Grundfrequenz f (s. obige Formel) gehörende Frequenz f_2 sowie der vorerst ungedeutete Term f_6 treten auf. Das Beispiel demonstriert die Komplexität der Lichtkurven, wie sie auch bei anderen β-Cephei-Sternen beobachtet wird. Einige Ausschnitte aus der Lichtkurve von 12 Lac zeigt Bild 37.

Der Ursprung dieser Art Variabilität ist trotz intensiver Bearbeitung noch nicht bekannt. Auf alle Fälle scheint eine Ionisationszone (etwa diejenige des He^+) für einen Antriebsmechanismus von der Art der klassischen Pulsationen schon deshalb nicht in Betracht zu kommen, weil diese Zonen bei den hohen Temperaturen der frühen B-Sterne wohl viel zu nahe an der Sternoberfläche liegen, als daß sie genügend effektiv sein können.

2.3.2. ZZ-Ceti-Sterne

Die ZZ-Ceti-Sterne sind **veränderliche Weiße Zwerge**. Ihr Spektraltypus ist DA (D = white dwarf, Weißer Zwerg), ihre Oberflächentemperatur liegt bei 12000 K und ihre Dichte bei 1 Million gcm^{-3} (s. Kap. 1.2.). Charakteristische Zyklenlängen des Lichtwechsels sind 100 ... 1000 s, die Amplituden maximal 0,3 mag. Der erste derartige Veränderliche wurde von LANDOLT (1968) zufällig im Verlauf eines photometrischen Programms zur Untersuchung von Sternen in Richtung der Taurus-Dunkelwolke entdeckt; er war schon in einer von HARO u. LUYTEN aufgestellten Liste von möglichen Weißen Zwergen als Objekt HL Tau-76 enthalten und heißt seit 1971 V 411 Tau. Seine Amplitude (rund 0,3 mag) ist eine der größten bisher bekannten. Der Prototyp ZZ Cet, nach dem diese Sterne ab 1974 bezeichnet werden, hat dagegen Helligkeitsschwankungen, die nur wenig größer sind als 0,01 mag. Die Lichtkurven ähneln, abgesehen vom Maßstab, denjenigen von klassischen Pulsationssternen mit Mehrfachperiodizität; man vergleiche z. B. die in Bild 38 gegebene Kurve des ZZ-Ceti-Sterns

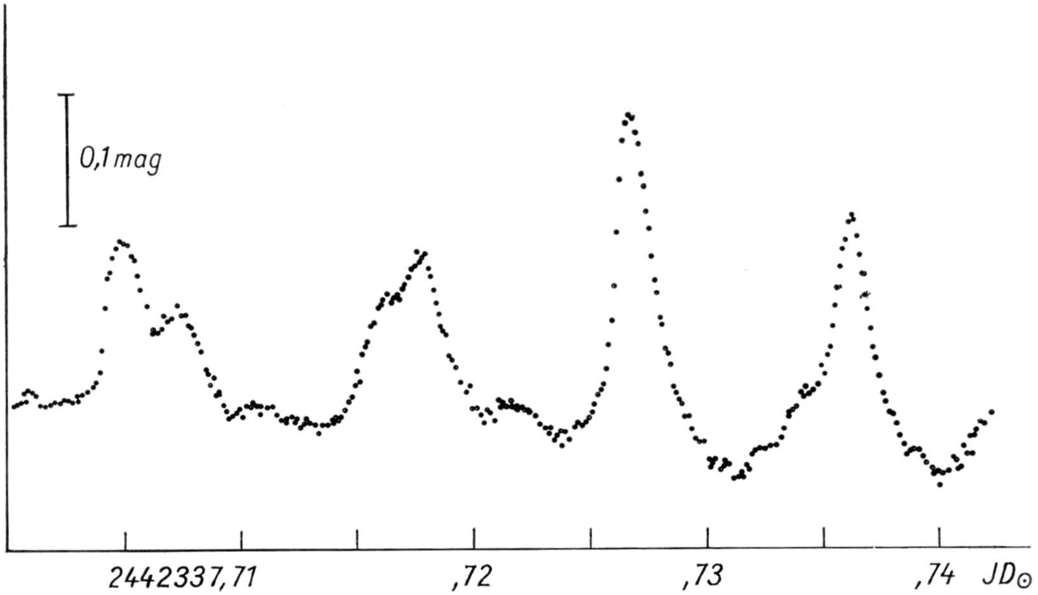

Bild 38 Lichtkurve des ZZ-Ceti-Sterns ZZ Psc (nach PETTERSEN 1980)

ZZ Psc mit derjenigen von AQ Leo, Bild 13. Daß jedoch keine normalen radialen Pulsationen vorliegen können, erkennt man schon bei Berechnung der Pulsationsgröße $P\sqrt{\varrho/\varrho_\odot}$, die sich aus den eingangs aufgeführten Daten zu rund 5^d ergibt, im Widerspruch zum Normalwert $Q = 0^d\!.03$. Die modernen Modelle ziehen daher nicht-radiale Pulsationen in Betracht, obwohl auch hierbei mancherlei Schwierigkeiten die Deutung erschweren. Alle ZZ-Ceti-Sterne sind, soweit bisher bekannt, **mehrfach-periodisch**, wobei in einzelnen Objekten mehr als 20 Perioden gleichzeitig wirksam sein können. Die Differenzen der Frequenzen zeigen dabei gelegentlich das bei den β-Cephei-Veränderlichen beschriebene typische Verhalten. Die Stabilität der Perioden ist von Stern zu Stern sehr unterschiedlich und umfaßt den weiten Spielraum von äußerster Konstanz (relative Änderung 10^{-12}) bis zur merklichen Variation innerhalb weniger Stunden.

Zusammenfassende Darstellungen, z. B. von HANSEN (1980) und PETTERSEN (1980), nennen 13 bis dahin bekannte ZZ-Ceti-Variable (Tabelle 27). Die ungewohnten Sternbezeichnungen (1. Spalte) entstammen Listen von Durchmusterungen nach schwachen blauen Sternen, nach Objekten hoher Eigenbewegung usw. Man erkennt, daß es sich, wie nicht anders zu erwarten, um Veränderliche geringer scheinbarer Helligkeit handelt, und diese Tatsache, verbunden mit der Kürze der auftretenden Perioden, stellt extreme Anforderungen an die zur Beobachtung benutzten photoelektrischen Instrumente.

Photoelektrische Messungen durch MC GRAW (1978) in einem speziellen Mehrfarbensystem (Strömgren-System) haben bei V 411 Tau und ZZ Psc ergeben, daß im Rahmen der Beobachtungsgenauigkeit die Helligkeitsänderungen allein durch die Veränderlichkeit der Temperatur zu erklären sind; der Radius der Objekte bleibt konstant. Dies wäre ein direkter Beweis dafür, daß radiale Schwingungen bei den ZZ-Ceti-Sternen nicht vorkommen. Umso bemerkenswerter ist, daß diese Veränderlichen im

Tabelle 27 ZZ-Ceti-Veränderliche

Stern	Benennung	Hauptperioden	Mittlere Amplitude	$\overline{V}$
L 19-2	MY Aps	114; 192 s	0,03 mag	$13^{m}_{,}75$
R 548	ZZ Cet	213; 274	0,012	14,10
G 117-B 15 A	RY LMi	216; 312	0,05	15,52
BPM 31594	VY Hor	310; 617	0,21	15,03
GD 385	PT Vul	252; 564	0,03	15,50
GD 99	VW Lyn	260; 590	0,07	14,55
G 207-9	V 470 Lyr	292; 318; 557; 739	0,06	14,64
HL Tau-76	V 411 Tau	494; 625; 746	0,28	14,97
BPM 30551	AX Phe	298; 823	0,22	15,26
R 808	TY CrB	833	0,15	14,36
G 29-38	ZZ Psc	820; 930; 1020	0,27	13,10
G 38-29	V 468 Per	929; 1020	0,22	15,63
GD 154	BG CVn	780; 1186	0,10	15,33

Hertzsprung-Russell-Diagramm genau in der Verlängerung des für die klassischen Pulsationssterne gültigen Pulsationsstreifens liegen. Sie besetzen gerade jenen Temperaturbereich, in dem sich auf Grund der entwicklungsbedingten Abkühlung der Weißen Zwerge eine Wasserstoff-Ionisationszone in einer äußeren Hülle bildet. Robinson u. Mc Graw (1976) haben daher vorgeschlagen, auch in diesen Veränderlichen den Kappa-Mechanismus (Kap. 2.1.2.) als Antrieb der Pulsation zu sehen.

3. Eruptive Veränderliche

Unter dieser Bezeichnung wollen wir alle Sterne verstehen, bei denen der Lichtwechsel durch eruptive oder explosionsartige Vorgänge hervorgerufen oder zumindest mitbestimmt wird.

Die Variabilität ist vielfach gekennzeichnet durch rasch verlaufende irreguläre Helligkeitsänderungen oder durch Helligkeitsausbrüche großer Amplitude. Dies schließt nicht aus, daß man auch weniger auffällige Formen dazuzählt, wenn Anlaß besteht, physikalisch gleichartige Ursachen anzunehmen.

Je nachdem, ob die eruptiven oder explosionsartigen Vorgänge in einer zirkumstellaren Hülle, in oberflächennahen Schichten des Sternes oder im Sterninnern stattfinden, ob sie in einem Einzelstern oder in einem Doppelsternsystem unter Mitwirkung eines starken oder schwachen magnetischen Feldes erfolgen, unterscheidet man physikalisch verschiedene Gruppen von eruptiven Veränderlichen:

Novae
U-Geminorum-Sterne (Zwergnovae)
Symbiotische Sterne
Röntgendoppelsterne
Supernovae
Entwicklungsmäßig extrem junge Sterne
Veränderliche Hüllensterne
R-Coronae-Borealis-Sterne
BY-Draconis- und ähnliche Sterne
Pulsare
α_2-Canum-Venaticorum-Sterne

Gerade bei den eruptiven Veränderlichen ist in den letzten Jahren so viel neues Beobachtungsmaterial hinzugekommen, vor allem durch Beobachtungen in nicht konventionellen Spektralbereichen und durch spektroskopische Untersuchungen, daß wir im Verständnis der physikalischen Vorgänge in den verschiedenen Gruppen ein gutes Stück vorangekommen sind:

— Die Existenz der Röntgendoppelsterne und der Pulsare war vor 15 Jahren noch völlig unbekannt.

— Die Entdeckung, daß die Mehrzahl der eruptiven Veränderlichen nachweisbare harte und weiche Röntgenstrahlen aussendet, hat wesentlich zum physikalischen Verständnis dieser interessanten Objekte beigetragen (s. Cordova u. Mitarb. 1981a und 1981b und weitere hierin angegebene Literaturzitate).

— Man hat mittlerweile erkannt, daß das Phänomen der U-Geminorum-Sterne nicht einfach eine Fortsetzung der Gruppe der Novae nach kleinen Amplituden, kleineren Ausbruchsenergien und kurzen Zwischenzeiten ist, sondern daß beide Gruppen deutlich zu unterscheiden sind.

— Ferner hat sich gezeigt, daß es allein auf Grund des Lichtwechsels nicht immer möglich ist, eine eindeutige Zuordnung zu einer der physikalischen Gruppen eruptiver Veränderlicher vorzunehmen.

Drei Beispiele seien genannt:

WZ Sge verhält sich, photometrisch gesehen, wie eine typische rekurrierende Nova (1913, 1946, 1978) mit einer Lichtwechselamplitude von etwa 8 mag (s. Bild 60). Der spektroskopische Verlauf des Ausbruchs von 1978 ist hingegen für die U-Geminorum-Sterne kennzeichnend. Bereits Mc Laughlin (1945) bemerkte, daß WZ Sge auf Grund seiner hohen Eigenbewegung uns räumlich relativ nahe stehen muß und daher keine echte Nova sein kann. Die anderen bisher beobachteten rekurrierenden Novae zeigen hingegen im Ausbruch das typische Nova-Spektrum. Es sei am Rande bemerkt, daß auch weitere Beobachtungsdaten von WZ Sge für Novae untypisch sind.

Das zweite Beispiel ist die **Nova Cyg 1975** (= V 1500 Cyg; Bild 40). Sie ist auf Grund der für Novae ungewöhnlichen Lichtwechselamplitude von > 18 mag von einigen Autoren zunächst für eine galaktische Supernova gehalten worden. Dem widerspricht jedoch der spektrale Befund.

Drittes Beispiel: Der Stern **FU Ori** wurde ursprünglich für eine typische langsame Nova gehalten. Erst genauere Untersuchungen ergaben, daß dieses Objekt den entwicklungsmäßig extrem jungen Sternen zuzuordnen ist.

3.1. Eruptive Doppelsterne

3.1.1. Überblick

Ist bei einem Doppelsternpaar der Abstand zwischen den beiden Komponenten sehr klein, etwa nur so groß wie der Durchmesser des größeren der beiden Sterne, so sind infolge der gegenseitigen Gravitationswechselwirkung die Gezeitenkräfte sehr stark, und wegen der raschen Umlaufbewegung der beiden Sterne entstehen starke Fliehkräfte. Wird die Stabilitätsgrenze für den größeren der beiden Sterne nahezu erreicht, so strömt Materie von dieser größeren (und weniger dichten) *Sekundärkomponente* fort, unter normalen Umständen vom sogenannten **Lagrange-Punkt** L_1 aus. Genaue Berechnungen der Bahnkurven (= Trajektorien) der einzelnen abströmenden Partikel haben ergeben, daß sich ein hoher Prozentsatz von ihnen in einer **Gasscheibe** (im englischen Sprachgebrauch «accretion disk») um die dichtere *«Primär»-Komponente* (oder in Spezialfällen auf der Primärkomponente selbst) sammelt (Bild 39). Eine ausführliche Beschreibung der geometrischen Verhältnisse, die bei Doppelsternen je nach Masse, Dichte und Abstand der beiden Komponenten auftreten können, erfolgt in Kapitel 4.

Seit einigen Jahrzehnten hat sich für die eruptiven Doppelsterne die Bezeichnung **«kataklysmische Veränderliche»** eingebürgert (s. Kraft 1963 und Payne-Gaposchkin 1977a). Diese Benennung ist vom griechischen Wort «kataklysmos» abgeleitet, das so viel wie «Überschwemmung, Sintflut, Katastrophe» bedeutet. Die Bezeichnung «kataklysmischer Variabler» soll die Tatsache beleuchten, daß diese Objekte zeitweise von einer Flut von Energie und Masse überschwemmt werden, die sowohl langsam als auch abrupt freigesetzt werden und (in seltenen Fällen) katastrophale Auswirkungen für das Objekt haben können. Tabelle 28 soll, auf die nächsten Kapitel vorgreifend, kennzeichnen, was für Sternkomponenten nach dem heutigen Stand der Kenntnisse für das Zustandekommen der verschiedenen Gruppen eruptiver Doppelsterne verantwortlich sind. Hier und im folgenden wird die kompaktere Komponente

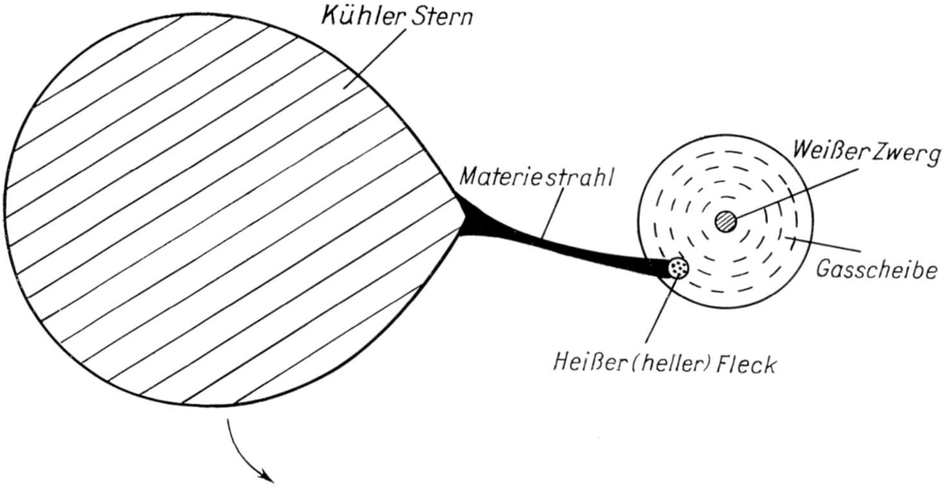

Bild 39 Modell eines eruptiven Doppelsterns (nach Robinson)

als Primärkomponente bezeichnet. In der Literatur finden sich gelegentlich auch abweichende Definitionen.

Die in der Zusammenstellung aufgeführten Bedeckungssterne mit Wechselwirkung («interacting eclipsing binaries») werden *nicht* mit zu den eruptiven Doppelsternen gerechnet. Materieaustausch und eruptive Aktivität sind relativ gering. Diese Sterne werden in Kapitel 4. behandelt.

Tabelle 28 Schema der eruptiven Doppelsterne

Primärkomponente		Sekundärkomponente			
		Hauptreihe (oder Unterriese)	Riese	Weißer Zwerg	Neutronenstern
Hauptreihe (oder kühler Unterzwerg)		klassische Bedeckungssterne mit Wechselwirkung)		—	—
Weißer Zwerg	starkes Magnetfeld	Polare (AM Her), Novae (?)	Symbiotische Sterne (Z And, sehr langsame Novae, rekurrierende Novae)	AM CVn	—
	schwaches Magnetfeld	Zwergnovae (U Gem), Novae			
Neutronen-Stern	starkes Magnetfeld	massearme Röntgenpulsare (HZ Her)	massereiche Röntgenpulsare, Symbiotische Röntgensterne (V 2116 Oph)	KZ TrA, 4U 1915-05 ?	Doppelpulsar (PSR 1913+16)
	schwaches Magnetfeld	Röntgenburster			
Massereiches kompaktes Objekt (> 3 Sonnenmassen)		?	V 1357 Cyg (= Cyg X-1)	?	?

Die Quasare, die nach neueren Vermutungen ein hochskaliertes Phänomen kataklysmischer Veränderlicher sein könnten (wobei die Gasscheibe nicht homogen ist, sondern eine ausgeprägte Wolkenstruktur zeigt und nicht von *einem* Begleiter, sondern von einer *Vielzahl* sich auflösender Sterne gespeist wird), werden im Kapitel 5.3. (Aktive Galaxien) behandelt.

3.1.2. Novae

Typologie

Das Erscheinen eines «Neuen Sterns» bedeutet, daß völlig unerwartet ein Stern aufleuchtet, wo vordem, meist auch im Fernrohr, kein Stern sichtbar war. Im Normalfall währt der Zustand großer Helligkeit einige Tage, und nach wenigen Wochen, je nach der erreichten Maximalhelligkeit und in den Einzelfällen verschieden, verschwindet der Stern wieder für das bloße Auge. Auf den Laien kann eine solche Erscheinung großen Eindruck machen, da er ja geneigt ist, den Sternhimmel als unveränderlich anzusehen. Daher kann er sich auch nicht vorstellen, daß ein sonnenähnlicher Körper plötzlich erscheint und wieder verschwindet. Novae von großer scheinbarer Helligkeit sind ziemlich selten. Zwischen 1900 und 1980 sind drei wirklich auffällige Erscheinungen dieser Art beobachtet worden: die Nova Per von 1901 ($0\overset{m}{,}2$), die Nova Aql von 1918 ($-1\overset{m}{,}1$) und die Nova Pup von 1942 ($0\overset{m}{,}5$). Man beachte, daß die Nova Aql nur wenig schwächer als Sirius war, die beiden anderen beinahe die Helligkeit von Wega erreichten.

Von der wissenschaftlichen Seite her sieht das Phänomen selbstverständlich anders aus. An der Stelle der Nova findet man auf älteren photographischen Aufnahmen einen schwachen blauen Stern, die **Praenova**, und nach dem Ausbruch wird, oft erst nach einigen Jahren, ein Zustand erreicht, den man als **Postnova** bezeichnet und der durch spektrale Besonderheiten gekennzeichnet ist.

Der Verlauf der Helligkeitsänderungen zwingt zur Unterscheidung verschiedener Typen. Die Amplituden liegen meist zwischen 7 und 16 Größenklassen, Aufstieg und Abstieg verlaufen jedoch sehr verschieden rasch, und auch die Formen der Lichtkurven unterscheiden sich wesentlich. Man hat 4 Gruppen aufgestellt:

Na: Rasche Novae. Der Aufstieg ist sehr steil, er dauert einen oder wenige Tage; der Abstieg ist so, daß eine Helligkeit von 3 Größenklassen unter der Maximalhelligkeit nach spätestens 110 Tagen, meist viel früher, erreicht wird. Beispiele sind die Nova Per 1901, die Nova Aql 1918 und, als Extremfall, die Nova Cyg 1975 (Bild 40).

Nb: Langsame Novae. Der Abstieg um 3 Größenklassen nimmt mehr als 100 Tage in Anspruch. Manche dieser Novae haben 4 bis 5 Monate nach dem Maximum ein tiefes breites Minimum mit nachfolgendem Wiederanstieg bis zu der Helligkeit, die etwa einem regelmäßigen ungestörten Abstieg entsprechen würde.

Beispiele: T Aur 1891, DQ Her 1934 (Bild 41), V 732 Sgr 1936, V 450 Cyg 1942.

Nc: Sehr langsame Novae. Der Prototyp RT Ser war 1915 langsam zur Helligkeit $10\overset{m}{,}5$ angestiegen, behielt diese fast 10 Jahre lang bei und begann dann sehr langsam schwächer zu werden, bis 1942 auf 14^{m}. Beobachtungen des Spektrums ergaben eindeutig Nova-Charakter (Bild 42).

Nr: Rekurrierende (wiederkehrende) **Novae** (Bild 43). Es handelt sich um Novae, bei denen bisher mehr als ein Ausbruch beobachtet wurde. Im Endeffekt sind wahr-

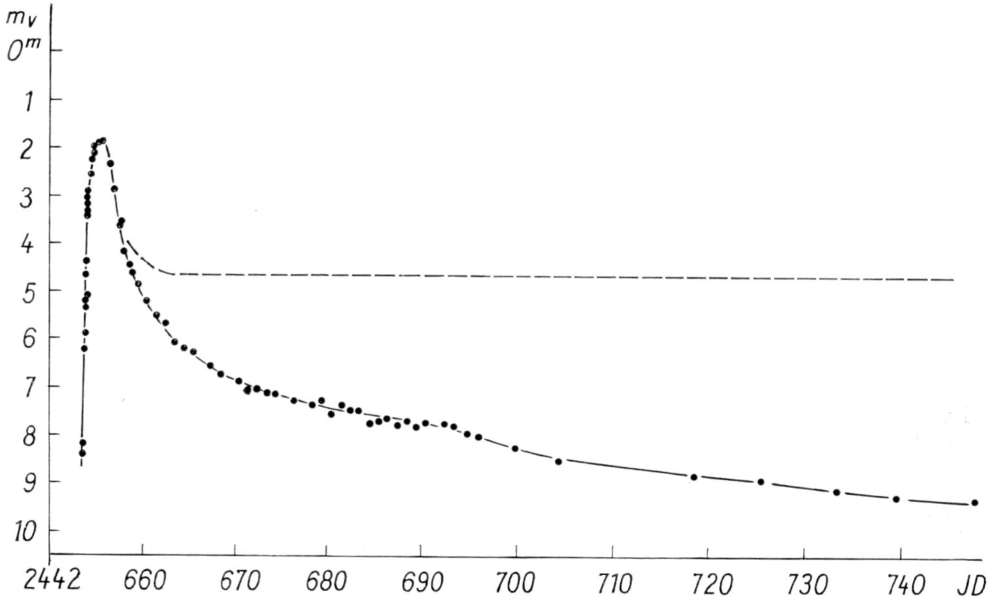

Bild 40 Lichtkurve der Nova V 1500 Cyg (1975) nach YOUNG u. Mitarb. (1976); *gestrichelt*: Verlauf der bolometrischen Helligkeit nach TRURAN; Na

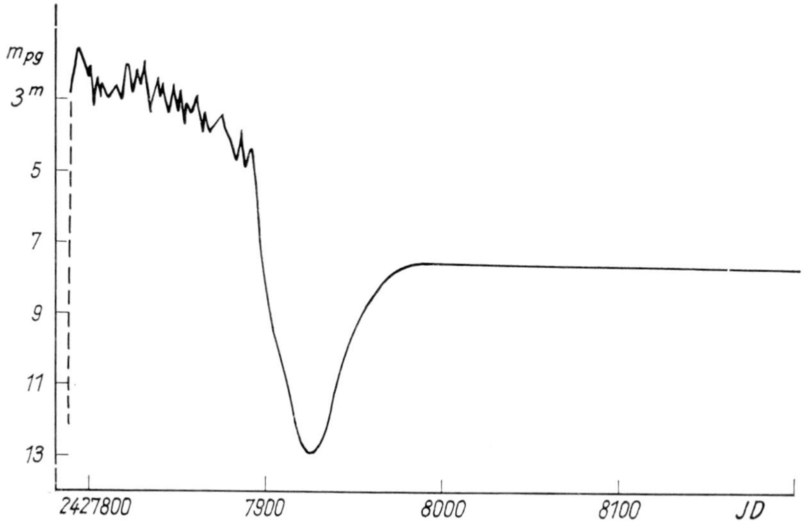

Bild 41 Lichtkurve der Nova DQ Her (1934); Nb

scheinlich alle Novae rekurrierend, und die Feststellung, daß bei den meisten Novae bisher nur ein Ausbruch beobachtet wurde, ist vermutlich nur eine Frage der meist sehr langen Zwischenzeiten. Eine Zusammenstellung der bekannten rekurrierenden Novae gibt Tabelle 30.

In der Literatur findet man gelegentlich noch die Gruppe «**Nl: Novaähnliche Veränderliche**» aufgeführt. Es handelt sich um eine sehr formenreiche, heterogene Gruppe von Sternen, bei denen infolge ungenügender photometrischer und spektroskopischer

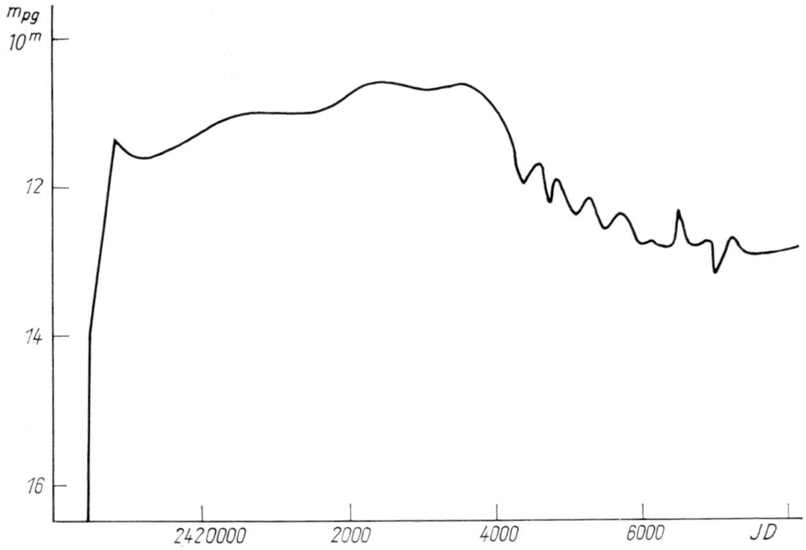

Bild 42 Lichtkurve der Nova RT Ser (1909); Nc

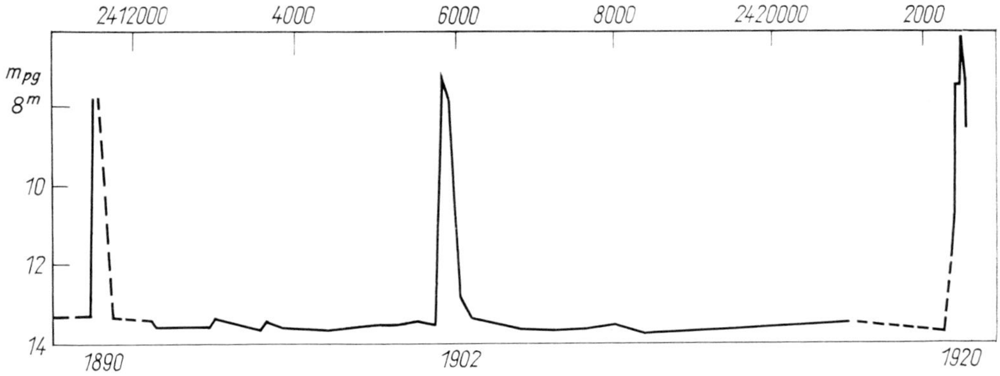

Bild 43 Lichtkurve der Nova T Pyx nach Harvard-Beobachtungen; Nr

Untersuchungen die Zugehörigkeit zu einer bestimmten anderen Gruppe von Objekten noch nicht genügend erforscht ist. Meist dürfte es sich um Novae im Helligkeits-Minimum handeln, bei denen in historischer Zeit kein Ausbruch beobachtet wurde, teils handelt es sich um Polare oder nicht erkannte Symbiotische Sterne (s. unten) oder auch um photometrisch atypische U-Geminorum-Sterne.

Ferner existiert der Begriff «**Zwergnova**». Dieser Ausdruck wird aus den zu Beginn des Abschnitts 3.1.3. genannten Gründen für die dort näher behandelten U-Geminorum-Sterne benutzt. Im vorliegenden Kapitel über «Novae» erwähnen wir gelegentlich die «Zwergnovae» zum Zwecke des Vergleichs oder der Gegenüberstellung.

Benennung

Die Bezeichnung der Novae ist nicht einheitlich. Solange nur wenige Fälle bekannt waren, benannte man sie nach Sternbild und Jahreszahl, z. B. Nova Per 1901. Wenn in einem Sternbild mehrere Novae beobachtet waren, numerierte man sie als N_1, N_2 usw., z. B. im Sagittarius. Am Anfang war dabei sicher die Auffassung bestimmend, daß die Novae etwas besonderes seien und nicht einfach eine Untergruppe der Veränderlichen Sterne. Seitdem aber die Fortschritte der Sternphysik sie diesem Gebiet zugeordnet haben, wurden sie auch entsprechend noch nachträglich benannt. So heißt die Nova Per 1901 heute GK Per, die Nova Her 1934 DQ Her, die Nova Cyg 1975 V 1500 Cyg. Wir verwenden nebeneinander beide Bezeichnungen.

Erscheinungen

Der **Verlauf eines Nova-Ausbruchs** erscheint im sichtbaren Spektralbereich etwa folgendermaßen: Die Praenova ist ein blaues (heißes) Objekt, das in vielen Fällen geringen (nur in seltenen Fällen bis zu 2 mag, z. B. GK Per), regellosen Lichtwechsel zeigt. Einen Katalog sämtlicher bekannter Lichtkurven von Novae vor dem Ausbruch gibt Robinson (1975). Der Aufstieg ist meist sehr steil mit Helligkeitszunahmen von 7 mag bis 10 mag in 24 Stunden. Kurz vor dem Maximum wird ein kurzer Stillstand oder ein kleiner Abfall der Helligkeit beobachtet, worauf dann der letzte Anstieg um etwa 2 Größenklassen erfolgt. Das Maximum ist meist spitz, selbstverständlich mit Ausnahme der Novae vom RT-Serpentis-Typ. Der Abfall der Helligkeit nach dem Maximum verläuft zunächst glatt bis etwa 3,5 mag unter Maximalhelligkeit. Dann aber setzen lebhafte, quasiperiodische Schwankungen mit Amplituden von etwa 1 mag ein. Die Wellen haben meist Längen zwischen 5 und 10 Tagen, doch kommen auch Fälle regellosen Lichtwechsels vor. Bei den langsamen Novae endet dieser Zustand mit dem steilen Abfall zum Zwischenminimum. Hier folgt dann ein zweiter steiler Aufstieg; danach setzt sich der Abfall unter geringen Fluktuationen fort. Bei den normalen raschen Novae wird diese Phase unter Abklingen der quasiperiodischen Schwankungen erreicht. Der Übergang zur Phase des langsamen Abfalls erfolgt bei beiden Varianten, wenn die Helligkeit etwa 6 mag unter der Maximalgröße liegt. Ganz allmählich nähert sich der Stern dann dem quasistabilen Zustand der Exnovae (auch Postnovae genannt), der etwa dem der Praenovae entspricht und häufig raschverlaufende Helligkeitsschwankungen geringer Amplitude zeigt.

Hier sei auf eine Fehlerquelle der Klassifizierung hingewiesen. Wenn wir einen solchen Veränderlichen finden, besteht die Gefahr, daß wir ihn in die Gruppe der T-Tauri-Sterne und verwandten Objekte einordnen, denn der rasche, regellose Lichtwechsel entspricht etwa diesem Typ. Erst eine genaue spektroskopische Untersuchung (oder ein zufälliger Helligkeitsausbruch!) kann eine klare Entscheidung bringen. Beispiele früher fehlklassifizierter alter Novae sind: EM Cyg, V Sge.

Statistik

Nach Payne-Gaposchkin (1957, 1977b) sind 177 Novae bekannt, von denen nur 61 im Minimum beobachtet wurden. In Tabelle 29 ist die Verteilung der Amplituden dieser 61 Novae dargestellt.

Extreme Amplituden haben die Nova 1942 Pup mit mehr als 16,6 mag und die Nova Cyg 1975 mit mehr als 18,8 mag. Eine extrem kleine Amplitude von 3,0 mag hat Nova Car 1970, doch handelt es sich bei diesem Objekt sehr wahrscheinlich um eine Fehlklassifizierung. Der häufigste Amplitudenwert liegt bei klassischen Novae zwischen 11 mag und 12 mag, bei rekurrierenden Novae sind die Amplituden kleiner als 9 mag.

Tabelle 29 Amplitudenhäufigkeit der Novae

Amplituden-Intervall	Klassische Novae	Rekurrierende Novae
6 mag ... 7 mag	2	0
7 ... 8	2	3
8 ... 9	6	2
9 ... 10	8	0
10 ... 11	11	1
11 ... 12	12	0
12 ... 13	4	0
13 ... 14	6	0
14 ... 15	3	0
15 ... 16	1	0

Die Daten sind jedoch nach zu kleinen Amplituden hin verfälscht, denn 2/3 aller Novae sind im Minimum nicht beobachtet.

Die Tabellen von PAYNE-GAPOSCHKIN (1957, 1977b) geben die Zeit des Aufleuchtens, die scheinbaren Größen im Maximum und Minimum und die galaktischen Koordinaten an. Das eigentliche Maximum wird wegen der kurzen Dauer nur selten von den Beobachtungen wirklich erfaßt; man kann jedoch aus dem sehr regelmäßigen Verlauf der Lichtkurve im ersten Teil des Abstiegs mit guter Sicherheit auf die Maximalgröße schließen. Eine von derselben Autorin (1958) veröffentlichte Liste beschränkt sich auf 81 relativ gut beobachtete Fälle.

Die **absolute Größe** der Novae **im Maximum** wird im Mittel zu $-7\overset{\mathrm{M}}{,}6$ angenommen; sie hängt selbstverständlich von der Zuverlässigkeit der Entfernungsbestimmungen ab. Zu den üblichen, d. h. astrometrischen und astrophysikalischen Methoden der Entfernungsbestimmung treten hier zwei weitere, die für Novae sehr wichtig geworden sind. Die eine beruht darauf, daß die Ausdehnungsgeschwindigkeit abgestoßener Nebelhüllen einerseits als Radialgeschwindigkeit in km/s, andererseits als Zunahme des Durchmessers der Nebelscheibe in Winkelmaß (Bogensekunde/a) ermittelt werden kann. Die andere Möglichkeit ergibt sich daraus, daß Novae wegen ihrer großen absoluten Helligkeit auch in anderen Sternsystemen, deren Entfernung bekannt ist, beobachtet werden können, z. B. dem Großen Andromedanebel M 31, den Spiralnebeln M 33 und M 81, den Magellanschen Wolken und anderen Systemen. Die nach den verschiedenen Verfahren erhaltenen Einzelwerte streuen zwischen $-6\overset{\mathrm{M}}{,}7$ und $-8\overset{\mathrm{M}}{,}2$; sie mögen da und dort noch durch Auswahleffekte entstellt sein.

DUERBECK (1981) gibt eine Liste der Lichtkurven, absoluten Helligkeiten und Entfernungen galaktischer Novae. Nach seiner Neubearbeitung beträgt die mittlere absolute Größe im Maximum bei langsamen Novae −6,4, bei schnellen Novae −9,4.

Ein Unterschied der Amplituden zwischen raschen und langsamen Novae ist statistisch nicht gesichert.

Ein zunächst überraschendes Ergebnis ist, daß sowohl bei BERTAUD als bei PAYNE-GAPOSCHKIN die größten Amplituden zu den scheinbar hellsten Objekten gehören und mit absinkender Amplitude auch die scheinbare Maximalhelligkeit geringer wird. PAYNE-GAPOSCHKIN zieht drei Möglichkeiten der Erklärung in Betracht, doch dürfte es sich um einen trivialen Auswahleffekt handeln, derart, daß große Amplituden bei scheinbar schwachen Novae nicht festgestellt werden können, weil die Minimalhelligkeiten auch für große Instrumente unterschwellig sind. Nehmen wir eine Nova mit der scheinbaren Helligkeit 8^m im Maximum und der Amplitude 15 mag an, dann liegt die Minimalhelligkeit bei 23^m.

Eine Zusammenstellung über photometrische Beobachtungen von Novae in verschiedenen Spektralbereichen geben Arkhipova u. Mustel (1975).

Rekurrierende Novae

Die Gruppe der rekurrierenden (wiederkehrenden) Novae (Nr) ist am Anfang dieses Kapitels bereits definiert worden, doch besteht Anlaß, auf diese Objekte etwas ausführlicher einzugehen. Nach neueren Untersuchungen (vgl. Warner 1976) scheinen die meisten **wiederkehrenden Novae** im Gegensatz zu den «klassischen» Novae mit den **Symbiotischen Sternen** verwandt zu sein, die einen **Riesenstern** als Sekundärkomponente besitzen (s. Kap. 3.1.4.). Nach Bruch u. Mitarb. (1981) sind die rekurrierenden Novae keine einheitliche Gruppe von Objekten.

Es wird allgemein vermutet, daß im Endeffekt auch die **klassischen** Novae, die einen **Zwergstern** als Sekundärkomponente besitzen, rekurrierend sind, aber mit sehr langen, vielleicht um Größenordnungen längeren Zwischenzeiten, so daß innerhalb historischer Zeiträume kein zweites Aufleuchten zu erwarten ist. (Bath u. Shaviv 1978 schätzen den Zeitraum zwischen zwei Helligkeitsausbrüchen klassischer Novae zu größenordnungsmäßig 10000 Jahre ab.) Da aber vermutlich der physikalische Mechanismus des Helligkeitsausbruchs bei klassischen und wiederkehrenden Novae der gleiche ist (die photometrischen und spektroskopischen Befunde sprechen dafür, s. unten), haben wir die wiederkehrenden Novae mit in dieses Kapitel 3.1.2. eingeordnet.

Tabelle 30 verzeichnet die Daten der bis jetzt bekannten wiederkehrenden Novae nach Warner (1976). Webbink (1978) gibt eine Zusammenstellung aller bisher gemessenen Helligkeiten rekurrierender Novae in den Farbbereichen *U*, *B*, *V*, *R*, *I*, *J*, *H*, *K*, *L*, *M*, *N*. Eine Diskussion aller bekannten Spektren wiederkehrender Novae ist bei Barlow u. Mitarb. (1981) zu finden.

Nicht mit angeführt in dieser Liste ist WZ Sge (Helligkeit im Maximum $7^m_{,}2$, Amplitude 9 mag, Jahre des Aufleuchtens 1913, 1946, 1978), der zwar photometrisch sich wie eine wiederkehrende Nova verhält, aber nach spektroskopischen Befunden ein

Tabelle 30 Wiederkehrende Novae

Bezeichnung	Maximal-Größe	Amplitude *A*	Jahre des Aufleuchtens	Zwischenzeit (Mittel)	Art	Spektrum der Sekundärkomponente
VY Aqr	$8^m_{,}0$	8 mag	1907, 1962	55 Jahre	schnell	?
T CrB	2,0	8,6	1866, 1946	80	schnell	g M3
RS Oph	4,3	7,2	1898, 1933, 1958, 1967	23	schnell	g M6 (?)
T Pyx	7,0	7,1	1890, 1902, 1920, 1944, 1966	19	langsam	Hauptreihe? (Robinson 1976b)
V 1017 Sgr	7,2	7,1	1901, 1919, 1973	36	langsam	G5 III
U Sco	8,7	10,6	1863, 1906, 1936, 1979	39	schnell	d K (?)

U-Geminorum-Stern ist (s. Kap. 3.1.3.), ferner V 616 Mon (Helligkeit im Maximum $11^{m}_{.}3$, Amplitude 8,7 mag, Jahre des Aufleuchtens 1917 und 1975), der nach neueren Untersuchungen eine Röntgennova ist (s. Kap. 3.1.5.). Vogt u. Bateson (1981) zweifeln die Zugehörigkeit von VY Aqr zur Gruppe Nr an.

Soweit mehr als 2 Maxima je Objekt beobachtet sind, ergeben sich folgende Zwischenzeiten in Jahren: RS Oph 35, 25, 9; T Pyx 12, 18, 24, 22; V 1017 Sgr 18, 54; U Sco 43, 30, 43. Man sieht, daß die beobachteten Zwischenzeiten für den einzelnen Stern nicht konstant sind, sondern bis zum Verhältnis 1:4 streuen. (Es ist natürlich denkbar, daß das eine oder andere Aufleuchten unbemerkt blieb, wenn nämlich zur Zeit des Ausbruchs das Objekt am Tageshimmel stand.) Es zeigt sich eine deutliche Abhängigkeit der mittleren Zwischenzeit von der Amplitude: Für 3 Sterne mit $A \approx 8$ bis 10 mag 58 Jahre, für 3 Sterne mit $A \approx 7$ mag 26 Jahre. Eine ähnliche Abhängigkeit findet man bei den kürzeren Zwischenzeiten der U-Geminorum-Sterne, worauf an geeigneter Stelle noch eingegangen wird. Sowohl rasche als auch langsame Novae sind in der Tabelle enthalten. Die vorstehenden Mitteilungen zeigen, daß es sehr wertvoll sein kann, alte Novae **laufend zu überwachen**, insbesondere solche mit kleinen Amplituden wie HR Lyr, V 1016 Sgr, V 841 Oph und FS Sct (s. Tab. 33). Die im Mittel kleineren Amplituden der wiederkehrenden Novae gegenüber den «klassischen» Novae sind vermutlich nicht auf eine geringere Ausbruchsintensität zurückzuführen, sondern auf die Tatsache, daß die rekurrierenden Novae meist Riesensterne als Zweitkomponente haben, die den Weißen Zwergstern im Minimum erheblich überstrahlen, so daß bei dessen Ausbruch die Amplitude des Gesamtsystems naturgemäß kleiner ist.

1979 gelang es zum ersten Mal, den Ausbruch einer wiederkehrenden Nova (U Sco) photometrisch und spektroskopisch sowohl im Sichtbaren als auch im Ultraviolett zu verfolgen (s. Barlow u. Mitarb. 1981).

Spektrum im Helligkeits-Minimum

Über das spektrale Verhalten der Novae während und nach dem Helligkeits-Ausbruch liegen recht zahlreiche Untersuchungen vor, und zwar aus folgenden Gründen: Erstens ist nur das Spektrum in der Lage, eine Nova eindeutig als solche zu klassifizieren, wogegen allein auf Grund der Lichtkurve, zumal bei lichtschwachen Objekten, leicht Fehlidentifikationen vorkommen können (U-Geminorum-Sterne, Symbiotische Veränderliche, Supernovae und sogar Mira-Sterne). Ferner ist es vor allem das Spektrum, das durch sein Kontinuum und durch die rasch veränderliche Intensität, Breite und Dopplerverschiebung seiner Emissions- und Absorptionslinien die wesentlichen Informationen über die schnell verlaufenden physikalischen Vorgänge während des Ruhelichtes und während des Aufleuchtens liefert.

Die Mehrzahl der Spektren der «klassischen» und rekurrierenden Novae nach dem Wiedererreichen des Helligkeitsminimums am Ende des Ausbruchs (Postnovae) zeigen ein **heißes Kontinuum** mit mehr oder weniger breiten deutlichen **Emissionslinien** von Wasserstoff, He I, He II und Ca II, wobei die He I-Linien oft recht schwach sind. In guten Spektrogrammen sind ferner Emissionen des 2-fach ionisierten Stickstoffs und Kohlenstoffs nachweisbar (N III-C III-Gruppe bei $\lambda = 465$ nm). Einige Novae zeigen ein Kontinuum ohne Emissionslinien, doch handelt es sich hier um wenig aussagekräftige Spektren geringer Dispersion. Rekurrierende Novae haben meist «symbiotische» Spektren (mit dem Emissionslinienspektrum ist ein Absorptionslinienspektrum eines G-, K- oder M-Riesen kombiniert). Bei der «klassischen» Nova GK Per ist ein Hauptreihen- oder Unterriesenspektrum vom Spektraltyp K2 überlagert. Es ist anzunehmen, daß alle Novae einen lichtschwachen kühlen Begleiter haben, nur werden dessen Absorptionslinien meist durch das heiße Kontinuum überstrahlt.

Ausführliche Beschreibungen des spektralen Verlaufs im Minimum und während des Helligkeitsausbruchs mit Hinweisen auf zahlreiche Literaturangaben für Einzelobjekte sind in den Berichten von Warner (1976) und Payne-Gaposchkin (1977b) enthalten.

Es gibt schwach veränderliche Objekte, die ein nova-ähnliches Spektrum haben, z. B. V Sge, deren Spektrum sehr an das von U Sco erinnert (s. Barlow u. Mitarb. 1981). Es ist möglich, daß es sich hier um Novae handelt, die in prähistorischer Zeit einen Ausbruch hatten und vielleicht in naher oder ferner Zukunft wieder aufleuchten werden. AM CVn (s. Kap. 3.1.3.) ist möglicherweise eine endgültig erloschene Nova, die nach Warner u. Robinson (1972) ihren gesamten Treibstoffvorrat für Nova-Ausbrüche aufgebraucht hat.

Bisher schilderten wir die Spektren von Exnovae. Da das Aufleuchten einer Nova stets ein unvorhergesehenes Ereignis ist, ist es nicht verwunderlich, daß bisher nur von 3 klassischen Novae Spektren vor dem Ausbruch bekannt wurden: Nova V 603 Aql (1918) nach Cannon (1920); Nova V 533 Her (1963) nach Stephenson u. Herr (1963) und Götz (1965); Nova HR Del nach Stephenson (1967) und Götz (1968). All diese Spektren zeigen keine Linien-Emissionen und ein mehr oder weniger blaues Kontinuum.

Wie man sieht, unterscheiden sich die Spektren der meisten Exnovae von denen der 3 bisher bekannten Praenovaspektren deutlich. Man muß jedoch folgendes berücksichtigen: Erstens ist es fraglich, ob die 3 Objekte repräsentativ sind für alle Praenovae. Ferner muß man berücksichtigen, daß es sich bei diesen Praenovaspektren um Objektivprismenspektren handelt, bei denen spektrale Einzelheiten infolge der kleinen Dispersion verloren gehen können. Außerdem gibt es auch einige Exnova-Spektren, allerdings ebenfalls mit geringer Dispersion aufgenommen, die keine Emissionslinien zeigen.

Es bleibt zu wünschen, daß in naher Zukunft noch mehr Spektren von Praenovae erhalten werden, weil dies für das Verständnis der physikalischen Vorgänge in den Novae in den Jahren vor ihrem Ausbruch wichtig ist.

Spektrales Verhalten während des Helligkeitsausbruchs

Mc Laughlin erkannte, daß alle Novae etwa den gleichen Verlauf der spektralen Entwicklung während des Helligkeitsausbruchs zeigen. Dies führte dazu, daß man damals für die Novae den Spektraltyp Q einführte und die Entwicklungsstufen Q0 bis Q9 unterschied: Während des Helligkeitsabfalls durchläuft das Spektrum eine Serie von Zuständen, wobei nacheinander Systeme von Emissionslinien anwachsenden Ionisationspotentials erscheinen, und dieses spektrale Erscheinungsbild ist ziemlich streng mit dem Verlauf der Lichtkurve gekoppelt (Bild 44). Heutzutage unterscheidet man folgende Stadien der spektralen Entwicklung (s. Bild 45 und 46), wobei jedes dieser Stadien noch vor Beendigung des vorangegangenen Stadiums einsetzt, so daß schließlich mehrere spektrale Zustände gleichzeitig existieren können (Payne-Gaposchkin 1957 und Mc Laughlin 1965):

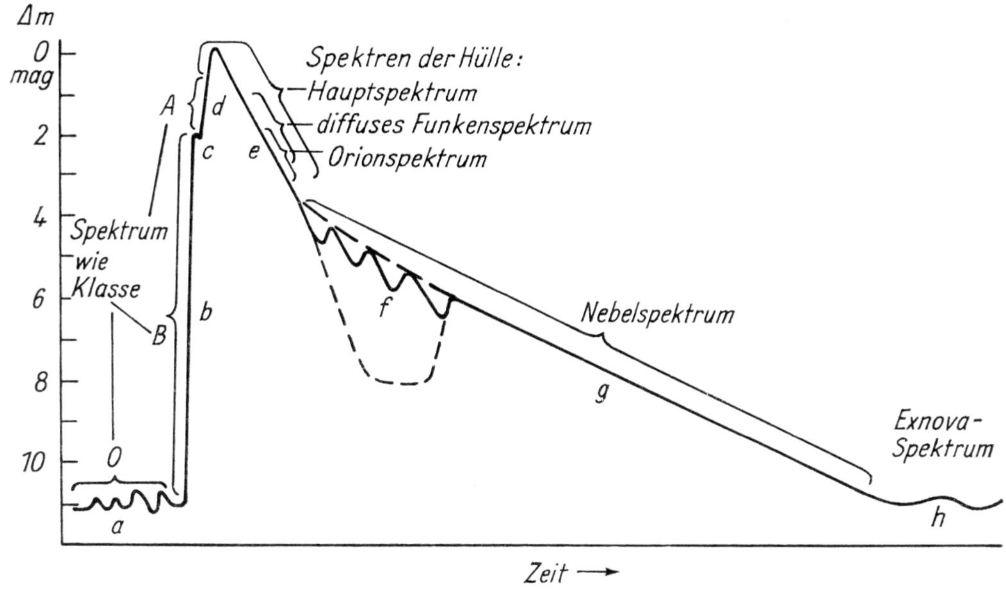

Bild 44 Schematische Lichtkurve einer Nova mit Angabe der spektralen Stadien nach Pskowski (1978). *a* Praenova; *b*, *d* Anstieg; *c* Pause vor dem Maximum; *e* beginnender Abfall; *f* Übergangsstadium; *g* endgültiger Abfall; *h* Exnova

1. Vormaximum-Spektrum

Etwa 2 Tage vor bis wenige Tage nach dem Maximum haben wir ein Spektrum, das dem eines B-, A- oder F-Sterns gleicht. Die Absorptionslinien sind fast immer breit, diffus und violettverschoben. Diese Violettverschiebung kann man als Dopplereffekt deuten: Eine durchscheinende Nebelhülle, die die eigentliche Nova umgibt, expandiert mit hoher Geschwindigkeit. Diejenigen Teile der Hülle, die sich von uns aus gesehen auf die heiße, als Kontinuum strahlende Sternoberfläche projizieren, bewegen sich infolge der Expansion mit Geschwindigkeiten von etwa 100 bis 1000 km/s auf uns zu und erzeugen dabei die um den entsprechenden Betrag violettverschobenen Spektrallinien.

Das Praemaximumspektrum bleibt bis kurz nach Erreichen des Helligkeitsgipfels erhalten, schwächt sich aber ab. Die Absorptionen werden meist stärker und schmaler, die Dopplerverschiebung nimmt in einigen Fällen zu, in einigen ab.

2. Hauptspektrum

Dieses beginnt etwa mit dem Erreichen des Helligkeitsmaximums, nachdem die sich rasch ausdehnende Nova etwa 100 Sonnenradien erreicht hat. Das Spektrum erinnert an das von Überriesen der Klassen A bis F. Das früheste Spektrum, das jemals im Helligkeitsmaximum einer Nova registriert wurde, war das B-Spektrum der Nova V 1500 Cyg (1975), das späteste hingegen das K-Spektrum der Nova V 1148 Sgr (1943).

Neben den Absorptionslinien des langsam verschwindenden Vormaximum-Spektrums erscheinen auf der violetten Seite (entsprechend einer Dopplerverschiebung von −200 km/s bis −2000 km/s) neue scharfe Absorptionslinien, auf der roten Seite (unverschoben) jedoch helle, breite Emissionslinien, zunächst des Wasserstoffs, später des einfach ionisierten Kalziums (Ca II) und Eisens (Fe II). Die Emissionslinien sind

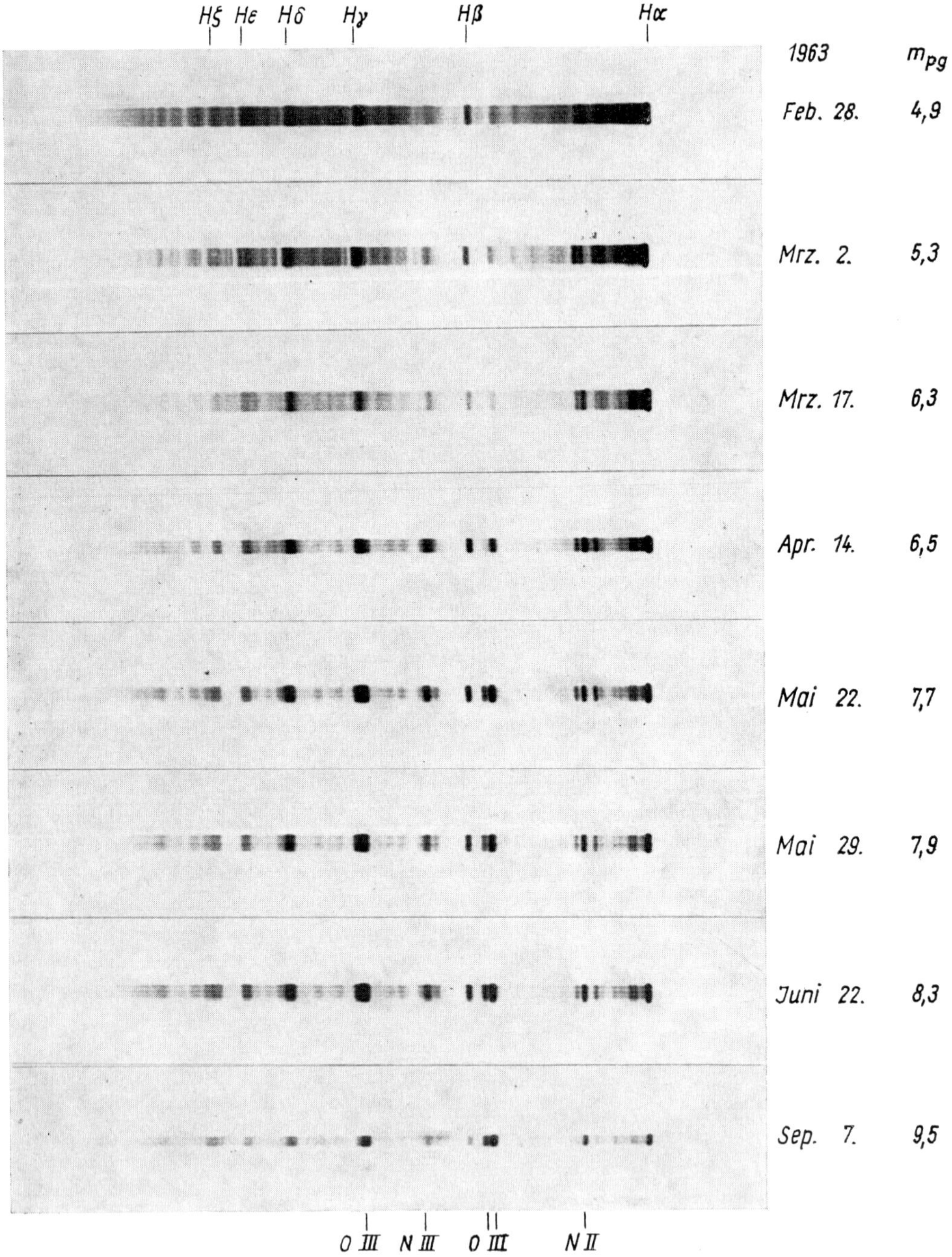

Bild 45 Spektrale Entwicklung der Nova V 533 Her (1963) nach Götz, Sonneberg. Man beachte das komplizierte Profil der Wasserstofflinien (Absorptionen und Emissionen) und die Verbotenen Linien von Sauerstoff- und Stickstoffionen

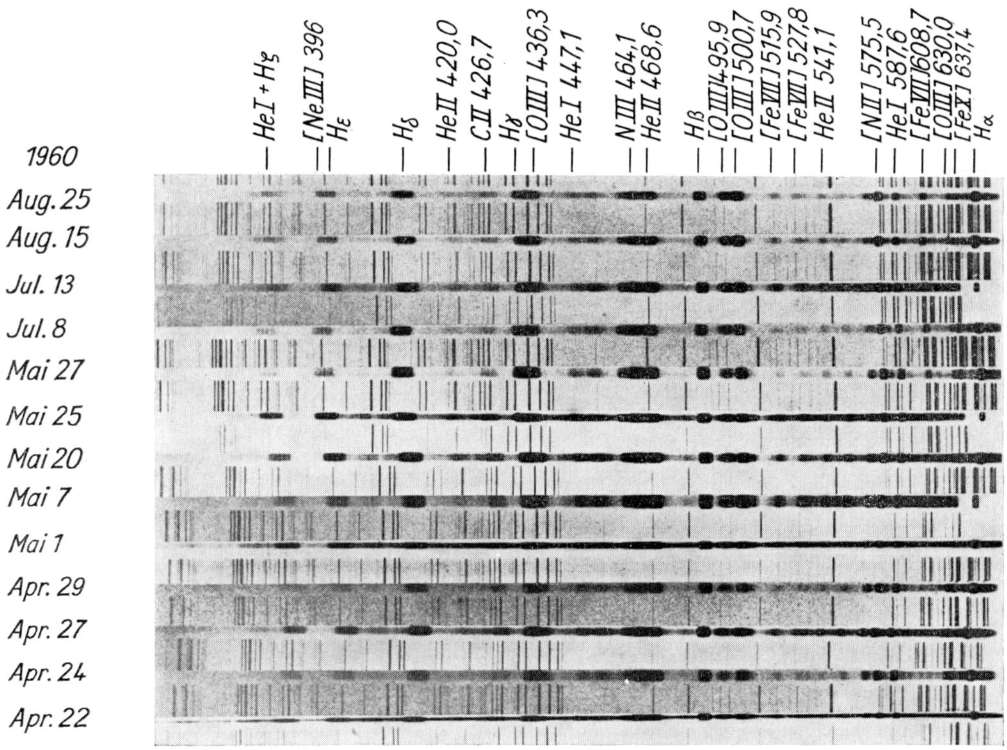

Bild 46 Spektrale Entwicklung der Nova Her 1960 vom 22. April bis 5. August 1960 (nach DUFAY u. Mitarb. 1965)

deshalb breit, weil sie von allen Teilen der mittlerweile durchsichtigen expandierenden Hülle stammen, sowohl von dem auf uns zu bewegten Teil (der die violette Hälfte der hellen Linie hervorruft), als dem von uns weg bewegten Teil (der die rote Hälfte der hellen Linie verursacht), während die von uns aus gesehen tangential bewegten Teile den Gipfel der Linie erzeugen. Ein oder zwei Tage nach dem Maximum ist infolge der Expansion die Hülle so stark verdünnt, daß schließlich «Verbotene Emissionslinien» auftreten (O I, N II, O III), die bereits bald nach ihrem Erscheinen hohe Intensität erreichen. Die Dauer des Hauptspektrums schwankt von Nova zu Nova erheblich.

3. Diffuses Funkenspektrum

Dieser Zustand beginnt noch vor der beträchtlichen Abschwächung des Hauptspektrums, nachdem die Gesamthelligkeit um etwa $1^1/_2$ Größenklassen abgefallen ist. Er dauert mehrere Tage bis mehrere Wochen an. Dieses dritte Absorptionsliniensystem ist noch stärker violettverschoben als die vorangegangenen Systeme. Die Linien sind sehr breit und sehr diffus, vermutlich als Zeichen starker Turbulenz in der expandierenden Gaswolke.

4. Orionspektrum

Im Orionspektrum herrschen Absorptionslinien vor, die für die «Orionsterne», das sind die Sterne vom Spektraltyp B in der «Orion-Assoziation», charakteristisch sind:

He, I, O II, N II, C II, Mangel an Balmerlinien des Wasserstoffs. Die Violettverschiebung der Linien ist in der Mehrzahl der Fälle noch größer als beim diffusen Funkenspektrum. Die Stärke der Violettverschiebung schwankt oft quasiperiodisch, was gleichbedeutend ist mit quasiperiodischen Schwankungen der Expansionsgeschwindigkeit, und diese ist mit Helligkeitsschwankungen gekoppelt: Größte Geschwindigkeit ist jeweils mit einem sekundären Minimum der Lichtkurve gekoppelt. Auch das Orionspektrum enthält Emissionslinien, diese sind breit und diffus. Sie treten jeweils am deutlichsten in den sekundären Minima der Lichtkurve hervor.

5. Nebelstadium

Nachdem sich die von der Nova abgestoßene Gashülle genügend zerstreut hat, verschwinden die letzten Absorptionslinien der vorangegangenen Stadien allmählich. Jetzt ähnelt das Nova-Spektrum sehr dem eines Planetarischen Nebels, es besteht aus hellen Linien von Wasserstoff, Helium und einer Anzahl Verbotener Linien: Die «Nordlicht-Linie» 436,3 nm [O III], die Nebellinien 386,9 nm und 396,8 nm [N III] und Verbotene Linien des ein- und mehrfach ionisierten Eisens [Fe II] bis [Fe VII] sind anwesend. In einigen Objekten, insbesondere in wiederkehrenden Novae, hat man Verbotene Linien bis zum 13fach ionisierten Eisen gefunden [Fe XIV] (Bild 47)! Während des Nebelstadiums ist bei einigen wenigen Novae der sich ausdehnende **Gasnebel** sogar **sichtbar** geworden, und die Expansion konnte optisch verfolgt werden. Da sich in diesen wenigen Fällen die Expansion des Nebels, wie bereits erwähnt wurde, nicht nur durch die Radialgeschwindigkeit (Dopplerbewegung auf uns zu in km/s), sondern auch durch die Tangentialbewegung (in Bogensekunden pro Jahr) meßbar äußert, hat man eine recht zuverlässige Möglichkeit in der Hand, die Entfernung des betreffenden Objekts zu ermitteln. Man muß sich jedoch genau vergewissern, daß man auch wirklich die tangentiale Ausbreitung des *Nebels*, und nicht etwa die des *Lichts* in einem etwa bereits vorhandenen Nebel, mißt. Aber auch die tangentiale Ausbreitung des Lichts (in ″/a), von dem man ja weiß, daß es sich pro Sekunde um 300000 km fortpflanzt, liefert eine recht genaue Methode der Entfernungsbestimmung. Bisher hat man in 15 Fällen eine sich ausbreitende Hülle und in 4 Fällen die Lichtausbreitung beobachtet.

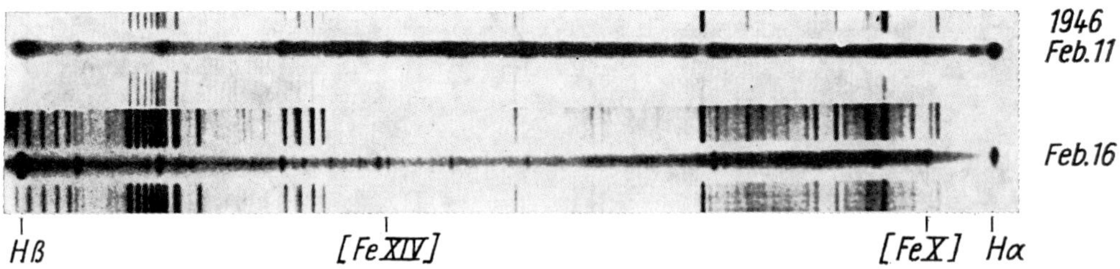

Bild 47 Spektrogramme der wiederkehrenden Nova T CrB kurz nach dem Maximum (1946 Feb. 9). Man beachte die «Koronalinien» des hoch ionisierten Eisens (nach McLaughlin)

6. Exnova-Stadium

Nachdem die Nova den «Normalzustand» des Minimums erreicht hat, klingt das Nebelstadium ab, und das Spektrum erreicht das weiter vorn bereits beschriebene Exnova-Stadium. In einigen Fällen sind auch im Exnova-Stadium, zumindest anfangs, Nebellinien (oder gar der Nebel selbst) sichtbar, wie in den klassischen Novae DQ Her

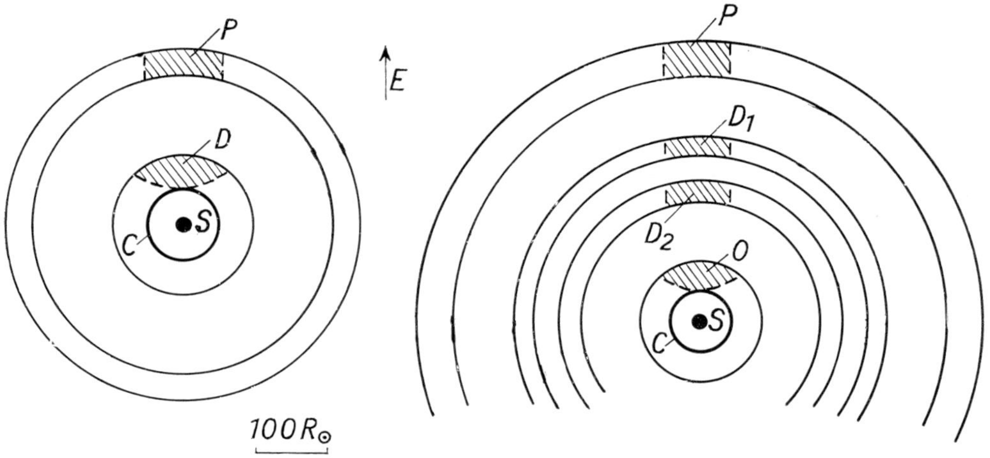

Bild 48 Schematischer Querschnitt durch eine schnelle Nova, 3^d (*links*) und 6^d nach dem Maximum. Der Pfeil E zeigt in Richtung Erde. S = eigentlicher Stern; C = effektive Photosphäre (d. h. Quelle des kontinuierlichen Spektrums). In den schraffierten Gebieten D, D_1, D_2 entsteht das «diffuse Funkenspektrum», in O das «Orionspektrum» und in P das «Hauptspektrum» (nach McLaughlin 1965)

(1934), GK Per (1901) und RW UMi (1956) sowie in den wiederkehrenden Novae T CrB und RS Oph.

Bild 48 zeigt den schematischen **Querschnitt durch eine** schnelle **Nova** 3 Tage und 6 Tage nach dem visuellen Helligkeitsmaximum mit der Kennzeichnung der einzelnen Hüllenabschnitte, die für die Entstehung der verschiedenen Absorptionsliniensysteme verantwortlich sind. Eine sehr gute, ausführliche Beschreibung zahlreicher Novaspektren sind in dem Sammelwerk «Novae, Supernovae, Novoides» zu finden (Centre National de la Recherche Scientifique, Paris 1965).

Es ist noch erwähnenswert, daß die Nova-Hüllen nicht sphärisch symmetrisch fortgeblasen werden (s. ausführliche Diskussion bei Payne-Gaposchkin 1977a). Ein **dreidimensionales Modell** der Nova V 603 Aql (1918), etwa ein Jahr nach dem Ausbruch, gibt Bild 49. Dunkle Stellen sind Gebiete hoher Materiedichte, helle Stellen sind Materie-«Löcher».

Nicht immer ist der spektrale Verlauf exakt wie hier beschrieben, jede Nova hat ihre Besonderheiten.

Wie wir gesehen haben, sind die spektralen Vorgänge bei einem Nova-Ausbruch sehr kompliziert und schwer durchschaubar. Aber einige einfache **Schlußfolgerungen** können sofort gezogen werden:

1. Die mit hoher Geschwindigkeit von der Nova ausgeschleuderten Gasmassen deuten auf einen kräftigen, **explosionsartigen Vorgang** in der Nova hin.

2. Die auf Grund des starken Dopplereffektes (Violettverschiebung der Absorptionslinien) gemessenen Auswurfs-Geschwindigkeiten von einigen hundert bis einigen tausend km/s sind erheblich höher als die Fluchtgeschwindigkeit, d. h., die ausgeschleuderte **Hülle geht der Nova verloren.**

3. Quantitative Abschätzungen auf Grund der beobachteten Intensitäten der Spektrallinien deuten darauf hin, daß eine Nova pro Ausbruch etwa **1/100000 ihrer Masse verliert** und etwa **10^{45} erg = 10^{38} J an Energie ausstrahlt** (Struve 1962).

Bild 49 Dreidimensionales Modell der Nova V 603 Aql (1918) (nach WEAVER 1974)

Bild 50 Rasche Fluktuationen des U-Geminorum-Sterns SU UMa am 23. 1. 1963, gemessen auf dem Kitt-Peak-Observatorium (nach MUMFORD 1963)

Wir wissen zwar, daß der Helligkeitsausbruch einer Nova durch eine Explosion ausgelöst wird. Zu einem Verständnis für die **physikalischen Ursachen**, die zu einer Nova-Explosion führen, konnte man aber erst gelangen, als man die **Doppelsternnatur** der Novae erkannt hatte.

Helligkeitsschwankungen der Novae und Zwergnovae im Minimum

Erst innerhalb der letzten etwa 25 Jahre hat man erkannt, daß Novae und U-Geminorum-Sterne auch außerhalb der großen Helligkeitsausbrüche veränderlich sind, und M. F. Walker (1954) stellte fest, daß das photometrische Verhalten sehr komplex ist (s. auch Payne-Gaposchkin 1977b):

1. **Unregelmäßige Helligkeitsfluktuationen** bis zu mehr als einer Größenklasse Amplitude und einer Zeitskala von 10 bis zu mehreren 100 Tagen. Eine schöne Zusammenstellung der bisherigen Beobachtungen dieser Art gibt Robinson (1975).

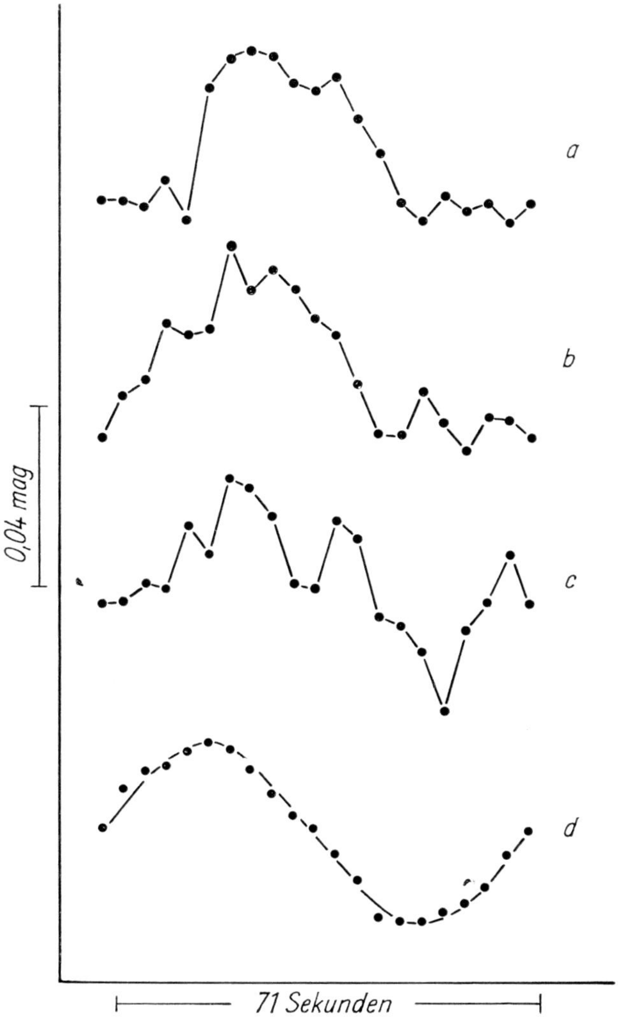

Bild 51 71-Sekunden-Pulsationen der Nova DQ Her (1934) nach Nather (1973). *a*, *b* und *c* sind jeweils die Summe von 10 Pulsationszyklen; *d* ist die Summe von 224 Zyklen

2. **Rasches, unregelmäßiges Flackern** («flickering») mit einer Zeitskala von Stunden oder Minuten. So zeigt SU UMa Helligkeitsänderungen von 0,7 mag in nur 5 Minuten (Bild 50).

3. **Rasche kohärente** (= zusammenhängende) **Oszillationen** mit einer Zeitskala von einigen Dutzend Sekunden und einer Amplitude von 0,001 bis 0,04 mag (siehe auch CHESTER 1979). So schwingt z. B. die Nova V 533 Her (1963) mit einer Periode von 63,63309 ± 0,00004 Sekunden (vergleiche PATTERSON 1979) und die Nova DQ Her (1934) mit einer Periode von 71,1 Sekunden (Bild 51).

Wenn man den Angaben POGSONS glauben darf, hatte der Stern U Gem am 26. März 1856 visuell deutlich sichtbare Schwingungen mit Intervallen von 6 bis 15 Sekunden (siehe ASHBROOK 1980). Auch bei VV Pup konnte angeblich THACKERAY im Jahre 1949 visuell ein Flackern innerhalb von Sekunden bemerken bei einer Amplitude von einigen Zehntel Größenklassen.

4. Veränderlichkeit, die mit der **Bahnbewegung** eines Doppelsternpaares synchron verläuft.

Diese 4 Komponenten der Veränderlichkeit finden, in Verbindung mit periodischen Dopplerverschiebungen der Spektrallinien, eine Erklärung in dem «Engen-Doppelstern-Modell» der kataklysmischen Veränderlichen von ROBINSON (1976b), über das in den nächsten Abschnitten noch berichtet wird.

Bild 52 zeigt mit hoher Zeitauflösung die Überlagerung der Komponenten 2 und 4 für die Zwergnova U Gem. Bei den «echten» Novae liegen die Verhältnisse ähnlich.

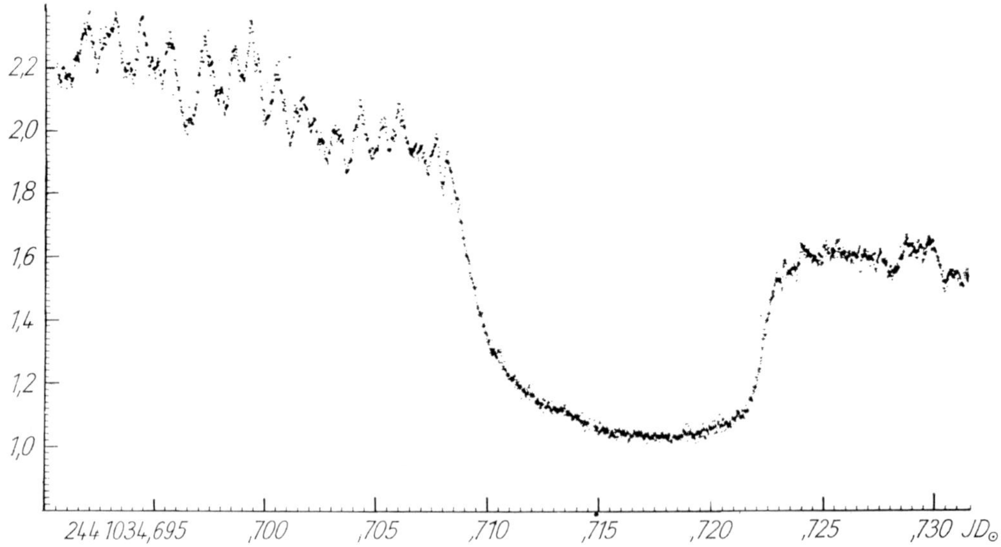

Bild 52 Bedeckungslichtkurve von U Gem; Verschwinden des «flickering» während der Bedeckung des «Hellen Flecks» durch die Sekundärkomponente (nach WARNER 1976). I ist die Intensität in willkürlichen Einheiten

Bild 53 gibt einen Ausschnitt aus der Lichtkurve von AM CVn. Den Schwingungen von 18 Minuten (Umlaufperiode der zwei Komponenten, $A = 0{,}04$ mag) sind ein rasches Flackern kleinerer Amplitude und kohärente Schwingungen (Pulsationen der

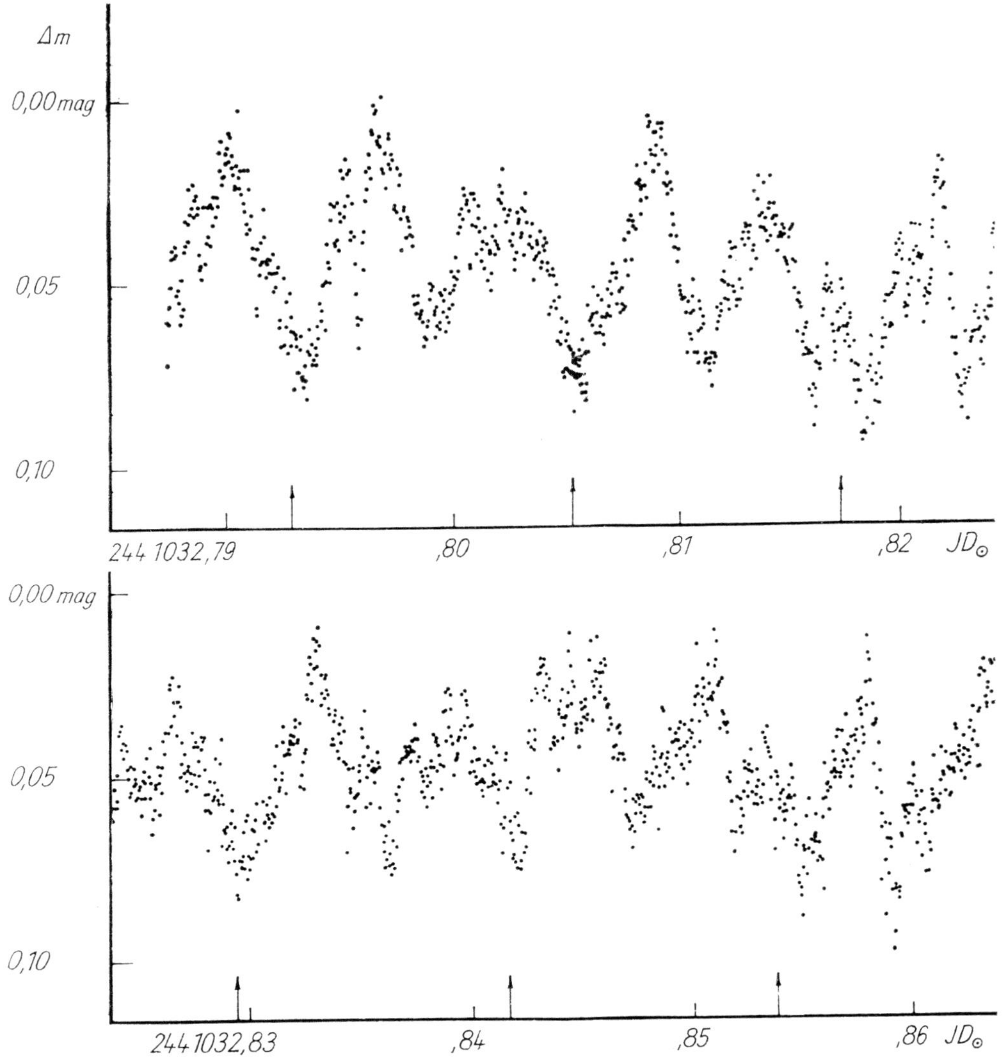

Bild 53 Lichtkurve von AM CVn vom 21. März 1971 (nach Warner u. Robinson 1972). Die senkrechten Pfeile deuten die Zeiten der vorausberechneten Hauptminima des Bedeckungslichtwechsels an. Dem Bedeckungslichtwechsel sind rasche Schwankungen überlagert (s. Text)

Primärkomponente, $A = 0{,}007$ mag) überlagert. Die Periode der letzteren (1,98 Minuten) war nur durch eine sorgfältige «Frequenzanalyse» der Lichtkurve zu ermitteln. AM CVn ist der Bedeckungsstern mit der kürzesten bekannten Periode.

Eine Deutung des komplizierten Verhaltens der Helligkeit kataklysmischer Doppelsterne wird in dem jetzt folgenden Unterabschnitt über «Novae und Zwergnovae als enge Doppelsterne» gegeben.

Novae und Zwergnovae als enge Doppelsterne

Noch vor 30 Jahren scheiterten alle Versuche, eine vernünftige physikalische Theorie des Nova-Ausbruchs zu schaffen, daran, daß man Novae als Einzelsterne behandelte. Von **T CrB** war als einzigem Objekt bereits lange bekannt, daß das Spektrum zusammengesetzter Natur ist: Dem typischen Nova-Spektrum mit Emissionen hoher Anregungsstufen ist dasjenige eines roten Riesen, gM3, überlagert. Man zog zunächst in Betracht, daß es sich doch um einen Einzelstern handelt, indem man annahm, daß die Emissionen in einer ausgedehnten Korona des M-Sterns entstehen könnten, doch fand Kraft (1958), daß die Linien des M-Sterns auf eine veränderliche Radialgeschwindigkeit mit der Periode $227\overset{d}{,}6$ hinweisen. Die Doppelsternnatur war somit erwiesen. Genauere Untersuchungen zeigten, daß es sich um ein «halbgetrenntes System» (s. Kap. 4.2.) handelt, bei dem die rote Komponente die Rochesche Grenze erreicht hat und bei dem Versuch, sich weiter auszudehnen, stetig Material verliert, teils an eine weit ausgedehnte Atmosphäre und teils, nach einer Zwischenspeicherung in einer Materiescheibe, an den kleinen heißen Begleiter, einen Weißen Zwerg. Joy fand 1952, daß die Zwergnova **SS Cyg**, und 1954, daß die Zwergnova **AE Aqr** spektroskopische Doppelsterne sind.

Die nächste bemerkenswerte Entdeckung gelang M. F. Walker (1954), der auf Grund lichtelektrischer Beobachtungen die Exnova **DQ Her** (1934) als Bedeckungsveränderlichen mit der Periode $0\overset{d}{,}193627$ erkannte. Spektroskopisch konnte jedoch der rote Begleiter nicht nachgewiesen werden. Erst kürzlich ermöglichten Infrarot-Beobachtungen die Klassifikation als M3V-Stern. Auf Grund spektrographischer Beobachtungen entwarf Kraft (1959) als erster ein Modell dieses Systems.

1977 waren bereits 5 Novae und 6 Zwergnovae als bedeckungsveränderlich und 5 Novae und 8 Zwergnovae als spektroskopische Doppelsterne bekannt.

Inzwischen sind eine Anzahl weiterer Novae und Zwergnovae (U-Geminorum- und Z-Camelopardalis-Sterne) entdeckt worden, die derartig komplizierte Doppelsterngebilde darstellen wie die Nova DQ Her (1934). Schon Anfang der 60er Jahre sprach M. F. Walker (1963a, 1963b) den Verdacht aus, daß die Doppelsternnatur eine allgemeine Eigenschaft der Novae sein könnte.

Die Tabelle 31 enthält eine Liste der kataklysmischen Veränderlichen mit bekannten Bahnperioden P, im wesentlichen nach Warner (1976) und Ritter (1982) zusammengestellt.

Tabelle 31 lehrt folgendes:

1. Unter den Objekten mit Bahnperioden kleiner als 3 Stunden sind keine Novae bekannt.

2. Den längerperiodischen Objekten ($P > 3$ Stunden) sieht man es auf Grund ihrer Bahnperiode P nicht an, ob es sich um eine Nova oder einen U-Geminorum-Stern handelt! Dies ist ein Beweis für die sehr enge physikalische Verwandtschaft aller kataklysmischen Doppelsterne untereinander.

3. Bei Bahnperioden unter 6 Stunden bleibt die Sekundärkomponente im gewöhnlichen Spektrum unsichtbar (lediglich durch Infrarotmessungen kann sie nachgewiesen werden). Das System ist sehr eng, und die Sekundärkomponente muß demzufolge sehr klein sein, anderenfalls würde sie die Rochesche Grenzfläche überschreiten.

4. Zyklenlänge und Amplitude der Helligkeitsänderungen sind nicht mit der Umlaufperiode korreliert.

Tabelle 31 Kataklysmische Doppelsterne mit bekannten Bahnperioden

Stern	Typ	P	Sp (Sek.)	$\mathfrak{M}_r$	$\mathfrak{M}_b$	q	Bed.
T CrB	Nr	$227\overset{\mathrm{d}}{,}6$	gM3	2,1:	1,6:	1,3:	+
GK Per	N	$45^{\mathrm{h}}36^{\mathrm{m}}$	K2IVp				
BV Cen	DN	14 38	dG5 ... 8	1,4	1,4	1,01	
V Sge	Nl	12 20	dG	2,8	0,74	3,78	+
V 1668 Cyg	N	10 32					
AE Aqr	Nl	9 53	K5V	0,7	0,9	0,8	
RU Peg	DN	8 54	K0IVn	1,14	1,47	0,78	
BT Mon	N	8 1					+
SY Cnc	DN	7 44					
Lanning 10	Nl	7 43		0,25:	1:		+
AC Cnc	Nl	7 13	K5V	0,65:	1:		
EM Cyg	DN	7 00	K5V	0,75	0,55	1,36	+
Z Cam	DN	6 56	dK7	0,86	1,17	0,73	
SS Cyg	DN	6 38	dK5	0,80	1,33	0,60	
RW Tri	Nl	5 34	M0V	0,4	1,3:	0,31:	+
TV Col	Nl	5 29					
RX And	DN	5 5		0,65	1,02	0,64	
V 3885 Sgr	Nl	4 57		0,7:	0,8:		
T Aur	N	4 54		0,63	0,68	0,93	+
UX UMa	Nl	4 43	dK8 ... M6	0,35:	0,3:		+
DQ Her	N	4 39	M3V	0,32	0,45	0,71	+
SS Aur	DN	4 28		0,57	0,89	0,64	
BD Pav	N	4 18					
U Gem	DN	4 15	M5V	0,56	1,18	0,47	+
WW Cet	DN	4 10		0,5:			
HR Del	N	4 6		0,5:	1:	0,5:	
CN Ori	DN	3 55					
KR Aur	Nl	3 54					
LX Ser	Nl	3 48		0,35	0,40	0,88	+
3A 0729+103	Nl	3 45					
AO Psc	Nl	3 35					
YY Dra	Nl	3 30					
RR Pic	N	3 29		0,4:	0,95:	0,4:	+
V 603 Aql	N	3 29		0,40	0,87	0,46	
VZ Scl	Nl	3 28		0,44	0,32:	1,4:	+
V 1500 Cyg	N	3 21					+
TT Ari	Nl	3 18		0,38	0,79	0,48	+
PG 1012−029	Nl	3 14					
MV Lyr	Polar ?	3 12	M5V	0,17:			
AM Her	Polar	3 6	M4,5V	0,26	0,39	0,67	
TU Men	DN	2 50					
AN UMa	Polar	1 55					+
PG 1550+191	Polar	1 54					
UU Aql	DN	1 53					
H 0139−68	Polar	1 50:					
WX Hyi	DN	1 48		0,16	0,9	0,18	
VW Hyi	DN	1 47		0,11	> 0,63	0,17	
Z Cha	DN	1 47		0,17	0,85	0,20	+
HT Cas	DN	1 46		0,19	0,53	0,36	+
1E 1013−477	Nl	1 43					
1E 1405−451	Nl	1 42					
VV Pup	Polar	1 40		0,16:			
EX Hya	DN	1 39		0,19	1,4	0,14	+
OY Car	DN	1 31		0,14	0,95	0,15	+

Tabelle 31 (Fortsetzung)

Stern	Typ	P	Sp (Sek.)	$\mathfrak{M}_r$	$\mathfrak{M}_b$	q	Bed.
V 436 Cen	DN	$1^h\ 30^m$		0,17:	0,7:	0,24:	+
1E 1114+18	Polar	1 30					
V 2051 Oph	DN	1 30					+
T Leo	DN	1 25					
WZ Sge	DN	1 22		0,04:	0,7:	0,06:	+
EF Eri	Polar	1 21		0,15:	1,2:	0,12:	+
GP Com	AM CVn	0 46	DB (?)				+
AM CVn	AM CVn	0 18	DB (?)	0,04:	> 0,5		+

Erläuterungen zu einigen Spalten:

Typ: N = Nova
Nr = Rekurrierende Nova
DN = Zwergnova (U-Geminorum- oder Z-Camelopardalis-Stern)
AM CVn = AM-Canum-Venaticorum-Stern
Polar = AM-Herculis-Stern
Nl = Nova-ähnlich (Zuordnung zu bestimmtem Typ noch nicht möglich)
P = Umlaufperiode
Sp (Sek.) = Spektrum der Sekundärkomponente
$\mathfrak{M}_r$ = Masse der roten (= Sekundär-) Komponente in Sonnenmassen
$\mathfrak{M}_b$ = Masse der blauen (= Primär-) Komponente in Sonnenmassen
q = Massenverhältnis $\mathfrak{M}_r/\mathfrak{M}_b$
Bed. = bedeckungsveränderlich für Objekte mit +-Zeichen

Bei zahlreichen Novae, U-Geminorum-Sternen und verwandten Objekten ist keine Doppelsternnatur nachweisbar. Es liegt die gut begründete Vermutung nahe, daß es sich trotzdem um enge Doppelsterne handelt, bei denen wir aber nahezu parallel zur Umdrehungsachse blicken, so daß wir weder eine gegenseitige Verfinsterung der Komponenten beobachten noch eine periodische Dopplerverschiebung der Spektrallinien feststellen können.

Daß die Mehrzahl der wiederkehrenden Novae wahrscheinlich eine Gruppe für sich bilden mit Riesensternen als Sekundärkomponenten und demzufolge langen Bahnperioden, wurde bereits an anderer Stelle erwähnt.

Auf Grund der Kompliziertheit der Bedeckungslichtkurven und der spektralen Änderungen im Verlaufe des Bedeckungslichtwechsels hat man folgende **Modellvorstellungen** der kataklysmischen Veränderlichen gewonnen (s. z. B. Robinson 1976b, Warner u. Nather 1972, Krautter 1978 und Marino 1980): Ein solches System besteht aus einem **Weißen Zwerg** (= Primärkomponente, die nur zu einem geringen Teil zum kontinuierlichen Spektrum des Gesamtsystems beiträgt) und aus einem **roten Begleiter** (= Sekundärkomponente, meist Hauptreihenstern, der, sofern nachweisbar, die Absorptionslinien liefert.) Diese Sekundärkomponente füllt ihre größtmögliche Potentialfläche (= Rochesche Grenzfläche, Kap. 4.2.) aus und verliert über den inneren Lagrangepunkt L_1 des Systems Masse in Richtung auf den Weißen Zwerg. Der letztere ist von einem rotierenden Ring (oder Scheibe, «**Akkretionsscheibe**») aus verdünntem Gas umgeben, der den auf den Weißen Zwerg zufließenden **Materiestrahl** abfängt. Dort, wo der Materiestrahl auf die Materiescheibe auftrifft, entsteht ein (zuerst von Smak vermuteter) «**Heller Fleck**» («bright spot» oder «hot spot» im englischen Sprachgebrauch). Den Hellen Fleck kann man als Wirkung einer Stoßfront ansehen, die dadurch zustande kommt, daß der überfließende Materiestrahl infolge der starken Masseanziehung des Weißen Zwerges eine derart hohe Beschleunigung erfährt, daß beim Einschlag in den Ring ein erheblicher Betrag an kinetischer Energie plötzlich in Hitze und Strahlung umgesetzt wird. Der Materiering und der Helle Fleck sind die Hauptquellen des spektralen Kontinuums und der Emissionslinien. Das absolute Fehlen «Verbotener Linien», die nur in stark verdünnten Gasen auftreten können, liefert eine *untere Grenze* für die Dichte des Materieringes, das Fehlen von Druckverbreiterung der Spektrallinien eine *obere Grenze*.

Bild 39 zeigt das Modell eines kataklysmischen Veränderlichen.

Das oben erwähnte **rasche irreguläre Flackern** ist möglicherweise auf durch Instabilitäten hervorgerufene Helligkeitsänderungen im Hellen Fleck zurückzuführen (vielleicht Schwankungen in der Intensität des einfallenden Materiestrahls). Diese Vermutung wird dadurch nahegelegt, daß während der Bedeckung des Flecks durch die Sekundärkomponente das Flackern völlig verschwindet (s. Lichtkurve Bild 52).

Die erwähnten **kohärenten Oszillationen**, die bei der Nova DQ Her immer gegenwärtig sind, bei Zwergnovae dagegen nur während der Eruptionen auftreten, werden entweder durch nichtradiale Schwingungen des Weißen Zwerges verursacht analog zu den ZZ-Ceti-Sternen (s. Kap. 2.3.2.) oder durch Aufsammeln von Materie aus der Materiescheibe auf einem rotierenden Weißen Zwerg mit Dipol-Magnetfeld (s. Katz 1975 und Robinson 1976b). Tabelle 32 gibt eine Zusammenstellung (nach Robinson 1976b) der Amplituden und Perioden kohärenter Oszillationen von 10 kataklysmischen Veränderlichen.

Tabelle 32 Amplituden und Perioden (P) kohärenter Oszillationen in kataklysmischen Veränderlichen

Stern	Klasse	P	Amplitude
DQ Her	N	$71\overset{s}{,}07$	0,04 mag
Z Cam	Z	16,0 ... 18,8	0,001
SY Cnc	Z	24,6	0,003
Z Cha	UG	27,7	0,003
AH Her	Z	31,3 ... 32,0	0,003
VW Hyi	UG	28,0 ... 34,0	0,02
CN Ori	Z	24,3 ... 25,0	0,005
KT Per	Z	26,7 ... 26,8	0,006
UX UMa	Nl	28,5 ... 30,0	0,002
V 3885 Sgr	Nl	29,0	0,003

Angabe einer unteren und oberen Grenze von P zeigt den Bereich der Veränderlichkeit an

Neueste Werte gibt Patterson (1981, Tab. 8). Die mit der **Bahnbewegung synchron verlaufenden Veränderungen** werden verursacht, indem der rote Stern Bedeckungen des Weißen Zwerges, der Materiescheibe und des Hellen Flecks hervorruft. Zwischen der Verfinsterung des Weißen Zwerges und der des Hellen Flecks liegt eine Phasenverschiebung von meist etwa 0,1 bis 0,2 Bahnperioden, was daran liegt, daß der Helle Fleck nicht genau auf der Verbindungslinie Primärkomponente-Sekundärkomponente liegt.

Der relative Beitrag vom Hellen Fleck und der Materiescheibe an der Gesamthelligkeit schwankt von System zu System, was zu einer großen Verschiedenheit der Bahnlichtkurven führt:

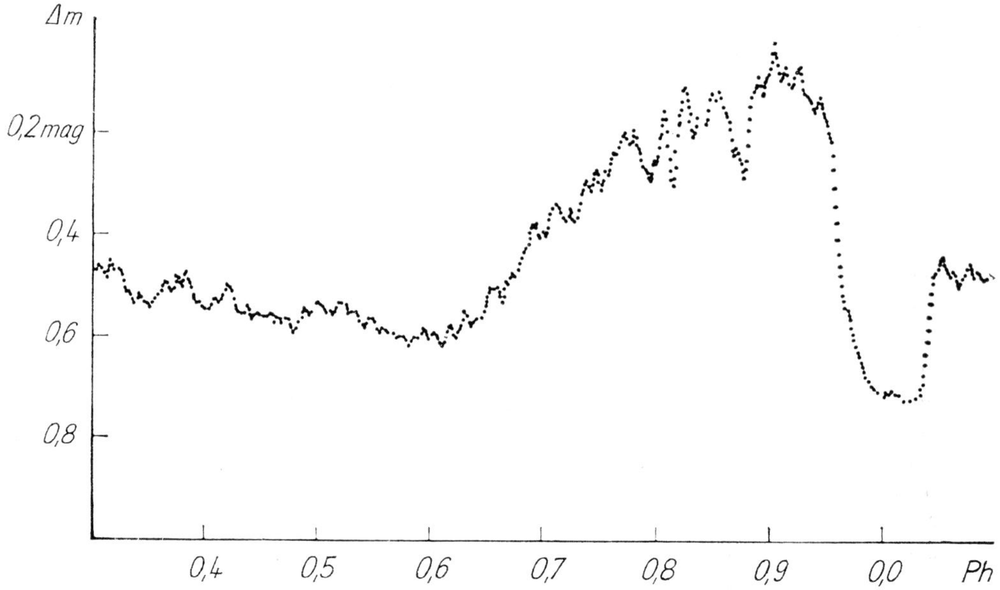

Bild 54 Lichtkurve von U Gem für knapp einen Bahnumlauf (nach NATHER 1973). Man beachte die gegenüber Bild 52 geringere Zeitauflösung

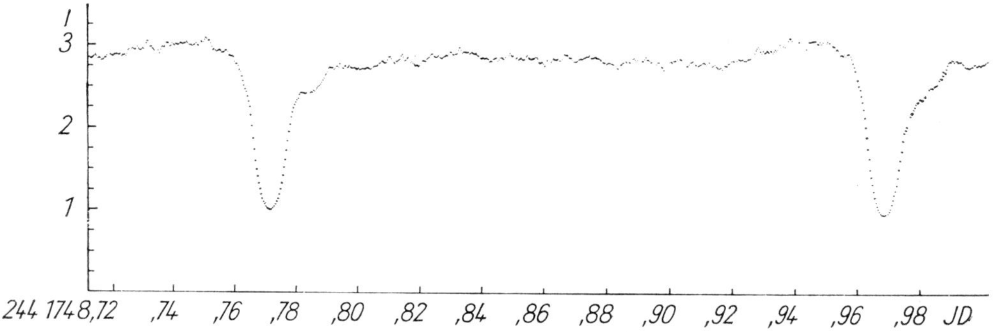

Bild 55 Bedeckungslichtkurve von UX UMa nach ROBINSON (1976b). I ist die Intensität in willkürlichen Einheiten

Bei **U Gem** z. B. dominiert der Helle Fleck (Bild 54). Man sieht das an dem großen Buckel in der Lichtkurve von U Gem, der über 1/2 Bahnperioden dauert und 0,1 bis 0,2 Bahnperioden vor der Bedeckung des Weißen Zwerges einen Helligkeitsgipfel erreicht.

Bei **UX UMa** dagegen dominiert die Scheibe. Die Lichtkurve (Bild 55) zeigt den «Buckel» und das rasche irreguläre Flackern (s. o.) kaum, und das Bedeckungsminimum ist nahe der spektroskopischen Konjunktion. Die kleine Schulter im Aufstieg wird durch die Bedeckung des Hellen Flecks hervorgerufen.

Bild 56 zeigt die Lichtkurve der totalen Verfinsterung von OY Car nach VOGT u. Mitarb. (1981): T_1 und T_2 bedeuten Beginn der partiellen und Beginn der totalen Phase der Verfinsterung der Primärkomponente, T_3 und T_4 kennzeichnen Beginn der partiellen und Beginn der totalen Phase der Verfinsterung des «Hellen Flecks», T_5 und

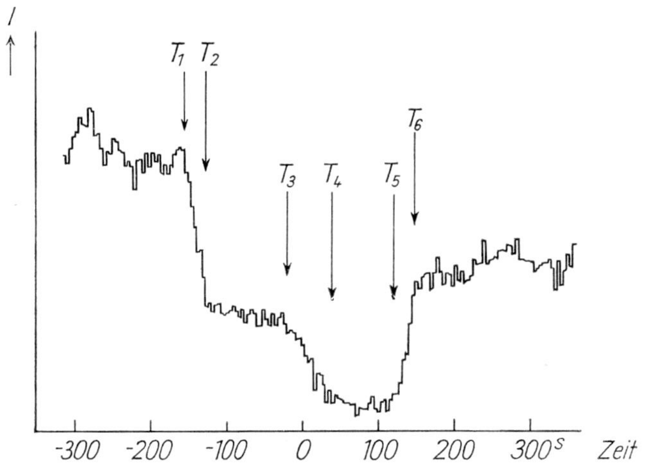

Bild 56 Bedeckungslichtkurve von OY Car (nach VOGT u. Mitarb. 1981) (Erklärung im Text)

T_6 bedeuten Ende der totalen und Ende der partiellen Verfinsterung der Primärkomponente.

Von den zahlreichen Arbeiten, die schöne Lichtkurven hoher Zeitauflösung kataklysmischer Veränderlicher enthalten, mögen genannt sein: MUMFORD (1963), WARNER u. NATHER (1972).

Wie im Kapitel über Bedeckungssterne näher beschrieben wird, lassen sich, wenn beide Komponenten eines Doppelsternpaares sich gegenseitig bedecken und im Spektrum Linien mit meßbaren Radialgeschwindigkeitsänderungen zeigen, sehr genau die Massen der beiden Objekte ermitteln. Da jedoch die Bedeckungslichtkurven der *eruptiven Doppelsterne* infolge der bereits erwähnten Kompliziertheit dieser Systeme schwierig zu interpretieren sind, sind die Massenbestimmungen ungenau. Entsprechende Methoden sind bei WARNER (1973) und ROBINSON (1976a) nachzulesen.

Tabelle 31 gibt, nach einer Zusammenstellung von WARNER (1976) mit einigen Ergänzungen, die abgeschätzten Massenwerte in Einheiten von Sonnenmassen für die rote ($\mathfrak{M}_r$) und blaue ($\mathfrak{M}_b$) Komponente sowie die Massenverhältnisse $q = \mathfrak{M}_r/\mathfrak{M}_b$ wieder.

Die Tabelle gestattet, auf Grund der Massenwerte einige zusätzliche Aussagen zu machen:

1. Es gibt *keine* Beziehung zwischen dem Typ des Lichtwechsels und der Umlaufperiode, der Masse der roten oder der blauen Komponente oder dem Massenverhältnis. Mit anderen Worten: Umlaufzeit und Massen der Komponenten eines kataklysmischen Doppelsterns lassen keine Vermutung zu, ob es sich um einen U-Geminorum-Stern oder eine Nova handelt! — Bisher sind nur zwei beobachtbare Unterschiede zwischen Zwergnovae und Novae im Minimum bekannt: Die mittlere absolute Helligkeit der Novae ($M_V \approx 4{,}5$ nach MC LAUGHLIN 1960) ist um 3 mag größer als die der Zwergnovae ($M_V \approx 7{,}5$ nach KRAFT u. LUYTEN 1965); die Emissionslinien der Novae sind stärker angeregt als die der Zwergnovae. Vermutlich ist der Materiestrom bei den Novae stärker als bei den U-Geminorum-Sternen (Zwergnovae). Daher: Stärkere Aufheizung und höhere Anregung des «Hellen Flecks», höhere Dichte und somit kräftigeres Kontinuum und größere Helligkeit der Materiescheibe um den Weißen Zwerg.

2. Die Massen der (blauen) Primärkomponente einiger Novae und Zwergnovae befinden sich (innerhalb der Fehlergrenzen) «gefährlich» nahe der **Schönberg-Chandrase-**

kharschen oberen **Massengrenze** von 1,4 Sonnenmassen für Weiße Zwerge (T CrB, AE Aqr, Z Cam), d. h. von Seiten der Sekundärkomponente neu hinzukommende Masse muß auf irgendeine Weise vom Weißen Zwerg immer wieder beseitigt werden, wenn er als solcher weiterbestehen will. Es erhebt sich natürlich die Frage, ob etwa die Ursache der Nova-Ausbrüche darin liegt, die überschüssige Masse bei Erreichen der Schönberg-Chandrasekhar-Grenze «abzuschütteln». Diese Frage muß jedoch offenbar verneint werden, denn es zeigen auch solche kataklysmische Veränderliche echte Nova-Eruptionen, bei denen die Weißen Zwerge erheblich unter der erlaubten oberen Grenzmasse liegen (DQ Her, V 603 Aql). Dies schließt natürlich nicht aus, daß die Nova-Ausbrüche vielleicht tatsächlich einen sehr effektiven Mechanismus darstellen, das Erreichen der Schönberg-Chandrasekhar-Grenze zu verhindern oder zu verzögern.

Sollte es jedoch aus irgendeinem Grunde nicht glücken, das Anwachsen der Masse des Weißen Zwerges über den Grenzwert zu vermeiden, so riskiert das System vermutlich einen Supernova-Ausbruch von Typ I (s. Kap. 3 2.).

Ursache und physikalischer Verlauf einer Nova-Explosion

Wirklich brauchbare Theorien eines Nova-Ausbruchs konnten erst geschaffen werden, nachdem es gelang, dessen Verlauf außer im sichtbaren Spektralbereich auch im Infraroten und im Radiowellenbereich und, von Satelliten aus, im Ultravioletten zu beobachten. Da zeigt sich nämlich, daß der bekannte allmähliche Helligkeitsabfall nach Erreichen des Helligkeitsmaximums nur im *sichtbaren* Licht stattfindet. So stieg bei den Novae Ser (1970), Aql (1970) und Del (1967) nach Erreichen des visuellen Maximums die Infrarothelligkeit ($\lambda = 1$ bis 25 μm) 90 Tage lang weiter an, ehe auch hier der Abfall einsetzte! Gedeutet wird dieser Befund durch eine zirkumstellare, vom Stern abgestoßene Staubhülle, die eine Temperatur von 900 K (nach diesen 90 Tagen) und eine Gesamtmasse von etwa 0,0001 Sonnenmassen hat. Nach Ablauf dieser 90 Tage wird die Staubhülle durchsichtig, und es wird durch sie hindurch die sich ausdehnende und (bei vielen Novae) in ihrer Helligkeit stark fluktuierende Photosphäre sichtbar, ein Befund, der auch spektroskopisch beobachtet wird (s. o.). Die Intensität der *Radiostrahlung* nimmt sogar noch 130 bis 190 Tage nach dem Ausbruch zu. Da bei der Nova Ser 1970 (Bild 57) auch die UV-Strahlung noch nach dem visuellen Maximum anstieg, war die gesamte von dieser Nova abgestrahlte Energie mit $\approx 3 \cdot 10^{45}$ erg größer als man bisher bei Novae annahm.

Eine wesentliche Rolle bei der Auslösung einer Nova-Explosion spielt offenbar der Massentransport von der roten Sternkomponente (über den Materiering) zum Weißen Zwerg. Die direkteste Methode (vgl. Diskussion bei Warner 1976), den Betrag dieses Masseverlustes der Sekundärkomponente abzuschätzen, ergibt sich aus der (mit Hilfe der Bedeckungslichtkurve ableitbaren) Helligkeit des «Hellen Flecks» unter der Annahme, daß der größte Teil der kinetischen Energie des in den «Hellen Fleck» einströmenden Materiestroms in Strahlung umgewandelt wird. Eine andere Methode geht von den durch den Masseverlust bewirkten Änderungen der Umlaufperiode der beiden Komponenten aus.

Numerische Abschätzungen ergaben für U-Geminorum-Sterne einen Masseaustausch von etwa 10^{18} g/s ($\approx 1{,}5 \cdot 10^{-8}$ Sonnenmassen pro Jahr) und für Novae einen etwa 10 mal höheren Betrag.

Es ist übrigens nicht anzunehmen, daß die gesamte Masse, die in den Materiering fällt, letzten Endes den Weißen Zwerg erreicht. Bei einigen Systemen gibt es Andeutungen von Gasströmen, die vom System entweichen (s. Diskussion bei WARNER 1976). Wesentlich ist aber, daß doch ein nicht unbeträchtlicher Anteil der wasserstoffreichen Materie des roten Sterns auf dem Weißen Zwerg landet. Genauere Abschätzungen der Massenaustauschrate werden von STARRFIELD u. Mitarb. (1976) diskutiert. TRURAN (1980) nimmt für (Prae-) Novae eine Akkretionsrate von $\approx 10^{-9}$ Sonnenmassen pro Jahr an. Bei der Schaffung einer Theorie des Nova-Ausbruchs muß man davon ausgehen, daß an der Oberfläche eines Weißen Zwerges, der ja bei Erdvolumen eine ganze Sonnenmasse in sich vereinigt, die Massenanziehung außerordentlich hoch ist und daß daher sehr hohe Energien erforderlich sind, um die Materie von der Oberfläche nicht nur auf Entweichgeschwindigkeit zu bringen (hierfür ist eine Energie von etwa 10^{17} erg pro Gramm nötig), sondern darüber hinaus die Materie mit Geschwindigkeiten bis zu 4000 km/s samt Akkretionsscheibe (die ja hinderlich im Wege steht) aus dem System fortzublasen. Dazu ist einzig und allein frei werdende thermonukleare Energie in der Lage. Die Grundidee, daß Nova-Explosionen auf thermonukleare Ereignisse auf der Oberfläche Weißer Zwerge zurückzuführen sind, stammt von SCHATZMAN (1950, 1951). Zusammenfassende Berichte über moderne Vorstellungen über die Auslösung und den Verlauf thermonuklearer Explosionen als Ursache der Novaausbrüche und weitere zahlreiche Literaturangaben zu diesem Problem findet man bei WARNER (1976), STARRFIELD u. Mitarb. (1974, 1976), TRURAN (1980).

Die meisten Vorstellungen gehen davon aus, daß es sich bei dem Weißen Zwerg um den Überrest eines Sterns handelt, der nach Erschöpfen seiner Kernenergie-Quellen (Wasserstoffbrennen, Heliumbrennen) kollabiert und mit den chemischen Elementen C, N und O stark angereichert ist. Infolge des Materieaustauschprozesses strömt Wasserstoff von der kühlen Sternkomponente auf den Weißen Zwerg und bildet auf dessen Oberfläche eine Schicht. Mit fortschreitendem Zustrom wird der Boden der Schicht allmählich komprimiert und erhitzt, solange, bis schließlich die kritische Temperatur für die **Auslösung thermonuklearer Reaktionen** erreicht ist und durch Selbstaufschaukelung des Prozesses eine Explosion ausgelöst wird.

Es wurden zahlreiche Modelle von Nova-Ausbrüchen berechnet für unterschiedliche Masse (0,5 bis 1,25 Sonnenmassen) und unterschiedliche Leuchtkraft des Weißen Zwerges, unterschiedliche Akkretionsraten (10^{-5} bis 10^{-11} Sonnenmassen pro Jahr) und unterschiedliche (z. T. extreme) Anreicherung der Materie mit den Elementen C, N und O; dies ist sehr wichtig, da diese Elemente beim Ablauf der Kernexplosion eine wesentliche Rolle spielen. (Eine Anreicherung der Elemente C, N und O um einen Faktor 10 ... 100 gegenüber der Sonne ist spektroskopisch am Auswurfsmaterial tatsächlich nachgewiesen worden!) STARRFIELD u. Mitarb. (1976) konnten zeigen, daß eine wirklich effektive Explosion, die die beobachteten Phänomene erklärt, dann zustande kommen kann, wenn die aufgesammelten Wasserstoffatome nicht an der Oberfläche des Weißen Zwerges liegenbleiben, sondern infolge einer mit wachsender Leuchtkraft zunehmenden Konvektion der äußeren Schichten in den kohlenstoffreichen Kern hineingemischt werden (s. LAMB u. VAN HORN 1975), denn erst dann kann ein wirksamer C-N-O-Zyklus stürmisch ablaufen.

Haben die Elemente C, N und O nur Sonnenhäufigkeit, so findet zwar auch eine Explosion statt, sie reicht aber vermutlich kaum aus, Material fortzuschleudern.

Die theoretischen Rechnungen ergaben folgende Resultate:

1. Es ist sehr schwierig, auf einem massearmen Weißen Zwerg von nur 0,5 Sonnenmassen eine thermonukleare Explosion «hervorzurufen».

2. Je massiver ein Weißer Zwerg und 3., je höher die anfängliche Leuchtkraft (und daher Temperatur) ist, umso weniger braucht er Masse aufzusammeln, bis die thermonukleare Reaktion einsetzt.

Für massereiche Weiße Zwerge lassen sich Fälle konstruieren, bei denen 10^{-4} Sonnenmassen mit Geschwindigkeiten bis nahezu 100000 km/s in den interstellaren Raum geschleudert werden! Das sind nahezu Supernova-Verhältnisse.

Schnelle und langsame Novae kann man sowohl durch Veränderung der Masse des Weißen Zwerges als auch der Anreicherung mit C, N und O «erzeugen». Modelle langsamer Novae sind u. a. bei PRIALNIK u. Mitarb. (1978) zu finden.

Während der anfänglichen explosiven **«hydrodynamischen Ausbruchsphase»** werden maximal nur 10% der aufgesammelten Materie fortgeblasen. In der darauffolgenden **«hydrostatischen Gleichgewichtsphase»** brennt der Rest des Wasserstoffs als «Schalenquelle» weiter und produziert in den ersten Tagen des Nova-Ausbruchs eine Energie von 10^8 bis 10^9 erg pro Gramm und Sekunde, bis der Wasserstoff verbraucht ist. Während dieser Wochen oder Monate dauernden Zeit, in der die Nova eine etwa konstante bolometrische Helligkeit aufweist (s. Bilder 40 und 57), beträgt die effektive Temperatur des ehemaligen Weißen Zwerges etwa 10^5 K, und sein Radius ist um den Faktor 10 bis 1000 vergrößert, d. h., er reicht unter Umständen weit über die Rochesche Grenzfläche hinaus. Er erscheint dann als ein **«blaues Horizontalast-Objekt»**, im HR-Diagramm links von den RR-Lyrae-Sternen gelegen (Orion-Spektrum), mit einem engen Doppelstern als Kern. Diese Konfiguration ist instabil, und das System

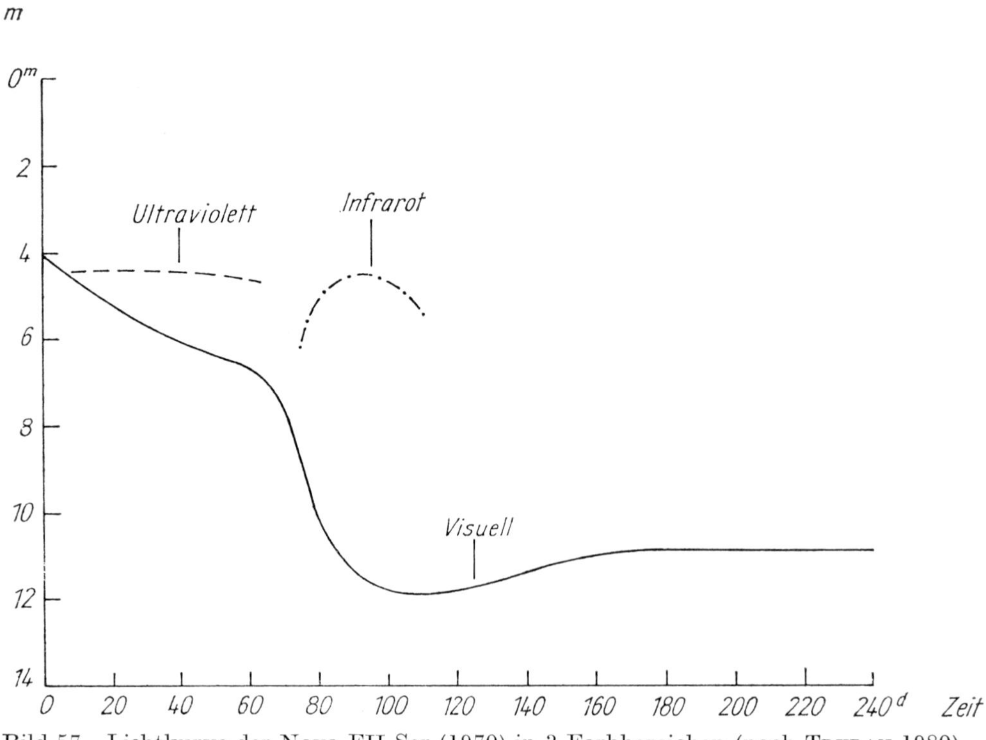

Bild 57 Lichtkurve der Nova FH Ser (1970) in 3 Farbbereichen (nach TRURAN 1980)

verliert, was auch spektroskopisch beobachtbar ist, solange Masse, bis im Laufe der Entwicklung durch Erschöpfung der Kernenergiequellen der Radius der Primärkomponente wieder unter die Rochesche Grenzfläche sinkt: Die Primärkomponente wird wieder zum **Weißen Zwerg**, der Exnova-Zustand ist erreicht. Bei den «schnellen Novae» ist die hydrodynamische Ausbruchsphase die bedeutendere, bei den «langsamen Novae» die hydrostatische Gleichgewichtsphase.

Bei Abschätzungen und Berechnungen des Verlaufs eines Nova-Ausbruchs macht man meist die vereinfachende Annahme, daß die Aufsammlung des Wasserstoffs auf dem Weißen Zwerg sphärisch-symmetrisch erfolgt. Kippenhahn u. Thomas (1978) begründen, daß künftige Theorien der Nova-Ausbrüche besser von der realistischeren Annahme einer **nichtsphärischen Akkretion** von Wasserstoff längs des Sternäquators ausgehen sollten.

Wir haben gesehen, daß gegenwärtige Theorien des Nova-Ausbruchs durchaus in der Lage sind, die beobachteten Erscheinungen, das photometrische und das spektroskopische Verhalten, qualitativ zu deuten, wenngleich für ein völliges Verständnis des Nova-Phänomens noch allerhand Arbeit zu leisten ist.

Entstehung und Entwicklung eruptiver Doppelsterne

Die Entwicklung von normalen Doppelsternsystemen durch den Masseaustausch von Doppelsternkomponenten wird am Schluß von Kapitel 4. kurz diskutiert.

Die Entstehung kataklysmischer Doppelsterne auf Grund von Materieaustausch aus «gewöhnlichen» Doppelsternen zu erklären, bereitet ziemliche Schwierigkeiten. Die Meinungen der Fachleute gehen daher noch auseinander. Kraft sprach die Vermutung aus, daß die Novae und U-Geminorum-Sterne eine Weiterentwicklung der Systeme vom W-Ursae-Maioris-Typ darstellen. Dies wird dadurch nahegelegt, daß die W-Ursae-Maioris-Systeme ebenfalls sehr enge Doppelsternsysteme mit kurzen Umlaufzeiten sind (s. Warner 1974 und Diskussion bei Sahade 1976). Viele Astronomen widersprechen jedoch der Annahme, daß sich W-Ursae-Maioris-Systeme in kataklysmische Systeme weiterentwickeln können.

Seit neuester Zeit wird versucht, die Bildung enger eruptiver Doppelsterne aus ursprünglich massereicheren Komponenten längerer Umlaufzeit (also größeren Abstandes) zu erklären (z. B. Paczynski 1981, Ritter 1976 u. 1980, Eggleton 1976, Meyer u. Meyer-Hofmeister 1979 und weitere in den genannten Werken aufgeführte Literatur). Kopal (1979) nimmt an, daß eruptive Doppelsterne durch Spaltung gewisser rasch rotierender Sterne entstehen können.

Systeme, die sich im Übergangsstadium zu den kataklysmischen Veränderlichen befinden, könnten nach Paczynski (1976) gewisse Typen Symbiotischer Sterne (Kap. 3.1.4.) als Doppelkerne Planetarischer Nebel sein, nach Ritter (1980) auch die zwei Planetarischen Nebel Abell 46 und Abell 63, deren Zentralsterne Eigenschaften haben, die charakteristisch für kataklysmische Doppelsterne sind (Kap. 3.4.3.).

Ein weiteres Objekt im Übergangsstadium zu den eruptiven Doppelsternen ist nach Paczynski womöglich V 471 Tau, der in Kapitel 4.7. behandelt wird.

Wie können wir uns den weiteren Verlauf der allgemeinen Entwicklung vorstellen?

Der Hauptreihenstern, der im Innern durch Energieerzeugungsprozesse das Element He, eventuell auch die Elemente C, N, O anreichert, gibt weiterhin Masse aus den wasserstoffreichen äußeren Schichten ab. Er wird zu dieser Materieabgabe gezwungen, entweder weil er sich von der Hauptreihe fortentwickelt und daher das Bestreben hat, sich auszudehnen (s. o.), oder aber, was neuerdings auch diskutiert wird, weil das System als Ganzes Energie verliert (etwa durch Gravitationsstrahlung, s. FAULKNER 1971). Infolgedessen schraubt sich der Hauptreihenstern immer näher an den Weißen Zwerg heran. Der Hauptreihenstern verliert immer mehr an Masse, das Masseverhältnis $q = \mathfrak{M}_r/\mathfrak{M}_b$ wird immer kleiner, der Abstand der Komponenten und deren Umlaufzeit immer kürzer. Der Hauptreihenstern gibt schließlich stark mit dem Element Helium (und vielleicht C, N, O) angereicherte Materie ab (was spektroskopisch bei WZ Sge und den AM-Canum-Venaticorum-Sternen, Kap. 3.1.3., nachgewiesen wurde), und es können keine Nova-Explosionen mehr gezündet werden (s. WARNER u. ROBINSON 1972).

Übrig bleibt letzten Endes ein Weißer Zwerg mit einem schnell umlaufenden *Planeten*, der seine Rochesche Grenzfläche ausfüllt; oder aber der Weiße Zwerg explodiert als *Supernova*, falls er beim Aufsammeln wasserstoffarmer Materie die **Schönberg-Chandrasekharsche Massengrenze** überschreitet (s. Kap. 3.2.).

Kandidaten für mögliche späte Entwicklungsstadien kataklysmischer Doppelsterne sind S 10830 (RICHTER u. Mitarb. 1981), WZ Sge (WARNER u. ROBINSON 1972, WALKER u. BELL 1980) und ganz besonders die noch zu besprechenden Objekte AM CVn und GP Com (WARNER u. ROBINSON 1972, NATHER u. Mitarb. 1981).

Können Einzelsterne Nova-Ausbrüche erleiden?

Wie bereits geschildert, entsteht ein Nova-Ausbruch vermutlich durch thermonukleare Explosion von durch einen Weißen Zwerg aufgesammelter Wasserstoffmaterie. Am effektivsten funktioniert dieser Akkretions-Mechanismus in einem engen Doppelsternsystem, in dem ein «Spenderstern» vorhanden ist, der große Mengen Wasserstoff liefert.

Nun ist anzunehmen, daß auch ein isolierter Weißer Zwerg (als Einzelstern) in der Lage ist, im Weltall Wasserstoff aufzufegen, insbesondere wenn er sich durch interstellare Wolken hindurch bewegt. Nachrechnungen haben aber ergeben, daß die in Gaswolken aufgelesenen Materiemengen relativ gering sind. Trotzdem ist nicht auszuschließen, daß auch bei diesen Objekten nach genügend langer Zeit die aufgesammelte Wasserstoffmenge überkritisch wird und eine Nova-Explosion ausgelöst werden kann. Die Meinungen der Fachleute über diese Möglichkeit gehen noch auseinander. Jedenfalls ist die Nova-Explosion eines Einzelsterns, falls sie überhaupt vorkommt, ein sehr seltenes Ereignis. DURISON u. BURNS (1981) weisen auf die relativ große Anzahl von Novae in Kugelsternhaufen hin und diskutieren die Möglichkeit, inwieweit dies isolierte Weiße Zwerge sein können, die Kugelhaufen-Gas aufsammeln.

Stellung der Novae in der Galaxis

Die Frage der Stellung der Novae in der Galaxis ist nicht ganz einfach zu beantworten, da sie trotz ihrer großen Helligkeitsamplitude eine sehr geringe Entdeckungswahrscheinlichkeit (s. Kap. 6.3.) haben und sie daher nur sehr unvollständig erfaßt sind.

Die folgenden beiden Bilder zeigen die Verteilung der bisher bekannten Novae im Milchstraßensystem.

Bild 58 demonstriert zunächst die Verteilung der Novae nach Projektion auf die *galaktische Ebene*. Die Markierungen am Rand geben die galaktische Länge in Grad an.

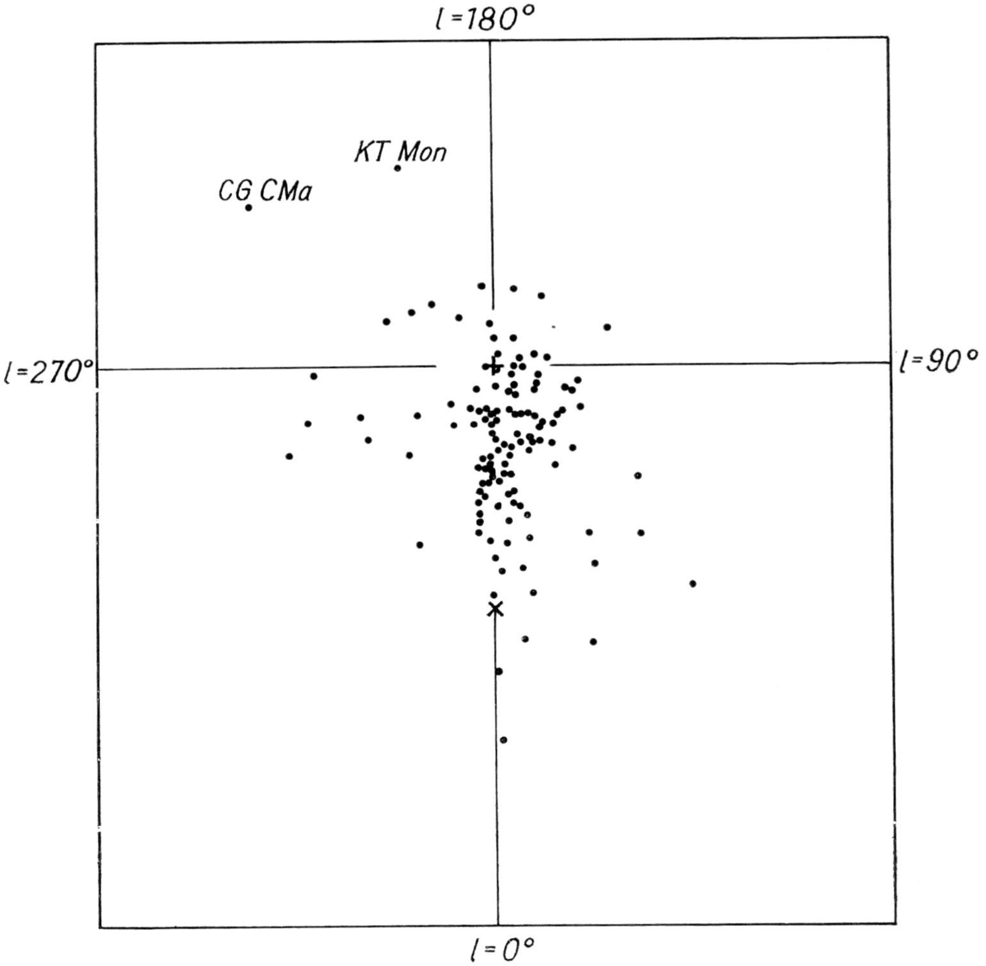

Bild 58 Verteilung der auf die galaktische Ebene projizierten Novae. + Ort der Sonne, × Ort des galaktischen Zentrums (nach Payne-Gaposchkin 1977b)

Die Entfernung von der Sonne wurde mit Hilfe der bekannten Beziehung zwischen Maximalhelligkeit der Novae im Ausbruch und der Geschwindigkeit des Helligkeitsabfalls (s. o.) ermittelt. Das Bild zeigt eine starke Konzentration der Novae in Richtung zum galaktischen Zentrum. (Daß das galaktische Zentrum selbst und die Region jenseits davon nur schwach besetzt sind, ist hauptsächlich eine Folge der interstellaren Extinktion, die in Richtung zum Milchstraßenzentrum am stärksten ist und das Licht von Objekten, die weit von der Sonne entfernt sind, absorbiert.) In Richtung zum galaktischen Antizentrum ($l = 180°$) gibt es nur wenig Objekte. Dieses Verhalten ist typisch für alte Objekte (Population II).

Bild 59 zeigt die Anzahl der Novae in Abhängigkeit von der Entfernung z von der Ebene unserer Galaxis. Auffällig ist die starke Konzentration der Novae in Richtung zur galaktischen Ebene ($z = 0$). Die deutliche Einsenkung im Gebiet zwischen -100 pc und $+100$ pc ist nicht reell, sondern eine Folge der eben erwähnten interstellaren

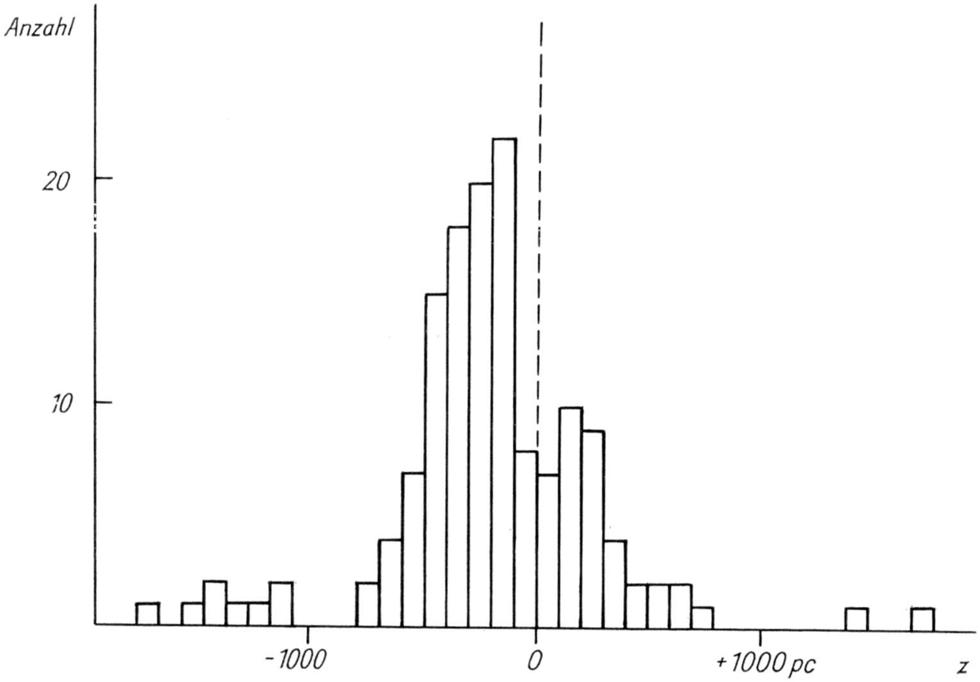

Bild 59 Häufigkeitsverteilung der z-Abstände der galaktischen Novae (nach PAYNE-GAPOSCHKIN)

Extinktion, die in einer dünnen Schicht in der galaktischen Ebene besonders stark auftritt. Der Mittelwert der beobachteten z-Abstände beträgt 220 pc, und dies ist typisch für relativ junge Sterne (Scheibenpopulation). Dies steht im Widerspruch zu den Aussagen von Bild 58, denn zwischen der Konzentration zur galaktischen Ebene und der Konzentration in Richtung zum galaktischen Zentrum besteht (auf Grund der aus Beobachtungen abgeleiteten Theorie des Aufbaus unseres Milchstraßensystems) ein Zusammenhang derart, daß starke Konzentration zur galaktischen Ebene mit geringer Konzentration zum galaktischen Zentrum (Population I) und umgekehrt (Population II) gekoppelt sind.

Eine naheliegende Erklärungsmöglichkeit für diesen Befund ist die folgende: In den beiden Bildern 58 und 59 sehen wir nicht die Gesamtheit der vorhandenen Novae, sondern, wie schon erwähnt, fehlen zum einen die infolge interstellarer Extinktion unsichtbaren Novae und zum anderen (und in viel stärkerem Maße) die zahlreichen unentdeckten Fälle. Bei der (in späteren Kapiteln zu behandelnden) Suche nach Veränderlichen Sternen und Novae auf photographischen Platten am Blinkkomparator werden die Regionen in niederen galaktischen Breiten und in Richtung zum galaktischen Zentrum bevorzugt, so daß die beobachtete Verteilung nicht mit der tatsächlichen übereinzustimmen braucht.

Systematische Absuchung und Zufallsentdeckungen in höheren galaktischen Breiten zeigen, daß es Novae auch mit wesentlich höheren z-Abständen gibt, als in Bild 59 darstellbar (gegeben werden die Einzelobjekte, in Klammern dahinter der mutmaßliche z-Abstand in kpc): BD Pav (−3), RW UMi (+3), RR Cha (−4), RT Ser (+4), X Ser (+5), U Sco (+6), VY Aqr (−8), V 522 Sgr (−8), W Ari (−10), V 351 Car

(−15), V 1548 Oph (−30). Von diesen Objekten mögen einige fehlklassifizierte U-Geminorum-Sterne sein, die in Wirklichkeit lichtschwächer und daher näher sind. Wirklich gesichert scheinen nur RW UMi, RT Ser, U Sco und RR Cha zu sein.

Sehr große Abstände vom Zentrum ihrer Muttergalaxie (s. Kap. 5.2.2.) haben einige zweifelsfreie Novae in M31 und M33. Solch bemerkenswerte Objekte sind, so paradox dies klingen mag, im extremen Halo von M31 und M33 viel leichter zu entdecken als im Halo unseres eigenen Milchstraßensystems. Dies liegt aber ganz einfach daran, daß eine einzige Aufnahme genügt, um den Halo einer fremden Galaxie photographisch abzubilden. Um den Halo unserer eigenen Galaxis vollständig zu erfassen, ist hingegen eine *große Anzahl* von Aufnahmen erforderlich.

Zusammenfassend kann man sagen, daß Novae offensichtlich in allen Altersklassen vorkommen, d. h., daß sie das gesamte Gebiet zwischen der älteren Population I bis zur extremen Halopopulation II überstreichen.

Parallaxen und Eigenbewegungen der Novae sind unmeßbar klein. Zur Entfernungsbestimmung müssen daher andere Verfahren herangezogen werden.

Verzeichnis von Novae, deren Wiederaufleuchten eventuell zu erwarten ist

Das nachfolgende Verzeichnis von Novae (Tabelle 33) wurde von der Kommission 27 der IAU bei der Versammlung 1967 bekanntgegeben mit der Aufforderung, diese Objekte zu überwachen, damit gegebenenfalls ein Wiederaufstieg so früh wie möglich erkannt und beobachtet werden kann. Die letzten beiden angefügten Objekte entstammen einer Liste von Payne-Gaposchkin (1977 b), die ebenfalls eine Aufzählung potentieller wiederkehrender Novae gibt. Die Auswahl geschah nach den Amplituden, da kleine Amplituden statistisch mit kurzen Zwischenzeiten gekoppelt sind (s. o.). Es handelt sich also um Objekte, bei denen einige Wahrscheinlichkeit besteht, daß sie noch in diesem Jahrhundert oder bald danach wieder aufleuchten. Auf das Kapitel über rekurrierende Novae sei verwiesen. IM Nor wurde weggelassen, da sich nach Neuindentifizierung der Praenova eine Amplitude von etwa 12 mag ergibt.

Tabelle 33 Potentielle wiederkehrende Novae

Nova	Jahr	Amplitude
X Ser	1903	6,0 mag
V 999 Sgr	1910	8,4
FM Sgr	1926	8,5:
V 1016 Sgr	1899	6,5
V 441 Sgr	1930	7,3
HS Sgr	1900	6,5:
V 1017 Sgr	1919	7,0
FN Sgr	1925	5,0
HR Lyr	1919	8,5
EU Sct	1949	8,4
V 841 Oph	1848	8,9
FS Sct	1952	5,7

Im kurzen Begleittext der IAU-Liste sind noch RT Ser und FU Ori genannt. RT Ser (1909) ist eine extrem langsame Nova, deren Amplitude man nicht kennt, und FU Ori ist ein extremer Fall des T-Tauri-Typs (s. K. 3.3.2.), also ein sehr junger Stern. Beide Objekte sollten überwacht werden, wenn auch mit anderer Zielsetzung.

Es folgen einige Bemerkungen zu den einzelnen Sternen.

X Ser: Im Minimum schwankt die Helligkeit bis zu 2 mag; der Mittelwert liegt bei $15\overset{m}{,}0$. Die Lichtkurve erinnert an Z And. Es wird darauf hingewiesen, daß sich RR Tel vor seinem Ausbruch ähnlich verhalten hat. X Ser verdient daher einige Aufmerksamkeit.

V 999 Sgr: 26 Jahre nach dem Ausbruch von 1910 hatte der Stern die Größe $16\overset{m}{,}6$. Das Maximum lag bei $8\overset{m}{,}2$.

FM Sgr: Die angenommene Maximalgröße $8\overset{m}{,}0$ ist nach der Lichtkurve extrapoliert. Die Praenova könnte ein Stern 16^{m} oder 17^{m} sein; die Amplitude ist daher unsicher.

V 1016 Sgr: Es ist nicht sicher, daß der Stern im Maximum beobachtet worden ist. Mit der extrapolierten Maximalgröße $7\overset{m}{,}0$ würde sich die Amplitude 7,9 mag ergeben.

V 441 Sgr: Die in der Tabelle angeführte Amplitude ist mit der Maximalgröße $8\overset{m}{,}7$ berechnet, doch dürfte auch hier das Maximum heller gewesen sein und auf eine Amplitude bei 8,0 mag führen.

HS Sgr: Woods gibt als Größe der Praenova $16\overset{m}{,}5$ an; das extrapolierte Maximum lag nach Mc Laughlin bei $10\overset{m}{,}0$.

V 1017 Sgr: Der Stern ist mittlerweile als rekurrierende Nova nachgewiesen; der vorhergesagte Ausbruch ist bereits eingetreten (1973), siehe auch Tabelle 30. Manche Autoren (s. Payne-Gaposchkin 1977b) ordnen das Objekt unter die Z-Andromedae-Sterne ein.

FN Sgr: Außer dem Ausbruch im Jahre 1925 ist noch ein solcher im Jahre 1937 festgestellt. Das Spektrum steht nicht im Widerspruch zu der Annahme, daß es sich um einen Z-Andromedae-Stern handelt.

HR Lyr: Der Stern ist sehr aktiv, besonders im photographischen Bereich, um $15\overset{m}{,}0$. Von 1947 bis 1952 bewegte sich nach Rosino die Helligkeit zwischen $14\overset{m}{,}2$ und $15\overset{m}{,}3$ ohne erkennbare Regelmäßigkeit.

EU Sct: Das Maximum lag bei $8\overset{m}{,}6$, das Normallicht nach Beobachtungen der Praenova von 1918 bis 1949 (Harwood) bei $16\overset{m}{,}8$.

V 841 Oph: Im Maximum erreichte das Objekt die Helligkeit $4\overset{m}{,}2$.

FS Sct: Im Maximum erreichte das Objekt die Helligkeit $10\overset{m}{,}9$.

3.1.3. U-Geminorum-Sterne

Typologie

In ihrem photometrischen Verhalten erinnern die U-Geminorum-Sterne, auch Zwergnovae genannt, an rekurrierende Novae in verkleinertem Maßstab, wobei die Verkleinerung sowohl die Zwischenzeiten als auch die Amplitude betrifft (Bild 81, obere Kurve). Die Frage, ob diese äußerliche Ähnlichkeit der Ausbrüche auch eine innere Verwandtschaft bedeutet, wird weiter unten behandelt. Photometrisch unterteilt man die Zwergnovae in zwei Gruppen:

1. **U-Geminorum-Sterne** im engeren Sinne (oder **SS-Cygni-Sterne**) mit mehr oder weniger langen Stillstandszeiten im schwachen Licht. Der Helligkeitsanstieg von mehreren (2 bis 8) Größenklassen dauert 1 bis 2 Tage, der Abstieg mehrere Tage bis mehrere Wochen, der mittlere zeitliche Abstand zwischen zwei Ausbrüchen, je nach Stern, etwa 10 bis einige 10^4 Tage.

Eine Untergruppe der SS-Cygni-Sterne bilden die **SU-Ursae-Maioris-Sterne** (vgl. ausführliche Diskussionen in der Arbeit von VOGT 1981 und Literaturangaben hierin). Diese Objekte zeigen außer den gewöhnlichen Maxima nach jeweils 3 bis 10 Zyklen sogenannte **Supermaxima**, die sich von den gewöhnlichen Maxima durch die längere Dauer und größere Helligkeit unterscheiden. Während der Supermaxima zeigen diese Objekte periodische Helligkeitsspitzen, sogenannte «superhumps», deren Periode in den meisten bekannten Fällen nur wenige Prozent von der Umlaufperiode der beiden Sternkomponenten abweicht, also offenbar etwas mit dieser zu tun hat. Alle bekannten SU-Ursae-Maioris-Sterne gehören den **ultrakurzperiodischen** kataklysmischen Doppelsternen an: 70% aller ultrakurzperiodischen ($P < 2^h$) sind SU-Ursae-Maioris-Sterne! Folgende hellere Mitglieder sind bekannt: V 436 Cen, YZ Cnc, Z Cha, VW Hyi, WX Hyi, EX Hya (?), AY Lyr, WZ Sge (?), EK TrA, SU UMa, CU Vel. Auch das Objekt SS Cyg zeigt mehrere Arten von Ausbrüchen. Es wird jedoch nicht mit zu den SU-Ursae-Maioris-Sternen gezählt. Eine theoretische Deutung des Supermaximum-Phänomens steht noch aus, wenngleich es Erklärungsversuche gibt (s. VOGT 1981).

Die Lichtkurven der U-Geminorum-Sterne größter Zyklenlänge, der **WZ-Sagittae-Sterne** (BAILEY 1979), sind von denen der rekurrierenden Novae kaum zu unterscheiden. Sie können nur durch spektroskopische Merkmale von diesen getrennt werden (s. Bild 60). Der U-Geminorum-Stern mit der längsten bekannten Zyklenlänge C ist WZ Sge ($C = 11\,900^d$, $A = 9$ mag), die rekurrierende Nova mit der kürzesten Zyklenlänge hingegen ist T Pyx ($C = 6\,900^d$, $A = 7{,}1$ mag).

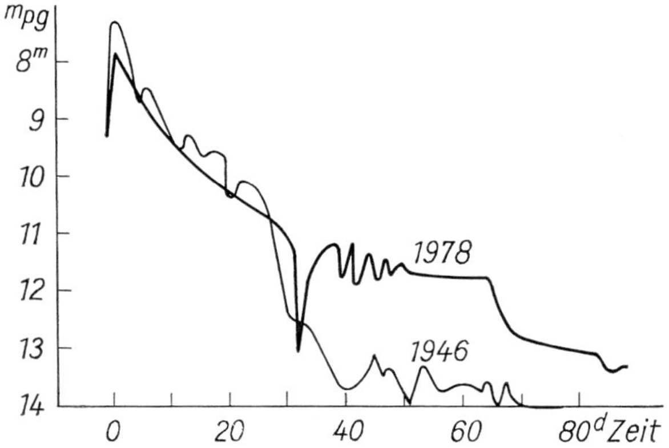

Bild 60 Schematische Lichtkurve von WZ Sge der Jahre 1946 und 1978

2. **Z-Camelopardalis-Sterne.** Die Stillstände im kleinsten Licht sind so kurz, daß ein fast stetiger Lichtwechsel zustande kommt. Perioden der Helligkeitsausbrüche werden zeitweilig durch längere Perioden fast konstanten Lichtes in einer mittleren Helligkeit abgelöst (Bild 61). Bei einer Helligkeitsamplitude von 2 bis 5 Größenklassen beträgt die mittlere Zyklenlänge C etwa 9 bis 40 Tage; die kürzeste bekannte Zyklenlänge hat AM Cas ($C = 9^d$, $A = 2{,}9$ mag).

Spektroskopisch unterscheiden sich die U-Geminorum-Sterne und die Z-Camelopardalis-Sterne nicht voneinander, und es scheint gerechtfertigt zu sein, sie als physikalisch im wesentlichen einheitliche Gruppe zu betrachten.

Die am besten beobachteten U-Geminorum-Sterne sind SS Cyg und Z Cam. Dies ist nicht zuletzt der Aktivität der Amateure zu verdanken.

Einen Atlas südlicher und äquatorialer Zwergnovae geben VOGT u. BATESON (1981).

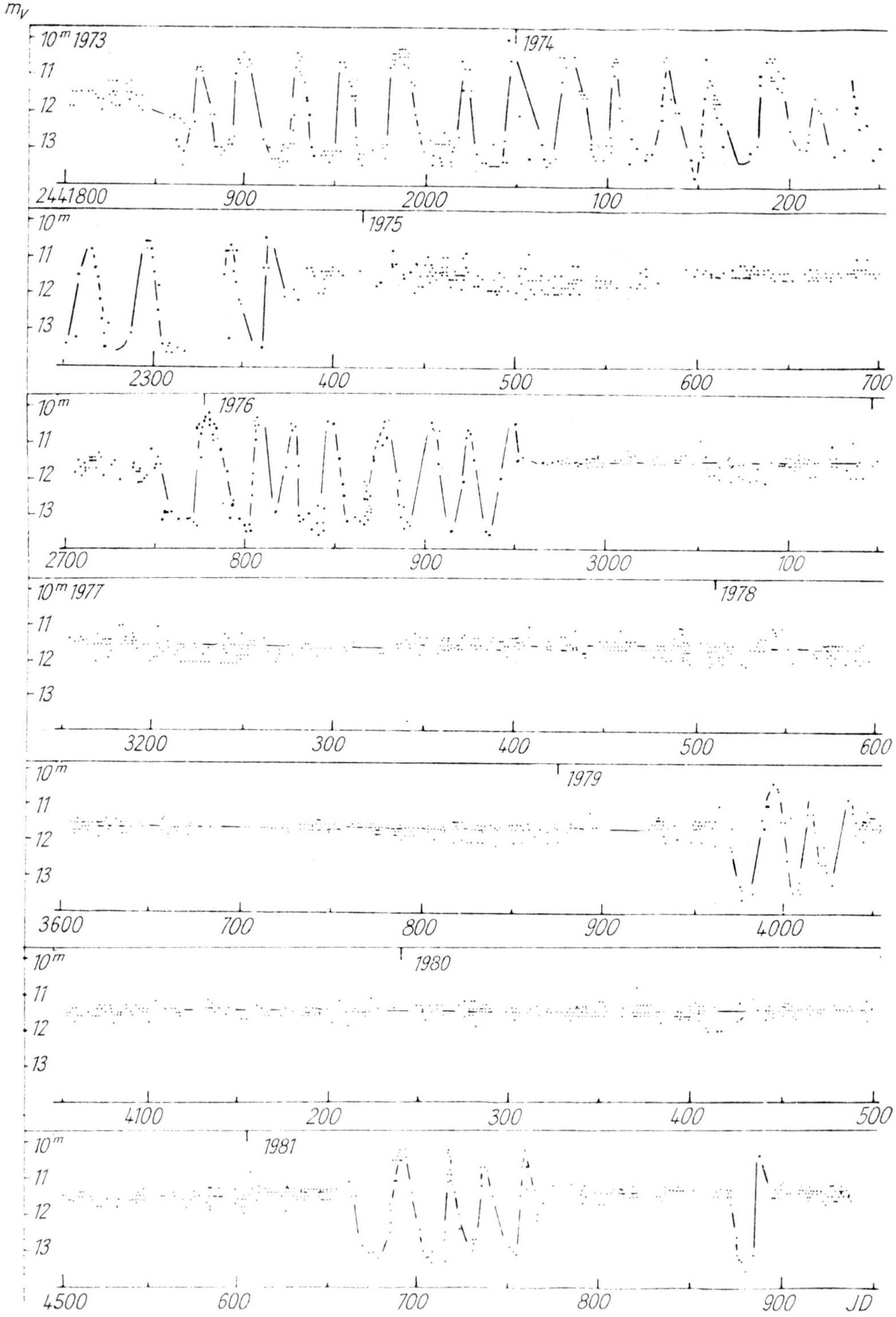

Bild 61 Lichtkurve von Z Cam (zusammengestellt von GUNTHER u. SCHWEITZER 1982)

Statistik

Kukarkin u. Parenago (1934) haben als erste einen linearen Zusammenhang zwischen dem Logarithmus des mittleren **Intervalls** und der **Amplitude** gefunden und auch zwei rekurrierende Novae einbezogen, um zu beweisen, daß zwischen beiden Arten von Veränderlichen kein grundsätzlicher Unterschied besteht. Heutzutage vermutet man jedoch, daß die U-Geminorum-Sterne einen anderen Ausbruchsmechanismus (s. u.) haben als die wiederkehrenden Novae, so daß das Zusammenfallen der beiden Amplitude-Zyklen-Beziehungen rein zufällig ist.

Doppelsternnatur

Ganz wesentliche Einblicke in das Verständnis für die Physik der U-Geminorum-Sterne (und der kataklysmischen Veränderlichen überhaupt) ermöglichte die bereits in Kapitel 3.1.2. geschilderte Entdeckung, daß die U-Geminorum-Sterne (und Novae) enge Doppelsternsysteme von sehr kurzer Umlaufzeit sind. Diese Doppelsternnatur offenbart sich teils spektroskopisch, teils photometrisch (Bedeckungslichtwechsel). Man vermutet, daß *alle* kataklysmischen Veränderlichen, selbst wenn im Einzelfall nicht nachweisbar, Doppelsterne sind. Bild 39 gibt das Modell eines U-Geminorum-Sterns, das sich von dem einer Nova (im Minimum) nicht unterscheidet (s. Schilderung in Kap. 3.1.2.).

Spektrum

Eine ausführliche Beschreibung bekannter Spektren von Zwergnovae im Minimum und während der Helligkeitsausbrüche ist (mit zahlreichen Literaturangaben) bei Warner (1976) zu finden.

Die große Mehrzahl der U-Geminorum-Sterne hat (im Minimum) kräftige **Balmer-Emissionen** des Wasserstoffs (oft breit, bis zu 2 nm) auf schwachem blauem Konti-

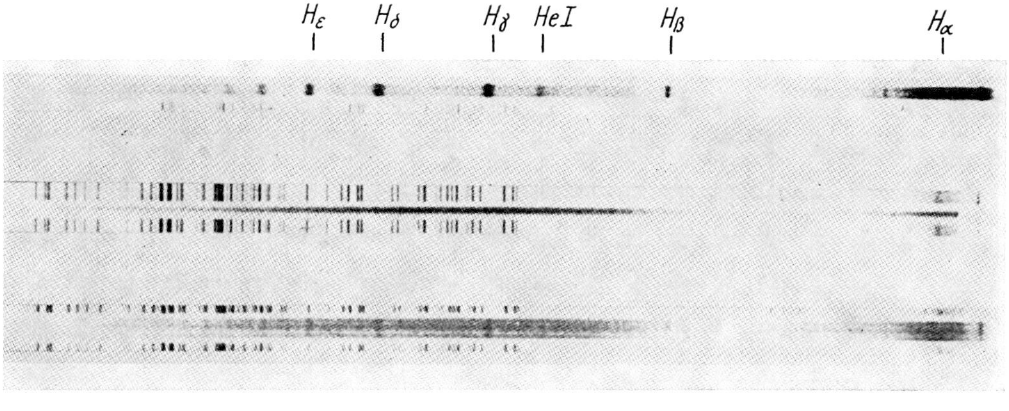

Bild 62 3 Spektrogramme von SS Cyg; *oben* Minimum, *Mitte* Maximum, *unten* Mittelhelligkeit. Man beachte das Emissionsspektrum im Minimum im Vergleich zum Vorherrschen des Kontinuums im Maximum (nach G. S. Mumford 1962)

nuum (Bild 62). Verbotene Linien fehlen. Die große Linienbreite kann als Dopplerverbreiterung (Rotationsverbreiterung) einer sehr **rasch rotierenden**, den Weißen Zwerg umgebenden **Gasscheibe** angesehen werden (500 km/s und mehr). Geringe Linienbreiten deuten wahrscheinlich darauf hin, daß wir auf einen der Pole des betreffenden Objektes blicken. Außerdem sind schwache bis mäßig starke Emissionslinien des neutralen Heliums (He I) vorhanden, und bei ganz wenigen Objekten sind schwache Emissionen des ionisierten Heliums (He II) angedeutet. Linien des 2-fach ionisierten Stickstoffs und Kohlenstoffs (N III und C III) sind nur in außergewöhnlichen Fällen schwach angedeutet: BV Pup, WZ Sge (Zwergnova mit der längsten Zyklenlänge) und S 10830 Tri (bisher nur ein Ausbruch beobachtet). Bei mehreren Objekten sind die Emissionslinien stets oder zeitweilig verdoppelt (Z Cam, Z Cha, BV Cen, EM Cyg, U Gem, EX Hya, VW Hyi, WZ Sge). Bei einer Anzahl von Objekten ist das Absorptions-Spektrum eines G- oder K-Hauptreihensterns (der Sekundärkomponente des Doppelsternsystems) überlagert. Die Spektren der Zwergnovae ähneln somit denen der Postnovae und wiederkehrenden Novae im Minimum mit dem Unterschied, daß die Nova-Sepktren stärker angeregt sind: Im Gegensatz zu den Zwergnovae haben diese deutliche He II-Emissionen und nachweisbare C III- und N III-Emissionen. Die geringere Anregung und die geringere absolute Helligkeit sind neben voraussichtlich bestehenden Unterschieden im Alter der Objekte die gegenwärtig bekannten einzigen Merkmale, die die U-Geminorum-Sterne (im Minimum) von den Postnovae unterscheiden. Die Spektren der U-Geminorum-Sterne zeigen, analog zu den Spektren der Novae, zwei Arten zeitlicher Änderung:

1. Periodische Änderungen (vor allem Dopplerverschiebungen) auf Grund der Bahnbewegung in einem engen Doppelsternsystem; 2. komplizierte spektrale Verläufe während der Helligkeitsausbrüche.

Während die mit der Bahnbewegung in einem engen Doppelsternsystem gekoppelten spektralen Merkmale denen der Novae sehr ähneln (s. o.), unterscheiden sich die spektralen Änderungen der U-Geminorum-Sterne während der Helligkeitsausbrüche grundlegend von denen der Novae: Die spektralen Merkmale, die bei Nova-Eruptionen durch verschiedene, rasch expandierende Schalen hervorgerufen werden (s. o.), fehlen bei den U-Geminorum-Sternen.

Mit dem Hellerwerden eines U-Geminorum-Sterns wird das spektrale Kontinuum intensiver, so daß infolge des abnehmenden Kontrastes die Emissionslinien immer schwächer werden. Die Intensität der Emissionslinien selbst scheint sich hingegen nicht wesentlich zu verändern. Die Mehrzahl der U-Geminorum-Sterne zeigt in der Nähe der Helligkeitsmaxima an Stelle der bisherigen Emissionslinien sehr breite Absorptionen mit Halbwertsbreiten bis zu 5 nm, oft mit zentraler Reemission. Möglicherweise entstehen die breiten Absorptionslinien in den inneren, sehr rasch ($>$ 3000 km/s) rotierenden Teilen der Scheibe (Rotationsverbreiterung), die schmaleren Reemissionen in den äußeren («Chromosphäre»), langsamer rotierenden Teilen der differentiell rotierenden Scheibe. Wesentliche Unterschiede im spektralen Verlauf bei verschiedenen Zwergnovae können, zumindest teilweise, dadurch erklärt werden, daß wir bei manchen Systemen nahezu parallel zur Scheiben- bzw. Ringebene blicken (analog zum Anblick der Saturnringe von der Erde aus), bei anderen Systemen nahezu senkrecht auf die Ringebene. Mit dem Helligkeitsabfall werden die breiten Absorptionen mehr oder weniger schnell unsichtbar, das starke Kontinuum schwächt sich erheblich ab, und die Emissionslinien kommen wieder deutlich zum Vorschein.

Ursache der Zwergnova-Explosionen

Im spektralen Verlauf der **Helligkeitsausbrüche** eines U-Geminorum-Sterns treten im Gegensatz zu den klassischen und rekurrierenden Novae keine blauverschobenen Komponenten von Emissionslinien auf, ein Zeichen dafür, daß **keine** nennenswerten Mengen von **Materie** aus dem System **ausgeschleudert** werden. Dies liegt offenbar daran, daß die für einen Zwergnova-Ausbruch zur Verfügung stehende **Energie** (10^{38} bis 10^{39} erg) wesentlich geringer ist als die für eine Nova-Explosion (10^{44} bis 10^{45} erg).

Die **Theorien** der Zwergnova-Ausbrüche lassen sich in folgende Gruppen zusammenfassen (s. auch Robinson 1976b und Bath 1976):

1. Periodisch wiederkehrende dynamische Instabilitäten in der Photosphäre der *Sekundärkomponente* (= roter Stern) bewirken jeweils ein plötzliches Anwachsen in der Massenaustauschrate. Der rote Stern streift dann jedesmal seine äußeren Schichten ab und leuchtet dabei auf (s. Bath 1972 und Literaturzitate hierin).

Die neueren spektroskopischen Beobachtungen widersprechen jedoch dieser Theorie.

2. Stoßweise thermonukleare Kernumwandlungen des von der *Primärkomponente* (Weißer Zwerg) aufgesammelten wasserstoffreichen Materials, die wegen zu geringer Intensität nicht für Materialauswürfe aus dem System ausreichen (Starrfield u. Mitarb. 1974). Das vom Weißen Zwerg infolge solch einer Explosion ausgeworfene Material wird in der Gasscheibe abgebremst und heizt diese auf.

Im Gegensatz zu den Novae (starke Explosionen in großen Zeitabständen) finden schwache Explosionen in kurzen Zeitabständen statt, weil der Weiße Zwerg eine andere Struktur als bei den echten Novae hat und dadurch der Schwellenwert für das Einsetzen einer Explosion herabgesetzt ist.

3. Quasiperiodische Schwankungen in der Massenaufsammlung und somit in der Leuchtkraft der Gasscheibe infolge von *Instabilitäten im Masse-Ausfluß* des roten Sterns (Bath u. Mitarb. 1974).

4. Die Gasscheibe absorbiert und reemittiert *mechanische und optische Energie*, die vom Weißen Zwerg ausgesandt wird (Nather u. Robinson 1974).

5. Quasiperiodische Instabilitäten in der *Scheibe* selbst (Smak 1971).

Zusammenfassend: Der Ort der Helligkeitseruptionen der U-Geminorum-Sterne ist wahrscheinlich entweder die Gasscheibe oder der Weiße Zwerg. Ob hierbei quasiperiodisch freigesetzte potentielle oder kinetische Energie oder, wie bei den Novae, Kernenergie die wesentliche Rolle spielt, ist noch nicht geklärt. In einer kürzlich erschienenen Publikation versucht Marino (1980) auf Grund einer exakten Analyse der Bedeckungslichtkurven von Z Cha während des Minimums, der gewöhnlichen Maxima und der Supermaxima in Verbindung mit spektroskopischen Daten zu beweisen, daß der Ort der Helligkeitsausbrüche in diesem System der Helle Fleck und die Gasscheibe sind, hervorgerufen durch quasiperiodische Schwankungen des von der roten Komponente ausgeworfenen Materiestroms.

Mallama u. Trimble (1978) gehen der Frage nach, wieso eigentlich, obwohl die U-Geminorum-Sterne und die Novae physikalisch gesehen sehr ähnlich sind (abgesehen davon, daß die Novae eine etwa 10 mal größere Massenaustauschrate haben als die U-Geminorum-Sterne), die Novae keinen U-Geminorum-Lichtwechsel und die U-Geminorum-Sterne keine Nova-Ausbrüche zeigen. Sie vermuten, daß bei der hohen Massenakkretionsrate der Novae ein stetiger Massenübergang ohne Instabilitäten und daher nur ein geringer Lichtwechsel im Helligkeitsminimum erfolgt, wohingegen eine niedrige Massenakkretionsrate möglicherweise zu quasiperiodischen Instabilitäten in der Materiescheibe und somit zu U-Geminorum-Lichtwechsel führt. Sie halten es für möglich, daß durchaus auch die U-Geminorum-Sterne echte Nova-Ausbrüche erleiden können. Aber infolge der geringen Massenaustauschrate sind die Zwischenzeiten zwischen zwei Ausbrüchen wesentlich länger als bei den klassischen Novae, so daß die Wahrscheinlichkeit, daß jemand zu Lebzeiten einen Nova-Ausbruch bei einem der etwa 300 bekannten U-Geminorum-Sterne erlebt, nur etwa 3% beträgt.

Andererseits muß man bedenken, daß, wie bereits oben geschildert, andere Autoren den Unterschied zwischen Nova und U-Geminorum-Stern in der physikalischen Beschaffenheit der Primärkomponente (vor allem chemische Zusammensetzung; C, N, O-Gehalt) suchen. Die Frage der Möglichkeit eventueller echter Nova-Ausbrüche bei U-Geminorum-Sternen muß daher offen bleiben.

Stellung der U-Geminorum-Sterne in der Galaxis

Die Frage der Stellung der U-Geminorum-Sterne in der Galaxis ist noch schwieriger zu beantworten als die der Novae, da zu der geringen Entdeckungswahrscheinlichkeit (s. Kap. 6.3.) noch die geringe absolute Helligkeit (selbst im Maximum nur etwa $+2^{M}$ bis $+4^{M}$) kommt. Es sind daher nur die Objekte in der nächsten Sonnenumgebung einigermaßen vollständig bekannt, und der Verlauf der räumlichen Dichte sehr naher Objekte in z-Richtung (= senkrecht zur galaktischen Ebene) ist nur sehr ungenau zu ermitteln. Es ist daher nicht verwunderlich, daß sich die diesbezüglichen Angaben in der Literatur widersprechen. So ist der Gradient der räumlichen Dichte ν in z-Richtung, $-\partial \log \nu/\partial z$, nach Kopylov (1957) 0,17 entsprechend extremer Population 2, hingegen nach Richter (1967a) 3,9 entsprechend Population 1. Auffällig ist jedoch, daß man bei der Suche nach Veränderlichen Sternen auf sehr weitreichenden Platten (etwa Aufnahmen mit dem 134/200/400 cm-Schmidtteleskop in Tautenburg, Grenzgröße etwa 21^{m}) in höheren galaktischen Breiten viel weniger U-Geminorum-Sterne findet als in niedrigen. Kataklysmische Veränderliche anderer Art (Novae, Nova-ähnliche, AM-Herculis-Sterne) sind jedoch, relativ zu den U-Geminorum-Sternen, in höheren galaktischen Breiten wesentlich häufiger anzutreffen, was auch L. Meinunger (1982) bestätigen kann. Alles in allem, die U-Geminorum-Sterne scheinen im Mittel einer jüngeren Sternpopulation anzugehören als die Novae; ein Befund, der noch einer kosmogonischen Interpretation bedarf.

AM-Canum-Venaticorum-Sterne

Von diesen mit den U-Geminorum-Sternen verwandten Objekten sind bislang nur zwei Exemplare bekannt, und zwar **AM CVn** (=HZ 29) und **GP Com** (= G 61-29) (s. Tab. 31). Sie ähneln morphologisch den U-Geminorum-Sternen. Sie unterscheiden sich von diesen photometrisch durch das Fehlen von Helligkeitsausbrüchen und spektroskopisch durch das Fehlen von Wasserstoff. Nach Nather u. Mitarb. (1981) ist der Wasserstoffanteil mindestens um den Faktor 1500 geringer als in der Sonne! Das Spektrum ist praktisch ein reines **Helium-Spektrum**. Die Helligkeitsänderungen bestehen aus zwei Anteilen:

1. Periodische **doppel-sinusförmige Lichtänderungen** (begleitet von Radialgeschwindigkeitsänderungen gleicher Periodenlänge im Spektrum) infolge der **Umlaufbewegung eines Doppelsternpaares**.

Der Lichtkurve überlagert ist:

2. **Rasches Flackern** («flickering») mit einer Periodizität von wenigen Minuten. Bild 53 zeigt die Lichtkurve von AM CVn.

NATHER u. Mitarb. (1981) geben folgendes **Modell** dieser Sterne:

Die Objekte ähneln sehr einem U-Geminorum-Stern (Weißer Zwerg als Primärkomponente mit Materiescheibe und «Hellem Fleck», die von einer Sekundärkomponente gespeist werden). Im Unterschied zu den U-Geminorum-Sternen ist die Sekundärkomponente ein massearmer Weißer Helium-Zwerg, der die Rochesche Grenzfläche ausfüllt und Materie an den kleineren, massereicheren Weißen Zwerg liefert. Die Umlaufzeit ist entsprechend gering ($< 1^h$) und die Umlaufgeschwindigkeit der Materiescheibe um die Primärkomponente extrem hoch ($\approx$ 2000 km/s). Eine eingehende Diskussion der Struktur, der vergangenen und der zukünftigen Entwicklung dieser Objekte ist bei NATHER u. Mitarb. (1981) zu finden.

3.1.4. Symbiotische Sterne

Typologie

Der Begriff «Symbiotische Sterne» wurde zuerst von MERRILL geprägt, der diesen Ausdruck der Biologie entlehnte: Hier versteht man unter «Symbiose» das Zusammenleben von Organismen verschiedener Art zu wechselseitigem Nutzen.

Unter Symbiotischen Sternen versteht man im weitesten Sinne (siehe BOYARCHUK 1969 und SAHADE u. WOOD 1978) alle astronomischen Objekte, in deren Spektren Absorptionsmerkmale eines kühlen Sternes mit Emissionslinien hoher Anregung kombiniert sind. In diesem Sinne sind all diejenigen Exnovae und U-Geminorum-Sterne zu den Symbiotischen Sternen zu zählen, in deren Spektren die Absorptionsmerkmale der Sekundärkomponente sichtbar sind. Im engeren (und meist gebräuchlichen) Sinne versteht man unter Symbiotischen Sternen jedoch Objekte, bei denen folgende Kriterien erfüllt sind:

1. **Absorptionslinien späten Spektraltyps** müssen nachweisbar sein (TiO-Banden, Ca I, Ca II u. a.).

2. **Emissionslinien** hoch angeregter Ionen (He II, O III oder noch höher angeregt) müssen sichtbar sein. Die Dopplerbreite der Emissionslinien darf 100 km/s nicht übersteigen.

3. Es können **Helligkeitsänderungen** bis zu einer Amplitude von mehr als 3 mag und mit einer Zyklenlänge bis zu einigen Jahren auftreten.

Bei zahlreichen Symbiotischen Sternen konnten bisher keine Helligkeitsänderungen nachgewiesen werden. Im Sinne dieses Buches interessieren uns nur diejenigen Symbiotischen Sterne, die veränderlich sind. Sie sind nach heutigen Kenntnissen eine sehr heterogene Gruppe von Objekten, und sie repräsentieren wahrscheinlich eine Anzahl von verschiedenen Entwicklungsphasen von Doppelsternen. Der komplizierte, irreguläre Lichtwechsel zeigt gelegentlich Aufhellungen von mehr oder weniger langer Dauer, die den Objekten auch die Bezeichnung «Nova-ähnliche Sterne» eingetragen haben.

Erwähnt sei noch, daß eine Anzahl von Symbiotischen Sternen einen starken **Infrarotüberschuß** zeigen, der von einer ausgedehnten **Staubhülle** herrührt (zu ihnen gehören z. B. Z And, V 1016 Cyg, RX Pup), andere wiederum nicht. WEBSTER u. ALLEN (1975) unterscheiden daher zwei Haupttypen Symbiotischer Sterne: jene ohne und jene mit Staubemission, wobei einige der letzteren auch **Radioemission** zeigen. Die Symbiotischen Sterne mit Staubemission (oder zumindest einige von ihnen) sind nach SAHADE (1976), MAMMANO u. CIATTI (1975) und PACZYNSKI (1976) die Vorläufer eines Teils der Planetarischen Nebel. Die Planetarischen Nebel NGC 1514 und 2346, die je 2 Sternkomponenten haben (s. Kap. 3.4.3.), könnten nach MAMMANO u. CIATTI eine Spätphase Symbiotischer Sterne sein (s. auch Diskussion bei SAHADE 1976). Daß ein Teil der Symbiotischen Sterne möglicherweise die Vorläufer der Novae und der U-Geminorum-Sterne sind, wurde bereits an anderer Stelle erwähnt.

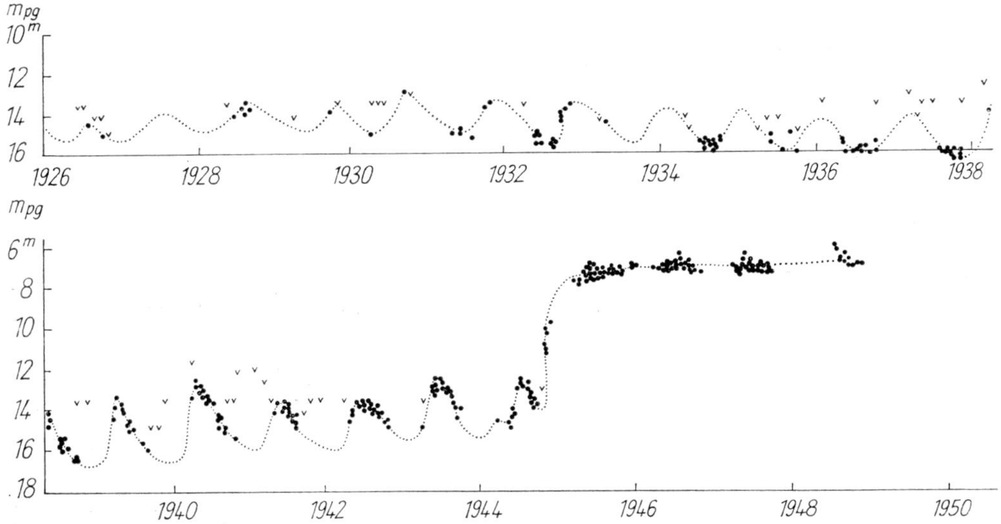

Bild 63 Lichtkurve von RR Tel von 1926 bis 1949 (nach MAYALL)

Vier Symbiotische Sterne (alle veränderlich) sind bis jetzt als weiche Röntgenquellen bekannt, und zwar die oft auch als «sehr langsame Novae» bezeichneten Objekte V 1016 Cyg, HM Sge, RR Tel (Bild 63), vgl. ALLEN (1981), und AG Dra (L. MEINUNGER 1981). Diese Strahlung wird vermutlich beim Auftreffen eines Materiestrahls auf einen Weißen Zwerg freigesetzt. Typische Lichtkurven von Symbiotischen Sternen sowie Spektralregistrierungen und Radialgeschwindigkeitskurven sind in dem zusammenfassenden Artikel von BOYARCHUK (1969) veröffentlicht: Bild 64 zeigt als Beispiel die Lichtkurve von Z And: Quasiperiodische Helligkeitsfluktuationen (mittlere Dauer 714 Tage mit stärkeren Abweichungen) werden unterbrochen von Helligkeitseruptionen bis zu 4 mag Amplitude. Ein analoges Verhalten zeigen BF Cyg, CI Cyg, AX Per, doch sind hier die quasiperiodischen Änderungen weniger gut ausgeprägt als bei Z And. Ganz anders ist die Lichtkurve von AG Peg: Sie ist gekennzeichnet durch einen großen Helligkeitsausbruch von 3 mag und etwa 100 Jahren Dauer, der an eine extrem langsame Nova erinnert (Bild 65). Außerhalb dieses Ausbruchs dominieren Helligkeitsänderungen mit einer Periodizität von 800 Tagen. Zahlreiche Symbiotische Sterne erinnern in ihrem Helligkeitsverlauf an sehr langsame Novae.

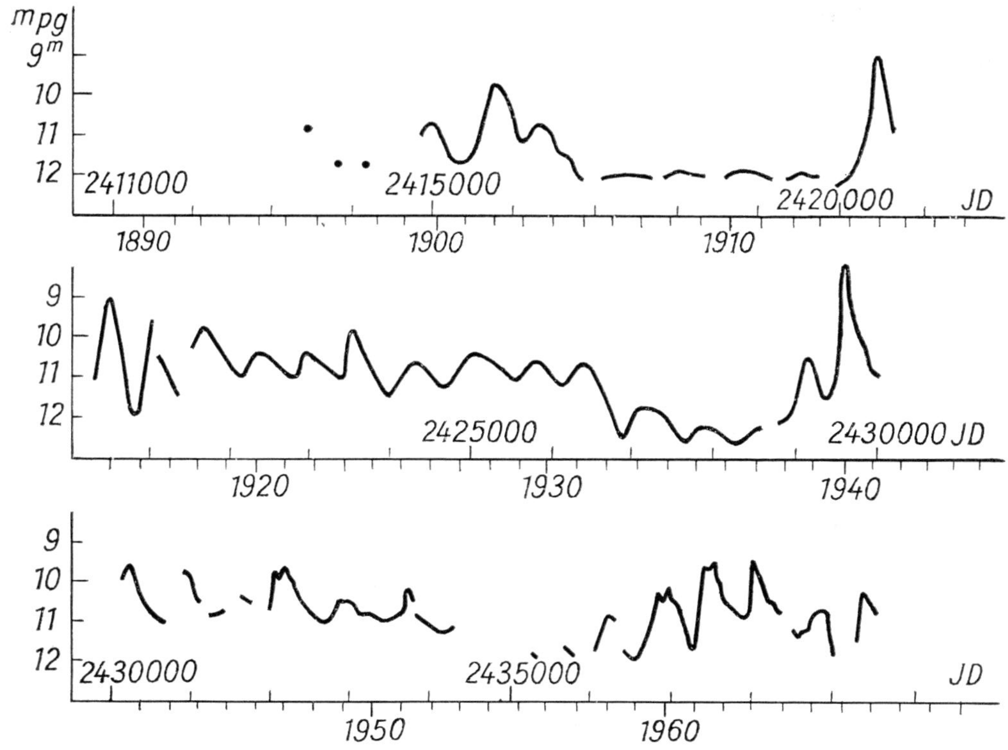

Bild 64 Lichtkurve von Z And nach Boyarchuk (1969)

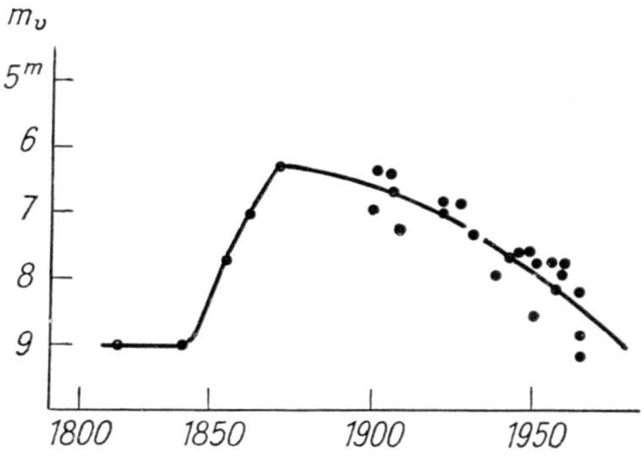

Bild 65 Helligkeitsausbruch von AG Peg (zusammengestellt von Boyarchuk 1969)

Es wurde bereits oben (Kap. 3.1.2.) erwähnt, daß im gewissen Sinne zumindest ein Teil der rekurrierenden Novae mit den Symbiotischen Sternen verwandt ist.

Die Helligkeitsänderungen Symbiotischer Sterne sind mit Farbänderungen gekoppelt. Mit sinkender Helligkeit wächst $B-V$.

Tabelle 34 gibt — überwiegend nach Boyarchuk (1969) und Payne-Gaposchkin (1977a u. 1977b) mit Ergänzungen aus der neuesten Literatur — eine Auswahl Symbiotischer Sterne.

Tabelle 34 Auswahl Symbiotischer Sterne

Stern	m_{max}	m_{min}	P_{RG}	P_{Ph}	Typ	Anm.
Z And	$8\overset{m}{,}0$	$12\overset{m}{,}4$		694^d	Z And	
R Aqr	5,8	11,5	9740^d	387	Mira	1
CM Aql	13,2	16,5			Z And	
TX CVn	9,3	11,6			Z And	
RT Car	11,0	11,4			Z And ?	
o + VZ Cet	2,0	10,1	$3{,}6 \cdot 10^4$	332	Mira	
T CrB	2,0	10,8	228		Nr	
BF Cyg	9,3	13,5	750	754	Z And	
CH Cyg	7,4	9,1		97	Z And	2
CI Cyg	9,4	13,7	815	855	Z And + EA	
V 407 Cyg	13,3	[16,5		745	Mira + Nova	
V 1016 Cyg	10,3	17,5	450		x	3, 9
V 1329 Cyg	11,5	18	960		x	4, 8, 9
AG Dra	9,1	11,2		554	Z And	5
YY Her	11,7	[13,2			Z And	
V 443 Her	12,4	12,6			Z And	
RW Hya	10,0	11,2	370	370	Z And	
SS Lep	4,8	5,1	276:		Z And ?	
AX Mon	6,6	6,9	232:		x	
SY Mus	11,3	12,3		623	Z And ?	
RS Oph	5,2	12,3			Nr	
AR Pav	8,5	13,6	605		Z And + EA	6
AG Peg	6,0	9,4	830	800	Z And	7
AX Per	9,7	13,4	600 ... 880	685:	Z And	
RX Pup	11,1	14,1			Z And	
HM Sge	11	16			x	9
FN Sgr	9	13,9			Z And	
KW Sgr	11,0	13,2		670	Z And (SRc)	
V 1017 Sgr	6,2	14,4			Nr (Z And ?)	
V 2416 Sgr	14,4	[17,6			Z And	9
V 2601 Sgr	14,0	15,3		850	Z And	
V 2756 Sgr	13,2	15,2		243	Z And ?	
V 2905 Sgr	10	14,6			Z And	
FR Sct	11,7	12,5			Z And	
RR Tel	6,5	16,5			Nl	

Erklärung einiger Spalten:

P_{RG}, P_{Ph} = Perioden der Radialgeschwindigkeit und des Lichtwechsels.
Typ: Lichtwechseltypus nach GCVS und Ergänzungen; EA = Bedeckungslichtwechsel nach Algol-Art; x = einzigartige Ausnahmefälle; die übrigen Abkürzungen findet man im Text dieses Kapitels.

Anmerkungen:

1 Wahrscheinlich bedeckungsveränderlich mit einer Periode von 44 Jahren.
2 Nach Luud wird während der Helligkeitsmaxima des halbregelmäßigen roten Riesen vorübergehend eine Materie-Scheibe um die heiße Komponente (Weißer Zwerg) gebildet. Es ist der bisher einzig bekannte Symbiotische Stern, der ein Flackern («flickering») analog zu den kataklysmischen Veränderlichen während eines Ausbruchs (1977) zeigte.
3 V 1016 Cyg ist wahrscheinlich ein Planetarischer Nebel in einem sehr frühen Entwicklungszustand (s. zusammenfassende Diskussion bei Sahade 1976).
4 «Grygars Veränderlicher». Wahrscheinlich bedeckungsveränderlich ($P = 960^d$).
5 Periode nach L. Meinunger (1981).
6 AR Pav ist ein Bedeckungsveränderlicher mit 2 mag Amplitude ($P = 605^d$). Die heiße Komponente ist physisch veränderlich.

Spektrale Änderungen

Viele Z-Andromedae-Sterne zeigen bei abnehmender Helligkeit eine Verstärkung des Absorptionslinien-Spektrums und eine Zunahme des Anregungsgrades der Emissionslinien (s. auch Boyarchuk 1969). Andere Objekte, wie AG Peg, zeigen gelegentlich starke Änderungen im Spektrum auch zu Zeiten nur geringer Variabilität des Gesamtlichts, wie Bild 66 am Beispiel zweier Spektrogramme von AG Peg zeigt: Man beachte die Verstärkung der Emissionslinien (H, He, Fe II) im unteren Spektrogramm.

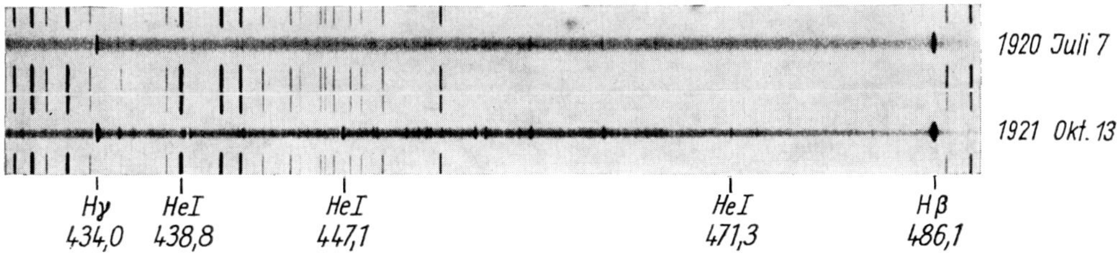

Bild 66 Spektrogramme des Symbiotischen Sterns AG Peg (s. Text) (nach Merrill 1959)

Die spektralen Änderungen während der größeren Helligkeitsausbrüche können sehr kompliziert sein (s. Boyarchuk 1969), und es können auch, wie Bild 66 zeigt, P-Cygni-Strukturen auftreten, die auf eine rasche Expansion einer Gashülle hindeuten. Viele beobachtete Phänomene können durch eine veränderliche Durchsichtigkeit einer das Objekt umgebenden ausgedehnten Staubhülle und durch veränderliche Anregungsbedingungen erklärt werden.

Wichtige Informationen über die physikalischen Prozesse geben auch die Dopplerverschiebung verschiedener Linien und deren zeitliche Veränderungen sowie Bedeckungslichtkurven, die bei einigen Symbiotischen Sternen untersucht werden konnten und die beweisen, daß es sich bei den meisten (wahrscheinlich sogar allen) Symbiotischen Sternen um Doppelsterne handelt. Bild 67 gibt die Radialgeschwindigkeitskurven auf Grund verschiedener Linien wieder. Ringe bedeuten Fe II, ausgefüllte Kreise bedeuten hoch angeregte Emissionen.

Absolute Helligkeit und Stellung in der Galaxis

Nach Sahade (1976) ist die visuelle absolute Helligkeit von der Größenordnung -3^{M} bis -4^{M}. Die galaktische Verteilung und die räumlichen Geschwindigkeiten der Symbiotischen Sterne sprechen für Zugehörigkeit zur Population II.

Fortsetzung der Fußnote zu Tabelle 34

7 Ein Modell dieses interessanten, komplizierten Objektes beschreiben Cowley u. Stencel (1973), s. auch Sahade (1976) und Ghigo u. Cohen (1981).

8 Nach Blair u. Mitarb. (1981) Verwandtschaft mit V 1016 Cyg und mit den RS-Canum-Venaticorum-Sternen.

9 Bei den Objekten V 1016 Cyg, V 1329 Cyg, V 2416 Sgr und HM Sge gehen die Meinungen auseinander, ob man sie den Z-Andromedae-Sternen oder den veränderlichen Planetarischen Nebeln zuordnet, sie kehren daher in Kapitel 3.4.3. wieder.

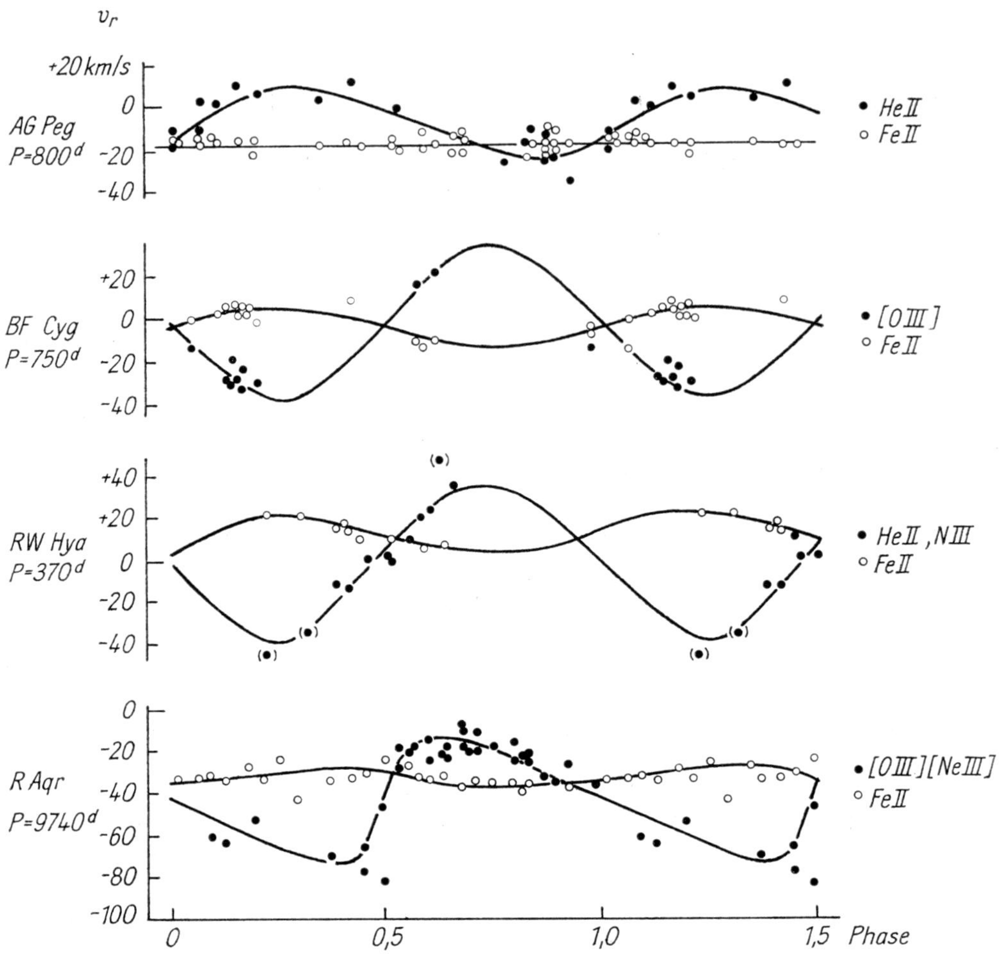

Bild 67 Beweis der Doppelsternnatur von vier Symbiotischen Sternen auf Grund der Radialgeschwindigkeitskurven (nach Boyarchuk 1969)

Modelle Symbiotischer Sterne

Während man gelegentlich auch gegenwärtig noch versucht, das Spektrum eines Symbiotischen Sternes durch die komplizierte Struktur eines Einzelsternes zu deuten, wurde durch die Entdeckung der eben erwähnten periodischen Radialgeschwindigkeitsänderungen der Spektrallinien und Bedeckungslichtkurven die Doppelsternnatur zahlreicher Symbiotischer Sterne nachgewiesen.

Heutzutage macht man sich etwa folgendes Bild von einem Symbiotischen Objekt (Bild 68, s. auch Boyarchuk 1969, Cowley u. Stencel 1973): Es besteht aus einem Doppelsternpaar, und zwar einem M-(seltener G- oder K-)Riesen (Sekundärkomponente) von etwa 100 Sonnenradien Halbmesser und einem heißen Unterzwerg, gelegentlich auch Weißen Zwerg (Primärkomponente) von weniger als 0,5 Sonnenradien und einer effektiven Temperatur von etwa 100000 Kelvin. Die Umlaufzeit beträgt bei einem mittleren Abstand von etwa 1000 Sonnenradien (5 Astronomische Einheiten) 1 bis mehrere Jahre. Beide Objekte sind von einer oder mehreren gemein-

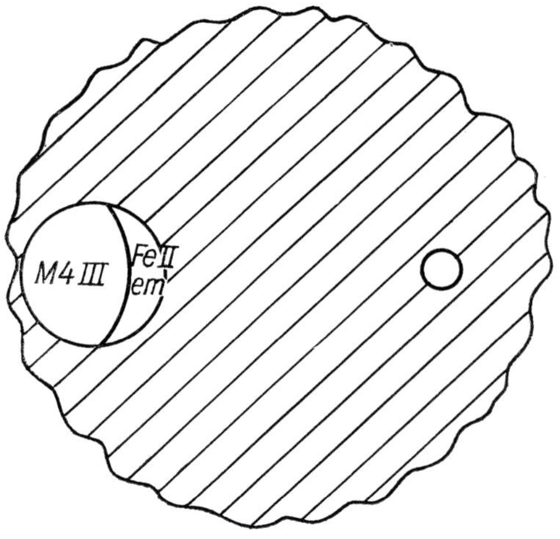

Bild 68 Modell eines Symbiotischen Sterns nach BOYARHUCK (1969)

samen Gashüllen oder Gasscheiben umgeben: Radius ≈ 50000 Sonnenradien, Elektronendichte $\approx 10^6$ bis 10^7 Elektronen pro cm^3, Elektronentemperatur etwa 15000 bis 20000 Kelvin. Quelle der Gashülle ist der rote Riese, der durch Sternwind oder (als Langperiodischer oder Mira-Stern) durch Pulsation erhebliche Mengen an Masse abgibt. Nach Abschätzungen von A. R. WALKER (1976) beträgt aber die mittlere Massenaustauschrate Symbiotischer Sterne nur $\approx 3 \cdot 10^{-9}$ Sonnenmassen pro Jahr, nur bei symbiotischen Mira-Sternen ist sie wesentlich größer.

Die hochangeregten Emissionslinien werden in der Gashülle durch die Strahlung der heißen, Masse aufsammelnden Sternkomponente erzeugt. Ob diese Akkretion kugelsymmetrisch, äquatorsymmetrisch oder (falls der Unterzwerg ein magnetischer Dipol ist) an den Polen erfolgt, ist bis jetzt ungeklärt und könnte auch von Fall zu Fall verschieden sein. Die niedrig angeregten Linien (Fe II) werden nicht in der Hülle, sondern in den dem heißen Stern zugewandten Atmosphäreschichten der kühlen Sternkomponente erzeugt. Die Radialgeschwindigkeitskurven in Bild 67 spiegeln somit die periodisch veränderliche Relativgeschwindigkeit zwischen dem kühlen Stern und dem die heiße Komponente umgebenden Teil der Gashülle wider. Die Mehrzahl der Symbiotischen Sterne hat wahrscheinlich nicht den für Novae und U-Geminorum-Sterne typischen «Heißen Fleck» (s. SLOWAK 1980). AR Pav hat vermutlich einen Materiering und «Heißen Fleck» (s. SAHADE 1976), desgleichen die rekurrierenden Novae (A. R. WALKER 1976), was durch die Flacker-Aktivität («flickering») nahegelegt wird.

In einigen Fällen ist die Gashülle sehr dünn, in anderen wiederum sehr dicht. Sie kann dann als Planetarischer Nebel mit zwei Kernen in Erscheinung treten. Einige veränderliche Planetarische Nebel zeigen daher die in diesem Buch mehrfach erwähnte enge Verwandtschaft zu den Symbiotischen Sternen.

Alle 3 Komponenten eines Symbiotischen Objektes können zur Variabilität beitragen, und zwar überlagern sich folgende fünf Effekte:

1. Veränderlichkeit in der Durchsichtigkeit und in der Anregung der Hülle;
2. Veränderlichkeit der heißen (Primär-)Komponente, möglicherweise durch Unregelmäßigkeiten in der Massen-Akkretions- und in der Energieerzeugungsrate, in Extremfällen (wenn die Primärkomponente sehr kompakt und entartet ist) Kern-

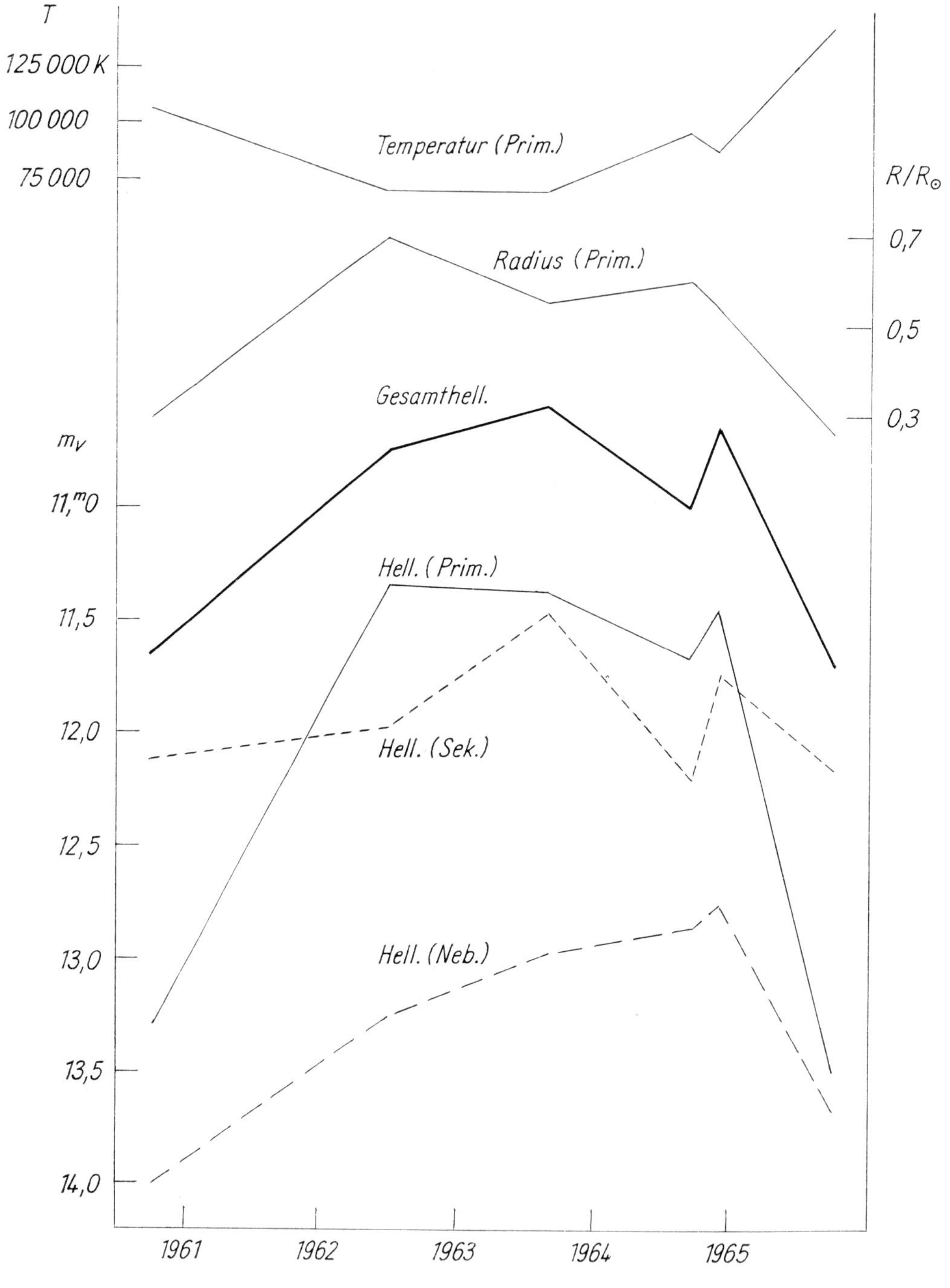

Bild 69 Z And: Anteil der 3 verschiedenen Komponenten am Gesamtlichtwechsel zwischen 1961 und 1966 (*untere Kurven*). *Darüber*: Änderung der Temperatur und des Radius der Primärkomponente im gleichen Zeitabschnitt (nach Boyarchuk)

explosionen (wiederkehrende Novae wie T CrB und extrem langsame Novae wie RT Ser (Bild 42), RR Tel u. a.);

3. irregulärer oder langperiodischer oder auch Mira-Lichtwechsel der kalten (Sekundär-)Komponente;

4. in wenigen Fällen (s. o.) Bedeckungslichtwechsel;

5. ein durch unterschiedliche Flächenhelligkeit (bedingt durch den sog. Reflexionseffekt, s. Kap. 4.4.) verursachter Rotationslichtwechsel, der auch dann zu beobachten sein kann, wenn keine Bedeckung möglich ist.

Überwiegt der Anteil 3 am Gesamtlichtwechsel, so haben wir einen «**Symbiotischen Langperiodischen**»; die 3 bekanntesten Beispiele (s. u.) sind R Aqr, UV Aur, o + VZ Cet. Steht der Anteil 2 im Vordergrund, so handelt es sich je nach den physikalischen Parametern der Hülle und des heißen Unterzwerges um eine **rekurrierende Nova** (T CrB, RS Oph) oder um eine **extrem langsame Nova** (RR Tel). Bei den **Z-Andromedae-Sternen** sind die Anteile 1, 2, 3 allesamt am Lichtwechsel maßgeblich beteiligt. Bild 69 zeigt als Beispiel den Beitrag dieser 3 Komponenten am Gesamtlichtwechsel von Z And.

Zwischen den Z-Andromedae-Sternen und den rekurrierenden Novae gibt es anscheinend fließende Übergänge. Beispiel: CI Cyg zeigt nova-ähnliche Ausbrüche 1911, 1937, 1971, 1973.

Je nach den mutmaßlichen physikalischen Gegebenheiten, die sich z. T. auch in der Lichtkurvenform widerspiegeln, versucht man gegenwärtig, 5 verschiedene Typen symbiotischer Veränderlicher Sterne zu unterscheiden (s. Paczynski u. Rudak 1980, Allen 1980):

Typ I-Sterne

Die Leuchtkraft der heißen Primär-Komponente (blauer Unterzwerg) wird in einer stabil brennenden Wasserstoffschale erzeugt. Schwankungen in der Akkretionsrate verursachen Helligkeitsänderungen der heißen Komponente und (infolge einer Variation von Masse, Radius und Temperatur) der Hülle. Im Helligkeitsverlauf entsprechen die Typ I-Sterne in der Mehrzahl der Fälle den Z-Andromedae-Sternen. Beispiele: Z And, CI Cyg, BF Cyg, AG Dra, AG Peg, AX Per. Bild 64 zeigt die Lichtkurve von **Z And.**

Typ II-Sterne

Das Wasserstoffbrennen der heißen Komponente geschieht in Wasserstoffschalen-Blitzen («flashs»), also in Explosionen analog zu den klassischen Novae. Der Unterschied zum Erscheinungsbild der üblichen Novae liegt möglicherweise in der anderen Beschaffenheit des Weißen Zwerges (kein Überschuß an C, N, O vorhanden) oder in der dichten Hülle begründet, die den optischen Verlauf des Nova-Ausbruchs modifiziert.

Im Verlauf der optischen Helligkeit entsprechen diese Objekte in der Mehrzahl der Fälle den sehr langsamen Novae, im GCVS als nova-ähnlich «Nl» bezeichnet; wir wollen jedoch als «nova-ähnlich» die in Kap. 3.1.2. definierten Objekte betrachten. Beispiele: RX Pup, RR Tel, sowie die auch als Planetarische Nebel angesehenen Objekte V 1016 Cyg, V 1329 Cyg und HM Sge. Bild 42 zeigt als Beispiel die Lichtkurve von **RT Ser** (s. auch Fried 1980).

Rekurrierende Novae

Diese bereits in Kapitel 3.1.2. behandelten Objekte haben dünnere Hüllen. In ihrem Helligkeitsverlauf erinnern sie mehr an klassische Novae. Sie sind den Typ-II-Sternen verwandt. Beispiele: **RS Oph, T Pyx**.

Symbiotische Sterne mit harter Röntgenstrahlung

Bisher ist ein einziges Objekt bekannt: V 2116 Oph.

Im Gegensatz zu allen anderen bisher bekannten Symbiotischen Sternen, die, wenn überhaupt, nur extrem weiche Röntgenstrahlen zeigen, ist dieses Objekt identisch mit dem harten **Röntgenpulsar 3U 1728-24**. ALLEN (1981) interpretiert dieses Objekt als Symbiotischen Stern, bei dem sich an Stelle eines heißen Unterzwerges oder Weißen Zwerges ein Neutronenstern befindet.

Symbiotische Langperiodische

R Aqr (s. WALLERSTEIN u. GREENSTEIN 1980, KALER 1981). Bei diesem Objekt ist dem M7e-Spektrum das Spektrum eines veränderlichen Gasnebels mit hoch angeregten Emissionslinien überlagert. In den Jahren 1922 ... 1933 war zusätzlich das Kontinuum eines heißen Begleiters sichtbar, der die Helligkeit 8^m erreichte. Der dominierende Lichtwechsel ist jedoch Mira-Lichtwechsel mit einer Periode 387^d und den Grenzgrößen $5\overset{m}{.}8$ und $11\overset{m}{.}5$ visuell. Ein Bild des Nebels ist bei WALLERSTEIN u. GREENSTEIN (1980) zu finden.

UV Aur (BOYARCHUK 1969). Auch dieser rote Langperiodische ($9\overset{m}{.}8$ bis $11\overset{m}{.}1$ visuell, *Sp.* C8ep) zeigt ein symbiotisches Spektrum. Bei den Helligkeitsänderungen dominiert die rote Sternkomponente.

o + VZ Cet (YAMASHITA u. Mitarb. 1978). VZ Cet ist der physische Begleiter von Mira Ceti (*o* Cet), Spektrum Beq. Maximalabstand $0\overset{''}{.}9$. Umlaufzeit 100 Jahre. VZ Cet ($9\overset{m}{.}5$ bis 12^m), Zyklenlänge etwa 14 Jahre, ist wahrscheinlich kein typischer Be-Stern, sondern seine Variabilität ist auf Wechselwirkung mit dem dicht benachbarten gMe-Stern Mira Ceti der Periode 332 Tage zurückzuführen.

Abschließend ist zu bemerken, daß wir trotz aller Fortschritte von einem völligen Verständnis des Phänomens der Symbiotischen Sterne noch weit entfernt sind. Es ist noch nicht klar, ob sie eine physikalisch einheitliche Klasse von Objekten oder ob sie Objekte unterschiedlicher Natur, aber ähnlicher Phänomenologie darstellen.

Nicht verwechselt werden dürfen die Symbiotischen Sterne mit den Hüllensternen vom S-Doradus-Typ (Kap. 3.4.1.) und γ-Cassiopeiae-Typ (Kap. 3.4.2.), die möglicherweise Einzelsterne sind und sich spektroskopisch deutlich abgrenzen lassen.

3.1.5. Röntgendoppelsterne

Wie wir in den vorangegangenen Abschnitten gesehen haben, hat man bei einigen Novae, U-Geminorum-Sternen und Symbiotischen Sternen Röntgenstrahlung nachweisen können. Der Hauptanteil der elektromagnetischen Wellen wird aber im sichtbaren und dem angrenzenden ultravioletten Spektralbereich abgestrahlt.

Als Röntgendoppelsterne im engeren Sinne bezeichnet man nun solche Objekte, die im **Röntgenbereich mehr Energie aussenden als in allen anderen Spektralgebieten** zusammengenommen. Es handelt sich um Objekte, die erst mit den Fortschritten der Röntgenastronomie von Erdsatelliten aus entdeckt und klassifiziert werden konnten, denn für die kosmische Röntgenstrahlung ist unsere Erdatmosphäre nicht durchlässig.

Obwohl sich das vorliegende Buch speziell mit Sternen befaßt, die im *sichtbaren* Spektralbereich veränderlich sein sollen, können wir die veränderlichen Röntgenquellen guten Gewissens mit behandeln, denn nach genauer Lokalisierung zeigen sie fast alle ein optisches Gegenstück, das entweder als neuer Veränderlicher oder als bereits bekanntes variables Objekt erkannt wird. Eingehende photometrische Untersuchungen in den verschiedensten Spektralbereichen und spektroskopische Forschungen haben ergeben, daß ein großer Teil der kosmischen Röntgenquellen Doppelsterne sind, die mehr oder weniger mit den Novae und U-Geminorum-Sternen verwandt sind. Der fundamentale Prozess für die Erzeugung der Röntgenstrahlen und des optischen Lichtwechsels ist wahrscheinlich bei all diesen Objekten die Aufsammlung von Materie durch einen kompakten Begleiter. Je kleiner und massiver der kompakte Körper ist, umso kurzwelliger ist die ausgesandte Röntgenstrahlung. Zusammenfassende Berichte über den gegenwärtigen Stand des noch sehr jungen Gebietes der Röntgendoppelsterne sind in verschiedenen Zeitschriften publiziert, u. a. in «Sky and Telescope», «Sterne und Weltraum» und «Die Naturwissenschaften»: Jones u. Mitarb. (1974), Lightman (1976), Liller (1977), Kundt (1981), siehe auch Hutchings (1977) und Culhane (1977). Ein Katalog aller bis Anfang 1978 bekannten Röntgenobjekte mit Literaturangaben und Erläuterungen wurde von Amnuel u. Mitarb. (1979) publiziert. (Betrachtungen über den möglichen kosmogonischen Ursprung der Röntgendoppelsterne sind bei Flannery u. Ulrich 1977 zu finden.)

Gegenwärtig unterscheidet man folgende Typen von Röntgendoppelsternen:

AM-Herculis-Sterne oder Polare

Der Prototyp dieser Objekte, der 1923 von Wolf entdeckte AM Her, wird noch 1976 im GCVS als irregulärer Veränderlicher geführt. 1976 wurde er als Röntgenquelle 3U 1809+50 entdeckt. Im Lichtwechsel des Objektes überlagern sich drei Phänomene:

1. **Langzeitige Änderungen.** Diese sind gekennzeichnet durch die Existenz zweier verschiedener Zustände (s. Bild 70), eines «aktiven» Zustands, in dem die Helligkeit um $13\overset{m}{.}0$ schwankt und eines «inaktiven Zustands», in dem die Helligkeit bei $15\overset{m}{.}0$ liegt.

2. **Kurzperiodisches Phänomen.** Dies wird gedeutet durch die Umlaufbewegung eines Doppelsternes mit einer Periode von $3\overset{h}{.}1$, die sich durch Bedeckungslichtwechsel, starke veränderliche lineare und zirkulare Polarisation des Lichtes (von Tapia 1977 entdeckt) und periodische Radialgeschwindigkeitsänderungen der H- und He-Linien bemerkbar macht (s. Bericht von Liller 1977). Außerdem findet bei jedem Zyklus eine totale Verfinsterung von 28 Minuten Dauer in der Röntgen-Lichtkurve statt. Die Lage des Hauptminimums ist abhängig von der Farbe! Im Blauen kommt es 35 Minuten später als im Roten, und im Ultraviolett fast eine Stunde später. Bild 71 zeigt schematisch den Verlauf der Helligkeiten, der Radialgeschwindigkeit und der Polarisation.

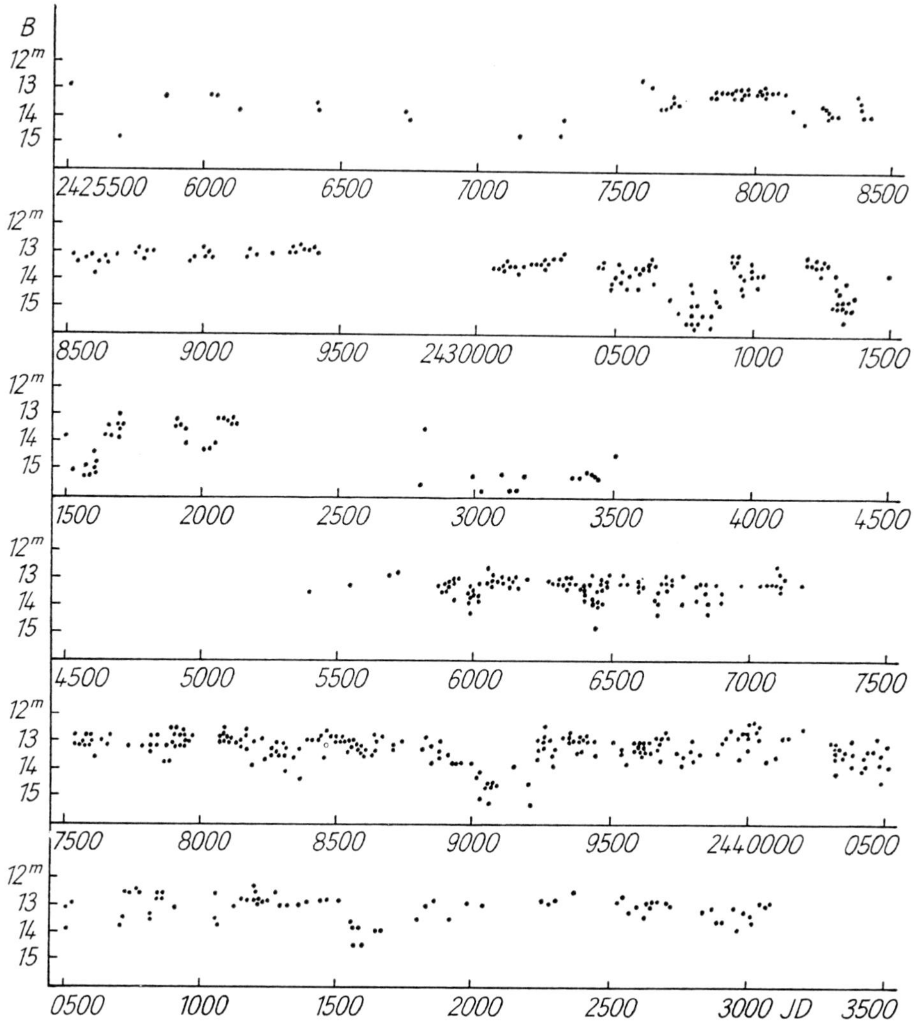

Bild 70 Helligkeitsänderungen von AM Her (nach Hudec u. Meinunger 1977)

3. **Rasches Flackern** der Helligkeit («flickering»), wie es für U-Geminorum-Sterne (s. o.) charakteristisch ist.

Bild 72 zeigt die Beiträge 2 und 3 zur Lichtkurve.

Das stark angeregte Spektrum entspricht etwa dem der Exnovae: Unter den zahlreichen Emissionslinien sind die des Wasserstoffs (H) und des ionisierten Heliums (H II) bei 468,6 nm am kräftigsten.

Der Name «Polar» für AM Her und verwandte Objekte wurde von Krzeminski u. Serkowski (1977) wegen der soeben erwähnten starken und veränderlichen linearen und zirkularen Polarisation des Lichtes der Objekte eingeführt.

Auf Grund der zeitlichen Änderungen der photometrischen, spektroskopischen und polarimetrischen Merkmale hat man folgende Modellvorstellung von AM Her entwickelt (s. Liller 1977).

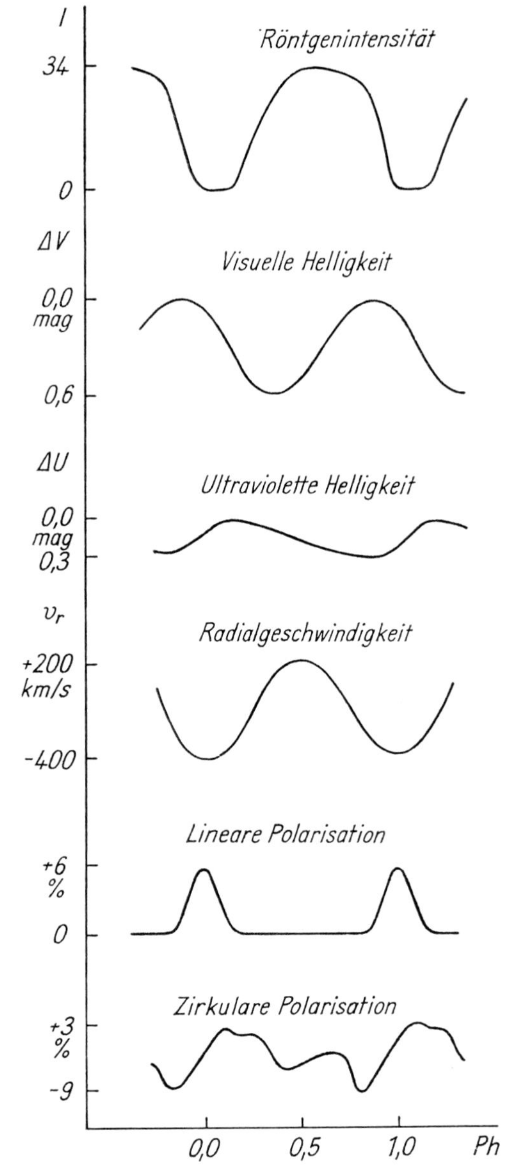

Bild 71 AM Her: Variation von 6 verschiedenen Parametern im 3,1-Stunden-Zyklus (nach Liller 1977)

AM Her besteht, wie ein U-Geminorum-Stern, aus einem kühlen Objekt (Spektrum: M 4,5 V), einem kompakten heißen Objekt (Weißer Zwerg) und einem Materiestrahl, der von der kalten zur heißen Komponente strömt. Im Gegensatz zu den U-Geminorum-Sternen und den meisten Novae *fehlt jedoch der Materiering*, der den Weißen Zwerg umgibt: Dieser Ring kann sich infolge des starken Dipolmagnetfeldes des Weißen Zwergs, auf dessen Existenz die erwähnten polarimetrischen Messungen hindeuten und das $\approx 10^8$ Oersted beträgt, nicht bilden. Stattdessen schlägt der Materiestrahl in der Nähe der Magnetpole unmittelbar auf den Weißen Zwerg auf. (Eine gewisse Analogie bildet das Polarlicht auf der Erde: Einfall von solaren Partikeln in der Nähe der Magnetpole.)

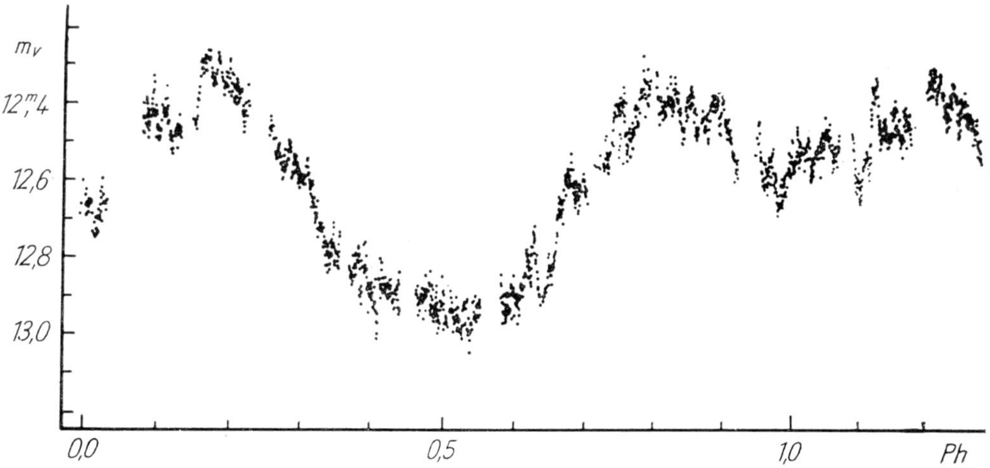

Bild 72 Bedeckungslichtkurve von AM Her, von raschen Schwankungen überlagert (Szkody u. Brownlee, nach Liller 1977)

Infolge der sehr starken Gravitation an der Oberfläche des kleinen, aber masse reichen Weißen Zwerges erhitzt sich die Materie beim Aufprall derart stark, daß intensive Röntgenstrahlung ausgesandt wird. Da wir die Bahn des Doppelsternes von der Kante sehen, beobachten wir bei jedem Bahnumlauf eine totale Bedeckung des Weißen Zwerges durch den kühlen Stern, also eine «Röntgenfinsternis», die etwa 28 Minuten dauert. Im sichtbaren Spektralbereich ist diese Verfinsterung unmerklich, weil das kollabierte Objekt zu winzig ist. Die optischen Veränderungen während einer Bahnperiode setzen sich aus mehreren Anteilen zusammen:

1. Eine **Doppelwelle** (zwei Maxima und zwei Minima), hervorgerufen durch die Rotation der birnenförmigen kühlen Komponente = Rotationslichtwechsel (s. Kap. 4.3.). Dieser Lichtwechsel wird beobachtet während des «inaktiven Zustands», wenn der Materiestrahl und die durch ihn erzeugte Röntgenstrahlung gering sind.

2. Eine **einfache Welle** (ein Maximum und ein Minimum), die entsteht, wenn die dem Weißen Zwerg zugewandte Seite der kühlen Komponente durch die Röntgenstrahlung stark aufgeheizt wird. Dieser «heiße Fleck» auf dem roten Stern wird beim Bahnumlauf periodisch unsichtbar, wenn er, von uns aus gesehen, auf die Rückseite des rotierenden Sterns gerät.

Schließlich gestattet der heiße Gasstrom, der seinen Beitrag zum Gesamtlicht infolge seiner wechselnden Geometrie beim Bahnumlauf ändert, die komplizierte Struktur des Lichtwechsels in den verschiedenen Farben zu erklären.

Außer AM Her werden gegenwärtig 4 oder 5 weitere Objekte den Polaren zugezählt: EF Eri (Williams u. Hiltner 1980), VV Pup (Visvanathan u. Wickramasinghe 1981), AN UMa und PG 1550 + 191 (Stockman u. Sargent 1979, s. auch Gilmozzi u. Mitarb. 1981) und möglicherweise MV Lyr (Vojkhanskaya u. Mitarb. 1980). Alle Objekte haben sehr kurze Umlaufperioden zwischen reichlich 1 und reichlich 3 Stunden (s. Tabelle 31). Schematisierte Bahnlichtkurven, Lage der Magnetpole und Verläufe der zirkularen und linearen Polarisation sind bei Chanmugam u. Dulk (1981) zu finden. Bei aller Ähnlichkeit haben die Objekte ihre individuellen Besonderheiten.

Nahezu 130 Publikationen allein in den Jahren 1978 bis 1980 demonstrieren das steigende Interesse an diesen Objekten, und es ist bis jetzt keinesfalls geglückt, alle beobachteten Effekte theoretisch zu deuten (s. auch ALLEN u. Mitarb. 1981).

Im Gegensatz zu den soeben behandelten Polaren können die Primärkomponenten der im nächsten Abschnitt zu beschreibenden Röntgendoppelsterne keine Weißen Zwerge sein, sondern es muß sich um kompaktere Gebilde handeln (Neutronensterne oder Schwarze Löcher).

HZ-Herculis-Sterne oder massearme Röntgenpulsare

Im Jahre 1972 gelang es LILLER, die mit dem Uhuru-Röntgensatelliten aufgefundene Röntgenquelle **Her X-1** mit dem 1936 von HOFFMEISTER entdeckten Veränderlichen Stern **HZ Her** zu identifizieren. Noch im GCVS 1969 ist HZ Her als «Is» geführt, also als rasch veränderliches, irreguläres Objekt, das in den Grenzen $13^{m}_{,}0$ bis $14^{m}_{,}5$ variiert.

HZ Her zeigt einen recht **komplizierten Lichtwechsel**, der aber streng gesetzmäßig abläuft.

Im «Röntgenlicht» überlagern sich **folgende Phänomene**:

1. Alle 1,24 Sekunden werden Röntgenblitze beobachtet; daher der Name Röntgenpulsar (s. Bild 73).

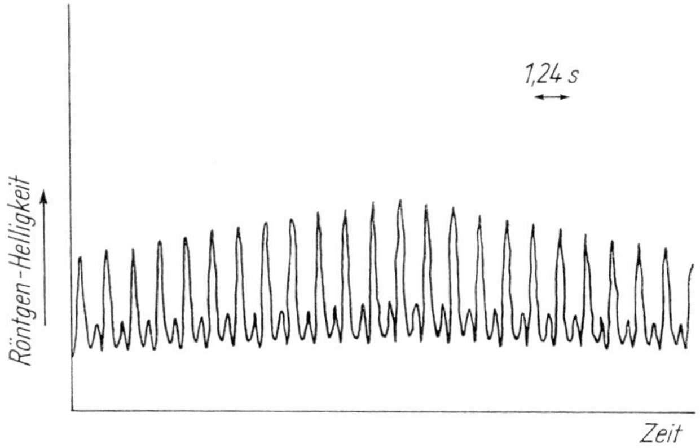

Bild 73 Röntgenpulse von Her X-1 (Uhuru-Messungen, nach KIPPENHAHN 1973)

2. Die Periode von 1,24 Sekunden wird nicht streng eingehalten, sondern zeigt eine Frequenzmodulation mit einer Periode von 1,70017 Tagen. Letztere ist als Umlaufperiode des Röntgenobjektes in einem Doppelsternpaar zu deuten: Die periodische Entfernung und Annäherung der Röntgenquelle relativ zur Erde bewirkt infolge des Dopplereffektes eine periodische Abnahme und Zunahme der 1,24-Sekunden-Frequenz des Röntgenlichtes. Quantitative Abschätzungen liefern eine Umlaufgeschwindigkeit von mindestens 170 km/s und einen Bahnradius von 8 Sonnenradien.

3. In regelmäßigen Abständen von 1,70017 Tagen verschwinden die Röntgenpulse schlagartig für 5 Stunden, wie in der schematischen Röntgenlichtkurve, Bild 74 oben, zu sehen ist. Dies wird gedeutet als eine 5 Stunden dauernde totale Verfinsterung einer Röntgenquelle sehr geringer Ausdehnung durch einen normalen Stern (Sekundärkomponente).

4. Die Röntgenstrahlung zeigt einen strengen 35-Tage-Rhythmus: 12 Tage ist die Röntgenquelle jeweils ein-, und 23 Tage ist sie ausgeschaltet.

Im sichtbaren Spektralbereich werden folgende Helligkeitsänderungen beobachtet:

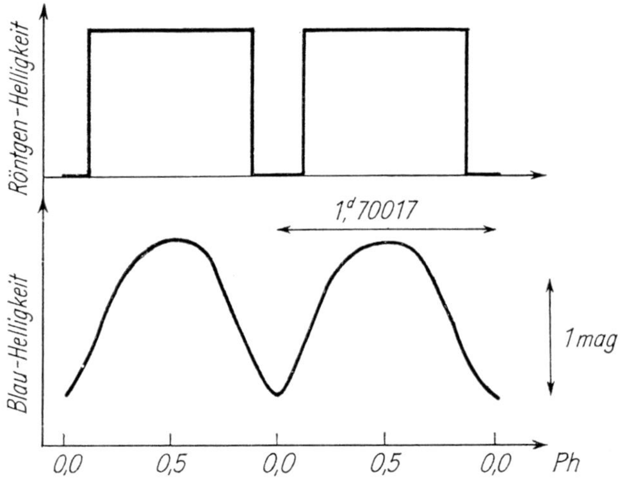

Bild 74 HZ Her (= Her X-1). Schematische Lichtkurve der 1,7-Tage-Periode im Röntgenlicht und im blauen Licht (nach KIPPENHAHN 1973)

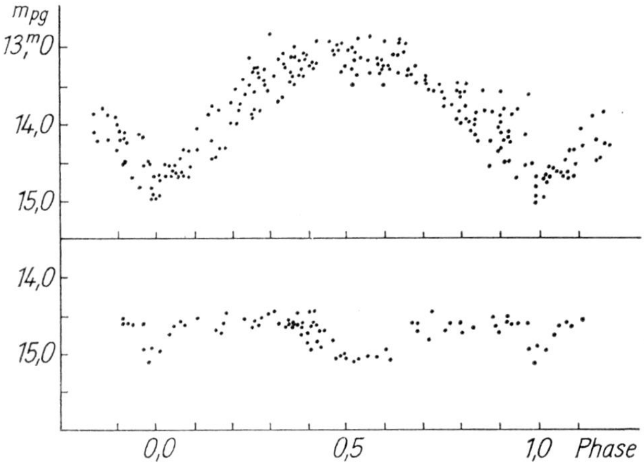

Bild 75 Lichtkurve von HZ Her ($P = 1\overset{d}{,}7$) während eines aktiven (*oben*) und eines inaktiven (*unten*) Zustandes (nach HUDEC u. WENZEL 1976)

1. Die 1,24-Sekunden-Pulsationen sind im optischen Bereich nur zeitweise und mit sehr kleiner Amplitude wahrnehmbar.

2. Rasches irreguläres Flackern geringer Amplitude mit einer Zeitskala von mehreren Sekunden bis Minuten, wie es für kataklysmische Veränderliche charakteristisch ist, tritt in photoelektrischen Meßreihen auf.

3. Periodische, wellenförmige Schwankungen im 1,70017-Tage-Rhythmus der Bahnperiode und mit einer Amplitude von etwa 1,5 Größenklassen bilden den Hauptlichtwechsel und sind selbst für Liebhaber-Astronomen gut beobachtbar (s. Bild 75 oben). Das Minimum im sichtbaren Licht fällt zwar mit dem Röntgenminimum zusammen, wird aber *nicht* durch die Verfinsterung der Röntgenquelle hervorgerufen; denn die Röntgenquelle ist im sichtbaren Spektralbereich so schwach, daß sie keinen nennenswerten Beitrag zum Gesamtlicht des Systems liefern kann. Das optische Minimum kommt vielmehr (wie schon bei AM Her geschildert) dadurch zustande, daß die durch die Röntgenquelle aufgeheizte und daher stark aufgehellte Hemisphäre der Sekundärkomponente zur Zeit der totalen Verfinsterung der Röntgenquelle von uns abgewandt und daher unsichtbar ist. Der Stern erscheint uns dann als F0-Stern. Sehen wir dagegen die helle aufgeheizte Hälfte, ähnelt das Spektrum dem eines B8- bis A0-Sterns.

Es ist bemerkenswert, daß die optische Bahn-Lichtkurve vom 35-Tage-Rhythmus der Röntgenstrahlung nur leicht modifiziert wird: Auch während der oben erwähnten 23 Tage, in denen wir keine Röntgenstrahlen empfangen, sehen wir periodisch im 1,70017-Tage-Rhythmus die durch Röntgenstrahlung aufgeheizte Halbsphäre der Sekundärkomponente; dies ist ein Hinweis darauf, daß während dieser 23 Tage die Röntgenstrahlung zwar den Begleiter, nicht aber unsere Erde erreicht.

4. HZ Her kann über mehrere Jahre hinweg optisch inaktiv sein, die Helligkeit schwankt dann in einer Doppelwelle von nur geringer Amplitude nahe 15^m. Es wird vermutet, daß die kompakte Komponente in diesen Zeiträumen im Röntgengebiet inaktiv ist und somit die ihr zugewandte Hemisphäre des F-Sterns nicht mehr aufheizt (Hudec u. Wenzel 1976). Bild 75 zeigt die optische Lichtkurve ($P = 1,7$ Tage) während eines aktiven und eines inaktiven Zustandes.

Ohne das HZ-Her-Phänomen bisher völlig verstanden zu haben, macht man sich gegenwärtig etwa **folgendes Bild** von dem Objekt:

Ein F0-Stern, der sich bereits ein wenig von der Hauptreihe entfernt und seine Rochesche Grenzfläche erreicht hat, verliert Masse auf einen kompakten Begleiter von etwa einer Sonnenmasse. Die Beobachtungsbefunde deuten darauf hin, daß es sich bei dem Begleiter nicht um einen Weißen Zwerg, sondern um einen Neutronenstern mit einem Magnetfeld von etwa $5 \cdot 10^{12}$ Oersted handelt. Das Magnetfeld bewirkt, daß der Materiestrahl an den Magnetpolen des Neutronensterns aufgesammelt wird. Da aber beim Aufprall auf einen Neutronenstern ≈ 1000 mal mehr Energie freigesetzt wird als beim Aufprall auf einen Weißen Zwerg (z. B. AM Her, s. o.), wird der Wasserstoff spontan in schwere Elemente (hauptsächlich der Eisengruppe) umgewandelt, wodurch zusätzlich noch Energie frei wird. Von den (Magnet-) Polen des Neutronensterns wird daher eine sehr harte Röntgenstrahlung abgestrahlt. Die 1,24-Sekunden-Periodizität kann man wie das optische Pulsar-Phänomen (Kap. 3.6.2.) durch einen Leuchtturmeffekt erklären: Der Neutronenstern rotiert mit der sehr kurzen Periode von 1,24 s (ein weniger kompakter Stern (Weißer Zwerg) würde durch die dabei auftretenden starken Zentrifugalkräfte zerrissen). Da die Magnetpole und Rotationspole nicht zusammenfallen (bei der Erdkugel übrigens auch nicht), so rotieren die Magnetpole um die Rotationsachse, und alle 1,24 s erreicht der von dem einen Magnetpol ausgehende Röntgenstrahl die Erde in Form eines kurzen Blitzes. Die 35-Tage-Periodizität der Röntgenstrahlung ist möglicherweise durch eine Taumelbewegung (= Präzession) der Rotationsachse zu erklären. Dadurch ändert sich die Richtung der von den Magnetpolen des Röntgensterns ausgesandten Strahlenbündel periodisch im 35-Tage-Rhythmus, und das oben erwähnte Aussetzen der Röntgenstrahlung für 23 Tage wäre dann dadurch zu erklären, daß für diesen Zeitraum die Röntgenstrahlen-Bündel an der Erde vorbeigehen.

Ausführliche Beschreibungen des interessanten Systems HZ Her — Her X-1 geben Kippenhahn (1973) und Jones u. Mitarb. (1974). Modernste Vorstellungen über dieses System findet man u. a. bei Anderson (1981) und Yahel (1980).

Eine Zusammenstellung der bisher bekannten Pulsperioden von Röntgenpulsaren nach Delpino (1981), der auch die mögliche Entwicklungsgeschichte der HZ-Herculis-Sterne diskutiert, geben wir in Tabelle 35.

Außer Her X-1 sind noch weitere regelmäßige Röntgenpulsare bekannt, von denen die wichtigsten in Tabelle 36 enthalten sind; die Tabelle wurde nach Angaben von Amnuel u. Mitarb. (1979) und Ritter (1982) zusammengestellt.

Tabelle 35 Pulsperioden von Röntgenpulsaren

Röntgenquelle	Optisches Objekt	P
SMC X-1	SK 160	$0\overset{s}{,}715$
4 U 1626−67	KZ TrA	0,761
Her X-1	HZ Her	1,24
Cen X-3	KRZEMINSKIS Stern	4,84
A 0535+26	V 725 Tau	104
GX 1+4	V 2116 Oph	122
Vel X-1	GP Vel	283
A 1118−61	RS Cen (?)	405
GX 301−2	BP Cru	696
3U 0352−30	X Per	835

Massereiche und exzentrische Röntgenpulsare

Auch die massereichen Röntgenpulsare bilden ein Doppelsternpaar, bestehend aus einem **Neutronenstern** mit Röntgenstrahlung und einem **optischen Begleiter.** Im Gegensatz zu den massearmen Röntgenpulsaren ist jedoch die optische Komponente kein Hauptreihenstern vom Spektraltyp F bis G von 1 bis 2 Sonnenmassen, sondern ein **Überriese frühen Spektraltyps** von etwa **20 bis 40 Sonnenmassen,** der spektroskopisch gut nachweisbar ist. Entsprechend der großen Gesamtmasse der Systeme sind natürlich auch die Umlaufperioden P der massereichen Röntgendoppelsterne entsprechend größer (s. Tab. 36). Da das meiste sichtbare Licht von den kaum veränderlichen Überriesen abgestrahlt wird und der Anteil der in sichtbares Licht umgewandelten Röntgenstrahlung infolge des großen Abstands der beiden Komponenten verhältnismäßig gering bleibt, beträgt der **Lichtwechsel** bestenfalls **wenige Zehntel Größenklassen** im Gegensatz zu den massearmen Röntgenpulsaren mit mehreren Größenklassen Helligkeitsamplitude.

Der Hauptunterschied zwischen den beiden Typen von Röntgenpulsaren besteht im Mechanismus des Materieaustauschs zwischen den Komponenten: Während bei den massearmen Röntgenpulsaren («halbgetrennte Systeme», s. Kap. 4.) der Masseaustausch durch Überfließen vom Lagrangepunkt L_1 erfolgt, sammelt bei den massereichen Röntgenpulsaren («getrennte Systeme») der Neutronenstern Materie aus dem «**Sternwind**» des Überriesen auf. Dieses Auflesen von Sternwindmaterie ist zwar sehr wenig effektiv, weil der Sternwind in alle Richtungen abgeblasen wird und daher nur ein kleiner Teil die kompakte Komponente erreicht. Der Rest geht dem System verloren. Da jedoch der Sternwind sehr stark ist, gelangt trotzdem genügend Materie auf den Neutronenstern, um intensive Röntgenstrahlung zu erzeugen. Bekannte Objekte, die zu dieser Gruppe gehören, sind GP Vel (Vel X-1), V 861 Sco, V 884 Sco (3U 1700 −37) und V 1357 Cyg (Cyg X-1).

Ein **Sonderfall** massereicher Röntgenpulsare ist die Röntgenquelle **Cyg X-1** als unsichtbarer Begleiter des optischen Objektes **V 1357 Cyg.** Es handelt sich um einen Veränderlichen Stern mit einer sehr hohen Anzahl (über 500) von Publikationen, obwohl die Variabilität erst seit etwa 15 Jahren bekannt ist und die Lichtwechselamplitude nur 0,15 mag beträgt. Die Lichtkurve von V 1357 Cyg erinnert an die eines β-Lyrae-Sterns mit 5,6 Tagen Periode, das Nebenminimum ist fast so tief wie das Hauptminimum (Lichtkurve Bild 76). Eine Analyse der Lichtkurven in verschiedenen Farbsystemen geben BALOG u. Mitarb. (1981). Das **Spektrum** ist das eines B0-Überriesen

Tabelle 36 Auswahl von Röntgendoppelsternen bekannter Umlaufperiode

Röntgenquelle	Optisches Objekt	P	m_{max}	m_{min}	Sp_{opt}	$\mathfrak{M}_{opt}$	$\mathfrak{M}_{Rö}$	Typ
GX 301−2	BP Cru	$41^d_,4$	$10^m_,8$	$10^m_,9$ V	B2Iae	≈ 30		exz.
Cir X-1	BR Cir	16,59	13,5	16 r	OBI	≈ 18	1,5	exz.
Cyg X-2	V 1341 Cyg	9,84	14,8	15,4 B	FIII-IV	0,8 ?	1,5 (?)	ma.
2S 0921−630	—	8,99	15,3	16,5	GIII:	1:	1,4:	ma.
Vel X-1	GP Vel	8,97	6,7	6,9 V	B0,5Ia	21	1,6	mr.
A 0620−00	V 616 Mon	7,8	12	20 B	K5 ... 7V			N
Cyg X-1	V 1357 Cyg	5,60	8,8	8,9 V	O9,7I	25	≈ 10	mr.
SMC X-1	Sk 160	3,89	13,3	B	B0I	≈ 19	2,5 ?	mr.
3U 1700−37	V 884 Sco	3,41	6,5	6,6 V	O6f	27	1,3	mr.
Cen X-3	KRZEMINSKIS Stern	2,09	13,4	B	O6,5 V-III	17	0,7	mr.
Her X-1	HZ Her	1,70	12,8	15,1 B	B8 ... F3V	2,2	1,3	ma.
Aql X-1	V 1333 Aql	1,3:	14,8	19,2 B	G7 ... K3V			N
Sco X-1	V 818 Sco	0,79	11,1	14,1 B	pec.	≈ 1	≈ 1	ma.
Cen X-4	V 822 Cen	0,31	12,8	> 19 B	K3 ... 7V			N
2A 1822−371	V 691 CrA	0,23	15,4	16,4		0,2:	1,0:	ma.
4U 2129+47	V 1727 Cyg	0,22	16,9	18,6 B		0,65	1,3:	ma.
Cyg X-3	V 1521 Cyg	0,20						ma.
4U 1915−05	—	0,035		> 22				ma.
4U 1627−67	KZ TrA	0,029	18,2	18,7 B				ma.

Erklärung einiger Spalten:

Röntgenquelle: über die Bezeichnungen s. Kapitel 6.7.
P = Umlaufperiode
Sp_{opt} = Spektraltyp der optischen Komponente
$\mathfrak{M}_{opt}$ = Masse der optischen Komponente in Sonnenmassen
$\mathfrak{M}_{Rö}$ = Masse der Röntgenkomponente in Sonnenmassen
Typ: ma. = massearmer Röntgenpulsar
mr. = massereicher Röntgenpulsar
exz. = exzentrischer Röntgenpulsar
N = Röntgen-Nova

mit Emissionslinien (B0Ibev). Der **Lichtwechsel** ist kein Bedeckungslichtwechsel, sondern wird vermutlich durch eine Elliptizität (s. Kap. 4.2.) des B-Sternes (= Folge einer Gezeitendeformation durch den kompakten unsichtbaren Begleiter) verursacht. Diesen ellipsoidischen Helligkeitsänderungen sind rasche unregelmäßige Pulsationen mit einer Zyklenlänge von 0,3 bis 10 Sekunden überlagert. Bild 77 gibt die Röntgenlichtkurve: Das Röntgenminimum ereignet sich im optischen Nebenminimum (= Phase 0,5), wenn die Röntgenquelle in oberer Konjunktion, also hinter V 1357 Cyg, liegt. Die Röntgenstrahlung ist äußerst hart mit Photonenenergien bis 200 keV entsprechend einer Wellenlänge von 0,006 nm. Neuerdings hat man auch γ-Strahlung nachweisen können (GILMOZZI u. Mitarb. 1981). Die mittlere Röntgenhelligkeit schwankt zwischen einem niedrigen (90% der Zeit) und einem hohen Niveau (10% der Zeit). Möglicherweise entstehen das Röntgenspektrum und die γ-Strahlung durch Streuung von Photonen an sehr heißen Elektronen (Temperatur > 1 Milliarde Kelvin!). Diesen Streuprozeß nennt man «**Inverse Comptonstreuung**». Gespeist wird die Röntgenquelle letzten Endes durch einen Materiestrom, der vom optisch sichtbaren Stern vermutlich als «Sternwind» ausgeht.

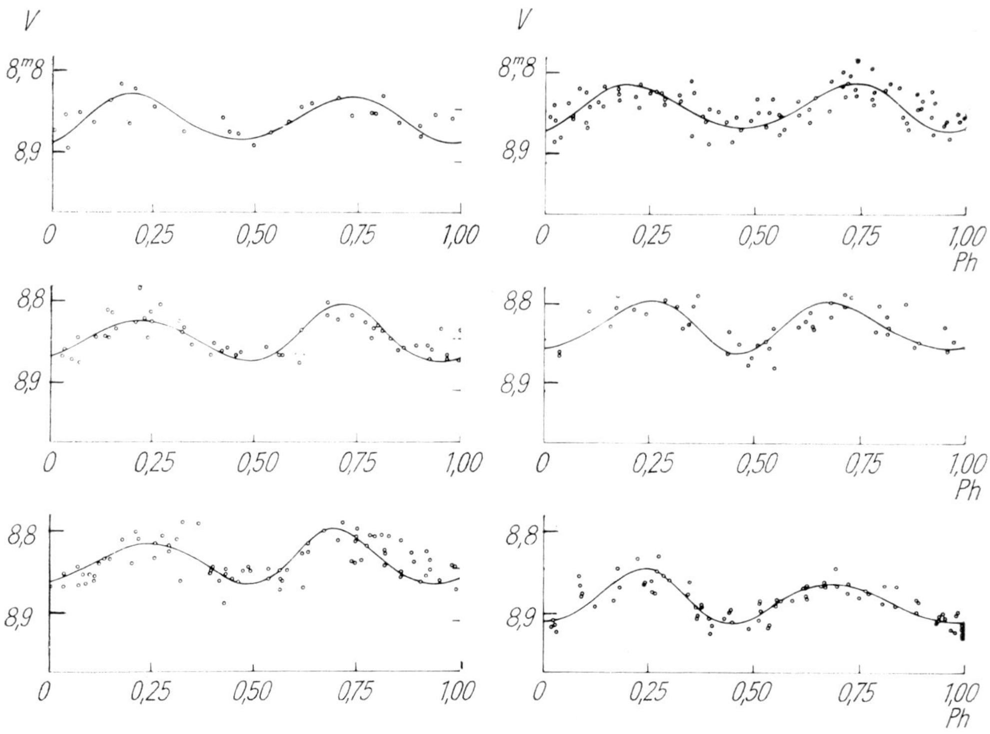

Bild 76 Lichtkurve von V 1357 Cyg (zu 6 verschiedenen mittleren Epochen, auf Apsidendrehung hinweisend) (nach WILSON u. FOX 1981)

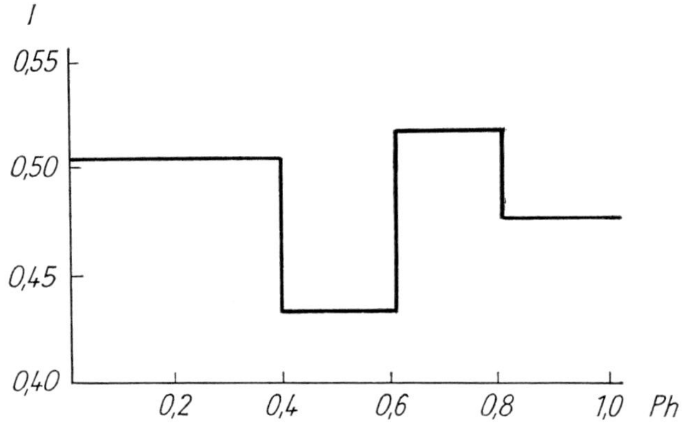

Bild 77 Schematische Röntgen-Lichtkurve von Cyg X-1 ($P = 5^{\mathrm{d}}\!\!.6$) nach HOLT (s. LIGHTMAN 1976)

Auf Grund der Doppelstern-Bahndaten wurde folgendes ermittelt: **Bahnexzentrizität** $e = 0{,}025 \dots 0{,}04$, **Masse** des kompakten Begleiters *mindestens* 5 Sonnenmassen. Diese Masse überschreitet die auf Grund der Einsteinschen Gravitationstheorie errechnete Maximalmasse für einen Neutronenstern (etwa 3 Sonnenmassen) erheblich, so daß die Vermutung besteht, daß es sich bei diesem Begleiter um ein «**Schwarzes Loch**» handelt. Es ist jedoch zu berücksichtigen, daß es gegenwärtig noch andere nicht widerlegte Gravitationstheorien gibt, die Neutronensterne bei einer Masse von über 30 Sonnenmassen noch zulassen. Außerdem ist die Möglichkeit nicht von der

Hand zu weisen, daß die kompakte Komponente aus einem gewöhnlichen Neutronenstern von vielleicht 2 Sonnenmassen besteht, der von einer sehr dichten und massereichen Materiescheibe umgeben ist, die unter Umständen 3 und mehr Sonnenmassen in sich vereinigen kann. Allerdings bereitet eine solche massereiche Materiescheibe, die stabil ist, den Theoretikern Schwierigkeiten.

BR Cir (Cir X-1) ist ein Objekt mit einer 16,6-Tage-Periodizität in der Röntgenlichtkurve, die als Bahnbewegung eines Doppelsternpaares zu deuten ist. Außerdem werden unregelmäßige Röntgenpulsationen mit einer mittleren Periode von etwa $^1/_2$ s und Röntgenausbrüche («bursts») von nur $0^s\!,01$ Dauer beobachtet. So kurze Ausbrüche wurden bisher nur bei Cyg X-1 festgestellt. Der optische Begleiter ist ein OB-Überriese mit Emissionslinien.

Auf Grund gewisser Ähnlichkeiten des Verhaltens der Röntgenstrahlung mit der in Cyg X-1 beobachteten vermuten viele Autoren in Cir X-1 ebenfalls einen Kandidaten für ein Schwarzes Loch. Genauere Untersuchungen des Röntgenlichtwechsels sprechen jedoch z. Z. eher für ein anderes Modell: Hiernach besteht das System BR Cir — Cir X-1 aus einem OB-Überriesen von 15 bis 20 Sonnenmassen und einem Neutronenstern von 1 bis 1,5 Sonnenmassen. Die beiden Objekte bewegen sich in einer **stark elliptischen Bahn** der Exzentrizität $\approx 0{,}8$. Bei maximaler Entfernung der Sterne voneinander (Apastron) sammelt der Neutronenstern nur wenig von der Sternwindmaterie des OB-Überriesen auf, es wird nur schwache Röntgenstrahlung erzeugt, und die dem Neutronenstern zugewandte Hälfte des Überriesen wird nur schwach aufgeheizt. Im Periastron dagegen dringt der Neutronenstern ins Innere der Rocheschen Grenzfläche des OB-Sterns ein und berührt dessen Oberfläche fast. Dies führt zu einem vorübergehend sehr starken Materieaustausch («Überkochen» des OB-Sterns), verbunden mit einem starken Röntgenausbruch und starkem Aufheizungseffekt des OB-Sterns. Eine Drehung der Apsidenlinie bewirkt, daß wir den Röntgenausbruch im Periastron von unterschiedlichen Positionswinkeln aus beobachten können. Ausführliche Beschreibungen dieses Modells findet man bei Gingold u. Monagham (1979) und Haynes u. Mitarb. (1980). Neuerdings wird jedoch dieses Modell angefochten (Argue u. Sullivan 1982). Nach Untersuchungen von Schlickeiser (1981) leuchtet das System BR Cir nicht nur im Röntgen-, sichtbaren, infraroten und Radiowellen-Bereich, sondern auch im γ-Strahlen-Bereich. Die Ursache der γ-Strahlung ist wohl ebenfalls inverse Compton-Streuung von Röntgenquanten an relativistischen Elektronen.

Verwandte Objekte sind vermutlich BP Cru (= GX 301−2) mit $e \approx 0{,}47$ und der sich in der Großen Magellanschen Wolke befindliche 2S 0535−668 (Duldig u. Mitarb. 1980, Watson u. Mitarb. 1982).

Röntgenburster

Es handelt sich um eine Gruppe von massearmen Röntgendoppelsternen, die vermutlich aus einem Stern von $< 0{,}5$ Sonnenmassen und einem Neutronenstern bestehen. Im Gegensatz zu den sonst sehr ähnlichen HZ-Herculis-Sternen (s. o.), die reguläre Röntgenpulse aussenden, finden hier von einem mehr oder weniger stabilen Niveau ausgehend **quasiperiodische Ausbrüche («bursts»)** statt, in denen die Röntgenhelligkeit etwa um den Faktor 10 anwächst. Der Helligkeitsanstieg dauert etwa 1 Sekunde, der Helligkeitsabfall etwa 5 Sekunden, und die Zyklenlänge (mittlerer Zeitabstand zwischen 2 Ausbrüchen) beträgt je nach Objekt wenige Stunden bis Tage. Die Ausbrüche haben das Spektrum eines «Schwarzen Körpers» von 30 Millionen Kelvin!

Für diese Objekte wird im deutschen Sprachgebrauch gelegentlich der unschöne Ausdruck «Ausbrüchler» verwendet. Anfang 1981 waren 40 Röntgenburster bekannt, von denen sich 8 in Kugelsternhaufen befinden (Chernykh 1981). Bisher sind 5 Burster optisch einwandfrei identifiziert. Der erste Burster wurde 1975 im Kugelsternhaufen NGC 6624 nahe dem galaktischen Zentrum mit Hilfe des ANS-Röntgensatelliten («Astronomical Netherlands Satellite») entdeckt.

Im Sommer 1978 ist es Grindlay, Mc Clintock u. Canizares erstmals gelungen, einen **gleichzeitigen Ausbruch im Optischen und im Röntgengebiet** bei dem Objekt **MXB 1735—44 = V 926 Sco** nachzuweisen, siehe van Paradijs (1981). (MXB = = «Massachussets X-Ray Burster».) Es ist interessant, daß der optische Blitz gegenüber dem Röntgenblitz etwa 3 Sekunden verzögert ist. Gedeutet wird dieser verzögerte optische Blitz als von Teilen der Materiescheibe absorbierte und im sichtbaren Bereich reemittierte Röntgenstrahlung (Bild 78). Um die nahezu 10^6 km lange Strecke NAB zu durchlaufen, braucht der Röntgen- bzw. Lichtstrahl 3 Sekunden.

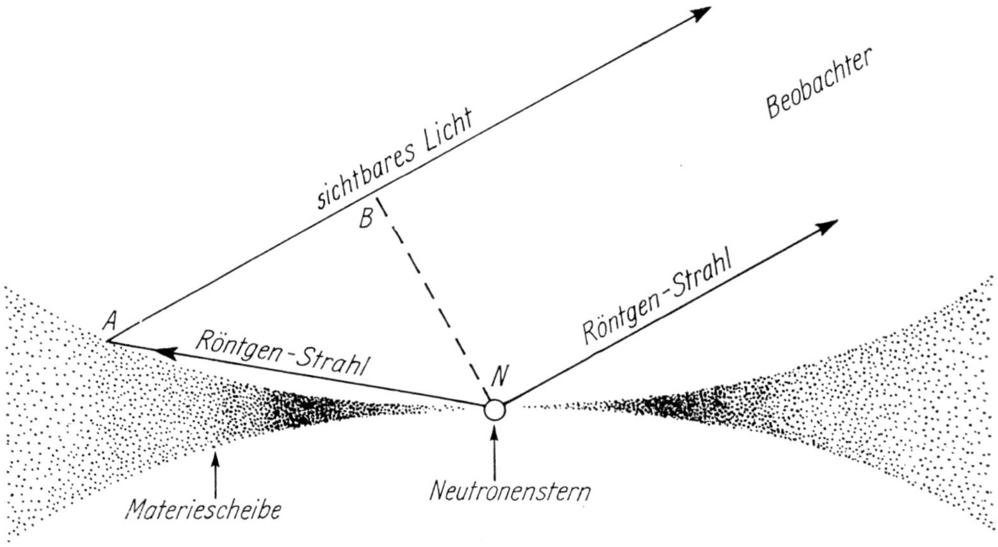

Bild 78 Vermutliches Zustandekommen eines optisch sichtbaren Helligkeitsausbruchs bei einem Röntgen-Burster (nach Van Paradijs 1981)

Später gelang es, bei einigen weiteren Objekten **optische Bursts** nachzuweisen. Bei der Quelle MXB **1636—53 = V 801 Ara** (Bild 79) kann die Sternhelligkeit innerhalb von 2 Sekunden um den Faktor 4 ansteigen (s. Pedersen 1979)! Ein besonderes Objekt ist **Sco X-1 (= V 818 Sco),** siehe auch Hudec (1981 b), bei dem bisher bloß optische, aber keine Röntgenausbrüche beobachtet wurden. Es muß ein beeindruckendes Schauspiel sein, am Fernrohr zufällig so einen Lichtblitz beobachten zu können! Bild 80 zeigt einen solchen optischen Ausbruch von Sco X-1. Physikalische Modelle von Sco X-1 diskutieren Kahn u. Mitarb. (1981).

In 3 Fällen (s. Chernykh 1981) ist es geglückt, Spektraltyp und Masse der Sekundärkomponente und die Umlaufperiode P des Doppelsternpaares zu ermitteln. Die

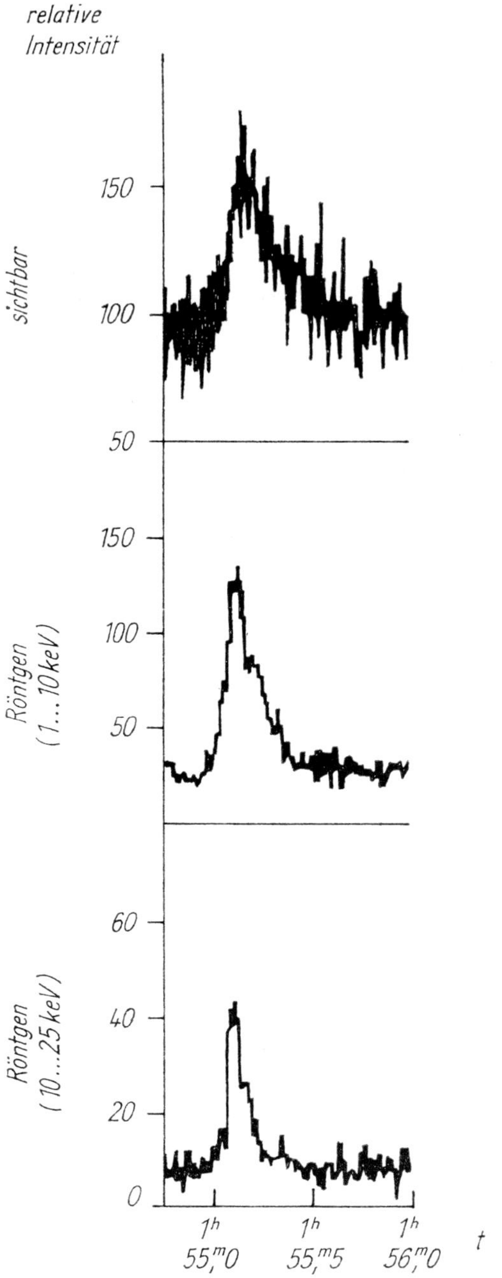

Bild 79 Röntgen-Burster MXB 1636−53 (= V 801 Ara): gleichzeitige Beobachtungen eines Ausbruchs im sichtbaren (*oben*) und im Röntgenbereich am 28. Juni 1979 (nach VAN PARADIJS 1981)

Werte liegen in folgenden Grenzen: *Sp.* = G3 ... K7; Masse (in Sonnenmassen) = = 0,5 ... 1; P = 42 Minuten ... 9,8 Tage.

Bemerkenswert an den Burstern sind noch folgende Befunde:

1. Die **extrem geringe optische Leuchtkraft;** die Röntgenleuchtkraft übertrifft die optische etwa um den Faktor 10000! Dies ist der Grund dafür, daß die wenigen optisch identifizierten Objekte sehr lichtschwach sind.

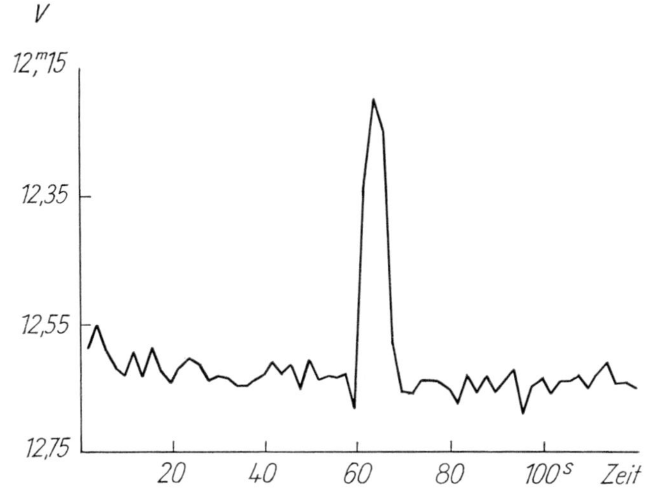

Bild 80 Helligkeitsausbruch von V 818 Sco (= Sco X-1) im optischen Bereich am 13. März 1979 um $7^h29^m49^s$ Weltzeit, beobachtet in La Silla (s. Mauder 1981)

2. Das häufige Vorkommen in Kugelsternhaufen, im galaktischen Halo und in Richtung zum galaktischen Zentrum, was für **Zugehörigkeit zur Population II** und somit für ein hohes Alter spricht.

3. Das **Fehlen** von Röntgenbedeckungen und sonstiger **Periodizitäten,** die auf Doppelsternnatur hindeuten. Für diesen eigenartigen Befund gibt es zur Zeit noch keine Erklärung.

Gegenwärtig ist folgende Vorstellung von der Natur der Burster am meisten verbreitet:

Die Burster sind «gealterte» Röntgendoppelsterne, bei denen der Neutronenstern nur ein «schwaches» Magnetfeld von höchstens 10^{10} Oersted hat. Der von der Materiescheibe auf den Neutronenstern einstürzende Wasserstoff wird daher nicht, wie bei den Röntgenpulsaren, durch das Magnetfeld auf kleine Flächen des Neutronensterns konzentriert und als gebündelter Strahl dabei so stark erhitzt, daß er sich spontan in schwere Elemente bis zur Eisengruppe umwandelt, sondern der Wasserstoff wird infolge des viel schwächeren Magnetfeldes der Burster mehr oder weniger radialsymmetrisch über die ganze Oberfläche des Neutronensterns verteilt. Dadurch sind Temperatur und Druck wesentlich geringer, und quantitative Abschätzungen zeigen, daß der einfallende Wasserstoff zwar spontan in Helium, nicht aber in schwerere Elemente umgewandelt wird. Es sammelt sich somit immer mehr Helium an der Oberfläche des Neutronensterns an, bis schließlich Temperatur und Druck genügend hoch sind, um die «Heliumbombe» zu zünden. Es ist dies ein ähnlicher Vorgang, wie wir ihn bei den Novae kennengelernt haben: Hier wird der Ausbruch durch explosive Wasserstoff-Fusion auf einem Weißen Zwerg hervorgerufen.

Der wesentliche Unterschied liegt in der Ausbruchsdauer, die bei Novae Monate, bei einem Röntgenburster dagegen nur Sekunden in Anspruch nimmt, und in den Zwischenzeiten: Jahrzehnte bis Jahrhunderte bei den wiederkehrenden Novae, dagegen nur Stunden bei den Röntgenburstern.

Eine Möglichkeit der Entfernungsbestimmung von Röntgenburstern diskutiert van Paradijs (1981).

Gute zusammenfassende Berichte über den gegenwärtigen Kenntnisstand auf dem Gebiet der Röntgenburster geben Lightman (1976), Lewin u. van Paradijs (1979), Wamsteker (1979), Kundt (1981) und van Paradijs (1981).

Sonderfall: Schneller Burster

Unter den bisher bekannten Röntgenburstern gibt es einen Sonderling, **MXB 1730—335**, der zusätzlich zu den normalen Ausbrüchen schnelle Röntgenblitze zeigt, bis zu 1000 Stück pro Tag in Intervallen von 10 Sekunden bis zu wenigen Minuten. Der «rapid burster» wird etwa alle halben Jahre aktiv und sendet dann 2 bis 6 Wochen lang Blitze aus. WAMSTEKER vergleicht die Erscheinung mit einem «Maschinengewehrfeuer» in Röntgenstrahlen (Bild 81).

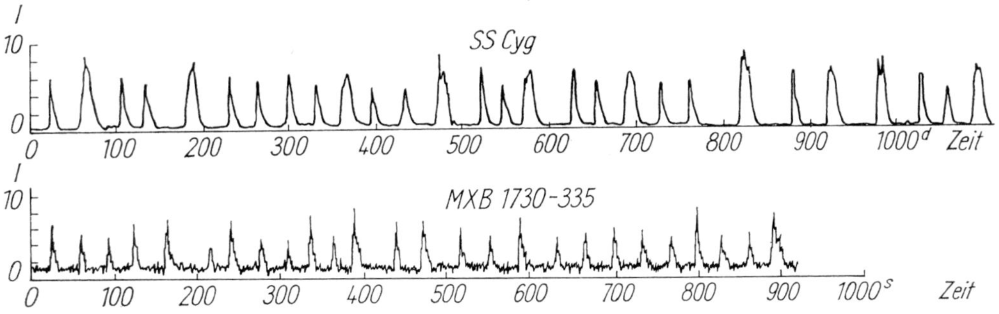

Bild 81 Röntgenlichtkurve des schnellen Bursters MXB 1730—335 (SAS 3-Messungen) im Vergleich zur visuellen Lichtkurve des U-Geminorum-Sterns SS Cyg (AAVSO-Beobachtungen) (nach BRECHER u. Mitarb. 1977). I ist die Intensität in willkürlichen Einheiten

Außer im Röntgenbereich strahlt MXB 1730—335 auch im Infrarot. Ursache der «schnellen Bursts» sind möglicherweise Instabilitäten im Materiefluß in vermutlicher Analogie zu den U-Geminorum-Sternen. BRECHER vergleicht auch die Röntgenlichtkurve von MXB 1730—335 mit der optischen Lichtkurve des U-Geminorum-Sterns SS Cyg und stellt eine weitgehende Übereinstimmung des Eruptionsmusters der beiden Objekte fest, lediglich die Zeitskalen sind sehr unterschiedlich (Bild 81).

Ein weiteres interessantes Objekt ist **4U 1915—05**, das nach WHITE u. SWANK (1982) möglicherweise einen Weißen Zwerg enthält, der an einen Neutronenstern Materie liefert.

Extremer Sonderfall eines Röntgendoppelsterns: SS 433 = V 1343 Aquilae

Im Jahre 1977 veröffentlichten STEPHENSON u. SANDULEAK eine Liste von Hα-Emissionsliniensternen, die von verschiedenen Autoren gefunden wurden. Als ein Jahr später der Stern Nr. 433 dieser Liste von sich reden machte, brach eine wahre Flut von Publikationen über dieses Objekt herein. Gab es 1978 nur 5 Beiträge zu diesem Objekt, so waren es 1979 und 1980 bereits 78 und 65 (nach Aussage des Sonneberger Zettelkatalogs). Auswertungen der umfangreichen Plattensammlungen am Harvard-Observatorium (LILLER) und in Sonneberg (WENZEL 1980) zeigen einen raschen unregelmäßigen Lichtwechsel in den Grenzen 15^m bis 17^m. Photoelektrische Untersuchungen von KEMP u. Mitarb. (s. OVERBYE 1979) könnten einen 13-Tage-Rhythmus vermuten lassen (Bild 82).

Was dieses im Radio-, optischen und Röntgenbereich veränderliche Objekt so interessant macht, sind periodische Dopplerverschiebungen der Emissionslinien gewaltigen Ausmaßes: Jede Emissionslinie besteht aus drei Komponenten: eine (fast)

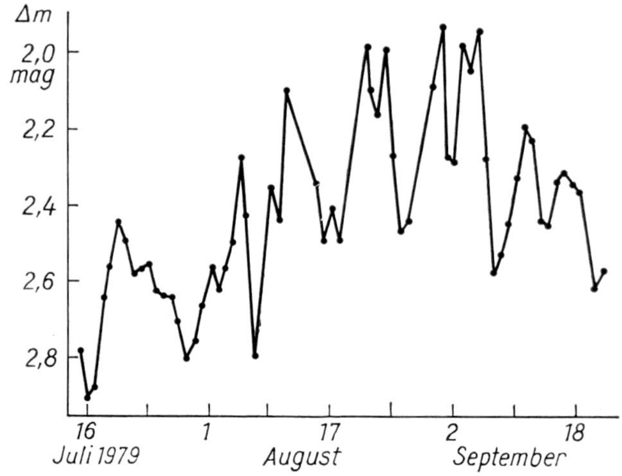

Bild 82 Helligkeitsänderungen von V 1343 Aql (= SS 433) von Juli bis September 1979 (s. OVERBYE 1979)

ruhende, eine rot- und eine blauverschobene Komponente. Die fast ruhende Komponente zeigt eine geringe Linienverschiebung mit einer Periode von 13,1 Tagen, was wohl als Bahnbewegung eines Doppelsterns zu deuten ist. Die beiden stark verschobenen Komponenten hingegen ändern ihre Lage in einem 164-Tage-Rhythmus (Bild 83), wobei die Maximalverschiebung mehr als 1/10 der Ruhewellenlänge beträgt!

Zur Zeit gibt es fast ebensoviel Hypothesen über SS 433 wie Autoren. In einigen Arbeiten versucht man das Objekt als ein besonderes Doppelsternsystem zu erklären, bestehend aus einem normalen Stern und einem Schwarzen Loch.

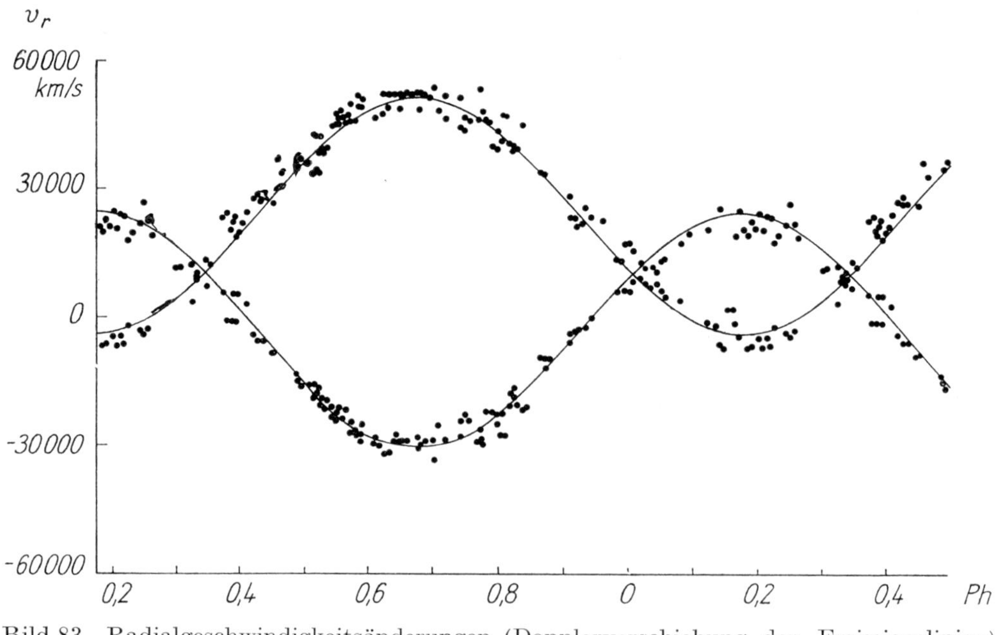

Bild 83 Radialgeschwindigkeitsänderungen (Dopplerverschiebung der Emissionslinien) in V 1343 Aql (= SS 433) als Funktion der Phase (nach MARGON u. Mitarb. 1980)

Gegenwärtig am meisten diskutiert werden Modelle, die einen Doppelstern in Erwägung ziehen, bestehend aus einem Neutronenstern (oder Schwarzen Loch) von $\geq$ 1,6 Sonnenmassen und einem O- oder WR-Stern von $\geq$ 2 Sonnenmassen und 13 Tagen Umlaufzeit. Das meiste Licht kommt von einer massereichen Materiescheibe, die den Neutronenstern umgibt. Die Massenakkretionsrate des Neutronensterns ist wahrscheinlich erheblich überkritisch, d. h., es wird durch ein Überangebot überfließender Materie so viel Röntgenstrahlung erzeugt, daß durch den gewaltigen Strahlungsdruck Materie auf relativistische Geschwindigkeiten beschleunigt und als zwei gebündelte Materiestrahlen senkrecht zur Materiescheibe mit Geschwindigkeiten von 80000 km/s herausgeschleudert wird. Der 164-Tage-Rhythmus ist vermutlich ein Präzessionseffekt der Materiescheibe und somit der senkrecht auf dieser stehenden Strahlenbündel (s. die Abbildung auf S. 513 unten in dem Beitrag von Overbye 1979). Ausführliche zusammenfassende Berichte über die gegenwärtigen Vorstellungen über das System SS 433 = V 1343 Aql mit weiteren Literaturzitaten findet man bei Dorschner u. Gürtler (1980), Dorschner, Gürtler u. Fröhlich (1980), Overbye (1979), Kundt (1981); siehe auch Sky Telesc. **57**, 429 und Sterne Weltraum **18**, 346.

Transitorische Röntgenquellen und Röntgennovae

Bei den transitorischen Röntgenquellen («transient X-ray sources») handelt es sich, im Gegensatz zu allen anderen in diesem Buch behandelten Objekten, nicht um eine besondere Gruppe Veränderlicher Sterne, sondern um ein Phänomen, das bei physikalisch unterschiedlichsten Klassen Veränderlicher Sterne beobachtet werden kann.

Während bei den auf den vorangegangenen Seiten beschriebenen «stetigen» Röntgendoppelsternen die Strahlung die meiste Zeit sichtbar bleibt, sind die transitorischen Röntgenquellen die meiste Zeit unsichtbar: Sie zeigten bisher entweder nur einen einzigen Ausbruch (z. B. Nova Oph 1977), oder aber sie flackern aller paar Monate, Jahre oder Jahrzehnte mit hoher Röntgenintensität auf und sind dann für wenige Wochen meßbar (= rekurrierende transitorische Röntgenquellen wie V 1333 Aql und V 616 Mon).

Wir wollen uns kurz fassen, denn von den zahlreichen transitorischen Röntgenquellen, die alljährlich entdeckt werden (der britische Satellit «Ariel 5» war hier sehr erfolgreich), gelingt nur bei einem kleinen Teil eine optische Identifizierung, und nicht immer wird parallel zum Röntgenausbruch ein optischer Ausbruch beobachtet. Umgekehrt ist zu bemerken, daß nur wenige im sichtbaren Spektralbereich entdeckte Novae oder wiederkehrende Novae (Kap. 3.1.2.) gleichzeitig transitorische Röntgenquellen sind (über den Verlauf der wesentlich schwächeren Röntgenstrahlung bei einem «klassischen» Nova-Ausbruch s. Kap. 3.1.2.).

Im folgenden werden einige optisch gut beobachtete Objekte beschrieben: **A 0620 —00 = Nova V 616 Mon (1975)** wird häufig in der Literatur, auch im GCVS (3. Supplement 1976) als rekurrierende Nova bezeichnet, jedoch unterscheidet sich das Objekt durch die Eigenschaften der Röntgen- und Radiostrahlung deutlich von den echten Novae. Es wurden bisher 2 Ausbrüche beobachtet (1917 und 1975), in denen die Blauhelligkeit von 20^m auf $11\overset{m}{.}3$ anstieg. Bild 84 gibt die Lichtkurve des Objekts. Die optischen Beobachtungen zeigen eine 7,8-Tage-Periodizität geringer Amplitude, die möglicherweise als Bahnperiode eines engen Doppelsternpaares zu deuten ist. V 616 Mon zeigt während des Ausbruchs nicht die komplizierte spektrale Entwicklung der typischen Novae (vgl. Ilovaisky u. Chevalier 1977 und Duerbeck 1977): Der Hel-

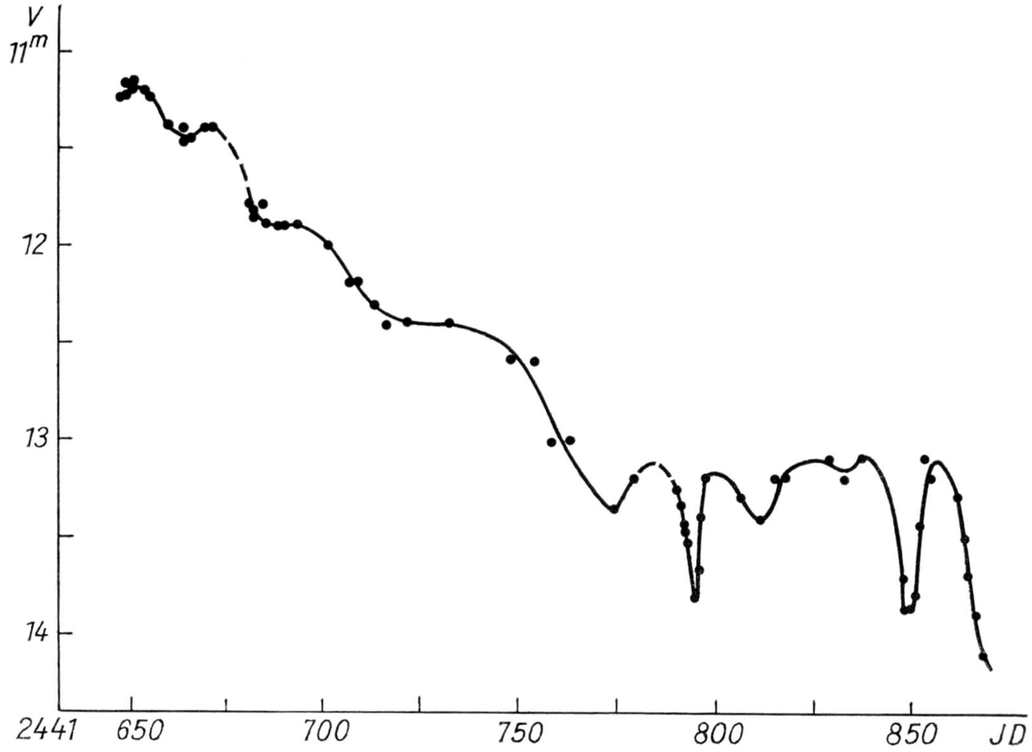

Bild 84 Visuelle Lichtkurve der Röntgen-Nova V 616 Mon (1975) (nach ROBERTSON u. Mitarb. 1976)

ligkeitsausbruch scheint nicht durch eine expandierende Nova-Hülle hervorgerufen zu werden. Vermutlich handelt es sich um ein Doppelsternsystem geringer Masse, bestehend aus einem G- oder K-Hauptreihenstern und einem kompakten Begleiter (Weißer Zwerg oder Neutronenstern). Die Röntgen-Ausbrüche werden möglicherweise hervorgerufen durch plötzlich ausgelösten Einsturz großer Materiemassen auf die kompakte Komponente, während die optische Emission teils von der erhitzten Materiescheibe, teils von der durch die Röntgenstrahlung aufgeheizten kühlen Sternkomponente kommt (vgl. CHEVALIER u. Mitarb. 1980 und Literaturangaben hierin).

Ein ähnliches optisches Verhalten hat man bei den Röntgennovae vom Jahre 1974 (KY TrA = A 1524−61, Helligkeit $17^{m}_{,}5$ ... 22^{m} und V 725 Tau = A 0535+26) entdeckt (s. RÖSSIGER 1979).

Eine andersartige transitorische Röntgenquelle ist das in Kapitel 3.1.4. behandelte symbiotische Objekt **V 2116 Oph**.

Die transitorische Röntgenquelle **A 0327+43** ist mit der klassischen Nova **GK Per (1901)** identisch (s. Tab. 31). Der Röntgenausbruch im Juli 1978 war von einem kleinen optischen Ausbruch begleitet (s. auch HUDEC 1981 a).

Eine andere, nicht ganz typische transitorische Röntgenquelle mit der sehr kurzen Zyklendauer von nur 12 bis 16 Monaten ist das Objekt **Aql X-1 = V 1333 Aql.** Bild 85 zeigt die simultane Röntgen- und Blau-Lichtkurve: Auch hier finden optische und Röntgenausbrüche gleichzeitig statt. Spektren im Ruhelicht (20^{m} bis 21^{m}) deuten auf die Existenz eines Begleitsterns vom Spektraltyp K hin. Die Spektren im

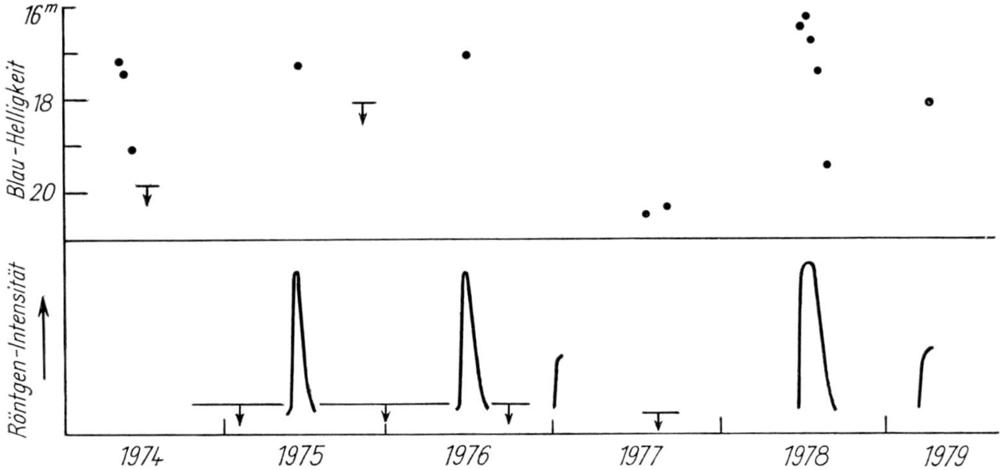

Bild 85 V 1333 Aql. Lichtkurve im blauen Spektralbereich (*oben*) und im Röntgenbereich (*unten*) nach CHARLES (1980)

Maximum ($\approx 16^{\mathrm{m}}$) zeigen schwache Emissionslinien von H, He, C und N und erinnern an das von Sco X-1. Vielleicht ist Aql X-1 mit diesem Objekt verwandt? Manche Autoren vermuten auch eine Verwandtschaft mit den Burstern.

SCHWARTZ u. Mitarb. (1981) gelang die Identifizierung des RS-Canum-Venaticorum-Sterns II Peg mit einem transitorischen Röntgenstern. GARCIA u. Mitarb. (1980) schätzen ab, daß etwa 20% der transitorischen Röntgenquellen in hohen galaktischen Breiten **RS-Canum-Venaticorum-Sterne** sind (Kap. 3.6.1.).

Einen zusammenfassenden Bericht über transitorische Röntgenquellen gibt WILLMORE (1977). Einige Modellvorstellungen diskutiert CHARLES (1980).

3.2. Supernovae

Wie der Name sagt, handelt es sich um eine Übersteigerung des Novabegriffs. Der wesentlichste Unterschied ist die größere absolute Helligkeit, die im Maximum zwischen -16^{M} und -21^{M} liegt. Das ist im Mittel mehr als das 10000-fache der Helligkeit einer normalen Nova!

Was zum gegenwärtigen Zeitpunkt die Supernova-Forschung noch sehr erschwert, ist die Tatsache, daß bisher noch *kein einziger* Vorfahre einer Supernova (Praesupernova) bekannt ist. Die Ursache der Supernova-Ausbrüche zu erforschen, heißt also mit unbekannten Objekten Physik zu treiben. Trotzdem brauchen wir uns nicht völlig entmutigen zu lassen, denn mit Hilfe statistischer Untersuchungsmethoden der bekannten historischen Supernovae, der außergalaktischen Supernovae, der Supernova-Überreste und der Pulsare läßt sich in Verbindung mit Folgerungen aus der Theorie der Sternentwicklung der Kreis der Objekte einengen, die für eine dramatische Explosion in Frage kommen könnten (s. u. a. OTT 1979 und Literaturangaben hierin, ferner einzelne Übersichtsartikel in den Büchern «Supernovae» von COSMOVICI 1974, SHKLOVSKY 1976, SCHRAMM 1977 und WHEELER 1980).

Historische Supernovae

In unserer Galaxis sind folgende 5 Fälle gesichert:

1006 leuchtete nach arabischen, chinesischen, japanischen und südeuropäischen Berichten im Sternbild Lupus eine Supernova auf, die nahezu die Helligkeit des Halbmondes erreichte (-9^m bis -10^m) und die über 2 Jahre zu sehen war. Der Überrest dieser Supernova ist identisch mit der Röntgenquelle 4U 1458−41 und mit der Radioquelle PKS 1459−41, die eine für Supernova-Überreste typische Ringstruktur besitzt und optisch von filamentartigen Nebeln begleitet ist.

1054 wurde nach chinesischen und japanischen Quellen im Sternbild Taurus eine Supernova gesichtet, die jetzt als CM Tau bezeichnet wird. Ihre geschätzte Maximalhelligkeit betrug -4^m. Die Explosionswolke ist der Crab-Nebel M1, dessen Alter u. a. durch exakte Vermessung der noch andauernden Expansion mit etwa 900 Jahren bestimmt worden ist. Der Reststern im Zentrum des Nebels, ein Neutronenstern der mittleren photographischen Helligkeit $15\overset{m}{.}9$, ist der berühmte Crab-Pulsar, der im Radio-, optischen und Röntgenbereich mit der sehr kurzen Pulsperiode von $0\overset{s}{.}033$ (Kap. 3.6.2.) strahlt. Auch der Crab-Nebel sendet Röntgen- und Radiostrahlung aus.

1572 trat in Cassiopeia eine Supernova (B Cas) auf, deren Maximalhelligkeit -4^m war. Der Stern wird meist mit Tycho Brahe in Verbindung gebracht, der ihn systematisch beobachtet hat, jedoch auch viele andere Astronomen haben sich darum bemüht, so daß B Cas das erste Objekt ist, dessen Lichtkurve gut gesichert werden konnte (Bild 86). Der Stern verschwand im Frühling 1574 für das bloße Auge wieder. Die Amplitude betrug mindestens 22 Größenklassen. Auch am Ort dieser Supernova zeigen sich eine ringförmige, stark polarisierte Radioquelle (5C 10, Bild 87), optische Filamente und eine Röntgenquelle (Cep X-1) als Überrest.

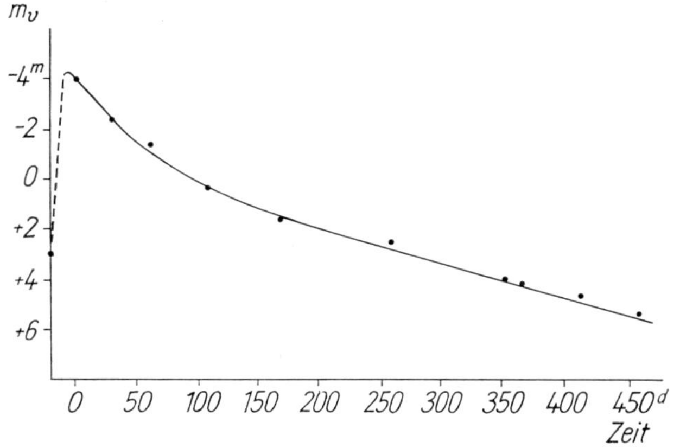

Bild 86 Lichtkurve von Tychos Supernova vom Jahre 1572 (nach Clark u. Stephenson 1977)

1604 erschien im Ophiuchus die jetzt als V 843 Oph bezeichnete Supernova der Maximalhelligkeit -3^m und der Amplitude > 21 mag. Der Stern wurde von Johannes Kepler bearbeitet; die Lichtkurve ist gut bekannt (Bild 88). Auch diese Supernova zeigt einen Nebelrest und einen Radioüberrest (3C 358); jedoch ist keine Röntgenquelle nachgewiesen.

Cas A ist eine starke Radioquelle (s. u. a. van den Bergh 1974 und Kamper u. van den Bergh 1976), die auf Grund ihrer morphologischen und spektralen Eigenschaften als Überrest einer Supernova anzusehen ist. An der Stelle dieser Radioquelle

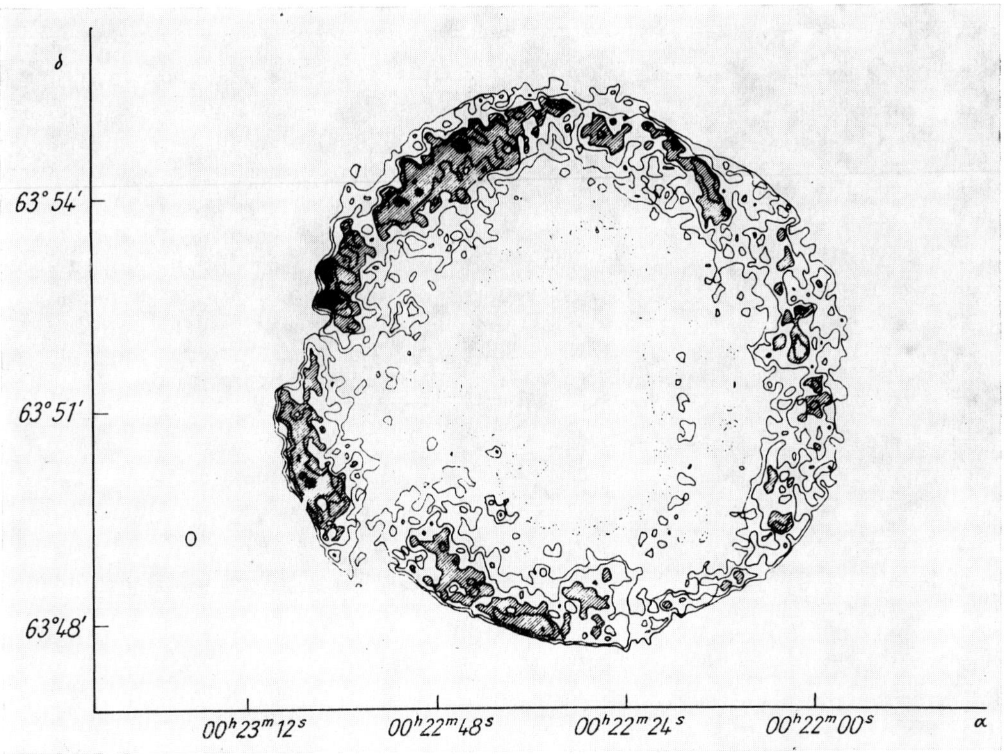

Bild 87 Radiobild (4995 MHz) des Überrestes von Tychos Supernova (1572), s. Clark u. Stephenson (1977)

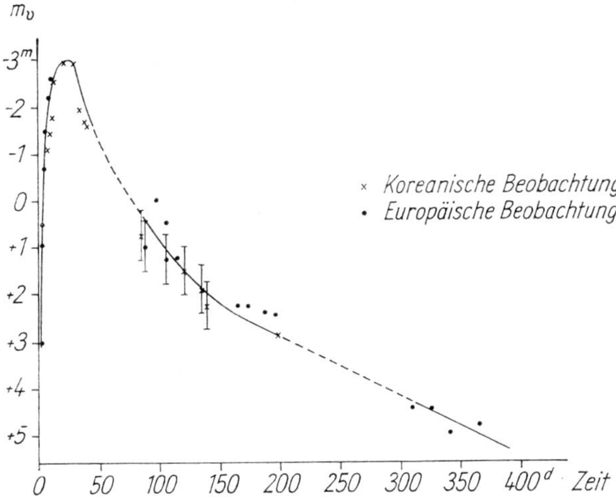

Bild 88 Lichtkurve der Keplerschen Supernova (1604) (nach Clark u. Stephenson 1977)

befindet sich ein Nebel von 4 pc Durchmesser, der sich mit einer Geschwindigkeit von 7400 km/s ausdehnt, was auf ein Aufleuchten der diesen Nebel erzeugenden Supernova zu Beginn des 18. Jahrhunderts hindeutet. Daß der Helligkeitsausbruch nicht beobachtet wurde, ist etwas seltsam. Vielleicht spielt die starke interstellare Extinktion in dieser Himmelsgegend eine Rolle. Vielleicht stand auch zur Zeit der größten

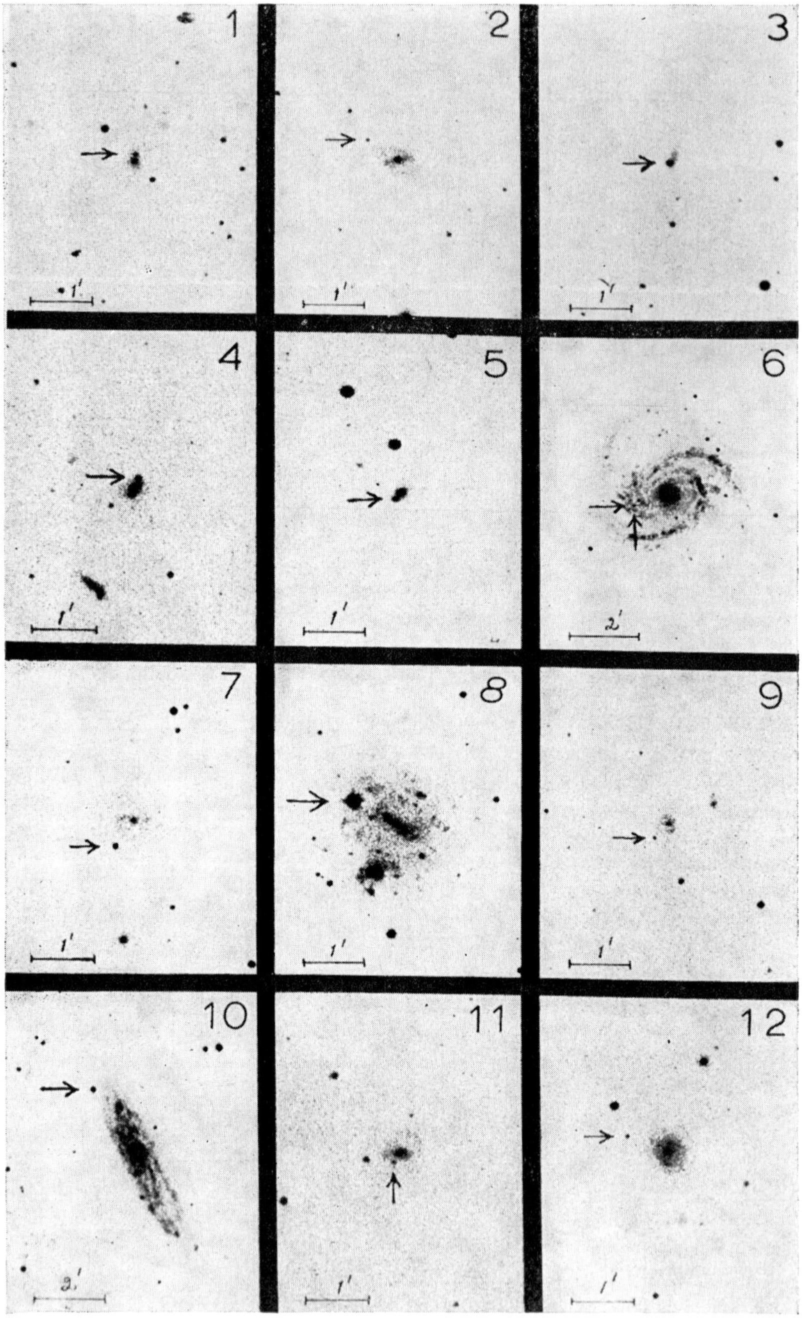

Bild 89 Supernovae (*Pfeile*) in extragalaktischen Sternsystemen (nach Humason u. Mitarb.). Man beachte die Helligkeit der Supernova 3 im Vergleich zum zugehörigen Sternsystem. Negativ-Bild

Helligkeit das Objekt zur Nachtzeit so tief am Horizont, daß es sich der Entdeckung entzog.

Es gibt Hinweise auf weitere historische Supernovae, die in den Jahren 185, 386, 393 und 1181 aufleuchteten, doch sind diese Fälle nicht völlig gesichert.

Für ein ausführliches Studium der historischen Supernovae sei auf das Buch «The Historical Supernovae» von CLARK u. STEPHENSON (1977) verwiesen.

Supernovae in anderen Galaxien

Veränderliche Sterne in außergalaktischen Systemen werden zwar erst in Kapitel 5.2.2. behandelt. Wir wollen aber bereits hier auf extragalaktische Supernovae eingehen: Da wir in unserem eigenen Milchstraßensystem seit Erfindung des Fernrohrs nicht eine einzige Supernova beobachten konnten, sind wir für eine Typenunterteilung dieser interessanten Objekte und für statistische Untersuchungen der Supernova-Häufigkeiten auf eine systematische und lückenlose Beobachtung von Supernovae in fremden Sternsystemen angewiesen. Die enorme Helligkeit, die in manchen Fällen das Gesamtlicht des betreffenden extragalaktischen Systems übersteigt (Bild 89), erlaubt, die Supernovae noch in sehr großen Fernen zu beobachten. Da die Anzahl der Galaxien groß ist und Supernovae in Galaxien aller Art auftreten (s. u. a. OTT 1979), auch in den elliptischen und irregulären Formen, ist ihre Zahl hoch. Bis zum Jahre 1979 wurden bereits etwa 380 Supernovae entdeckt, davon etwa 100 allein von dem bekannten Supernova-Forscher ZWICKY.

Eine «intergalaktische Supernova» (Typ I) inmitten einer Gruppe heller Galaxien leuchtete im Jahre 1980 auf (SMITH 1981).

Typologie

Die photometrische und spektroskopische Beobachtung der Supernovae in anderen Sternsystemen lehrt, daß es mehrere Typen gibt, die sich bezüglich Lichtkurvenform, absoluter Helligkeit und Spektrum unterscheiden.

Die Lichtkurve des **Typus I** ähnelt in ihrer Form ziemlich den raschen Novae. Der Abstieg erfolgt ziemlich steil, zunächst etwa 3 mag in 25 bis 40 Tagen, dann etwa 1 mag in 60 bis 70 Tagen.

Beim **Typus II** sind die Abstiege langsamer und vielgestaltiger, charakteristisch ist aber ein Buckel im Abstieg, der etwa 20 Tage nach dem Helligkeitsmaximum einsetzt. Der Aufstieg verläuft bei beiden Typen etwa gleich, aber langsamer als bei normalen Novae.

Bild 90 gibt schematische Lichtkurven der beiden Typen.

Die beiden Typen unterscheiden sich in der photographischen absoluten Größe im Maximum:

Typus I meist zwischen -18^{M} und -21^{M}, Mittelwert $-19\overset{M}{,}1$,

Typus II meist zwischen $-16\overset{M}{,}5$ und -18^{M}, Mittelwert $-17\overset{M}{,}2$.

Wegen ihrer geringeren absoluten Helligkeit sind die Supernovae vom Typ II in der Entdeckungswahrscheinlichkeit benachteiligt, diejenigen vom Typ I in geringerem Maße durch die kürzere Dauer ihrer Erscheinung. Die Mehrzahl der Supernovae des Typus I stehen der Scheibenpopulation und Sternpopulation II nahe, wenngleich ein Teil von ihnen möglicherweise einer jungen Sternpopulation zuzuordnen ist (s. einige

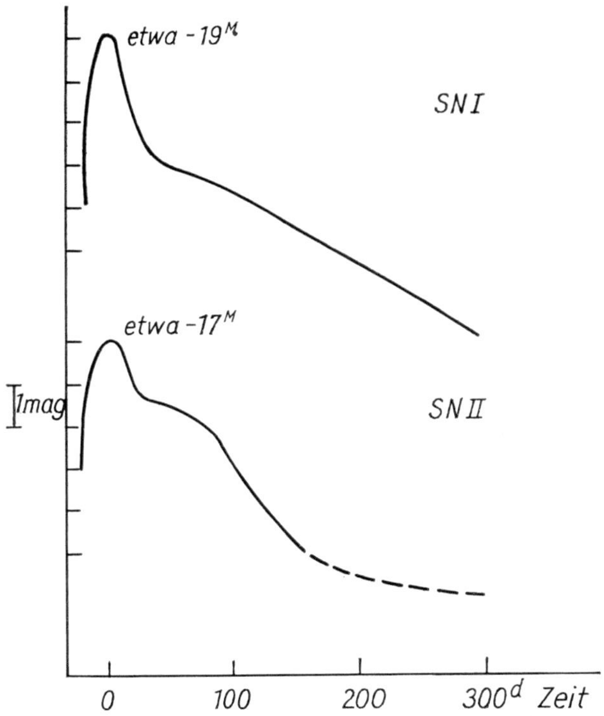

Bild 90 Schematische Blau-Lichtkurven der Supernovae vom Typ I und II (nach OTT 1979)

Aufsätze in dem Buch «Proceedings of the Texas Workshop on Type I Supernovae» 1980). Diejenigen des etwas selteneren Typus II entsprechen der Spiralarm-Population I und sind daher in ihrer Entdeckung infolge der interstellaren Dunkelwolken zusätzlich beeinträchtigt (s. auch Diskussion auf S. 131 f. bei PSKOWSKI 1978).

Die meisten der oben erwähnten historischen Supernovae wurden bisher dem Typus I zugeschrieben, lediglich bei SN 1006 bestehen Zweifel in der Zuordnung, und in letzter Zeit mehren sich die Stimmen zugunsten einer Typ II-Zugehörigkeit für die SN 1054, die sich auch in den Überresten (u. a. Vorhandensein eines Pulsars) deutlich von den anderen Objekten unterscheidet (s. auch CHEVALIER 1977).

Ausführlichere Schilderungen der Typologie der Supernovae geben u. a. der Beitrag von TAMMANN in dem Buch von SCHRAMM (1977) und die Arbeit von DE GROOT (1978).

Reste von Supernovae

Bei der Explosion einer Supernova wird offensichtlich ein erheblicher Teil der Sternmaterie als Gaswolke in den umgebenden Raum geworfen. Das bekannteste Beispiel ist, wie bei der Besprechung der Supernova vom Jahre 1054 angeführt wurde, der **Crab-Nebel M1** im Taurus, zugleich eine der stärksten Radioquellen, in deren Zentrum sich der berühmte Crab-Pulsar befindet. Auch am Ort aller anderen historischen Supernovae stehen, wie bereits erwähnt, Radioquellen (häufig auch Röntgenquellen) und im optischen Bereich sichtbare, sich ausdehnende Nebel: Allerdings fehlt hier ein zentraler Pulsar; dies ist ein Hinweis darauf, daß das Objekt von 1054 eine anders geartete Supernova war, und daß nur bei einem Teil der Supernova-Ausbrüche Pulsare entstehen. Mittlerweile sind zahlreiche Überreste **prähistorischer Supernovae** bekannt. Bei den Pulsaren (Kap. 3.6.2.) ist man sich andererseits nicht sicher, ob sie alle, oder ob nur ein Teil von ihnen aus Supernova-Ausbrüchen hervorgegangen sind. Auch unter den Emissionsnebeln befinden sich einige Supernova-Überreste. Das bekanntesten Objekt dieser Art ist der **Cirrusnebel** (Bild 91), der auf den Ausbruch einer Supernova vor etwa 50000 bis 100000 Jahren hindeutet.

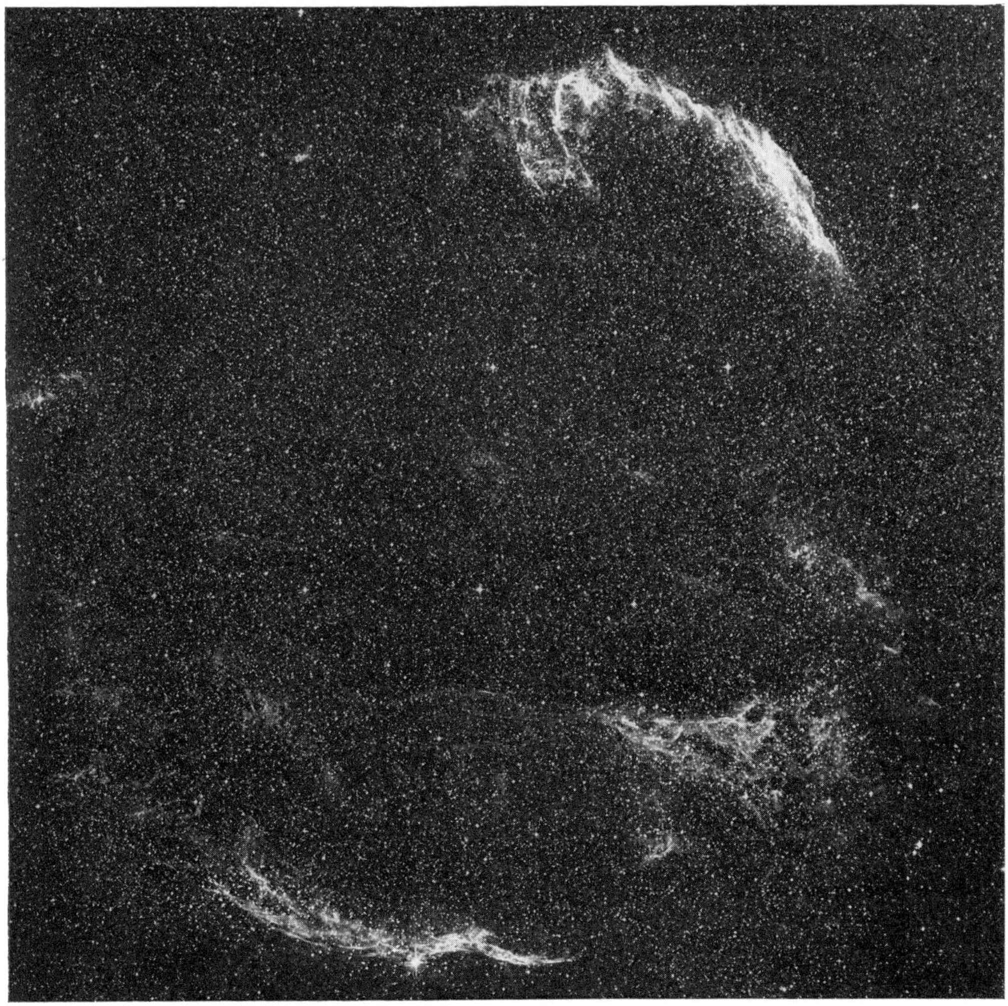

Bild 91 Cirrus-Nebel im Sternbild Cygnus; Überrest einer Supernova. Man beachte die kreisförmige Struktur der Gasmassen (Aufnahme Götz, Sonneberg)

Unter den galaktischen Röntgenquellen sind nach Amnuel u. Mitarb. (1979) 13 Supernova-Relikte bekannt.

Besonders von Interesse sind die im Radiowellengebiet nachweisbaren Überreste, weil die Radiostrahlung im Gegensatz zur optischen und Röntgenstrahlung nicht der Extinktion durch galaktische Staubmassen unterliegt und die Radioüberreste der Supernovae daher auch auf der uns abgewandten Hälfte des Milchstraßensystems entdeckt werden können. Auch der «**Radiosporn**» der Galaxis, jene Gegend verstärkter Radiostrahlung, die sich von etwa 30° östlich des galaktischen Zentrums gegen den Pol der Galaxis hin erstreckt, ist vermutlich durch eine Supernova entstanden. Diese Supernova müßte dann vor sehr langer Zeit relativ nahe beim Ort des Sonnensystems aufgeleuchtet sein, denn der Radiosporn ist im Winkelmaß ein sehr großes und daher wohl ein recht nahes Gebilde.

Auch in fremden benachbarten Galaxien sind Supernova-Relikte aufgefunden worden. Die Radio-Emission wenige Jahre alter Überreste extragalaktischer Supernovae wird von Pacini u. Salvati (1981) diskutiert.

Eine Übersicht über die bekannten Supernova-Überreste einschließlich eines Katalogs von 120 derartigen Objekten und Hinweise auf weitere Literatur sind in Kapitel 4. der Arbeit von Clark u. Stephenson (1977) zu finden. Eine allgemeinverständliche Beschreibung gibt Pskowski (1978).

Häufigkeit von Supernova-Ausbrüchen

Die fünf gesicherten Supernova-Ausbrüche (s. o.) im letzten Jahrtausend spiegeln noch nicht die Anzahl der wirklich pro Jahrtausend in unserem Milchstraßensystem aufleuchtenden Supernovae wider, denn infolge der interstellaren Extinktion geht uns ein nur schwer abschätzbarer Anteil der Objekte verloren. Beobachtungen von Supernova-Überresten, Abschätzungen des Betrags der interstellaren Extinktion und Analogieschlüsse auf Grund der Beobachtungen von Supernovae in anderen Galaxien liefern Werte zwischen 30 und 100 Ereignisse pro Jahrtausend; siehe auch Diskussionen in den Büchern von Pskowski (1978), Clark u. Stephenson (1977), Shklovsky (1976) und Schramm (1977). Nach Pskowski (1978) sind Supernovae vom Typ II sechsmal häufiger als die vom Typ I.

Spektren

Die Spektren der Supernovae vom Typ I im Maximum sind nahezu kontinuierlich ohne sehr ausgeprägte Einzelheiten. Nach dem Maximum treten sehr breite Merkmale in Form von hellen und dunklen Zwischenräumen geringer Intensität auf, und die Ansichten, ob das Spektrum als Kontinuum mit hellen Emissionsbändern oder als Kontinuum mit sehr breiten Absorptionen zu interpretieren ist, gehen noch auseinander. Bild 92 gibt das Spektrum einer Typ I-Supernova wieder, und zwar *a* 2 Tage vor dem Maximum sowie *b* 27 und *c* 76 Tage nach dem Maximum. Pskowski (1978) deutet die spektralen Merkmale als sehr breite Absorptionslinien, die auf eine Expansionsgeschwindigkeit der Hülle von dem sehr hohen Betrag von mehr als 10000 km/s hinweist. Wasserstofflinien fehlen.

Die Supernovae vom Typ II, deren Spektren eine gewisse Ähnlichkeit mit den Spektren gewöhnlicher Novae haben, zeigen nach dem Maximum ein Kontinuum, das weit ins UV reicht und einer Farbtemperatur von etwa 40000 K entspricht. Im Gegensatz zu den Typ I-Supernovae treten nach dem Maximum helle Wasserstofflinien auf.

Ausführliche Diskussionen der Supernova-Spektren findet man bei Kirshner (1974) Mustel (1974) und Pskowski (1978).

Tabelle 37 gibt die aus der spektralen Entwicklung abgeleiteten physikalischen Parameter der Supernova-Hüllen (Mittelwerte) nach Pskowski (1978).

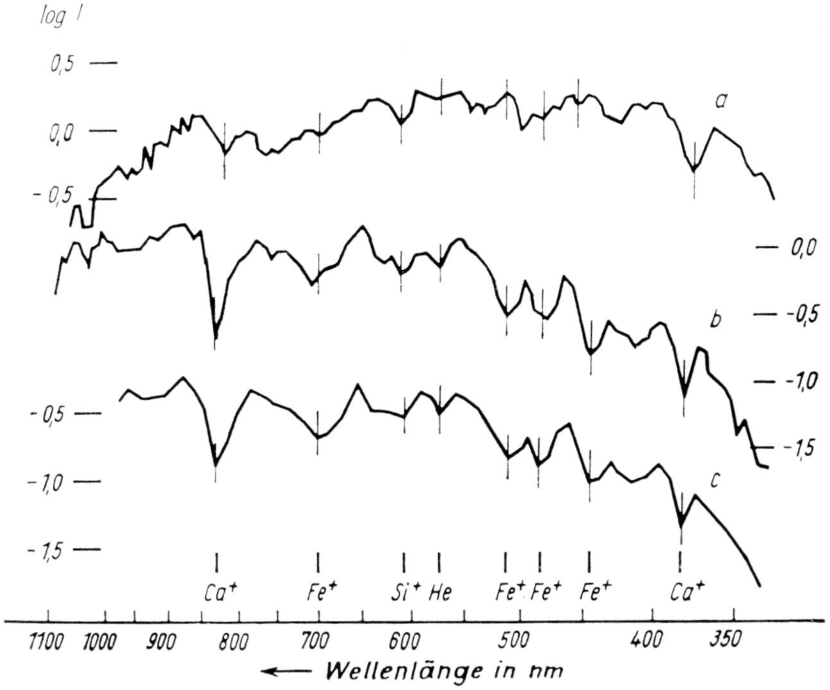

Bild 92 Drei Registrierungen von Spektrogrammen einer Supernova vom Typ I (1971i), zu verschiedenen Zeitpunkten gewonnen (nach PSKOWSKI 1978). I = Intensität des Sternlichts in willkürlichen Einheiten

Tabelle 37 Physikalische Parameter der Supernova-Hüllen

	Typ I	Typ II
Hüllenmasse in Sonneneinheiten	0,3	1,0 und mehr
Expansionsgeschwindigkeit in km/s	13500	7000
Hüllentemperatur im Helligkeitsmaximum	30000 K	25000 K

Zur Physik des Supernova-Ausbruchs

Wie bereits erwähnt, ist ein Verständnis der physikalischen Vorgänge bei einem Supernova-Ausbruch dadurch erheblich erschwert, daß keine einzige Praesupernova bekannt ist. Wir kennen lediglich die Helligkeits- und spektrale Entwicklung der extragalaktischen Supernova-Ausbrüche und die Supernova-Überreste. Ferner kann man abschätzen, daß allein die als Strahlung freigesetzte Energie bei einem solchen Ausbruch etwa 10^{50} bis 10^{51} erg beträgt. Dazu kommt der gewaltige Betrag von 10^{50} bis 10^{52} erg an kinetischer Energie der Hülle, die entgegen der Schwerkraft und mit hoher Geschwindigkeit (s. o.) expandiert.

Uns kommt aber für das Verständnis der Supernovae ein wesentlicher Umstand zu Hilfe, daß nämlich die Theorie der Sternentwicklung bei gewissen Typen von Objekten auf die Entstehung von thermonuklearen und gravitativen Instabilitäten hindeutet, die zu Energieausbrüchen von der Größenordnung eines Supernova-Ausbruchs führen.

Wie wir wissen, hält bei einem «normalen» Stern der nach außen gerichtete Gas- und Strahlungsdruck der nach innen gerichteten Schwerkraft die Waage. Ursache des Strahlungsdrucks sind die Energiequellen des Sterns, bei einem Hauptreihenstern die Umwandlung von Wasserstoff in Helium. Versagt diese Energiequelle, etwa indem der Wasserstoff weitgehend aufgebraucht ist, so kann der Gasdruck allein nicht mehr die Schwerkraft kompensieren, das Innere des Sterns kollabiert und erhitzt sich dabei solange, bis ein neuer Kernbrennstoff angezapft wird (zunächst Umwandlung He→O, N, C, zuletzt in die Elemente der Eisengruppe), oder bis (bei massearmen Sternen) als Endzustand ein Weißer Zwerg als neue Gleichgewichtskonfiguration entsteht. Hier ist es das entartete Elektronengas, dessen Druck der Schwerkraft standhält.

Bei massereichen Sternen oberhalb 1,4 Sonnenmassen ist jedoch nach Aufbrauchen aller Kernenergie-Vorräte der Druck des entarteten Elektronengases außerstande, die Gravitationskontraktion aufzuhalten. Es bildet sich der Gravitationskollaps, eine Implosion, die bei der dabei entstehenden Temperatur von mehr als 5 Milliarden Kelvin im Zentrum des Sternes durch Freisetzung von Neutrinos noch zusätzlich beschleunigt wird, so daß sie ein katastrophenartiges Ausmaß annimmt. Dieser nur etwa **2 Sekunden** (!) dauernde **Gravitationskollaps** kommt zum Stehen, sobald der Stern eine Dichte von 10^{12} bis 10^{15} g/cm³ erreicht hat, er ist zum Neutronenstern geworden. Bei der Implosion werden ungeheuere Mengen an Gravitationsenergie freigesetzt, die zur Bildung einer gewaltigen **Stoßwelle** führen, die die äußeren Schichten des Sterns mit hoher Geschwindigkeit fortreißt. Diese gasförmige, rasch expandierende Sternhülle entspricht etwa dem, was wir tatsächlich als Supernova beobachten.

Ob sehr massereiche Sterne zu Schwarzen Löchern kollabieren können, weiß man nicht, da gegenwärtig eine genügend genaue Abschätzung des Masseverlustes vor Erreichen des Gravitationskollapses (der in diesem Fall möglicherweise ohne Supernova-Ausbruch vonstatten geht) noch nicht möglich ist.

Würden alle Sterne oberhalb 1,4 Sonnenmassen Supernova-Ausbrüche erleiden, so müßten diese wesentlich häufiger sein als tatsächlich beobachtet. Auch hier ist es wieder der schwer abschätzbare Massenverlust vor Erreichen des Supernova-Stadiums, besonders im Überriesenast, der es ermöglicht, daß Sterne selbst von ursprünglich 5 Sonnenmassen als Weiße Zwerge von weniger als 1,4 Sonnenmassen enden können. Wahrscheinlich sind es verhältnismäßig massereiche Sterne, also Sterne der Population I, in einem bestimmten, relativ engen Massenbereich, die als Praesupernovae (vom Typ II) in Frage kommen.

Auch die Berechnungen des Masseaustauschs von Sternen in engen Doppelsternsystemen führen zu Supernova-Kandidaten.

Was uns noch fehlt, sind die Vorgänger der Supernovae vom Typ I, die der Scheibenpopulation und der Population II nahestehen. Da diese Populationen nur massearme Sterne enthalten, kommen massereiche Sterne als Praesupernovae vom Typ I kaum in Frage. In Betracht gezogen werden hingegen massearme, ausgebrannte Sterne (Weiße Zwerge), die, sobald sie infolge Aufsammelns von Materie die kritische Grenzmasse von 1,4 $\mathfrak{M}_\odot$ überschreiten, zu einer Supernova werden könnten. Dieser Fall kann nach SHKLOVSKY (1978) z. B. bei kataklysmischen Doppelsternsystemen eintreten, sofern der Weiße Zwerg nicht in der Lage ist, die auf ihn fallende Materie immer wieder durch Nova-Ausbrüche abzuschütteln. Die Frage der Entwicklung von Nova-Systemen zu Supernovae vom Typ I wird u. a. von TRURAN (1980) behandelt. In verschiedenen Arbeiten (s. STARRFIELD u. Mitarb. 1981) wird auch die Frage, daß einige U-Geminorum-Sterne potentielle Kandidaten für Supernovae ergeben könnten, diskutiert. Eine der modernsten Arbeiten über die Physik explodierender Weißer Zwerge ist die von CHEVALIER (1981). CHEVALIER vermutet, daß Neutronensterne das Produkt der Supernovae vom Typ II sind, die vom Typ I hingegen keinen kompakten Rest hinterlassen. Weitere wichtige Arbeiten auf diesem Gebiet sind die von TAAM (1980) einschließlich der darin erwähnten Literaturzitate und einige Arbeiten in dem Buch «Proceedings of the Texas Workshop on Type I Supernovae» (1980).

Es ist auch denkbar, daß der Weiße Zwerg, der zur Supernova wird, ein Einzelstern ist mit mehr als 1,4 Sonnenmassen. Ist er nämlich sehr heiß, so kann trotz der überkritischen Masse der Strahlungsdruck eine Zeitlang dem Druck der Schwere widerstehen. Erst wenn nach Millionen von Jahren die Auskühlung so weit fortgeschritten ist, daß der langsam geringer werdende Strahlungsdruck die Kontraktion nicht mehr aufhalten kann, kommt es zum Kollaps und zum Supernova-Ausbruch.

Von einem völligen Verständnis der Vorgänge bei einem Supernova-Ausbruch sind wir noch weit entfernt, da die Physik der Materie unter diesen extremen Zuständen noch ungenügend bekannt ist.

Weitere Einzelheiten unserer gegenwärtigen Vorstellungen über die vermutlichen Praesupernova-Zustände, die Physik der Supernova-Explosionen und die Entstehung schwerer chemischer Elemente, deren Schilderung über den Rahmen dieses Buches hinausgehen würde, kann man in zahlreichen Arbeiten nachlesen. Insbesondere seien erwähnt: BARBARO u. Mitarb. (1969), MUSTEL (1974), SHKLOVSKY (1976), DE GROOT (1978), PSKOWSKI (1978), TAAM (1980), WHEELER (1980), MAUDER (1981), ferner mehrere Aufsätze des von SCHRAMM (1977) herausgegebenen Buches «Supernovae». Offenbar sind es die Supernovae, in denen in stürmisch ablaufenden Prozessen (sogenannter URCA-Prozeß) die schweren chemischen Elemente jenseits des Eisens entstehen, die auf diese Weise im Laufe der Entwicklung unserer Galaxis angereichert werden.

3.3. Entwicklungsmäßig extrem junge Sterne

3.3.1. Historisches

Sterne extrem geringen Entwicklungsalters kannte man als Gruppe — ohne allerdings ihr Wesen zu erkennen — bereits in den 20er Jahren dieses Jahrhunderts in Gestalt der unregelmäßigen Veränderlichen Sterne im Orion-Nebel. Die damals begonnene und in den folgenden zwei bis drei Jahrzehnten fortgesetzte systematische Routine-Untersuchung dieses Veränderlichen-Typus — die Namen LUDENDORFF (1928), HIMPEL, sowie HOFFMEISTER (z. B. 1949) sind hier zu nennen — brachte zwei Erkenntnisse: die breite Streuung der Spektraltypen, von B bis M, und die Unterriesen- oder Hauptreihen-Natur der Objekte. Eine erste gezielte Untersuchung der Spektren dieser Veränderlichen setzte etwa 1945 ein und ist vor allem mit den Namen JOY (1945), O. STRUVE, HERBIG (1962) und HARO verbunden. Der Befund, daß die meisten dieser Veränderlichen in Wolken interstellarer Materie liegen, führte zunächst als Versuch der Deutung ihrer Besonderheiten zur Accretion-Theorie des Aufsammelns interstellaren Materials (GREENSTEIN, HERBIG, O. STRUVE), bis durch die Arbeiten von AMBARTSUMYAN (1949) sowie von KHOLOPOV (1951) und PARENAGO ab Ende der 40er

Jahre (Entdeckung der T-Assoziationen) das geringe Alter dieses Veränderlichen-Typus zu vermuten war. Daß die Objekte entwicklungsmäßig extrem jung sind, ergab sich anschließend durch Vergleich der Beobachtungen mit theoretischen Sternmodellen und bis in unsere Tage durch detaillierte astrophysikalische Untersuchungen.

3.3.2. T-Tauri-Sterne und verwandte Objekte

Kennzeichnung, Benennung und Einteilung

Unter den Sternen mit extrem kurzem Entwicklungsalter sind die T-Tauri-Sterne die bekanntesten. Sie sind benannt nach dem in spektroskopischer Hinsicht als Prototyp geltenden Stern. Ihre Masse liegt zwischen etwa 0,3 und 3 Sonnenmassen. In Richtung größerer Massen schließen sich die sogenannten «Ae-Veränderlichen in Nebeln» an (e bezeichnet die Anwesenheit von Emissionslinien im Spektrum, dessen Typus streng genommen auch B oder früh-F sein kann), in Richtung geringerer Massen die Flare-Sterne. Letztere behandeln wir in Kapitel 3.3.3. Die anderen beiden Gruppen haben viele Gemeinsamkeiten, so daß wir sie hier zusammen besprechen können. Weiterhin gibt es nach heutiger Erkenntnis auch entwicklungsmäßig extrem junge Sterne ohne beobachtete Emissionslinien; diese Objekte, deren Zuordnung durch andere Analogien erfolgt, gehören ebenfalls zum vorliegenden Kapitel.

Das photometrische Kennzeichen ist **unregelmäßiger Lichtwechsel.**

Mehr läßt sich allgemein kaum sagen, weil die Streubreite des phänomenologischen Verhaltens außerordentlich groß ist. Die Veränderlichkeit birgt verschiedene Komponenten, und in manchen Sternen sind sie alle, in anderen wiederum ist nur eine davon wirksam, und viele Zwischenformen existieren. Wir unterscheiden (in Klammern Größenordnung typischer Zeitskalen in Tagen):

1. Langsame Schwankungen (10^2)
2. Helligkeitsminima (10^1)
3. Eruptionen ($10^{-1} ... 10^{-2}$)
4. Variabilität der Emissionslinien ($10^0 ... 10^{-1}$)
5. Quasiperiodische Änderungen (10^1)

Der Name RW-Aurigae-Sterne war weit verbreitet und wird, wenn man den Lichtwechsel allein im Auge hat, noch heute oft benutzt. Hoffmeister (1949) unterschied drei **Untertypen**:

1. Typische RW-Aurigae-Sterne — meist rascher Lichtwechsel, der schon in einigen Stunden bemerkbar ist; der Eindruck der Regellosigkeit herrscht vor, Amplitude 1,5 bis etwa 4 mag. Beispiele: RW Aur, RR Tau, T Cha (Bild 93).

2. RW-Aurigae-ähnliche Sterne — Kennzeichen wie bei den typischen Sternen mit dem Unterschied, daß eine der Eigenschaften abgeschwächt in Erscheinung tritt, d. h. entweder relativ langsamer Lichtwechsel vorliegt oder eine Amplitude unter 1,5 mag oder beides vereint. Beispiel: T Tau (Bild 94).

3. Algol-ähnliche Variante — die unregelmäßigen Helligkeitsminima beherrschen das Bild. Beispiele: T Ori, BO Cep (Bild 95), WW Vul (Bild 96); Spektraltypus meist F oder früher.

Andere Einzelheiten berücksichtigt das von der IAU vorgeschlagene und im Generalkatalog der Veränderlichen Sterne von Kukarkin u. Mitarb. (1969) realisierte Klassi-

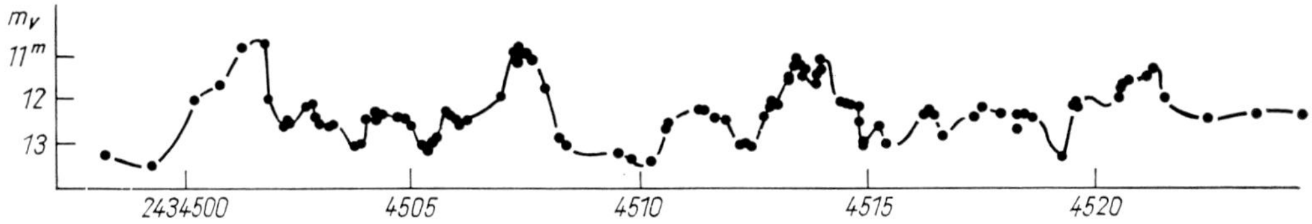

Bild 93 Visuelle Lichtkurve von T Cha nach HOFFMEISTER (1965)

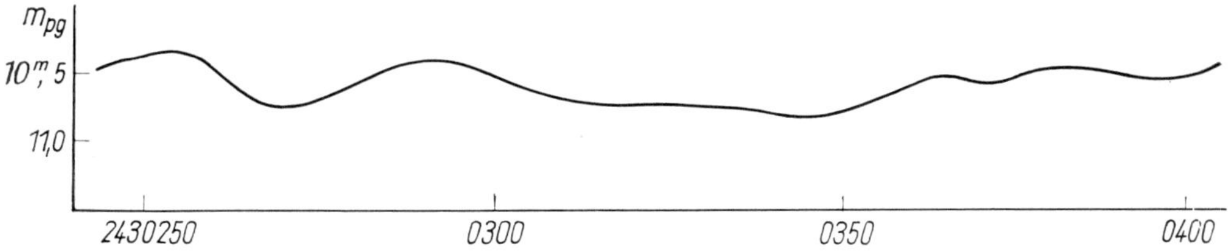

Bild 94 Langsamer Anteil in der photographischen Lichtkurve von T Tau nach AHNERT, leicht schematisiert

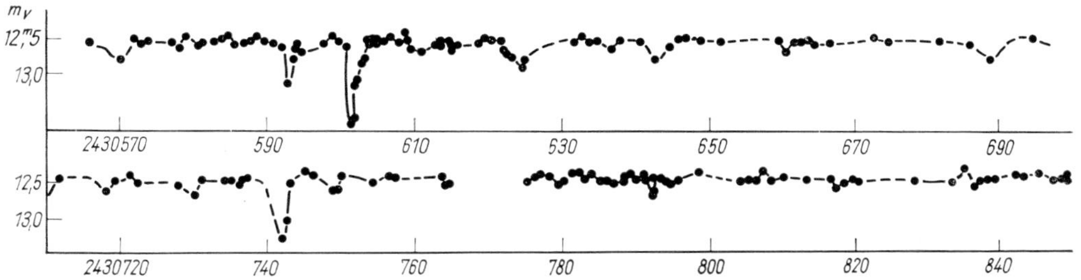

Bild 95 Visuelle Lichtkurve von BO Cep nach HOFFMEISTER (1944)

fikationsschema. Es werden hierbei die Unregelmäßigen in diffusen Nebeln und die rasch veränderlichen Unregelmäßigen unter dem Symbol I (mit den Zusätzen n — Nebel oder s — schnell) zusammengefaßt. Eine weitere Unterteilung erfolgt hinsichtlich spektraler Kriterien (a — Spektren O ... A, b — mittlere oder späte Spektren, T — T-Tauri-Spektren). Beispiele siehe Tabelle 38.

Auch diese Einteilung hat Schwächen. So kommen die grundverschiedenen Sterne BO Cep und T Cha in dieselbe Klasse (Insb), und das Symbol n steht sowohl für eng begrenzte Nebelanhänge als auch für ausgedehnte Dunkelwolken, in denen sich der betreffende Stern befindet.

Selbstverständlich gibt es Verwechslungsmöglichkeiten wegen ungenauer Kenntnis. So findet man unter den eruptiven Doppelsternen (Kap. 3.1.) dann und wann Formen des Lichtwechsels, die denjenigen der hier behandelten Sterne außerordentlich ähnlich sind, und zur Unterscheidung zwischen Ia- und γ-Cassiopeiae-Sternen (Kap. 3.4.2.) benötigt man außer dem Lichtwechsel noch weitere Kriterien. Auch kann sich hinter den von Tag zu Tag stark streuenden Helligkeitswerten allzu leicht ein raschwechselnder kurzperiodischer Stern verbergen, wenn nicht genügend dichte, die Regellosigkeit beweisende Beobachtungsreihen vorliegen. Erfahrene Beobachter verweisen daher auf die nötige Vorsicht bei der routinemäßigen Suche und Klassifikation neuer Veränderlicher Sterne.

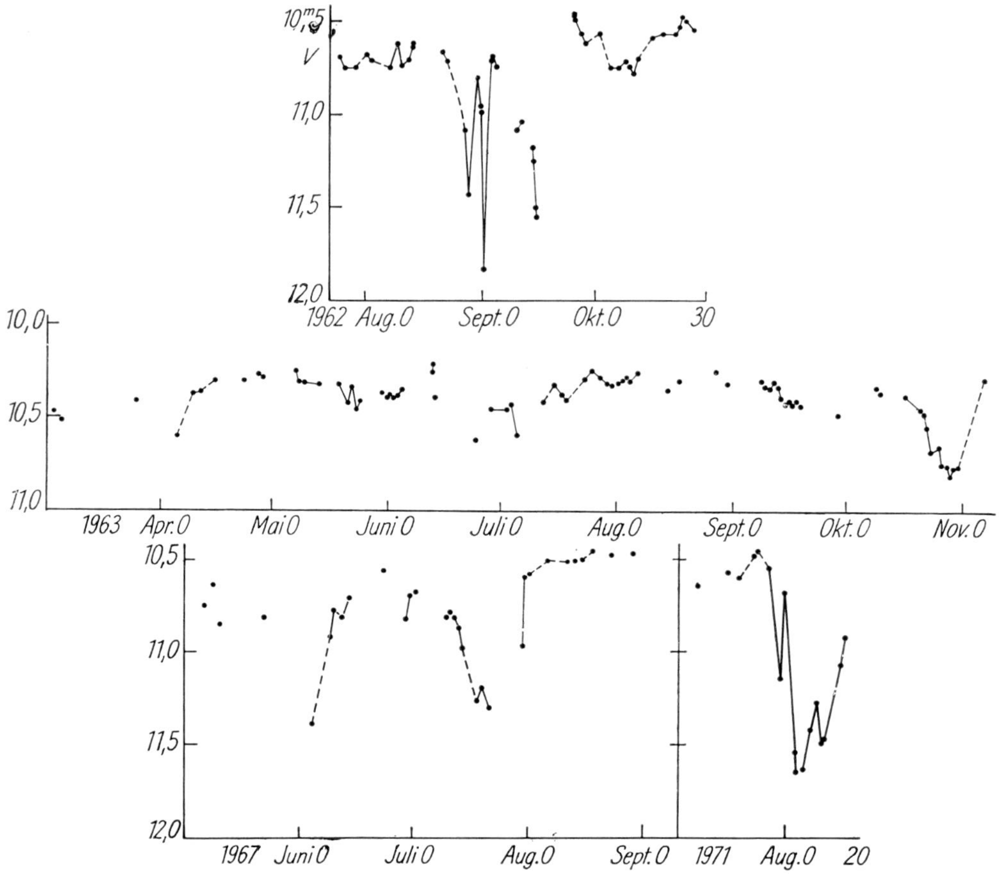

Bild 96 Photoelektrische V-Lichtkurve von WW Vul (nach Rössiger u. Wenzel 1972)

Tabelle 38 Klassifikation von RW-Aurigae-Sternen

Stern	Klasse	Erklärung
RW Aur	IsT	T-Tauri-Spektrum, rasch unregelmäßig wechselnd
T Tau	InT	T-Tauri-Spektrum, in diffusem Nebel
WW Vul	Isa	rasch unregelmäßig, früher Spektraltypus
RR Tau	Insa	wie WW Vul, in Nebel stehend
BO Cep	Insb	wie RR Tau, aber Spektraltypus später als A

Typisches Verhalten einzelner Sterne

Eine große Reihe neuer Erkenntnisse über die **Lichtkurven** Veränderlicher Sterne am Anfang der Entwicklung verdanken wir dem konzentrierten Einsatz objektiver photometrischer Methoden (photoelektrische Photometrie), z. B. an den Sternwarten auf der Krim und in Sonneberg. Die Untersuchung des Farbverhaltens (der Veränderungen der Farbenindizes während des Lichtwechsels) und die mit der Erhöhung der Meßgenauigkeit verbundene Möglichkeit, die durch Beobachtungsfehler vorgetäuschten Schwankungen auszuschalten, bleiben diesem Verfahren vorbehalten. Trotzdem ist eine der Lichtkurven mit den geringsten Lücken immer noch die visuell erlangte Kurve von T Cha. Die im Bild 93 wiedergegebene Darstellung konnte von HOFFMEISTER (1965) unter Mitwirkung der Beobachter JONES, PHILPOTT und BATESON in Neuseeland erarbeitet werden. Es war möglich, den Lichtwechsel zeitweise über 24 Stunden des Tages zu verfolgen. Die ersten Beobachtungen erfolgten in den Jahren 1952 und 53, weitere dann 1959. Man findet, daß der Charakter der Kurve derselbe geblieben ist, daß aber im ersten Teil spitze Maxima, im zweiten Teil spitze Minima betont sind. Noch stärker trat dieser Wechsel bei RY Lup hervor, der schon 1952 bis 53 zum BO-Cephei-Untertypus neigte, diese Eigenschaft aber 1959 noch erheblich deutlicher aufwies. Sehr anschaulich sind in dieser Hinsicht **Histogramme**, die die Verteilung aller Beobachtungen einer Reihe, womöglich getrennt nach einzelnen Zeitabschnitten, über die etwa nach Zehntel Größenklassen fortschreitenden Stufen des Gesamtbereichs der Amplitude zeigen. Man findet bei T Cha im wesentlichen keine Bevorzugung einer bestimmten Helligkeit, bei RY Lup eine starke Häufung nahe dem Maximum, bei RU Lup eine deutliche Bevorzugung geringer Helligkeiten und bei V 350 Ori sogar drei bevorzugte Helligkeitsstufen.

Damit ist eine weitere typische Eigenschaft der Lichtkurven berührt: die **Ruhehelligkeiten**

Man könnte vielleicht die BO-Cephei-Untergruppe einfach so deuten, daß bei ihr die Ruhehelligkeit im Maximum besonders betont ist. Andere Objekte haben ihre Ruhehelligkeit an anderen Stellen der Skala. Es kann wohl sein, daß diese Stellen sterngebunden sind; mindestens bleiben sie über relativ lange Zeit erhalten. Es gibt freilich auch Sterne, bei denen sie nicht nachweisbar sind.

Das Charakteristikum des **quasiperiodischen Lichtwechsels** tritt bei T Cha in Form von Wellen, die sich zeitweise dem regellosen Lichtwechsel überlagern, besonders deutlich hervor. Es wurden 1952 bis 53 die Perioden $3\overset{d}{,}4375$, $4\overset{d}{,}1800$ und $3\overset{d}{,}2323$ in zeitlicher Folge gefunden; Beobachtungen von 1959 ergaben eine dem dritten Wert sehr ähnliche Zyklenlänge. Auch für RY Lup konnte ein solcher Befund nachgewiesen werden. So wurden von HOFFMEISTER schließlich die folgenden typischen Perioden ermittelt, die allerdings für RU Lup und AK Sco noch der Bestätigung bedurften:

T Cha	$3\overset{d}{,}2436$
RY Lup	3,7609
RU Lup	3,8375 ?
AK Sco	5,1480 ?

Ein Beispiel für quasiperiodische Erscheinungen im Lichtwechsel bot auch SV Cep, für den eine enge Reihe photoelektrischer U, B, V-Messungen aus dem Zeitraum 1962 bis 66 vorliegt — Bild 97 (WENZEL 1969). Hier sind es die relativ scharfen Minima, die nicht ganz regellos verlaufen, sondern mit einem mittleren Abstand von $15\overset{d}{,}4$ wiederkehren, die aber von wechselnder Gestalt und Tiefe sind und die außerdem im Verein mit weiteren Komponenten des Lichtwechsels auftreten. Besonders bemerkenswert ist, daß diese Schwächungen ohne Änderung des Farbenindex $B-V$ (s. Bild 97) vonstatten gehen (d. h. im Farbbereich B dieselbe Amplitude haben wie in V). Zur Deutung dieser Komponente des Lichtwechsels wurden von WENZEL, DORSCHNER u. FRIEDEMANN (1971) **zirkumstellare Wolken aus meteoritischen Körpern** von cm-Größe vorgeschlagen, die das Sternlicht in statistischer Folge neutral abschwächen. Die Zyklenlänge ist durch den bevorzugten Abstand der Wolken vom Stern und durch ihre Anzahl bestimmt. Die quantitative Diskussion zeigte, daß zur Erklärung der

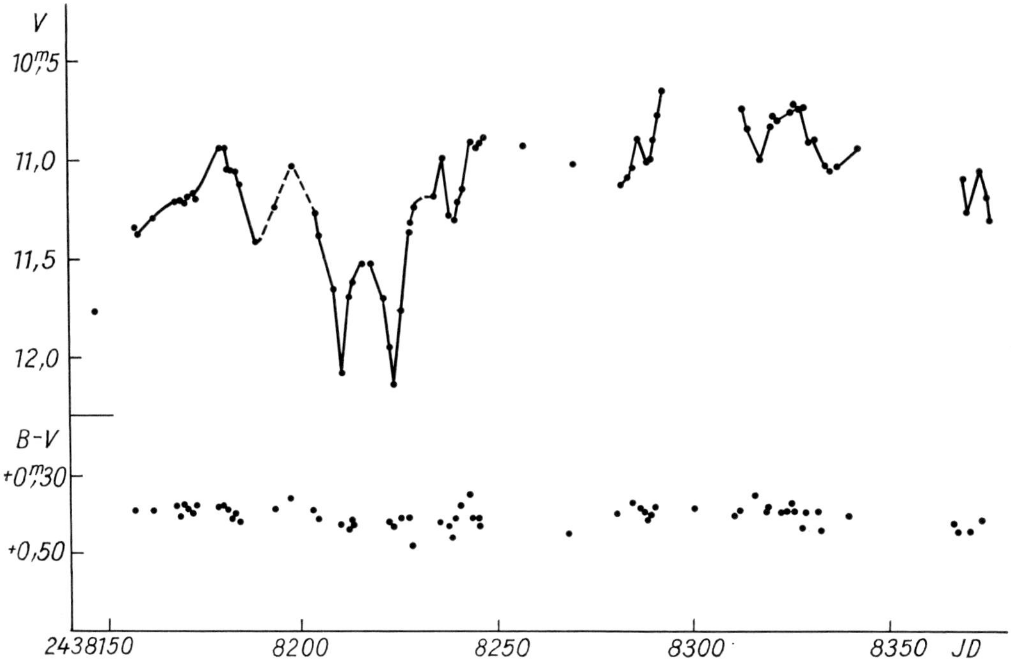

Bild 97 Photoelektrische V- und $(B-V)$-Messungen von SV Cep nach Wenzel (1969)

Beobachtungen einige 10^5 Wolken mit einer Gesamtmasse von weniger als 1% der Sternmasse benötigt werden. Ob dieses Modell mehr ist als eine vorläufige Arbeitshypothese, müssen weitere Untersuchungen zeigen.

Einigermaßen dichte Reihen photoelektrischer Beobachtungen, synchron zu spektrographischen Untersuchungen mittels Objektivprisma, haben Götz u. Wenzel (z. B. 1967) von einer Anzahl T-Tauri-Sternen und Nebenformen erhalten und diskutiert. Auffallend ist die **Sonderstellung von RW Aur** in diesem Material, indem er, wie kein anderer Stern des Programms, einen Wechsel der Helligkeit von Nacht zu Nacht um 1 mag zeigen kann (Bild 98). In der Schnelligkeit der Änderungen ähnelt er damit T Cha. Die bei letzterem Objekt visuell beobachteten überlagerten Wellen und Ausbrüche von wenigen Stunden Dauer und einer Amplitude von einigen Zehnteln mag sind bei RW Aur objektiv nachgewiesen. Bemerkenswert ist die auch bei anderen Sternen des Programms gefundene Tatsache, daß Änderungen des Linienspektrums nicht immer synchron mit dem Lichtwechsel verlaufen. Zwei unsymmetrische Ausbrüche kurzer Dauer analog derjenigen der Flare-Sterne sind vermutlich dem roten Begleiter RW Aur B zuzuschreiben.

Spektrum

Der Typus «T-Tauri-Sterne» ist, wie oben erwähnt, durch spektrale Besonderheiten definiert. Der Spektraltypus ist G bis M. Eine große Zahl von **Emissionslinien niedriger Ionisationsstufen** mit zum Teil komplizierten Profilen (H_α und übrige Glieder der Balmerserie, H und K von Ca II und Linien weiterer neutraler und einmal ionisierter Metalle, z. B. Fe) zeigt die Existenz einer den Stern umgebenden Hülle von chromosphä-

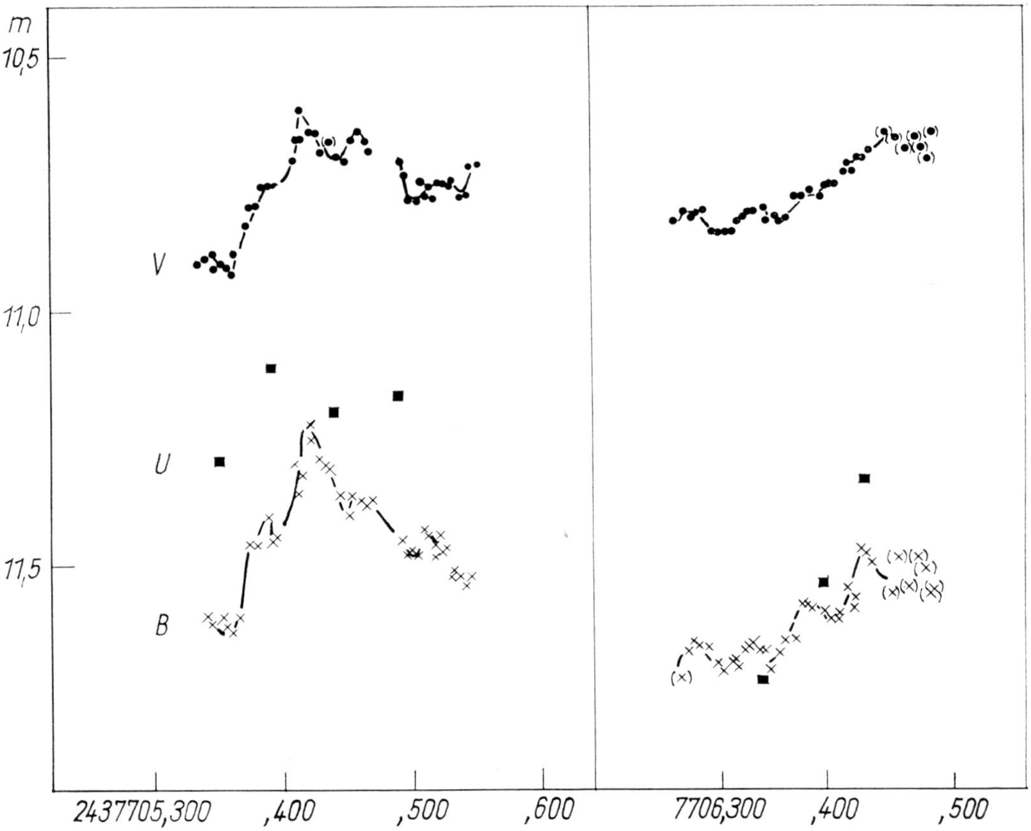

Bild 98 Photoelektrische Messungen an RW Aur in den Bereichen *V*, *B* und *U* (GÖTZ u. WENZEL 1967)

renähnlichem Zustand an (Bild 99). Das Vorhandensein von Regionen sehr hoher Temperaturen in der Umgebung der Sterne wurde neuerdings durch Spektrogramme im entfernten UV, die von International Ultraviolet Explorer Satellite (IUE) aufgenommen wurden, bestätigt (z. B. GAHM 1980a). Auch Versuche, Röntgenstrahlung von T-Tauri-Sternen nachzuweisen, wurden verstärkt unternommen, z. B. mit dem Einstein-Satelliten (GAHM 1980b).

Charakteristisch ist insbesondere die Existenz der beiden Eisenemissionen Fe I 406,3 nm und 413,2 nm, die nur in T-Tauri-Sternen vorkommen und nach HERBIG ihre Entstehung einem Fluoreszenz-Mechanismus verdanken, indem die von Fe I 396,9 nm aus der langwelligen Emissionskomponente der Linie H (Ca II 396,8 nm) absorbierte Energie unter anderem in den beiden angeführten größeren Wellenlängen wieder emittiert wird. Da das Linienprofil der Linie H wie auch dasjenige von K, H_α und anderen entscheidend durch das Abströmen von Gasen vom Stern in den zirkumstellaren Raum bestimmt wird, tritt uns hier der immense **Massenverlust** entgegen, der nach KUHI (1964) in den frühen Entwicklungsphasen der Fixsterne, zumindest zeitweilig, die Regel ist.

Es gibt allerdings auch Objekte, bei denen temporär nicht ein Aus-, sondern ein **Einströmen** von Gasmassen beobachtet wird. Die Spektrallinien zeigen das sogenannte

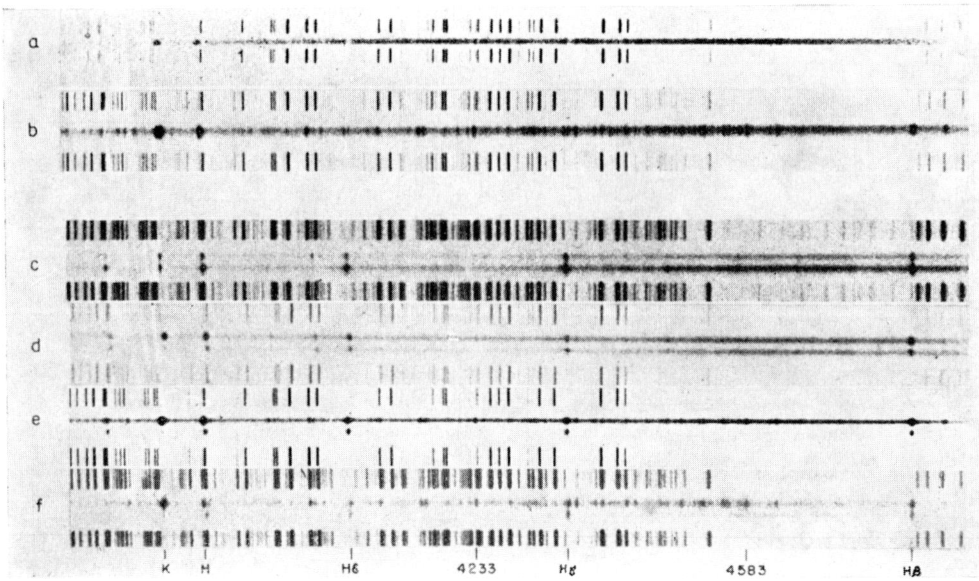

Bild 99 Spektrogramme von extrem jungen Veränderlichen zu verschiedenen Zeitpunkten (nach Joy 1945). RW Aur: *a* 1941 Nov. 2, *b* 1944 Sep. 25; UZ Tau mit dMe-Begleiter (*unten*): *c* 1944 Sep. 23, *d* 1944 Jan. 4, *e* 1945 Jan. 8, *f* 1942 Dez. 28. Man beachte die Vielzahl der Emissionslinien; die Linien bei 423,3 nm und 458,3 nm gehören zum einmal ionisierten Eisen. Die ober- und unterhalb eines jeden Sternspektrums abgebildeten Emissionspektren stellen Vergleichsspektren dar und dienen zur Wellenlängen-Vermessung

inverse P-Cygni-Profil. Als Prototyp gilt YY Ori, dem M. F. Walker eine Reihe von Arbeiten gewidmet hat (z. B. 1978). Übrigens wird von M. F. Walker auch für diesen Stern die variable Wirkung von Absorptionsprozessen in der ausgedehnten Hülle als Ursache der irregulären Helligkeitsänderungen angesehen. Ein heller Vertreter scheint GQ Lup zu sein (Appenzeller u. Mitarb. 1978; dort weitere Literatur).

Ein anderes wesentliches Kennzeichen bei entwicklungsmäßig extrem jungen Sternen ist die Absorptionslinie 670,7 nm des neutralen Lithiums (Li 7), deren Analyse eine **Überhäufigkeit des Lithiums** um etwa den Faktor 100 gegenüber der Sonnenhäufigkeit anzeigt. Sowohl irdische Eruptivgesteine als auch Chondrit- und Silikat-Meteorite zeigen im Durchschnitt eine Lithium-Überhäufigkeit der genannten Größenordnung. In beiden Relikten aus der frühen Entwicklungszeit der Sonne und dem sie einhüllenden «Sonnennebel» ist das Lithium erhalten geblieben, das seinerzeit bei der Sonne — und das «kürzlich» bei den T-Tauri-Sternen — produziert wurde und das im Laufe der Jahrmilliarden aus den Sternatmosphären wieder verschwindet. Die Theorien für dieses Phänomen sind noch zahlreich und widersprüchlich.

Die **Gashülle** um die T-Tauri-Sterne manifestiert sich weiterhin durch **Strahlungsüberschüsse** im ultravioletten, blauen und infraroten Teil des kontinuierlichen Spektrums. Eine Radiofrequenzstrahlung im Zentimeterwellen-Bereich scheint bei T Tau dem umgebenden, auch optisch sichtbaren Gasnebel zu entstammen (Bertout 1980). Der Infrarot-Exzeß kann allerdings auch durch thermische Emission von Staubteilchen in einer **zirkumstellaren Staubhülle** erklärt werden. Darüber, welche Prozesse dominieren, herrschen gegensätzliche Ansichten. Namen wie Strom, Cohen und

Rydgren sind hier zu nennen. Es ist gut möglich, daß beide Effekte wirksam sind und zwar in den verschiedenen Sternen mit unterschiedlichem jeweiligem Anteil.

Eine zusammenfassende Darstellung der komplizierten zirkumstellaren Verhältnisse bei T-Tauri-Sternen hat unter der Überschrift «Are we beginning to understand T Tauri Stars?» (Beginnen wir jetzt, T-Tauri-Sterne zu verstehen?) Cohen (1981) gegeben. Der Autor geht zwar auf Erklärungsversuche für die Helligkeitsänderungen nicht ein, doch sind seine Darlegungen über das vermutete Vorhandensein von Staubringen (statt vollständiger Staubhüllen) und von stark gerichteten Massenstrahlen (statt einem isotropen Sternwind) neue Gesichtspunkte.

Das wichtigste spektroskopische Kriterium der «**Ae-Sterne in Nebeln**» scheint das Vorherrschen eines mehr oder weniger normalen «Hüllenspektrums» zu sein: Emissionslinien (hauptsächlich des Wasserstoffs) sind besonders dann stark ausgeprägt, wenn der Stern in bedeutendem Maße durch Abströmen Materie verliert, wenn die Spektrallinien also das bekannte P-Cygni-Profil zeigen (Absorptionskomponenten an der kurzwelligen Seite der Emissionslinien), ganz analog zu den T-Tauri-Sternen. Die in der Hülle entstehenden schmalen und tiefen Wasserstoffabsorptionen, die sich den breiten stellaren Linien überlagern, erinnern gelegentlich an Überriesenspektren.

Nicht nur der Massenverlust und der dadurch mitbedingte Aufbau einer zirkumstellaren Hülle verlaufen bei den Ae-Sternen parallel zu den Erscheinungen bei T-Tauri-Sternen (es gibt geradezu spektrale Zwischentypen), sondern auch die Formen der regellosen Veränderlichkeit sind, wie oben erwähnt, analoger Natur. Es dominieren allerdings in auffälliger Weise **Helligkeitsminima**, die ohne merkliche Änderung des Absorptionslinien-Spektrums (d. h. des Spektraltyps) ablaufen. In einigen Fällen wechselt nicht einmal der Farbenindex, z. B. bei dem gut beobachteten RR Tau (Herbig 1960, Rössiger u. Wenzel 1974, Bild 100) und SV Cep (s. o.).

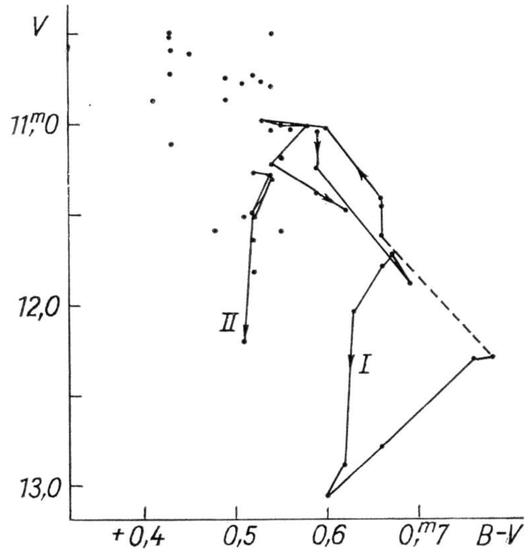

Bild 100 Änderung der Lage von RR Tau im Farbenhelligkeitsdiagramm $V/(B-V)$ im Verlauf des Lichtwechsels; verbunden sind zeitlich aufeinanderfolgende Meßpunkte beim Abstieg in zwei Helligkeits-Minima (photoelektrische Beobachtungen, nach Rössiger u. Wenzel 1974)

Eine Konstanz des Spektraltyps oder ein zum Lichtwechsel unkorreliertes Verhalten finden wir übrigens, wie oben angedeutet, auch bei den echten T-Tauri-Sternen (DI Cep: Gahm 1979; RW Aur: Götz u. Wenzel 1967), was als starker Hinweis dafür empfunden wird, daß hier ebenfalls keine dramatischen Änderungen der effektiven

Temperatur der stellaren Komponente, sondern Variationen in der Gas- oder/und Staubhülle eine Rolle spielen. Der zitierte Bericht von GAHM (1979) enthält eine große Anzahl weiterer Literaturangaben aus jüngster Zeit zu dem vielerorts diskutierten Problem der Hüllen von T-Tauri-Sternen.

HERBIG u. N. K. RAO (1972) haben in einem «Second Catalog of Emission-Line Stars of the Orion Population» eine Zusammenstellung aller jener Vor-Hauptreihensterne gegeben, die Emissionslinien besitzen und für die spaltspektroskopische Informationen existieren. Es handelt sich um 323 Objekte. Außer spektroskopischen und U, B, V-photometrischen Daten enthält der Katalog auch Angaben über den jeweiligen Typus der Lichtkurve, wobei die Lage oder das Nicht-Vorhandensein einer Vorzugshelligkeit als Klassifikationsprinzip dienen (PARENAGO 1954; HERBIG 1962). Obwohl das Verzeichnis für statistische Untersuchungen ungeeignet ist, sei erwähnt, daß nur 18% der Objekte mit gegebenen Spektraltypen den Klassen B bis F angehören. Hierin kommt wohl nicht nur die Seltenheit massereicherer Vor-Hauptreihensterne zum Ausdruck. Vielmehr ist das Auftreten auffälliger Emissionslinien bei den frühen Spektraltypen der hier erfaßten Veränderlichen merklich seltener: Veränderliche wie WW Vul, BO Cep, BH Cep oder IP Per sind in der Liste definitionsgemäß, da ohne beobachtete Emissionen, nicht enthalten.

Gruppeneigenschaften

Die erste solide Möglichkeit, theoretische Überlegungen über das Vor-Hauptreihenstadium der Sterne mit Beobachtungen zu verknüpfen, folgte aus der Untersuchung der **T-Assoziationen**. Als Assoziation bezeichnet man lokal begrenzte Anhäufungen von Sternen bestimmter Eigenschaften, ohne daß die Gesamtdichte die Annahme eines offenen Sternhaufens rechtfertigt, beispielsweise Gegenden mit überdurchschnittlicher Häufigkeit von O- und B-Sternen. Für die RW-Aurigae-Sterne ist der Begriff zuerst von KHOLOPOV (1951) angewandt worden. Er prägte die Bezeichnung «T-Assoziation» nach T Tauri. Eine berühmte Anhäufung dieser Art finden wir im Orion-Nebel. Auch ist offenkundig, daß die 7 am längsten bekannten RW-Aurigae-Sterne sämtlich den Sternbildern Aur, Ori, Tau angehören, also relativ eng konzentriert in einer von Nebeln und Dunkelwolken erfüllten Gegend. Der Stern RW Aur selbst steht in einem nebelfreien und unverdunkelten Gebiet, aber die Ränder der großen Taurus-Dunkelwolke sind nur etwa 1° entfernt. Es ist möglich, daß RW Aur der Wolke angehörte und ausgewandert ist.

Neue T-Assoziationen fand man vor allem bei spektroskopischen Durchmusterungen mit geringer reziproker Dispersion anhand der **H_α-Emission** der meist lichtschwachen Sterne. Pionierarbeit auf diesem Gebiet leisteten in Mexiko, USA und UdSSR in den 50er Jahren CHAVIRA, DOLIDZE, IRIARTE, JOY, HARO, HERBIG und MANOVA. Die anschließenden Arbeiten von KHOLOPOV (1951), GÖTZ (z. B. 1961) und anderen wiesen nach, daß ein hoher Prozentsatz, wenn nicht die Gesamtheit, der H_α-Sterne RW-Aurigae-Lichtwechsel zeigen, daß es aber auch eine Reihe von derartigen Veränderlichen im Bereich der T-Assoziationen gibt, die (mindestens zeitweise) keine merkliche H_α-Emission aufweisen. Auf eine Anzahl von statistischen Zusammenhängen zwischen spektroskopischen und photometrischen Parametern einerseits und dem Entwicklungszustand der Sterne in T-Assoziationen und extrem jungen Sternhaufen andererseits machte GÖTZ (1973; 1980) aufmerksam.

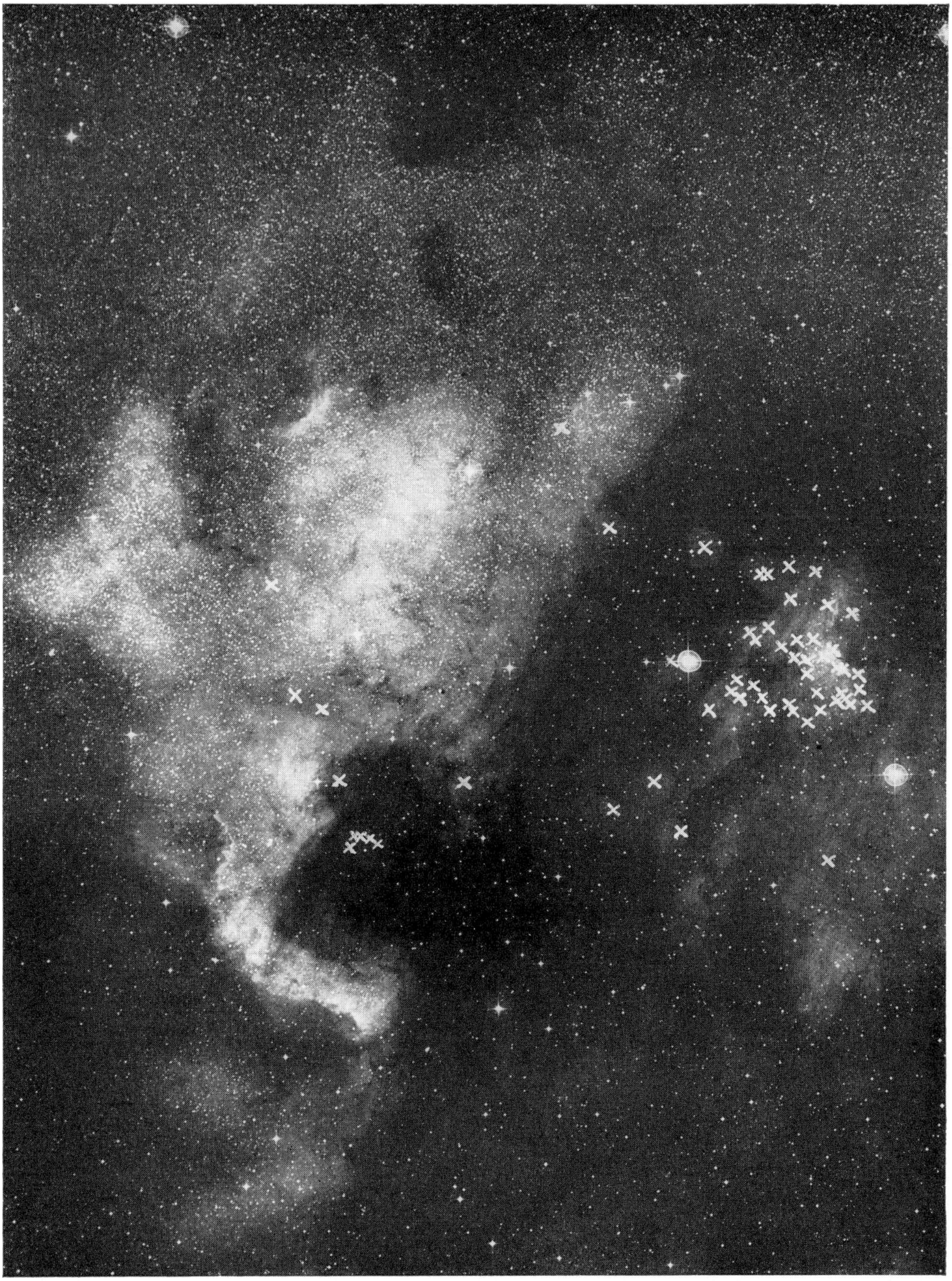

Bild 101 Nordamerika-Nebel (NGC 7000) und Pelikan-Nebel (IC 5067). Eingetragen durch liegende Kreuze sind die Positionen einiger extrem junger Sterne dieses Gebiets (Hα-Sterne nach HERBIG 1958b, Veränderliche nach WENZEL 1963 und GIESEKING 1973). Aufnahme GÖTZ, Sonneberg

Tabelle 39 Wichtige T-Assoziationen

Name	α	δ
IC 348 (Perseus)	3^h38^m	$+32°$
Taurus-Auriga-Komplex	$4^h \ldots 5^h$	$+16° \ldots 30°$
B 30 (Orion)	5^h25^m	$+12°$
Orion-Nebel	5 30	− 6
B 35 (Orion)	5 40	+ 9
IC 446 (Monoceros)	6 25	+10
NGC 2264 (Monoceros)	6 36	+10
ε Chamaeleontis	11 00	−77
B 228 (Lupus)	15 40	−35
Scorpius-Ophiuchus-Komplex	16 25	−25
M8, M20 (Sagittarius)	17 56	−24
Corona Austrina	18 55	−37
IC 5070, NGC 7000 (Cygnus)	20 50	+44
NGC 7023 (Cepheus)	21 01	+68
Cepheus-Komplex	23 55	+65

Einige wichtige T-Assoziationen (inklusive extrem junger Sternhaufen) sind in der Tabelle 39 aufgeführt; siehe auch die Bilder 101 bis 103.

Diese Assoziationen können nicht älter als einige Millionen Jahre sein, da sie sehr stark der auflösenden Wirkung der differentiellen galaktischen Rotation unterliegen. Auch zeigen ihre Farbenhelligkeitsdiagramme im Prinzip diejenige Struktur, die man aus **Modellrechnungen** bei entwicklungsmäßig extrem jungen, noch in der ersten **Kontraktionsphase** befindlichen Objekten erwartet. Übrigens beobachtet man ähnliche Farbenhelligkeits- und die entsprechenden Zweifarbendiagramme auch bei gewissen Sternhaufen; mithin werden diese ebenfalls am Anfang ihrer Entwicklung stehen.

Die Lage entwicklungsmäßig extrem junger Sterne in einem solchen Farbenhelligkeits-(oder Hertzsprung-Russell-)Diagramm ist zwar primär durch das Kontraktionsstadium bestimmt. Sekundäreffekte bereiten aber bei der Analyse der Diagramme erhebliche Schwierigkeiten, so z. B. die oben genannten Strahlungsüberschüsse, die Absorptions- oder Extinktionswirkungen von zirkumstellaren Staubpartikelhüllen und die Altersstreuung; die Sternentstehung in einem durch geeignete physikalische Bedingungen gekennzeichneten Raumteil kann sich offenbar auf eine Zeitspanne von mehreren Millionen Jahren erstrecken (z. B. Götz 1973).

Pauschal kann man sagen, daß die T-Tauri-Sterne der Spektraltypen G bis M im Mittel etwa 2,5 mag über der Hauptreihe liegen und daher **absolute Helligkeiten** zwischen $+3^M$ und $+7^M$ haben. Den ersten quantitativen Hinweis darauf hat wohl Parenago (1953) für die Veränderlichen des Orion-Nebels gegeben. Die «Ae-Sterne in Nebeln» dagegen liegen nur knapp 1 mag über der Hauptreihe.

Letztere sind selten, und zwar nicht nur, weil Sterne großer Masse weniger häufig entstehen, sondern auch, weil ihre Entwicklungsgeschwindigkeit groß, die **Verweilzeit** in dem uns interessierenden Zustand und daher die Chancen, solch einen Stern zu finden, sehr klein sind. Typische Zeitskalen für das Kontraktionsstadium bis zum Einsetzen von atomaren Energiefreisetzungs-Prozessen (also vor Erreichen der Hauptreihe) sind z. B.

5 $\mathfrak{M}_\odot$	$5 \cdot 10^5$a
1 $\mathfrak{M}_\odot$	10^7a
0,3 $\mathfrak{M}_\odot$	10^8a

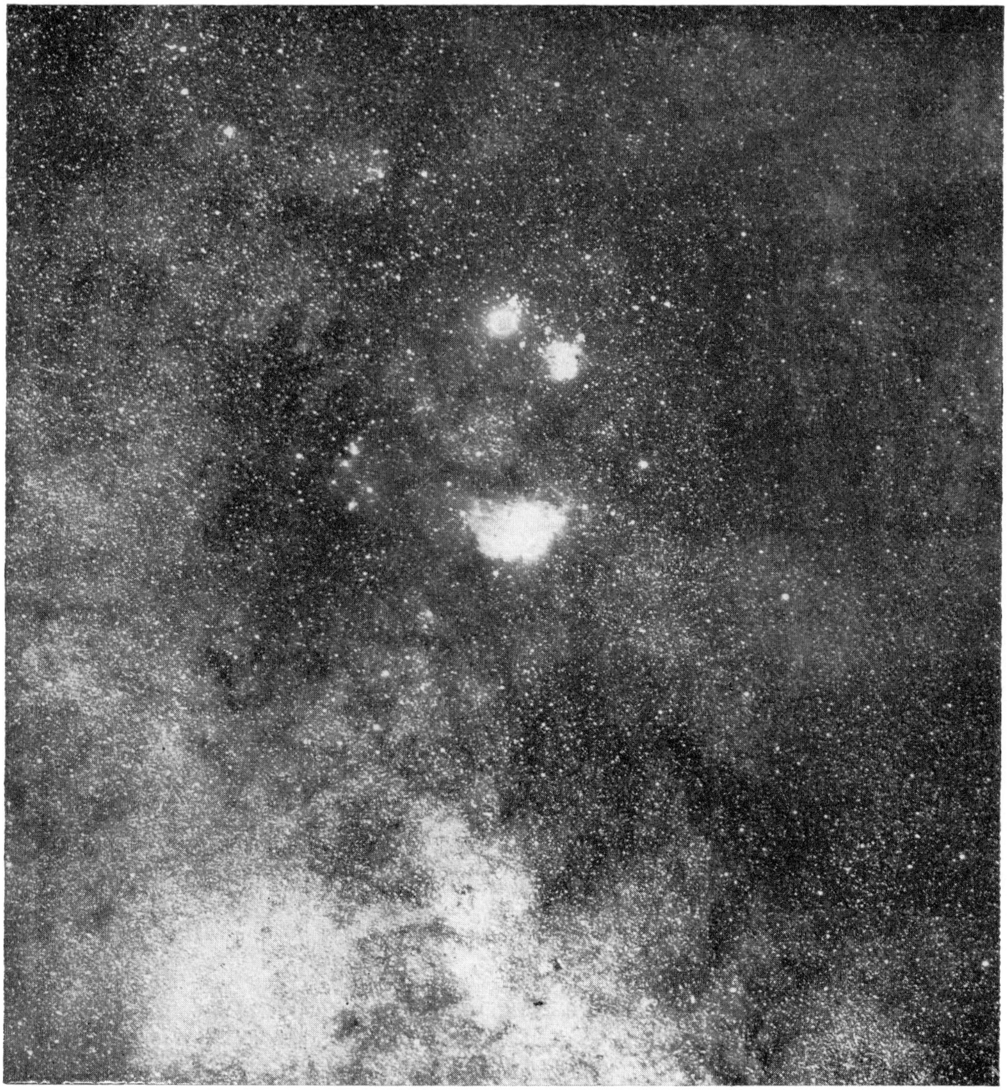

Bild 102 Gas- und Staubnebel im Sternbild Sagittarius; in der Mitte der Lagunen-Nebel M8, der eine T-Assoziation enthält. Aufnahme Hoffmeister (Boyden Station)

Oft findet man daher innerhalb von T-Assoziationen mit mehreren hundert Mitgliedern nur fünf oder weniger der genannten massereicheren Objekte; häufig beleuchten sie Nebelverdichtungen in ihrer unmittelbaren Umgebung — daher der erweiterte Name Ae-Sterne «in Nebeln».

Weitere Beziehungen zur interstellaren Materie

Das allgemeine Sternfeld wird dauernd und rasch aus den T-Assoziationen mit jungen Sternen angereichert (Sternhaufen zerfallen viel langsamer). Die Frage jedoch, ob Fixsterne auch einzeln oder höchstens zu zweit oder dritt entstehen können, ist beob-

Bild 103 Dunkelwolke «Kohlensack» im Sternbild Crux (Kreuz des Südens); ihr galten eine Anzahl Suchaktionen nach extrem jungen Veränderlichen. Aufnahme Hoffmeister

achtungsmäßig noch offen. Die Theorie der Sternentstehung aus kühlen interstellaren Wolken verneint dies heute nicht mehr kategorisch. Auch sind T-Assoziationen mit außerordentlich geringer Mitgliederzahl beobachtet worden, so z. B. das Aggregat um BD $+40°$ 4124 (Herbig 1960; Wenzel 1980a), das die beiden sowohl im Spektraltypus als auch im Lichtwechsel unterschiedlichen Veränderlichen LkHα 224 und 225 enthält: Ersterer ist ein typischer RW-Aurigae-Stern mit einem vermutlichen Spektrum Ge-Ke, letzterer ein Be-Ae-Stern mit überwiegend hellem Normallicht und irregulären Minima.

Beide Sterne, die nur einen Abstand von rund 20″ haben, sind offenbar durch unterschiedliche Beträge der interstellaren Extinktion beeinflußt, was die Wirkung von Staubmassen in unmittelbarer Umgebung von LkHα 225 anzeigen könnte.

Ein analoges Ergebnis hatte schon viel früher Götz (1961, S. 136) im Rahmen intensiver Untersuchungen von RW-Aurigae-Sternen in T-Assoziationen durch Sternzählungen in nächster Umgebung der Veränderlichen gefunden. Von Stern zu Stern differiert die Zahl der Umgebungssterne; dies wird als **unterschiedliche Extinktion** (d. h. unterschiedliche Dichte) des interstellaren Staubes gedeutet. Es wurde die Regel gefunden: je größer die Intensität der $H\alpha$-Emission, desto größer die Dichte des Staubstratums. Dieser Befund kann quantitativ durch die Feststellung erklärt werden, daß die Emissionen umso stärker sind, je größer der Massenverlust (Sternwind) (Kuhi 1964) ist (Wenzel 1975): Ein Teil des abströmenden Gases kondensiert zu nicht verdampfenden («feuerfesten») Staubpartikeln, so daß die Umgebung des Sterns (nachweisbar bis vielleicht in Entfernungen von größenordnungsmäßig 1 pc) mit **interstellarem Staub einer neuen Generation** angereichert wird. Die Dichte dieses Materials ergibt sich aus den Rechnungen gerade so, daß die beobachtete Verstärkung der interstellaren Extinktion in der Umgebung von T-Tauri-Sternen herauskommt. Bemerkenswert ist, daß einige hellere RW-Aurigae-Sterne, die BO-Cephei-ähnlichen Lichtwechsel zeigen, im Maximum ihrer Helligkeit keine zusätzliche Umgebungsextinktion der geschilderten Art aufzuweisen scheinen (z. B. IP Per, BO Cep, BH Cep, WW Vul, SV Cep, auch RR Tau). Dies konnte man durch Vergleich der Farbexzesse dieser Sterne mit denjenigen von konstanten Umgebungssternen bekannter Leuchtkraft und Entfernung nachweisen (z. B. Rössiger u. Wenzel 1973). Das Verfahren ist bei echten T-Tauri-Sternen nicht anwendbar, da bei ihnen wegen der sterneigenen Abnormitäten des Spektralkontinuums die Trennung von zirkumstellarem und interstellarem Verfärbungsanteil nur schwer möglich ist.

Zwischen der Theorie der Sternentstehung aus kühlen interstellaren Wolken und der Beobachtung besteht in einer weiteren Hinsicht gute Übereinstimmung (Herbig 1962; 1977): Die **Bewegungseigenschaften** der Mitglieder von T-Assoziationen ähneln der inneren Kinematik der neutralen HI-Regionen und Molekülwolken (und nicht derjenigen der «heißen» H II-Gebiete aus ionisiertem Wasserstoff), und das Auftreten solcher Assoziationen ist gebunden an die zusätzliche Anwesenheit dichter und ausgedehnter Dunkelwolken interstellaren Staubes, der für die erforderliche Kühlung des HI-Gases sorgt. Man denke hierbei nur an die T-Assoziationen in den Sternbildern Taurus und Auriga, in Ophiuchus und beim Nordamerika-Nebel. In einigen Wolken geeigneter Art scheint eine Konzentration von H_α-Sternen in der Nachbarschaft absolut heller heißer massereicher Sterne zu bestehen. Beispiele sind der Orion-Nebel sowie NGC 2068 und NGC 2264. Ob an solchen Stellen die Neubildung masseärmerer Sterne begünstigt ist, ist hypothetisch.

Besondere Objekte

Zum Abschluß des Kapitels sei noch auf zwei Veränderlichen-Klassen besonderer Art hingewiesen, die in der modernen Literatur häufig erwähnt werden.

FU-Orionis-Sterne (im sowjetischen Schrifttum gelegentlich gekürzt «Fuoris» genannt) sind T-Tauri-Sterne mit großen Helligkeitsausbrüchen, die begleitet sind von beträchtlichem Massenabstoß und einer Erhöhung der Oberflächentemperatur. Der Prototyp FU Ori ist seit 1937 bekannt. Weit besser untersucht allerdings ist V 1057 Cyg. Dieser Stern verhielt sich bis 1969 wie ein normaler T-Tauri-Veränderlicher mit typischem Spektrum und geringem Lichtwechsel (Wenzel 1963). Im Herbst 1969 erfolgte plötzlich ein Ausbruch von fast 6 Größenklassen (von 16^m bis 10^m) innerhalb von rund 300 Tagen (Bild 104), und die neue Helligkeit sank anschließend nur sehr allmählich um etwa 2,5 mag (photographisch) in 10 Jahren. Das Spektrum ähnelte im Maximum einem A-Hüllenstern. Ein weiteres Objekt dieser Art könnte V 1515 Cyg sein (Wenzel u. Gessner 1975), der im Jahre 1950 aufleuchtete. In einer aus-

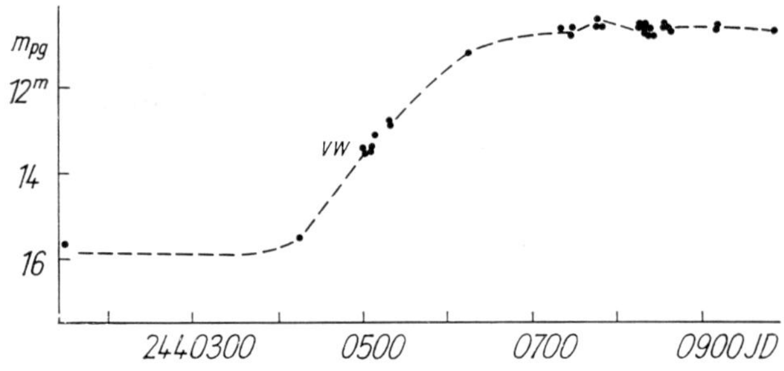

Bild 104 Ausbruch des FU-Orionis-Sterns V 1057 Cyg nach MEINUNGER u. WENZEL (1971)

führlichen Abhandlung weist HERBIG (1977) darauf hin, daß das Aufleuchten der FU-Orionis-Veränderlichen vermutlich ein wiederkehrendes Phänomen in einem Stern geringen Entwicklungsalters ist; dies schließt man aus der Anzahl der bisher bekannten Fälle (3) in Verbindung mit der Zeit, seit der eine gründliche Überwachung des Himmels nach eruptiven Objekten stattfindet (80 Jahre), und der geschätzten Zahl der potentiellen T-Tauri-Kandidaten innerhalb eines plausiblen Entfernungs- und Helligkeitsbereiches (500). Der genannte Autor kam nach eingehender Diskussion des vorliegenden Materials zu dem Schluß, daß bis dahin keine überzeugende physikalische Erklärung für das FU-Orionis-Phänomen vorlag.

Herbig-Haro-Objekte sind kleine, schwach leuchtende Nebelgebiete in Dunkelwolken innerhalb von T-Assoziationen mit meist mehreren fast sternförmig erscheinenden, irregulär veränderlichen Knoten (Bild 105). In der Nähe aufgefundene Infrarotquellen («Herbig-Haro-Sterne») könnten die hinter ungeheuer dicken zirkumstellaren Staubhüllen verborgenen Vorläufer von T-Tauri-Sternen sein. Eine wichtige Eigenschaft der H-H-Objekte ist die hohe negative Radialgeschwindigkeit der Emissionslinien der Nebelknoten relativ zu den umgebenden Dunkelwolken. Es muß noch entschieden werden, ob diese Emissionen in der Hülle eines H-H-Sterns entstehen und von den Nebelknoten nur in unsere Richtung gestreut («reflektiert») werden oder ob

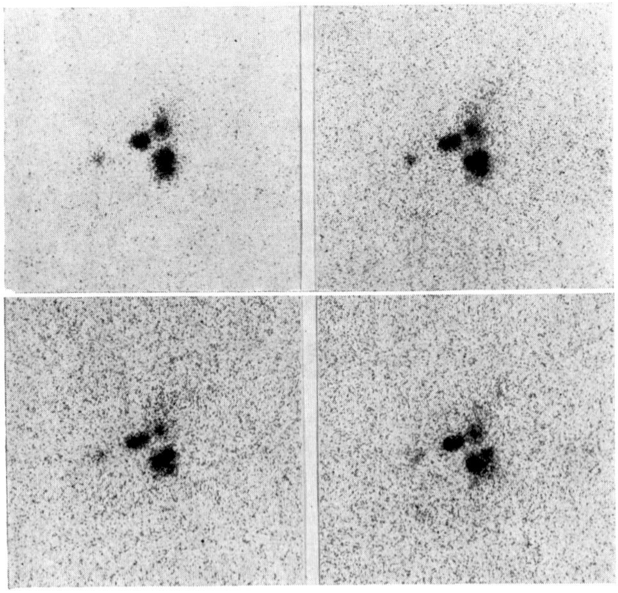

Bild 105 Veränderlichkeit der Kerne des Herbig-Haro-Objektes Nr. 2. Seitenlänge der Quadrate rund 2′. Daten von links oben nach rechts unten: 1947 Jan. 20, 1954 Dez. 20, 1958 Nov. 9, 1968 Jan. 5 (nach HERBIG 1968)

sie direkt in letzteren erzeugt werden. In beiden Fällen jedoch wären sie wieder ein Zeugnis großer Massenverlust-Raten der beteiligten extrem jungen Gebilde, deren Alter man auf 10^5 Jahre schätzt (Strom 1977). Die bei den zirkumstellaren Effekten der T-Tauri-Sterne schon erwähnte Darstellung von Cohen (1981) geht auch auf die H-H-Objekte ausführlich ein.

3.3.3. Flare-Sterne

Lichtkurven und Spektrum

Kennzeichnend für diese Gruppe sind starke Erhellungen, die oft in Minuten ablaufen. Als Prototyp gilt der Stern UV Cet, ein sonnennaher (Entfernung 2,7 pc) rote-Zwergstern mit Wasserstoff-Emissionslinien im Spektrum und der visuellen Minimum Helligkeit $13\overset{m}{.}0$. Eine große Anzahl von Flare-Sternen findet man in T-Assoziationen und jungen Sternhaufen. Solche Objekte nannte man nach einem Vorschlag von Haro, der die ersten fundamentalen Arbeiten über sie ausgeführt hat (z. B. Haro u. Morgan 1953), «Flash-Sterne». Wir wollen diesen Ausdruck der Kürze halber hier beibehalten, obwohl man von seinem Gebrauch abgekommen ist, da man unter Flash in der Theorie der Sternentwicklung heute etwas anderes versteht. Flash-Sterne sind auf Grund ihrer Lage z. T. verbunden mit interstellaren hellen oder dunklen Nebeln; in diesem Fall bezeichnet man sie mit dem Symbol UVn.

Die deutsche Übersetzung «Flackersterne» ist nicht zu empfehlen, denn flare und flash bedeuten kein fortgesetztes oder mehrmaliges «Flackern», sondern ein isoliertes kurzes Aufleuchten, welches sich in unregelmäßigen Zeitabständen, die in der Regel viel länger sind als die Dauer der Flares, wiederholt.

Im wesentlichen werden **2 Typen von Lichtkurven** unterschieden. Bei Typ I erfolgt der Aufstieg zum Maximum extrem steil, er ist in wenigen Sekunden oder Minuten vollendet; der Abstieg kann 10 Minuten bis etwa 2 Stunden dauern (Bild 106). Bei

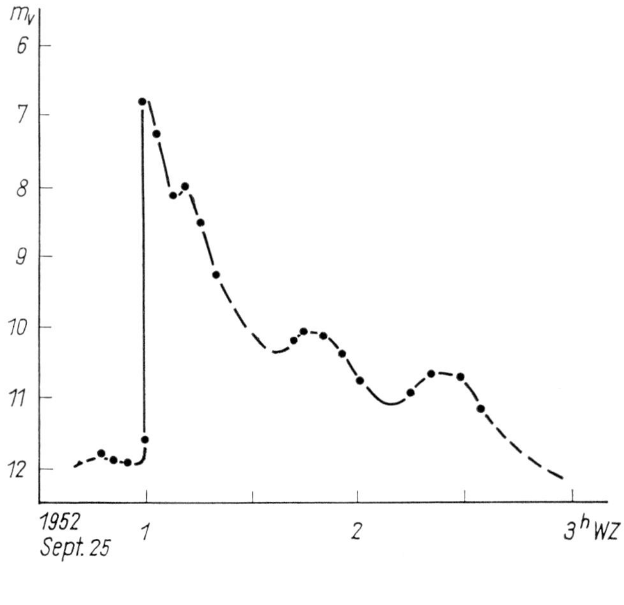

Bild 106 Visuell beobachteter Flare von UV Cet (extremer Ausbruch, nach Oskanyan 1964)

Typ II vollzieht sich alles etwa 10fach langsamer. Die UV-Ceti-Sterne der Sonnenumgebung zeigen nur den Typ I, die Flash-Sterne dagegen beide Typen, sogar in ein- und demselben Objekt. Die Geschwindigkeit der Entwicklung eines Ausbruchs des Typs I ist im allgemeinen von der Größenordnung 0,05 ... 0,1 mag s^{-1}. Der gut untersuchte UV Cet zeigte jedoch in mehreren Fällen einen Wert von 0,6 mag s^{-1} und einmal einen solchen von 2,8 mag s^{-1} (Jarrett u. Gibson 1975), als die Helligkeit in 31 Sekunden auf das 420fache anstieg. In diesem Fall betrug die Amplitude 6,5 mag im Spektralbereich B. Ähnlich hohe Ausbrüche sind wiederholt beobachtet worden, wobei beachtet werden muß, daß die Amplitude in B stets eine Mittelstellung einnimmt, in U am größten, in V am kleinsten ist. Beliebig kleine Flares kommen vor; ihre Wahrnehmung hängt natürlich von der Meßgenauigkeit der Apparatur ab. Die feststellbare Häufigkeit der Flares ist nach dem eben Gesagten abhängig vom Farbbereich, und sie ist es außerdem von der absoluten Helligkeit des betrachteten Sterns. Ein roher Mittelwert ist 1 Flare pro Stunde ($\geq$ 0,1 mag) im Bereich B. In den letzten Jahren hat die photometrische (photoelektrische) Untersuchung von Flares mit hoher Zeitauflösung (1 s und besser) große Fortschritte gemacht (z. B. Evans 1975, Moffett 1974); es zeigte sich, daß es Hochgeschwindigkeits-Flares gibt, deren Ausbruch im ganzen (Aufstieg und größter Teil des Abstiegs zusammengenommen) weniger als 10 s dauert («Spike-Flares», Bild 107). Diese Beobachtungen veranschaulichen auch, daß Flare-Ereignisse häufig wesentlich komplizierter sind, als nach photographischen (oder gar visuellen) Feststellungen zu urteilen wäre.

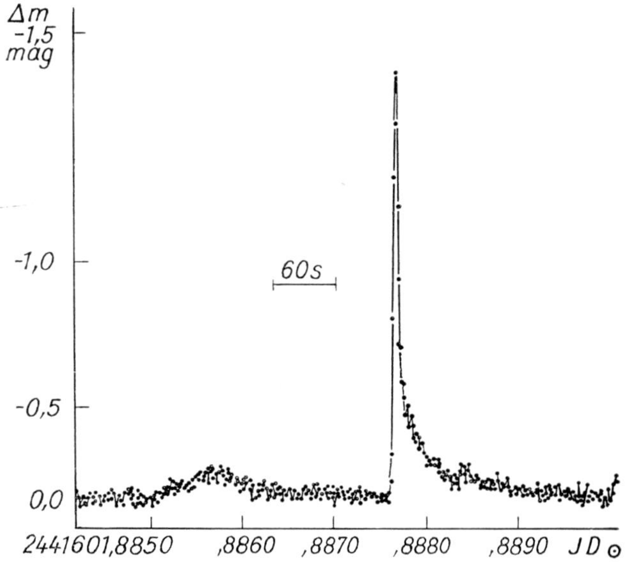

Bild 107 Photoelektrisch ohne Farbfilter gemessene Lichtkurve eines Spike-Flares von UV Cet; etwa 3 Minuten vor dem eigentlichen Ausbruch geschah ein sogenannter «Vorläufer» (nach Moffet 1974)

Während der Ausbrüche sind im allgemeinen die Emissionslinien des Wasserstoffs und neutralen Heliums beträchtlich heller als im Normalzustand, und das Kontinuum erhält einen **Blau-** und **UV-Überschuß**, der teilweise das Absorptionsspektrum ausfüllt. In zahlreichen sorgfältig überwachten Fällen wurden gleichzeitig mit den optischen Flares **Radiostrahlungsausbrüche** im Wellenlängenbereich von 20 cm bis 15 m beobachtet. Diese Bursts beginnen ungefähr im Maximum der Helligkeit oder wenige Minuten später und dauern etwa so lange wie die Flares im konventionellen Spektralbereich.

Die Monographie von Gurzadyan (1980) enthält eine Liste von 71 bis dahin bekannten UV-Ceti-Sternen der Sonnenumgebung, in die allerdings eine Anzahl zweifelhafter Fälle und auch Objekte vom BY-Draconis-Typus (Kap. 3.6.1.) aufgenommen sind. Unter Ausschluß der letzteren sind die Spektraltypen ausnahmslos dMe mit einer starken Häufung in Richtung der späteren Unterklassen. Alle aufgeführten Objekte liegen innerhalb von 20 pc Entfernung von der Sonne. Eine ähnliche Aufstellung findet sich in einem Übersichtsreferat von Kunkel (1975); einem gelegentlich geübten Brauch zufolge wurden hier allerdings auch einige dMe-Sterne aufgenommen, die zwar ausgesprochen starke Balmer-Emissionen zeigen, aber nicht direkt flare-aktiv sind.

Evolutionäre Stellung und Modelle

Verglichen mit den sonnennahen UV-Ceti-Sternen ist die Zahl der bekannten Flash-Sterne viel größer und dürfte etwa 1000 betragen. Einer Aufstellung von Haro (1968) entnehmen wir als Streubreite von deren Spektraltypen K0 bis M6, und der prinzipielle Befund, daß insbesondere in den jüngsten Sternhaufen und T-Assoziationen auch unter den K-Sternen Flash-Sterne vorkommen, dürfte durch modernere Untersuchungen bestätigt sein. Es soll erwähnt werden, daß bei letzteren besonders häufig eine Überlagerung von RW-Aurigae-Lichtwechsel angedeutet ist. Auch ist die Lage der Flash-Sterne im Hertzsprung-Russell-Diagramm, abgesehen von den durch die geringe Masse bedingten Abweichungen, prinzipiell mit derjenigen der entwicklungsmäßig extrem jungen Sterne zu vergleichen, wogegen die UV-Ceti-Sterne der Sonnenumgebung eine fast ihrem Spektraltypus entsprechende, nur wenig über die normale Hauptreihen-Leuchtkraft hinausgehende absolute Helligkeit besitzen. Diesen Unterschied hält man heute für altersbedingt, genauso wie die etwas differierende Lage im Hertzsprung-Russell-Diagramm bei verschiedenen (d. h. unterschiedlich alten) Sternhaufen und T-Assoziationen. Ein Alterseffekt wurde schon vor längerer Zeit auch in der Kinematik der **dMe-Feldsterne** («potentielle», wenn auch nicht direkt aktive Flaresterne) im Vergleich zu derjenigen der emissionslosen dM-Sterne der Sonnenumgebung gefunden: Während sich nämlich der Bewegungszustand der gewöhnlichen roten Zwerge im wesentlichen nicht vom Mittel der sonnennahen Sterne unterscheidet, beobachtet man bei den dMe-Sternen des allgemeinen Feldes eine geringere Geschwindigkeit relativ zur Sonne, eine kleinere Komponente der Raumgeschwindigkeit senkrecht zur Milchstraßenebene und eine geringere Streuung der Geschwindigkeitskomponenten. Aus diesem Verhalten wird geschlossen, daß die Gruppe der sonnennahen dMe-Sterne weniger von ihrer Individualität verloren hat als die Gesamtheit der normalen M-Zwerge, und daß also die ersteren als jung anzusehen sind im Vergleich zu den letzteren.

Eine einleuchtende Idee zum **Entwicklungszustand** der Flare-Sterne wurde von Poveda (1964) zur Diskussion gestellt: Er wies darauf hin, daß es sich hierbei um solche Objekte handeln könnte, die im Innern während der Vor-Hauptreihen-Kontraktion noch vollständig konvektiv sind. Modellrechnungen zeigen, daß der früheste Spektraltyp, bei dem dies der Fall sein kann, K1 ist und daß die Sterne hierbei eine Leuchtkraft IV besitzen. Sterne sehr geringer Masse ($< 0{,}1\ \mathfrak{M}_\odot$) sollten noch in der Nähe der Hauptreihe voll konvektiv sein können (Spektraltypus M5 oder später). Trotz ihres hohen Alters (10^9a) drückt sich in ihrer Flare-Aktivität der wenig fortgeschrittene Entwicklungszustand aus.

Ziemlich unklar ist bis heute der **physikalische Mechanismus,** der für die Flares direkt verantwortlich ist. Allein in der zusammenfassenden Monographie Gershbergs (1970) werden 10 Deutungsversuche aufgezählt und erläutert, die zum Teil allerdings nur noch historisches Interesse haben. In den meisten Fällen spielen Magnetfelder eine Rolle, so z. B. bei Ambartsumyan, der die Ausstrahlung relativistischer Elektronen betrachtet, und bei Gurzadyan, der die Streuung von Photonen an schnellen Elektronen als Erklärung für die Besonderheiten der Flare-Strahlung ansieht. Als Ursache der Ausbrüche greifen beide aber auf eine besondere Form von Protostern-Materie zurück, die dann und wann aus dem Innern an die Oberfläche gelangt. Die Existenz solcher Materie ist indessen selbst wieder hypothetisch. Gershberg vertritt eine der Physik der aktiven Sonne entlehnte Hypothese, wonach zwar nicht ein «heißer Fleck» auf der Sternoberfläche, aber eine Region heißer ionisierter Gase oberhalb der Atmosphäre des Sterns erscheint. Aber auch dieser Deutungsversuch und vor allem die vom Urheber aufgezeigten Parallelen zur Sonnenphysik blieben nicht unwidersprochen.

Bemerkungen zur Statistik

Am Ende sei darauf hingewiesen, daß mehrere Flare-Sterne mit kleinen Fernrohren beobachtet werden können: UV Cet 13^{m} bis 7^{m}, AD Leo $9\overset{m}{.}5$ bis $9\overset{m}{.}0$, EV Lac $11\overset{m}{.}5$ bis $9\overset{m}{.}5$. Freilich gehört zur Überwachung dieser Sterne große Geduld, kritische Unbestechlichkeit und viel Erfahrung, denn wirklich beachtliche Ausbrüche sind nicht allzu häufig. Dies und die Kürze der Ausbrüche sind übrigens auch die Gründe für die sehr geringe Entdeckungswahrscheinlichkeit. Es handelt sich um absolut und daher in der Mehrzahl auch scheinbar sehr schwache Sterne. Wenn ein solcher Stern, der nicht weit über der bei einstündiger Belichtung erreichten Grenzgröße einer Photoplatte liegt, während der Belichtung einen der (dazu noch seltenen) Ausbrüche von einigen Minuten Dauer im Umfang einer Größenklasse hat, dann ist kaum zu erwarten, daß er auf Grund dieser Erscheinung entdeckt werden kann. Verwenden wir dagegen große Spiegel, so kann die Belichtungszeit zwar kürzer sein, aber das kleinere Feld verringert wieder die Chancen, einen Fall zu finden. Die meisten Erfolge erzielt man daher durch Mehrfach-Expositionen auf einer Platte in Sternhaufen oder dichten T-Assoziationen. Sonnennahe UV-Ceti-Sterne erfaßt man damit allerdings nicht; hier kann aber die gezielte photographische oder photoelektrische Überwachung von dMe-Sternen, von denen bis dahin noch kein Ausbruch bekannt war, zur Neuentdeckung von Flare-Sternen benutzt werden. Im ganzen jedoch ist das statistische Bild nach wie vor in mehrfacher Hinsicht irreführend und unzulänglich.

3.4. Heiße Veränderliche mit ausgedehnten Hüllen

In diesem Kapitel wollen wir der Einfachheit halber drei Gruppen von Variablen zusammenfassen, die kosmogonisch nicht sicher etwas miteinander zu tun haben, die aber anderen Typen nicht zwanglos zugeordnet werden können; sie sind durch die Anwesenheit einer ausgedehnten Hülle um den Stern gekennzeichnet.

3.4.1. Veränderliche Überriesen vom Typ S Doradus

Die Typenbezeichnung wurde erst Mitte der 70er Jahre eingeführt (Kukarkin u. Mitarb. 1974). Es handelt sich um die früher unter dem Namen P-Cygni-Sterne bekannten Objekte. Zur Neufestlegung der Bezeichnung entschloß man sich, weil das P-Cygni-Phänomen (Emissionslinien mit Absorptionskomponenten an ihrer kurzwelligen Seite) ein rein spektroskopischer Befund ist, der auch bei vielen anderen Sternen vorkommt. Kennzeichnend für die S-Doradus-Veränderlichen ist **langsamer, unregelmäßiger Lichtwechsel**, dessen typische **Zeitskalen Jahre** oder sogar **Jahrzehnte** betragen (Bild 108). Die Leuchtkraft ist im Ruhezustand bereits extrem hoch ($M \approx \approx -8 \pm 2$), der Spektraltypus B bis A; die Farbenindizes entsprechen diesen Klassen. Die Spektrallinien zeigen, soweit beobachtet, das P-Cygni-Profil. **P Cyg** selbst ist oft sehr ausführlich behandelt worden. Er dürfte zwischen 1597 und 1602 um etwa 3 mag heller geworden sein. Die Maximalgröße 3^{m} behielt er einige Jahre und nahm dann auf etwa 6^{m} ab. Ein zweites Maximum dürfte 1655 eingetreten sein. In den folgenden Jahrhunderten zeigte der Stern vielfach Schwankungen von geringer Amplitude und ist gegenwärtig ziemlich konstant 5^{m}. Der Spektraltyp ist cB1peq (c — hohe Leuchtkraft, p — Besonderheiten, q — violett-verschobene Absorptionen, Bild 109). Die Kataloge von Kukarkin u. Mitarb. (1974; 1976) enthalten folgende 8 nicht als unsicher bezeichneten Sterne:

AE And	HR Car
AF And	η Car
Z CMa	P Cyg
AG Car	S Dor

Die Zugehörigkeit von Z CMa ist wegen seiner viel geringeren Leuchtkraft zweifelhaft.

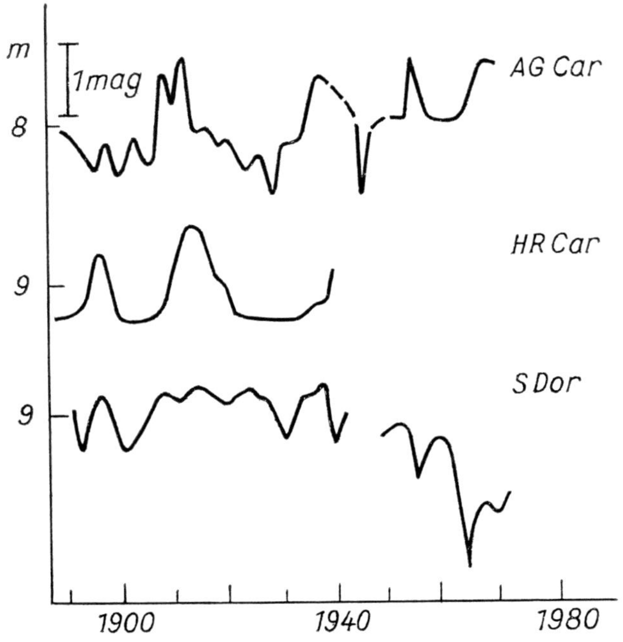

Bild 108 Lichtkurven von drei S-Doradus-Veränderlichen, aus verschiedenen Quellen zusammengefaßt und leicht schematisiert (Sharov 1975)

Bild 109 Spektrogramm von P Cyg (oben) im Vergleich zu einem normalen B2-Überriesen (χ_2 Ori). Nach dem Spektralatlas von MORGAN, KEENAN u. KELLMAN

Bemerkenswert ist, daß **S Dor** der Großen Magellanschen Wolke angehört. Er ist mit $M_V = -9{,}2$ einer der absolut hellsten bekannten Sterne (abgesehen von Novae und Supernovae im Ausbruch). Sein **Massenverlust** durch atomare Umwandlung von Masse in Strahlung beträgt pro Jahr rund 10^{20} t $= 1/60\ \mathfrak{M}_{♁} = 5 \cdot 10^{-8}\ \mathfrak{M}_{\odot}$. AE And und AF And schließlich sind Mitglieder des Andromeda-Nebels M31; in diesem sowie in den Galaxien M33 und NGC 2403 sind nach Aufstellungen von SHAROV (1975) und HUMPREYS (1978) insgesamt noch rund ein weiteres Dutzend als einigermaßen sicher anzusehende derartige «Hubble-Sandage-Variable» bekannt.

Das **P-Cygni-Profil** der Spektrallinien entsteht bekanntlich durch eine vom Stern stationär **abströmende Gashülle,** wobei die **Absorptionslinien** in den in **Richtung zum Beobachter** bewegten Hüllenteilen gebildet werden. Eine neuere Analyse der Linienprofile in P Cyg durch NUGIS u. Mitarb. (1978) ergab einen **Massenverlust** von rund $10^{-4}\ \mathfrak{M}_{\odot}$ pro Jahr. Wenn dieser ungewöhnlich hohe Wert mit den Ursachen der Veränderlichkeit zusammenhängt, wird leicht verständlich, warum trotz der hohen Leuchtkraft nur wenige derartige Objekte bekannt sind: Sie müssen dieses Entwicklungsstadium äußerst rasch durchlaufen, bevor zuviel Masse verloren ist. Außerdem handelt es sich um massereiche Objekte ($50\ \mathfrak{M}_{\odot}$), die ohnehin sehr selten sind.

Die **physikalischen Vorgänge,** die zur Erzeugung des gewaltigen Sternwindes führen, sind gegenwärtig ebensowenig bekannt wie die Ursachen der Variabilität. Es dürfte gesichert sein, daß es sich bei diesen Objekten um eine Entwicklungsphase handelt, die von der Hauptreihe im HR-Diagramm wegführt. In diesem Zusammenhang sei auf die Arbeiten von CHENTSOV (1981) hingewiesen, der nach Objekten im Übergangsgebiet zwischen konstanten Hauptreihensternen hoher Leuchtkraft und den stark variablen S-Doradus-Sternen gesucht hat. Ein Kandidat hierfür könnte z. B. HD 168 607, Spektrum B9eIa, sein, dessen Leuchtkraft, Profil der Spektrallinien und schwache Veränderlichkeit passend erscheinen (CHENTSOV 1980). Es muß auch in Betracht gezogen werden, daß der hohe Strahlungsdruck eine Rolle bei der Aufrechterhaltung des Massenverlustes spielt und daß sehr massereiche Sterne prinzipiell unstabil sind (z. B. M. SCHWARZSCHILD u. HÄRM 1959).

Ein außergewöhnlicher Veränderlicher ist η **Car.** Seine Natur und sein Entwicklungszustand sind wohl noch völlig unklar. Die Veränderlichkeit dieses zeitweilig sehr hellen Objektes ist seit dem 17. Jahrhundert bekannt. HALLEY hat es im Jahre 1677 auf St. Helena in der Helligkeit 4^m beobachtet; vordem war es schwächer gewesen. PAYNE-GAPOSCHKIN (1957) gibt die aus der Tabelle 40 ersichtlichen Maxima und Minima bekannt. Man sieht, daß das Objekt im Extrem fast so hell wie Sirius war. Während dieser hellen Phase hatte es eine **bolometrische absolute Helligkeit von -13,** und gegenwärtig ist es eine der **intensivsten Infrarot-Quellen** am Himmel.

Das sehr komplizierte Spektrum mit zahlreichen Emissionen wurde in mehreren klassischen Arbeiten untersucht, z. B. von THACKERAY (1967), der besonders eine große Anzahl von Linien des [Fe II] und [Ni II] identifiziert hat. Die **Massenverlust-**

Tabelle 40 Erscheinungen bei η Carinae

Minima	Größe	Maxima	Größe
1826:	6^m	1827	$1^m_{,}2$
1838	1,5:	1843	−0,8
1854	1:	1856	0,3
1869	7,0	1871	6,6
1886	7,6	1889	6,7
1901	7,8	1952	6,5

Rate beträgt gegenwärtig etwa $7{,}5 \cdot 10^{-2}\,\mathfrak{M}_\odot$ pro Jahr, so daß in wenigen Jahrzehnten beträchtliche Teile der Masse des Objektes zum Entweichen beschleunigt werden; die dazu aufgewandte Energie reicht an Werte heran, die man bei Supernovae beobachtet. ANDRIESSE u. VIOTTI (1979) konnten nachweisen, daß in der expandierenden Gashülle ständig zirkumstellarer Staub erzeugt wird. Das Objekt besteht aus einem diffusen Kern. Es ist von einem irregulären ellipsenähnlichen starken Nebel umgeben, der offenbar am Lichtwechsel beteiligt ist (THACKERAY 1953).

Bei η Car ist es nicht klar, ob es sich um ein Vor-Hauptreihen- oder ein Nach-Hauptreihenobjekt handelt, wenn diese Begriffe bei einem Objekt der Masse $150\,\mathfrak{M}_\odot$, wie sie hierfür vermutet werden, überhaupt einen Sinn haben.

3.4.2. γ-Cassiopeiae-Sterne

Diese auch als veränderliche **Be- und Hüllensterne im engeren Sinne** bezeichneten Objekte liegen nahe der Hauptreihe des Hertzsprung-Russell-Diagramms. Während jedoch bei den im vorigen Kapitel behandelten S-Doradus-Objekten die Geschwindigkeiten des Massenverlustes so groß sind, daß die Entweichgeschwindigkeit erreicht wird (Masse strömt in den interstellaren Raum), ist dies bei den γ-Cassiopeiae-Sternen im Allgemeinen nicht der Fall. Die Materie wird sich hier in der Umgebung der Photosphäre ansammeln und entweder eine **Gasscheibe** um den Stern in der Äquatorebene (Be-Sterne) oder eine den Stern völlig einschließende **Hülle** (shell) bilden. Ein Stern kann von einer Form zur anderen hinüberwechseln.

Der **Lichtwechsel** dieser Objekte ist meist gering, die Amplituden sind oft nur photoelektrisch mit einiger Sicherheit nachweisbar. Typisch sind lange, flache, regellose Wellen von etwa fünfzig bis zu mehreren hundert Tagen Länge mit einer Tendenz zur Minima-Bildung. Der aktivste Veränderliche dieser Art scheint **γ Cas** selbst zu sein (Amplitude 1,4 mag, Bild 110). Ein bekannter Fall ist BU Tau (Pleïone in den

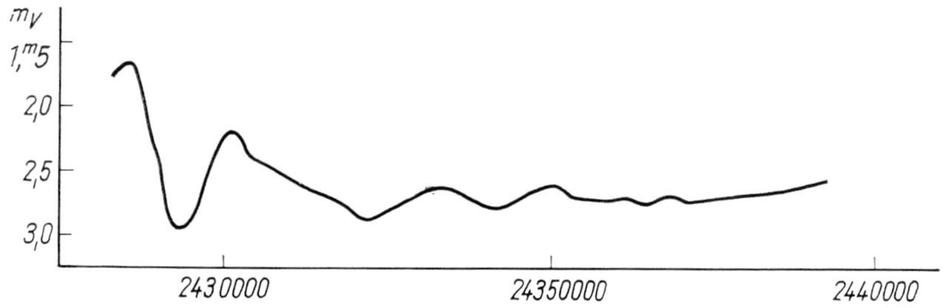

Bild 110 Lichtkurve von γ Cas

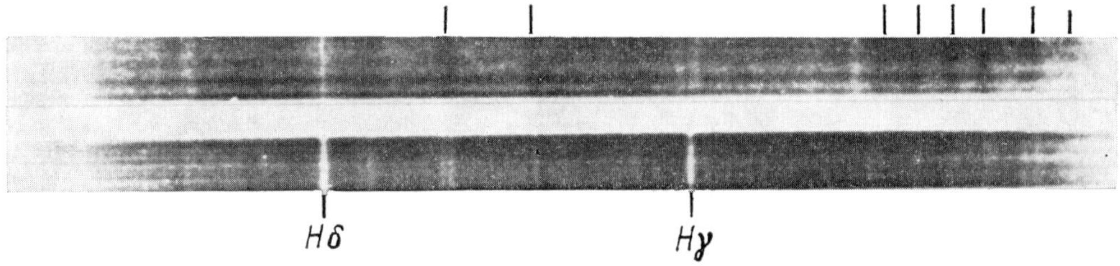

Bild 111 Spektrogramm des γ-Cassiopeiae-Sterns φPer (oben) im Vergleich zu einem A2-Überriesen (α Cyg). Man beachte die komplexe Struktur der Wasserstofflinien und die Anwesenheit der Emissionen (durch bloße Striche markiert). Nach dem Spektralatlas von MORGAN, KEENAN u. KELLMAN

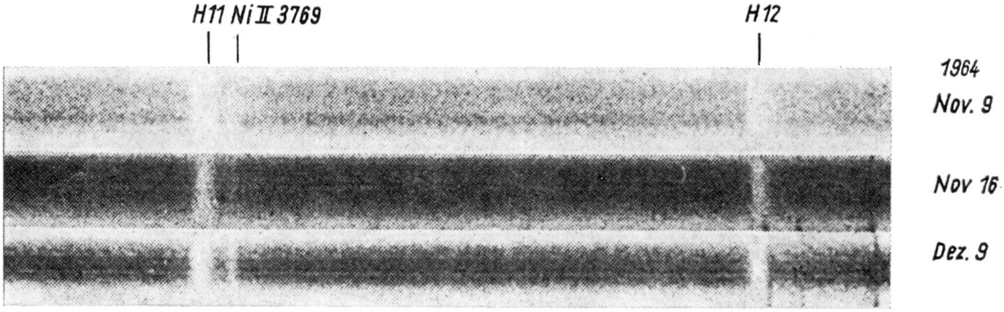

Bild 112 Abnorm kurzzeitige Änderungen der Linienprofile im Spektrum des Be-Sterns ζ Tau (nach UNDERHILL 1966)

Plejaden); weiter gehören hierher **X Per, X Oph, φ Per, o And, EW Lac, μ Cen.** Spektraltypus und Leuchtkraft werden meist mit BIVpe angegeben. Die Spektrallinien (Balmerserie) zeigen eine charakteristische Kontur (Bild 111), die durch die Linienemission der genannten Scheibe oder Hülle und die **sehr breiten Absorptionen** des rasch rotierenden Zentralsterns gekennzeichnet und meist veränderlich (Bild 112) ist. Diese rasche Rotation ist wegen der Fliehkraftwirkung wohl die Ursache der Hüllenbildung. Sowohl bei γ Cas als auch bei BU Tau ist in einer Zeit verstärkter photometrischer Aktivität spektroskopisch der Aufbau oder die Verstärkung der Hülle beobachtet worden (GORBATSKIJ 1949, MERRILL 1952). Bemerkenswert ist hierbei, daß der Ausstoß der Hülle bei **Pleïone** zu einer Abnahme der Helligkeit des Sterns in den darauffolgenden Jahren führt (SHAROV u. LYUTY 1976). Die Wirkung von Änderungen der Dimensionen der Gasscheibe in Be-Sternen auf die Helligkeit des Objektes hat STEPINSKI (1980) theoretisch abgeschätzt. Hierbei wird insbesondere der innere Ring-Radius variiert. Bei dessen Vergrößerung tritt zunächst durch Änderung des Sichtbarkeitsgrades der Sternscheibe eine Zunahme und später, wegen Abnahme der Ringfläche, eine Verminderung der Helligkeit des Systems ein. Über die physikalischen Prozesse, die zugrunde liegen, wird nichts ausgesagt.

SHAROV und LYUTY (l. c.) haben für Pleïone eine Lichtkurve des Langzeit-Verhaltens erstellt (Bild 113), die, wenn auch mit kleiner Amplitude, derjenigen des seltsamen Sterns **XX Oph** ähnelt. Der Lichtwechsel von XX Oph, verbunden mit dem Spektrum Beqp, läßt sich zur Zeit nirgends einordnen. Ein helles Normallicht wird einigermaßen eingehalten, und die Veränderlichkeit besteht aus etwa 1 mag tiefen, unregelmäßig eintretenden und ebenso unregelmäßig verlaufenden Schwächungen,

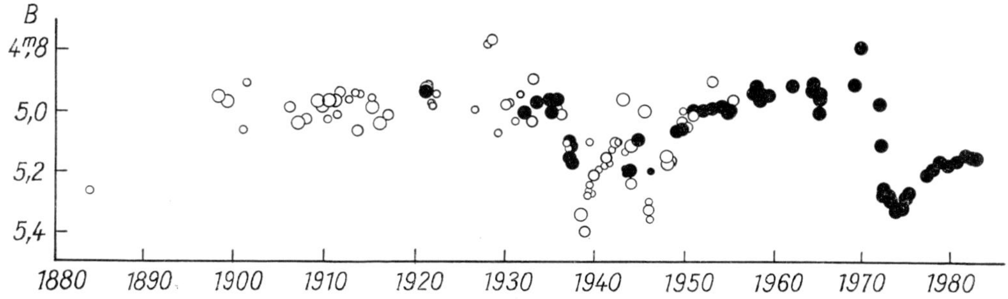

Bild 113 Lichtkurve des γ-Cassiopeiae-Sterns BU Tau, aus verschiedenen Quellen zusammengefaßt. Die Größe der Kreise entspricht ihrem Gewicht; ausgefüllte Kreise repräsentieren photoelektrische Messungen (Sharov u. Lyuty 1976, ergänzt nach Hopp u. Mitarb. 1982)

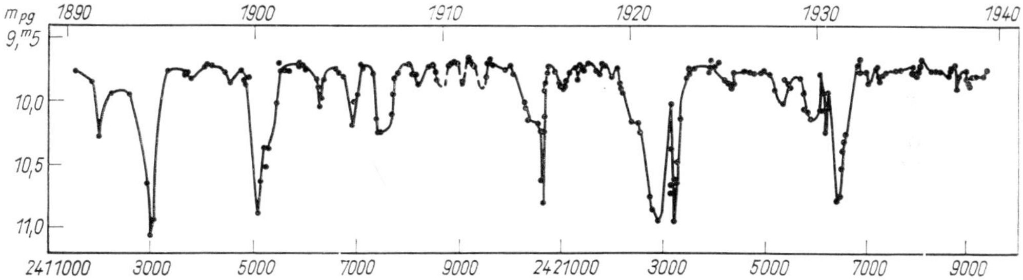

Bild 114 Photographische Lichtkurve von XX Oph nach Prager (1940)

die ein Jahr und länger anhalten können. Einer Bearbeitung von Prager (1940) ist die von 1890 bis 1940 reichende Lichtkurve des Bildes 114 entnommen. Später hat Gaposchkin (1946) bemerkt, daß dem Minimum von 1931 ein Stillstand von 15 Jahren folgte und daß das nächste Minimum erst 1946 eintrat. Auch die Lichtkurve von Beyer (1977) für die anschließenden Jahre scheint einen etwas anderen Charakter aufzuweisen. Die Besonderheit des Spektrums (p) besteht unter anderem darin, daß die Eisenlinien in Emission (e) in einer Reinheit auftreten, wie sie im Laboratorium nur schwer zu erreichen ist. Man hat XX Oph daher den «Eisenstern» genannt. Der Stern erleidet starken Massenverlust (q) und wird daher gelegentlich den P-Cygni-(oder S-Doradus-)Sternen zugeordnet. Anzeichen extrem hoher Leuchtkraft sind aber nicht bekannt (Analogie zu Z CMa ?).

Neuerdings wurde die Frage nach einer eventuellen Doppelstern-Natur der Be-Sterne, vor allem durch ČSSR-Astronomen, aufgeworfen. Danach wären die beobachteten Eigenschaften durch entwicklungsbedingten Massenaustausch zwischen den Komponenten zu deuten (z. B. Harmanec u. Kříž, 1976).

Man beachte auch, daß viele Hüllensterne unveränderlich sind.

γ Cas beleuchtet einen kleinen Reflexionsnebel. Das kann grundsätzlich auch bei anderen Objekten dieser Art der Fall sein und verstärkt die Möglichkeit der Verwechslung mit den entwicklungsmäßig extrem jungen Be/Ae-Veränderlichen (Kap. 3.3.2.), auf die schon Herbig (1960) hingewiesen hat.

3.4.3. Variable Planetarische Nebel und deren Kerne

Planetarische Nebel sind leuchtende Gasnebel mit meist regelmäßiger, oft sphärischer, Gestalt und einem Durchmesser von einigen zehn bis einigen hundert AE. Sie wirken im Fernrohr gelegentlich wie Planetenscheibchen.

Über die Art der Variabilität kann gegenwärtig kaum etwas Allgemeingültiges ausgesagt werden. Nur ganz wenige gut untersuchte Fälle sind bekannt. Beim Studium von Aufstellungen, in denen diejenigen Planetarischen Nebel aufgeführt sind, die zugleich auch eine Veränderlichen-Benennung tragen, gewinnt man zunächst die gegenteilige Ansicht. In einer derartigen Liste von Acker u. Marcout (1977) sind z. B. 26 endgültig benannte und 6 wahrscheinliche Veränderliche enthalten. Bei einer genaueren Analyse erkennt man aber, daß eine Anzahl Fehl-Identifikationen vorliegen und daß nicht wenige Veränderliche mit auffälligem Spektrum (Me-Mira-Sterne, Z-Andromedae-Sterne usw.) fälschlich als Planetarische Nebel gemeldet worden sind. Zu diesem Schluß kam unabhängig auch Bond (1976). Als Musterbeispiel eines (spektrographisch) unrichtig klassifizierten Planetarischen Nebels kann V 976 Aql dienen, den unlängst Gessner (1982a) als normalen Mira-Stern mit $P \approx 1$ Jahr bestätigte.

Folgende Fälle scheinen jedoch nach Ausweis des GCVS und seiner 3 Ergänzungen (Kukarkin u. Mitarb. 1969; 1971; 1974; 1976) gut gesichert zu sein:

AE Ara
V 1016 Cyg
V 1329 Cyg
FG Sge
V 2416 Sgr

Dazu kommt aus neuerer Zeit vermutlich noch **HM Sge,** den Ciatti u. Mitarb. (1978), Kwok u. Purton (1979) sowie Balazs (1980) als einen in Bildung begriffenen sehr jungen Planetarischen Nebel ansehen. Die Veränderlichkeit wurde 1975 von Dokuchaeva (1976) entdeckt und von Wenzel (1976) und anderen genauer untersucht. Das Objekt erlitt 1975/1976 einen Ausbruch von 6 mag innerhalb von wenigen hundert Tagen, der anschließend in einen allmählichen Helligkeitsabfall überging. Die Lichtkurve (Bild 115) erinnerte im Bereich des Maximums zunächst durchaus an die extrem jungen Sterne vom FU-Orionis-Typus (Kap. 3.3.2.), und erst das Emissionslinien-Spektrum offenbart die Verwandtschaft zu den Planetarischen Nebeln. Kwok und Purton (l. c.) arbeiten zur Erklärung der plötzlichen Erhellung mit einer Stoßwelle. Diese entsteht, wenn bei dem als Ursprungsstern gedachten roten Riesen durch allmählichen Massenverlust der heiße Kern freigelegt wird. Der Massenverlust baut hierbei eine Gas-und Staubhülle auf, in der die Stoßfront ionisierend und leuchtanregend wirkt. Einen ähnlichen Ausbruch zeigte übrigens V 1016 Cyg in den Jahren 1963/1964.

Von beispielloser Eigenart ist der oben ebenfalls aufgeführte **FG Sge**. Die Variabilität wurde 1943 von Hoffmeister entdeckt, der das Objekt für einen Stern hielt. Es ist das Zentralgebiet eines Planetarischen Nebels, den Henize (1961) unabhängig anzeigte. Die Besonderheit des Objektes, die zuerst Richter (1960) erkannte, liegt darin, daß es von 1890, dem Beginn der photographischen Beobachtungen, bis ungefähr 1967 ständig heller geworden ist (Bild 116). Die Zunahme betrug 0,5 mag in je 10 Jahren, also gegenüber der Ausgangshelligkeit, die bei $13\overset{m}{.}2$ pg lag, fast 4 mag. Im Farbbereich B hat das Objekt 1967 ein Maximum erreicht, in U schon 1962 und in V erst

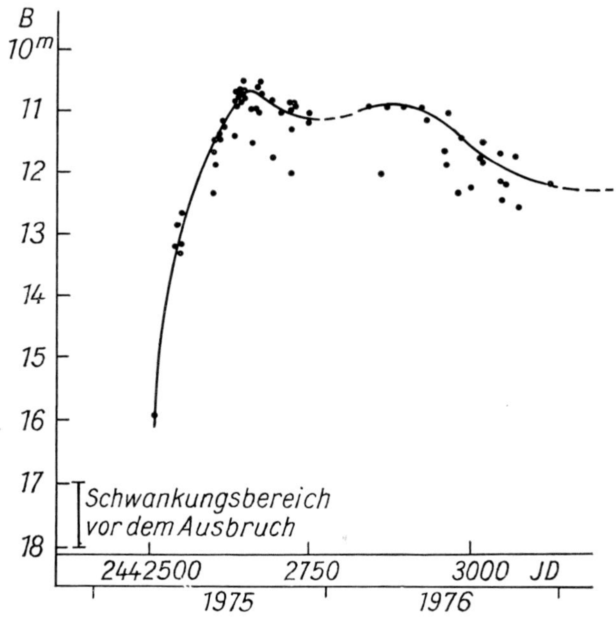

Bild 115 Ausbruch von HM Sge im blauen Spektralbereich (nach CIATTI u. Mitarb. 1978). Die Streuung beruht überwiegend auf instrumentellen Effekten

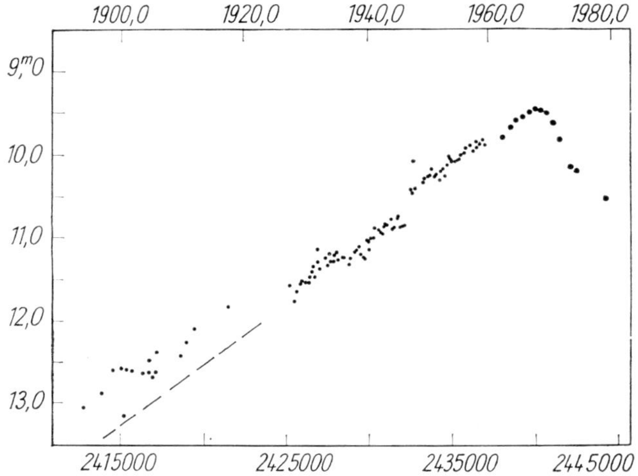

Bild 116 «Säkulare» Helligkeitszunahme von FG Sge. Vor 1920 Einzelbeobachtungen, nach 1960 photoelektrische Jahresmittel (B). *Gestrichelt*: mittlerer Verlauf nach Reduktion wegen eines Begleitsterns (nach RICHTER 1960 sowie WENZEL u. FÜRTIG 1967, ergänzt durch weitere Sonneberger Messungen)

ungefähr 1970. Die Ursache für dieses vom bisherigen Trend abweichende photometrische Verhalten ist in großen spektralen Veränderungen zu suchen: Das Spektrum bestand zunächst aus einem Kontinuum mit Absorptionslinien, den ersten Gliedern der Balmer-Serie des Wasserstoffs in Emission und dem veränderlichen Spektrum einer Hülle, die vom Stern ausgestoßen wurde. Mit der fortschreitenden Änderung der Helligkeit und des Farbenindex ging eine Variation des Spektraltypus einher: 1955,8 B4I, 1967,5 A5Ia, 1972,6 F5Ip, 1975,5 G2 (aus einer Zusammenstellung von WHITNEY 1978; dort Literaturangaben im einzelnen). Sowohl die Emissionen als auch die Indizien für eine Expansion verschwanden. Um 1967 traten Linien der einfach ionisierten seltenen Erden auf, deren Stärke bis 1972 abnorm zugenommen hat (auf das etwa 25-fache der solaren Häufigkeit).

Übersichtliche Darstellungen des «säkularen» Verhaltens von FG Sge als einem «Testobjekt der Sternentwicklung» geben WITTMANN (1974) und KRAFT (1974); letzterer vergleicht die Bedeutung des Objektes mit derjenigen des für die Entzifferung der Hieroglyphen wichtigen sogenannten Steins von Rosette. Man nimmt an, daß sich das Objekt in einer Flash-Phase befindet: Die Kernenergie-Freisetzung erfolgt bei fortgeschrittener Evolution nicht mehr im Zentrum des Sterns, sondern in einer dünnen Kugelschale, in der 3 He^4 in C^{12} verwandelt werden und die sich nach außen frißt. Zu einem bestimmten Entwicklungszeitpunkt bildet sich hierbei eine Instabilität heraus, die zu einer drastischen Temperatur- und Leuchtkrafterhöhung und zur Entstehung einer konvektiven Schale führt, die ihrerseits bis an die noch wasserstoffreichen Außengebiete des Sterns heranreicht. Dadurch kommt es zur Mischung von C^{12} mit Protonen, und es entstehen C^{13}- und hieraus durch Verschmelzung mit α-Teilchen unter Neutronenabgabe O^{16}-Kerne. Die Neutronen werden im sogenannten **s-Prozeß** (s von slow — langsamer Neutroneneinfang) zum Aufbau schwerer Elemente aus der Eisengruppe (Fe, Ni usw.) verwendet. Es bilden sich z. B. Seltene Erden, Ba usw. Sowohl die Ausbildung des Planetarischen Nebels in mehreren Etappen als auch die anomale Elementenhäufigkeit und den mit der Helligkeitsänderung verbundenen Weg im Hertzsprung-Russell-Diagramm kann die skizzierte Hypothese ziemlich gut erklären. Ausgangspunkt ist hierbei ein Stern von einigen wenigen Sonnenmassen. Von anderen Theoretiker-Gruppen jedoch wird das Objekt durchaus als untypisch bezeichnet, z. B. in einem Übersichtsbericht von SCALO (1981) über die Mischungsvorgänge in roten Riesen.

Neben dem geschilderten starken Helligkeitsanstieg zeigt FG Sge unter anderem noch überlagerte Wellen bis zum Betrage von einigen Zehnteln mag. Hierauf wurden erstmals WENZEL u. FÜRTIG (1967) durch ausgedehnte photoelektrische Messungen aufmerksam. Später haben weitere Beobachtungen der genannten und anderer Autoren ergeben, daß die Zyklenlänge dieser Wellen von 15^d im Jahr 1962 ziemlich gleichmäßig auf 108^d 1979 zugenommen hat (JURCSIK u. SZABADOS 1979). Man deutet dies als Expansion einer pulsierenden Atmosphäre; genauere Analysen von Licht-und Geschwindigkeitskurven zeigen, daß die Verhältnisse physikalisch denjenigen der Mira-Sterne ähnlicher sein dürften als den klassischen δ-Cephei-Sternen und daß der Radius der pulsierenden «Oberfläche» 1978 rund 200 Sonnenradien betrug (MAYOR u. ACKER 1980; s. auch WHITNEY 1978).

In den genannten photoelektrischen Meßreihen von FG Sge sind weiterhin noch rasche Änderungen geringen Ausmaßes zu entdecken (Zeitskala Stunden, Amplitude $< 0{,}1$ mag). Über solche Variationen wurde für eine Anzahl weiterer Zentralsterne von Planetarischen Nebeln von verschiedenen Autoren berichtet. Eine Zusammenstellung gibt STOTHERS (1977), wonach Schwankungen der Größenordnung 0,01 mag bis hinab in den Sekundenbereich (ALEKSEEV 1973) festgestellt sein sollen. STOTHERS (l. c.) versucht, in einer Modellrechnung einen in den Ionisationsgebieten der CNO-Elemente wirkenden Kappa-Mechanismus (Kap. 2.1.2.) für Pulsationen solcher Größenordnung verantwortlich zu machen. Er legt dabei einen Stern in später Entwicklungsphase zugrunde, dessen äußere Schichten (wie oben geschildert) abgestoßen und in einen Planetarischen Nebel verwandelt sind, so daß ein Objekt hoher Leuchtkraft und relativ geringer Masse (1 $\mathfrak{M}_\odot$) übriggeblieben ist. Sowohl die beobachtungsmäßigen als auch die theoretischen Grundlagen sind jedoch zu schwach, als daß dieses — nebenbei bemerkt untergeordnete — Phänomen weiter verfolgt werden konnte.

Daß jedoch die Entwicklung eines Planetarischen Nebels, die übrigens nicht Gegenstand unserer Ausführungen sein kann, nicht unbedingt von einem Einzelstern, sondern auch von Doppelsternen ausgehen kann, sehen wir beispielsweise an folgenden Beobachtungsbefunden: Wir kennen aus den Arbeiten von BOND (1978, 1980) zwei enge **Bedeckungssterne** als Zentralsterne der Planetarischen Nebel Abell 46 und Abell 63. Die physikalischen Eigenschaften beider Systeme sind auffallend ähnlich. Das erstgenannte Objekt **(V 477 Lyr)** hat eine Umlaufperiode von $0\overset{\mathrm{d}}{.}472$, das zweitgenannte **(UU Sge)** hat $P = 0\overset{\mathrm{d}}{.}465$ und besteht aus einem O-Unterzwerg und einem K-Zwerg. Neuerdings wurde auch wahrscheinlich gemacht, daß der Zentralstern des zweiteiligen (bipolaren) Planetarischen Nebels NGC 2346 ein Bedeckungsstern ist, und zwar mit stark veränderlicher Lichtkurve und einer Periode von rund 17 Tagen (KOHOUTEK 1982). Auf dem sehr aktuellen Forschungsgebiet der systematischen Untersuchung der Zentralsterne hinsichtlich Duplizität und/oder Veränderlichkeit werden in naher Zukunft weitere interessante Ergebnisse erhalten werden. Am Ende sei bemerkt, daß von zahlreichen Autoren auch enge Beziehungen zu den Symbiotischen Sternen (Kap. 3.1.4.) vermutet werden; daß in diesen die kühle Komponente aber ein Riesenstern ist und nicht, wie in den beiden oben dargelegten Fällen, ein Zwerg, kompliziert die Angelegenheit noch weiter.

3.5. R-Coronae-Borealis-Sterne

Lichtkurve, Lage im Hertzsprung-Russell-Diagramm

Diese Gruppe ist sehr klein. Dabei ist der Lichtwechsel des Prototyps R CrB sehr charakteristisch und die Leuchtkraft recht hoch. Der Stern hat ein **helles Normallicht,** das durch **tiefe Minima** mit sehr unregelmäßigem Kurvenverlauf unterbrochen wird. Es gab kurze Schwächungen von wenigen Wochen Dauer, aber auch Minima, die mehrere Jahre anhielten. Letztere sind dann meist von Erhellungen durchsetzt, die nicht ganz das Normallicht erreichen. Eine instruktive, leicht schematisierte zusammenhängende Lichtkurve von R CrB vom Jahre 1844 ab geben ZHILYAEV u. Mitarb. (1978) in einer umfangreichen Darstellung dieser Sterne (Bild 117). Eine ähnliche Kurve publizierte bereits MAYALL (1960) auf Grund der jahrzehntelangen intensiven visuellen Beobachtungen durch die American Association of Variable Star Observers (AAVSO). Die **Amplitude** von R CrB beträgt bis zu 9 mag, $5\overset{\mathrm{m}}{.}8 \ldots 14\overset{\mathrm{m}}{.}8$ visuell. Der Abstieg um 6 bis 7 mag vollzieht sich manchmal in 30 bis 35 Tagen, der Aufstieg, besonders im oberen Teil, erfolgt meist langsamer. Alle gut untersuchten Sterne dieser Art haben Spektren, welche anzeigen, daß es sich um **wasserstoffarme, kohlenstoffreiche** Objekte handelt (Bild 118). Es ist daher ratsam, diese Eigenschaft als Definitionsmerkmal hinzuzunehmen. Dadurch wird es möglich, falsch zugeordnete Veränderliche leichter auszusondern, zumal solche, die sich bei späterer genauer Untersuchung ohnehin als zu anderen gut bekannten Gruppen zugehörig erweisen würden. FEAST (1975) gibt 17 als Zahl der sicher zugehörigen Fälle an; BIDELMAN (1979) führt in einer Liste leuchtkräftiger wasserstoffarmer Sterne 21 stark variable Kohlenstoff-Sterne auf, die mit Ausnahme des pekuliaren Falles V 605 Aql wohl alle als R-Coronae-Borealis-Sterne zu bezeichnen sind (Tabelle 41). Schon frühzeitig

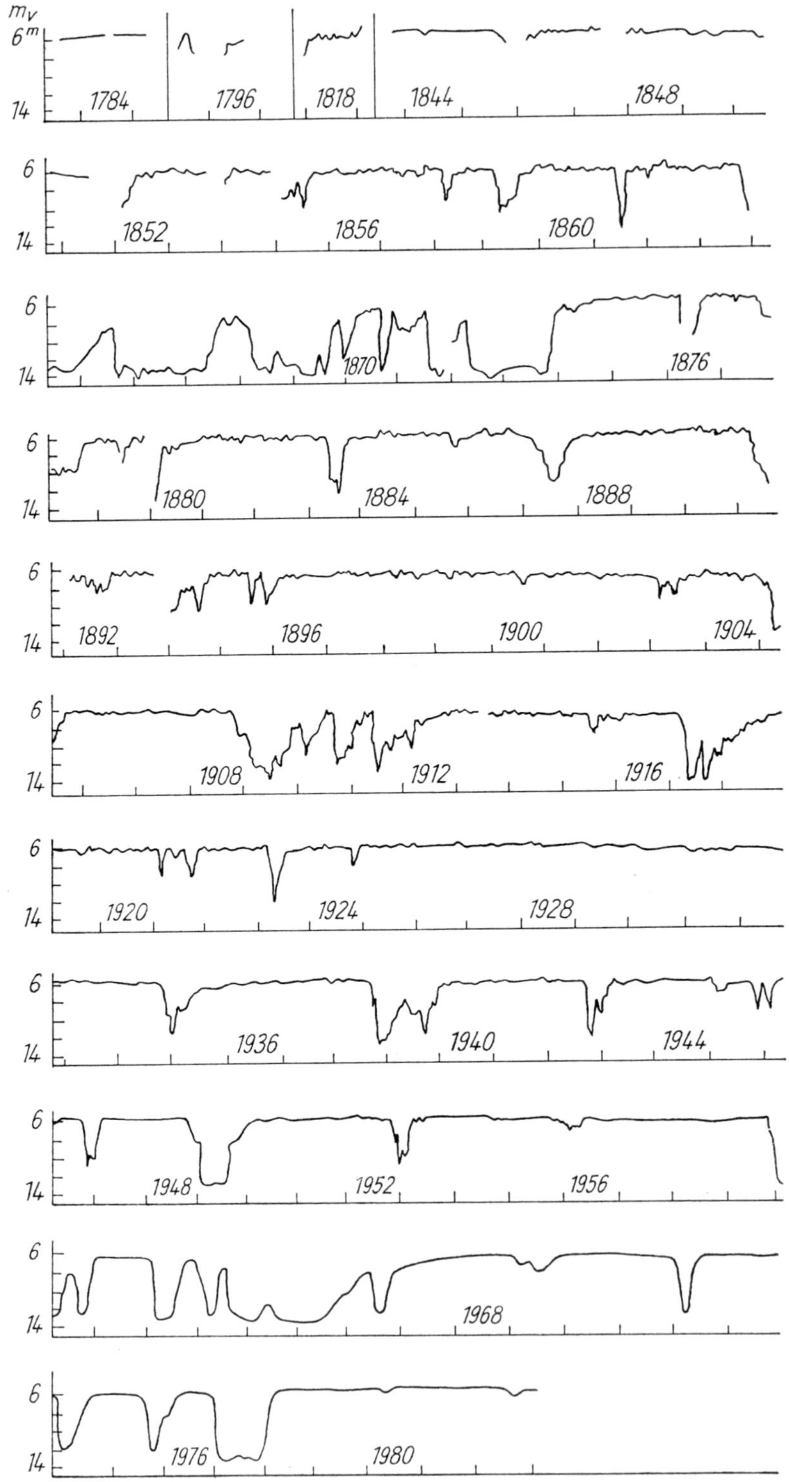

m_V
6^m
14
1784
1796
1818
1844
1848
1852
1856
1860
1870
1876
1880
1884
1888
1892
1896
1900
1904
1908
1912
1916
1920
1924
1928
1936
1940
1944
1948
1952
1956
1968
1976
1980

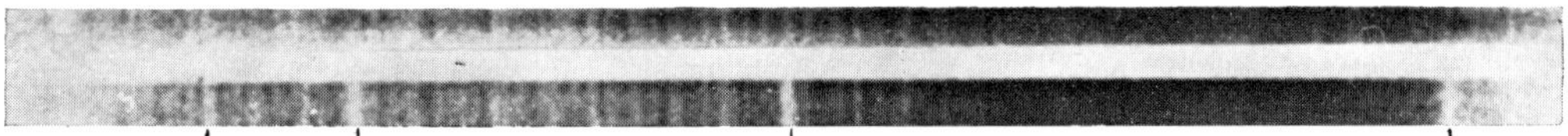

Bild 118 Spektrogramm des R-Coronae-Borealis-Sterns SU Tau (oben) im Vergleich zu einem normalen F5-Überriesen (α Per). Man beachte das völlige Fehlen der Wasserstofflinien bei SU Tau; die Linien der Metalle sind in beiden Sternen von ähnlicher Stärke. Nach dem Spektralatlas von Morgan, Keenan u. Kellman

bemerkte Sterne (1934) auf Grund einer statistischen Analyse der Lichtkurve von R CrB, daß die Minima einander in «ideal unregelmäßiger» Weise folgen.

Bei einigen R-Coronae-Borealis-Sternen wurden überlagerte quasiperiodische Schwankungen vermerkt; sicher sind diese bei RY Sgr vorhanden, und zwar in Helligkeit, Farbe und Radialgeschwindigkeit mit einer Periode von $38^{\mathrm{d}}_{,}6$ und einer Amplitude bis zu 1,5 mag im Minimum (Alexander u. Mitarb. 1972). Man deutet sie als Pulsationsphänomen, und die Modellrechnungen stellen dieses in die Nähe der Schwingungen von Pulsations-Sternen der Population II (Kap. 2.1.2.). Auch die Spektral- und Leuchtkraftklassen der R-Coronae-Borealis-Sterne (späte F-Überriesen) passen hierher; alle gut bestimmten absoluten Helligkeiten liegen bei $M_{\mathrm{v}} = -4 \pm 1$. Neuerdings wurden schwache Pulsationen auch bei wasserstoffarmen Heliumsternen gefunden, die keinen R-Coronae-Borealis-Lichtwechsel zeigen. Gut untersucht ist V 652 Her, Periode $0^{\mathrm{d}}_{,}1079950$, Amplitude im V-Bereich ungefähr 0,07 mag. Zustandsgrößen: $M_{\mathrm{v}} = -0{,}3$, $R = 1{,}6\,\mathrm{R}_{\odot}$, $T_{\mathrm{eff}} = 25\,500$ K, Spektraltypus B1, Masse $\mathfrak{M} = 0{,}9\,\mathfrak{M}_{\odot}$. Hill u. Mitarb. (1981), die diese Daten ermittelt haben, weisen auf die Notwendigkeit der Untersuchung weiterer ähnlicher Objekte hin, damit ein möglicher entwicklungsmäßiger Zusammenhang zu den R-Coronae-Borealis-Sternen aufgeklärt werden kann.

Ergänzend sei in diesem Zusammenhang erwähnt, daß wir den in vorliegendem Kapitel behandelten irregulären Lichtwechsel, kombiniert mit Wasserstoff-Mangel und/oder Kohlenstoff-Reichtum, auch bei heißen Sternen antreffen. Gut untersucht sind MV Sgr (Helium-Stern) und V 348 Sgr (Verwandtschaft zu Planetarischen Nebeln ?).

Tabelle 41 R-Coronae-Borealis-Sterne

S Aps	WX CrA	SV Sge
U Aql	R CrB	RY Sgr
(V 605 Aql)	V 482 Cyg	VZ Sgr
XX Cam	W Men	GU Sgr
UV Cas	Y Mus	LR Sco
UW Cen	RT Nor	SU Tau
V CrA	RZ Nor	RS Tel

◀
Bild 117 Visuelle Lichtkurve von R CrB von 1784 bis 1982. Die Kurve wurde zusammengestellt auf Grund der Beobachtungen vieler Autoren, und zwar durch Mayall (1960) und Zhilyaev u. Mitarb. (1978) bis einschließlich 1956 und ab 1957 von den Verfassern vorliegenden Buches

Modell, Entwicklungszustand

Bereits in den 30er Jahren wurde durch LORETA (1934) und O'KEEFE (1939) die Hypothese vorgelegt, daß die Minima der R-Coronae-Borealis-Veränderlichen durch die **Verdunkelung des Sterns** hervorgerufen werden, die von einer **Wolke aus** (Kohlenstoff-) **Partikeln** verursacht wird. Diese Deutung gilt auch heute weithin als die plausibelste, vor allem, nachdem man erkannt hatte, daß das abnorme Spektrum auf eine wirkliche Elementen-Anomalie zurückgeht. Ein wichtiges Kennzeichen sind die **Infrarot-Exzesse** dieser Veränderlichen, die von STEIN u. Mitarb., von LEE, FEAST, GLASS und anderen beobachtet wurden und wohl Ausdruck der thermischen Strahlung einer (strukturierten) **zirkumstellaren Staubhülle** sind, die auch außerhalb der Minima vorhanden ist.

Die spektroskopischen Änderungen während der Minima sind komplex und schwierig zu verstehen. Besonders charakteristisch ist die Umwandlung des Absorptionslinien-Spektrums während des Abstiegs in ein chromosphären-ähnliches Emissionsspektrum mit denselben Linien (z. B. HERBIG 1958a, PAYNE-GAPOSCHKIN 1963, ALEXANDER u. Mitarb. 1972). Dies wird von FEAST (1975), einem der bekanntesten Spezialisten, durch den Auswurf einer Partikel-Wolke in Richtung zum Beobachter gedeutet dergestalt, daß das Chromosphären-Spektrum durch eine Bedeckung wesentlicher Teile der Photosphäre wie bei einer Sonnenfinsternis entsteht. Das Modell einer sphärisch-symmetrischen, vom Stern ausgeworfenen Gashülle, in der Staub kondensiert, beschreibt dagegen KRELOWSKI (1975).

Trotz mancherlei Ansatzpunkte der Theorie ist der Entwicklungszustand der R-Coronae-Borealis-Veränderlichen noch nicht sicher erkannt. Modellrechnungen von TRIMBLE (1972), die pulsierende He-Sterne hoher Leuchtkraft und geringer Masse ($1 \dots 2\,\mathfrak{M}_\odot$) betrachtete, führten zwar zu der Idee, daß z. B. RY Sgr ein mit den pulsierenden W-Virginis-Sternen verwandtes Mitglied der alten Scheibenpopulation der Milchstraße in fortgeschrittener Entwicklungsphase sei. Auch Unstabilitäten, die Anlaß für das Ausstoßen von Massen sein könnten, wurden gefunden. Trotzdem bleiben Zweifel bestehen, insbesondere da BIERMANN u. KIPPENHAHN (1971) bei ihren Modellen von R-Coronae-Borealis-Sternen fanden, daß die Pulsationen eher denjenigen der Mira-Sterne ähneln. — Manche Autoren weisen auch auf Verbindungen zu den Planetarischen Nebeln, den Wolf-Rayet-Sternen und den Novae hin.

3.6. Sonstige Typen

Hier behandeln wir Lichtwechsel-Typen, denen man zwar formal eine gewisse Verwandtschaft zusprechen kann, deren astrophysikalische und entwicklungsbedingte Eigenschaften aber grundverschieden sind. Es sind Sterne, deren Veränderlichkeit, zumindest gemäß gewisser gut begründeter Hypothesen, dem Vorhandensein eng begrenzter Aktivitätszentren («Flecken») zugeschrieben werden kann, wobei diese jedoch ganz unterschiedlicher Genese zu sein scheinen.

3.6.1. BY-Draconis- und ähnliche Sterne

BY-Draconis-Sterne

Die Abtrennung der Sterne dieses Typus von anderen Veränderlichen-Gruppen (z. B. den Flare-Sternen) erfolgte offiziell erst anfangs der 70er Jahre durch KUKARKIN u. Mitarb. (1971), deren Definition lautete: Diese Variablen «sind Emissionslinien-Sterne später Spektralklassen, die periodische Helligkeitsschwankungen mit veränderlicher Amplitude (von 0,3 ... 0,5 bis 0,0 mag) zeigen. Die Gestalt der Lichtkurve variiert. Die Perioden betragen gewöhnlich einige Zehntel bis einige ganze Tage». Typische Lichtkurven enthält Bild 119.

Der K4eV-Stern BY Dra (Helligkeit $8^{m}_{,}3$ visuell) selbst wurde einige Zeit als Flare-Stern geführt, bis durch die intensiven photoelektrischen Beobachtungen von CHUGAINOV (1966 und weitere Arbeiten) der quasiperiodische und kontinuierliche Charakter der Helligkeitsänderungen erkannt wurde. Schon früher fand KRON (1952) bei dem aus zwei M1eV-Sternen bestehenden Bedeckungssystem YY Gem eine dem geometrischen Lichtwechsel überlagerte sinusförmige Schwankung, die er einer ungleichmäßigen Verteilung der Helligkeit auf der Oberfläche des rotierenden Sterns zuschrieb: Derartige **Fleckenmodelle** liefern bis heute die plausibelste Erklärung für das photometrische Verhalten dieser Sterne.

Eine Schar von Modellen mit einem weiten Bereich von Fleckentemperatur und -ausdehnung wurde z. B. von TORRES u. FERRAZ-MELLO (1973) sowie auch von FRIEDEMANN u. GÜRTLER (1975) berechnet. Die Lage des Fleckes auf der Sternoberfläche und die Orientierung der Rotationsachse der Veränderlichen bezüglich des Beobachters gehen in die Betrachtungen ein. Die erstgenannten Autoren fanden, daß ein Fleck, der je nach den gegebenen Beobachtungen 5 ... 20% der stellaren Hemisphäre bedeckt und 500 bis 1500 K kühler ist als die Photosphäre, eine typische Lichtkurve befriedigend erklärt. Eine grundlegende Analyse der Veränderlichkeit von BY Dra selbst haben OSKANYAN u. Mitarb. (1977) publiziert. Sie ziehen auch helle Flecken in Betracht und kommen zu dem Schluß, daß die Aktivitäten im wesentlichen in der starr rotierenden Pol-Kalotte des Sterns existieren. Der Frage, wo der Differenzbetrag der Energie verbleibt, der in kühleren Flecken weniger abgestrahlt wird als in einem flächengleichen Stück ungestörter Photosphäre, gehen HARTMANN u. ROSNER (1979) ausführlich nach.

Wie in der oben zitierten Definition zum Ausdruck kommt, ist jedoch das photometrische Verhalten der Sterne ziemlich komplex. So fand CHUGAINOV (1973), daß die Amplitude von BY Dra zwischen 1965 und 1972 von 0,45 mag in B auf ungefähr 0,05 mag abnahm, wobei die Periode von $3^{d}_{,}84$ auf $3^{d}_{,}79$ hinüberwechselte. Einer analogen Langzeitschwankung unterlag die Veränderlichkeit der Emissionslinien von YY Gem, die 1920 ... 1926 stark, 1950 dagegen unmerklich war (STRUVE u. Mitarb. 1950). Eine Analyse läßt den Schluß zu, daß die Neigung des Sterns, aktive Regionen zu entwickeln, mit einer Zeitskala von Jahren und Jahrzehnten variiert, wogegen die Lebensdauer der Aktivitätsgebiete selbst größenordnungsmäßig Monate beträgt. Die **Analogie zur Sonnenaktivität** liegt auf der Hand, zumal bei Vorhandensein sonnenähnlicher differentieller Rotation die bei BY Dra und anderen Sternen beobachtete Änderung der Primärperiode durch eine Verschiebung des Flecks in Richtung Pol oder Äquator zu deuten wäre. Diejenigen Astrophysiker, die auch im Phänomen der Flare-Sterne Beziehungen zur Sonne sehen, finden daher keinen Grund, die BY-Draconis-

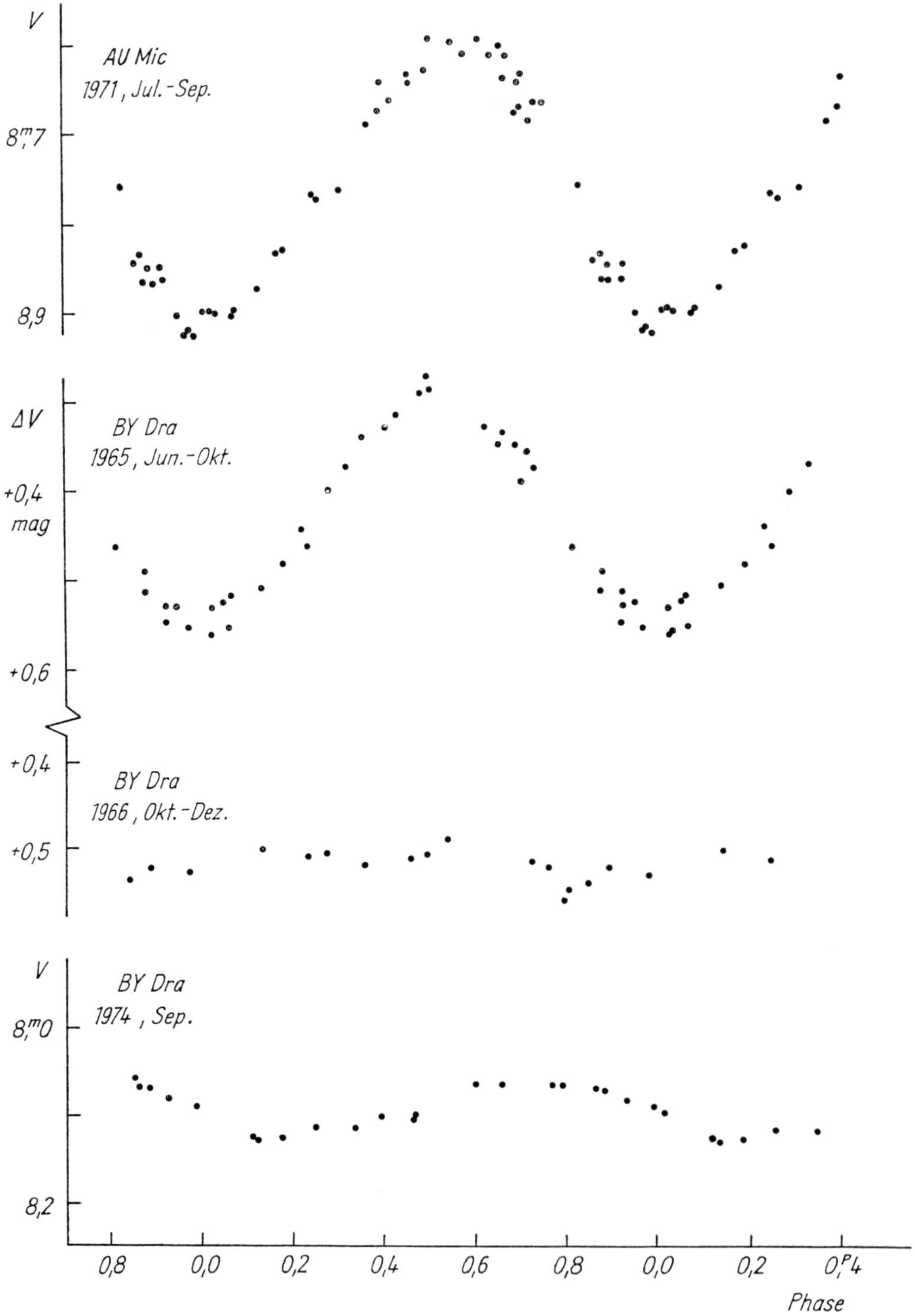

Bild 119 V-Lichtkurven von AU Mic (Torres u. Ferraz-Mello 1973) und BY Dra (Chugainov 1973 u. 1976); bei AU Mic wurde eine Periode von $4\overset{d}{,}8657$, bei BY Dra eine solche von $3\overset{d}{,}836$ zugrunde gelegt (nach Rodono 1980)

Sterne von den UV-Ceti-Sternen abzutrennen, zumal in ersteren gelegentlich Flares wie in letzteren zusätzlich auftreten können (Gershberg u. Shakhovskaya 1974).

Einen Übersichtsartikel zur allgemeinen Frage der sonnenähnlichen «Sternaktivität» hat unlängst Rodono (1980) veröffentlicht. Er versucht, das BY-Draconis-Phänomen, die Flare-Sterne, die Doppelsterne vom RS-Canum-Venaticorum-Typus sowie chromosphärische und koronale Aktivitäten, die sich bei bestimmten Sternen im fernen Ultraviolett und in Röntgenemission äußern, unter einheitlichem Gesichtspunkt zu behandeln.

RS-Canum-Venaticorum-Sterne

Die Klasse der RS-Canum-Venaticorum-Veränderlichen (RSC-Sterne) wurde von Hall 1975 definiert, der ihnen zahlreiche Arbeiten gewidmet hat (z. B. Hall 1972; 1976; Hall u. Mitarb. 1979; Eaton u. Hall 1979). Es handelt sich hierbei mit Sicherheit um **Doppelsterne,** und zwar um Systeme, deren kühle Komponente ein später G- oder früher K-Unterriese und deren heißere Komponente ein F- oder G-Stern der Leuchtkraftklassen IV oder V ist. Diese Eigenschaften unterscheiden die Objekte zwar von den BY-Draconis-Veränderlichen. Da bei den RSC-Sternen die jetzt allgemein akzeptierte Modellvorstellung auf der Annahme von Sternflecken auf der kühlen Komponente basiert, spricht man auch bei diesen Sternen gelegentlich vom «BY-Dra-Syndrom»: In der Bedeckungslichtkurve existiert eine **überlagerte Welle**, deren Amplitude bis zu 0,2 mag betragen kann. Charakteristisch ist, daß im allgemeinen diese Welle wandert, und zwar in Bezug auf den Bedeckungslichtwechsel im Regelfall rückwärts, d. h. in Richtung kleinerer Phasenwerte (Bild 120). Man geht von «gebundener» Rotation aus (Umlaufperiode in der Bahn = mittlere Rotationsperiode, s. Mond im System Erde—Mond) und nimmt an, daß die Flecken in einer Zone des Sterns vorherrschen, die rascher rotiert als die Oberfläche im Mittel; wie bei der Sonne wird dies der Äquatorbereich sein (differentielle Rotation). Da der Effekt noch nicht lange bekannt ist, ist im allgemeinen die Zyklenlänge der Wanderung — bis das Maximum der Welle wieder dieselbe Stelle in der Bedeckungslichtkurve erreicht hat — nur ungenau bestimmt. Sie beträgt bei RS CVn rund 10 Jahre. Da sie als «**Schwebung**» P_b zwischen **Umlaufperiode** P_0 und eigentlicher **Wellenperiode** P_1 aufzufassen ist, gilt der in Kapitel 2.1.2. bei den doppeltperiodischen δ-Cephei-Sternen erläuterte Zusammenhang

$$\frac{1}{P_1} = \frac{1}{P_b} + \frac{1}{P_0},$$

und für RS CVn ($P_0 = 4^d\!.8$) erhält man $P_1/P_0 = 99{,}87\,\%$, also eine weitaus geringere Abweichung der Äquatorrotation vom Mittel als bei der Sonne. Das Phänomen der wandernden Welle macht sich in mittleren Lichtkurven, die aus Beobachtungen zahlreicher Epochen zusammengesetzt sind, in einer starken Streuung bemerkbar.

Bekannte Objekte der Gruppe sind außer dem Prototyp noch AR Lac (dessen Variabilität schon 1907 von Leavitt auf Harvard-Platten entdeckt wurde), RT Lac, SS Boo und RW UMa. Hall (1976) betrachtete seinerzeit 24 Veränderliche als zugehörig, jedoch scheint die Zahl rasch anzusteigen.

Es gibt eine Reihe weiterer Hinweise für aktive Prozesse in RSC-Sternen: **Flare-Aktivität** ähnlich derer der Flare-Sterne (Kap. 3.3.3.) (s. z. B. Patkós 1981), starke CaII-**Emissionslinien,** hoher **UV-Überschuß**, Ausbrüche nicht-thermischer **Radio-**

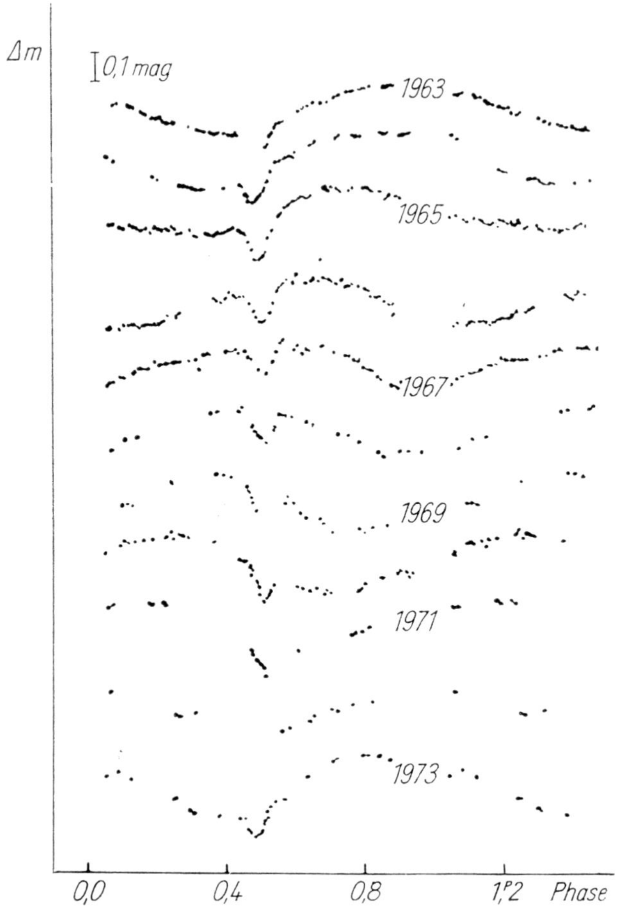

Bild 120 Lichtkurve von RS CVn aus den Jahren 1963 bis 1973 mit der überlagerten Welle, die zu kleineren Phasen hin wandert; die Meßpunkte im Hauptminimum (Phase 1,P0) sind weggelassen (nach Catalano u. Rodono 1967)

frequenzstrahlung und variable **Röntgenstrahlung.** Gerade die letztere wird dazu dienen können, diejenigen zahlreichen RSC-Systeme, die wegen ungünstiger Lage der Bahnebene keine Bedeckungssterne darstellen, aufzuspüren, weil sie wegen ihrer geringen Helligkeitsamplitude (die hier identisch ist mit der Amplitude der Welle) im optischen Bereich nur schwer zu entdecken sind (Beispiele hierfür sind UX Ari, V 711 Tau und β CrB), s. auch Ende von Kap. 3.1.5.

In den Modellvorstellungen spielen — sonnenähnlich — Magnetfeldwirkungen in Verbindung mit Aktivitätszentren, **Chromosphäre** und **Korona** eine Rolle (z. B. Rosner u. Mitarb. 1978). Rasche Rotation und beträchtliche äußere Konvektionszonen stützen diese Überlegungen.

Die Frage nach Herkunft und Entwicklungsstadium der RSC-Sterne sowie nach den physikalischen Prozessen, die im Vergleich zur Sonne gewaltige Masse- und Strahlungsausbrüche verursachen, ist jedoch noch nicht eindeutig beantwortet, da in den wenigen Jahren seit der Entdeckung des Phänomens weder photoelektrische noch spektrographische und extraterrestrische Beobachtungen in genügender Breite erhalten werden konnten. Selbst die wichtige Folgerung, daß ein bestimmter Längenbereich der Äquatorzone jahre- oder jahrzehntelang einen Fleckenherd beherbergt und die andere Hemisphäre davon lange Zeit weitgehend frei ist, scheint modellmäßig noch nicht hinreichend erklärt zu sein. Ausführliche Literaturverzeichnisse findet man in den zusammenfassenden Berichten von RODONO (1981) und RÖSSIGER (1982).

3.6.2. Pulsare

Der Name «Pulsar» ist ein Kunstwort, das zuerst im Englischen benutzt wurde und das ursprünglich für «pulsierende Radioquelle» stand. Heute weiß man zwar, daß die beobachtete zyklische Veränderlichkeit der von diesen Objekten ausgehenden Radiofrequenzstrahlung nicht auf ein Pulsieren des Sternes, sondern höchstwahrscheinlich auf dessen **rasche Rotation** zurückgeht; die Bezeichnung blieb aber aus Zweckmäßigkeitsgründen erhalten. Der Anfänger verwechsle jedoch niemals die Pulsare mit den pulsierenden Veränderlichen des Kapitels 2.

Bei Abfassung dieser Zeilen sind nach einer Aufstellung von MANCHESTER u. TAYLOR (1981), die beobachtete und abgeleitete Parameter aller bis jetzt entdeckten Pulsare enthält, 330 Pulsare bekannt. Dies allein würde jedoch noch nicht rechtfertigen, sie in einem Buch über Veränderliche Sterne zu behandeln, wenn wir die in einem der Eingangsabschnitte gegebene Definition der «Veränderlichkeit» beachten. Es zeigt sich aber, daß gegenwärtig mindestens zwei Radiopulsare auch im photographisch und visuell wirksamen, also **«optischen» Spektralbereich** als Pulsare beobachtet werden können: **CM Tau** und **HU Vel**. Die **Pulsar-Perioden** sind außerordentlich kurz und belaufen sich, soweit heute bekannt, auf Werte zwischen 0,033 s und einigen Sekunden. Die kürzeste Periode hat CM Tau, die drittkürzeste (0,089 s) HU Vel. Dazwischen liegt noch der Radiopulsar PSR 1913+16 (0,059 s), bei dem aber, wie bei einigen anderen Objekten, alle Versuche, ihn im optischen Bereich nachzuweisen, negativ verliefen (z. B. NATHER u. Mitarb. 1977). Übrigens existieren theoretische Modelle für das Pulsar-Phänomen, die voraussagen, daß die optische Leuchtkraft proportional P^{-10} ist (z. B. GINZBURG u. ZHELEZNYAKOV 1975). Damit wäre erklärt, warum nur die kürzest-periodischen Radiopulsare im optischen Bereich sichtbar sind; für PSR 1913+16 ergäbe sich eine zeitlich gemittelte scheinbare Helligkeit, die schwächer ist als 26^m, also ebenfalls unterhalb der Nachweisgrenze liegt.

Um Irrtümern vorzubeugen, sei betont, daß wir enge veränderliche Doppelsterne kennen, deren eine Komponente ein Radio- oder Röntgenpulsar ist (Kap. 3.1.5.). Im optischen Bereich können wir die Anwesenheit des Pulsars bei diesen Objekten meist nur indirekt, z. B. durch die Wirkung der Röntgenstrahlung auf die zweite Komponente des Systems, nachweisen.

Die Entdeckung und Messung der Pulsartätigkeit im optischen Bereich ist bei der Kürze der Perioden natürlich nur mit Spezialapparaturen möglich, deren photoelektrische Empfangsbereitschaft zur Periode, die man aus den Radiofrequenzbeobachtungen kennt, elektronisch synchronisiert ist. Auf diese Weise hat man Anfang 1969 die optische Pulsar-Veränderlichkeit von CM Tau (COCKE u. Mitarb. 1969; NATHER u. Mitarb. 1969; LYNDS u. Mitarb. 1969 und andere) und Anfang 1977 diejenige von HU Vel (WALLACE u. Mitarb. 1977) erstmalig nachgewiesen.

Der Pulsar im Taurus ist die südlich-vorangehende (= südwestliche) Komponente des als Baadescher Zentralstern des Krebs-(Crab-)Nebels bekannten Doppelsterns. Die von den Entdeckern geschätzte visuelle Größe der Puls-Spitze ist 15^m, der zeitliche Mittelwert der Helligkeit 18^m, und es existiert ein Zwischenpuls von 55% der Gesamtenergie des Hauptpulses. Die Halbintensitäts-Breite des letzteren beträgt

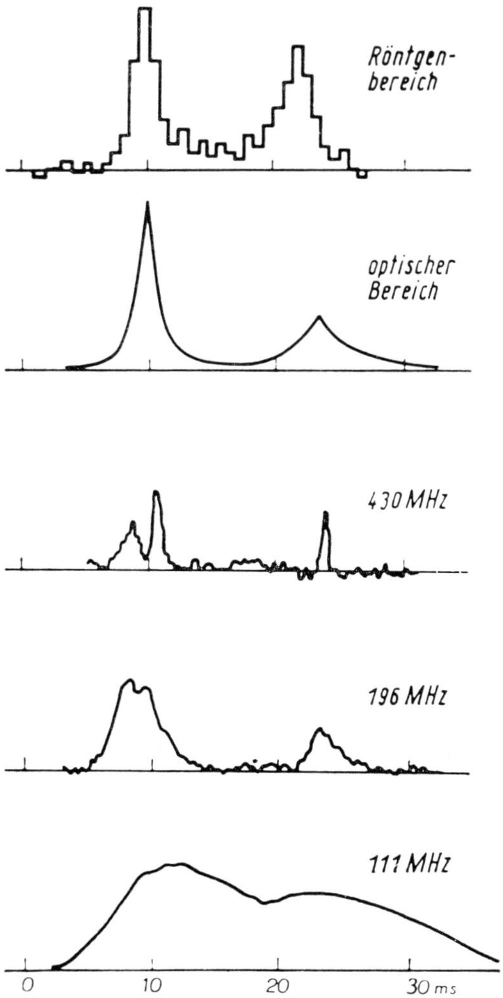

Bild 121 Die Pulsform des Krebspulsars CM Tau im optischen und Röntgenbereich sowie bei verschiedenen Radiofrequenzen (nach Dautcourt 1976)

1,8 ms und diejenige des ersteren 3,1 ms (Bild 121). Das Baadesche Objekt und der Krebsnebel sind bekannt als Reste der Supernova des Jahres 1054, und ersteres trägt daher schon längere Zeit die Veränderlichen-Benennung CM Tau. Seine Eigenschaft als Radiopulsar wurde Ende 1968 anläßlich einer gezielten Suche entdeckt, wogegen der erste Radiopulsar PSR 1919+21 Anfang 1968 zufällig gefunden wurde. Der Krebspulsar sendet auch gepulste Röntgen- und harte Röntgenstrahlung sowie Gammastrahlung aus, also praktisch Photonen im gesamten Bereich des elektromagnetischen Spektrums.

Auch HU Vel steht inmitten eines als wahrscheinlicher Supernovarest gedeuteten Nebels.

Man nimmt heute an, daß Supernova-Explosionen wenigstens in bestimmten Fällen rasch rotierende Neutronensterne hinterlassen (Kap. 3.2.). Durch die Komprimierung des Sternradius auf größenordnungsmäßig ein Millionstel des ursprünglichen Wertes verdichtet sich selbst eine geringe vorhandene magnetische Feldstärke von ≈ 1 Oersted auf Beträge von $\approx 10^{12}$ Oersted, und die Rotationsperiode nimmt wegen der Drehimpulserhaltung auf Werte von Sekundenbruchteilen ab. Aus physikalischen Gründen, deren Darstellung hier zu weit führen würde, entwickelt sich ein Strom geladener Teilchen, der entlang der magnetischen Achse, die nicht mit der Rotationsachse zusammenfällt (schiefer Rotator), fast auf Lichtgeschwindigkeit beschleunigt wird. Von diesem Strom geht im wesentlichen in Vorwärtsrichtung elektromagnetische Strahlung aus (Synchrotron-Effekt). Prinzipiell ist es dieser «Scheinwerferstrahl», der zum beobachteten Pulsarphänomen Anlaß gibt, wenn er die Erde intermittierend im Rhythmus der Sternrotation trifft (Leuchtturm-Effekt). Liegt die Achse des Lichtkegels nicht annähernd in der Sichtlinie zum Stern, tritt ein Effekt auf der Erde nicht ein. Vielleicht erklärt sich hierdurch, warum in vielen Supernova-Gasresten keine Pulsare beobachtet werden.

Das Phänomen ist physikalisch weitaus komplizierter als hier skizziert. Auch gibt es eine große Anzahl offener Fragen. Eine umfangreiche, fast allgemeinverständliche Schilderung hat z. B. Dautcourt (1976) gegeben.

3.6.3. α2-Canum-Venaticorum-(Magnet-)Sterne

Die veränderlichen sogenannten «Magnetischen Sterne im engeren Sinne» bezeichnet man wegen des umständlichen Namens nur selten nach dem Prototyp als α2-Canum-Venaticorum-Sterne. Ihre Variabilität ist gering. Sie liegt meist unterhalb 0,1 mag und ist daher nur durch photoelektrische Messungen nachzuweisen. Die Mitglieder dieser Gruppe werden unter anderem durch folgende drei Charakteristika gekennzeichnet:

1. Sehr starke großräumige Magnetfelder mit typischen Feldstärken von 10^3 bis 10^4 Oersted (Zeeman-Aufspaltung der Spektrallinien). In der Literatur findet man (ebenso wie bei den Pulsaren, Kap. 3.6.2.) häufig die unkorrekte Einheitenbenennung «Gauß». Um wenigstens die Zahlenwerte zu retten, verwenden wir die nicht mehr gesetzliche Benennung «Oersted». Erdfeld $\approx$ 0,5 Oe, Sonnenflecken $\approx 10^3$ Oe.

2. Ungewöhnliche Stärke der Spektrallinien gewisser Elemente, so daß eine Exzeß-Häufigkeit der Elemente der Fe-Gruppe (Faktor 10 ... 100), von Sr, Y und Zr (Faktor 1000) und der Seltenen Erden (Faktor 300 ... $>$ 1000) abgeleitet werden kann. Dies führte zu dem Ausdruck «pekuliarer A-Stern» (Ap-Stern).

3. Variabilität der Magnetfelder, der Spektren und der Helligkeiten. Typische Perioden sind 5 ... 9 Tage, aber auch kürzere und sehr viel längere werden gefunden; eine kleine Gruppe hat Perioden von einigen Jahren. — Hierher kommt auch der nicht empfehlenswerte Begriff «Spektrum-Veränderlicher» für einige dieser Objekte.

Im Zusammenhang mit den Ap-Sternen werden gelegentlich die Am-Sterne genannt («Metallinien-Sterne»). Beide Gruppen liegen im HR-Diagramm nahe beieinander und wenig oberhalb der Hauptreihe. Nach neueren Erkenntnissen scheinen die Am-Sterne hinsichtlich der Elementen-Anomalien lediglich eine schwächere Form der Ap-Sterne zu sein. Sie zeigen in der Regel auch kein Magnetfeld, das die Beobachtungsungenauigkeit übersteigt, und keine Veränderlichkeit von Helligkeit und Spektrum.

Die unter 3 genannte Veränderlichkeit der Beobachtungsgrößen verläuft zumeist synchron (Bild 122), so daß schon hieraus ein physikalischer Zusammenhang aller dieser Abnormitäten zu erkennen ist. Überlagerte photometrische Unregelmäßigkeiten sehr kurzer Zyklenlänge und sehr geringer Amplitude (Größenordnung 0,001 mag)

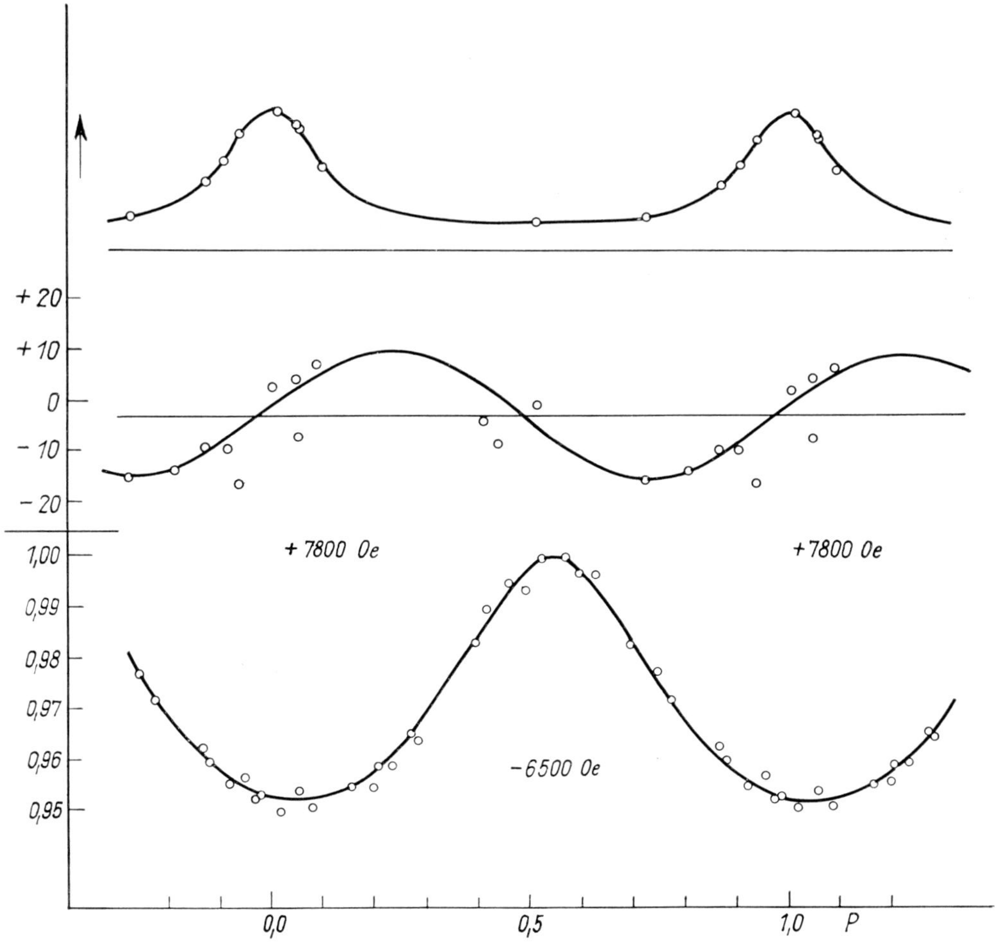

Bild 122 Periodische Vorgänge im magnetischen Stern CS Vir (nach STIBBS). *Obere Kurve*: Intensität der EuII-Linie; *mittlere Kurve*: Radialgeschwindigkeit (km/s); *untere Kurve*: Lichtintensität. Eingetragen sind ferner drei magnetische Feldstärken in Oersted (Oe)

sind immer noch umstritten, wie überhaupt das photometrische und spektrographische Beobachtungsmaterial, da es schwierig zu erlangen ist, nur bei den helleren Objekten einigermaßen gesichert ist. Eine Darstellung vieler theoretischer und empirischer Aspekte gaben WEISS u. Mitarb. (1976) heraus. Hier erläuterten auch SCHÖNEICH und STAUDE ihre Interpretation einer 10-Farben-Photometrie durch ein Fleckenmodell, in dem relativ zu einer ungestörten Atmosphäre eine unterschiedliche Tiefenabhängigkeit der Temperatur angenommen wird, die durch das Magnetfeld verursacht ist. Die höchsten Schichten des Flecks sind mehr als 2000 K kühler als die Umgebung, und der Lichtwechsel wird ebenso wie die unterschiedlichen gemessenen magnetischen Feldstärken durch die Rotation des Sternes hervorgebracht.

Auf die kontroversen Ansichten über die Entstehung und über Struktur und Lage des Magnetfeldes relativ zur Rotationsachse gehen wir hier nicht ein. Wir verweisen auf die Spezialliteratur.

Ein Sonderfall scheint der magnetische Ap-Stern V 816 Cen (Przybilskis Stern) zu sein, dessen Feld mit —2200 Oersted und dessen Spektraltypus mit F0 angegeben wird. Letzterer allein würde ihn in das Gebiet der δ-Scuti-Sterne verweisen (Kap. 2.1.4.), wenn nicht die Seltenen Erden um mehrere Zehnerpotenzen überhäufig wären. Der Stern zeigt einen Lichtwechsel mit 12,141 Minuten Periode und der allerdings sehr geringen Amplitude von 0,006 mag in *B*. Längerperiodische Helligkeits-, Spektral- und Radialgeschwindigkeitsänderungen scheinen nicht vorhanden zu sein. Dieser Veränderliche läßt sich zur Zeit nirgends einordnen, aber wohl nur deshalb, weil analoge Fälle beobachtungstechnisch äußerst schwer auffindbar sind.

4. Bedeckungssterne

4.1. Allgemeines

Abschätzungen zeigen, daß etwa ein Viertel oder gar nahezu die Hälfte der Sterne des Milchstraßensystems Doppelsterne sind. Diese können bei entsprechend günstiger Orientierung der Umdrehungsachse einen «Bedeckungslichtwechsel» zeigen. Bei den Bedeckungssternen sind die beiden Komponenten in der Regel dicht benachbart; denn bei weiten Systemen ist die Wahrscheinlichkeit, daß von der Erde aus gesehen Bedeckungen stattfinden, gering (Bild 123).

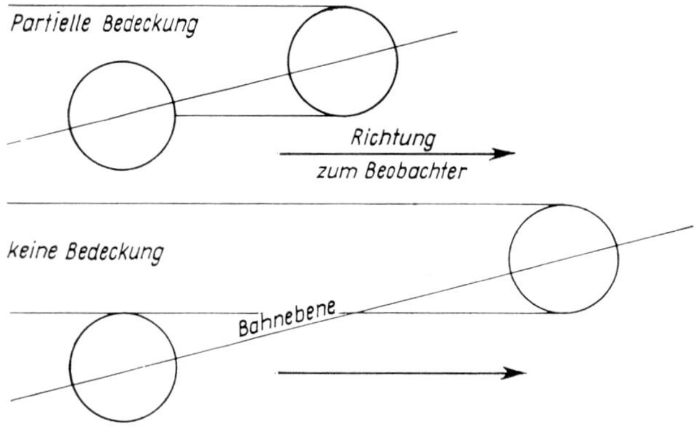

Bild 123 Zustandekommen von Bedeckungslichtwechsel

Unter den Veränderlichen Sternen nehmen die Bedeckungssterne insofern eine gewisse Sonderstellung ein, als sie von manchen Autoren gar nicht zu den Veränderlichen im eigentlichen Sinn gezählt und allenfalls als «optische Veränderliche» den physisch veränderlichen Sternen gegenübergestellt werden. Sie sollen jedoch hier voll berücksichtigt werden, da es nach heutigen Kenntnissen nur selten einen reinen Bedeckungslichtwechsel gibt.

Bei den meisten engen Doppelsternen wird durch gegenseitige Beeinflussung der beiden Komponenten eine physische Veränderlichkeit induziert. Dies ist besonders kraß bei den eruptiven Doppelsternen der Fall, bei denen es oft schwierig ist, aus den starken physisch bedingten Helligkeitsänderungen überhaupt einen Bedeckungslichtwechsel (soweit vorhanden) herauszulesen, der oftmals gar nicht einmal durch die Bedeckung einer der Doppelsternkomponenten, sondern einer zirkumstellaren Gas- oder Staubscheibe hervorgerufen wird.

Aber auch die «klassischen» Bedeckungssterne zeigen in den meisten Fällen keinen reinen geometrisch bedingten Lichtwechsel: Selbst in vielen «getrennten» Systemen beeinflussen sich die beiden Komponenten durch die Wirkung von Gravitation, von elektromagnetischer Strahlung und von Magnetfeldern gegenseitig so sehr, daß Deformationen, gegenseitige Reflexion der elektromagnetischen Strahlung, Bildung gemeinsamer Staub- und Gashüllen, ungewöhnlich starke Aktivität der Photosphären und Chromosphären bis hin zu gewaltigen Materieausbrüchen stattfinden können. Diese

Vorgänge, die man z. T. spektroskopisch verfolgen kann, bewirken in der Bedeckungslichtkurve periodische oder unperiodische Deformationen, Helligkeitsausbrüche und Periodenänderungen.

Es ist daher eigentlich nicht möglich, eine klare Trennlinie zu ziehen zwischen den nichteruptiven Doppelsternen und den eruptiven Doppelsternen, die an anderer Stelle behandelt wurden.

Im folgenden werden wir als «Bedeckungssterne» all diejenigen Objekte definieren, bei denen der *geometrisch bedingte Lichtwechsel* über den *physisch bedingten* dominiert.

Endlich sei noch erwähnt, daß in beobachtungsmethodischer Hinsicht die Bedekkungssterne den physischen Veränderlichen völlig gleichgestellt sind.

4.2. Geometrische Verhältnisse

Bedeckungsveränderliche sind in der Regel **spektroskopische Doppelsterne,** das heißt, daß im Spektrum beide Komponenten sichtbar sind und die Umlaufbewegung durch Dopplereffekt der Spektrallinien erkennbar ist. Selbstverständlich wird nicht bei jedem derartigen System eine Bedeckung zu beobachten sein, sondern nur dann, wenn die Gesichtslinie vom Beobachter zum Stern nicht zu stark gegen die Bahnebene geneigt ist. Aber auch bei gleicher Neigung ist dasjenige System begünstigt, das bei sonst gleichen Abmessungen den geringeren Abstand der Komponenten hat. Bild 123 erläutert diese Verhältnisse. Die Neigung der Gesichtslinie gegen die Bahnebene sei 15°, die Komponenten seien der Einfachheit halber gleich groß. Wie man leicht sieht, findet im oberen Beispiel eine Teilbedeckung statt, im unteren infolge des größeren Abstands der Komponenten gerade noch eine Randberührung. Wenn eine Bedeckung beobachtet werden soll, muß also der Winkel zwischen der Gesichtslinie und der Bahnebene des Systems, bei sonst gleichen Umständen, um so kleiner sein, je größer der Abstand der Komponenten ist. Dieser Sachverhalt wirkt sich stark auf die Statistik aus. Er hat zur Folge, daß die Systeme mit großer Umlaufzeit selten erscheinen, wogegen die Fälle raschen Lichtwechsels, insbesondere die sogenannten Kontaktsysteme, sehr begünstigt sind.

Von ebenso großem Einfluß auf die beobachtbaren Erscheinungen ist die relative Größe der Komponenten. Bild 124 soll die möglichen Grenzfälle aufzeigen. Hier werden Abstand und Massen als konstant angenommen. Die Lemniskate bezeichnet in einem Schnitt durch die Mitten beider Sterne und senkrecht zur Bahnebene die Äquipotentialfläche, die wir als Stabilitätsgrenze ansehen dürfen (= Rochesche Grenzfläche). Es gibt Sterne, die diese Grenze ausfüllen. Das beschriebene Beispiel veranschaulicht ein **Kontaktsystem** zweier solcher Sterne, die oft eine gemeinsame Hülle haben und durch Gasströme Masse austauschen. Sie berühren sich und sind durch Gravitationswirkung stark ellipsoidisch deformiert. Im zweiten Fall ist der eine Stern kleiner, und seine Oberfläche liegt weit innerhalb der Grenzfläche **(halbgetrenntes System)**; im dritten Beispiel sind beide Glieder des Systems dieser Art **getrennt**. Diese drei hier etwas schematisch dargestellten Fälle finden wir in der Natur verwirklicht.

Die geometrischen Verhältnisse sind sehr eingehend von Kopal (1978, 1979) untersucht worden.

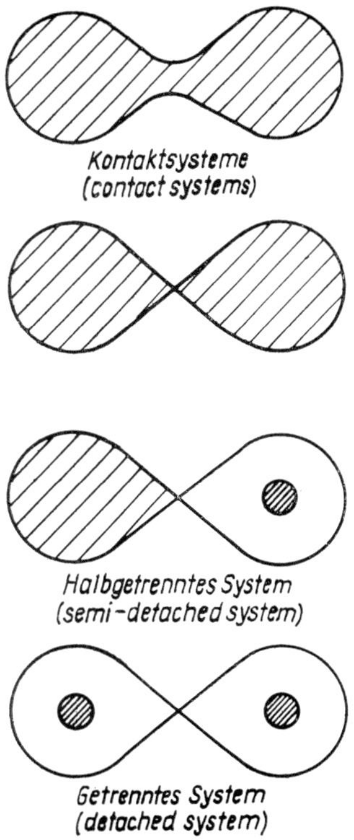

Bild 124 Haupttypen von spektroskopischen Doppelsternsystemen

4.3. Typologie

Es ist leicht vorstellbar, auf welche Weise der Lichtwechsel unter diesen verschiedenen Umständen abläuft. Haben wir ein Kontaktsystem mit genähert gleichgroßen und gleichhellen Komponenten vor uns, so werden bei einem Umlauf von 360° zwei Maxima und zwei Minima eintreten, und da die Sterne A und B nahezu gleich sind, spielt es auch keine sehr große Rolle, ob A vorne steht und B verdeckt wird oder umgekehrt. Die beiden Minima m_1 und m_2 werden genähert gleich tief, die Kurven von ähnlicher Gestalt sein. Ferner wird die Lichtkurve keine Stillstände zeigen. Diese Eigenschaft ist typisch für Kontaktsysteme. Veränderliche dieser Art nennen wir **W-Ursae-Maioris-**Sterne (Bild 125), im GCVS als **EW** bezeichnet. Genauere Analysen zeigen, daß beide Komponenten nahe der Hauptreihe liegen, nahezu gleichhell sind, aber etwas unterschiedliche Masse haben (Masseverhältnis im Mittel etwa 2:1). Die Bahnperiode ist < 1 Tag. Die meisten W-Ursae-Maioris-Sterne sind nur in Näherung Kontaktsysteme. Die Einzelheiten über den physikalischen Aufbau und die Entwicklung dieser interessanten Systeme sind noch wenig erforscht. Modellvorstellungen hierüber werden im Übersichts-Artikel von Sahade u. Wood (1978, S. 34) diskutiert.

Ein Kontaktsystem mit Gliedern ungleicher Flächenhelligkeit hat ebenfalls eine Lichtkurve ohne Stillstände, jedoch ungleich tiefe Minima. Das tiefere Minimum entspricht der Bedeckung des helleren Sterns durch den schwächeren. Solche Paare stellen den **β-Lyrae-**Typus dar (Bild 125), im GCVS als **EB** bezeichnet.

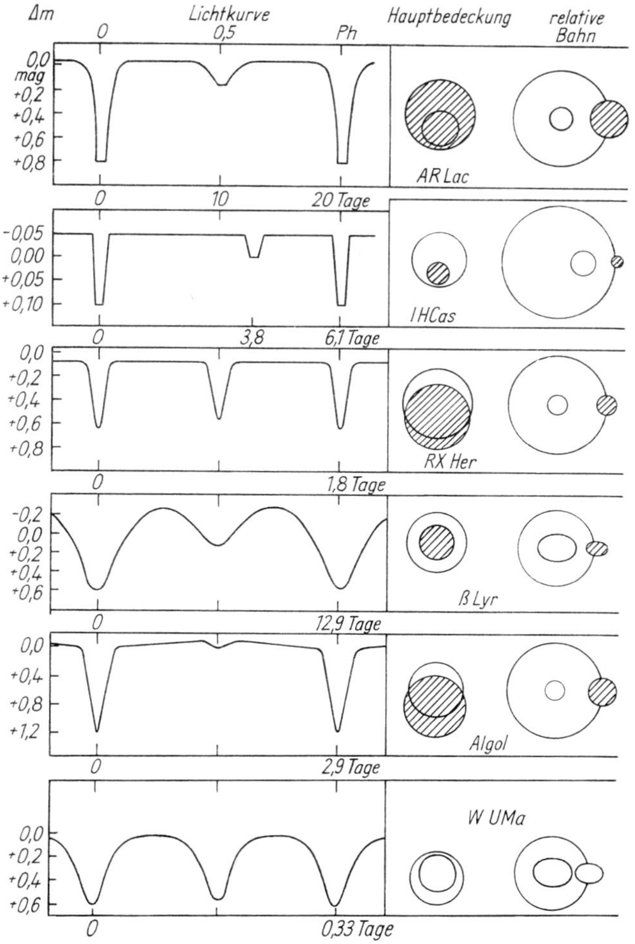

Bild 125 Verschiedene Formen von Bedeckungslichtkurven. Die rechte Seite zeigt die Konfiguration der Bedeckung des helleren Sterns durch den dunkleren und die dazugehörigen Bahnen in verkleinertem Maßstab (nach STRUVE 1962, ergänzt)

Getrennte und halbgetrennte Paare, von welcher Art die Komponenten auch sein mögen, sind daran zu erkennen, daß die Lichtkurve einen horizontalen Teil, ein helles «Normallicht», hat. Dies sind die sehr zahlreichen **Algol**-Sterne, im GCVS als **EA** bezeichnet.

Sind beide Komponenten gleich hell und gleich groß, dann würden Haupt- und Nebenminimum gleich tief sein wie bei einem W-Ursae-Maioris-Stern, und der zeitliche Abstand zwischen Haupt- und Nebenminimum wäre gleich der halben Umlaufzeit. In der Regel jedoch ist der eine Stern von geringerer Flächenhelligkeit, und das «Nebenminimum», gekennzeichnet dadurch, daß der schwächere Stern durch den helleren verdeckt wird, hat eine viel geringere Tiefe als das Hauptminimum. Als Beispiel dafür kann Algol angeführt werden, bei dem das Nebenminimum nur etwa 0,1 mag Tiefe hat. Bei manchen Systemen fehlt es praktisch ganz, so, als ob der Begleiter gar nicht zum Gesamtlicht beitrüge.

Die Form der Lichtkurven bei Algolsternen ist von Fall zu Fall sehr verschieden. Sie wird bestimmt durch die relative Größe und Flächenhelligkeit der Sternscheiben, das Verhältnis des Bahnradius zu den Sternradien, ferner durch die Lage der Bahnebene zur Gesichtslinie; es kommt darauf an, ob die Bedeckung zentral ist oder nicht.

Bei zentraler Bedeckung zweier gleichartiger Sterne ist das Minimum spitz, und die Intensität ist auf die Hälfte der des Normallichtes vermindert, das entspricht einem Größenunterschied von 0,75 mag (Bild 125). Ist die Bedeckung nicht zentral, so vermindert sich die Amplitude, und im kleinsten Licht hat die Kurve keine Spitze mehr (Bild 125). In beiden Fällen treten zwei gleichartige Minima m_1 und m_2 im Abstand der halben Umlaufzeit des Systems auf. — Auch wenn eine Komponente wesentlich kleiner und damit schwächer ist als die andere, aber dieselbe Helligkeit je Flächeneinheit aufweist, erhalten wir zwei gleichartige Minima, beide von entsprechend kleiner Amplitude und mit einem konstanten kleinsten Licht. Der Normalfall ist jedoch, daß einer der beiden Sterne eine sehr viel geringere Flächenhelligkeit hat (Bild 125). Nur auf diese Weise können die beobachteten großen Amplituden bis zu mehreren Größenklassen erklärt werden. In den meisten Fällen ist der kleinere Stern der hellere, und das Hauptminimum wird dann beobachtet, wenn der kleinere Stern hinter dem größeren steht (Bild 125). Ein extremes Beispiel dieser Art ist das noch zu beschreibende System ζ Aur. Die in Bild 125 dargestellten Kurvenformen haben eine große Variationsbreite, auch in den Gesamtamplituden und den relativen Amplituden von m_1 und m_2, und wir finden Sterne aller Zwischenformen.

Eine kleine Gruppe von Sternen ist hier noch zu erwähnen, bei denen die Bahnebene so liegt, daß die Komponenten sich nicht gegenseitig bedecken können. Hier tritt ein wenn auch sehr geringer Lichtwechsel dadurch ein, daß die beiden Sterne durch gegenseitige Anziehung elliptisch deformiert sind. In den Konjunktionen, d. h. dann, wenn die große Achse der Ellipsoide mit der Gesichtslinie den kleinstmöglichen Winkel bildet, erreicht die scheinbare Fläche des Systems, und damit auch die von der Erde aus zu beobachtende Helligkeit, ein Minimum (Bild 126). Die beobachteten Amplituden liegen unter 0,2 mag, sind also nur lichtelektrisch sicherzustellen. Die Anzahl der bekannten Fälle ist gering, doch sind einige helle Sterne darunter: ζ And, b Per, o Per, π^5 Ori, α Vir. Bei ζ And (Amplitude 0,16 mag) und α Vir (Amplitude 0,07 mag) könnte eine kleine partielle Bedeckung mitwirken. Die wirkliche Anzahl dieser «**Ellipsoidischen Veränderlichen**» ist aber sicher viel größer, als die bisherigen Erfahrungen anzudeuten scheinen. Im GCVS sind diese Objekte als Ell bezeichnet.

Die Verteilung der Bedeckungssterne über die drei erwähnten photometrischen Klassen gibt Tabelle 42 (s. auch Hazlehurst 1976).

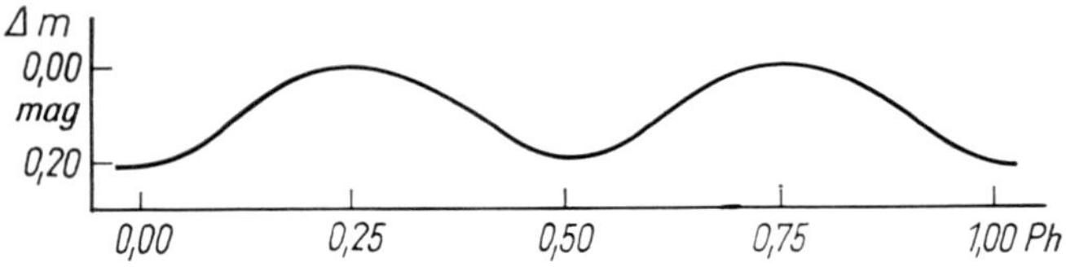

Bild 126 Beispiel einer Lichtkurve bei reinem Rotationslichtwechsel

Tabelle 42 Allgemeine Eigenschaften der drei photometrischen Klassen von Bedeckungssternen

	EA	EB	EW
Prototyp	Algol	β Lyrae	W Ursae Maioris
Perioden (Tag)	$> 0,4$	$> 0,4$	0,2 ... 1,0
Spektrum	O6 ... M1	B8 ... G3	F0 ... K4
Anzahl ($< 12^m$)	~ 1000	~ 200	~ 100

Die bisher bekannten **Spektren** der Algolsterne decken den Bereich von O6 (V 444 Cyg) bis M1 (YY Gem). Sie haben ein hohes Maximum zwischen A1 und A5, wogegen die β-Lyrae- und W-Ursae-Maioris-Sterne ein breites Maximum aufweisen. Wie zu erwarten war, bilden die W-Ursae-Maioris-Sterne eine relativ einheitliche Gruppe (wenngleich einige Autoren eine gewisse Zweiteilung vornehmen), wogegen die Algol-Sterne eine viel größere Variationsbreite ihrer Eigenschaften zeigen. Die Anzahlen ändern sich rasch, da immer neue Fälle entdeckt werden. In der Tat werden bei systematischer Absuchung von Sternfeldern immer wieder neue Bedeckungssterne gefunden.

Selbst unter den helleren Bedeckungssternen gibt es nicht wenige, von denen außer der Tatsache der Veränderlichkeit und dem Typus nichts bekannt ist. Auch die nur mit kleinen Fernrohren ausgestatteten Sternfreunde sollten sich solcher Fälle annehmen.

Kreiner u. Tremko (1978) veröffentlichten eine Liste von 28 β-Lyrae-Sternen am Nordhimmel (von denen 27 heller als 11. Größe werden), bei denen aus verschiedenen Gründen (bisherige Vernachlässigung, Veränderlichkeit der Periode und Lichtkurve, physikalisch interessante Sternkomponenten) in Zukunft gründliche Beobachtungen wünschenswert erscheinen.

4.4. Analyse der Lichtkurve

Die Lichtkurve von β Per (Algol) zeigt Haupt- und Nebenminimum und zwischen beiden Minima einen Anstieg bzw. Abstieg um etwa 0,1 mag (Bild 125). Dies ist ein **Reflexionseffekt**; der schwachleuchtende Begleiter wird von dem hellen Hauptstern beleuchtet und verschwindet hinter dem Hauptstern zum Nebenminimum, kurz bevor er für den irdischen Beobachter die Vollphase erreicht. Bild 127 zeigt die Größenverhältnisse im Algolsystem. Es ist angedeutet, daß die dem hellen Hauptstern zugewandte Seite des schwachleuchtenden Begleiters heller ist als die abgewandte Seite. Der gestrichelte Kreis zeigt die Stellung des Begleiters bei der partiellen Bedeckung des Hauptminimums.

Eine nicht mit dem Bedeckungslichtwechsel zusammenhängende Zunahme der Gesamthelligkeit beobachtet man bei Systemen mit sehr exzentrischen Bahnen zur Zeit des geringsten Abstands der beiden Komponenten. Zur Reflexion kommt hier wahrscheinlich noch eine gegenseitige Anregung durch die UV-Strahlung. Diese Erscheinung wird **Periastron-Effekt** genannt. Es sind Objekte denkbar, bei denen der Periastron-Effekt wirksam ist, jedoch *kein* Bedeckungslichtwechsel stattfindet. Ein solches Objekt scheint der sonst mit VV Cep (s. u.) verwandte KQ Pup ($4^{m}_{,}9$ ... $5^{m}_{,}2$) zu sein.

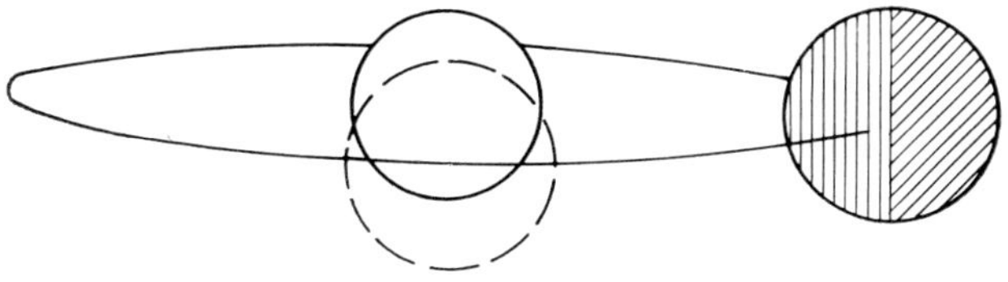

Bild 127 Größenverhältnisse im Algol-System (nach Stebbins)

Eine weitere Störung der Lichtkurve ist darauf zurückzuführen, daß die Sternscheiben nicht gleichförmig hell sind. Es handelt sich um die von der Sonne her bekannte **Randverdunklung**. Wie groß ihr Beitrag ist, kann meist nur geschätzt werden, aber ihr Einfluß auf das Endergebnis ist glücklicherweise nicht groß. — Wenn die beobachtete Lichtkurve auf die hier kurz angedeutete Weise korrigiert wird, erhält man die «**Rektifizierte Lichtkurve**», die nunmehr zur Festlegung von Angaben über die Größe der Komponenten und ihre Bewegung innerhalb des Systems (Systemkonstanten) benutzt werden kann.

Die vorstehenden Ausführungen haben gezeigt, daß eine gute Lichtkurve eine Fülle von Informationen zu geben vermag. Wir haben die Periode P, die Dauer des Hauptminimums D, die Dauer eines eventuellen Stillstands im kleinsten Licht d, die entsprechenden Werte für das Nebenminimum, die Amplituden beider Minima, den Verlauf beim Abstieg und Aufstieg. Diese Werte folgen allein aus den photometrischen Beobachtungen, und die lichtelektrische Photometrie ermöglicht ihre Sicherung fast auf das Hundertstel der Größenklasse. Hinzu kommen die Beobachtungen in verschiedenen Farbbereichen, aber auch die spektrographischen Beobachtungen einschließlich der aus der Umlaufbewegung folgenden Dopplereffekte (Bild 128).

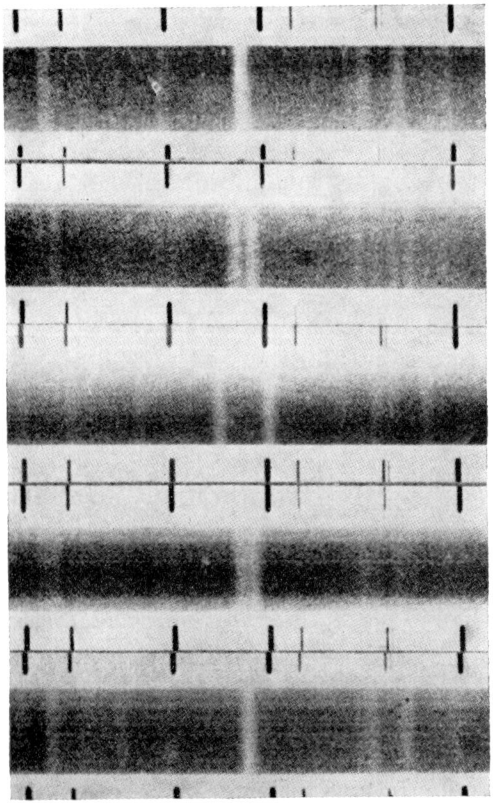

Bild 128 Veränderliche Linienaufspaltung beim Bedeckungssystem β Aur, hervorgerufen durch den Dopplereffekt auf Grund der Bahnbewegung der beiden Komponenten (nach O. Struve)

Da überdies viele helle Objekte zur Verfügung stehen, sind auch diese Bestimmungsgrößen mit hoher Genauigkeit zu erlangen. Es wurden daher Methoden geschaffen zur Berechnung der Bahnen spektroskopischer Doppelsterne im allgemeinen und der

Bedeckungssysteme im besonderen. Dadurch haben diese Objekte eine große Bedeutung für die astronomische Forschung erlangt; einen großen Teil unserer Information über die Zustandsgrößen der Sterne haben wir durch die Untersuchung der Bedeckungssysteme erhalten. Eine ausführliche Darstellung der Theorie der Bedeckungssterne und der Methoden der Bahnbestimmung kann man in der Arbeit von SCHILLER (1923, Seite 288) nachlesen. Als erster hat wohl RUSSELL (1912) das Problem gelöst. Verwiesen sei auch auf SHAPLEY (1915) und FETLAAR (1923). Später hat SCHNELLER (1949) die Arbeiten von RUSSELL und FETLAAR weiterentwickelt und eine Vereinfachung der Rechnung erreicht; außerdem hat er, wie vordem schon HETZER, Tafeln zur Verfügung gestellt. Eine neuere Arbeit ist die von BINNENDIJK (1960). Weiteres auf dem Gebiet der Methodik der Bahnbestimmung kann man dem Buch von TSESEVICH (1971) entnehmen. Sehr ausführliche Arbeiten auf dem Gebiet der Analyse der Lichtkurven lieferte KOPAL (1978, 1979).

4.5. Änderungen der Perioden

Es könnte angenommen werden, daß bei den Bedeckungssternen, deren Lichtwechsel durch einen mechanischen Vorgang verursacht wird, die Verhältnisse hinsichtlich der Stabilität der Lichtwechselperioden besonders klar liegen. Seltsamerweise ist dies nicht der Fall. Ehe wir jedoch auf Besonderheiten eingehen, sollen mechanisch deutbare Fälle von Periodenänderungen behandelt werden.

4.5.1. Periodische Änderungen

Wenn die Bahn in einem Bedeckungssystem stark exzentrisch ist, fällt das Nebenminimum im allgemeinen nicht in die Mitte der Zwischenzeit der Hauptminima (Bild 129), sondern nur dann, wenn die Apsidenlinie zum Beobachter hinweist. Die asymmetrische Lage des Nebenminimums ist daher ein Anzeichen für merkliche Exzentrizität der Bahn. Ein Extremfall in dieser Hinsicht ist DI Her mit $P = 10\overset{d}{,}550$, dessen Nebenminimum bei der Phase 0,768 liegt (Bild 130).

Es gibt aber Fälle, bei denen die Apsidenlinie sich dreht. Das Nebenminimum wird dann mit der Periode der **Apsidendrehung** um die zeitliche Mittellage pendeln (Bild 131), und seine Periode erfährt eine periodische Änderung. Dasselbe gilt aber auch für das Hauptminimum (Bild 132). In der Formel zur Darstellung der Zeiten der Minima tritt dann ein Sinusglied auf, dessen Koeffizient für die beiden Arten der Minima ein entgegengesetztes Vorzeichen hat.

Ein weiteres periodisches Glied kann aus der endlichen Lichtgeschwindigkeit folgen, nämlich dann, wenn das Bedeckungssystem als Ganzes eine Bahn im **Schwerefeld eines dritten Körpers** beschreibt. Die Wirkung entspricht der im allgemeinen Teil dieses Buches behandelten Lichtgleichung als Folge des Umlaufs der Erde um die Sonne. Die beobachtete Periode wird länger sein, als die wahre, wenn sich (infolge Umlaufbewegung um den 3. Körper) das System von uns entfernt, und sie wird sich verkürzen, wenn sich das System uns nähert. Ein dritter Körper kann zugleich die Ursache

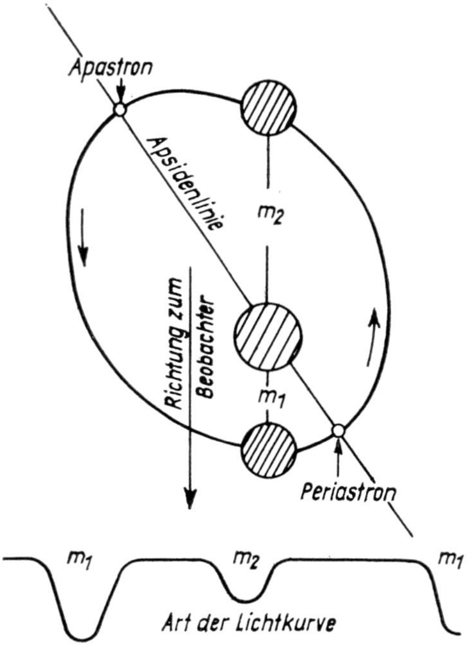

Bild 129 Einfluß einer großen Bahnexzentrizität auf die Form der Bedeckungslichtkurve

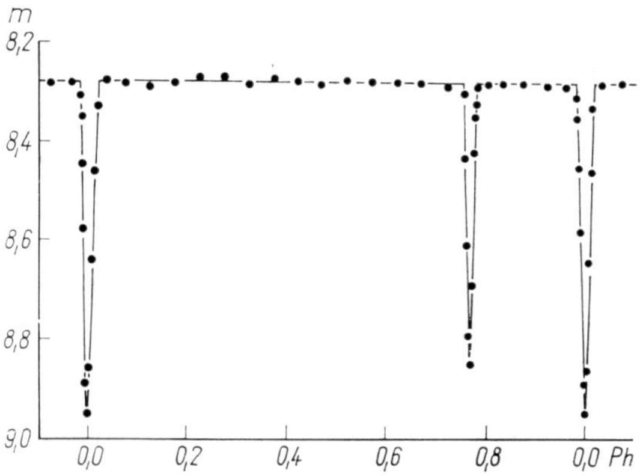

Bild 130 Lichtkurve von DI Her (Beispiel starker Bahnexzentrizität; nach JACCHIA)

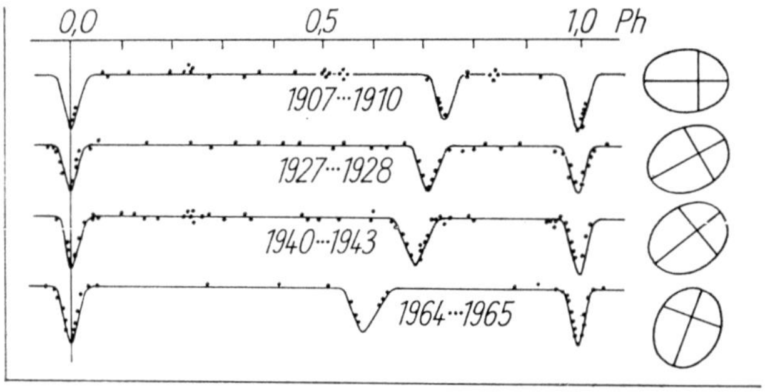

Bild 131 RU Mon. Fortschreitende Veränderung der Lichtkurve infolge Rotation der Apsidenlinie (nach MARTYNOV 1971). Die Hauptminima wurden aus Gründen der Anschaulichkeit untereinander gezeichnet

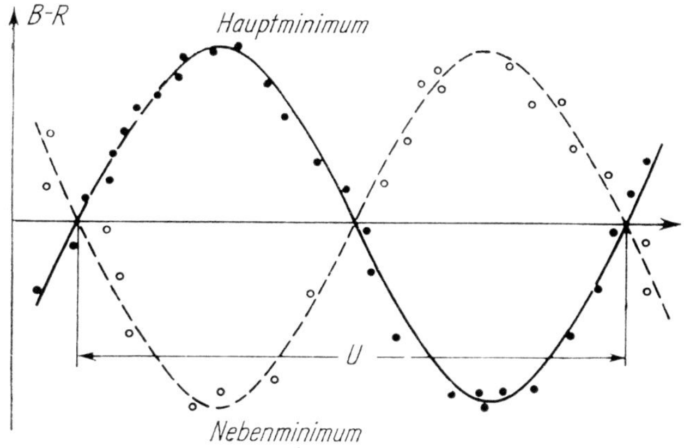

Bild 132 Periodische Veränderungen der $(B-R)$-Werte infolge Drehung der Apsidenlinie. U = Umlaufperiode der Apsidenlinie (nach Martynov 1971)

für die Drehung der Apsidenlinie sein, ähnlich wie bei den gegenseitigen Störungen der Planeten.

Eine spezielle Studie der Apsidenbewegung gibt Kopal (1965). Er behandelt die Theorie und die beobachtbaren Effekte und betont die große Bedeutung dieser engen Doppelsysteme für die Erforschung des Inneren der Sterne, da ja die im wesentlichen von den dichtesten Teilen des Sterns ausgehende Gravitationswirkung keiner Absorption unterliegt. In der Arbeit werden 21 Sterne als Beispiel angeführt.

Neuere Arbeiten über das Problem der Apsidenbewegung und des Einflusses dritter Körper auf die Epochen der Minima geben Martynov (Tsesevich 1971, Kap. 9.), Batten (1973, Kap. 6.), Sahade u. Wood (1978, Kap. 6.) und Kopal (1978), auf den

Tabelle 43 Bedeckungssysteme mit Apsidenbewegungen

Stern	Spektren	P	U/P	e	$\mathfrak{M}_2/\mathfrak{M}_1$
GL Car	B3 + B4	2ᵈ,422	3800	0,16	1,0
HH Car	B5 + B8	3,2315	75000	0,16	0,9
AR Cas	B3 + A0	6,0665	25000	0,25	0,25
V 346 Cen	B4 + B6	6,3227	11000	0,20	1,0
XX Cep	A8 + G6	2,3373	10000	0,14	0,22
Y Cyg	O9,5 + O9,5	2,9963	5900	0,14	0,99
MR Cyg	A0 + F7	1,6770	12000	0,05	0,85
V 380 Cyg	B1,5 + B3	12,4256	59000	0,22	0,57
V 477 Cyg	A3 + F5	2,3470	54300	0,30	0,68
HS Her	B5 + A4	1,6374	3450	0,05	0,34
CO Lac	B8,5 + A0	1,5422	10010	0,03	0,82
RU Mon	B9 + A0	3,5847	28900	0,38	0,96
GN Nor	?	5,7034	31000	0,21	1
FT Ori	A0 + A3	3,1504	60000	0,40	0,9
δ Ori	B1 + B2	5,7325	9900	0,08	0,38
AG Per	B5 + B7	2,0287	12900	0,07	0,88
YY Sgr	A0 + A0	2,6285	46000	0,16	0,9
V 523 Sgr	A5 + A5	2,3238	33000	0,18	1,0
V 526 Sgr	A0 + A?	1,9195	27800	0,22	0,8
V 2283 Sgr	A0 + A?	3,4714	59000	0,49	0,7
α Vir	B2 + B3	4,0142	11200	0,15	0,62
DR Vul	B7 + B8	2,2512	6140	0,09	0,95

Hierin bedeuten: P = Umlaufperiode der Komponenten, U = Umlaufperiode der Apsiden, e = Bahnexzentrizität, $\mathfrak{M}_2/\mathfrak{M}_1$ = Massenverhältnis auch die in Tabelle 43 gegebene Zusammenstellung gründlich untersuchter Bedeckungssysteme mit Apsidenbewegung zurückgeht.

Eine andere Art periodischer oder, besser gesagt, nahezu periodischer Änderungen, die allerdings nicht mechanisch deutbar ist, tritt bei einer besonderen Gruppe von getrennten Systemen, den in Kapitel 3.6.1. behandelten **RS-Canum-Venaticorum-Sternen,** auf. Bei diesen Objekten ist neben der Umlaufperiode eine zweite Periode wirksam, die der Umlaufperiode um einen geringen Betrag vorauseilt (in selteneren Fällen zurückbleibt), so daß eine Art «Schwebung» mit einer Länge von mehreren Jahren auftritt, die über die mittlere Lichtkurve «hinweghuscht» (s. Bild 120). Hier liegen wahrscheinlich physikalische Ursachen zugrunde. Eine Deutung des Phänomens (Sternfleckenhypothese) wird in Kapitel 3.6.1. gegeben.

4.5.2. Unperiodische Änderungen

Ein neuer Gesichtspunkt ergab sich, als erkannt wurde, daß die Kontaktsysteme und die halbgetrennten Systeme eine gemeinsame Gashülle besitzen und daß die Atmosphäre mindestens einer der beiden Komponenten bis zur Stabilitätsgrenze ausgedehnt ist, so daß **Massenverluste** und selbst ein **Austausch von Massen** zwischen beiden Sternen stattfinden. Die Möglichkeit von sprunghaften Änderungen der Periode durch Austausch von Massen hat Wood (1950) erkannt. Sogar getrennte Systeme, bei denen beide Komponenten noch innerhalb der Stabilitätsgrenze liegen, können gewaltige Masseauswürfe zeigen, was anscheinend bei den soeben erwähnten RS-Canum-Venaticorum-Sternen der Fall ist. Es liegen hier offenbar ähnliche Verhältnisse vor, wie wir sie bereits bei den eruptiven Doppelsternen beschrieben haben, jedoch in stark verkleinertem Maßstab: Da die die Materie aufsammelnde Komponente kein kompakter Stern (Weißer Zwerg oder dergleichen) ist, ist die beim Aufschlag der Materiemassen freigesetzte Gravitationsenergie nicht sehr hoch. Bild 133 gibt als Beispiel die $(B-R)$-Kurve von W UMa von 1912 bis 1982.

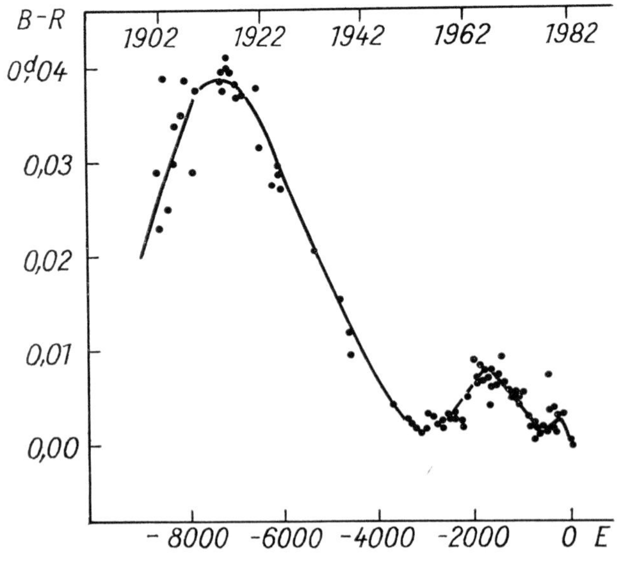

Bild 133 $(B-R)$-Kurve von W UMa (nach Hamzaoglu u. Mitarb. 1982)

Es gibt zahlreiche Publikationen über Materieaustausch und Materieverluste in engen Doppelsternsystemen. Erwähnt seien BATTEN (1973), SAHADE u. WOOD (1978, Kap. V) und einige Beiträge in dem Buch von GYLDENKERNE u. WEST (1970), wo diese Probleme mehr von der beobachtungsmäßigen Seite beleuchtet werden, ferner KOPAL (1978, Kap. V), der vor allem theoretische Arbeiten liefert.

Eine Gesamtlösung des Problems der Periodenänderungen hatte schon SCHNELLER (1960) angestrebt. Er prüfte, inwieweit die Änderungen mechanisch erklärt werden können, d. h. durch Apsidendrehung, Lichtzeiteffekte, das Vorhandensein weiterer Körper. Tabelle 44 zeigt das Ergebnis der Untersuchung von 68 Systemen.

Tabelle 44 Statistik der Perioden-Veränderlichkeit bei Bedeckungssternen

	Getrennt	Halbgetrennt	Kontakt-System
Periode konstant	73%	47%	33%
Periode veränderlich	19%	53%	50%
Zweifelhaft	8%	0%	17%
Anzahl	26	30	12

Hiernach sind die getrennten Systeme im Mittel die stabilsten. Über die Ursachen der Periodenänderungen schreibt der Autor, daß diese in den allerseltensten Fällen durch «einfache Modellvorstellungen» zu erklären sind. «Es hat vielmehr den Anschein, daß kurzzeitige, katastrophenähnliche Vorgänge die Periodenänderungen bewirken». Auch SCHNELLER findet, daß die $(B-R)$-Diagramme meist besser durch Polygonzüge als durch Kurven dargestellt werden. Von Interesse ist noch folgender Abschnitt: «Diese Untersuchungen zeigen gleichzeitig, wie wichtig die kontinuierliche Beobachtung möglichst vieler Bedeckungssterne ist. Ohne die Heranziehung zahlreicher von Amateuren bestimmter Minima, deren zeitliche Fixierung für die Erforschung der Grobstruktur völlig ausreichend genau ist, hätten viele Diagramme der hier behandelten Sterne nicht bis zur Gegenwart ergänzt werden können».

4.6. Statistik

Die **Amplituden** der engen Kontaktsysteme vom W-Ursae-Maioris-Typus liegen, wie oben begründet, bei etwa 0,7 mag, wenn die Bedeckung zentral ist; bei partieller Bedeckung sind alle kleineren Werte bis zur Grenze der Nachweisbarkeit möglich. Das letztere gilt auch für die halbgetrennten und getrennten Systeme, bei denen theoretisch beliebig große Amplituden möglich sind, denn es wäre denkbar, daß ein lichtloser Begleiter den hellen Stern völlig bedeckt. In der Natur ist das bis jetzt nicht beobachtet worden, aber man kennt einige sehr große Amplituden. RW Tau z. B. steht mit den Grenzgrößen $8\overset{m}{.}0$ bis $12\overset{m}{.}3$ pg. im Katalog, U Cep mit $6\overset{m}{.}6$ und $9\overset{m}{.}8$ pg., SS Cet mit $9\overset{m}{.}4$ und $13\overset{m}{.}0$ vis. und WU Cyg mit $9\overset{m}{.}9$ und $13\overset{m}{.}7$ vis. Amplituden von mehr als 3 Größenklassen sind selten. Der Extremfall, soweit bis jetzt bekannt, ist wahrscheinlich V 442 Cas mit etwa 5 Größenklassen Amplitude.

Wichtiger für die Statistik ist die Größe D/P, das Verhältnis der **Dauer des Minimums** zur Periode. Diese Größe ist auch fast identisch mit der Entdeckungswahrscheinlichkeit, wenn von den bei Algolsternen meist unbedeutenden Nebenminima abgesehen wird. Der alte Mittelwert 1/7 ist durch die Entdeckung schwierigerer Fälle bei systematischem Suchen merklich verkleinert worden. Aus dem Material des Sonneberger Felderplanes findet RICHTER 0,123 und mit Berücksichtigung der Entdeckungswahrscheinlichkeit 0,112. Aber es sind eine Reihe von Fällen mit Werten bei 0,02 bekannt, so daß man im Mittel 50 Platten nachsehen muß, um 1 Minimum zu finden. Die *Extremwerte* dürften sein SW Nor mit 0,014 sowie V 1108 Sgr und EE Cep mit 0,015.

Als Extremwerte der **Perioden** von Bedeckungssternen sind bis jetzt bekannt:

Kürzeste Perioden		**Längste Perioden**	
AM CVn	18 Minuten	ε Aur	9883 Tage
GP Com	46 Minuten	VV Cep	7430 Tage
		V 381 Sco	6475 Tage
		V 383 Sco	4900 Tage

Die Komponenten von AM CVn und GP Com sind vermutlich Weiße Zwerge. Die durch Materieaustausch verursachten physikalischen Helligkeitsänderungen sind bei ihnen so stark, daß es schwierig war, den Bedeckungslichtwechsel nachzuweisen. Sie wurden an anderer Stelle (Kap. 3.1.3.) unter den eruptiven Doppelsternen behandelt. Die bisher bekannten 14 Doppelsterne mit Bedeckungslichtwechsel unter 0,17 Tagen Periode gehören allesamt zu den eruptiven Doppelsternen. Man darf wohl sagen, daß bei den «echten» Algolsternen Perioden unter $0\overset{d}{,}3$ nicht vorkommen, wogegen die W-Ursae-Maioris-Sterne durch einige Werte unter $0\overset{d}{,}3$ beteiligt sind. Die W-Ursae-Maioris-Sterne mit den kürzesten bekannten Perioden sind in Tabelle 45 aufgeführt. Zu den längsten Perioden könnte man noch KQ Pup ($P = 9752$ Tage) rechnen, doch ist hier noch nicht sicher, ob an dem (durch den Periastron-Effekt verursachten) Lichtwechsel (s. o.) überhaupt eine Bedeckung mit beteiligt ist. Unter den Systemen mit sehr langen Perioden gibt es recht interessante Fälle; auf einige werden wir noch zu sprechen kommen.

Tabelle 45 W-Ursae-Maioris-Sterne mit den kürzesten bekannten Perioden

Stern	m_{Max}	m_{Min}	P
AB Tel	$13\overset{m}{,}4$	$13\overset{m}{,}9$ pg	$0\overset{d}{,}17$
BF Pav	12,8	13,4 pg	0,17:
CC Com	11	11,9 v	0,22068
V 523 Cas	11,2	12,1 B	0,2337

4.7. Beispiele einiger bemerkenswerter Bedeckungssysteme

β Lyrae

Den ersten Hinweis auf die Existenz unperiodischer Änderungen bei einem Bedekkungsstern überhaupt brachten wohl die lichtelektrischen Messungen an β Lyr durch GUTHNICK u. PRAGER (1917), Bild 134.

Seitdem hat das System β Lyr immer mehr an Aktualität zugenommen.

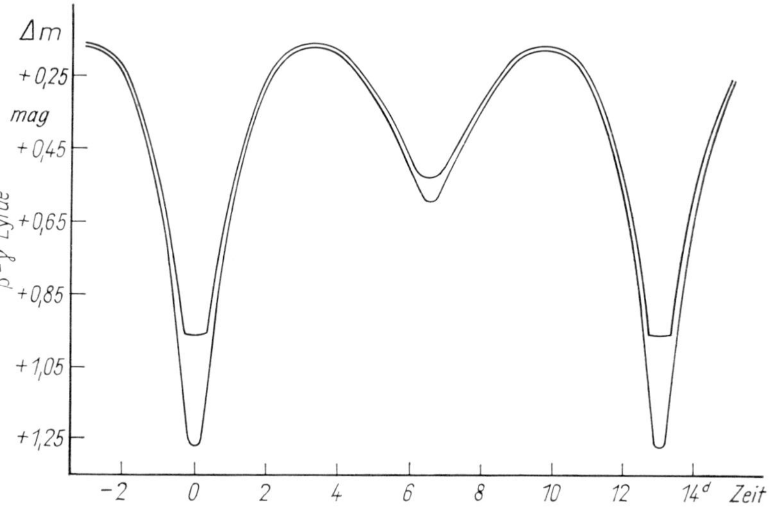

Bild 134 Photoelektrische Lichtkurve von β Lyr nach GUTHNICK. *Obere Kurve*: 1925/26 und 1943/44, *untere Kurve*: 1915/16

Im Hauptminimum treten schwache Emissionen auf, die in der gemeinsamen Atmosphäre über dem helleren Stern entstehen, während die Atmosphäre des dann dem Beobachter näheren schwächeren Sterns Absorptionslinien erzeugt. β Lyrae ist ein System, dessen schwächere Komponente ein massereicher Stern geringer Leuchtkraft mit schwer zu ermittelndem Spektrum ist (die Angaben schwanken von A7 bis B5); der andere, hellere, aber masseärmere Stern hat das Spektrum B8 (Bild 135).

Die Massen sind groß, aber unsicher: nach einer Quelle 2 und 11, nach anderer Quelle 13 und 23 Sonnenmassen. Nach gegenwärtigen Vorstellungen ist der massereichere Stern von einer Materiescheibe umgeben, die Quelle von Emissionslinien des Wasserstoffs und C IV ist und die mit einer Geschwindigkeit von 300 km/s rotiert. Von der B8-Komponente strömt Materie in die Scheibe. Beide Objekte sind von einer gemeinsamen Gashülle umgeben, die mit Geschwindigkeiten bis zu 170 km/s expandiert und Quelle weiterer Emissionslinien ist (Bild 136). Bild 137 gibt eine schematische Darstellung des Ablaufs des Bedeckungsvorganges (links im Haupt-, rechts im Nebenminimum). Von einem völligen Verständnis des β-Lyrae-Systems ist man noch weit entfernt.

Algol

Als Beispiel für Periodenänderungen verschiedener Art kann Algol gelten (Bild 138). Die recht komplizierte Formel von CHANDLER, nach der man die Minima um die letzte Jahrhundertwende vorausberechnete, ergab um 1915 bereits einen Fehler von 2 Stunden. Die Erfahrungen waren ähnlich wie bei den Mira-Sternen, und auch bei Algol blieb zunächst kein anderer Ausweg als das Arbeiten mit «instantanen Elementen». Der Erklärung der Erscheinungen kam man damit nicht näher. Die Literatur der letzten Jahrzehnte, speziell über Algol, ist so umfangreich, daß hier nur ein kurzer Überblick gegeben werden kann.

Nach den Ausführungen in Kapitel 4.5.1. stehen drei mögliche Ursachen für periodische Periodenänderungen zur Verfügung: Drehung der Apsidenlinie, Lichtzeitef-

Bild 135 32 Spektrogramme (als Negativ) von β Lyr, nach der Phase geordnet. Die Spektrogramme wurden so justiert, daß die Absorptionslinien der hellen Komponente des Paares genau untereinander stehen (das ist die große Mehrzahl der schwächeren Linien). Die Linien der schwachen Stern-Komponente sind unsichtbar. Einige Linien, insbesondere die hellen Linien 388,9 HeI (ziemlich weit links), 397,0 H_ε (rechts von der Mitte) und 402,6 HeI (ganz rechts), zeigen eine Wellenbewegung infolge Doppler-Effekts: Sie folgen nicht der Bahnbewegung der hellen Komponente. Sie entstammen einer ausgedehnten, expandierenden, das Doppelsternsystem einhüllenden Gasschale; auch die Lage der an sich «ruhenden» interstellaren CaII-Linie (scharfe Begleitlinie nahe der starken Absorptionslinie dicht links der Bildmitte) variiert und gibt spiegelbildlich die Bahnbewegung der hellen Komponente des Systems um den Systemschwerpunkt wieder (nach STRUVE 1957)

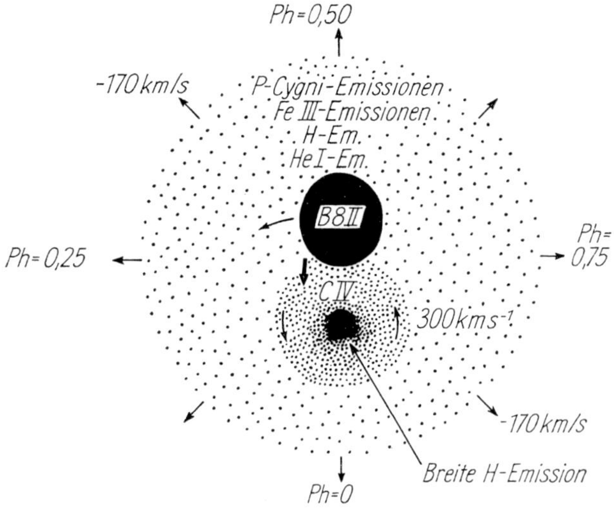

Bild 136 Modell von β Lyr (nach SAHADE u. WOOD)

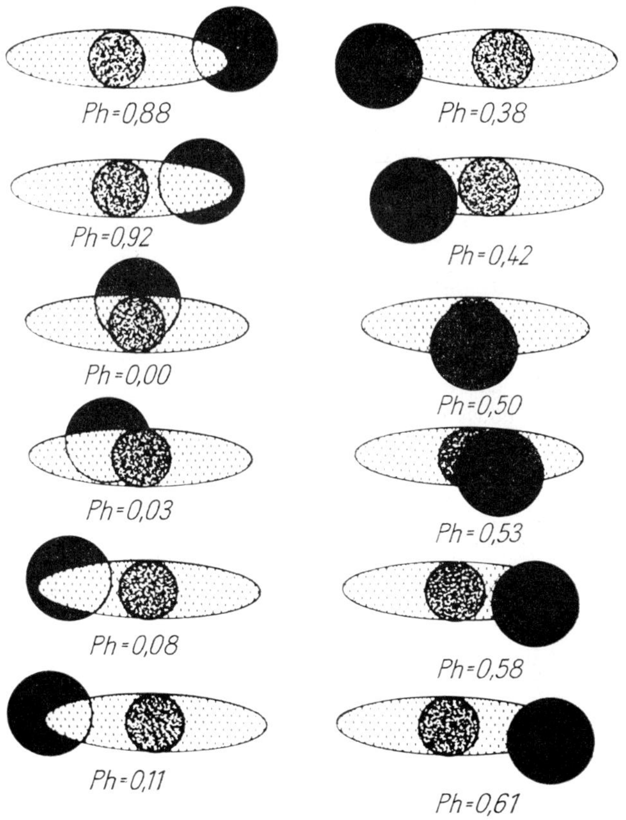

Bild 137 Anblick des β-Lyrae-Systems von der Erde aus (schematisch) bei verschiedenen Phasen (Ph) der Lichtkurve (nach Brown u. Huang 1977)

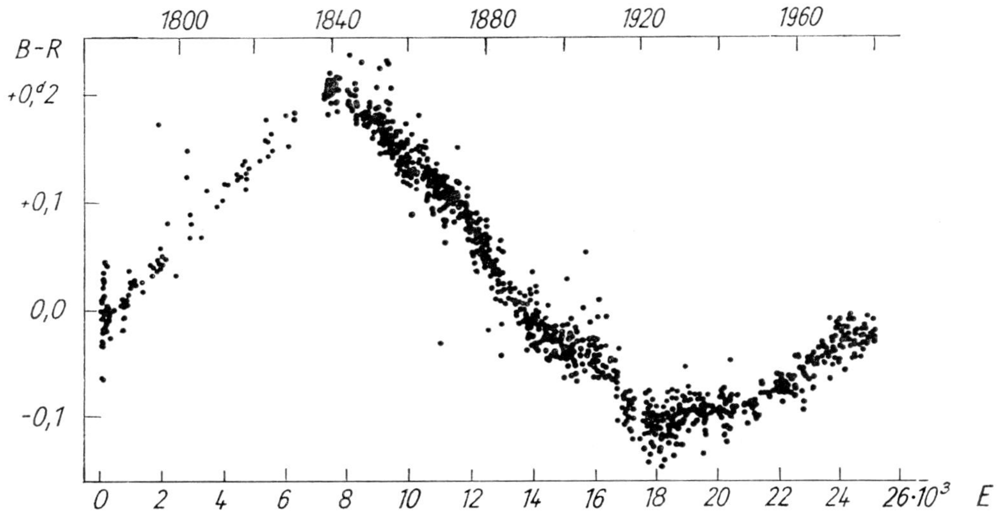

Bild 138 ($B-R$)-Kurve von Algol (nach Schneller, ergänzt von Fuhrmann, Sonneberg)

fekte, Bewegung um ein weiteres Gravitationszentrum, das die Anwesenheit eines dritten Körpers voraussetzt. Stellen wir zunächst fest, was gedeutet werden muß. Die Hauptperiode Algols ist $2\overset{d}{,}86731$. EGGEN fand 1948 noch 3 weitere Perioden: 1. von 1,873 Jahren, die bereits von McLAUGHLIN aus Radialgeschwindigkeiten erschlossen war, 2. von 188,4 Jahren, die auch gesichert sein dürfte, und 3. von 32 Jahren, die einer Drehung der Apsidenlinie zugeschrieben werden könnte. Die beiden anderen Perioden deuten auf Umlaufbewegungen hin, so daß das Algolsystem aus 4 Sternen bestehen würde, deren Massen wie folgt angegeben werden: 5,0, 1,0 (Bedeckungspaar), 1,2 und 3,8 Sonnenmassen. Nachdem LUYTEN gegen die Annahme der Apsidendrehung Bedenken geäußert hatte, indem er dafür eine viel längere Periode verlangte, versuchte PAVEL (1949), alle Ungleichheiten durch Bahnbewegungen und Lichtzeitdifferenzen zu erklären und benötigte dazu 4 störende Körper, so daß das Algolsystem aus 6 Komponenten bestehen würde. Früher hatte schon FERRARI auf ein 5faches System geschlossen und stützte diese Hypothese, etwa gleichzeitig mit PAVEL, durch weitere Untersuchungen (FERRARI 1950).

Man konnte sich angesichts dieser Sachlage gewisser, zunächst mehr gefühlsmäßig begründeter Bedenken kaum erwehren.

SAHADE u. WOOD (1978) vergleichen die Einführung einer 4., 5. und 6. Komponente mit der in gewisser Hinsicht ähnlichen Situation, die in früheren Zeiten einmal auftrat, als man versuchte, die Ptolemäische Theorie durch die Einführung von immer mehr Epizyklen zu retten.

Unterstützt wurden die Zweifel an der Richtigkeit der Vielkörperhypothese durch zwei Erfahrungen: Erstens zeigen sich ähnliche Erscheinungen, wie sie bei Algol gefunden wurden, auch bei anderen Bedeckungssternen, zumal den hellen, die in jeder Hinsicht genau untersucht werden können (Beispiele sind β Lyr und λ Tau); zweitens weisen die Bearbeiter darauf hin, daß bei Algol anscheinend auch sprunghafte Änderungen der Periode auftreten, die durch die vordem beschriebenen himmelsmechanischen Vorgänge nicht erklärt werden konnten.

Wir haben also auch hier, bei Algol, einem halbgetrennten System, ein Beispiel für unperiodische Ändeiungen (s. Kap. 4.5.2.) infolge des Austauschs von Massen vor uns.

Heutzutage vermutet man, daß Algol tatsächlich nur aus drei Objekten besteht: das Bedeckungspaar Algol A (Spektrum B8V) und Algol B (wahrscheinlich ein Unterriese G bis K) mit einer Umlaufzeit von 2,87 Tagen und Algol C, der sich in 1,86 Jahren zusammen mit dem engen Paar AB um das gemeinsame Schwerezentrum dreht. In der Tat beobachtet man während des Hauptminimums für kurze Zeit zahlreiche schmale Absorptionslinien, die von Algol C herrühren, und auch der spektroskopische Nachweis von Algol B gelang kürzlich durch die mit modernsten technischen Mitteln geglückte Entdeckung der ihm zugeordneten Komponenten der bekannten Natrium-Doppellinie (TOMKIN u. LAMBERT 1978).

Alle anderen Periodizitäten sind vorgetäuscht; es handelt sich um unperiodische Änderungen.

Seit einigen Jahren ist Algol auch als Radio- und Röntgenquelle bekannt. Ob diese Beobachtungen auf eine Art «Sternaktivität» in Analogie zur Sonnenaktivität, aber in viel stärkerem Ausmaße, hindeuten, müssen zukünftige Untersuchungen klären.

Eine ausführlichere Beschreibung des Algol-Systems ist bei SAHADE u. WOOD (1978, Kap. 10.) nachzulesen.

V 444 Cygni und CV Serpentis

Der 1940 von GAPOSCHKIN entdeckte Algolstern **V 444 Cyg** von 4,2 Tagen Periode und kleiner Amplitude ($8^m\!.3$ bis $8^m\!.6$) ist eine Besonderheit, denn die eine Komponente ist ein **Wolf-Rayet-Stern** (*Sp.* WN5), die andere ein O6-Stern. Wolf-Rayet-Sterne (= WR-Sterne) haben ein recht kompliziertes Spektrum mit kräftigen Emissionslinien der Elemente He, C, N und O, die auf ausgedehnte Hüllen hinweisen. Unter diesen Objekten gibt es zahlreiche spektroskopische Doppelsterne, und es ist noch die Frage offen, ob es überhaupt WR-Einzelsterne gibt. Die Frage könnte mit Hilfe der Statistik beantwortet werden, wenn die Gesamtzahl aller Bedeckungssterne unter den WR-Sternen bekannt wäre. Außerdem kann man durch genaue Analyse der Lichtkurven von WR-Bedeckungssternen in Verbindung mit spektroskopischen Beobachtungen Aussagen gewinnen über die physikalischen Parameter dieser so schwer zu verstehenden pekuliaren Objekte. Leider gibt es bisher nur 7 benannte WR-Bedeckungssterne, und diese zeigen keine zentralen Bedeckungen, so daß die Resultate noch recht unsicher sind. Fest steht allerdings, daß die Massen recht hoch sind. Am besten beobachtet ist bisher V 444 Cyg: Der O6-Stern scheint nach KRON u. GORDON einen 4,5 mal größeren Durchmesser zu haben als der WN5-Stern. Die (unsicheren) Massen betragen 10 Sonnenmassen für den WR-, 26 Sonnenmassen für den O-Stern. Außerdem befindet sich um den WR-Kern eine innere leuchtende Hülle und eine äußere Elektronenschale (Bild 139).

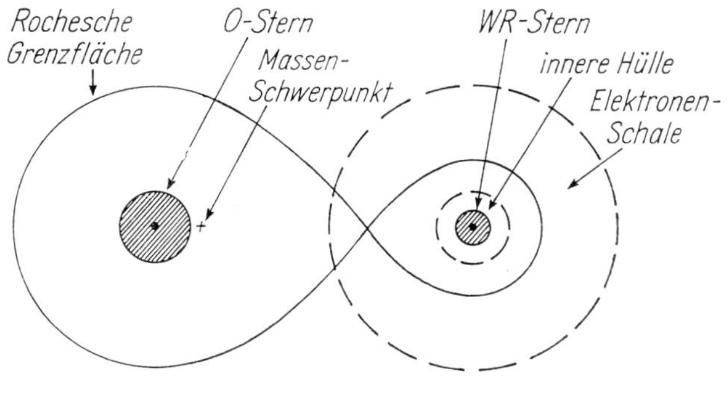

Bild 139 Modell von V 444 Cyg; nach SAHADE (1980)

Die sieben weiteren benannten Systeme dieser Art sind: CV Ser, V 1676 Cyg, V 1696 Cyg, GP Cep, CX Cep, CQ Cep.

CV Ser ist ein Bedeckungsstern von 29,7 Tagen Periode. Die Helligkeit schwankte bis 1963 mit variabler Amplitude von $9^m\!.7$ bis $10^m\!.4$. Im Jahre 1970 konnte man jedoch überhaupt keinen Lichtwechsel mehr nachweisen! COWLEY u. Mitarb. (1977) geben als mögliche Erklärung, daß bei dem früheren Lichtwechsel nicht einer der *Sterne* (der sich ja nicht in Wohlgefallen aufgelöst haben kann), sondern irgendwelche helle *Materie zwischen den Sternen* bedeckt wurde. Eine ausführliche Beschreibung dieser interessanten Objekte kann man bei SAHADE u. WOOD (1978, S. 93) und bei SAHADE (1980, S. 46) lesen; s. auch TSESEVICH (1971, S. 256) und BATTEN (1973, S. 51).

Seit einiger Zeit sind die WR-Doppelsterne als **Röntgenquellen** bekannt (s. auch SANDERS u. Mitarb. 1981).

U Cephei

Eine Zusammenfassung der zahlreichen Arbeiten über dieses interessante halbgetrennte System findet man bei Sahade u. Wood (1978, S. 142). Man nimmt an, daß dieser 1880 entdeckte Bedeckungsstern aus einer B7V- und einer G8III-IV-Komponente besteht. Alle 2,5 Tage findet eine totale Bedeckung des heißen Sterns durch den kühlen Riesen statt, die visuelle Amplitude beträgt etwa 2,2 mag. Die Lichtkurve erinnert zunächst an die eines Algolsterns, doch treten deutliche Unregelmäßigkeiten in der Kurvenform auf. Die Hauptminima zeigen unregelmäßige Veränderungen in der Tiefe und Dauer. Schon seit über 100 Jahren (!) liegen regelmäßige Beobachtungen der Minima vor, und die recht interessante $(B-R)$-Kurve (Bild 140) zeigt an, daß die Periodenlänge im Mittel ständig zunimmt, ein Zeichen für überaus regen Materieaustausch. Die Spektren zeigen zeitweise Emissionslinien des Wasserstoffs und anderer Elemente.

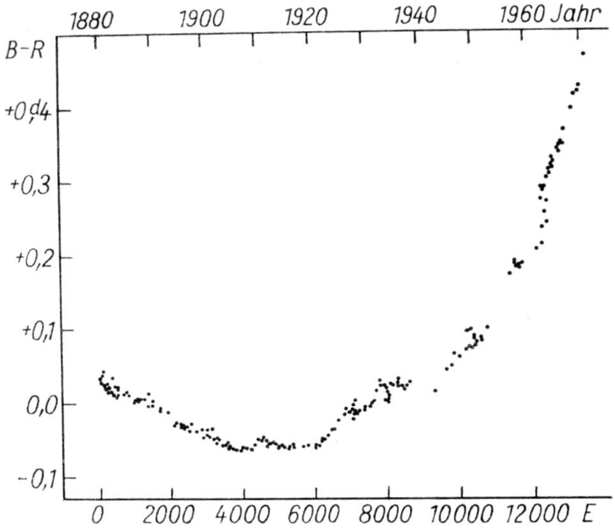

Bild 140 $(B-R)$-Kurve von U Cep (nach Batten 1973)

Eine genaue Analyse der Beobachtungen führt zu folgenden Vorstellungen von dem System: Nach häufig stattfindenden starken Materieausbrüchen des Riesensterns bildet sich um den B-Stern jeweils vorübergehend eine äquatoriale Materiescheibe beachtlicher Dicke, und es entstehen heiße Flecke («hot spots») in der Photosphäre des B-Sterns.

Es handelt sich vermutlich um ein System, daß einen recht raschen Entwicklungszustand durchläuft.

V 471 Tauri (= BD +16°516)

Dieser von Nelson u. Young (1970, 1976) entdeckte Bedeckungsstern von 0,521 18340 Tagen Periode ist Mitglied des Hyaden-Sternhaufens. Er hat eine Lichtkurve, die sich in keine der drei Hauptgruppen Algol, β Lyr und W UMa einordnen läßt (Bild 141); sie erinnert bei oberflächlicher Betrachtung eher an eine RR-Lyrae-Lichtkurve mit Buckel im absteigenden Ast. Die Amplitude beträgt im visuellen, blauen und ultravioletten Spektralbereich 0,3, 0,4 und 0,65 Größenklassen.

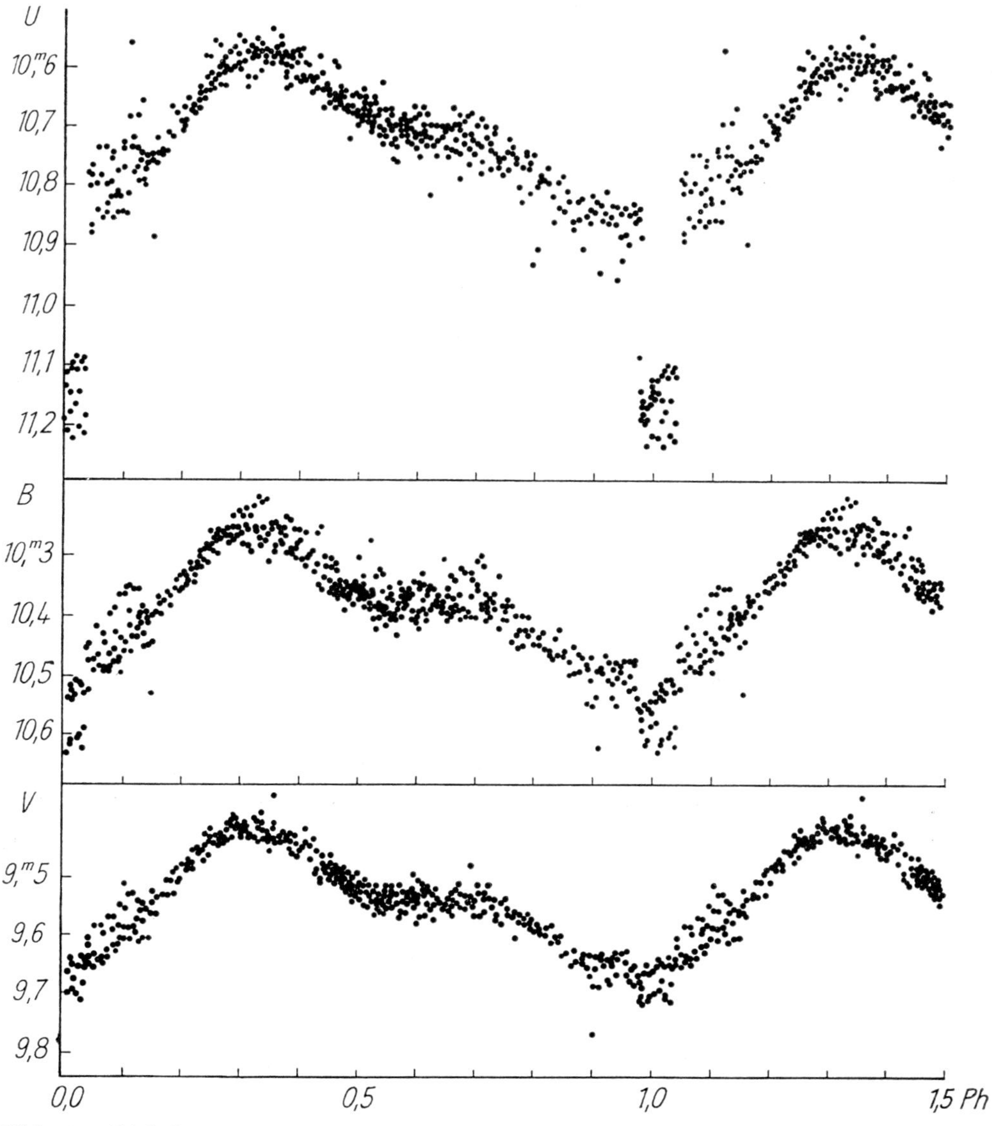

Bild 141 Lichtkurve von V 471 Tau in *U* (oben), *B* (Mitte) und *V* (unten); nach Nelson u. Young (1970)

Auf Grund spektralanalytischer Auswertungen geben die genannten Autoren an, daß es sich um ein Bedeckungssystem handelt, das aus einem K0-Stern (0,7 Sonnenmassen und 0,8 Sonnenradien) und einem heißen Weißen Zwerg (0,7 Sonnenmassen und 1,3 Erdradien) handelt. Fast die gesamte Veränderlichkeit im visuellen und blauen Spektralbereich wird durch den infolge von Gezeitenkräften verformten K0-Stern hervorgerufen, dessen dem Weißen Zwerg zugewandte Seite stark aufgeheizt ist. Ein merklicher Bedeckungslichtwechsel ist lediglich im UV zu sehen (Bild 141). Ein Nebenminimum ist nicht vorhanden. Der Abstieg zum Hauptminimum dauert 55 Sekunden (!), die Dauer des Hauptminimums beträgt 47 Minuten. In Lichtkurve und Periode treten Unregelmäßigkeiten auf. In vieler Hinsicht erinnert das System an die U-Geminorum-Sterne, mit dem Unterschied, daß kein größerer Materieaustausch und keine Eruptionen nachgewiesen wurden. Einige Autoren vermuten in dem Objekt einen Vorfahr der U-Geminorum-Sterne. Näheres siehe bei HAMZAOǦLU (1981) und RUCINSKI (1981). UU Sge (Kap. 3.4.3.), AA Dor und GK Vir (= PG 1413+01) sind verwandt (PACZYNSKI 1980).

ε Aurigae

Die Veränderlichkeit wurde 1821 von dem Quedlinburger Pfarrer FRITSCH entdeckt, aber erst LUDENDORFF fand 1903, daß Bedeckungslichtwechsel mit der ungewöhnlich langen Periode von 9883 Tagen ≈ 27 Jahren vorliegt. Minima wurden bisher beobachtet 1821, 1847/48, 1874/75, 1901/02, 1929 und 1956. Ein Nebenminimum ist, auch lichtelektrisch, nicht nachweisbar. Die Amplitude beträgt visuell 0,63 mag ($3^{m}_{,}23$ bis $3^{m}_{,}86$). Form und Breite des Minimums variieren (Bild 142). Im Mittel dauern Ab- und Zunahme des Lichtes je 197^{d} und das konstante kleinste Licht 360^{d}, so daß man als gesamte Dauer des Minimums $D = 754^{d}$ erhält. Aus der umfangreichen Literatur kann nur einiges hervorgehoben werden. Das Licht des Sterns zeigt, unabhängig von der Bedeckung, kleine Schwankungen bis 0,2 mag. Das Verhalten der Spektrallinien um die Zeit des Minimums gibt einige Rätsel auf, auch hinsichtlich der Radialgeschwindigkeit. Der helle Stern, der bedeckt wird, ist ein Überriese vom Spektraltyp F0epIa, dem die Größe $-2^{M}8$ zugeschrieben wird. Eine zweite Sternkomponente ist im Spektrum nicht nachweisbar.

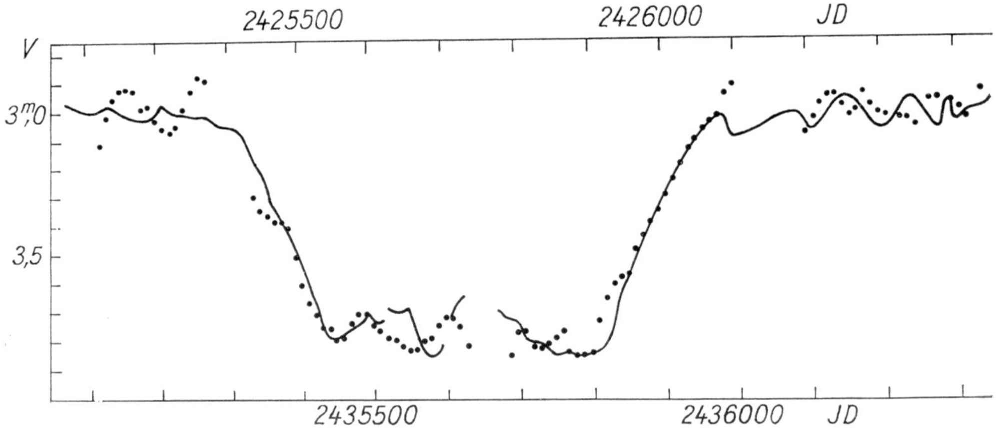

Bild 142 Bedeckungs-Minimum von ε Aur (nach GYLDENKERNE 1970). *Ausgezogene Linie*: 1955 ... 1957; *Punkte*: 1928 ... 1930

Höchst überraschend ist das Modell, über das STRUVE (1953) berichtet. Das gesamte beobachtete Licht kommt von der kleineren Komponente. Nach KUIPER wird der kleinere helle Stern zwar total bedeckt, scheint aber durch die äußeren Schichten des großen Sterns, um nur etwa 50% geschwächt. Die kleinere Komponente hat etwa den 300fachen Durchmesser der Sonne, die größere mindestens den 3000fachen! Dabei ist dieser Wert wahrscheinlich noch zu klein, denn es sind Anzeichen dafür vorhanden, daß die Atmosphäre des großen Sterns bis zum Periastron der Bahn des hellen Begleiters reicht. Man hat die große Komponente, die eine extrem niedrige Dichte haben muß, als einen Infrarot-Stern bezeichnet, doch konnte man langwellige Strahlung bisher nicht nachweisen. Dies scheint der schwache Punkt an dem sonst so schönen Modell von STRUVE zu sein. Später nahm STRUVE an, daß die kühle Komponente eine ausgedehnte zirkumstellare Hülle hat, die aus einer Anzahl getrennter «Wolken» besteht. Andere Modelle sind von HACK, SAHADE, HUANG und KOPAL entwickelt worden. Ein Modell von HANDBURY u. WILLIAMS (1976) nimmt an, daß die bedeckende Komponente eine Scheibe aus Staub und Gas besitzt, deren innere Teile undurchsichtig sind und die zum Rand hin durchsichtig wird. Das ganze System mag noch von einer expandierenden zirkumstellaren Hülle mit wolkiger Struktur umgeben sein. Die Quelle der Opazität könnte Elektronenstreuung sein. Das Modell hat, zumindest qualitativ, eine gewisse Ähnlichkeit mit β Lyr. Eine ausführliche Beschreibung unserer Kenntnisse von ε Aur findet man bei SAHADE u. WOOD (1978, S. 152). Vielleicht bringt das Minimum des Jahres 1983 etwas mehr Licht in das Geheimnis von ε Aur.

ζ Aurigae

Auch dieses System, dessen Bedeckungslichtwechsel seit 1931 bekannt ist, erwies sich als ein sehr ungleiches Paar, aber doch wieder von ganz anderer Art als ε Aur. Hier ist der größere Stern ein Überriese mit dem Spektrum K4, der kleinere ein Hauptreihenstern vom Spektraltyp B7. Das merkwürdige ist jedoch das Radienverhältnis: Der Durchmesser des B-Sterns beträgt nur etwa 1/40 von dem des K-Sterns; der K-Stern hat etwa 200, der B-Stern 5 Sonnenradien (CHAPMAN 1981). Die Massen sind hoch: Der K-Stern mag etwa 22, der B-Stern 10 Sonnenmassen haben. Die Periode ist $972^{\mathrm{d}}_{,}16$, der Bereich der Helligkeitsänderungen $5^{\mathrm{m}}_{,}0$ bis $5^{\mathrm{m}}_{,}6$ pg. Die Bahn ist ziemlich exzentrisch ($e = 0{,}4$). Ausführlichere Beschreibungen kann man in der Übersicht bei SAHADE u. WOOD (1978, S. 121) und bei CHAPMAN (1981) nachlesen.

Die größte Bedeutung von ζ Aur für die Astrophysik liegt darin, daß der im Vergleich zum K-Stern sehr kleine B-Stern im ab- und aufsteigenden Ast der Bedeckung die weit ausgedehnte Atmosphäre des K-Sterns durchleuchtet, wodurch es möglich wurde, aus den nun zusätzlich im Spektrum des B-Sterns erscheinenden Absorptionslinien den Aufbau der Atmosphäre des K-Überriesen recht genau zu sondieren, doch dauert die partielle Phase hier nur $0^{\mathrm{d}}_{,}8$. Nach einem Modell von CHAPMAN (1981) verliert der K-Stern etwa $2 \cdot 10^{-8}$ Sonnenmassen pro Jahr infolge eines Sternwindes, der z. T. vom B-Stern abgefangen wird.

Im Gegensatz zu ε Aur ist hier der größere Stern auch optisch nachweisbar, bei der totalen Bedeckung sogar allein. Beide Sterne sind ungefähr gleich hell.

VV Cephei

Bei diesem 1908 von CANNON entdeckten Bedeckungssystem läuft ebenfalls ein B-Stern um einen Überriesen; dieser hat das Spektrum M2. Die Periode beträgt 7430 Tage = 20,4 Jahre, die Grenzgrößen sind $6^{\mathrm{m}}_{,}6$ und $7^{\mathrm{m}}_{,}4$ pg.; soweit ist alles ähnlich wie bei ζ Aur, nur die Radien dürften hier noch größer sein. Die Massen des M- und des B-Sterns wurden auf etwa 18 und 20 Sonnenmassen geschätzt, die Radien auf etwa 1600 und 13 Sonnenradien und die absoluten Helligkeiten auf etwa $-4^{\mathrm{M}}_{,}0$ und $-2^{\mathrm{M}}_{,}3$.

Der M-Stern, an die Stelle der Sonne gesetzt, würde noch weit über die Marsbahn hinausreichen. Er ist der Stern mit der bisher größten bekannten Ausdehnung. Beide Sterne sind von einer dünnen gemeinsamen Gashülle umgeben, in der Verbotene Linien entstehen. Außerdem besitzt der B-Stern eine ringähnliche Hülle (Möllenhoff u. Schaifers 1978). Die Dauer der ganzen Bedeckung ist $D = 1{,}3$ Jahre, die Dauer der totalen Phase $d = 1{,}2$ Jahre. Die Untersuchungen der Eigenschaften des Systems werden etwas erschwert durch eine physische Variabilität der M-Komponente: Sie ist ein SRc-Veränderlicher mit einer Zyklenlänge von 118 Tagen und 0,3 mag Amplitude (nach Mc Cook u. Guinan). Näheres über dieses Objekt findet man bei Sahade u. Wood (1978, S. 126). Lichtkurve und Entfernungsbestimmung publizierte Van de Kamp (1978). Eine gewisse Verwandtschaft hat der zu Unrecht etwas vernachlässigte AZ Cas ($11\overset{m}{,}0 \dots 11\overset{m}{,}8$ pg; $P = 3404^d$, Sp = M0eIb + B0V, $e = 0{,}55$).

4.8. Abschließende Bemerkungen zur Entwicklung enger Doppelsterne

Einleitend wurde darauf hingewiesen, daß die ehemals übliche Unterscheidung zwischen physikalisch und geometrisch bedingtem Lichtwechsel einen Teil ihrer Berechtigung verloren hat. Die vorstehenden Betrachtungen haben gezeigt, daß nicht nur bei den Kontaktsystemen und halbgetrennten Systemen, sondern sogar bei getrennten Systemen Materieströmungen, ausgedehnte Hüllen und Störungen in der Photosphäre auftreten können. Hinter allen Betrachtungen aber steht die Frage: Wie kommt es überhaupt zustande, daß zwei Sterne von ganz verschiedenem Entwicklungszustand ein Paar bilden? Ein extremer Fall ist bekanntlich Sirius. Diese Frage gehört eigentlich nicht in den hier behandelten Problemkreis, obwohl sie im Falle der eruptiven Doppelsterne (Kap. 3.1.), bei denen sie besonders schwierig zu beantworten ist, bereits angeschnitten wurde. Aber auf zwei Umstände soll hingewiesen werden. Erstens ist die Entwicklungsdauer eines Sterns, etwa die Dauer seines Verweilens auf der Hauptreihe, sehr stark von seiner Masse abhängig: Je größer die Masse, desto rascher die Entwicklung, und zwar im Bereich der häufig vorkommenden Sternmassen um Faktoren der Größenordnung 100. Zweitens spielt dann, sobald eine der Komponenten infolge entwicklungsmäßig bedingter Expansion (Aufsteigen zum Riesenast) die Stabilitätsgrenze ausfüllt, der Massenaustausch eine ganz erhebliche Rolle. Jedenfalls hat man seit den Pionierarbeiten von Kippenhahn u. Mitarb. (Kippenhahn, Kohl u. Weigert 1967, Kippenhahn u. Weigert 1967 und weitere Arbeiten) auf diesem Gebiet einen ganz wesentlichen Einblick in die Entwicklungsvorgänge bekommen, und es existiert hierüber ein sehr umfangreiches Schrifttum. An neueren zusammenfassenden Artikeln seien erwähnt: Batten (1973, Kap. 10), Paczynski (1971), verschiedene Beiträge in dem Buch IAU Symp. **73** (1976) und Sahade u. Wood (1978, Kap. 7).

Eine leicht verständliche Schilderung der mutmaßlichen Entwicklung von U Cep geben Batten u. Plavec (1971).

5. Ergänzungen zur Typologie

5.1. Veränderliche in Sternhaufen

5.1.1. Offene Sternhaufen

Lange Zeit hindurch war man der Meinung, daß die offenen, d. h. nicht kugelförmigen, die sogenannten galaktischen Sternhaufen typisch arm an Veränderlichen seien. Diese Ansicht ist inzwischen, insbesondere nach dem grundlegenden Artikel von Kholopov (1956), revidiert worden. Sie war auch vom Standpunkt der Sternentwicklung nicht aufrecht zu halten, denn es ist plausibel, anzunehmen, daß in erster Näherung ein Sternhaufen solche Veränderliche enthalten wird, die seinem Alter und damit dem Entwicklungszustand seiner Mitglieder entsprechen. Tatsächlich finden wir in extrem jungen Sternhaufen zahlreiche **T-Tauri**-Veränderliche und verwandte Typen, und unter den massearmen Sternen «normaler» offener Haufen, z. B. der Plejaden, sind ungezählte, schwer entdeckbare **Flare-Sterne**. Diesem Problemkreis hat Götz (1973 — hier Literatur über vorangegangene Publikationen, ferner 1980, 1981) mehrere Arbeiten gewidmet, in denen statistische Untersuchungen an entwicklungsmäßig jungen Veränderlichen (Kap. 3.3.) und anderen Variablen zu Schlußfolgerungen über Entstehung, Struktur und Entwicklung von offenen Haufen (z. B. NGC 2264, Plejaden, Praesepe) führen.

Im folgenden sehen wir von den Veränderlichen eines geringen Evolutionsalters ab. Dann entspricht die Anzahl der in offenen Haufen gefundenen Veränderlichen einfach der Sternzahl, und wenn man in normalen großen Sternfeldern in Milchstraßennähe auf etwa 400 konstante Sterne einen bekannten Veränderlichen annimmt (Kap. 6.2.), so ergibt sich eine befriedigende Übereinstimmung mit den Erfahrungen an offenen Haufen. Eine moderne Zusammenstellung hat Popova (1975) erarbeitet. Ihre Liste, die im Detail noch nicht publiziert ist, enthält 2253 Variable in 362 offenen Haufen, jeweils innerhalb eines Kreises von 5 Haufenradien. Tabelle 46 gibt die relative Dichte der Veränderlichen in Abhängigkeit von der Distanz vom Zentrum.

Tabelle 46 Relative Dichte von Veränderlichen in offenen Haufen

Zone	0 ... 1	1 ... 2	2 ... 3	3 ... 4	4 ... 5	Haufenradien
Relative Zahl	1	0,47	0,39	0,32	0,29	

Für den innersten Bereich erhält man eine Durchschnittszahl von 2,5 Veränderlichen pro Haufen. Dies ist etwa doppelt soviel wie aus der älteren Arbeit von Kholopov (1956) folgt, von der auch die Tabelle 47 abgeleitet wurde, die zeigt, wie die verschiedenen Typen verteilt sind.

Selbstverständlich sind in diesem Material, das lediglich den Abstand der Veränderlichen vom Haufenzentrum als Kriterium benutzt, physisch nicht zu den Haufen ge-

Tabelle 47 Veränderliche in offenen Haufen

Typus	Zahl der Veränderlichen	Zahl der Haufen
RR Lyrae	3	2
δ Cephei	5	5
Algol	13	11
β Lyrae	2	2
Nicht klassifizierte Bedeckungssterne	8	6
Mira	3	2
Halbregelmäßig, langsam irregulär	6	6
Irregulär	13	7
Unbekannt, raschwechselnd	14	13
RV Tauri	1	1

hörende Feldsterne enthalten, z. B. offensichtlich die drei aufgeführten RR-Lyrae-Sterne. Novae, U-Geminorum-Sterne und verwandte Typen sind in den unmittelbaren Haufenbereichen nicht vertreten. Dagegen sei ausdrücklich auf das Vorkommen von kurzperiodischen **Bedeckungssternen** in den alten Haufen M 67 und NGC 188 (z. B. Kurochkin 1960, Hoffmeister 1964) sowie auf das Vorhandensein von **δ-Scuti**-Veränderlichen in den Hyaden (Kap. 2.1.4.) hingewiesen. Die Bedeutung der offenen Sternhaufen für die Festlegung des Nullpunktes der Periode-Leuchtkraft-Beziehung der **δ-Cephei**-Sterne anhand der in ihnen enthaltenen Veränderlichen dieses Typs wurde in Kapitel 2.1.2. erläutert (s. Tabelle 7).

5.1.2. Kugelhaufen

Bei der Behandlung der **RR-Lyrae**-Sterne (Kap. 2.1.3.) wurde bereits vermerkt, daß solche Veränderliche in vielen Kugelhaufen gefunden werden, so daß sie auch **Haufenveränderliche** (cluster type variables) genannt werden (Bild 143). Wie in dem genannten Kapitel ebenfalls erwähnt, ist jedoch die Besetzung der Kugelhaufen mit diesen Veränderlichen abhängig von mehreren Parametern und spiegelt auf eine noch keineswegs vollständig geklärte Weise den Entwicklungszustand der Haufen wider — analog zu den Verhältnissen bei offenen Sternhaufen. Veränderliche Sterne anderer Typen findet man in wesentlich geringerer Anzahl.

Die folgenden Ausführungen stützen sich in der Hauptsache auf den «Third Catalogue of Variable Stars in Globular Clusters» von Sawyer-Hogg (1973) und auf die von Rosino (1978) gegebene gründliche Diskussion dieses Materials.

Die **Statistik** (s. hierzu Bild 144) besagt (zitiert nach Sawyer-Hogg l. c.): 1972 «waren 108 von den rund 130 Kugelhaufen unserer Galaxis nach Veränderlichen abgesucht. Diese Suche ergab 2119 Variable. In den meisten Kugelhaufen sind Veränderliche bestimmt nicht häufig. Von den 108 untersuchten Haufen enthalten nur 11 mehr als jeweils 50 Variable, und 81 weisen weniger als jeweils 20 auf. Aus den Daten des Katalogs folgt, daß die häufigste Anzahl null ist. Tatsächlich besitzen 13 Kugelhaufen keine entdeckten Veränderlichen. In 10 Haufen fand man nur je einen Variablen». Der Ansicht, daß Kugelhaufen wirklich reich an Veränderlichen — d. h. an RR-Lyrae-

Bild 143 Kugelhaufen M3. Eingetragen sind die Positionen der RR-Lyrae-Veränderlichen nach dem Katalog von Sawyer-Hogg (1973)

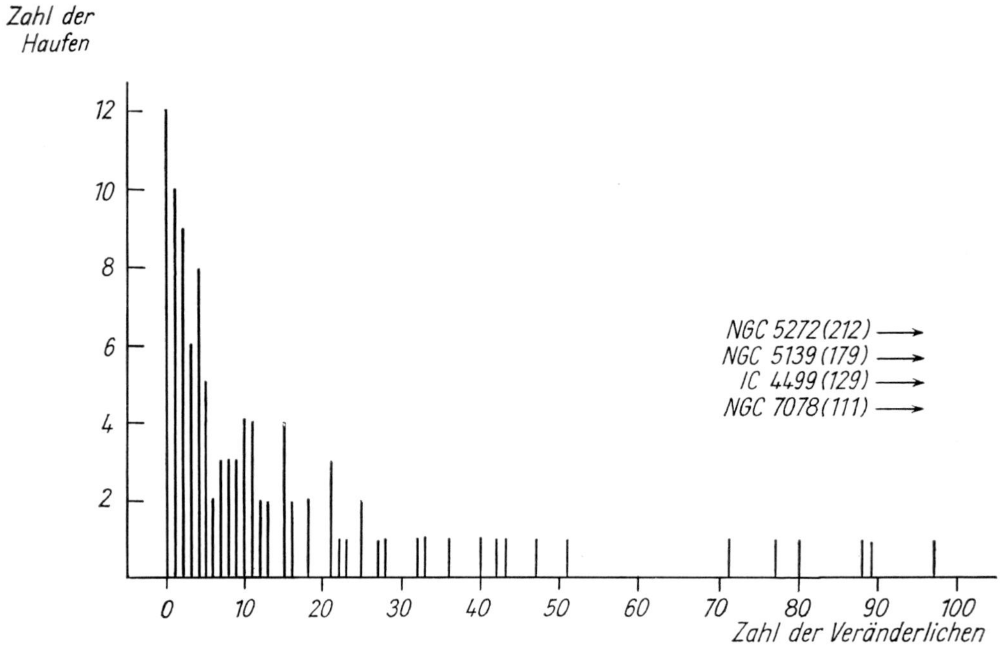

Bild 144 Häufigkeit der Veränderlichen Sterne in Kugelhaufen (Stand 1972) (nach Sawyer-Hogg 1973)

Tabelle 48 Veränderliche in Kugelhaufen

Haufen NGC	Variable total	Anzahlen RR	% RR	CW	SR + L	Wichtige andere
5272 (M3)	212	182	86	1	3	1 EW
5139 (ω Cen)	179	142	79	6	8	3 E
IC 4499	129	112	87			
7078 (M15)	111	74	67	3		
5904 (M5)	97	90	93			1 UG
6266 (M62)	89	74	83			
3201	88	83	94			
6715 (M54)	80	63	79	1	2	2 E
6402 (M14)	77	40	52	5		1 N
7006	71	67	94		2	
6934	51	44	86			
5024 (M53)	47	33	70	1	2	
6121 (M4)	43	41	95		2	
4590 (M68)	42	37	88			
2419	41	36	88	1	4	
6981 (M72)	40	39	98			
104 (47 Tuc)	28	2	7		7	3 Mira
6205 (M13)	11	3	27	3	3	
6218 (M12)	1			1		
6254 (M10)	4			2		
6356	10					1 Mira
6637 (M69)	8					
6838 (M71)	4				1	1 E

Sternen — sind, kann man im übrigen auch durch einen Hinweis auf die große Zahl konstanter Sterne in solchen Haufen, 50000 bis 50 Millionen, begegnen.

Tabelle 48 gibt im ersten Teil die Kugelhaufen mit mehr als 35 RR-Lyrae-Sternen und im zweiten Teil diejenigen sternreichen Kugelhaufen, die wenige oder keine RR-Lyrae-Veränderliche enthalten (nach ROSINO 1978, ergänzt nach SAWYER-HOGG 1973). In die «Anzahlen» der aufgeführten Typen gehen nur die sicheren Fälle ein.

Der scheinbar reichste Haufen ist M3 (212 Veränderliche), gefolgt von ω Cen (179) und IC 4499 (129 sichere und 41 verdächtige Fälle; nahe dem südlichen Himmelspol). Die relative Häufigkeit, gemessen an der gesamten Sternzahl der jeweiligen Haufen, ist jedoch ganz anders: Unter der Annahme, daß die Gesamtzahl der Sterne eines Kugelhaufens proportional seiner durch M_v gegebenen Leuchtkraft ist, ergibt sich beispielsweise, daß NGC 5053 ($M_v = -6{,}1$) 44mal sternärmer ist als ω Cen ($M_v = -10{,}2$), da $10^{0{,}4 \cdot (10{,}2 - 6{,}1)} \approx 44$. Ersterer enthält 11, letzterer 179 bekannte Veränderliche. Reduziert man mit 44, so findet man, daß die relative Häufigkeit der Veränderlichen in dem wegen seines Veränderlichen-Reichtums berühmten Haufen ω Cen rund 2,7mal geringer ist als in dem wenig bekannten NGC 5053 (nach KUKARKIN 1972)!

Folgende Typen von Veränderlichen sind in Kugelhaufen vorhanden:

RR Lyrae, $P < 1^d$ (RR)
W Virginis, $1^d < P < 20^d$ (CW)
RV Tauri
Gelbe und rote Halbregelmäßige (SR)
Mira
Langsam unregelmäßige rote Riesen (L)
U Geminorum und Novae (UG, N)
Bedeckungssterne (E)

1202 gesicherte RR-Lyrae-Perioden sind ermittelt in 46 Haufen (Bild 145) und 26 Veränderliche mit Zyklenlängen zwischen 100 und 219 Tagen (13 Haufen), darunter 9 sichere Mira-Sterne mit Perioden nahe 200^d, wie sie auch im Feld des galaktischen Halos vorkommen. Weiterhin sind in dem katalogisierten Material 28 definitive Pulsationssterne der Population II mit $P > 1^d$ (von uns als W-Virginis-Sterne zu bezeichnen) enthalten; hierunter befindet sich eine Gruppe von 14 Sternen mit $P = 1\overset{d}{.}1 \ldots 3^d$, deren mittlere absolute Helligkeit ($\overline{M}_v = -0{,}39$, $\overline{M}_B = -0{,}01$) sich der Periode-Leuchtkraft-Beziehung der übrigen W-Virginis-Sterne einfügt, wogegen ähnliche Objekte in Zwerg-Galaxien der lokalen Galaxiengruppe eine um fast 0,8 mag größere Leuchtkraft besitzen (Kap. 5.2.2., sogenannte anomale BL-Herculis-Sterne).

Erwähnt werden sollen noch 3 in Kugelhaufen gefundene Novae: T Sco, der die 7. Größe erreichte, wurde im Jahre 1860 in M 80 entdeckt. WEHLAU (1964) fand eine schwache Nova in M 14 auf Platten vom Jahre 1938, und MAYALL (1949) berichtete über die Nova Sgr 1943 (8^m) am Rande von NGC 6553, die aber möglicherweise ein Feldstern ist.

Die Veränderlichen in Kugelhaufen sind, von einigen zufälligen Ausnahmen abgesehen, nicht gesondert benannt, und daher auch nicht im Generalkatalog enthalten.

Sie werden im allgemeinen mit dem Namen des Haufens (NGC, M usw.) und der Katalognummer nach SAWYER-HOGG (1973) bezeichnet.

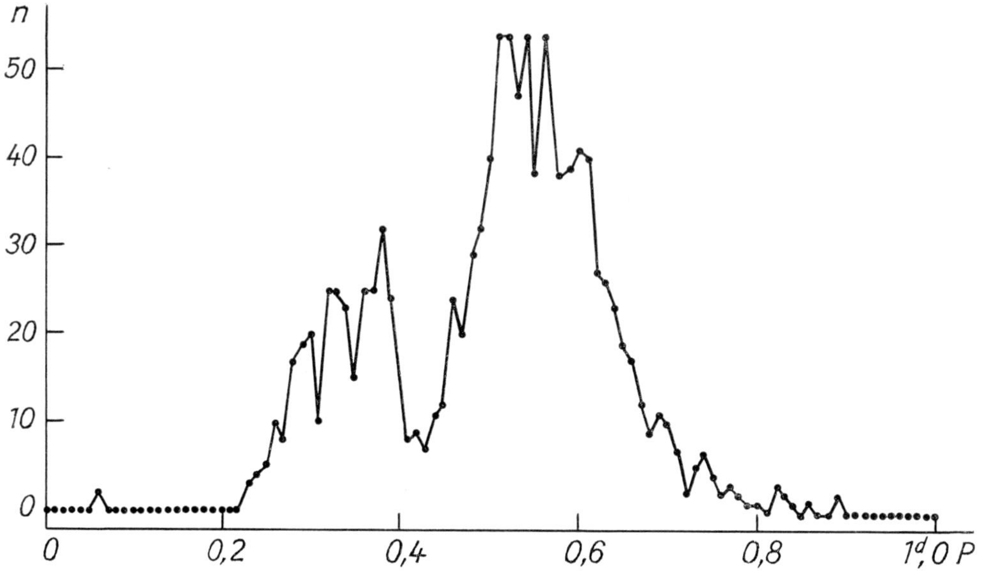

Bild 145 Anzahlen von RR-Lyrae-Sternen in Periodenintervallen von 0,01 Tagen in 46 Kugelhaufen (nach SAWYER-HOGG 1973)

Für die photographische Beobachtung der Veränderlichen in Kugelhaufen ist ein großes Instrument mit hinreichend langer Brennweite erforderlich, besonders wenn Wert darauf gelegt wird, auch die Sterne nahe dem Zentrum des Haufens zu erfassen. Andererseits bieten die Kugelhaufen den Vorteil, daß mit einer Aufnahme eine große Anzahl von Variablen erfaßt wird. Dieser Umstand begünstigt unter anderem statistische Untersuchungen über die Veränderlichkeit der Perioden der RR-Lyrae-Sterne, worüber in Kapitel 2.1.3. einige grundsätzliche Bemerkungen gemacht werden. In M 4 fand z. B. WILKENS (1964) bei 30 von 43 untersuchten RR-Lyrae-Sternen die Perioden veränderlich. Mehrere Arbeiten befassen sich in diesem Zusammenhang mit dem Kugelhaufen M3. SZEIDL (1965) ermittelte, daß von 112 geprüften RR-Lyrae-Sternen die Perioden bei 22 Objekten mit einer Rate von durchschnittlich $5 \cdot 10^{-10}$ Tagen pro Tag zunehmen, wogegen 25 Veränderliche eine mit derselben Rate abnehmende Periode aufweisen; 7 konstante Perioden waren vertreten, und der Rest fluktuierte regellos. In demselben Haufen fand schon früher BELSERENE (1952) 27 veränderliche Perioden bei den von ihr in Betracht gezogenen 202 Sternen, und OSVÁTH (1957) erkannte in diesem Material 37 veränderliche Perioden (zitiert nach WILKENS 1964). Auch M 5 wurde wiederholt in dieser Hinsicht bearbeitet, so bereits von OOSTERHOFF (1941) und von COUTTS u. SAWYER-HOGG (1969). Die Beispiele mögen zur Illustration der geleisteten Arbeit genügen; ausführliche Literaturzusammenstellungen für jeden Haufen findet man in dem schon mehrfach erwähnten Katalog von SAWYER-HOGG (1973) und eine zusammenfassende Diskussion der Periodenänderungen von RR-Lyrae-Sternen in Kugelhaufen bei SZEIDL (1975).

5.2. Veränderliche in extragalaktischen Systemen

5.2.1. Magellansche Wolken

Die beiden Magellanschen Wolken, die Große (Large Magellanic Cloud = LMC) und die Kleine (Small Magellanic Cloud = SMC), sind Galaxien, d. h. selbständige Sternsysteme, gewissermaßen Begleiter des sehr viel größeren Milchstraßensystems, wie ja auch der Andromedanebel zwei Begleiter hat, M 32 und NGC 205, die allerdings von ganz anderer Art sind. Die Magellanschen Wolken gehören dem unregelmäßigen Typus der Galaxien an, wenn man auch versucht hat, in der LMC den Charakter einer Balkenspirale zu sehen. In der Nähe des südlichen Himmelspols gelegen, bieten sie auf mäßigen und höheren geographischen Südbreiten einen phantastischen Anblick. Es ist, als ob zwei helle Wolken der Milchstraße in eine sternarme Gegend versetzt seien. Die LMC (Bild 146) liegt mit dem nördlichen Teil im Sternbild Dorado, mit dem

Bild 146 Große Magellansche Wolke. Aufnahme Hoffmeister (Boyden Station)

Bild 147 Kleine Magellansche Wolke und Kugelhaufen NGC 104 (47 Tuc). Aufnahme Hoffmeister (Boyden Station)

südlichen im Sternbild Mensa. Die SMC (Bild 147) gehört ganz zu Tucana, ihr südlicher Teil erreicht die Grenze von Octans. Die **Entfernung** der Wolken wird mit 54 kpc (LMC) und 71 kpc (SMC) angegeben. Die scheinbaren Durchmesser betragen etwa 8° für die große und etwa 3° für die kleine Wolke, jedoch sind beide von ausgedehnteren, visuell und auf den Aufnahmen nicht direkt sichtbaren Halogebieten umgeben.

Die Entfernungsmoduli sind rund 18,6 mag (LMC) und 19,2 mag (SMC); die Angaben sind Mittelwerte der von Gascoigne (1972, table I) aufgeführten, an verschiedenen Objektklassen bestimmten Daten. Auf Grund dieser Zahlen haben wir z. B. eine mittlere scheinbare visuelle Helligkeit der δ-Cephei-Sterne ($P = 10^{d}$) von 15^{m} und eine solche der RR-Lyrae-Sterne von $19\overset{m}{.}5$ zu erwarten.

Größte Bedeutung haben die Magellanschen Wolken durch die Entdeckung der **Perioden-Helligkeits-Beziehung** der δ-Cephei-Sterne erlangt. An keiner anderen Stelle des Weltalls können wir so viele δ-Cephei-Sterne beobachten, die alle fast gleich weit von uns entfernt sind. Begünstigend wirkt noch der Umstand, daß eine Beeinflussung der Helligkeit durch die interstellare Extinktion unserer Galaxis fast nicht vorhanden ist und sich eine solche innerhalb der Wolken in mäßigen Grenzen hält. Das Harvard-Observatorium leistete die Pionierarbeit bei der Erforschung der Magellanwolken und ihrer Veränderlichen, weil es die Möglichkeit hatte, auf der Boyden Station, der Zweigstelle bei Arequipa in Peru, photographische Aufnahmen zu gewinnen. (Heute werden die neuen großen Teleskope auf der Südhalbkugel, in Chile und Australien, in beträchtlichem Maße für detaillierte Studien an den Wolken eingesetzt.) Einige Hunderte von Veränderlichen wurden 1904 von Leavitt gefunden, die 1908 bereits ein Verzeichnis von 1777 Veränderlichen veröffentlichte (Leavitt 1908); davon befinden sich 969 in der SMC und 808 in der LMC.

Für 25 Sterne waren relativ kurze Perioden ermittelt worden, und diese Sterne waren es, die der Autorin den ersten Hinweis auf die Abhängigkeit der Periode von der Helligkeit gaben (Leavitt 1912). Die Arbeit trägt den einfachen Titel «Periods of 25 Variable Stars in the Small Magellanic Cloud». Das entscheidende Resultat ist in zwei Tabellen enthalten; die dazugehörigen graphischen Darstellungen sind in Bild 148 reproduziert: Die Ordinaten sind Größenklassen, das Argument ist links die Periode in Tagen, rechts der Logarithmus dieser Periode. In beiden Fällen sind einige Sterne mit langen Perioden hinzugenommen. Für das logarithmische Argument ergibt sich eine lineare Beziehung. Zu jener Zeit konnte die wahre Bedeutung der Entdeckung noch nicht erkannt werden; auf jeden Fall aber hat sie die Anregung gegeben, daß den Magellanschen Wolken fortan am Harvard-Observatorium höchste Aufmerksamkeit gewidmet wurde.

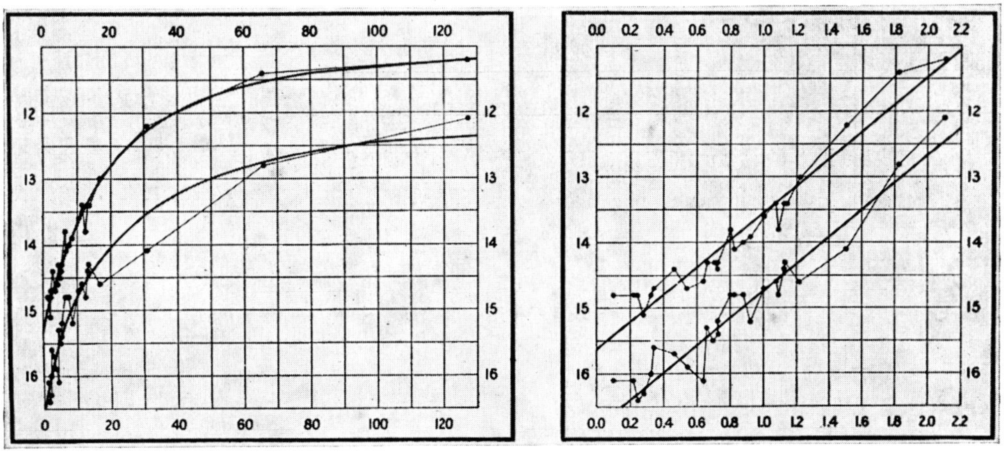

Bild 148 Historisch erste Periode-Leuchtkraft-Beziehung (Leavitt 1912). *Links*: Periode in Tagen; *rechts*: Logarithmus der Periode; *Ordinaten*: scheinbare Helligkeit

Heute existiert über die Veränderlichen Sterne der Magellanwolken eine umfangreiche Spezialliteratur: Weiten Raum hierin nimmt z. B. das Problem ein, daß zwischen den statistischen Eigenschaften der Pulsationssterne beider Wolken und auch zwischen diesen einerseits und denjenigen des Milchstraßensystems andererseits einige **Unterschiede** bestehen, die in dem unterschiedlichen **Entwicklungszustand** und -alter der Sternsysteme und Sterngruppen zu suchen sind. Diese Fragestellung wurde auch in Kapitel 2.1.2. bei der Behandlung der modernen Periode-Leuchtkraft-Beziehung gestreift.

Den Stand der Erforschung der Veränderlichen Sterne in der LMC vor Indienststellung der neuen Großteleskope kann man aus einer Publikation von PAYNE-GAPOSCHKIN (1971) entnehmen; sie selbst und S. GAPOSCHKIN haben großen Anteil an diesen Arbeiten. Tabelle 49 gibt die nach den genannten Autoren vorliegenden Gesamtzahlen, nach Typen getrennt. Die Fragezeichen kennzeichnen eine unsichere, aber wahrscheinliche Gruppenzugehörigkeit. Selbstverständlich stören starke Auswahleffekte die Verteilung, denn schon die RR-Lyrae-Sterne waren mit $V \approx 19^{\mathrm{m}}_{,}5$ schwierige Objekte.

Tabelle 49 Veränderliche in der Großen Magellanwolke

Typus	Zahl in LMC
δ Cephei	1110
δ Cephei ?	49
RR Lyrae	28
RR Lyrae ?	2
Mira	46
Halbregelmäßig	23
W Virginis	17
Unregelmäßig (rot u. blau)	321
Unregelmäßig ?	48
R Coronae Borealis	5
U Geminorum	1
Novae	3
Bedeckungssterne	79
Bedeckungssterne ?	17
Zweifelhaft	81
	1830

Inzwischen hat GRAHAM (1972, 1974, 1975) mittels des 1,5-m-Teleskops vom Ritchey-Chrétien-Typus auf Cerro Tololo umfangreiche Arbeiten zur **Statistik** der RR-Lyrae-Sterne in den Magellanwolken durchgeführt. Allein in einem 1,3□° großen Feld um den Kugelhaufen NGC 121 in der SMC wurden durch Absuchen von 10 unabhängigen Plattenpaaren 92 Veränderliche gefunden, von denen 75 wahrscheinlich RR-Lyrae-Feldsterne des Halos der SMC sind und einer ein RR-Lyrae-Veränderlicher des Kugelhaufens ist, in dem schon THACKERAY (1958) 3 derartige Objekte gefunden hatte. Das Zentrum des genannten Feldes liegt übrigens 2° vom Rand der helleren Teile der Wolke entfernt, nahe dem nicht zur SMC gehörenden bekannten Kugelhaufen 47 Tuc (Bild 147), dessen RR-Lyrae-Sterne viel heller sind.

Ein analoges Programm in der LMC um den Kugelhaufen NGC 1783 ergab 63 RR-Lyrae-Sterne. Die absolute Helligkeit dieser Veränderlichen scheint in beiden Wolken dieselbe zu sein ($+0^{\mathrm{M}}_{,}5 \pm 0{,}2$ mag); jedoch gibt es offensichtliche Unterschiede in der Periodenhäufigkeit und in der relativen Zahl der ab- und c-Typen.

Auch die selteneren Typen von Veränderlichen werden in den Magellanwolken zunehmend besser untersucht, ist doch auch in diesen Fällen die Zuordnung einer absoluten Helligkeit dort wesentlich leichter als in unserer Galaxis, ganz abgesehen von wechselseitigen und vergleichenden Untersuchungen über Entwicklungszustand, chemische Zusammensetzung und Alter. Beispiele sind der R-Coronae-Borealis-Stern **W Men** und der variable heiße Überriese **S Dor** sowie neuentdeckte Objekte dieser Arten; auch **VV-Cephei-ähnliche Sterne** (Kap. 4.7.) und **Symbiotische Veränderliche**

(Kap. 3.1.4.) sind vertreten. Eine programmatische Zusammenfassung hierzu hat FEAST (1974) gegeben. Schließlich soll noch auf das (ziemlich seltene) Vorkommen von **Novae** in den Wolken hingewiesen werden. Eine Zusammenstellung von GRAHAM u. ARAYA (1971) führt 4 Novae für die SMC und 10 Novae für die LMC an; Lichtkurven und spektrale Entwicklung scheinen ähnlich zu verlaufen wie bei galaktischen Objekten. Eine vorläufige Schätzung der Häufigkeit führt auf die Zahl von 1 bis 2 Novae in 1 bis 2 Jahren in jeder der Magellanwolken.

Auf die Entdeckung von **Supernova-Überresten** in den Magellanwolken wurde bereits in Kapitel 3.2. hingewiesen.

5.2.2. Andere extragalaktische Systeme

In Betracht kommen, wenn man von den Supernovae (Kap. 3.2.) absieht, nur die Systeme der sogenannten Lokalen Gruppe. Zu ihr gehören neben den Magellanschen Wolken der Andromedanebel M 31 und seine beiden Begleiter M 32 und NGC 205, der relativ massearme Spiralnebel M 33 Trianguli und eine Reihe von Zwerggalaxien. Die Entfernungsmoduli liegen zwischen rund 24 mag (M 31 und M 33) und 19 mag (elliptische Zwerggalaxie in Sculptor); in bezug auf die Entfernungen gibt es also einen fließenden Übergang von den Magellanschen Wolken zu den bekannten Galaxien in Andromeda und Triangulum. Während demnach in letzteren im wesentlichen nur δ-Cephei-Sterne, Novae und bestimmte irreguläre Überriesen in Betracht kommen, hat man in den nahen elliptischen Zwerggalaxien (im englischen Schrifttum «dwarf spheroidal galaxies») mit Erfolg wie in den Magellanwolken nach RR-Lyrae-Sternen gesucht.

Die Zahl der in extragalaktischen Objekten (außer den beiden Magellanschen Wolken) entdeckten Veränderlichen liegt weit über tausend. Die früher geübte Praxis, mit den großen Parabolspiegeln eng begrenzte Gebiete mit höchster Reichweite abzusuchen, wird heute ergänzt durch den Einsatz der großen Schmidt-Spiegel, mit deren Hilfe weitreichende Weitwinkelaufnahmen des Gesamtumfangs der Galaxien und ihrer Halogebiete angefertigt werden können.

Unterschiedliche Beispiele für die letztgenannte Methode sind die Absuchung der Sculptor-Galaxie mittels des Michigan-Curtis-Schmidt-Spiegels (60 cm freie Öffnung, Feld 5° mal 5°), die durch Vergleich von 10 Plattenpaaren über 500 neue Veränderliche ergab (VAN AGT 1973, 1978), oder die Suche nach Novae und anderen Variablen in M 31 und seiner nächsten Umgebung durch L. MEINUNGER (1971) auf Aufnahmen der Tautenburger Schmidt-Kamera (134 cm freie Öffnung, Feld 3°,4 mal 3°,4). Der letztgenannte Autor entdeckte beim Vergleich von 13 Plattenpaaren aus den Jahren 1962 bis 1970 unter anderem 4 Novae im Halo von M 31 (Bild 149). Man kann abschätzen, daß für eine ähnlich chancenreiche Erfassung des Halos unseres eigenen Milchstraßensystems etwa 6000 Platten erforderlich sind, woraus die große Überlegenheit des Studiums anderer Sternsysteme folgt. Bemerkt soll noch werden, daß man gegenwärtig das Erscheinen von insgesamt etwa 30 Novae im Jahr für den Andromedanebel annimmt. Für unser Milchstraßensystem ist die Zahl mindestens 100, nur ist für einen Beobachter im Inneren der Galaxis die Möglichkeit der Beobachtung noch erheblich eingeschränkt durch die Wirkung der interstellaren Dunkelwolken, die bekanntlich den Blick verwehren auf das Zentrum des Systems und alles, was dahinter liegt.

Bild 149 Novae im Halo des Andromeda-Nebels. *Kreise*: 4 Objekte nach L. Meinunger (1971); *liegende Kreuze*: 2 Objekte nach Sharov u. Alksnis (z. B. 1975); *Pluszeichen*: Objekt nach van den Bergh u. Mitarb. (1973)

Von besonderer Bedeutung waren, wie schon erwähnt, die δ-Cephei-Sterne wegen der **Entfernungsbestimmung**. Heute ist das Vorgehen meist umgekehrt: An Hand der bekannten und für alle dort befindlichen Objekte im wesentlichen gleichen Entfernung einer Galaxie kann man versuchen, die Leuchtkräfte Veränderlicher Sterne in verschiedenen Bereichen eines Systems oder zwischen mehreren Galaxien zu vergleichen und aus Übereinstimmung oder Differenzen Hinweise für die Theorie der Sternentwicklung zu finden, insbesondere unter Einbeziehung unterschiedlicher Anfangsbedingungen.

Ein berühmtes Beispiel hierfür sind die sogenannten «anomalen BL-Herculis-Sterne», Pulsationssterne mit Perioden von 1 bis 3 Tagen. Auf sie wurde bereits bei der

Behandlung der Kugelhaufen (Kap. 5.1.2.) hingewiesen. Es zeigt sich, daß ihre Leuchtkraft in galaktischen Kugelhaufen, in den bisher untersuchten Zwerggalaxien und in den Magellanschen Wolken merklich unterschiedlich ist. Die Tabelle 50 gibt hierfür Mittelwerte nach ROSINO (1978).

Tabelle 50 Leuchtkräfte der anomalen BL-Herculis-Sterne

Sternsystem	$\overline{M}_B$
Galaktische Kugelhaufen	−0,01
Zwerggalaxien	−0,78
LMC	−1,63

Wenn es sich wirklich um eine homogene Gruppe handelt — diese müßte wegen des Vorkommens in Kugelhaufen der Population II angehören —, so erreicht ihre Leuchtkraft in den extragalaktischen Systemen diejenige der normalen δ-Cephei-Sterne. Als Ursache nimmt man abweichenden Helium- oder Metallgehalt an oder Verschiedenheiten im Alter. Das Problem ist jedoch noch offen. Übrigens scheinen auch die längerperiodischen W-Virginis-Sterne ($\overline{P} \approx 21\overset{d}{.}3$) in M 31 (in Zwerggalaxien wurden bisher derartige Veränderliche nicht gefunden) mit $\overline{M}_B = -2{,}3$ ungefähr 1 mag heller zu sein als in den galaktischen Kugelhaufen (BAADE u. SWOPE 1963, 1965), und in der Häufigkeitsverteilung der Perioden der RR-Lyrae-Sterne gibt es Unterschiede zwischen verschiedenen Systemen.

Die aufgeführten Beispiele zum Vorkommen und zur Beobachtung von Veränderlichen Sternen in extragalaktischen Systemen streifen wichtige Teilgebiete, sind aber im übrigen willkürlich aus der Vielzahl einschlägiger Veröffentlichungen, auf die der Leser ausdrücklich verwiesen werden muß, herausgegriffen.

5.3. Aktive Galaxien

5.3.1. Allgemeines

Unter den fast 30000 Objekten des Generalkatalogs Veränderlicher Sterne (GCVS) befinden sich zahlreiche, die weitgehend vernachlässigt sind, da sie trotz z. T. großer Helligkeitsamplitude nichts besonderes zu bieten scheinen. Das Interesse an sieben dieser «Sterne» wurde erheblich geweckt, als man teils Ende der sechziger, teils in den siebziger Jahren erkannte, daß es gar keine Sterne sind! Wir haben es mit folgenden Objekten zu tun:

X Com ($13\overset{m}{.}5$ ... $17\overset{m}{.}5$) und **W Com** (13^m ... $16\overset{m}{.}2$) wurden Anfang des Jahrhunderts von dem Heidelberger Astronomen WOLF (1914 und 1916) entdeckt. Noch im GCVS 1969 ist für beide Objekte als Lichtwechseltyp «?» angegeben. W Com ist mit der kompakten Radioquelle ON 231 identisch. Eine moderne Lichtkurve gibt Bild 150.

BL Lac hat HOFFMEISTER (1929) als kurzperiodisch angezeigt, ohne daß er ahnte, daß nahezu 50 Jahre später dieser «Stern» zum Prototyp einer Klasse der ungewöhnlichsten Himmelsobjekte wurde! Der GCVS 1969 gibt als Typ «Ia ?» an. Die Helligkeit schwankt zwischen $12\overset{m}{.}5$ und $17\overset{m}{.}0$ pg. Bild 151 gibt die Lichtkurve dieses interessan-

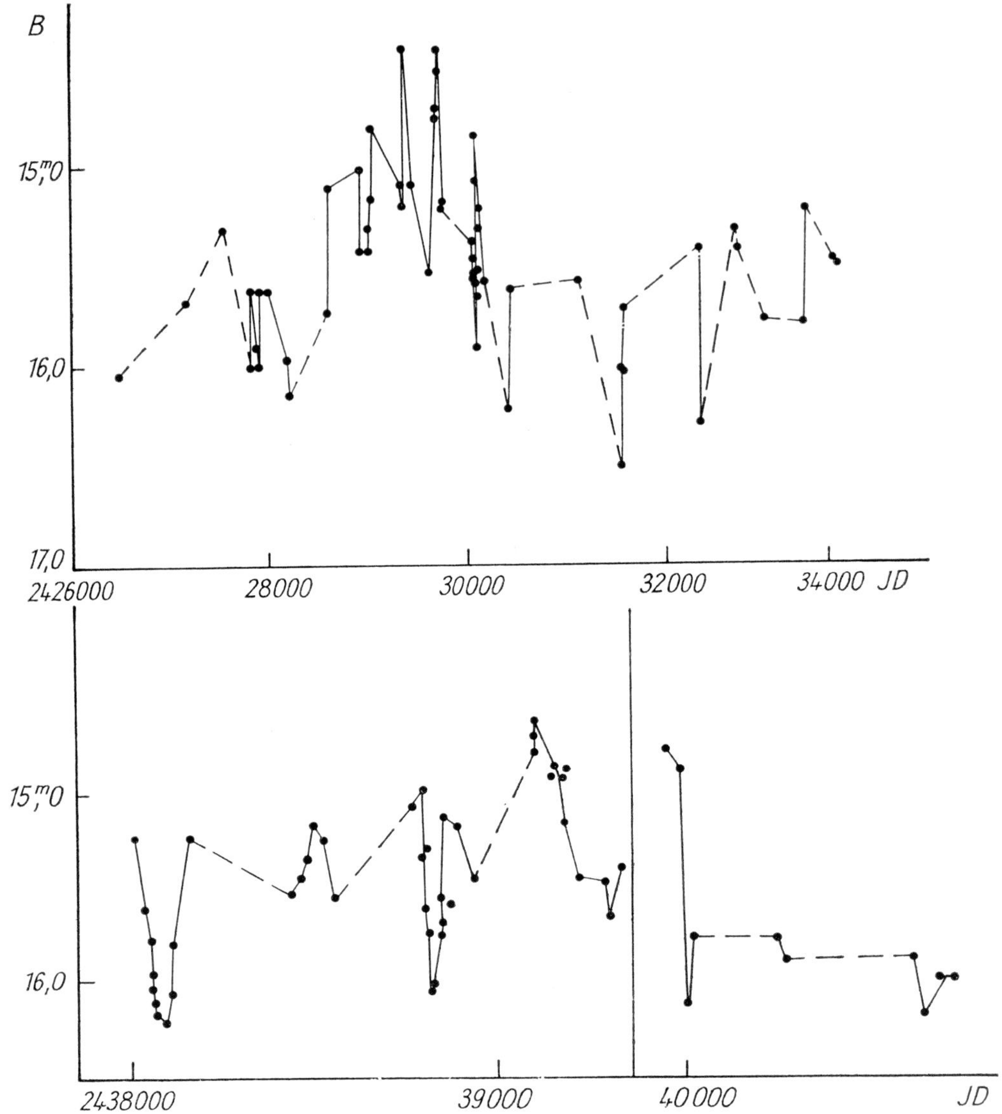

Bild 150 Photographische Lichtkurve des BL-Lacertae-Objektes W Com (nach POLLOCK u. HALL 1974 und MARKOVA u. FOMIN 1975)

ten Objektes. Ende der 60er Jahre erkannte man die Identität mit der veränderlichen Radioquelle VRO 42.22.01.

AP Lib ist 1942 von ASHBROOK als «unperiodisch veränderlich» angezeigt worden. Die Veränderungen erfolgen in den Grenzen $14^{m}_{,}0$ bis $16^{m}_{,}4$. Es handelt sich um das optische Gegenstück der Radioquelle PKS 1514 – 24.

BW Tau ist von HANLEY u. SHAPLEY (1940) als unregelmäßig veränderlich in den Grenzen $13^{m}_{,}7$ ... $14^{m}_{,}6$ pg erkannt worden. PENSTON bemerkte 1968 die Identität mit der Radioquelle 3C120. Bild 152 gibt die Lichtkurve des Objektes.

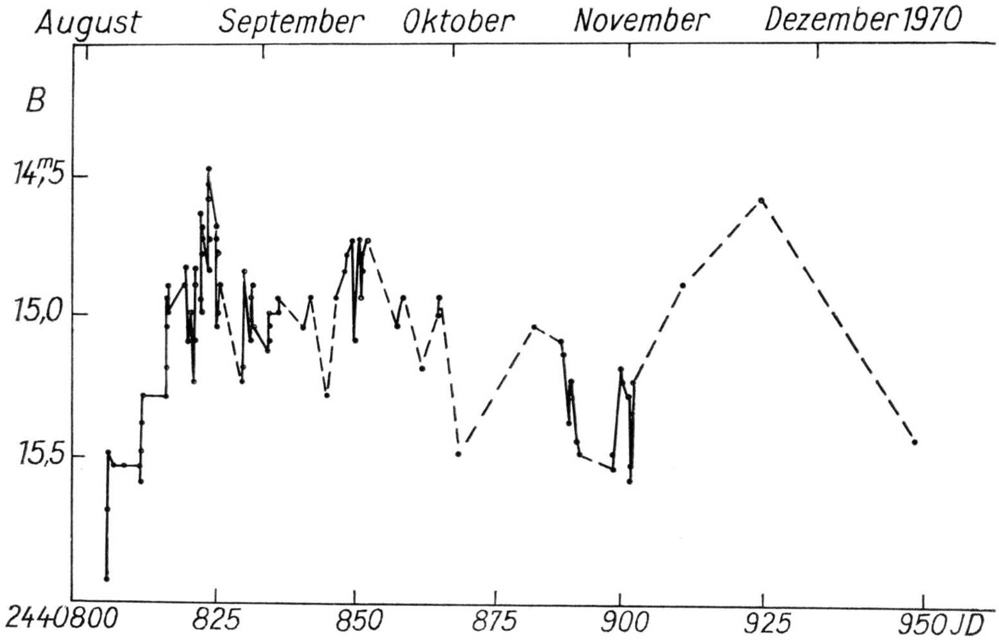

Bild 151 Lichtkurve von BL Lac im B-Bereich (nach Lü 1977)

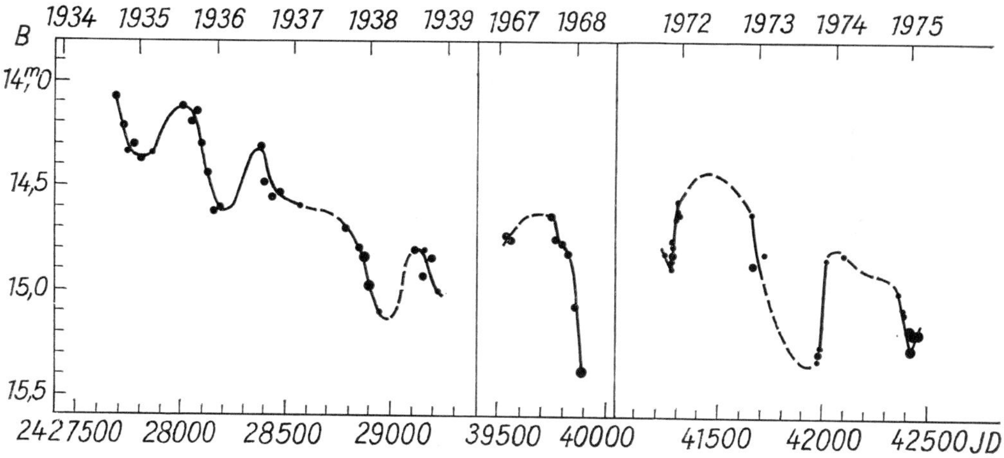

Bild 152 Lichtkurve der Seyfert-Galaxie BW Tau (= 3C 120). *Kleine Punkte*: Einzelmessungen. *Größere Punkte*: Mittelwerte aus 2 ... 16 Messungen (nach Usher 1972; ergänzt durch Messungen von Bertaud u. Mitarb. 1972, 1975 und von Ourassine u. Ourassina 1975)

V 396 Her wurde 1959 von Hoffmeister entdeckt. Noch 1976, in der 3. Ergänzung zum GCVS, ist er als «RR ?» angegeben.

GQ Com wurde 1973 von Pinto und Romano entdeckt. Die 3. Ergänzung (1976) zum GCVS gibt als Typ «L» an.

Später bemerkte man durch Entdeckung ihrer Radiostrahlung und/oder Untersuchung ihres Spektrums, daß es sich bei den genannten Himmelskörpern nicht um

Veränderliche Sterne, sondern um veränderliche Galaxien handelt! (X Com und BW Tau sind Seyfert-Galaxien; W Com, BL Lac und AP Lib sind BL-Lacertae-Objekte und V 396 Her und CQ Com sind Quasare, s. BOND u. Mitarb. 1977.) Die sieben Objekte liegen daher außerhalb der Thematik des vorliegenden Buches, und optisch veränderliche Galaxien erhalten normalerweise auch keine Benennung in den Listen der Veränderlichen Sterne (die sieben erwähnten Objekte bilden Ausnahmen, da die Benennung erfolgte, bevor man ihre extragalaktische Natur erkannte).

Daß wir die veränderlichen Galaxien trotzdem im folgenden kurz streifen wollen, liegt daran, daß sie sich von der Methodik der Entdeckung und Bearbeitung des Lichtwechsels her nicht streng von den Veränderlichen Sternen trennen lassen und daß es auch jetzt noch veränderliche Objekte gibt, bei denen der Nachweis der stellaren oder galaktischen Natur noch aussteht: Unregelmäßig veränderliche Objekte mit UV-Überschuß und kontinuierlichem Spektrum geringer Dispersion können sowohl BL-Lacertae-Objekte als auch eruptive Doppelsterne (Kap. 3.1.) sein, bei denen die Absorptionslinien durch Emissionen aufgefüllt sind.

Einen ausführlichen **Katalog** von allen bis 1977 bekannten Quasistellaren und BL-Lacertae-Objekten (einschließlich Umgebungskarten, Vergleichsternhelligkeiten, Einzelheiten über den bekannten Lichtwechsel) mit erschöpfenden Literaturhinweisen gibt CRAINE (1977). Der modernste Katalog Quasistellarer Objekte, ebenfalls mit Hinweisen auf optische Variabilität und Literaturangaben, stammt von HEWITT u. BURBIDGE (1980).

Wenn wir die vorangegangenen Kapitel über die Veränderlichen Sterne analysieren, so stellen wir fest, daß die Zeitskala der Veränderungen mit zunehmender räumlicher Dimension der betreffenden Objekte erheblich anwächst: Beträgt die Zeitskala bei den kompaktesten Objekten (Neutronensterne, Pulsare) Sekunden oder Bruchteile davon, so beläuft sie sich bei Weißen Zwergen (ZZ Cet) auf Sekunden bis Minuten, bei RR-Lyrae-Sternen Stunden, bei roten Riesen Monate und bei roten Überriesen Jahre. Es erscheint daher zunächst völlig unverständlich, wieso beim Übergang zu noch wesentlich größeren, galaktischen Dimensionen die Zeitskala wieder sinken kann: So zeigt BL Lac mitunter nachweisbare Helligkeitsänderungen innerhalb eines Tages. Schon allein aus dieser Tatsache muß man schließen, daß nicht die ganze Galaxie, sondern nur ein winziger Teil derselben, ein **«aktiver Kern»** veränderlich sein kann. Dieser aktive Kern muß heller sein als die gesamte ihn umgebende Galaxie, anderenfalls würde diese den Kern überstrahlen und dessen Veränderlichkeit der Nachweisbarkeit entziehen. Die Dimension des aktiven Kerns kann *nicht sehr viel größer sein als unser Sonnensystem*, sonst könnte die Zeitskala der Helligkeitsänderungen nicht so kurz sein; denn das Signal, das den «Befehl» von einem Raumelement zum anderen weiterleitet, daß das System heller (oder schwächer) werden soll, kann keinesfalls schneller laufen als mit Lichtgeschwindigkeit (der Durchmesser des Sonnensystems beträgt $12 \cdot 10^9$ km $\sim$ 11 Lichtstunden). Dieser aktive Kern ist also sehr klein und sehr hell (letzteres nicht nur im sichtbaren Licht, sondern erst recht im Radio-, Infrarot-, Ultraviolett- und Röntgenbereich), er hat eine sehr hohe Energiedichte entsprechend einer Strahlungstemperatur von $\geq 10^{12}$ Kelvin im sichtbaren Licht.

Auf theoretische Deutungsversuche des Phänomens der aktiven Kerne wollen wir nicht eingehen, da dies über den Rahmen dieses Buches hinausgeht. Außerdem ist sowieso noch alles im Fluß. Aus der großen Flut von Literatur sei folgendes herausgegriffen: OZERNOY u. USOV (1977), VAN DEN BERGH (1978), HAZARD u. MITTON (1979), KELLERMANN u. PAULINY-TOTH (1981), KELLERMANN (1980). Populäre Darstellungen findet man bei KUNDT (1982) und auf Seite 365ff. in dem Buch «Cambridge Enzyklopädie der Astronomie», Urania-Verlag 1978.

Das Phänomen der aktiven Galaxien ist sehr vielgestaltig und wenig erforscht. Gegenwärtig kennt man 3 Arten von aktiven Galaxien, die Veränderlichkeit zeigen können: Seyfert-Galaxien, Quasare und BL-Lacertae-Objekte.

5.3.2. Seyfert-Galaxien

Es sind dies überwiegend Spiral-Galaxien mit einem sehr hellen, heißen, sternförmigen Kern (Durchmesser wesentlich kleiner als 1″), der nichtthermische Strahlung, sogenannte Synchrotron-Strahlung, emittiert und der heller ist als die Galaxie selbst. Bei fast allen Seyfert-Galaxien ist intensive Radio-Strahlung nachgewiesen. Das Spektrum ist kontinuierlich mit Erlaubten und Verbotenen Emissionslinien. Die Analyse der Spektren deutet auf hohe Temperatur und hohe Expansionsgeschwindigkeit der Materie in Kernnähe hin. Man unterscheidet zwei Typen von Seyfert-Galaxien:

Seyfert-Galaxien vom Typ 2

Sowohl die Erlaubten als die Verbotenen Emissionslinien sind verhältnismäßig schmal, entsprechend einer Geschwindigkeitsstreuung von etwa 600 km/s. Bei diesen Objekten ist bisher keine Veränderlichkeit nachgewiesen. Sie sind daher für die Thematik dieses Buches uninteressant.

Seyfert-Galaxien vom Typ 1

Die **Erlaubten Emissionslinien** sind **sehr breit**, entsprechend einer Geschwindigkeitsstreuung von mehreren Tausend km/s. Die **Verbotenen Emissionslinien** hingegen sind **relativ schmal**, im Mittel ≙ 600 km/s (Bild 153).

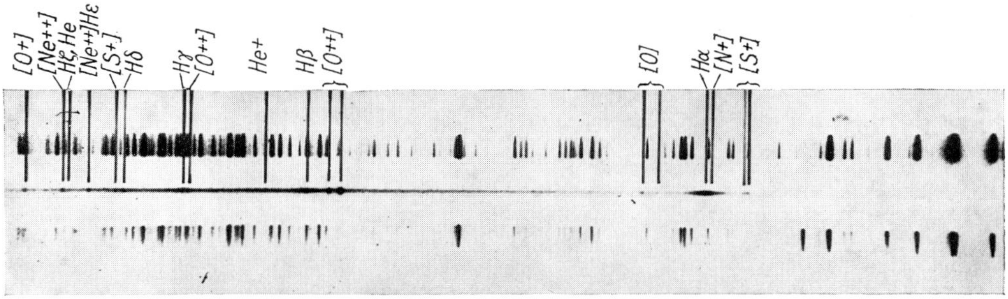

Bild 153 Spektrum der veränderlichen Seyfert-Galaxie NGC 4151 (Aufnahme von NOTNI am 2-Meter-Spiegelteleskop Tautenburg)

Bei einigen dieser Objekte ist **optische Variabilität** festgestellt worden. Der Lichtwechsel ist in der Regel langsam und unregelmäßig mit kleiner bis mittlerer Amplitude (maximal etwa 3 Größenklassen), die Zeitskala der Veränderungen beträgt einige Monate oder Jahre, es können aber auch raschere Änderungen mit Wellen von einigen Zehnteln Größenklassen Amplitude innerhalb weniger Tage vorhanden sein. (Bild 154). Bis zum Jahre 1976 kannte man bereits 19 veränderliche Seyfert-Galaxien.

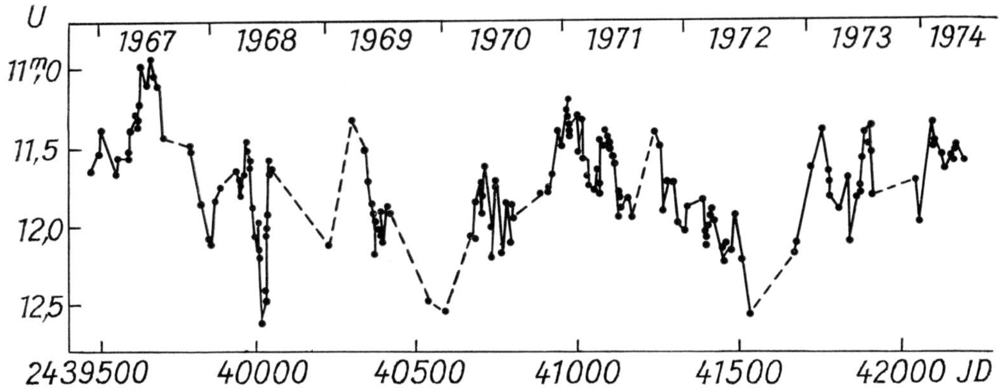

Bild 154 Ultraviolett-Lichtkurve der Seyfert-Galaxie NGC 4151 (nach Beobachtungen zahlreicher Autoren zusammengestellt von Lyuty u. Pronik 1975)

Die meisten veränderlichen Seyfert-Galaxien werden gefunden, indem man spektroskopisch verdächtige Kerne blauer Galaxien (sogenannte Markaryan-Galaxien) auf Veränderlichkeit hin überprüft.

Nach unserem Wissen sind lediglich drei Seyfert-Galaxien nach dem Blinkverfahren (Kap. 6.) gefunden worden, und zwar die oben schon erwähnten X Com und BW Tau und der erst kürzlich von Gessner (1981 b) entdeckte S 10838; Lichtkurve siehe Bild 155.

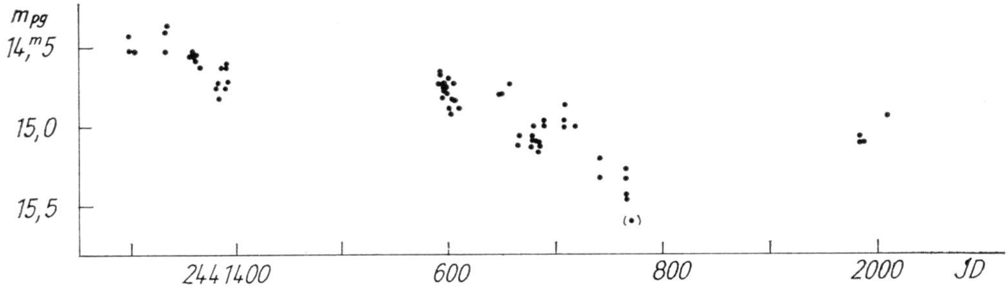

Bild 155 Lichtkurve der Seyfert-Galaxie S 10838 (nach Gessner 1981 b)

Auch bei normalen Spiralnebeln einschließlich unserem Milchstraßensystem konnten heiße, «aktive» Kerne mit Synchrotronstrahlung und hohe Expansionsgeschwindigkeiten der inneren Spiralarme nachgewiesen werden. Von «aktiven» Galaxien spricht man aber nur dann, wenn der aktive Kern einen nennenswerten Beitrag zum Gesamtlicht liefert. Vermutlich gibt es fließende Übergänge zwischen «normalen» Galaxien und Seyfert-Galaxien.

Näheres über Seyfert-Galaxien siehe vor allem Lyuty u. Pronik (1975) und Weedman (1977); Hamilton u. Mitarb. (1978) publizierten einige Umgebungskarten und Lichtkurven.

5.3.3. Quasare

Photometrisch und spektroskopisch ähneln diese Objekte den Seyfert-Galaxien, doch ist das **optische Erscheinungsbild stellar,** daher auch der Name **Quasistellare Objekte** oder, falls Radiostrahlung nachgewiesen ist, auch **Quasistellare Radioquellen**. Die (oft erhebliche) **Rotverschiebung der Spektrallinien** deutet jedoch auf die extragalaktische Natur hin. In ganz vereinzelten Fällen konnte bei nahen Quasaren in der Zwischenzeit die zugehörige Galaxie andeutungsweise sichtbar gemacht werden.

Vermutlich ist das Quasarphänomen eine **Übersteigerung des Phänomens der Seyfert-Galaxien** — und es gibt wahrscheinlich fließende Übergänge —, nur ist bei den Quasaren der aktive Kern viele dutzend- bis tausendmal heller als die umliegende Galaxie. Infolgedessen wird diese völlig überstrahlt, und wegen der enormen Leuchtkraft sind die Quasare die absolut hellsten bekannten Objekte im Universum. Der bisher bekannte hellste Quasar 3C 279 erreichte im Helligkeitsmaximum ($11\overset{m}{.}3$) die absolute Helligkeit $-31\overset{M}{.}4$ (s. Eachus u. Liller 1975, hier auch schöne Lichtkurve). Er war somit etwa 50000mal heller als unser Milchstraßensystem!

Bis zum Jahre 1976 waren 36 veränderliche Quasare bekannt, die Liste von Hewitt u. Burbidge (1980) enthält bereits fast 100 solcher Objekte.

Die größten Helligkeitsamplituden erreichen Werte bis zu etwa 3 mag (bei 3C 279 sogar > 6 mag). Es können Änderungen von 0,1 mag bis 0,3 mag innerhalb einer Woche, in einem Fall sogar 2,2 mag in 13 Tagen (3C 279, s. Eachus u. Liller 1975) auftreten. Die Regionen, in denen der Hauptteil des Lichts emittiert wird, müssen daher eine Ausdehnung von weniger als 0,1 pc haben. Beispiele von Lichtkurven geben die Bilder 156 und 157.

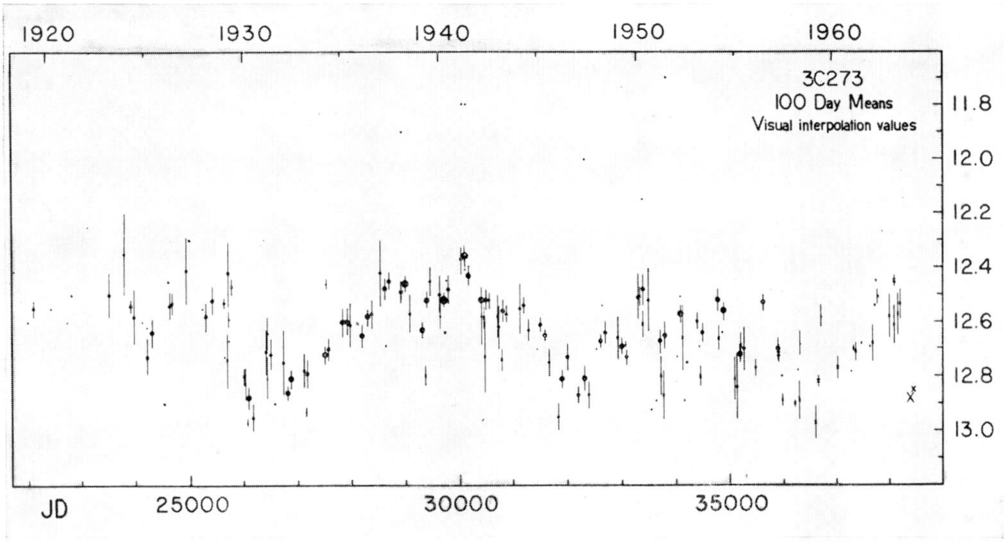

Bild 156 Historisch erste vollständige Helligkeitskurve eines Quasars (nach Smith). Sie zeigt die im wesentlichen aus Beobachtungen in Cambridge (USA) und Sonneberg zusammengestellte Lichtkurve von 3C 273 (s. Heft 3 des Jahrgangs 1980 der Zeitschrift «spectrum«)

5.3.4. BL-Lacertae-Objekte

Die BL-Lacertae-Objekte, für die gelegentlich auch der unschöne und wegen Verwechslung mit Meteorströmen zu vermeidende Name «Lacertiden» benutzt wird, unter-

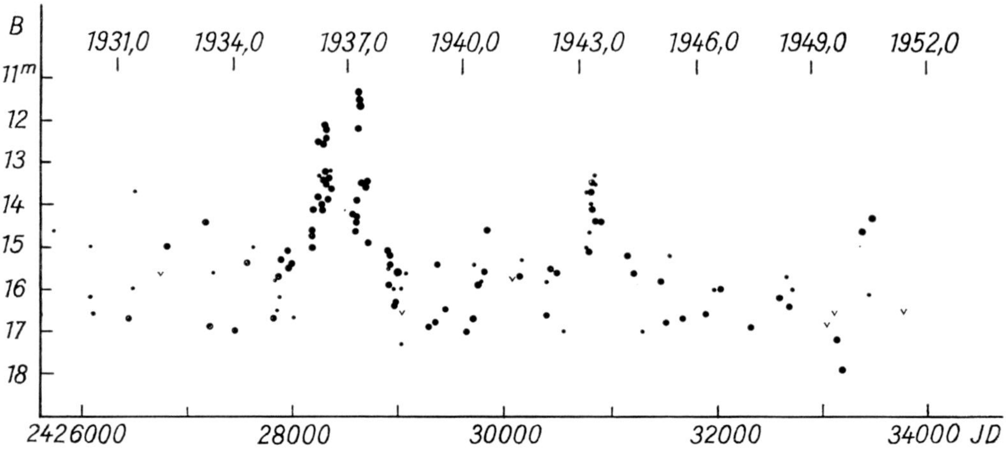

Bild 157 Lichtkurve des Quasars 3C 279 (Harvard-Beobachtungen; s. EACHUS u. LILLER 1975). Die Größe der Punkte ist ein Maß für die Zahl der Einzelbeobachtungen. Häkchen bedeuten: schwächer als die bezeichnete Helligkeit

scheiden sich von den typischen Quasaren im wesentlichen durch das **kontinuierliche Spektrum** (s. STEIN u. Mitarb. 1976); Emissionslinien fehlen völlig, oder sie sind bestenfalls angedeutet. Daher sind der Nachweis der extragalaktischen Natur und die Ermittlung der Entfernung bei den meisten Objekten dieser Art schwierig. In den wenigen bisher nachgewiesenen Fällen sind die BL-Lacertae-Objekte im Gegensatz zu den Seyfert-Galaxien extrem helle Kerne elliptischer Galaxien, die Leuchtkräfte liegen im Mittel ein wenig unter denjenigen der Quasare. Die absolute Helligkeit der BL-Lacertae-Objekte konnte wegen Mangel an Spektrallinien nur in wenigen Fällen ermittelt werden. Bei den hellsten BL-Lacertae-Objekten liegt sie bei $-27^{M}_{,}5$; BL Lac selbst hat die absolute Helligkeit $-23{,}7$ Größenklassen. Ob es fließende Übergänge zwischen den typischen Quasaren und den BL-Lacertae-Objekten gibt, ist bislang unbekannt (s. u. a. VAN DEN BERGH 1978). WEILER u. JOHNSON (1980) diskutieren die Beziehungen zwischen Quasaren, BL-Lacertae-Objekten und gewöhnlichen Radiogalaxien. Der oft überaus lebhafte Lichtwechsel der BL-Lacertae-Objekte ist gekennzeichnet durch **große Helligkeitsamplituden** (Bilder 150 und 151). Es können Helligkeitsänderungen von ≈ 1 mag innerhalb eines Tages auftreten. 1976 waren 14 optisch veränderliche Radioquellen bekannt, die vermutlich BL-Lacertae-Objekte sind (3. Ergänzung 1976 zum GCVS). STEIN u. Mitarb. (1976) geben eine Liste von 32 BL-Lacertae-Objekten; PUSTIL'NIK (1976) diskutiert 34 BL-Lacertae- und 23 Quasistellare Objekte. WEILER u. JOHNSON (1980) geben bereits 59 vermutliche BL-Lacertae-Objekte an. Die Liste von HEWITT u. BURBIDGE (1980) enthält 58 BL-Lacertae-Objekte. Weiteres über veränderliche Quasare und BL-Lacertae-Objekte siehe KINMAN (1975) u. STRITTMATTER (1976).

6. Entdeckung Veränderlicher Sterne

6.1. Grundsätzliche Betrachtungen

Zufallsentdeckungen

Wie schon im einleitenden Kapitel (1.1.) gesagt wurde, waren um die Mitte des 19. Jahrhunderts nur 17 Veränderliche bekannt. Meist handelte es sich um helle Sterne und um Langperiodische mit großen Amplituden, die zufällig bei anderen Arbeiten gefunden worden waren, beispielsweise bei der Erarbeitung von Sternkatalogen am Meridiankreis. In den auf 1850 folgenden Jahrzehnten entstanden die großen «Durchmusterungen», Sternkataloge mit genäherten Örtern und Helligkeitsangaben, die Bonner Durchmusterung (BD), die Cordoba-Durchmusterung (CoD), die Cape Photographic Durchmusterung (CPD). Auch im Zusammenhang mit diesen Arbeiten wurden neue Veränderliche gefunden. Wie schon an anderer Stelle mitgeteilt, wurde jedoch der größte Anteil durch die Photographie größerer Sternfelder entdeckt. Die Photographie ermöglichte auch die planmäßige Suche nach Veränderlichen, wogegen man bei den früheren Entdeckungen fast ganz auf den Zufall angewiesen war. Zumindest war die Situation so, daß eine geplante Nachsuche auf visueller Basis in hohem Maße unökonomisch gewesen wäre.

Es liegt in der Natur der Sache, daß als Folge menschlicher oder methodischer Unvollkommenheit nicht wenige Sterne fälschlich der Veränderlichkeit verdächtigt worden sind. Persönliche Unterschiede der Auffassung, besonders bei roten Sternen, und mancherlei Fehler mögen der Grund dafür sein. Aber man kann im Einzelfall nicht wissen, ob nicht doch eine reale Änderung der Helligkeit dahintersteht. Es gibt bekanntlich Bedeckungssterne mit sehr kleiner Entdeckungswahrscheinlichkeit, und auch bei einigen anderen Typen ist man nicht sicher vor Überraschungen, ganz zu schweigen von Sternen mit sehr kleiner Amplitude. Eine besondere Gruppe sind die «Vermißten BD-Sterne», die in der Bonner Durchmusterung durch mehrere Beobachtungen gesichert schienen, am Himmel aber nicht mehr vorhanden sind. Auch hier kann reale Veränderlichkeit vorliegen, und mancherlei Irrtümer sind möglich.

Wenn man heute einen Veränderlichen findet, der in den offiziellen Katalogen nicht geführt wird, muß man zunächst feststellen, ob er wirklich neu ist, oder ob er schon einmal von anderer Seite angezeigt wurde, aber aus irgendwelchen Gründen noch nicht endgültig anerkannt und benannt worden ist. Eine umfangreiche Literatur existiert über die der Veränderlichkeit verdächtigen Sterne sowie über diejenigen Sterne, deren Veränderlichkeit gesichert war, deren endgültige Benennung jedoch noch ausstand. Der modernste und umfassendste Katalog dieser Art ist der von Kholopov (1982) kürzlich herausgegebene, er enthält Informationen über 14809 Objekte, die bis 1980 noch nicht benannt waren. Er ist der Nachfolger der beiden von Kukarkin u. Mitarb. (1951 und 1965) stammenden Kataloge.

Einige Institute, die sich speziell mit dem Gebiet befassen, führen Karteien der unbenannten und benannten Veränderlichen, womit sich leicht feststellen läßt, ob ein neu gefundener Fall bereits anderweitig bekannt ist. Speziell die Sonneberger Veränderlichenkartei sei hier genannt (Kap. 9.1.).

Rein *visuelle Entdeckungen* Veränderlicher Sterne sind selten, — wenn man von hellen Novae absieht —, aber sie sind möglich und werden meist dann gemacht, wenn sich ein für einen anderen Veränderlichen benutzter Vergleichstern nicht als konstant erweist. Häufiger sind derartige *Entdeckungen auf photographischen Platten.* In der Nähe altbekannter Veränderlicher, wie etwa der helleren Mira-Sterne, hat man kaum Aussicht, einen neuen Fall zu finden, eher schon, wenn man ein Programm von Sternen bearbeitet, die erst in neuerer Zeit als Veränderliche entdeckt worden sind.

Systematische Suche

Der größte Teil an Neuentdeckungen kommt durch systematische Arbeit zustande, indem ein ausgewähltes Sternfeld durch wiederholte **Vergleiche von Plattenpaaren** abgesucht wird (Bild 158). Zu beachten ist, daß es bei diesen Arbeiten nicht genügt, zwei Platten zu vergleichen, es müssen vielmehr die dabei als sicher veränderlich oder

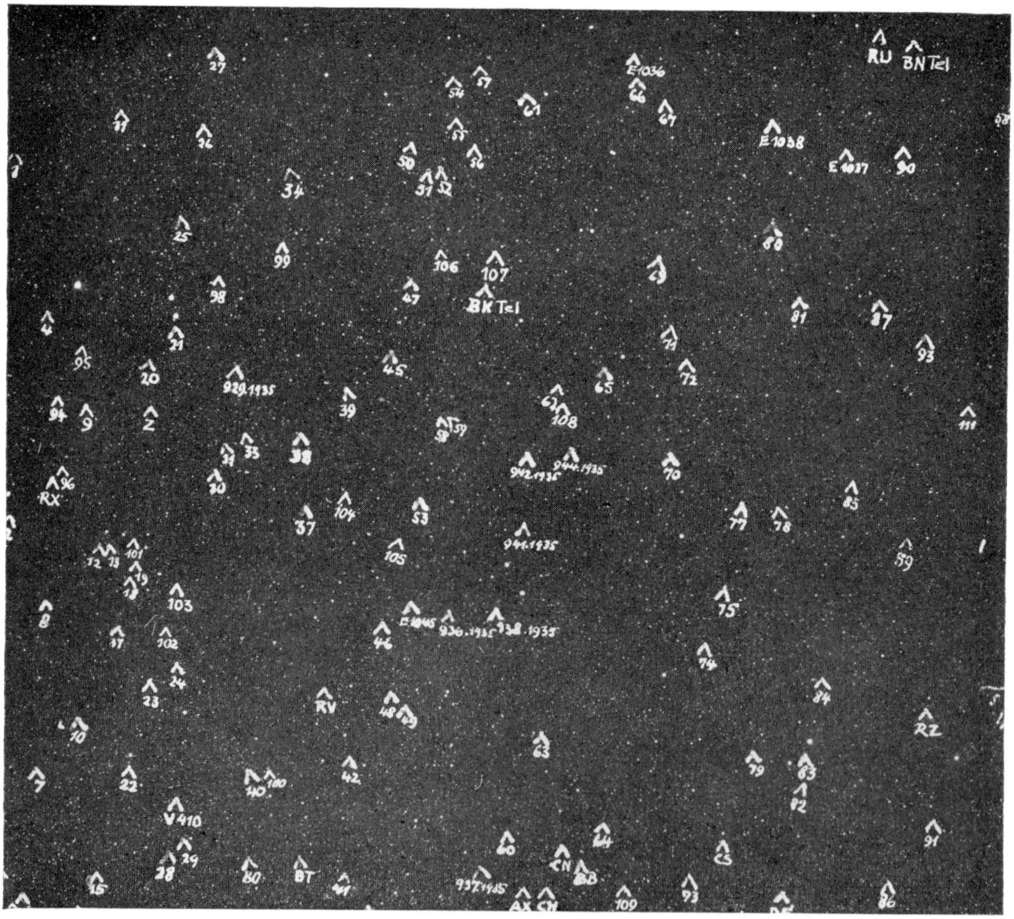

Bild 158 Ausschnitt aus einer Entdeckungsplatte (Feld η_1 CrA), auf welcher HOFFMEISTER die gefundenen Veränderlichen angezeichnet hat

verdächtig angemerkten Fälle gesichert werden, ehe man sie bekanntgibt. Dazu werden eine Reihe von Platten benötigt. Ein Mira-Stern wird auf wenigen, über längere Zeit verteilten Platten leicht bestätigt werden können. Bei einem Algolstern ist es schon schwieriger. Es genügt aber nicht, daß die bloße Tatsache der Veränderlichkeit angezeigt wird; es kann vielmehr erwartet werden, daß der Entdecker die Grenzgrößen und den Typus mitteilt, wogegen die Bestimmung der Elemente des Lichtwechsels einer späteren Stufe angehört. Um dieser Forderung genügen zu können, sind viele Platten nötig, die auch zeitlich so verteilt sein müssen, daß die verschiedenen Typen der Veränderlichkeit identifiziert werden können. In vielen Fällen werden 30 Platten, über 6 Monate verteilt, eine Entscheidung ermöglichen. Einige wenige Platten sollten panchromatische Emulsion haben, damit entschieden werden kann, ob ein Veränderlicher gefärbt ist (sofern nicht der Palomar Sky Survey Atlas zur Verfügung steht, der in 2 Farbbereichen vorliegt). Für schwierigere Algolsterne indessen werden 30 Platten nicht hinreichen, und auch für U-Geminorum-Sterne sind oft sehr viel mehr Platten erforderlich, wenn, wie es oft vorkommt, das Entdeckungsmaximum nur durch eine Platte belegt ist und man eine Bestätigung haben möchte. Eine solche ist immer anzustreben, denn es gibt tückische Plattenfehler, die sich nicht von einem echten Stern unterscheiden lassen. Eine gewisse Absicherung gegen Irrtümer ist dadurch gegeben, daß solche Plattenfehler oft — aber nicht immer! — in lockeren Gruppen auftreten. Es sind also einzelne Platten einer Reihe, die mit diesem Übel behaftet sind.

Die **Entscheidung über die Art** eines Veränderlichen ergibt sich leicht aus der Kenntnis der Typen und der daraus folgenden statistischen Verteilung der verschiedenen Helligkeitswerte. Einige Hinweise werden nützlich sein.

Mira-Sterne: zeigen keine starken Änderungen innerhalb einer Reihe von wenigen Tagen, aber starke Änderungen über Monate; sie haben große Amplituden und sind rötlich bis rot.

Rote Unregelmäßige: haben die gleichen Eigenschaften wie die Mira-Sterne, jedoch insgesamt nur geringen Lichtwechsel, meist weniger als eine Größenklasse.

Halbregelmäßige: haben oft einen rascheren Lichtwechsel als die vorgenannten Typen, mäßige Amplituden und sind gelb bis rötlich.

Algolsterne: zeigen sich meist im konstanten hellen Licht, selten geschwächt; Amplituden aller Größen kommen vor; meist nicht gefärbt.

β-Lyrae-Sterne: haben stetigen Lichtwechsel, zeigen sich aber öfter hell als schwach, tiefe Minima sind seltener; nicht gefärbt.

W-Ursae-Maioris-Sterne: befinden sich in stetigem raschen Lichtwechsel, die Amplitude liegt bei 0,7 Größenklassen oder darunter; nicht gefärbt.

δ-Cephei-Sterne: ihre Änderungen sind meist von Tag zu Tag erkennbar, nicht raschwechselnd, im ganzen ebenso oft schwach wie hell; etwas gefärbt.

RR-Lyrae-Sterne: wechseln rasch und sind merklich öfter schwach als hell, Amplituden liegen im Mittel bei einer Größenklasse; nicht gefärbt.

U-Geminorum-Sterne: haben einen steilen Aufstieg, meist von einem zum anderen Tag; sie bleiben einige Tage hell; große Amplitude; Maxima selten; blau.

RW-Aurigae-Sterne (T-Tauri-Sterne): sind zeitweilig raschwechselnd; die Amplitude ist meist klein, kann aber bis zu 4 Größenklassen betragen; treten meist in Verbindung mit Gasnebeln und Dunkelwolken auf.

Nicht angeführt sind die novaähnlichen Sterne; hier ist, wie auch bei den meisten RW-Aurigae-Sternen, eine sichere Entscheidung oft nur durch sehr umfangreiche Beobachtungsreihen möglich.

Schwierig ist die Entscheidung auch bei den raschwechselnd-periodischen Typen. Die RR-Lyrae-Sterne, Untertypus a,b, sind immerhin gut unterschieden. Aber es ist meist nicht möglich, die selteneren RRc-Sterne und W-Ursae-Maioris-Sterne zuverlässig zu trennen. Nur gute Lichtkurven ermöglichen dies, und zwar sind bei den Bedeckungssternen die Minima spitzer, die Maxima breiter als bei den Pulsationssternen. Immerhin gibt es Fälle, wo auch dieses Kriterium versagt und nur die Kurve der Radialgeschwindigkeit oder des Spektrums die Zuordnung ermöglichen kann.

Erwünscht ist mit Rücksicht auf die raschwechselnden Sterne, daß mindestens eine Reihe von mehreren Platten aus derselben Nacht aufgenommen wird.

6.2. Methoden und Instrumente

Aufnahmen

Im vorausgegangenen Abschnitt wurde gezeigt, daß die rationellste Methode zur Entdeckung Veränderlicher Sterne der Vergleich photographischer Platten ist. Der wissenschaftliche Zweck soll dabei weniger die Auffindung einer möglichst großen Anzahl von Veränderlichen, als vielmehr die Beschaffung homogenen statistischen

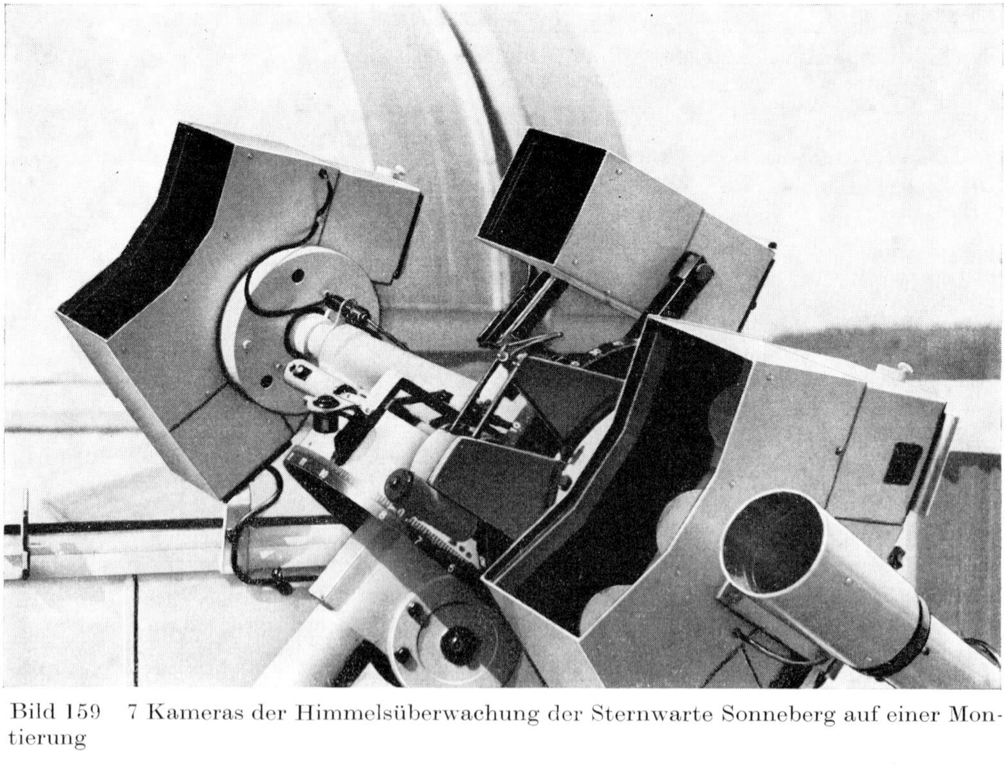

Bild 159 7 Kameras der Himmelsüberwachung der Sternwarte Sonneberg auf einer Montierung

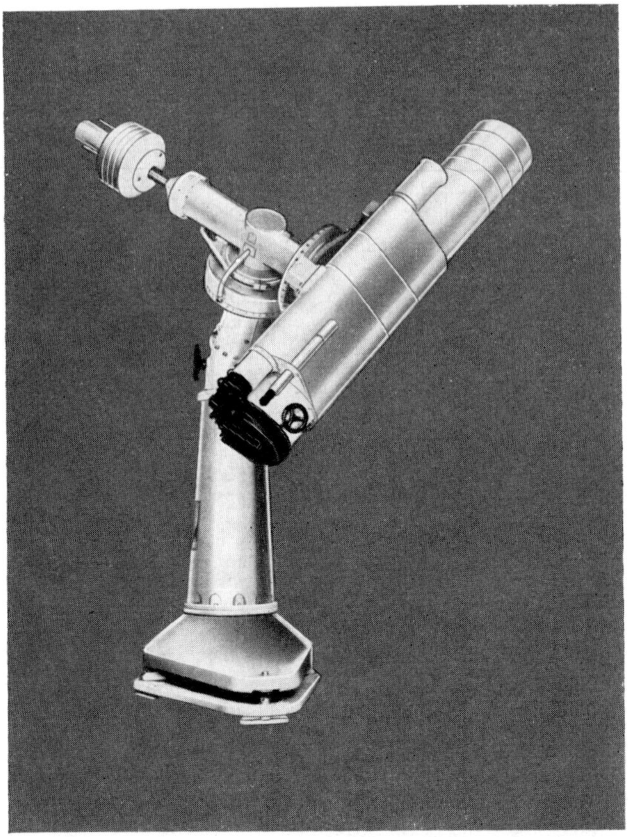

Bild 160 400-mm-Astrograph des VEB Carl Zeiss Jena auf Kniemontierung 8

Materials sein, um die in der Einleitung aufgezeigten fernerliegenden Ziele zu erreichen. Man wird bestrebt sein, Aufnahmeinstrumente mit *großem Feld* zu verwenden, also Linsenobjektive mit relativ kurzer Brennweite. Diese scheiden sich wieder in zwei Gruppen: in kleine Objektive, bis etwa 100 mm Öffnung, mit sehr großem Feld, etwa 30 × 30 Grad, meist vom Tessartypus, und größere Objektive mit einem Feld von etwa 10 × 10 Grad. Die Objektive der ersten Gruppe ermöglichen, ohne allzu großen Aufwand und auch in einem nur mäßig günstigen Klima den ganzen erreichbaren Himmel unter Kontrolle zu halten (Bild 159). Die größeren Instrumente, etwa vertreten durch das vierlinsige Objektiv nach Sonnefeld von 400 mm Öffnung und 1600 oder 2000 mm Brennweite, müssen sich dagegen auf die Beobachtung ausgewählter Felder beschränken (Bild 160). Wegen des kleinen Feldes sind Spiegelteleskope im allgemeinen ungeeignet, sofern nicht spezielle Aufgaben wie etwa die Untersuchung von Kugelhaufen gestellt sind. Besser geeignet sind die Schmidt-Spiegel, wenn sie auch in der Feldgröße nicht mit den Linsenobjektiven konkurrieren können. Die Sternbildchen der Schmidt-Spiegel sind außerdem so klein, daß die Erkennung etwaiger Veränderlichkeit erschwert ist.

Wie sind die Erfolgsaussichten? Nehmen wir an, wir hätten zwei Platten zu vergleichen, die bis zur 16. oder 17. Größe reichen und als zeitlichen Abstand mindestens einige Monate haben. Nach vorliegenden Erfahrungen (s. Richter 1967a) ist unter etwa 400 normalen Sternen ein Veränderlicher zu erwarten, auf einer Platte, die etwa

100000 Sterne enthält, sind also etwa 250 Veränderliche; diese Anzahl kann selbstverständlich erst das Gesamtergebnis des Vergleichs einer Anzahl von Plattenpaaren sein.

Komparator

Das Vergleichen geschieht unter Verwendung eines Apparates, dem Komparator (Bild 161). Beim **Stereoverfahren** sieht der Beobachter mit dem linken Auge die linke, mit dem rechten Auge die rechte Platte. Die Platten werden so justiert, daß die Bilder sich exakt decken und der Beobachter den Eindruck hat, nur eine Platte zu sehen. Dies ist aber nur der Fall, wenn die Platten vollkommen übereinstimmen. Die Bewegung eines Objektes etwa in der Richtung der Verbindungslinie beider Augen erzeugt einen Stereo-Effekt: Das Objekt scheint vor oder hinter der Plattenebene zu liegen. Ist ein Objekt nur auf einer der beiden Platten vorhanden, so fehlt ihm der optische Anhalt, und es wird sofort als ungewöhnlich erkannt. Dies ist auch bei allen Plattenfehlern der Fall. Wenn ein Sternscheibchen auf der einen Platte groß, auf der anderen

Bild 161 Sternplatten-Komparator vom VEB Carl Zeiss Jena; am Gerät C. Hoffmeister

klein oder wenn es bei nahezu gleicher Größe verschieden geschwärzt ist, erkennt dies ein geübter Beobachter sofort. Die Empfindung des Beobachters ist schwer exakt zu beschreiben: Die Veränderlichen, sofern sie auf beiden Platten einen hinreichenden Unterschied aufweisen, sehen einfach anders aus als normale Sterne. Dieses Verfahren erweist sich für einen geeigneten Beobachter als sehr produktiv, wenn er genügend Übung besitzt. Eine Voraussetzung ist, daß die Platten des Paares sehr gut übereinstimmen. Der Erfolg hängt in starkem Maße von der geschickten Paarung ab.

Etwas leichter zu handhaben ist das **Blinkverfahren.** Zu diesem Zweck wird der Okularkopf ausgetauscht und durch einen monokularen ersetzt. Eine durch Motor oder von Hand betätigte Blinkeinrichtung bewirkt, daß im Okular abwechselnd das Bild der linken und das Bild der rechten Platte in ziemlich rascher Folge erscheint. Das Bild eines Veränderlichen «pulsiert» dann und kann leicht erkannt werden. Das Verfahren wirkt unmittelbarer und bedarf kaum einer Einübung des Beobachters.

Positiv-Negativ-Verfahren

Eine ganz andere Möglichkeit wurde schon vor Jahrzehnten am Harvard College Observatory erprobt und mit Erfolg angewandt. Es wird von einer der beiden zu vergleichenden Platten ein Kontakt-Positiv auf Glas hergestellt. Wenn dieses Positiv mit der anderen Negativplatte aufeinanderliegt, so werden sich die Sternscheibchen im Normalfall gegenseitig auslöschen. Ist jedoch ein Veränderlicher auf der Positivplatte hell, auf der Negativplatte schwach, so erscheint in der Kombination eine helle Scheibe mit einem dunklen Kern oder, bei geringerem Helligkeitsunterschied, ein heller Ring. Eine andere Variante ist in Holland entwickelt und von Borgman (1956) beschrieben worden. Dabei erscheint das kombinierte Bild auf einem Fernsehschirm und kann vom Beobachter mit beiden Augen in bequemer Körperhaltung betrachtet werden. — Auch mit **Farbfiltern** sind Versuche gemacht worden, um das Auge bei der Erkennung von Unterschieden zu unterstützen. Sehr gute Erfahrungen mit einer solchen Methode hat Wachmann (1961) mitgeteilt, nachdem die Methode schon von Plaut u. Borgman (1954) empfohlen worden ist. Immerhin dürfte die persönliche Eignung des Beobachters dabei eine Rolle spielen.

Allen diesen Verfahren ist gemeinsam, daß die Platten zeilenweise abgesucht werden. Alle gefundenen Veränderlichen oder verdächtige Fälle werden angemerkt, am besten auf der Glasseite einer der beiden Platten. Dann wird nach Abschluß des Vergleichs geprüft, was reell und was neu ist.

Automatisierung

Im Zeitalter der Elektronik liegt der Gedanke an eine vollautomatisch arbeitende **Entdeckungsmaschine** nahe. Das Prinzip ist verhältnismäßig einfach: Die beiden Lichtwege des Stereokomparators werden mit Elektronenvervielfachern ausgestattet und der Apparat so konstruiert, daß er auf Unterschiede der Photoströme anspricht. Es ist nicht schwierig, das Gerät so zu konstruieren, daß die Ortskoordinaten, bei denen der Apparat reagiert, ausgedruckt oder auf Lochstreifen gegeben werden. Dies alles hört sich zwar gut an, doch ist der technische Aufwand zur Realisierung solch einer Maschine, die durch einen Rechner gesteuert werden muß, recht erheblich. Außerdem registriert die Maschine alle Plattenfehler, und da die Fehler viel häufiger sind als die Veränderlichen, ist die Sache in dieser Form aussichtslos. Eine weitgehende Abhilfe kann man schaffen, indem man die Meßblenden so eng wählt, daß die Maschine nach entsprechender Programmierung in der Lage ist, bei jedem verdächtigen Objekt auf der Platte anhand der Schwärzungsverteilung in einem vermeintlichen Sternbildchen zu entscheiden, ob es sich um einen Plattenfehler handelt oder nicht. Der Aufwand ist dann natürlich noch größer, und es läßt sich auch hier nicht in jedem Falle mit Sicherheit entscheiden, ob ein Plattenfehler vorliegt oder nicht. Eine weitere Möglichkeit, Plattenfehler auszuschalten, ergibt sich, wenn man mit einem Doppelastrographen gleichzeitig zwei Platten desselben Feldes aufnimmt und einen Vierfachkomparator baut, der nur auf Impulse anspricht, die von *beiden* Platten des zusammengehörigen Paares ausgelöst werden.

Maschinen zur vollautomatischen Auswertung von Platten in Hinsicht auf Flächenphotometrie und Spektroskopie gibt es bereits, und sie wären nach einigem Umbau sicher auch als «Entdeckungsmaschine» geeignet. Ein wirklich *rationell* arbeitendes Gerät dieser Art existiert zum gegenwärtigen Zeitpunkt aber noch nicht.

6.3. Theorie der Entdeckungswahrscheinlichkeit

Wir nehmen an, daß ein Sternfeld nach einer der im vorausgehenden Kapitel beschriebenen Methode untersucht werden soll mit dem Ziel, einen möglichst großen Anteil der in diesem Feld vorhandenen, noch unentdeckten Veränderlichen zu finden, um auf dieser Grundlage zu einer **Statistik der Veränderlichen** nach Anzahl und Typus zu gelangen. Neben den neuen findet man selbstverständlich auch schon bekannte Fälle wieder, und auch diese werden im Protokoll vermerkt. Das ist wichtig, da sonst die Regeln der Wahrscheinlichkeitsrechnung nicht in der erforderlichen Weise zur Ermittlung der Anzahl der unentdeckt gebliebenen Veränderlichen anzuwenden sind. Nach dem ersten Vergleich tritt zu den bekannten und den neuen eine dritte Gruppe: die der wiedergefundenen neuen, d. h. derjenigen, die bei den vorausgegangenen Vergleichen als neu auftraten. Statistisch können sie den bekannten gleichgestellt werden.

Von entscheidender Wichtigkeit für die Theorie ist der Begriff der **Entdeckungswahrscheinlichkeit** w. Wenn ich im Mittel n Vergleiche brauche, um einen Veränderlichen bestimmter Art und Helligkeit zu entdecken, dann ist $w = 1/n$. Am einfachsten ist der Begriff an Algolsternen zu erläutern. Wenn ich eine Platte habe, die den Stern im hellen Normallicht zeigt und nach der Wahrscheinlichkeit frage, daß eine damit zu vergleichende Platte ihn geschwächt zeigt und zur Entdeckung führt, so ist dieser Wert offenbar durch das Verhältnis D/P gegeben, wobei P die Periode und D die Dauer der Schwächung ist. Genau betrachtet erhält man die Wahrscheinlichkeit noch etwas zu groß, und zwar deshalb, weil die Entdeckung erst möglich ist, wenn die Schwächung einen gewissen Schwellenwert überschreitet. Auch muß man beachten, daß Zufälligkeiten in der Art des Bildes auf den Platten und Schwankungen der Aufmerksamkeit des Beobachters geeignet sind, die Wahrscheinlichkeit noch etwas zu verkleinern. Es wird also auch die Form der Lichtkurve, die Steilheit des Abfalls und die Amplitude einen gewissen Einfluß haben. Wenn man dagegen zwei beliebige Platten einer Reihe vergleicht, dann ist die Wahrscheinlichkeit, ein Entdeckungsminimum zu beobachten, $w = 2\,\frac{D}{P}\left(1 - \frac{D}{P}\right)$, wobei der zweite Faktor die Möglichkeit berücksichtigt, daß der Stern auf beiden Platten schwach sein könnte, was eine Verkleinerung von w bedeutet. Im allgemeinen ist anzunehmen, daß bei Algolsternen der Wert w meist zwischen 0,05 und 0,15 liegen wird. Auf den Unterschied zwischen theoretischer und statistischer Entdeckungswahrscheinlichkeit wird später zurückzukommen sein.

Wir legen die vereinfachende Annahme zugrunde, daß in einem zu vergleichenden Feld N unentdeckte Veränderliche vorhanden seien und daß diese Veränderlichen einheitlich die Entdeckungswahrscheinlichkeit w haben. Diese Vereinfachung braucht nicht unrealistisch zu sein. Sie kommt den Verhältnissen der Natur sehr nahe, wenn wir nicht alle Veränderlichen des Feldes, sondern homogene Gruppen betrachten, beispielsweise die RR-Lyrae-Sterne vom Untertypus a,b. Bei einer Anwendung auf manche Kugelhaufen kämen wir dabei der Einbeziehung aller Veränderlichen sehr nahe. Nach der Theorie können wir erwarten, beim 1. Vergleich Nw, beim zweiten $(N - Nw)w$ Objekte zu finden, da ja nach dem ersten Vergleich die Anzahl der unbekannten Veränderlichen auf $N - Nw$ vermindert ist. Wir erhalten damit das Schema:

1. Vergleich $A_1 = Nw \qquad\qquad\qquad\qquad = Nw$
2. Vergleich $A_2 = (N - Nw)\,w \qquad\qquad = Nw(1 - w)$
3. Vergleich $A_3 = (N - 2Nw + Nw^2)\,w = Nw(1 - 2w + w^2)$
4. Vergleich $A_4 = \ldots\ldots\ldots\ldots\ldots\ldots \quad = Nw(1 - 3w + 3w^2 - w^3)$

und beim n-ten Vergleich

$$A_n = Nw\left[1 - \binom{n-1}{1}w + \binom{n-1}{2}w^2 - \binom{n-1}{3}w^3 + \ldots \mp \binom{n-1}{n-1}w^{n-1}\right]$$
$$= Nw(1 - w)^{n-1}\,.$$

Diese letzte Formel kann so umgestellt werden, daß die Unbekannten N und w berechnet werden können, da die Größen A_i, wo $i = 1, 2, 3 \ldots$ ist, aus den Plattenvergleichen erhalten werden. Sind A_i und $A_{i'}$ zwei solche Werte, wobei $i > i'$ sei, so erhält man durch Division der entsprechenden Gleichungen

$$\frac{A_i}{A_{i'}} = \frac{(1 - w)^{i-1}}{(1 - w)^{i'-1}} = (1 - w)^{i-i'}\,.$$

Grundsätzlich kann man i von beliebigen Werten innerhalb der Reihe der Vergleiche aus zählen. Legt man den Nullpunkt an den Anfang der Reihe, dann ist

$$A_i/A_1 = (1 - w)^{i-1}$$

eine Bestimmungsgleichung für w. Die Gesamtzahl der unentdeckten Veränderlichen N ergibt sich aus

$$A_1 = Nw\,.$$

Sie gilt hier für den Anfang der Reihe, kann aber ebenso für andere Stellen berechnet werden.

Von praktischer Bedeutung ist die Frage, wie viele neue Veränderliche man bei einer größeren Anzahl von Vergleichen erwarten kann bzw. wie groß der Aufwand sein wird, wenn man einen gewissen Prozentsatz der noch unbekannten Veränderlichen entdecken will. Als Gesamtzahl der bei den n ersten Vergleichen nach der Theorie zu erwartenden Neuentdeckungen ergibt sich durch Summation der n Teilreihen

$$\sum_1^n A_i = N\left[\binom{n}{1}w - \binom{n}{2}w^2 + \binom{n}{3}w^3 - \ldots \pm \binom{n}{n}w^n\right] = N[1 - (1 - w)^n] .$$

Man kann durch einen der Zahl N zugefügten Index i zum Ausdruck bringen, daß die Anzahl N_i für den Stand nach dem Vergleich mit der Ordnungszahl i gilt. Zwischen N_i und den für den Anfang der Reihe geltenden Wert N_0 besteht die Beziehung

$$N_0 = N_i + N_0[1 - (1 - w)^i] = N_i(1 - w)^{-i} .$$

Die Binomialreihe ist bekanntlich konvergent für $w < 1$. Diese Bedingung ist hier immer erfüllt, da w als Wahrscheinlichkeitszahl stets ein echter Bruch ist. Jedoch interessiert der Grad der Konvergenz im Zusammenhang mit der Frage, wie viele Vergleiche von Plattenpaaren nötig sind, damit man erwarten kann — bei gegebenem w — einen bestimmten Anteil z vom Hundert der unentdeckten Veränderlichen zu finden. In diesem Falle ist die Gleichung

$$1 - (1 - w)^n = z/100$$

nach n aufzulösen (HOFFMEISTER 1933).

Tabelle 51 gibt in Abhängigkeit von w die Anzahl der Vergleiche, die im Mittel erforderlich sein werden, um 70, 80 oder 90% der in einem Feld enthaltenen Veränderlichen zu finden.

Tabelle 51 Zahl der nötigen Vergleiche

	$z = 70$	80	90%
$w = 0{,}4$	2	3	5
0,2	5	7	10
0,1	11	15	22
0,05	23	31	45
0,03	40	53	76
0,02	60	80	114
0,01	120	160	229

Zu beachten ist, daß diese Zahlen wirklichkeitsfremd sind, weil die Veränderlichenpopulation eines Feldes über alle möglichen Werte von w ausgedehnt ist: Nur wenn eng begrenzte Gruppen von Veränderlichen mit etwa gleicher Entdeckungswahrscheinlichkeit betrachtet werden, gewinnen die Zahlen reale Bedeutung. Immerhin erlauben sie abzuschätzen, welcher Aufwand zur Erreichung bestimmter Ziele erforderlich ist.

Um dieselbe Zeit wie HOFFMEISTER hat sich VAN GENT (1933) mit dem Problem befaßt, in praktischer Anwendung auf ein an Veränderlichen reiches Feld in Corona Austrina. Er zeigt, daß die Wahrscheinlichkeit, daß ein Veränderlicher bei n Vergleichen k-mal gefunden wird ($k = 1, 2 \ldots n$),

$$a_k = N\binom{n}{k}u^k(1 - w)^{n-k}$$

ist.

Ferner ist

$$G = nw \frac{N}{N - a_0}$$

die mittlere Häufigkeit, mit der jeder entdeckte Veränderliche bei n Plattenvergleichen gefunden wurde.

Umfangreiche Beiträge von Kvíz (1956a) betrafen zunächst die Wahrscheinlichkeit der Wahrnehmung von Meteoren bei der Beteiligung mehrerer Beobachter, doch wurde später auch die Anwendung auf die Entdeckung Veränderlicher Sterne behandelt (Kvíz 1959). Der Autor untersucht dabei die Wirkung des Umstands, daß bei der bisher entwickelten Theorie einige Voraussetzungen eingehen, die in Wirklichkeit nicht erfüllt sind. Wir werden darauf zurückkommen.

Eine neue Bearbeitung des Problems und eine Erweiterung der Theorie der Entdeckungswahrscheinlichkeit hat Richter (1967a) bekannt gemacht. Er geht davon aus, daß selbst dann, wenn homogene Gruppen von Veränderlichen betrachtet werden, es in der Praxis nie der Fall ist, daß alle Veränderlichen die gleiche Entdeckungswahrscheinlichkeit w haben, wegen der Unterschiede der Lichtkurvenform, der Amplitude, der Helligkeit u. a. Stattdessen streuen die Entdeckungswahrscheinlichkeiten der individuellen Veränderlichen Sterne um einen Mittelwert $\overline{w}$. Wie Richter (1967a) zeigte, gehorchen die a_k dann nicht mehr der soeben erwähnten van Gentschen Formel; stattdessen ergibt sich

$$a_k = N \binom{n}{k} \prod_{i=1}^{k} (h + i) \prod_{i=1}^{n-k} (g - h + i) \Big/ \prod_{i=1}^{n} (g + 1 + i)$$

wobei

$$g = \frac{\overline{w}(1 - \overline{w})}{\sigma^2} - 3$$

$$h = \frac{\overline{w}^2(1 - \overline{w})}{\sigma^2} + 1 + \overline{w}$$

$\overline{w}$ Mittelwert der Entdeckungswahrscheinlichkeiten
σ Streuung der Entdeckungswahrscheinlichkeiten.

Setzt man speziell den Wert für a_0 in die oben erwähnte Gleichung

$$G = nw \frac{N}{N - a_0}$$

ein, so ist eine beliebige Anzahl von Wertepaaren w und σ zu finden, die dieser Gleichung genügen. Das wahrscheinlich richtige Wertepaar ist dann dasjenige, welches alle beobachteten a_k am besten darzustellen vermag. Hierzu ist ein Rechner erforderlich. Man kann aber auch mit Hilfe geeigneter, von Richter (1967a) gegebener Nomogramme, ohne großen Arbeitsaufwand durch fortschreitende Approximation das richtige Wertepaar $\overline{w}$, σ finden. Natürlich lassen sich dieselben Betrachtungen und die Berechnungen des Wertepaares $\overline{w}$, σ auch auf die Methode von Hoffmeister anwenden.

Die nach der neuen Methode berechneten mittleren Entdeckungswahrscheinlichkeiten sind kleiner als die nach der Methode von van Gent berechneten, und zwar etwa um folgende Faktoren (bei 5 Plattenvergleichen):

Unregelmäßige, RW Aur, U Gem	0,65
Algol	0,70
β Lyr	0,76
Langperiodische, Halbregelmäßige, RR Lyr, δ Cep	0,84.

Kvíz weist darauf hin, daß die Entdeckungswahrscheinlichkeit eines gegebenen Veränderlichen auch von Plattenpaar zu Plattenpaar verschieden ist wegen der verschiedenen Qualität der Platten. Dieser Mangel kann vermindert werden, wenn man die zu vergleichenden Platten mit besonderer Sorgfalt auswählt. Dann ist der Einfluß dieses Umstandes gering. Nehmen wir an, daß bei verschiedenen Plattenvergleichen die Entdeckungswahrscheinlichkeit w um den Faktor F schwankt. Dann wird nach n Vergleichen der Mittelwert sein:

$$\bar{w} = \frac{(n-1)\,w}{n - 2 + 4F/(1+F)^2}$$

Für $F = 2$ erhält man:

$$n = 2 \qquad 4 \qquad \infty$$

$$\frac{\bar{w}}{w} = 1{,}125 \quad 1{,}030 \quad 1{,}000\,.$$

Der verfälschende Einfluß ist also in diesem Falle zu vernachlässigen. Zu demselben Ergebnis kommt Kiang (1962) in einer mehr allgemeinen Untersuchung.

In einer späteren Arbeit haben Richter u. I. Meinunger (1972) Formeln abgeleitet, die es gestatten, beide Effekte (Schwankung der Entdeckungswahrscheinlichkeit von einem Objekt zum anderen und von Plattenvergleich zu Plattenvergleich) simultan zu berücksichtigen.

6.4. Bestimmung der Entdeckungswahrscheinlichkeit aus gegebenen Lichtkurven

Eine *geometrische Methode* zur Bestimmung von Entdeckungswahrscheinlichkeiten aus Lichtkurven hat Kvíz (1956b) beschrieben.

In Bild 162, das der Veröffentlichung von Kvíz entnommen und nur leicht verändert wurde, ist oben eine sinusförmige Lichtkurve gegeben. Δm ist der Helligkeitsunterschied, der mindestens erreicht sein muß, damit eine Entdeckung möglich ist. Der Streifen von der Breite $2\Delta m$, den man sich an beliebigen Stellen der Lichtkurve verschiebbar denken muß, schneidet aus der Kurve immer die Teile aus, in denen der Helligkeitsunterschied zu gering ist. Wenn wir, wie in der Figur für die Phase Null eingezeichnet, in das darunter befindliche Phasenschema projizieren, können wir für jeden der 24 Phasenpunkte der Lichtkurve ablesen, in welchen Teilen der Lichtkurve eine Entdeckung möglich ist, d. h. welche Phasen der Stern auf der zweiten Platte haben darf, wenn er entdeckbar sein soll. Das Verhältnis der schraffierten Teile zur Gesamtfläche des Quadrats ist dann die der vorgegebenen Lichtkurve entsprechende Entdeckungswahrscheinlichkeit. Kvíz gibt auch eine Kurve der Abhängigkeit der

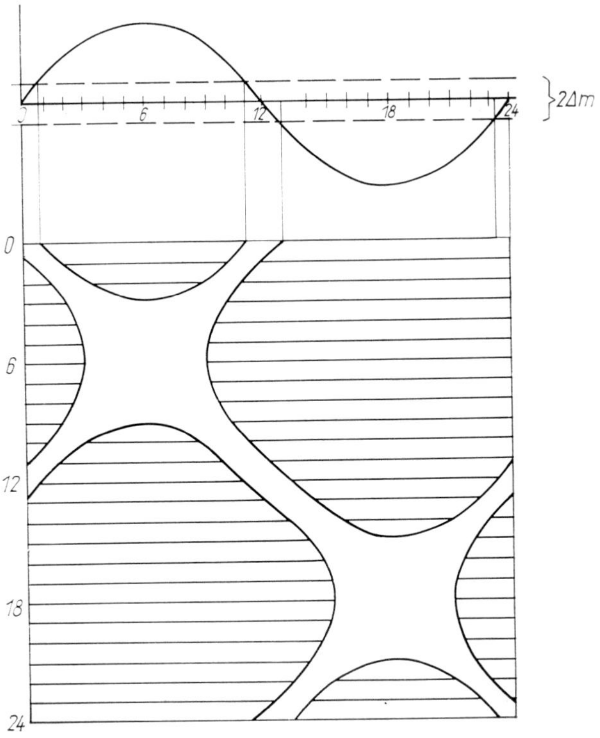

Bild 162 Graphische Ermittlung der Entdeckungswahrscheinlichkeit eines Veränderlichen Sternes nach Kvíz (s. Text)

Entdeckungswahrscheinlichkeit von der Amplitude, die in Einheiten von Δm gegeben ist. Wir werden darauf zurückkommen.

Hoffmeister (1962a) hat, indem er sich auf den RR-Lyrae-Typus beschränkte, der die Forderung an Homogenität am besten erfüllt, eine Reihe von Lichtkurven nach einem ähnlichen Verfahren wie Kvíz analysiert. Es wurden 3 typische Kurven zugrundegelegt, die den Untertypen RRa, RRb, RRc entsprechen. Die Tabelle 52 gibt die so berechneten *theoretischen Entdeckungswahrscheinlichkeiten* in Abhängigkeit von dem kritischen Helligkeitsunterschied Δm und der Amplitude A.

Eine einfache Methode zur Ableitung *empirischer Entdeckungswahrscheinlichkeiten* besteht in folgendem: Wenn ein Veränderlicher bei n Vergleichen unabhängiger Plattenpaare k-mal gefunden wird, so ist $w = k/n$. Selbstverständlich ist dieser Wert

Tabelle 52 Theoretische Entdeckungswahrscheinlichkeiten

I. Untertypus RRa				II. Untertypus RRb			III. Untertypus RRc (Sinuslinie)	
Δm	A 1,5 mag	1,0 mag	0,5 mag	Δm	A 1,0 mag	0,5 mag	Δm	A 0,5 mag
$0\overset{\text{m}}{,}10$	0,79	0,65	0,55	$0\overset{\text{m}}{,}10$	0,79	0,62	$0\overset{\text{m}}{,}10$	0,67
0,15	0,68	0,59	0,45	0,15	0,72	0,50	0,15	0,56
0,20	0,64	0,54	0,35	0,20	0,64	0,40	0,20	0,47
0,25	0,60	0,50	0,27	0,25	0,57	0,31	0,25	0,37
0,30	0,57	0,46	0,19	0,30	0,51	0,23	0,30	0,32

im Einzelfall stark vom Zufall bestimmt, aber aus vielen Sternen desselben Typus ergeben sich brauchbare Mittelwerte. Aus einer größeren Aktion dieser Art auf Grund von Platten, die HOFFMEISTER am Boyden Observatory bei Bloemfontein (Republik Südafrika) mit einem Objektiv 250/1250 mm erhalten hat, ging, wieder unter Beschränkung auf RR-Lyrae-Sterne, nachstehende Tabelle 53 hervor, wobei $\overline{m}$ den Mittelwert der Mittelgröße $\frac{1}{2}(m_{\max} + m_{\min})$ und n die Anzahl der Sterne bedeuten.

BORGMAN (1956) hat ein ähnliches Verfahren angewandt, wovon im nächsten Kapitel Gebrauch gemacht wird.

Die Tabelle 53 lehrt, daß sowohl in Richtung größerer als auch in Richtung kleinerer mittlerer Helligkeit $\overline{m}$ die Entdeckungswahrscheinlichkeit abnimmt. Dies hängt im wesentlichen damit zusammen, daß in einem gewissen optimalen Helligkeitsbereich die Schwärzungskurve der photographischen Platte am steilsten ist. Sowohl nach größeren als auch nach geringeren Helligkeiten zu wird der Verlauf der Schwärzungskurve flacher und somit ein größerer Helligkeitsunterschied Δm nötig, um die Veränderlichkeit eines Sterns zu erkennen.

Tabelle 53 Empirische Entdeckungswahrscheinlichkeit (RR-Lyrae-Sterne)

Amplitude 1,5 mag			1,0 mag			0,5 mag		
$\overline{m}$	w	n	$\overline{m}$	w	n	$\overline{m}$	w	n
13,58	0,29	6	11,80	0,20	5	11,25	0,18	3
14,25	0,23	9	13,00	0,21	5	12,62	0,30	4
14,75	0,28	8	13,50	0,24	23	13,25	0,16	11
15,25	0,22	13	14,00	0,26	39	13,75	0,17	29
15,75	0,16	15	14,50	0,24	72	14,25	0,16	25
16,25	0,13	8	15,00	0,24	62	14,75	0,14	40
16,75	0,14	2	15,50	0,16	119	15,25	0,13	44
			16,00	0,13	52	15,75	0,10	25
			16,50	0,10	74	16,25	0,09	14
			17,00	0,07	6	16,75	0,06	4

Zur Kontrolle wurde das am 400/1600 mm-Astrographen beobachtete Feld 67 Oph herangezogen. Es lagen 10 Vergleiche vor, und 24 RR-Lyrae-Sterne ergaben $\overline{w} = 0{,}20$. Es wurden gefunden

		$\overline{m}$
10 Sterne	1 mal	15,65
7 Sterne	2 mal	15,36
3 Sterne	3 mal	15,05
2 Sterne	4 mal	15,50

Es sind meist schwache Objekte. Zur Prüfung der nur je einmal entdeckten Fälle wurden selbstverständlich viel mehr Platten benutzt als die 10 Vergleichspaare. Es liegt nahe, das ganze Material zur Bestimmung der Entdeckungswahrscheinlichkeiten auszuwerten, doch ist zu beachten, daß dann die Homogenität nicht so gewahrt wird wie bei einer Beschränkung auf die Vergleichspaare.

6.5. Vergleich von theoretischer und empirischer Entdeckungswahrscheinlichkeit – Einfluß von Beobachter und Methode

Die Tabellen des vorigen Kapitels zeigen, daß die aus der Statistik gefundenen Werte der Entdeckungswahrscheinlichkeit *kaum halb so groß* sind wie die nach der Theorie zu erwartenden. Dieses Ergebnis überrascht zunächst. Die Ursache ist darin zu suchen, daß die Theorie ideale Platten und einen idealen Beobachter am Komparator voraussetzt, aber diese Bedingungen in der realen Welt nicht erfüllt sind. Diese Deutung dürfte richtig sein und läßt sich auch durch in der Literatur niedergelegte Erfahrungen stützen. Wer viel mit photographischen Himmelsaufnahmen gearbeitet hat, weiß, daß die Qualität sehr verschieden ist und daß es oft schwer ist, gute Plattenpaare auszuwählen. Die Störungen kommen von der Fokussierung, der Nachführung und den Einwirkungen der Atmosphäre auf die Schärfe und Ruhe der Bilder. Schon bei Brennweiten um 1 Meter sind diese letztgenannten Störungen stark wirksam.

Aber auch der Einfluß des Beobachters ist ohne Zweifel groß, wobei die visuellen Methoden, die «Stereo»-Methode wahrscheinlich noch mehr als das Blinkverfahren, eine lange Übungszeit voraussetzen, wenn sie zur vollen Wirkung kommen sollen. Hoffmeister (1933) hat aus 121 Plattenvergleichen im Rahmen der photographischen Himmelsüberwachung «**Fähigkeitskoeffizienten**» abgeleitet; er fand einen Anstieg auf das Dreifache des Anfangswertes im Verlauf von etwa 4 Jahren. Nach deren Ablauf 1933 zeigten sich noch keine Anzeichen dafür, daß schon ein stabiler Wert erreicht war. Dies hat seine Ursache wohl in der Eigenart des Stereoverfahrens, bei dem die Erkennung kleinerer Unterschiede einer viel längeren Einübung bedarf als beim Blinkverfahren. Von Bedeutung ist auch, daß die Neuentdeckungen in der Helligkeit vielfach bei den schwächsten auf den Platten erreichten Größenklassen liegen.

Richter (1967a) hat Hoffmeisters zahlreiche Vergleiche von Plattenpaaren eines Triplets 170/1200 mm untersucht und von 1927 bis 1930 einen Leistungsanstieg, von da bis 1945 aber praktisch Stabilität festgestellt. Diese Beobachtungen erfolgten nach der Stereo-Methode, ebenso wie die im folgenden beschriebenen.

Ein gutes Maß für die Leistung und ihre zeitliche Änderung ist die Gesamtzahl der bei einem Vergleich gefundenen Veränderlichen, d. h. die Summe von altbekannten, wiedergefundenen und neuen Fällen. Hoffmeister vergleicht die Erfahrungen an 181 Plattenpaaren, die sich auf 30 Felder von je etwa 103 Quadratgrad Fläche verteilen, aufgenommen mit vierlinsigen Objektiven 400/1600 mm. Die Vergleichungen bilden zwei weit getrennte zeitliche Gruppen: 1945, 1946 und 1962 bis 1967. Objektiv und Komparator sind in beiden Reihen nicht identisch; nur die technischen Daten stimmen nahe überein. Das Objektiv, mit dem die Platten der ersten Gruppe aufgenommen waren, hatte eine etwas kürzere Brennweite als das 1961 in Dienst gestellte Objektiv; der Unterschied der Feldgrößen ist im folgenden berücksichtigt. Auch die Plattensorte mußte gewechselt werden. Die gemittelten Erfolgszahlen von 57 Plattenpaaren, verglichen 1945 bis 1946, und 124 Plattenpaaren derselben 30 Felder, verglichen 1962 bis 1967, verhalten sich wie 1,000 zu 0,966. Man kann also wohl sagen, daß die Effektivität des Systems Objektiv + Platte + Komparator + Beobachter über 20 Jahre hinweg praktisch konstant geblieben ist. Für die Verminderung um 3,4% lassen sich, falls sie reell ist, Ursachen angeben. Da aber 11 von den 30 Feldern eine Zunahme der Effektivität aufweisen, dürfte das Endergebnis stark vom Zufall bestimmt sein.

Borgman (1956) definierte eine «**Quality Function**» $Q\ (\Delta m, m)$ mittels der Integralgleichung

$$w(A, m) = \int_0^1 Q(\Delta m, m)\ \vartheta \left(\frac{\Delta m}{A}\right) \mathrm{d} \left(\frac{\Delta m}{A}\right)$$

und benutzt sie zum Vergleich verschiedener Verfahren, wobei er zu dem Ergebnis kommt, daß das von ihm angewandte «Electronic Scanning» die mehrfache Effektivi-

Tabelle 54 Empirische Entdeckungswahrscheinlichkeiten

m_{Max} \ Typ / A	δ Cep, RRab		RRc, W UMa	β Lyr
	0,3 ... 1,0	1,1 ... 1,8	0,3 ... 1,0	0,3 ... 1,0 mag
] 12^{m}	0,15	0,20	0,14	0,06
12 ... 13	0,18	0,23	0,14	0,06
13 ... 14	0,14	0,17	0,11	0,04
14 ... 15	0,08	0,10	0,06	0,03

m_{Max} \ Typ / A	Algol	$D/P = 0{,}03 ... 0{,}12$		$D/P \geqq 0{,}13$		
	0,3 ... 1,0	1,1 ... 1,8	1,9 ... 3,0	0,3 ... 1,0	1,1 ... 1,8	1,9 ... 3,0 mag
] 12^{m}	0,03	0,05	0,09	0,05	0,09	0,15
12 ... 13	0,03	0,06	0,10	0,06	0,11	0,17
13 ... 14	0,04	0,06	0,05	0,05	0,10	0,15
14 ... 15	0,02	0,04	0,05	0,04	0,06	0,08
15 ... 16	0,02	0,02		0,03	0,03	

m_{Max} \ Typ / A	Langperiodisch, Halbregelmäßig, RV Tau, Mittellange Periode				
	0,5 ... 1,0	1,1 ... 1,8	1,9 ... 3,0	3,1 ... 4,9	≧ 5,0 mag
] 12^{m}	0,09	0,21	0,39	0,52	0,56
12 ... 13	0,10	0,23	0,39	0,44	
13 ... 14	0,10	0,20	0,29	0,32	
14 ... 15	0,06	0,15	0,21		
15 ... 16	0,04	0,07			

m_{Max} \ Typ / A	Unregelmäßig			
	0,3 ... 0,6	0,7 ... 1,0	1,1 ... 1,8	1,9 ... 3,0 mag
] 12^{m}	0,04	0,07	0,10	0,20
12 ... 13	0,04	0,08	0,12	0,19
13 ... 14	0,03	0,07	0,11	0,19
14 ... 15	0,02	0,05	0,07	
15 ... 16	0,02	0,04		

tät habe wie das Blinkverfahren nach VAN GENT und FERWERDA. $Q(\Delta m, m)$ ist die Wahrscheinlichkeit, mit der ein Beobachter am Komparator die Helligkeitsdifferenz Δm eines Sternes (nahe der scheinbaren Helligkeit m) auf einem Plattenpaar erkennt. $\vartheta(\Delta m/A)$ ist die Wahrscheinlichkeit dafür, daß ein bestimmter Typ von Veränderlichen Sternen der Lichtwechselamplitude A auf diesem Plattenpaar gerade die Helligkeitsdifferenz Δm besitzt.

In der mehrfach zitierten Arbeit von RICHTER sind auch empirische Werte der Entdeckungswahrscheinlichkeit für verschiedene Typen von Veränderlichen abgeleitet, und zwar aus den von HOFFMEISTER ausgeführten Vergleichen von Plattenpaaren des Triplets 170/1200 mm. Die Grenzgröße dieser Platten ist etwa $16^{\text{m}}_{,}5$. Tabelle 54 gibt eine Übersicht der Ergebnisse.

Um einer möglichen Mißdeutung vorzubeugen, sei folgendes bemerkt: Wenn beispielsweise angegeben ist, daß bei einem langperiodischen Stern mit der Maximalgröße zwischen 12^{m} und 13^{m} und einer Amplitude von etwa 4 mag die Entdeckungswahrscheinlichkeit 0,44 ist, so bedeutet dies, daß man auf einem beliebigen, mit der erforderlichen Zwischenzeit aufgenommenen Plattenpaar des Feldes eine Gewinnaussicht von 44% hat. Dieser Wert setzt sich zusammen aus der Wahrscheinlichkeit, daß, bei einer maximal möglichen Amplitude von 4 mag, die Helligkeiten des Sterns zur Zeit der beiden Aufnahmen sich so unterscheiden, daß der Stern als Veränderlicher erkannt werden kann, und aus der anderen Wahrscheinlichkeit, daß der Beobachter ihn wirklich bemerkt und daß nicht Zufälligkeiten der Abbildung, wie normale Streuung der Schwärzung und des Bilddurchmessers oder andere Störungen der Schicht die Erkennung erschweren. — Zu beachten ist ferner, daß die hier mitgeteilten Erfahrungen an verschiedenen Instrumenten erlangt sind, dem Triplet 170/1200 mm, Grenzgröße etwa $16^{\text{m}}_{,}5$, und dem vierlinsigen Objektiv 400/1600 mm, Grenzgröße etwa 18^{m}. Ein Vergleich dürfte möglich sein, wenn man als Argument die Größe über Grenzwert einführt.

Es zeigt sich, zunächst bei den am sichersten zu behandelnden RR-Lyrae-Sternen, daß die empirischen Wahrscheinlichkeiten erheblich kleiner gefunden werden als die aus vorgegebenen Lichtkurven oder die aus der Theorie abgeleiteten. Rein formal könnte man eine Annäherung erreichen, wenn die zur Erkennung der Veränderlichkeit erforderliche Minimaldifferenz auf über 0,5 mag erhöht wird. Das ist aber nicht allgemein zulässig, denn es werden auch nicht selten Veränderliche gefunden, deren Gesamtamplitude kleiner als 0,5 mag ist. Die Hauptursache besteht, wie schon geschildert, wohl darin, daß die Theorie immer ideale Platten und einen idealen Beobachter voraussetzen muß, daß bei dem komplexen Entdeckungsvorgang jedoch Abweichungen sowohl technischer als psycho-physiologischer Art wirksam werden. Bei raschwechselnden Sternen, einschließlich der RR-Lyrae-Sterne, wirkt bekanntlich auch die relativ lange Belichtungszeit abflachend auf die photographische Lichtkurve.

6.6. Statistik der Entdeckungen

Wie in der Einleitung mitgeteilt, verdankte man vor Einführung der Photographie die Entdeckung Veränderlicher Sterne fast ganz dem Zufall. Erst die photographischen Aufnahmen desselben Sternfeldes zu verschiedenen Zeiten ermöglichten durch

Vergleiche der Platten eine systematische Aufsuchung unbekannter Fälle. Führend auf diesem Gebiet war durch Jahrzehnte das Harvard College Observatory, Cambridge, Mass., unter der Leitung von PICKERING und SHAPLEY. In die Zeit um die Jahrhundertwende und die Jahre danach fällt auch die Bearbeitung der beiden Magellanschen Wolken, hauptsächlich durch Miss LEAVITT.

Aus der Frühzeit, nach ARGELANDER, sind noch zu nennen POGSON mit 14 und HIND mit 20 Neuentdeckungen. Der erste Katalog Veränderlicher Sterne wurde 1786 von PIGOTT veröffentlicht; er enthält 12 anerkannte und 14 zweifelhafte Fälle. Dann folgten die schon erwähnte Liste von ARGELANDER vom Jahre 1844 mit 18 Sternen und 1868 in der Vierteljahresschrift der Astronomischen Gesellschaft der Katalog von SCHÖNFELD und WINNECKE mit 126 Sternen. In den Zeitabschnitt 1884 bis 1904 fallen mehrere Veröffentlichungen von GORE und von CHANDLER. Der starke Anstieg wurde dann durch die Verzeichnisse des Harvard College Observatory aufgezeigt: 1903 PICKERING 701 Sterne, 1907 CANNON 1425 Sterne, davon 551 in Sternhaufen. Um diese Zeit schuf die Astronomische Gesellschaft (AG) eine Kommission für Veränderliche Sterne, deren Aufgabe die Herausgabe der «Geschichte und Literatur» und der jährlichen Zusammenstellung unter der Bezeichnung «Katalog und Ephemeriden» war. Die Anzahl der Sterne für einige Jahrgänge ist:

1910	677 Sterne
1923	2233 Sterne
1933	5826 Sterne
1943	9476 Sterne.

Wenn oben mitgeteilt wurde, daß der Harvard-Katalog von 1907 bereits 1425 Veränderliche aufwies, so liegt der Unterschied vor allem darin, daß die Veröffentlichung der AG auf die in Sternhaufen und den Magellanschen Wolken gefundenen Fälle verzichtete. Nur solche Sterne sind neu aufgenommen worden, die vorher in den «Benennungslisten» ihre Anerkennung und endgültige Bezeichnung erhalten hatten. Unter dem Titel «Katalog und Ephemeriden» ist kein bloßes Verzeichnis zu verstehen, sondern hier wurden auch Vorausberechnungen der Maxima der Langperiodischen und der Minima der Bedeckungssterne gegeben. Die Bearbeitung erfolgte in Bamberg von HARTWIG, nach dessen Tod 1923 wurde sie in Babelsberg von PRAGER und dann von SCHNELLER fortgesetzt. Der letzte Jahrgang erschien 1943.

Als nach 1945 die Astronomische Gesellschaft ihren internationalen Charakter verloren hatte, wurde die Bearbeitung von der Internationalen Astronomischen Union nach Moskau vergeben mit dem Auftrag, nach jeweils 10 Jahren einen Katalog und in der Zwischenzeit Ergänzungslisten herauszugeben. Auf Ephemeriden wurde verzichtet. Die bisher erschienenen Ausgaben enthalten

	1948	10912 Sterne
	1958	14711 Sterne
	1969	20437 Sterne
bis einschließlich Ergänzungen	1976	25842 Sterne.

Tabelle 55 gibt die Aufschlüsselung auf die einzelnen Typen der Veränderlichkeit (unter den Pulsaren und optisch veränderlichen Quasaren und Galaxien sind in der Tabelle auch unbenannte Objekte mit aufgeführt).

Tabelle 55 Verteilung über die verschiedenen Typen

Typus	Anzahl			
	1948	1958	1969	1976
δ Cephei und W Virginis	497	610	705	773
RR Lyrae	1720	2426	4470	5817
δ Scuti und RRs	0	5	64	157
Mira	3025	3659	4568	5212
Halbregelmäßig und Unregelmäßig (L)	2019	3045	3916	5151
RV Tauri	72	92	104	105
β Cephei	6	11	20	50
α_2 Canum Venaticorum	0	9	28	73
Novae	114	146	166	194
U Geminorum	77	112	215	253
Z Camelopardalis	15	15	20	32
Novaähnlich, γ Cas, Z And und S Doradus	25	35	48	107
UV Ceti und verwandte Typen	0	15	99	838
T Tauri	173	590	979	1117
R Coronae Borealis	35	39	32	40
ZZ Ceti	0	0	0	7
BY Draconis	0	0	0	9
Bedeckungssterne aller Art	1913	2763	4051	4714
Ellipsoid. Veränderliche	3	5	8	10
Pulsare	0	0	55	147
Optisch veränderliche Quasare und Galaxien	0	0	66	102
Unbekannt oder nicht klassifiziert	1071	992	836	813
Wahrscheinlich unveränderlich	152	142	148	148

6.7. Vorläufige Kennzeichnungen Veränderlicher Sterne

Wie in Kapitel 6.1. geschildert, kam nach Einführung der Photographie der größte Teil an Neuentdeckungen durch systematische Suche zustande. Dies hatte zur Folge, daß einzelne Bearbeiter mit größeren Reihen hervortraten. Da jedoch die endgültige Benennung der Veränderlichen Sterne erst nach gründlicher Untersuchung des Lichtwechsels erfolgt, wurden für die neuentdeckten Objekte von vielen Autoren oder ihren Instituten vorläufige Bezeichnungen eingeführt, meist Buchstaben mit nachfolgender laufender Nummer. Die wichtigsten Entdeckungsreihen (Zahl der Neuentdeckungen > 100) sind in Tabelle 56 aufgeführt.

Die meisten Veränderlichen wurden am Harvard-Observatorium gefunden (13023 Objekte); hier sind vor allem die Frauen Cannon, Fleming, Hoffleit, Leavitt und Swope zu nennen. An zweiter Stelle steht Sonneberg mit 10848 Veränderlichen; hier waren hauptsächlich Hoffmeister mit etwa 10000 und Morgenroth mit reichlich 500 Objekten beteiligt. Außer den in Tabelle 56 gegebenen Reihen haben größere Beiträge veröffentlicht: Frau Harwood am Maria Mitchell Observatory (USA), M. u. G. Wolf (Heidelberg), Brun (Frankreich), Luyten (Holland und USA), Plaut u. Oosterhoff (Holland), Baade (USA), Pigatto u. Rosino (Italien). Als erfolgreiche Autoren sind ferner Strohmeier (Bamberg) und Wachmann (Bergedorf bei Hamburg) hervorzuheben. Gegenwärtig bleiben noch nahezu 16000 Sterne zu bestätigen und zu benennen.

Tabelle 56 Bezeichnungen Veränderlicher Sterne

Kennzeichen vor der Nummer	Bedeutung	Jahr des Beginns	Land
HV	Harvard Variable	1890	USA
Innes	Name des Entdeckers	1914	Südafrika
Ross	Name des Entdeckers	1924	USA
S	Sonneberg	1926	DDR
Zi	E. Zinner	1929	Deutschland
SVS	Sovjet Variable Star	1933	UdSSR
P	R. Prager	1934	Deutschland
VV	Vatican Variable	1950	Vatikan
BV	Bamberg Veränderlicher	1955	BRD
GR	G. Romano	1958	Italien
Wr	R. Weber	1958	Frankreich
HBV	Hamburg-Bergedorf-V.	1961	BRD
A	Asiago	1966	Italien
T	Tonantzintla	1968	Mexico
B	Byurakan	1970	UdSSR

Schließlich soll noch erwähnt werden, daß eine Anzahl veränderlicher Objekte schon vor der Entdeckung ihrer Veränderlichkeit irgendeine Kennzeichnung hatten, da sie bereits auf Grund photometrischer (Röntgen-, Ultraviolett-, Infrarot-, Radiostrahlung), spektroskopischer (Emissionslinienobjekte und Spektrum-Veränderliche) oder morphologischer Besonderheiten (Planetarische Nebel) katalogisiert wurden. Auch in diesen Fällen gibt es vorläufige und endgültige Bezeichnungen, bestehend aus einer Abkürzung für den Namen der Institution, des Meß-Satelliten oder des Entdeckers, dahinter entweder die laufende Nummer oder eine Abkürzung für die äquatorialen oder, z. B. bei den Planetarischen Nebeln, für die galaktischen Koordinaten.

Eine Zusammenstellung der wichtigsten astronomischen Kataloge findet man bei Zombeck (1980) und in den Informations-Bulletins des Sterndatenzentrums Strasbourg. Einige der wichtigsten Kompilationen sind: Katalog der Röntgenquellen von Amnuel u. Mitarb. (1979), Katalog der Radioquellen von Dixon (1970) und Finley u. Jones (1977), Katalog der Quasare von Burbidge u. Mitarb. (1977), Katalog Planetarischer Nebel von Perek u. Kohoutek (1967).

Beispiele:

1) Röntgenquelle XRS 04305+052 (XRS = Katalog von Amnuel u. Mitarb. 1979, die Zahlenangaben sind die Abkürzung für $\alpha = 4^h30^m\!.5$ und $\delta = +5^\circ\!.2$) $\triangleq$ 4U 0432+05 (4U = 4. Uhuru-Katalog) $\triangleq$ Radioquelle 3C120 (3. Cambridge-Katalog) $\triangleq$ 4C +05,20 (4. Cambridge-Katalog) $\triangleq$ NRAO 182 (Green Bank) $\triangleq$ OA140 (Ohio) $\triangleq$ OF +052 (Ohio) $\triangleq$ PKS 0430+05 (Parkes) $\triangleq$ BW Tauri (veränderliche Seyfert-Galaxie)

2) XRS 16560+354 $\triangleq$ 4U 1656+35 $\triangleq$ 2A 1655+353 (Ariel-Katalog) $\triangleq$ Her X-1 = HZ Herculis (veränderlicher Röntgenstern)

3) Planetarischer Nebel 60−7°1 (Katalog von Perek u. Mitarb. 1967) $\triangleq$ He 1−5 (Katalog von Henize) $\triangleq$ FG Sagittae (außergewöhnlicher Veränderlicher Stern).

7. Bedeutung der Veränderlichen Sterne für die Erforschung des Baus der Galaxis und der Sternentwicklung

7.1. Methoden

Allgemeine Verfahren

Eine wichtige Aufgabe der Stellarstatistik ist es, aus der *scheinbaren Verteilung* bestimmter Objekte am Himmel Schlüsse zu ziehen auf ihre *wahre Verteilung* im Raum und damit zur Erkenntnis des Baus des Milchstraßensystems beizutragen. Zur Erreichung dieses Zieles stehen **drei Verfahren** zur Verfügung.

1. Man kann aus den Koordinaten des Ortes am Himmel und der Entfernung die Raumkoordinaten eines Objektes bestimmen, meist die rechtwinkligen galaktischen Koordinaten x, y, z, bezogen auf die Hauptebene und das Zentrum unseres Sternsystems. Voraussetzung ist die Kenntnis der Entfernung, und darin liegen die Grenzen der Anwendung des Verfahrens. Aus einer größeren Anzahl einzelner Bestimmungen räumlicher Koordinaten ergibt sich ein Bild des betreffenden Untersystems. Das Verfahren ist mit großem Erfolg auf die Kugelhaufen angewandt worden. Es empfiehlt sich aber auch für Veränderliche Sterne, soweit deren Entfernung über die absolute und scheinbare Helligkeit ermittelt werden kann. Seine Anwendung wird im wesentlichen auf relativ seltene Objekte beschränkt bleiben.

2. Das zweite Verfahren ist rein statistischer Natur. Aus der scheinbaren Dichte von Objekten an der Sphäre, also etwa ihrer Anzahl je Quadratgrad, und der Verteilung ihrer scheinbaren Helligkeiten wird auf die räumliche Dichte in verschiedenen Abständen geschlossen. Es bedarf dazu der Kenntnis der Häufigkeiten der verschiedenen Leuchtkräfte bei der beteiligten Art von Sternen (Leuchtkraftfunktion). Man erhält eine Integralgleichung, aus der die Raumdichte in verschiedenen Abständen berechnet werden kann.

3. Das dritte Verfahren ist ganz anderer Art. Es bedient sich der Emissionsstrahlung von Gaswolken, insbesondere des neutralen Wasserstoffs (21-cm-Linie), ferner (verschiedener Linien) des CO, OH, CH, H_2CO u. a. Die Messung der Intensität und der Dopplerverschiebung dieser Linien gestattet unter anderem, Schlüsse zu ziehen auf die Rotation und Spiralstruktur der Galaxis, auf die Änderung der chemischen Zusammensetzung des Gases in z- und R-Richtung, ferner auf die Expansionsbewegungen des Gases im Kerngebiet des Milchstraßensystems und auf die Existenz eines Ringes erhöhter Materiedichte, der das galaktische Zentrum in der Milchstraßenebene im Abstand von 5 kpc umgibt. Näheres kann z. B. in dem modernen Buch «The large-scale characteristics of the galaxy» (IAU Symposium No. 84, 1978) nachgelesen werden.

Auf die Veränderlichen Sterne kann neben dem ersten vor allem das zweite Verfahren angewandt werden, und zwar gegenüber der allgemeinen Stellarstatistik mit dem großen Vorteil, daß wenigstens für einige Gruppen von Objekten die Leuchtkraftfunktion durch eine Konstante ersetzt werden darf. Das ist z. B. der Fall bei den RR-Lyrae-Sternen, aber auch bei den δ-Cephei-Sternen, wenn man sich auf enge

Periodengrenzen beschränkt. Hier wird zugleich erkennbar, daß es sehr wichtig ist, möglichst viele Veränderliche zu entdecken, denn je mehr Objekte zur Verfügung stehen, desto näher kann man der Erfüllung jener Voraussetzung kommen. Für eine strenge Anwendung dieses Prinzips dürfte die Anzahl der δ-Cephei-Sterne zu gering sein; wesentlich aber ist, daß mit den individuellen absoluten Größen gearbeitet werden kann. Das Verfahren gestaltet sich dann folgendermaßen: Gegeben sei ein Feld von einer bestimmten Anzahl Quadratgrad, in dem eine bestimmte Anzahl von Veränderlichen bekannt ist, deren absolute Größen ermittelt sind. Der durch das Feld bestimmte Raumwinkel wird durch äquidistante Querschnitte in Teile zerlegt, deren Rauminhalt leicht berechnet werden kann. Für die Veränderlichen wird über die absolute Größe die Entfernung bestimmt und damit gefunden, wie viele Objekte auf jeden der räumlichen Abschnitte entfallen. Damit ergibt sich die räumliche Dichte je Kubik-Kiloparsec (kpc^3). Es bleibt dann noch, die galaktischen Koordinaten der Abschnittsmitten zu berechnen und das Verfahren für dieselbe Sternart in anderen Feldern zu wiederholen. Wenn viele Felder vorhanden sind, kann auf diese Weise das Untersystem der gewählten Sternart nach Ausdehnung und Dichtegradienten (das ist ein Maß für die Zu- bzw. Abnahme der räumlichen Dichte mit der Entfernung) konstruiert und damit auch die **Populationszugehörigkeit** ermittelt werden, für die ja die Konzentration zur Hauptebene der Galaxis das entscheidende Kriterium ist.

Die Hauptschwierigkeit bei der Anwendung dieser Verfahren entsteht durch die **interstellare Extinktion** in den galaktischen Dunkelwolken. Nur das erwähnte radioastronomische Verfahren ist davon weniger betroffen, weil dielektrische Staubteilchen die Radiowellen nicht absorbieren. Aber diese Beobachtungen beziehen sich nicht auf Sterne, und gerade deren Verteilung wollen wir kennenlernen. Es muß also in jedem Teilfeld die Extinktion untersucht werden. Der Wert der Gesamtextinktion ergibt sich durch Zählung der in dem Feld sichtbaren extragalaktischen Systeme, doch auch dieser ist mit Unsicherheit behaftet, weil sich bekanntlich bei diesen Systemen eine Neigung zur Haufenbildung zeigt. Ein Anhalt aber läßt sich immerhin gewinnen.

Leider sind die Dunkelwolken längs des Sehstrahls nicht gleichmäßig verteilt, und die Ausschaltung dieses Effekts gelingt nur näherungsweise. Man bedient sich u. a. der Verfärbung der Sterne durch die Streuung des Lichts an sehr kleinen Staubteilchen, worüber sehr viele Erfahrungen vorliegen. Hinzu kommen Sternzählungen unter Berücksichtigung der scheinbaren Helligkeit mit Auswertung nach einer im Prinzip von M. Wolf angegebenen, später wesentlich verbesserten Methode, die es erlaubt, die Tiefenerstreckung einzelner Staubwolken zu bestimmen. Es ist nicht erforderlich, näher auf diese Problematik einzugehen. Wir erkennen aber auch hier, daß möglichst viele Felder untersucht werden sollten, um die dem einzelnen Feld unvermeidlich anhaftenden systematischen Fehler in ihrer Wirkung herabzusetzen. Wichtige Monographien veröffentlichten Kukarkin (1949), Payne-Gaposchkin (1954) und Plaut (1965a).

Fragen der Sternentwicklung

Bevor auf Ergebnisse eingegangen wird, muß darauf hingewiesen werden, daß die Verteilung der Objekte, und damit auch der Veränderlichen Sterne, im Sternsystem eng verknüpft ist mit der Sternentwicklung. Die verschiedenen Populationen wurden mehrfach erwähnt und auch der Umstand, daß nach unserer heutigen Kenntnis die

Entstehung junger Sterne, wie die der T-Tauri- und verwandten Sterne, nur in den Teilen der Galaxis möglich ist, die reich an **interstellarem Gas und Staub** sind (extreme Population I). Es wurde auch bemerkt, daß die Pulsations-Instabilität einer späten Entwicklungsphase zuzuordnen ist, die mit dem Übergang vom Wasserstoff-«Brennen» zum Helium-Kohlenstoff-Prozeß zusammenhängt, endlich auch, daß eruptive Doppelsterne, wie Novae, U-Geminorum-Sterne und erst recht Röntgendoppelsterne wahrscheinlich einem fortgeschrittenen Zustand und die Supernovae einem Endzustand der Sternentwicklung entsprechen.

Es scheint zweckmäßig, wenn sich die Darstellung in allem, was die Sternentwicklung betrifft, einige Beschränkung auferlegt. Die Fortschritte der letzten Jahre sind so groß, daß bei vielen Einzelheiten die Gefahr des Veraltens innerhalb kurzer Zeit besteht. Es ist daher geboten, nur solche Ergebnisse zu berücksichtigen, die für gesichert anzusehen und prinzipiell wesentlich sind.

Wichtig ist, daß die **Entwicklung eines Sterns** durch zwei vorgegebene Parameter mitbestimmt wird: die **primäre chemische Zusammensetzung** und die **primäre Masse.** Der Einfluß der primären chemischen Zusammensetzung ist in verschiedenen Arbeiten abgeschätzt worden, er scheint nicht unerheblich zu sein. Leichter der Rechnung zugänglich ist die primäre Masse: Je größer die Masse ist, desto rascher verläuft die Entwicklung, und zwar in sehr erheblichen Maßen (s. z. B. die entsprechende kleine Aufstellung auf S. 178). Eine um mehrere Sonnenmassen größere Masse vermag die Entwicklungszeit in der Hauptreihe um den Faktor 100 zu verkürzen. Das bedeutet, daß Sterne gleichen Alters sehr verschiedenen Entwicklungszustand haben können, was die Deutung der beobachteten Erscheinungen erschwert. Verwiesen sei auf das Buch «Variable Stars and Stellar Evolution», herausgegeben von Sherwood u. Plaut (1975). Nach alldem ist nicht verwunderlich, wenn man bei dem Versuch, die Veränderlichen Sterne räumlich und zeitlich der Galaxis einzuordnen, noch Schwierigkeiten und Widersprüche antrifft.

7.2. Ergebnisse

Entfernung des galaktischen Zentrums

Um aus der Verteilung der Veränderlichen Sterne in Bezug auf unsere Umgebung (heliozentrische Verteilung) auf die Verteilung in Bezug auf das Milchstraßensystem (galaktozentrische Verteilung) schließen zu können, ist die Kenntnis von Position und Entfernung des Milchstraßenzentrums unerläßlich. Da das Zentrum ein starker Radio-, Infrarot- und Röntgenstrahler ist und diese Strahlungsarten von der vorgelagerten interstellaren Materie relativ wenig beeinflußt werden, ist die Lage des Zentrums recht gut bekannt. Schwieriger ist die Ermittlung der Entfernung $R_\odot$ zwischen der Sonne und dem galaktischen Zentrum wegen des hohen Betrages der interstellaren Extinktion in dieser Richtung. Die genaueste Methode ist die Untersuchung der Dichteverteilung (Anzahl von Objekten pro Kubik-Kiloparsec, kpc^{-3}) bestimmter Objekt-Typen in Abhängigkeit von der Entfernung von der Sonne in ausgewählten Feldern schwacher interstellarer Extinktion (sogenannten «windows») in geringen, aber unterschiedlichen Winkelabständen vom galaktischen Zentrum: Mit wachsendem Abstand von der Sonne nimmt die räumliche Dichte ν der betreffenden Objekte zunächst zu, strebt einem Maximum entgegen und nimmt danach wieder ab.

Aus dem systematischen Gang der Entfernung des so ermittelten Dichtemaximums mit Annäherung an das galaktische Zentrum läßt sich durch Extrapolation die Entfernung $R_\odot$ des galaktischen Zentrums feststellen.

Geeignete Objekte für die Ermittlung von $R_\odot$ sind Objekte der Sternpopulation II, und hier insbesondere auch einige Typen von Veränderlichen Sternen. Tabelle 57 gibt eine Zusammenstellung der wichtigsten modernen Resultate. Hauptfehlerquellen sind ungenügende Kenntnis der verbliebenen Restextinktion und Unsicherheit in der absoluten Helligkeit der Testobjekte. Alle Untersuchungen deuten aber darauf hin, daß $R_\odot$ irgendwo zwischen 7 kpc und 9 kpc liegt.

Eine zusammenfassende Diskussion über das $R_\odot$-Problem gibt Graham (1979).

Tabelle 57 Entfernung $R_\odot$ des galaktischen Zentrums

Verwendete Objekte	$R_\odot$ (kpc)	Quelle
46 Kugelsternhaufen	8	1
980 RR-Lyrae-Sterne	8,7 (±0,6)	2
111 Kugelsternhaufen	8,5 (±1,6)	3
76 Kugelsternhaufen	6,8 (±0,8)	4
70 Mira-Sterne	8,8	5

Quelle:
1 Barkhatova u. Mitarb. (1973)
2 Oort u. Plaut (1975)
3 Harris (1976)
4 Frenk u. White (1982)
5 Glass u. Feast (1982)

Verteilung innerhalb der Galaxis

Die dieses Thema behandelnde Arbeit von Richter (1967a) hat den Vorzug, sich auf einigermaßen homogenes Beobachtungsmaterial zu stützen, kann aber in ihren Ergebnissen auch nur als vorläufig angesehen werden, zumal sich in der Zwischenzeit ein sehr viel größeres und besseres Material angesammelt hat, so daß sich eine Wiederholung lohnen würde.

Richter geht von der Integralgleichung der Stellarstatistik aus:

$$A(m) = \omega \int_0^\infty r^2 \nu(r)\, \varphi(M)\, \mathrm{d}r\,.$$

Es bedeuten $A(m)$ die Anzahl der Objekte je Quadratgrad im Helligkeitsintervall $m \pm 0{,}5$, ferner $\nu(r)$ die gesuchte räumliche Dichte als Funktion des Abstandes r vom Beobachter, $\varphi(M)$ die Leuchtkraftfunktion und ω den Raumwinkel. Die mittleren Leuchtkräfte und die mittleren Spektraltypen sind in Bild 164 zusammengestellt (Hertzsprung-Russell-Diagramm). Was die Weiterbehandlung betrifft, insbesondere auch die Berücksichtigung der interstellaren Extinktion, muß auf die Originalarbeit verwiesen werden, von der auch eine Kurzfassung erschienen ist (Richter 1967b).

Eine ebenfalls umfangreiche Arbeit zum Problem der Verteilung der Veränderlichen in der Galaxis hat Plaut (1965a) veröffentlicht. Er benutzt die statistischen Ergebnisse mehrerer Observatorien und Organisationen, also notgedrungen ein inhomo-

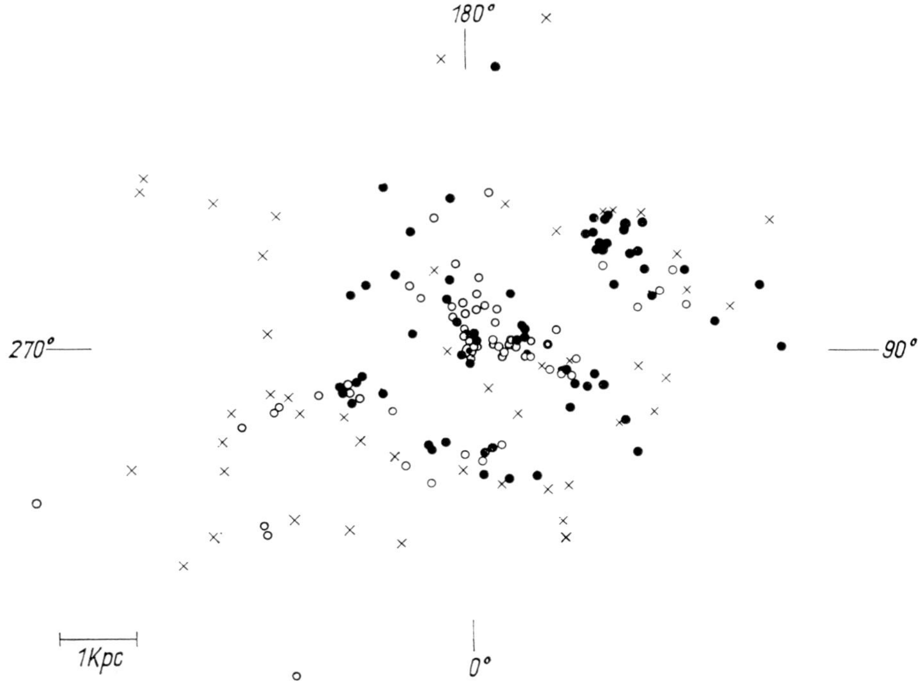

Bild 163 Festlegung der Spiralstruktur unseres Milchstraßensystems auf Grund junger Sternhaufen und HII-Regionen (*Punkte* und *Ringe*) und δ-Cephei-Sterne mit $M_V = -4{,}3$ und heller (*Kreuze*)

genes Material, berücksichtigt aber auch besonders die Dynamik, einerseits nach der Theorie von Oort, die sich auf das Gesamtsystem bezieht, andererseits durch die Heranziehung der Bestimmungen von Eigenbewegung und Radialgeschwindigkeit einzelner Objekte.

Aus den Ergebnissen Richters seien hier zwei Tabellen (Tab. 58 und 59) mitgeteilt. Die erste gibt unter $\nu_\odot$ die ermittelte Anzahl von Veränderlichen des jeweils bezeichneten Typus je Kubikkiloparsec in der Umgebung der Sonne, unter N die geschätzte Gesamtzahl in der Galaxis. In der Originalarbeit sind noch die logarithmischen Dichtegradienten in galaktozentrischen Zylinderkoordinaten berechnet worden, d. h. für den Abstand R von der durch das Zentrum der Galaxis gelegten Senkrechten zur galaktischen Äquatorebene und für den Abstand z von der Äquatorebene. Diese Werte dienen auch der Entscheidung über die Populationszugehörigkeit der verschiedenen Typen.

Nach Oort und Plaut beträgt die Raumdichte der Mira-Sterne, Halb- und Unregelmäßigen zusammengenommen $\nu_\odot \approx 200$ kpc^{-3}. Für die RR-Lyrae-Sterne gilt nach Oort u. Plaut (1975) und nach I. Meinunger (1977) $\nu_\odot = 12$ kpc^{-3} und nach Kinman, Wirtanen u. Janes (1966) $\nu_\odot = 9$ kpc^{-3}. Beyer gibt an für RR Lyrae $\nu_\odot = 30$ kpc^{-3}, W Virginis 2,4 kpc^{-3}, δ Cephei 89 kpc^{-3}. Nach Warner (1974a) gilt für die U-Geminorum-Sterne $\nu_\odot = 500$ kpc^{-3}; die Gesamtzahl in der Galaxis beträgt nach Gorbatsky (1975) $10^7 \leq N \leq 10^8$.

Das überraschendste Ergebnis, mindestens für denjenigen, der nicht auf diesem Gebiet arbeitet, ist, daß die Anzahl der U-Geminorum- und Z-Camelopardalis-Sterne

Tabelle 58 Räumliche Dichte $\nu_\odot$ und Gesamtzahl N der Veränderlichen in der Galaxis — vorläufige Ergebnisse des Sonneberger Felderplans

Typus	$\nu_\odot$ (je kpc³)	N
U Gem und Z Cam	5000 ± 1000	5600000
Mira, $P =$ 90ᵈ ... 150ᵈ	2,5 ± 0,5	8000
150 ... 200	2,5 ± 1	10000
200 ... 300	13 ± 5	60000
300 ... 400	30 ± 10	111000
$> 400^d$	13 ± 8	9000
Mira, Spektrum S, C, R, N	25 ± 15	6000
Halbregelm. u. unregelm. Riesen, Sp. M	146 ± 14	268000
Dieselben, Spektrum S, C	160 ± 20	21000
RR Lyr ab, $P < 0\overset{d}{,}45$	6 ± 2	30000
$P > 0{,}45$	8 ± 2	88000
RR Lyr c	3 ± 1	40000
W Vir	25 ± 1	9000
δ Cep, schwächer als $-3\overset{M}{,}4$	16 ± 8	3600
δ Cep, heller als $-3\overset{M}{,}4$	10 ± 4	1700

in der Galaxis größer ist als die aller anderen Veränderlichen zusammengenommen, selbst dann, wenn man die um den Faktor 10 geringere Dichte ($\nu_\odot = 500$ kpc^{-3})nach WARNER zugrunde legt. Die Ursache dafür ist, daß erstens diese Sterne absolut schwach sind, so daß sie nur auf relativ geringe Entfernung gesehen werden können und daher als seltener erscheinen, als sie in Wirklichkeit sind, und daß zweitens ihre Entdeckungswahrscheinlichkeit auf Grund ihrer Lichtkurve sehr klein ist.

Insgesamt müssen die Angaben der Tabelle 58 mehr qualitativ als quantitativ gewertet werden, nicht nur wegen der Unvollständigkeit des Materials, sondern auch aus naturgegebenen Ursachen. So besteht bei manchen Typen, vor allem bei der extremen Population II, eine große Unsicherheit, was ihre Anzahl im galaktischen Zentrum betrifft. Auch ist es sehr schwer, den Einfluß der Dunkelwolken einigermaßen sicher abzuschätzen. Nicht in der Tabelle enthalten sind die RW-Aurigae-Sterne, die der extremen Population I angehören und zum großen Teil innerhalb der Dunkelwolken stehen. Nach der Statistik von WENZEL (1961) erhält man $\nu_\odot$ zu etwa 10000 je kpc³, doch läßt sich N nicht schätzen in Anbetracht der wolkenartigen Verteilung. Örtlich wären diese Sterne die häufigsten, was auch verständlich ist, wenn man ihre große Dichte im Orionnebel und in der Taurus-Wolke betrachtet. — Die Anzahl der R-Coronae-Borealis-Sterne ist so klein, daß eine statistische Bearbeitung nicht möglich ist; dasselbe gilt für einige Untertypen der Unregelmäßigen und Halbregelmäßigen.

Hinsichtlich der **Zugehörigkeit zu den Populationen** gelangt RICHTER auf Grund des vorläufigen Felderplan-Materials zu der in Tabelle 59 gegebenen Übersicht.

Wie aus der Tabelle zu sehen, ist die Zuordnung oft nicht streng. Auch innerhalb der hier gebildeten Gruppen bemerkt man da und dort eine Streuung über benachbarte Populationen. Meist aber besteht Übereinstimmung mit früheren Bearbeitungen. Die Streuung bei den RR-Lyrae-Sternen z. B. hat schon PRESTON (1959) bemerkt. Einige Widersprüche hat RICHTER selbst aufzuklären versucht. KOPYLOV (1957) stellt die U-Geminorum-Sterne zur extremen Population II, wozu bemerkt wird, daß beide Angaben sehr unsicher sind. Nach PARENAGO (1957) sollte der W-Virginis-Typus zur Population II gehören, doch sprechen die geringe systematische Geschwindigkeit und die Pekuliarbewegung nach PLAUT (1963) eher für die Zugehörigkeit zur Scheibenpopulation. Einen Überblick über moderne Vorstellungen über die Stellung der W-

Tabelle 59 Veränderliche und Populationen — Sonneberger Felderplan

Population	Typen der Veränderlichen
Halo-Population II	Gelbe Halbregelmäßige RR Lyr ab, $P > 0\overset{d}{,}45$ Mira, $P = 150^d \dots 200^d$, Sp. M
Intermediäre Population II	RR Lyr ab, $P < 0\overset{d}{,}45$ RR Lyr c Mira, $P = 90^d \dots 150^d$, Sp. M Mira, $P = 200^d \dots 300^d$, Sp. M SR-Riesen, Sp. M Irregulär, wenig gefärbt Irreguläre Riesen, meist Sp. M
Scheiben-Population	Mira, $P = 300^d \dots 350^d$, Sp. M Mira, $P > 350^d$, Sp. M W Vir U Gem + Z Cam Bedeckungsveränderliche
Ältere Population I	RV Tau Mira, Sp. meist C, R, N, S Irr. und SR-Riesen, Sp. C, R, N, S δ Cep, schwächer als $-3\overset{M}{,}4$
Extreme Population I	Rote irreguläre und SR-Überriesen δ Cep, heller als $-3\overset{M}{,}4$ RW Aur

Virginis-Sterne in der Galaxis gibt KUKARKIN (1975). Hiernach bilden die W-Virginis-Sterne keine homogene Gruppe, sondern es kommen sowohl Vertreter der Scheibenpopulation als auch der Population II vor. Unter den letzteren befindet sich W Vir selbst, der mit 2,845 kpc den größten Abstand von der Hauptebene der Galaxis hat. Aber trotzdem steht die Mehrzahl dieser Sterne den klassischen δ-Cephei-Sternen noch immer viel näher als den RR-Lyrae-Sternen.

Die Zuordnung der U-Geminorum-Sterne muß wegen ihrer geringen Leuchtkraft zunächst sehr unsicher bleiben. Wenn wir annehmen, daß sie in einer Schicht beiderseits des galaktischen Äquators angeordnet seien, also zur Scheibenpopulation gehörten, so würde sich scheinbar eine mehr und mehr sphärische Verteilung ergeben, je kleiner der Radius des von den Beobachtungen erfaßten Raumes wird. Das bisher ausgewertete Beobachtungsmaterial ist wegen der geringen Berücksichtigung höherer galaktischer Breiten ohnehin noch wenig geeignet zur Entscheidung solcher Fragen, und ferner ist noch wenig bekannt über die Streuung der absoluten Größen der U-Geminorum-Sterne im schwachen Normallicht.

Nicht einbezogen sind in den vorstehenden Tabellen die Novae. Die Zuordnung ist nicht eindeutig; einerseits zeigt sich eine Konzentration zur Hauptebene, andererseits eine starke Verdichtung nach dem galaktischen Zentrum hin. In einer zusammenfassenden Diskussion moderner Arbeiten und Vergleich mit den Novae in M 31 schlußfolgern ARKHIPOVA u. MUSTEL (1975), daß die Novae keinem einheitlichen Untersystem angehören: Es gibt sowohl Vertreter der sphärischen als auch der flachen Untersysteme (s. auch WENZEL u. I. MEINUNGER 1978 und RICHTER u. BÖRNGEN 1981).

Einen allgemeinen Überblick über die Stellung der Symbiotischen Sterne gibt BOYARCHUK (1975): Sie gehören der älteren Scheibenpopulation an; die räumliche Dichte in der Sonnenumgebung und die Gesamtzahl in der Galaxis betragen $\nu_\odot \approx$ $\approx 0{,}4\ \text{kpc}^{-3}$ und $N \approx 10^3$.

Ein viel beachtetes Problem bei der Erforschung der Galaxis ist die Erkennung und Festlegung der **Spiralarme**. Die Aufgabe ist schwierig, weil man sich innerhalb des Systems befindet und wegen der interstellaren Extinktion. Naturgemäß kommen nur Objekte hoher Leuchtkraft, deren Entfernung wir bestimmen können, in Betracht:

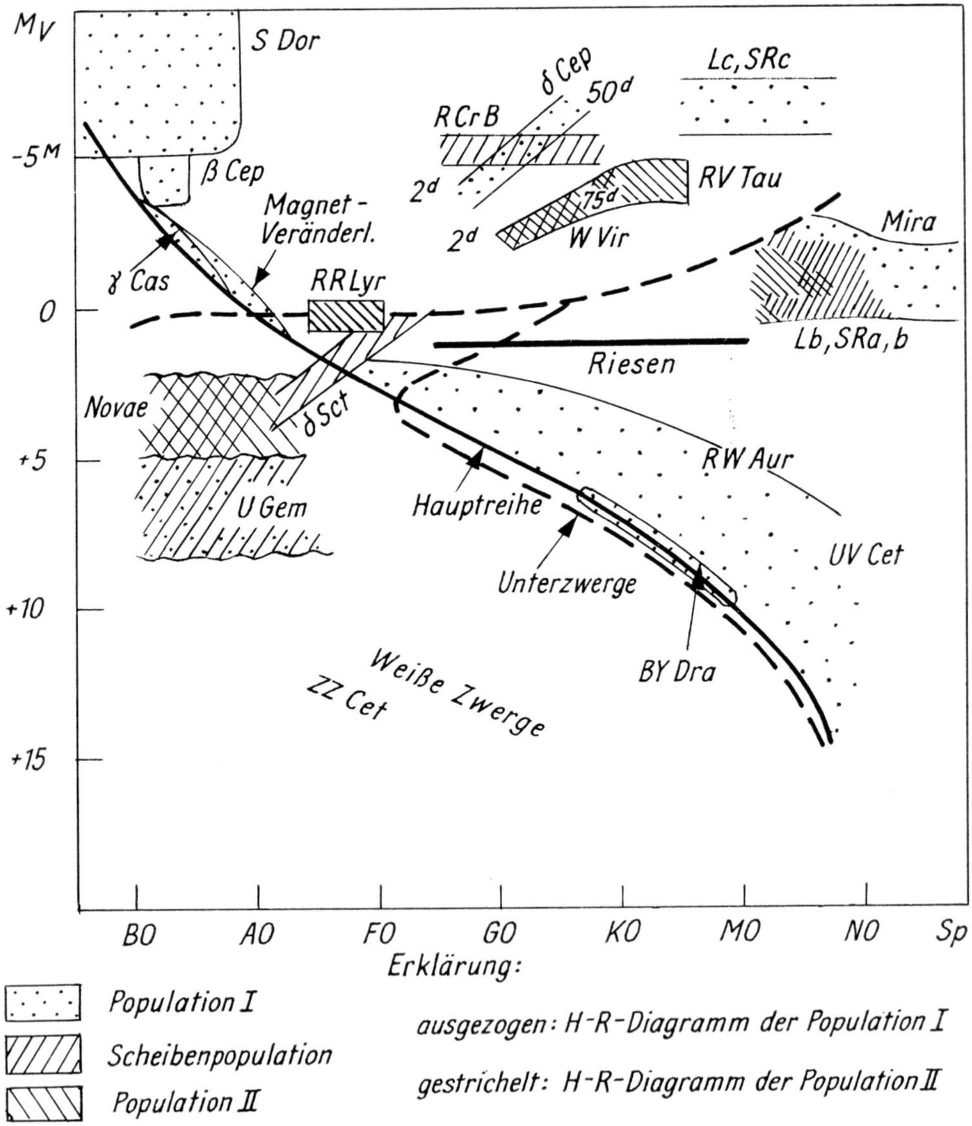

Bild 164 Lage verschiedener Typen Veränderlicher Sterne im Hertzsprung-Russell-Diagramm

Neben Sternhaufen, OB-Assoziationen und H II-Gebieten tragen auch die δ-Cephei-Sterne zur Lösung des Problems bei. Verwiesen sei auf Arbeiten von KRAFT u. SCHMIDT (1963), BECKER (1964), OORT (1965) und HUMPHREYS (1978). Es ergab sich dabei, daß die relativ als jung anzusehenden δ-Cephei-Sterne heller als $-4^{\mathrm{M}}_{,}3$ die Zuordnung deutlich zeigen, die absolut schwächeren jedoch nicht (Bild 163). Ältere Objekte haben sich durch ihre Pekuliarbewegung und den verwischenden Einfluß der differentiellen Rotation der Galaxis (Scherungseffekt) zu weit vom Ort ihrer Entstehung entfernt. KRAFT u. SCHMIDT untersuchen auch den Zusammenhang zwischen der galaktischen Rotation und der Radialgeschwindigkeit der δ-Cephei-Sterne. Bei der Festlegung der Spiralarme spielt die radioastronomische Beobachtung (H I-Gebiete, interstellare Molekülwolken) eine große Rolle.

Verweilzeiten

Der fundamentale Fortschritt in der Erforschung der Veränderlichen Sterne während der letzten Jahrzehnte besteht in der Erkenntnis, daß die Veränderlichkeit keine Abnormität ist, sondern Phasen der normalen Sternentwicklung entspricht. Der normale Stern durchläuft Bereiche der Instabilität, z. B.

die Kontraktionsphase am Anfang der Entwicklung (RW-Aurigae-Sterne);
die Pulsationsphasen nach Verlassen der Hauptreihe (z. B. δ-Cephei-, RR-Lyrae-Sterne, langsam veränderliche rote Riesen).

Der Gedanke liegt nahe, daß man über die Statistik zu einer Abschätzung der Verweilzeiten gelangen könnte, und hier besteht ohne Zweifel eine wichtige Aufgabe für die zukünftige Forschung. Aus allgemeineren stellarstatistischen Daten hat RICHTER entnommen, daß in der Sonnenumgebung auf 4010 Überriesen 610 δ-Cephei-Sterne entfallen, und schließt daraus, daß die Dauer des Pulsationsstadiums 15,2% der Dauer des Überriesenstadiums beträgt. Zu praktisch demselben Ergebnis kommen EFREMOV u. KOPYLOV (1967) mit 10 bis 20% der Dauer des Überriesenstadiums, wobei sie sich auf Material von offenen Sternhaufen und Assoziationen stützen.

Von der Seite der Theorie her sind HOFMEISTER u. Mitarb. (1964, 1965) für zwei Modelle von 5 und 7 Sonnenmassen zu den in Tabelle 60 gegebenen Zahlen gekommen.

Tabelle 60 Verweilzeiten

Masse	Periode	Dauer des Überriesenstadiums	Dauer des Pulsationsstadiums
5 Sonnenmassen	$4^{\mathrm{d}}_{,}4$	$2{,}2 \cdot 10^{7}$ Jahre	$16{,}1 \cdot 10^{5}$ Jahre
7 Sonnenmassen	11,4	$1{,}0 \cdot 10^{7}$ Jahre	$7{,}3 \cdot 10^{5}$ Jahre

Nach der Theorie beansprucht also das Pulsationsstadium bei 5 Sonnenmassen 7,6%, bei 7 Sonnenmassen 7,3% der Dauer des Überriesenstadiums. Angesichts der großen Unsicherheit der Grundlagen, sowohl der Statistik als der Theorie, ist die Übereinstimmung nicht schlecht. Wir müssen in einem solchen Falle schon zufrieden sein, wenn die Größenordnung richtig herauskommt. Bemerkenswert ist, daß der Stern die Instabilitätszone mehrmals, bis zu 5mal, passieren kann.

Hingewiesen sei noch auf den Vortrag von KIPPENHAHN: Stellar Evolution and Variability (1965) und auf die Dissertation von HOFMEISTER (1965): Delta-Cephei-Sterne vom Standpunkt der Sternentwicklung.

7.3. Über den galaktischen Halo

Es ist heute noch nicht genau bekannt, wie weit die aus RR-Lyrae-Sternen und schwachen blauen Sternen bestehende sphärische Komponente (= Halo) des Milchstraßensystems in den Raum hinausreicht, wie massiv sie ist, und von welcher Art ihre Struktur ist. Ein Versuch von Perek (1951) mußte unter der Unvollständigkeit des Materials und den Fehlern der Größenklassenskala leiden. Preston (1959) und Kinman (1959) haben später gefunden, daß die RR-Lyrae-Sterne des Halos hinsichtlich ihrer Perioden keine homogene Gruppe bilden und daß auch eine Beziehung zwischen den Perioden und den kinematischen Eigenschaften besteht. Umfangreiche Arbeiten, jedoch in anderer galaktischer Breite, haben Kinman (1964), Lafler u. Kinman (1964) und Kinman u. Mitarb. (1964) mit dem 20-inch-Lick-Astrographen durchgeführt. Ein Teil der RR-Lyrae-Sterne, vor allem solche mit kürzeren Perioden, dürfte der Scheibenpopulation angehören.

Eine 1966 veröffentlichte Arbeit von Kinman u. Mitarb. (1966) behandelt 3 Felder in der Gegend des galaktischen Nordpols und enthält überraschende Ergebnisse. Die scheinbare Dichte ist hier gering: 54 RR-Lyrae-Sterne auf 74 Quadratgrad bei der Grenzgröße $18\overset{m}{.}4$. Der Dichtegradient wurde für Abstände von 5 bis 15 kpc von der galaktischen Hauptebene bestimmt; daraus wurde berechnet, daß man zwischen den Sterngrößen 18^{m} und 20^{m} nur etwa 0,05 bis 0,12 RR-Lyrae-Sterne im Quadratgrad finden würde. Dem steht gegenüber, daß in der Richtung zum galaktischen Zentrum in den hellen Milchstraßenwolken im Sagittarius, nach einer älteren Bestimmung von Baade, über 1000 RR-Lyrae-Sterne im Quadratgrad gefunden werden können.

Anschließend vertreten die 3 Autoren eine Ansicht, die noch des Beweises bedarf. Sie vermuten, daß sich der Halo bis über die Magellanschen Wolken, also über 50 kpc hinaus, erstreckt und daß die näheren der zur Lokalen Gruppe gezählten Zwerg-Galaxien keine selbständigen Systeme, sondern Verdichtungen im galaktischen Halo seien, zumal ihre Sterne der Population II angehören.

Weitere Beiträge hat die Palomar-Groningen-Unternehmung geliefert, die in Feldern nahe dem galaktischen Zentrum, aufgenommen mit dem 48-inch-Schmidt-Teleskop auf Palomar Mountain, den Gehalt an Veränderlichen untersuchte. Auf Grund von insgesamt 1180 beobachteten RR-Lyrae-Sternen und 1012 langperiodischen Veränderlichen hat Plaut (1966, 1968a, 1968b, 1970) die Werte der räumlichen Dichte ermittelt. Die Tabellen 61 und 62 wurden mit Hilfe der Daten von Plaut zusammengestellt. Daß anfänglich die Sternzahlen mit wachsendem Abstand vom Sonnensystem zunehmen, ist im wesentlichen dadurch bedingt, daß wir uns auf dem Sehstrahl zunächst etwas dem galaktischen Zentrum nähern. Nach allen bisherigen, noch sehr unvoll-

Tabelle 61 Raumdichte der RR-Lyrae-Sterne (Anzahl pro kpc^3)

Abstand vom Sonnensystem	Richtung $l = 0°$ $b = +29°$	$l = 4°$ $b = +14°$	$l = 4°$ $b = +10°$	$l = 0°$ $b = -12°$	$l = 0°$ $b = -8°$
0 kpc	13	13	13	13	13
5	18	130	170	260	420
10	3,5	30	60	34	33
15	0,4	1,5	4,5	1,0	0,1
20	0,1		0,2:		

Tabelle 62 Raumdichte der langperiodischen Veränderlichen (Anzahl pro kpc^3)

Abstand vom Sonnensystem	Richtung $l = 4°$ $b = +14°$	$l = 4°$ $b = +10°$	$l = 0°$ $b = -12°$	$l = 0°$ $b = -8°$
0 kpc	40	40	40	40
5	50	100	100	150
10	30	50	50	90
15	10	16	16	30
20	3	5,5	4	9
25	0,8	1,2	0,9	3,3

kommenen Erfahrungen scheint es, daß die Dichte des Halos von innen nach außen zunächst sehr rasch, dann aber sehr langsam abnimmt. Die Frage, wie weit er sich in den Raum hinaus erstreckt, ist unentschieden.

Hoffmeister (1963) unternahm einen Versuch, die Ausdehnung des Halos in niederen galaktischen Breiten zu ermitteln. Er benutzte Platten, die am 2-m-Spiegel des Karl-Schwarzschild-Observatoriums in der Gegend des Antizentrums in «Fenstern» aufgenommen waren. Diese «Fenster» sind Durchblicke zwischen den Dunkelwolken; man erkennt sie daran, daß dort extragalaktische Systeme sichtbar sind. Der schwächste RR-Lyrae-Stern hat folgende Daten:

KN Aur $l = 163°38'$ $b = +13°12'$ Größen $18\overset{m}{,}5 - 20\overset{m}{,}0$
Periode $= 0\overset{d}{,}58246$

Die Extinktion kann nicht stark sein, denn $3\overset{'}{,}6$ südlich des Veränderlichen befindet sich eine mäßig geschwärzte Galaxie 17^m. Mit Versuchsbeträgen der interstellaren Extinktion von 1 mag bis 3 mag erhält man folgende Abstände des Sterns vom galaktischen Zentrum:

Extinktion	Abstand
1 mag	33 kpc
2	23
3	16

Dabei ist der erste Wert wahrscheinlicher als der letzte; aber selbst dieser liegt mit 52000 Lichtjahren jenseits der konventionellen Grenzen der Galaxis. Auch dieses Ergebnis spricht für eine weite Erstreckung des Halos.

Daß auch die galaktische Verteilung der Novae für eine große Ausdehnung des Halos spricht, wurde bereits an anderer Stelle erörtert.

Auf eine in der Zukunft liegende Möglichkeit soll noch hingewiesen werden. Man wird die Struktur des galaktischen Halos selbstverständlich in Feldern mit möglichst geringer interstellarer Extinktion ermitteln.

Sollte es sich dabei erweisen, daß der Halo rotationssymmetrisch aufgebaut und frei von größeren Inhomogenitäten ist, so könnte man aus der Statistik der RR-Lyrae-Sterne in beliebigen Feldern durch einen Vergleich mit den zu berechnenden ungestörten Werten den Betrag der Gesamtabsorption erhalten. Die Benutzung der Galaxien hat bekanntlich den Nachteil, daß diese stark zur Haufenbildung neigen. Immerhin sei daran erinnert, daß in einem Falle die Diskrepanz zwischen der Anzahl der RR-Lyrae-Sterne und der Galaxien zur vermutlichen Auffindung einer der Lokalen Gruppe angehörenden intergalaktischen Absorptionswolke geführt hat (HOFFMEISTER 1962b, siehe auch I. MEINUNGER 1976).

Erwähnt sei schließlich noch, daß es prinzipiell möglich ist, die für die Kenntnis des Aufbaus der Galaxis wichtige Beschleunigung senkrecht zur galaktischen Ebene, K_z, zu berechnen, sofern für eine homogene Gruppe von Objekten (die RR-Lyrae-Sterne sind hierfür besonders geeignet) außer dem Dichtegradienten in z-Richtung noch die Streuung der Pekuliargeschwindigkeiten in z-Richtung, σ_z, bekannt ist. Dann gilt nämlich für einen Zylinder durch die Sonnenumgebung in z-Richtung die Gleichung

$$-\partial \log \nu / \partial z = 134 \cdot 10^6 \, K_z / \sigma_z^2 \, .$$

Auf Grund des schon erwähnten vorläufigen Sonneberger Materials (RICHTER 1967a) ergab sich

$$K_z = -(6{,}2 \pm 1{,}1) \cdot 10^{-9} \text{ cm/sec}^2 \qquad \text{für} (\, 0 < z < 2 \text{ kpc}) \, .$$

KINMAN u. Mitarb. (1966) erhielten

$$K_z = -3 \cdot 10^{-9} \text{ cm/sec}^2 \qquad (\text{für } z \text{ zwischen 5 und 10 kpc}) \, .$$

SCHMIDT (1956) gibt theoretisch zu erwartende Werte auf Grund eines Modells:

$$K_z = -6{,}5 \cdot 10^{-9} \text{ cm/sec}^2 \qquad (\text{für } z = 5 \text{ kpc})$$

und

$$K_z = -2{,}8 \cdot 10^{-9} \text{ cm/sec}^2 \qquad (\text{für } z = 15 \text{ kpc}) \, .$$

Weiteres zu diesem Problem siehe KING (1977).

7.4. Bemerkung zum Problem der Entwicklung des Sternsystems

Das noch ungelöste Problem soll hier nur insoweit berührt werden, wie die Veränderlichen Sterne beteiligt sind. Das Material für die Neubildung von Sternen ist die interstellare Materie. Der größte Anteil entfällt auf den Wasserstoff; weiterhin sind Staubteilchen und schwere Elemente vorhanden wie Ca, Na, Fe und andere. Es war lange Zeit rätselhaft, woher die Kerne der schweren Elemente kommen, und man war der Meinung, daß sie im Urzustand der Welt entstanden sein könnten. Heute wissen wir, daß die Voraussetzungen für ihre Entstehung im Inneren der Sterne gegeben sind, und wir glauben annehmen zu dürfen, daß die entsprechenden Anteile der interstellaren Materie schon einmal das Sternstadium passiert haben. Wir beobachten also auf der einen Seite die Neuentstehung von Sternen aus interstellarer Materie, auf der anderen Seite den Übergang von Sternmaterie in den interstellaren Raum, und daran knüpft sich sofort die Frage, ob dadurch ein quasi-stabiler Zustand geschaffen sei, so daß dem Raum innerhalb der Spiralarme der Galaxis etwa ebensoviel Materie aus dem Zerfall der Sterne zugeführt wird, wie gleichzeitig für die Sternentstehung verbraucht wird. Diese Frage ist schon von W. NERNST in einem Berliner Akademie-Vortrag «Das Weltgebäude im Lichte der neueren Forschung» im Jahr 1921 behandelt worden. Als Quellen der Sternmaterie boten sich schon damals die Novae an. Inzwischen ist das Aufleuchten von Supernovae als höchst wirksam erkannt worden. Aber auch die normale Korpuskularstrahlung der Sterne, der sogenannte «Sternwind», scheint sowohl im Anfangsstadium der Sternentwicklung bei den T-Tauri-Veränderlichen als auch nach dem Fortentwickeln der Sterne von der Hauptreihe einen effektiven Mechanismus darzustellen, und hier besonders bei den nahe der Stabilitätsgrenze liegenden Riesen und Überriesen. Die RR-Lyrae-Sterne in Kugelhaufen scheinen nur etwa die halbe Masse zu haben wie die Ausgangsobjekte auf der Hauptreihe, sie haben somit offenbar bereits die Hälfte der Materie an das interstellare Medium zurückgegeben! Zum Problem des Masseverlustes von Sternen siehe das Buch «Mass Loss and Evolution of O-Type Stars», IAU Symposium No. 83 (1979).

8. Beobachtungsmethoden und Organisation

8.1. Beobachtungen

Die Betrachtungen dieses Kapitels sollen vor allem dem Außenstehenden oder Anfänger dienen, einen Überblick zu erhalten. Bezüglich Beobachtungs-, Meß- oder Auswertungsverfahren, die größeren technischen Aufwand erfordern, muß auf die Spezialliteratur verwiesen werden. Etwas ausführlicher gehen wir im folgenden auf diejenigen Verfahren ein, die in einfacher Weise dazu dienen, die **Helligkeit von Veränderlichen,** meist in Sterngrößen, zu bestimmen.

8.1.1. Photometrische Beobachtungen

Allgemeine Vorbemerkungen

Wie in anderen Bereichen der Photometrie gibt es auch hier visuelle und nicht-visuelle Methoden, wobei die nicht-visuellen vor allem durch Photographie und photoelektrische Photometrie repräsentiert werden. Wir müssen unterscheiden zwischen der reinen nächtlichen Beobachtung und der Auswertung, denn die Gewinnung von Helligkeitswerten aus photographischen Platten kann wiederum visuell oder mit Hilfe von objektiven Photometern erfolgen. Im Unterschied zu anderen Arbeitsgebieten ist es hier so, daß die visuellen Verfahren, sei es am Himmel oder auf der photographischen Platte, nicht nur arbeitsökonomisch günstig sind, sondern bei entsprechender Erfahrung und Eignung des Beobachters auch eine hohe Genauigkeit bringen. Wesentlich genauer sind im allgemeinen jedoch die lichtelektrischen Beobachtungen direkt am Himmel, wogegen sich auf der Photoplatte selbstverständlich die in der Platte liegenden Fehler nicht vermeiden lassen.

Visuelle Beobachtungen

Alle visuellen Verfahren beruhen darauf, daß der Veränderliche in eine Sequenz unveränderlicher Nachbarsterne eingeschätzt wird. Es sollten jeweils 2 Sterne benutzt werden, von denen der eine heller, der andere schwächer als der Veränderliche ist. Im folgenden betrachten wir vor allem die viel benutzte **Stufenmethode** nach ARGELANDER. Wenn der Veränderliche um einen kleinen Betrag schwächer ist als der Vergleichsstern a, so nennt ARGELANDER diesen Unterschied eine photometrische Stufe und schreibt a1v; ist er zugleich merklich heller als b, etwa um das Dreifache der Stufe, so schreibt man a1v3b. Wenn der Veränderliche heller oder schwächer wird, können weitere Vergleichssterne hinzugenommen werden. Die Unterschiede ihrer Helligkeit sollen im allgemeinen nicht größer als eine halbe Größenklasse sein, doch ist man darauf angewiesen, was der Himmel zu bieten vermag, da auch große Abstände vom Veränderlichen zu vermeiden sind. Bei Sternen großer Amplitude wird eine entsprechende

Sequenz von Vergleichssternen benötigt. Es ist unzweckmäßig, zu viele Vorschriften zu geben. Der Beobachter kann durch eigene Versuche am besten erfahren, was eine Stufe ist, zumal es sich dabei nicht um eine rein objektive, sondern um eine zum Teil individuell bedingte Größe handelt. Der Stufenunterschied zweier unveränderlicher Sterne wird auch nicht immer als gleich groß empfunden, aber dies hat auf die Beobachtungen keinen negativen Einfluß. Beachtung finden sollten zwei Eigenheiten der Methode: Erstens hüte man sich davor, geringe Helligkeitsdifferenzen mit allzu hohen Stufenzahlen zu überbrücken; es ist schädlich, bereits kleinste Differenzen durch das Zweifache oder Dreifache der gedachten Stufe zu kennzeichnen in der Erwartung, daß noch geringere Differenzen wahrnehmbar sein könnten. Zweitens: Erfahrene Beobachter verwenden zuweilen für entsprechend große Helligkeitsunterschiede bis zu 10 Stufen und sogar mehr. Man sei sich aber darüber im klaren, daß hier wegen der Gefahr systematischer Fehler (große Unterschiede werden meist zu klein geschätzt) die Grenze der Methode liegt; lieber füge man einen, wenn auch unbequem gelegenen, weiteren Vergleichsstern ein.

Einige Schwierigkeiten bei visuellen Direktbeobachtungen verursachen rote Veränderliche. Erstens stört die Farbe allgemein die Stufenschätzungen; zweitens hängt hier der Helligkeitseindruck von der Helligkeit des Himmelsgrundes ab. In der Dämmerung oder bei mondhellem Himmel werden die meisten Beobachter den roten Stern zu hell sehen. Die Ursache ist die stärkere Beteiligung der farbempfindlichen Elemente der Netzhaut des Auges, der Zäpfchen (Purkinje-Effekt), wogegen bei dunklem Himmelsgrund und schwachen Sternen fast allein die Stäbchen beteiligt sind. Alle mit der roten Farbe zusammenhängenden Erscheinungen können von Beobachter zu Beobachter sehr verschieden sein. Es ist nicht selten, daß ein Beobachter, auch bei dunklem Himmel, einen roten Stern ganz allgemein um eine halbe Größenklasse heller oder schwächer sieht als ein anderer. Sollen also eine Reihe von Beobachtungen verschiedenen Ursprungs vereinigt werden, so müssen sie aufeinander oder auf einen idealen mittleren Beobachter reduziert werden. In diesem Zusammenhang sei die Bearbeitung des hellen roten Veränderlichen α Her von Van Schewick (1937) erwähnt.

Der Erfolg der Argelanderschen Methode beruht zum Teil darauf, daß sich der Stufenwert als individuelle Konstante erweist. Das kann sie nicht von Anfang an sein, denn bei einem fleißigen Beobachter dürfte es wohl ein Jahr dauern, bis sein Stufenwert den endgültigen Betrag annimmt. Am Anfang liegt er meist bei 0,1 mag, und der Endwert verringert sich auf 0,06 mag oder 0,07 mag, doch das sind nur Richtzahlen, von denen die individuellen Werte abweichen können. Auf die Zuverlässigkeit der Beobachtungen hat die Höhe des Stufenwertes kaum einen Einfluß, zumal wenn die Helligkeit des Veränderlichen zwischen den Helligkeiten zweier Vergleichssterne liegt. Eine derartige Verwendung zweier Vergleichssterne stellt eigentlich eine Kombination der Argelanderschen Methode mit der Bruchteilmethode dar.

Die Verwendung visueller Punkt- oder Flächenphotometer kommt heute kaum noch in Betracht; allenfalls zur Gewinnung von Vergleichssternhelligkeiten werden sie da und dort noch gebraucht.

Es gibt einige Varianten der Argelanderschen Methode, die aber keine große Bedeutung gewonnen haben. Die von Pickering empfohlene **Bruchteilmethode** setzt den Unterschied zweier Vergleichssterne, unabhängig von seiner Größe, = 10 und schätzt in Zehnteln die Lage der Helligkeit des Veränderlichen. Ein Nachteil ist, daß das Verfahren es nicht ermöglicht, individuelle Vergleichssternskalen zu gewinnen (siehe unten).

Die Harvard-Sternwarte hat für eine große Anzahl von Veränderlichen Karten vorbereitet, auf denen die Helligkeiten der Nachbarsterne auf 0,1 mag genau verzeichnet sind. Empfohlen wird die direkte Einschätzung des Veränderlichen mit der Genauigkeit eines Zehntels der Größenklasse. Das Verfahren ist arbeitsökonomisch günstig für die von der American Association of Variable Star Observers (AAVSO) durchgeführte Dauerüberwachung von Veränderlichen.

Photographische Beobachtungen

Auf den photographischen Platten kann ebenso mit der **Stufenmethode** gearbeitet werden wie am Himmel. Wegen der von Belichtungszeit und Luftzustand abhängigen Verschiedenheit der Bilder ist eine stärkere Streuung der Stufendifferenzen der Vergleichssterne zu erwarten; das ist aber ganz unbedenklich, wenn man den Veränderlichen zwischen zwei Vergleichssterne einschließt. Die Endgenauigkeit wird etwas geringer sein als bei guten visuellen Beobachtungen am Himmel, weil zur Ungenauigkeit der Schätzungen die innere Ungenauigkeit der Platte kommt, die auf etwa $\pm$ 0,05 mag zu schätzen ist. Bei Schmidt-Spiegeln ist sie noch größer, weil die Sternbildchen hier optisch «zu gut», für die Stufenschätzung zu klein sind. Ähnlich verhalten sich Tessare von kurzer Brennweite. Dieser Nachteil kann etwas abgeschwächt werden durch Verwendung stärkerer Vergrößerungen im Schätzmikroskop.

Vielfach werden zur Auswertung der Platten **lichtelektrische Photometer** angewandt, was immer dort zu empfehlen ist, wo es sich um die eingehende Untersuchung von Einzelfällen handelt. Wenn jedoch zu statistischen Zwecken viele Veränderliche in einem Arbeitsgang behandelt werden sollen, dann ist die zeitsparende Stufenmethode vorzuziehen. Zu beachten ist, daß kein Photometer in der Lage ist, die in der Platte liegenden Fehler zu beseitigen. Die Messung geschieht heute fast ausschließlich an Fokalbildern, wobei sich die Irisblenden-Photometer bestens bewährt haben. Vor einigen Jahrzehnten war man bemüht, die Fehler der Platte dadurch zu vermindern, daß der Stern veranlaßt wurde, eine größere Fläche zu schwärzen, sei es durch extrafokale Einstellung oder durch die besondere Schraffierkassette. Diese Verfahren werden nicht mehr angewandt; sie sind durch die direkte lichtelektrische Photometrie mit ihrer viel höheren Genauigkeit überflüssig geworden, zumal sie die Belichtungszeit erheblich verlängerten. Der lichtelektrischen Photometrie wiederum wird durch die Helligkeit der Sterne ihre Grenze gesetzt: Schwache Objekte bleiben in ihrer Mehrzahl auch weiterhin der Fokalphotographie vorbehalten.

Bearbeitung der Stufenbeobachtungen

Wir schätzen bei der Stufenmethode zwar Differenzen. Wenn jedoch in der üblichen Weise 2 Vergleichssterne benutzt werden, dann ist durch eine Beobachtung von der Form a s_1 v s_2 b, wobei s_1 und s_2 Stufendifferenzen bedeuten, ein Verhältnis festgelegt. Beispielsweise sagt a 3 v 5 b aus, daß der Veränderliche um 3/8 des Unterschieds von a und b schwächer als a ist. Dadurch wird das Ergebnis unabhängig von der individuellen Stufenhöhe. Es sei m_1 die Sterngröße des helleren, m_2 die des schwächeren Vergleichssterns; s_1 und s_2 seien wieder die Stufendifferenzen des Veränderlichen gegen die beiden Sterne. In Sterngrößen ist also $m_1 < m_v < m_2$. Die Größe m_v des Veränderlichen kann nach folgender Formel berechnet werden:

$$m_{\mathrm{v}} = m_1 + \frac{s_1}{s_1 + s_2}(m_2 - m_1) = m_2 - \frac{s_2}{s_1 + s_2}(m_2 - m_1)$$

Im Normalfall, wenn viele Beobachtungen desselben Sterns vorliegen, ist ein **graphisches Verfahren** vorzuziehen. Es seien 5 Vergleichssterne a, b, c, d, e, benutzt worden. Hat man sich auf irgendeine Weise ihre Sterngrößen verschafft, ist die erste Aufgabe, diese Größen so auszugleichen, daß sie zu der beobachteten Stufenfolge passen. Es werden aus allen Beobachtungen die mittleren Stufendifferenzen a—b, b—c usw. berechnet. Der schwächste Vergleichsstern erhält die Stufenhöhe 0,0, und man be-

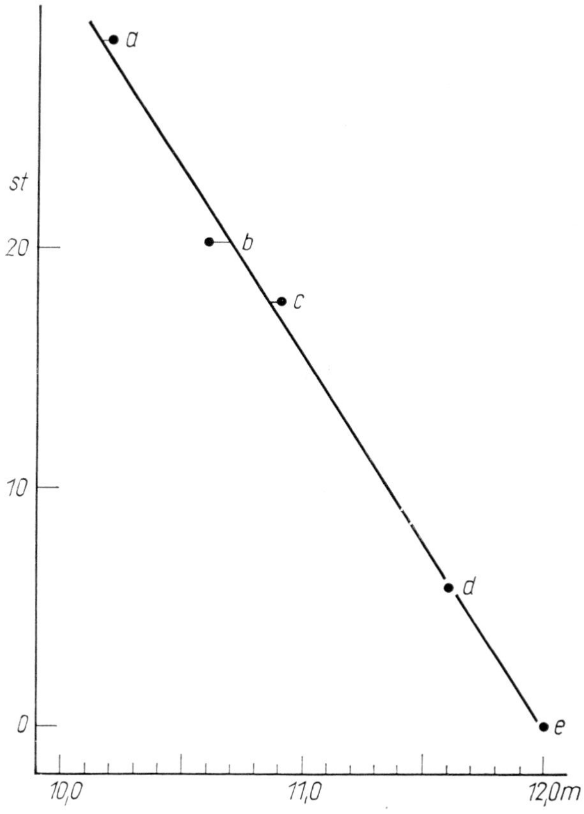

Bild 165 Beziehung zwischen Stufenhöhe und Sterngröße (Beispiel von Tabelle 63)

Tabelle 63 Stufenhöhen und Sterngrößen (Beispiel)

Stern	Δs	m	s	m_{a}
a		$10\overset{\mathrm{m}}{,}2$	27,4 St.	$10\overset{\mathrm{m}}{,}16$
	7,2 St.			
b		10,6	20,2	10,70
	2,4			
c		10,9	17,8	10,85
	12,0			
d		11,6	5,8	11,62
	5,8			
e		12,0	0,0	11,99

Δs = mittlere Stufendifferenz, m = angenommene Sterngröße, s = Stufenhöhe der Sternhelligkeit, m_{a} = ausgeglichene Sterngröße kommt durch Addition der Differenzen die Stufenhöhen der anderen Sterne. Wären diese und die Sterngrößen absolut genau, so müßten sie in einem Diagramm, wie es Bild 165 zeigt, auf einer Geraden liegen. Wegen der verschiedenen Ungenauigkeiten ist dies nicht der Fall; man kann jedoch durch die Punkte, die den Sternen entsprechen, eine ausgleichende Gerade legen und die Punkte parallel zur x-Achse so verschieben, daß sie auf der Geraden liegen, d. h., daß sie genau den mittleren Stufendifferenzen entsprechen. Auf Millimeterpapier können dann die ausgeglichenen Größen der Vergleichssterne abgelesen werden. Die Tabelle 63 enthält die Zahlenwerte des hier angegebenen Beispiels. Der mittlere Stufenwert ist 1,83 mag : 27,4 St. = $= 0{,}067\,\frac{\text{mag}}{\text{St.}}$. Dieser Wert ist zu verwenden, wenn ausnahmsweise nur ein Vergleichsstern benutzt wurde.

Die Linearität zwischen Stufenunterschied Δs und Größenunterschied ist bei photographischen Beobachtungen nur im günstigsten Abbildungsbereich gewährleistet. Nähert man sich der Grenzgröße der Platte, beispielsweise bei Mira-Sternen, die im Minimum unsichtbar werden, dann wird der in Größenklassen ausgedrückte Stufenwert größer, die Genauigkeit geringer. Die ausgleichende Linie ist dann keine Gerade mehr, sie vermindert ihre Neigung gegen die x-Achse. Die Ursache ist, daß die Durchmesser der Sternbildchen nicht unter einen Grenzwert abnehmen, so daß wenig über dem Schwellenwert das Schwächerwerden nur auf Abnahme der Schwärzung beruht.

Ein ähnlicher Effekt ist auch bei sehr hellen Sternen zu bemerken. Hier ist es so, daß die Schwärzung nicht über einen Maximalbetrag ansteigen kann, so daß nach größeren Helligkeiten hin die Stufenzahlen nur noch langsam ansteigen. Die Lichtenergie des Sterns wird teilweise für die «Solarisation» verbraucht, was daran zu erkennen ist, daß die Bilder sehr heller Sterne in der Mitte eine kleine, fast glasklare Stelle aufweisen.

Im allgemeinen aber ist damit zu rechnen, über einen Bereich von etwa 4 bis 5 Größenklassen eine lineare Beziehung zwischen Stufendifferenzen und Größendifferenzen anzutreffen, und zwar etwa zwischen 1,5 mag und 6 mag über dem Schwellenwert der Platte.

Auch bei visuellen Direktbeobachtungen wird bei sehr hellen und sehr schwachen Sternen die Genauigkeit der Stufenschätzungen geringer, d. h. der Stufenwert ist größer.

Gewinnung der Größen von Vergleichssternen

Der normale Weg ist, die Vergleichssterne, deren Größe man bestimmen will, an Sterne bekannter Helligkeit anzuschließen. Dies ist oft nicht leicht durchzuführen. Als Normalsequenzen, d. h. Folgen von Sternen, deren Größen genau bestimmt sind, bieten sich u. a. an: die **Nordpolfolge** und die **Selected Areas** (SA). Erstere ist in manchen Handbüchern durch Karten dargestellt; die Selected Areas sind über den ganzen Himmel verteilte Felder, insgesamt 206, mit Abständen von im allgemeinen 1^{h} in Rektaszension und 15° in Deklination, nach einem von Kapteyn in Groningen aufgestellten Plan. Bei der photographischen Aufnahme größerer Felder besteht also Aussicht, daß man ein SA auf der Platte hat. Wenn dies nicht der Fall ist, wird eine Übertragungsaufnahme mit entsprechend versetzter Mitte angefertigt. Der Anschluß der Vergleichssterne läßt sich mit einem Irisblenden-Photometer leicht ausführen.

Man kann aber auch einen Hilfsapparat bauen, der in einem geteilten Gesichtsfeld über zwei Schwenkarme die zu vergleichenden Stellen nebeneinander sichtbar macht, so daß rein visuell verfahren wird. Zu berücksichtigen ist die Abhängigkeit vom Ort auf der Platte und die differentielle atmosphärische Extinktion bei Verschiedenheit der Zenitdistanzen.

Besonders hingewiesen sei auf den Atlas der Selected Areas von Brun u. Vehrenberg (1965). Die helleren Sterne bis $12^{\mathrm{m}}\!,5$ sind jeweils auf einem Feld von 40′ Seitenlänge, die schwachen auf einem Feld von 15′ Seitenlänge, in der Mitte der größeren Felder gelegen, dargestellt. Die Grenzgrößen liegen um 16^{m} bis 17^{m}. Zu beachten ist, daß der Atlas die Harvard-Größen gibt. Für die Areas 1 bis 139 ist eine Neubestimmung der Größen am Mt. Wilson Observatory ausgeführt worden, unter Zugrundelegung des sogenannten Internationalen Systems, das gegenüber der Harvard-Skala eine merkliche Farbgleichung und eine systematische Skalenabweichung aufweist. In der Regel sind die Harvard-Größen, verglichen mit dem Internationalen System, zu hell, bis zu etwa 0,6 mag, aber verschieden von Area zu Area und innerhalb der einzelnen Felder wieder von der Sterngröße abhängig. Für die Korrektion gibt es Tafeln (Seares 1925). Beobachter, denen diese Quellen nicht zur Verfügung stehen, sollten daher angeben, daß ihre Größen auf das Harvard-System bezogen sind.

Spezielle Verzeichnisse von Vergleichssterngrößen und Beziehungen zwischen den photometrischen Systemen gibt z. B. die sehr ausführliche Darstellung von Lamla (1965).

Besonders geeignet für die Schaffung einer Normalsequenz der Sterngrößen sind die **Plejaden,** weil hier, günstiger als bei der Polsequenz, Sterne von der 3. bis zu schwächsten Größen auf engem Raum vereinigt und infolgedessen leicht auffindbar sind. Die Polsequenz hat indessen den Vorzug, zu jeder Jahreszeit und immer in derselben Zenitdistanz erreichbar zu sein.

Für ältere Veränderliche sind meist irgendwo Vergleichssterngrößen veröffentlicht, so im Atlas Stellarum Variabilium von Hagen, von Mitchell (1935) für 350 langperiodische Sterne und auf den schon erwähnten Harvard-Karten. Der Amateur, dem die erforderlichen Hilfsmittel nicht zur Verfügung stehen, kann sich bei kurzperiodischen Veränderlichen und Bedeckungssternen der in der Literatur gegebenen Maximal- und Minimalgrößen bedienen, um sein System von Vergleichssternen zu eichen. Bei schwachen Sternen kann man auch, wenn keine andere Möglichkeit besteht, die an der Polsequenz oder der Plejadensequenz bestimmte Grenzgröße des Instruments als Anschlußgröße benutzen.

Sollte es nicht möglich sein, ein Selected Area direkt zu benutzen, so kann eine besondere Platte des SA oder der Polfolge aufgenommen werden, selbstverständlich unter genau denselben Bedingungen wie die eigentliche Beobachtungsplatte. Auch ist zu beachten, daß beide Platten von derselben Emulsion sein müssen. Je nach den Umständen ist es vielleicht auch möglich, bei der ersten Belichtung einen Teil der Platte abzudecken, der dann dem Vergleichsfeld vorbehalten bleibt. Beide Aufnahmen einfach aufeinander zu setzen, wie es auch getan worden ist, dürfte sich nicht empfehlen, obgleich mit einem Komparator entschieden werden kann, welche Sterne dem einen und welche dem anderen Feld angehören. Ein Vorbelichtungseffekt könnte aber bewirken, daß die Schicht bei der zweiten Aufnahme anders reagiert als bei der ersten.

Die Bestimmung der Vergleichssterngrößen ist meist eine etwas schwierige Aufgabe. Andererseits ist aber auch ein systematischer Fehler von einer halben Größenklasse im System der Vergleichssterne oft ohne große Bedeutung, da ja die Form der Lichtkurve dadurch nicht gestört wird; es sei denn, daß man die Absicht hat, absolute Größen oder Entfernungen zu bestimmen. Amateure werden nicht umhin können, sich von ihrer für die Arbeit an Veränderlichen zuständigen Zentrale oder von einer Fachsternwarte beraten zu lassen. In dem vorliegenden Buch können wir auf weitere Details nicht eingehen.

Bestimmung der Maxima und Minima

Der Beobachter muß bestrebt sein, die Lichtkurven um die Zeit der Maxima und Minima, soweit diese zur Bestimmung oder Verbesserung der Elemente dienen sollen, möglichst dicht zu besetzen. Bei einem normalen RR-Lyrae- oder Bedeckungsstern sollte man nach jeweils 5 bis 10 Minuten, bei einem Mira-Stern in jeder Nacht eine visuelle Beobachtung zu gewinnen suchen. An einer durch die Punkte gelegten **mittleren Kurve** kann man die Zeit des Extremwertes ablesen. Nicht zu empfehlen ist es, die Zeit der hellsten oder schwächsten Beobachtung als Zeit des Maximums oder Minimums zu nehmen. Zweifel können entstehen, wenn, wie dies bei Mira-Sternen nicht selten ist, die Kurve im Maximum Unregelmäßigkeiten aufweist. Es wird nach dem Grundsatz verfahren, den sekundären Wellen kein zu großes Gewicht beizumessen.

Pogson hat ein Verfahren angegeben, das gelegentlich von Nutzen sein kann. Im Bild der Lichtkurve werden einige Parallelen zur Zeitachse gezeichnet, die also Punkte gleicher Helligkeit im Aufstieg und Abstieg verbinden. Man halbiere die zwischen den Kurvenästen liegenden Sehnen und lege durch die Mitten eine glatte Kurve. Wo deren Verlängerung die Lichtkurve schneidet, liegt das Maximum (**Pogsons schneidende oder halbierende Kurve**). Wie aus Bild 166 ersichtlich ist, braucht die so erhaltene Zeit des Maximums nicht unbedingt dem höchsten Punkt der Lichtkurve zu entsprechen; sie wird aber dem Gesamtverlauf der Lichtkurve besser gerecht. Die Neigung der halbierenden Kurve ist ein Maß für die Asymmetrie der Lichtkurve; bei symmetrischen Lichtkurven ist sie eine Gerade senkrecht zur Zeitachse. — Von verschiedenen Seiten sind auch rechnerische Verfahren zur Bestimmung der Zeiten der Extremwerte vorgeschlagen worden, doch dürfte ihnen kaum prinzipielle Bedeutung zukommen, da man den wahren Lichtkurven Gewalt antut, wenn sie durch mathematische Kurven, etwa Parabeln, approximiert werden. Es muß erwähnt werden, daß durch keine dieser Methoden eine Genauigkeit erreicht werden kann, die nicht in den Beobachtungen begründet liegt. Die Methoden können nur die Aufgabe haben, den Informationsgehalt der Beobachtungen voll zur Geltung zu bringen.

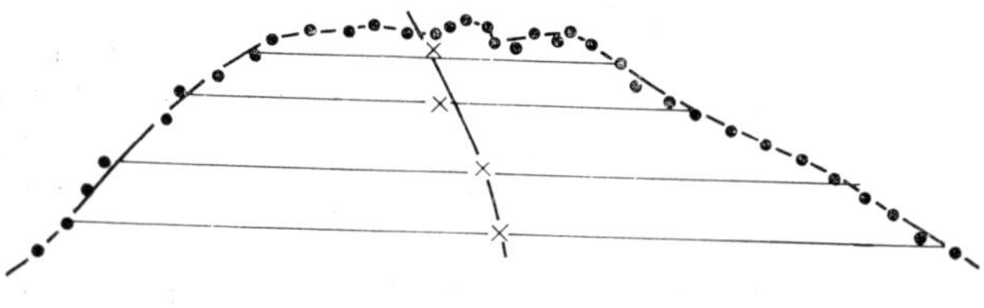

Bild 166 Pogsons halbierende Kurve

Beobachtungsfehler und Genauigkeit

Auf den störenden Einfluß von **Farbunterschieden** wurde schon hingewiesen. Bei den Stufenschätzungen treten jedoch noch andere psycho-physiologisch bedingte Fehler auf, die bei den einzelnen Beobachtern sehr verschieden sein können; vielleicht sind sie auch als zeitabhängig anzusehen und von der momentanen Disposition des Beobachters mit bedingt. Der gefährlichste ist wohl der **Stundenwinkelfehler**, der beim einzelnen Stern mit dem Stundenwinkel als Argument in Erscheinung tritt. In Wirklichkeit richtet er sich nach der relativen Lage der zu vergleichenden Sterne im Gesichtsfeld des Fernrohrs, also nach dem Winkel, den die Verbindung der beiden Sterne mit dem Vertikal bildet. Die Folge ist eine systematische Verfälschung der Beobachtungen, wenn ein Stern mehrere Stunden lang überwacht wird, oder bei Sternen, die nur einmal je Nacht beobachtet werden, ein jährlicher Gang. — Der **Distanzfehler** besteht darin, daß ein gleicher Größenunterschied verschieden beurteilt wird in Abhängigkeit vom Abstand der beiden Sterne. — Der **Helligkeitsfehler** besteht in einer Abhängigkeit des Stufenwertes von der Helligkeit, der **Intervallfehler** in einer solchen vom Helligkeitsunterschied der zu vergleichenden Sterne.

Es ist erkennbar, daß eigentlich nur der Stundenwinkelfehler wirklich störend in Erscheinung tritt, wenn der Beobachter damit behaftet ist, doch dürften auch hier höhere Werte selten sein. Bei den mittleren Lichtkurven kurzperiodischer Sterne würde aber auch dieser Fehler lediglich die Streuung der Beobachtungen vergrößern. Die anderen Fehler werden mehr oder minder kompensiert, wenn man individuelle Vergleichssternskalen benutzt. Die Wirkung dieser Fehler ist wohl da und dort in der Literatur überschätzt worden. Man wird ohnehin bestrebt sein, bei der Auswahl der Vergleichssterne große Distanzen und große Helligkeitsunterschiede zu vermeiden.

Die Entwicklung der Technik, insbesondere der Elektronik, hat dazu geführt, daß visuellen Methoden vielfach mit Geringschätzung begegnet wird. Sicher ist, daß die neuen Verfahren einen großen Fortschritt bedeuten, vor allem in der Genauigkeit der Messungen. Dies gilt auch hinsichtlich der visuellen Helligkeitsbestimmungen im Verhältnis zur lichtelektrischen Photometrie. Aber wir dürfen auch hier nicht verallgemeinern, und dafür ist die Argelandersche Stufenmethode ein gutes Beispiel.

Es kommt bei einer Beobachtungsmethode nicht nur auf die Genauigkeit, sondern auch auf die **Arbeitsökonomie** an, das heißt in unserem Falle, auf den Zeitaufwand für eine Bestimmung der Helligkeit eines Veränderlichen, und in dieser Hinsicht ist die Argelandersche Stufenmethode der lichtelektrischen Beobachtung weit überlegen. Auch der technische Aufwand muß berücksichtigt werden. Ferner ist zu beachten, daß man zur Bestimmung des Typus und der Elemente eines neuen Veränderlichen oder später zur Kontrolle der Periode gar nicht die höchstmögliche Genauigkeit braucht. Anders ist es selbstverständlich bei der Bestimmung von Lichtkurven in verschiedenen Spektralbereichen und, bei Bedeckungssystemen, bei der Ermittlung der Systemkonstanten.

Was die Argelandersche Methode zu leisten vermag, soll an einem Beispiel aufgezeigt werden. Während seines zweiten Aufenthalts in Südafrika 1952/53 hatte Hoffmeister eine größere Anzahl neuer kurzperiodischer Veränderlicher, die er auf früher aufgenommenen photographischen Platten entdeckt hatte, visuell zu beobachten. Da seine Frau für den größten Teil der Nacht die Führung des photographischen Instruments übernahm, konnte das Programm noch erweitert werden, und das Ergebnis war, daß er in etwa 13 Monaten 22416 Beobachtungen an 96 Sternen erhielt. Das Fernrohr von 130 mm Objektivdurchmesser und 1160 mm Brennweite war einfach und azimutal montiert. Die Bilder 167 und 168 zeigen zwei Lichtkurven von Bedeckungssternen mit kleinen Amplituden (A_1 Haupt-, A_2 Nebenminimum):

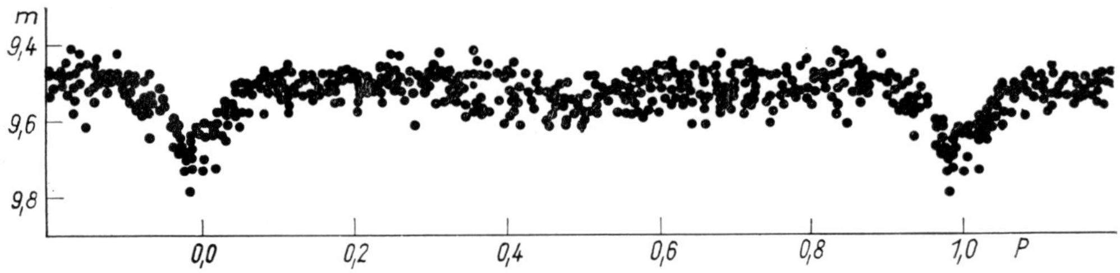

Bild 167 Mittlere visuell geschätzte Lichtkurve von V 673 Cen (nach HOFFMEISTER)

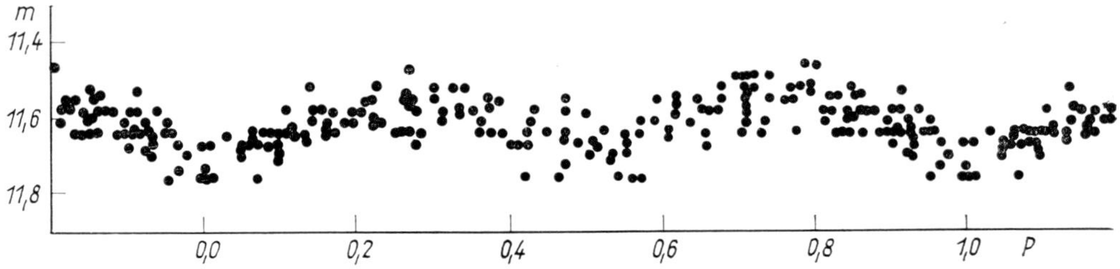

Bild 168 Mittlere visuell geschätzte Lichtkurve von V 677 Cen (nach HOFFMEISTER)

V 673 Cen	$9\overset{m}{,}5$ bis $9\overset{m}{,}7$	$P = 0\overset{d}{,}932792$	$A_1 = 0{,}2$ mag	$A_2 = 0{,}05$ mag
V 677 Cen	$11\overset{m}{,}55$ bis $11\overset{m}{,}7$	$P = 0\overset{d}{,}325067$	$A_1 = 0{,}15$ mag	$A_2 = 0{,}1$ mag

Die beiden Lichtkurven dürften das mit der Argelanderschen Methode erreichbare Optimum darstellen, wobei die Ursachen dafür nicht nur beim Beobachter, sondern auch beim Objekt liegen. Erstens müssen günstige Vergleichssterne zur Verfügung stehen, und zweitens muß der Kurvenverlauf in den verschiedenen Zyklen gut übereinstimmen. Bei den engen Kontaktsystemen, wozu auch die beiden Sterne V 673 und V 677 Cen gehören, ist das oft nicht der Fall, wie im Kapitel über Bedeckungssterne bereits ausgeführt wurde. Außerdem muß die Helligkeit in einem für das Instrument günstigen Bereich liegen. Photographisch lassen sich Veränderliche mit Amplituden bei 0,2 mag kaum sicher bestätigen; man wird sie nur als verdächtig anmerken.

Photoelektrische Photometrie

Das Prinzip des Verfahrens besteht darin, Lichtenergie in elektrische Energie zu verwandeln, weil diese sehr viel genauer gemessen werden kann als unmittelbar die Intensität des Lichtes. Die lichtelektrische Photometrie wurde etwa von 1910 ab in die Astronomie eingeführt, in Nordamerika von STEBBINS, in Deutschland von GUTHNICK für Direktmessungen an Sternen, von ROSENBERG für Messungen auf photographischen Platten. Man bediente sich damals der Vakuumzellen oder gasgefüllter Zellen, wobei aus einer aufgedampften dünnen Schicht von Kalium, Caesium, Rubidium u. a. durch die Lichtquanten Elektronen abgelöst wurden, die mittels einer positiven Spannung von einer meist ringförmigen Elektrode innerhalb der Zelle gesammelt, abgeleitet und als Ladung oder Strom gemessen wurden.

Später sind die Zellen durch die **Sekundär-Elektronen-Vervielfacher** (SEV) oder Multiplier ersetzt worden. Sie beruhen primär auf demselben Prinzip, nur wird in der Vakuumröhre ein Verstärkungsvorgang wirksam: Die Primärelektronen erhalten zusätzlich Energie durch eine Saugspannung von etwa 100 V und treffen auf eine Schicht, aus der sie, infolge ihrer hohen Energie, Sekundärelektronen in größerer Zahl zu lösen vermögen. Der Vorgang wiederholt sich je nach Bauweise 10mal oder öfter, wobei eine hohe Verstärkung («Vervielfachung») erzielt wird. Bei 12 Stufen zu je 100 V ist eine SEV-Spannung von rund 1200 V erforderlich. Hierzu werden Stromversorgungsgeräte benutzt. Sie müssen sehr strengen Bedingungen genügen, denn die reine Gleichspannung von oft mehr als 1000 V muß innerhalb von $1^0/_{00}$ konstant gehalten werden. Der vom SEV gelieferte Photostrom kann, gegebenenfalls unter Benutzung einer Anpassungsstufe und weiterer Hilfsmittel, mit Hilfe eines Schreibgerätes registriert oder digital aufgezeichnet werden. Auch hier empfiehlt es sich, die Messungen differentiell, das heißt unter Verwendung von Vergleichssternen, anzulegen, allein schon, damit Schwankungen der atmosphärischen Durchsicht ausgeglichen werden. Gelegentlich begnügt man sich damit, Lichtkurven allein unter Verwendung der Helligkeitsdifferenzen zwischen Veränderlichem und Haupt-Vergleichsstern zu zeichnen, ohne die scheinbare Helligkeit des letzteren durch einen Anschluß an Standardsterne bestimmt und additiv den gemessenen Differenzen hinzugefügt zu haben. Vorliegendes Buch enthält einige derartige Kurven; in diesen Fällen kennzeichnet das Symbol Δ die Differenzdarstellung.

Für die Reduktion der Beobachtungen ist es erforderlich, dann und wann den Himmelsgrund einschließlich des «Dunkelstroms» zu messen. Letzterer entsteht durch thermische Elektronen innerhalb der Vakuumzelle, die immer auftreten, auch ohne daß die Zelle belichtet wird. Ein SEV ist um so besser geeignet, je geringer sein Dunkelstrom ist. Der Dunkelstrom läßt sich weitgehend unterdrücken durch Kühlung der Zelle mit CO_2-Schnee, wovon in der Praxis vielfach Gebrauch gemacht wird.

Der SEV hat auch den Bereich schwächerer Sterne der lichtelektrischen Photometrie erschlossen. Zum Beispiel beträgt der mittlere Fehler einer Einzelmessung eines A-Sterns 12^m bei Verwendung eines 600-mm-Spiegels etwa $\pm 0{,}02$ mag. Außer der oben angedeuteten Meßmethode gibt es heute noch mehrere andere Verfahren (integrierende und impulszählende Photometer, Wechsellicht-Methode u. a.), auf die hier jedoch nicht eingegangen werden soll.

Bild 169 zeigt einen Ausschnitt aus einer Registrierung, die eine am lichtelektrischen Photometer des Sonneberger 600-mm-Spiegels (s. auch Bild 170) durchgeführte Meßreihe wiedergibt.

Durch die weltweiten Fortschritte auf dem Gebiete der **Halbleitertechnik** ist auch, durch Verwendung spezieller Detektormaterialien, der infrarote Spektralbereich ($\lambda > 0{,}8\ \mu m$) bis hin zu den Sub-mm-Wellen der Messung zugänglich geworden.

8.1.2. Spektrographische und andere Beobachtungen

Die Kenntnis des Spektrums und seiner Veränderungen ist für die Erforschung der Veränderlichen Sterne von ganz besonderer Bedeutung, denn es ist nur auf diesem Wege möglich, die Erscheinungen, die die Lichtkurve darbietet, physikalisch zu deuten, womit keineswegs gesagt werden soll, daß wir diesem Ziele schon in der Mehrzahl der

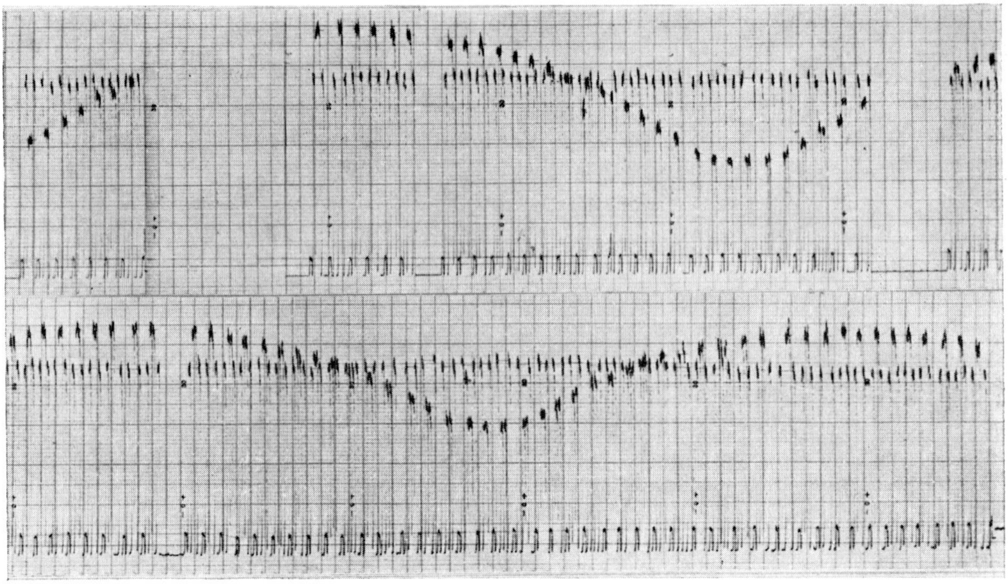

Bild 169 Beispiel einer photoelektrischen Registrierung. Es handelt sich um Messungen an dem W-Ursae-Maioris-Stern CC Com (nach Rose u. Wenzel). Die geschwungene Reihe von Meßmarken, deren Dauer jeweils 60 Sekunden beträgt, rührt vom Veränderlichen her. Die Amplitude des Sterns ist 0,94 mag im Haupt- (*oberer Teil*) und 0,76 mag im Nebenminimum (*unterer Teil des Bildes*). Die annähernd horizontal verlaufende Reihe von Meßmarken, deren jede 30 Sekunden umfaßt, gehört dem Vergleichsstern an; sie zeigt die ausgezeichnete Konstanz des Apparates und des Luftzustandes (der geringe Abfall nach rechts hin ist durch die atmosphärische Extinktion mit zunehmender Zenitdistanz verursacht). Die Marken am unteren Rand schließlich geben die Helligkeit des Himmelsgrundes und den durch den Dunkelstrom bedingten Nullpunkt an. Die rasche Schwankung innerhalb der Meßmarken (insbesondere der beiden Sterne) entsteht teils durch die Szintillation, teils durch das «Rauschen» der Apparatur (im wesentlichen des SEV). Durch diesen Effekt ist die Größe der Meßgenauigkeit (mittlerer Fehler) bestimmt. Der Abstand zwischen den Mitten von Haupt- und Nebenminimum beträgt $P/2 \approx 2{,}6$ Stunden. Der untere Teil des Bildes ist die unmittelbare zeitliche Fortsetzung des oberen.

Fälle einigermaßen nahegekommen sind. Zwei spektroskopisch beobachtbare Erscheinungen sind von besonderer Wichtigkeit: Erstens der Dopplereffekt, der es u. a. ermöglichte, die Pulsationstheorie zu bestätigen, zweitens die Wirkungen von Gashüllen (shells) und -scheiben (disks), die nicht nur Linienverschiebungen und Linienverbreiterungen bewirken, sondern auch das Erscheinen von Emissionslinien.

Bekanntlich gibt es mehrere Verfahren, um Sternspektrogramme zu gewinnen. Bei dem einen wird vor das Objektiv ein Prisma derselben Öffnung gesetzt, so daß wir damit auf der photographischen Platte die Spektren aller Sterne des abgebildeten Feldes erhalten, soweit sie hell genug sind. Die Objektivprismen-Methode eignet sich daher für die Klassifikation einer größeren Anzahl von Sternen und auch für die Aufsuchung besonderer Objekte, beispielsweise der H_α-Sterne, d. h. solcher Sterne, die die rote Wasserstofflinie H_α in Emission haben. Genaue physikalische Untersuchungen an einzelnen Sternen jedoch erfordern größere Dispersion. Hierfür werden die Spaltspektrographen benutzt, die jeweils nur das Spektrum eines Sterns abbilden und Vorrichtungen zur Erzeugung von Vergleichsspektren haben.

Bild 170 Photoelektrisches Sternphotometer am Sonneberger 60-cm-Reflektor I

Dieses Buch enthält zahlreiche Abbildungen bemerkenswerter Spektren von Veränderlichen. Zu beachten ist, daß es sich hierbei um Negativ-Reproduktionen handelt (dunkel erscheinende Linien sind Emissionen) und daß in einer Anzahl von Fällen neben den Sternspektren die ebengenannten Vergleichsspektren zu sehen sind.

Die Beobachtung mit Radio-Teleskopen im Zentimeter- und Meterwellenbereich war bisher nur in Einzelfällen der Veränderlichkeit von positivem Erfolg. Voraussagen der weiteren Entwicklung lassen sich kaum geben.

Drei andere technische Gebiete sollen wenigstens am Rand erwähnt werden. Das eine ist die Verwendung von Bildwandlerröhren zur Vergrößerung der Reichweite photographischer Aufnahmen oder zur Verkürzung der Belichtungszeiten. Das andere ist das Gebiet der elektronischen Datenverarbeitung, das für die Bearbeitung astronomischer Beobachtungen immer größere Bedeutung gewinnt. Als drittes nennen wir die CCD-Technik (charge coupled device), bei der die flächen- oder linienhafte Anordnung einer Vielzahl mikroskopisch kleiner Halbleiterdetektoren zur hochempfindlichen Analyse von Strukturen dient. Weil die Entwicklung rasch fortschreitet, dürfte es zwecklos sein, in einem Buch, das berufen ist, einen mehr konstanten Zustand zu beschreiben, darüber zu berichten, da ein solches Referat in kurzer Zeit veraltet wäre. Der Leser sei daher auf die Literatur verwiesen.

Auch die Beobachtung Veränderlicher Sterne von Erdsatelliten aus hat begonnen, und zwar insbesondere in den vom Boden aus schwer oder gar nicht zugänglichen infraroten, ultravioletten und Röntgen-Bereichen. Hierbei sind eine Vielzahl neuer Funde zu erwarten. Diese können aber nur dann unseren bisherigen Kenntnissen erfolgreich

Tabelle 64 Verzeichnis der hellen Veränderlichen

Name	Grenzgrößen		Art	Periode	Spektrum
λ And	$4^{\mathrm{m}}9$	$5^{\mathrm{m}}3$	SR ?	54^{d}	G8
η Aql	4,1	5,4	Cδ	7,177	F6
48 (RT) Aur	5,0	5,8 v	Cδ	3,728	F4
ε Aur	3,5	4,5	EA	9892	F0ep
ζ Aur	5,0	5,6	EA	972	K4 + B7
29 (UW) CMa	4,5	4,8	EB	4,393	O8 + O8
27 (EW) CMa	4,3	4,6	I ?		B4e
FW CMa	5,0	5,3	γC	—	B3e
R Car	3,9	10,0 v	M	309	M4e
S Car	4,5	9,9 v	M	149,5	K7e
l Car	3,4	4,1 v	Cδ	35,522	F6
γ Cas	1,6	3,0 v	γC	—	B0e
ϱ Cas	4,1	6,2 v	RCB ?	—	F8p
μ Cen	2,9	3,4 v	γC	—	B2
δ Cep	3,5	4,3 v	Cδ	5,366	F5
μ Cep	3,6	5,1 v	SR		M2e
o Cet	2,0	10,1 v	M	331,9	M5e
ε CrA	4,7	5,0 v	EW	0,591	F0
T Cyg	5,0	5,5 v	L ?		K3
o^1 (V 695) Cyg	4,9	5,3	EA	3784	K4 + B4
f^1 (V 832) Cyg	4,5	4,9 v	γC	—	B2e
χ Cyg	3,3	14,2 v	M	407	S7e
β Dor	3,5	4,1 v	Cδ	9,842	F4
ζ Gem	3,7	4,2 v	Cδ	10,151	F7
η Gem	3,3	3,9 v	SR (E)	233 (2984)	M3
β Gru	2,0	2,3 v	L ?		M3
α Her	3,0	4,0 v	SR		M5
u Her	4,6	5,3	EB	2,051	B3 + B5
R Hor	4,7	14,3 v	M	404	M5e
R Hya	4,0	10,0 v	M	390	M6e
EW Lac	5,0	5,3	γC	—	B3ep
R Leo	4,4	11,3 v	M	312	M6e
RX Lep	5,0	7,0 v	SR	150 ±	M4
δ Lib	4,9	5,9 v	EA	2,327	A0
13 (R) Lyr	3,9	5,0 v	SR	46	M5
β Lyr	3,3	4,3 v	EB	12,914	B8p
ε Oct	5,0	5,4 v	SR	55 ±	M6
χ Oph	4,2	5,0	γC	—	B2pe
U Ori	4,8	12,6 v	M	372	M6e
α Ori	0,4	1,3 v	SR	2335	M2e
$\varkappa$ Pav	3,9	4,8 v	CW	9,088	F5
λ Pav	3,4	4,3 v	γC	—	B2e
β Peg	2,3	2,7 v	L	—	M2e
β Per	2,1	3,4 v	EA	2,867	B8
ϱ Per	3,3	4,0 v	SR	50 ±	M4
ζ Phe	3,9	4,4	EA	1,670	B6 + B8
δ Pic	4,6	4,9 v	EB	1,673	B0
47 (TV) Psc	4,6	5,4 v	SR	65 ±	M3
V Pup	4,7	5,2	EB	1,454	B1 + B3
KQ Pup	4,9	5,2 v	?		M2e + B2e
MX Pup	4,6	4,9	γC	—	B2e
L_2 Pup	2,6	6,2 v	SR	140	M5
W Sgr	4,3	5,1 v	Cδ	7,595	F4
3 (X) Sgr	4,2	4,8 v	Cδ	7,012	F5
RR Sco	5,0	12,4 v	M	279	M6e

Tabelle 64 (Fortsetzung)

Name	Grenzgrößen		Art	Periode	Spektrum
α Sco	$0^{m}_{,}9$	$1^{m}_{,}8$ v	SR	1733^{d}	M1
μ^1 Sco	2,8	3,1	EB	1,440	B2 + B7
R Sct	4,4	8,2 v	RV	140	G0e
δ Sct	4,9	5,2	δSc	0,194	F3
d Ser	4,9	5,9 v	?		G0 + A6
28 (BU) Tau	4,8	5,5 v	γC	—	B8ep
λ Tau	3,3	3,8	EA	3,953	B3 + A4

Artbezeichnungen (internationale Abkürzungen):

EA	Algol
EB	β Lyrae
EW	W Ursae Maioris
E	Bedeckungsstern (eclipsing variable), Untertypus unbekannt
Cδ	δ Cephei
CW	W Virginis
δ Sc	δ Scuti
M	Mira
RV	RV Tauri
SR	halbregelmäßig (semi-regular)
L	unregelmäßig (später Spektraltypus)
I	unregelmäßig (früher Spektraltypus)
γ C	γ Cassiopeiae
RCB	R Coronae Borealis

eingegliedert werden, wenn jederzeit die entsprechenden «optischen» Vergleichsinformationen synchron oder in anderer passender Weise erlangt werden.

8.1.3. Helle Veränderliche

Unter den mit bloßem Auge sichtbaren Sternen befindet sich eine nicht geringe Anzahl von Veränderlichen. Ein Verzeichnis solcher Objekte kann in mancherlei Hinsicht von Interesse sein. Die Tabelle 64 wurde nach dem Generalkatalog und seinen 3 Ergänzungen (GCVS, Kukarkin u. Mitarb. 1969 ... 1976) zusammengestellt.

Einbezogen wurden Veränderliche, deren Maximalgröße visuell heller oder gleich $5^{m}_{,}0$ ist und deren Amplitude größer oder gleich 0,25 mag (visuell oder photographisch) angegeben wird. Die Tabelle enthält hinter dem Sternnamen die Grenzgrößen: v bedeutet visuell oder V-Bereich, alle anderen sind photographisch oder im B-Bereich bestimmt. Die weiteren Spalten enthalten die Kennzeichnung des Typus, die Periode mit beschränkter Genauigkeit und den Spektraltyp im Maximum ohne Berücksichtigung weiterer Einzelheiten.

Die meisten der aufgeführten Sterne sind mit Hilfe der Atlanten für die mit bloßen Augen sichtbaren Sterne leicht auffindbar, so daß sich eine Angabe von Koordinaten hier erübrigt.

Nicht berücksichtigt wurden Novae, Supernovae und die Sterne η Car und P Cyg. Wegen der eingangs angegebenen Beschränkungen ist auch der viel beobachtete Stern R CrB nicht enthalten, der einer ganzen Klasse von Veränderlichen den Namen gegeben hat (Kap. 3.5.). Erwähnt sei noch αUMi, der Polarstern, der ein W-Virginis-Veränderlicher mit der Periode $3\overset{d}{.}970$ und der sehr kleinen Amplitude von 0,15 mag ist. Über ihn existiert eine umfangreiche Literatur. Die Periode ist veränderlich, ohne daß es bis jetzt gelungen ist, eine allgemein gültige Formel zu finden. Interferometermessungen von WILSON jr. (1937) haben die Duplizität des Hauptsterns ergeben; eine Komponente 4^m befindet sich danach in einem Abstand von $0\overset{''}{.}24$. Möglicherweise ist diese Komponente für ein im Lichtwechsel gefundenes Glied mit einer Periode von 29,6 Jahren verantwortlich. Ein Begleiter 8^m steht in einer Distanz von $18\overset{''}{.}3$.

Daß auch gegenwärtig noch die Entdeckung einer merklichen Variabilität bei hellen Sternen möglich ist, zeigt der Fall von 1 (V 436) Per: RUFENER (Genf) fand einige abweichende photoelektrische Messungen bei der Benutzung des Objektes als Standardstern; eine französische Gruppe von Amateurastronomen beobachtete daraufhin visuell sowohl Haupt- als auch Nebenminimum dieses auf solche Weise neugefundenen Bedeckungssterns, leitete die Periode ab ($25\overset{d}{.}936$) und stellte eine starke Elliptizität der Bahn (exzentrisches Nebenminimum) fest (NORTH u. RUFENER 1981). Der Lichtwechselbereich ist $V = 5\overset{m}{.}51 \ldots > 5\overset{m}{.}84$. Ein ähnlicher Fall ist das von FÜRTIG (1975) entdeckte und von L. MEINUNGER (1979) genauer untersuchte Bedeckungssystem 71 (DE) Dra mit einer visuellen Helligkeit von $5\overset{m}{.}7$.

8.1.4. Mitarbeit der Amateure

Als Betätigungsfeld für Sternfreunde ist das Gebiet der Veränderlichen Sterne wie kaum ein anderes geeignet. Das hat mehrere Gründe: Erstens kann der instrumentelle Aufwand gering gehalten werden; vom Feldstecher bis zum lichtstarken Spiegelteleskop erlaubt jedes Instrument die Aufstellung eines Programms. Zweitens ist die Methode der Beobachtung leicht erlernbar, wenn dies auch einige Sorgfalt und Ausdauer erfordert. Drittens kann man bei sachgemäßer Ausführung der Beobachtungen des Erfolgs sicher sein und hat ein äußerst umfangreiches Tätigkeitsgebiet vor sich. «Zur Motivation der Beobachtung Veränderlicher Sterne» hat WENZEL (1980b) grundlegende Betrachtungen dargelegt.

Es würde eher verwirrend als klärend wirken, wenn wir alle Möglichkeiten hier anführen wollten. Das aufmerksame Studium der Abschnitte über die Typologie vermag zahlreiche Hinweise zu geben. Trotzdem wird es zweckmäßig sein, einige Gesichtspunkte herauszustellen.

Periodenänderungen

An erster Stelle ist das sehr aktuelle Gebiet der Periodenänderungen zu nennen. Wenn wir sagen wollten, es gäbe im Bereich der Veränderlichen Sterne überhaupt keine konstanten Perioden, so wäre das wohl etwas übertrieben, aber wahrscheinlich nicht weit von der Wahrheit entfernt. Selbst viele Bedeckungssysteme haben, wie das Beispiel Algol zeigt und die bisherige Erfahrung lehrt, variable Perioden. Auch bei δ-Cephei-Sternen kommen Periodenänderungen vor. Bei den RR-Lyrae-Sternen verlaufen sie ihrerseits wieder periodisch im Zusammenhang mit Änderungen der Amplitude und der Kurvenform. Eine besondere Stellung nehmen die Mira-Sterne ein mit ihren sehr wahrscheinlich sprunghaft verlaufenden Änderungen der Perioden.

Wenn wir bei einem Stern eine Periodenänderung erkannt haben, wissen wir oft nicht, wann die Änderung eingetreten ist. Ein gutes Maximum oder Minimum wäre dann eventuell geeignet, Aufschluß zu geben oder mindestens den Zeitabschnitt, in dem der Wechsel stattgefunden hat, einzuengen und auch über den Mechanismus der Änderung einiges auszusagen. Sicher kann die photographische Himmelsüberwachung hier Hilfe leisten, aber bei kurzperiodischen Sternen vermag sie gut durchbeobachtete Lichtkurven nicht zu ersetzen, ganz abgesehen von den Störungen durch das Wetter.

Es ist besser, dicht besetzte Kurven einzelner Maxima oder Minima zu erhalten, als danach zu streben, möglichst viele Sterne zu beobachten. Wohl vermag ein geübter Beobachter ein großes Programm zu bewältigen, aber dann soll er so verfahren, daß er zu jeder Stunde diejenigen Sterne bevorzugt, die vor einem Minimum oder Maximum stehen. Normalerweise genügt es, raschwechselnde Sterne im Abstand von 30 Minuten zu beobachten. Erkennen wir dabei, daß ein Algolstern schwächer, ein RR-Lyrae-Stern, der vordem im kleinsten Licht war, heller geworden ist, dann beobachten wir ihn nach jeweils 5 bis 10 Minuten, und zwar so lange, bis das kleinste oder größte Licht eindeutig überschritten ist.

Bei Mira-Sternen und anderen Typen mit langsamem Lichtwechsel empfiehlt sich auch die photographische Beobachtung, zumal wir in sternreichen Milchstraßenfeldern gleich eine ganze Anzahl von geeigneten Objekten auf die Platte bekommen. Da es sich vielfach um gefärbte Sterne handelt, ist darauf zu achten, daß die Plattensorte immer genau bezeichnet und vor allem nicht unkontrollierbar gewechselt wird. Für rasche Veränderliche Sterne ist das photographische Verfahren weniger geeignet, da die Platten keine scharfen Epochen, sondern einen Mittelwert der Helligkeit geben, es sei denn, es wird sehr kurz belichtet, was sich aber verbietet, wenn wir schwache Sterne abbilden und das Höchstmaß an Information erreichen wollen. Eine gut besetzte visuelle Lichtkurve eines RR-Lyrae-Sterns kann das Maximum mit den Fehlergrenzen ± 5 Minuten ergeben; bei einer photographischen Aufnahme mit 30 oder 60 Minuten Belichtung dagegen kann das etwaige Maximum irgendwo innerhalb dieses Zeitabschnittes gelegen haben, und wir können eine merkliche Ungenauigkeit einführen, wenn wir es, wie üblich, auf die Mitte der Belichtungszeit legen. Handelt es sich darum, die noch unbekannte Periode zu finden, dann sind wir meist auf solche Beobachtungen angewiesen, und es entsteht dadurch kein Schaden. Anders aber ist es, wenn Feinheiten, wie etwa Periodenänderungen, untersucht werden sollen.

Eruptive Veränderliche

Eine weitere dankbare Aufgabe ist die Überwachung der novaähnlichen Veränderlichen und der alten Novae, bei denen mit einem Wiederaufleuchten gerechnet werden kann. In dem betreffenden Kapitel (3.1.2.) ist eine von der Internationalen Astronomischen Union ausgearbeitete Liste solcher Novae gegeben. Es wurden diejenigen alten Novae ausgewählt, die eine relativ kleine Amplitude haben, weil bei ihnen am ehesten mit einer kurzen Zwischenzeit der Ausbrüche (≈ 10 bis ≈ 60 Jahre) gerechnet werden darf. Es kommt hier darauf an, den Beginn des Aufstiegs so früh wie möglich zu erkennen, damit der Vorgang spektrographisch beobachtet werden kann. Auch die als novaähnlich klassifizierten Sterne können Überraschungen bringen. Gegebenenfalls ist eine Sternwarte zu benachrichtigen.

Ferner sind die U-Geminorum-Sterne zu nennen, von denen manche wegen der Seltenheit und Kürze der Erhellungen sehr viel Geduld vom Beobachter erfordern. Es darf festgestellt werden, daß Fälle wie UV Per ohne jahrelange visuelle Überwachung niemals vollkommen hätten aufgeklärt werden können.

Sehr wichtig ist auch die Überwachung der seltenen R-Coronae-Borealis-Sterne; R CrB selbst ist im Maximum 6^m. Die möglichst frühzeitige Feststellung, daß die Helligkeit in eines der unperiodisch auftretenden Minima absinkt, ist für die Fachsternwarten, die mit Spektrographen oder Infrarot-Photometern ausgerüstet sind, von großer Bedeutung. Überhaupt empfiehlt sich die Erlangung dichter Lichtkurven dieser Objekte, da aus Gestalt, Zeitpunkt und Tiefe der Minima im Zusammenhang mit physikalischen Meß- und Beobachtungsreihen grundlegende Aufschlüsse über die Natur der die Minima verursachenden zirkumstellaren Materie erhalten werden.

8.2. Organisation

Die Organisierung der nationalen und der internationalen **Zusammenarbeit** zur Untersuchung Veränderlicher Sterne ist aus mindestens drei Gründen besonders wichtig.

Erstens ist die möglichst lückenlose Kenntnis der Lichtkurven von Veränderlichen innerhalb passend gewählter Zeitabschnitte, sei der Lichtwechsel irregulär oder zyklisch, oftmals entscheidend für die richtige Interpretation der Befunde und die Entwicklung von Modellvorstellungen, und dies kann im allgemeinen wegen der Wettereinflüsse und der Erdrotation nur durch internationale Kooperation erreicht werden.

Zweitens ist für synchrone (simultane) Beobachtungen in mehreren grundsätzlich verschiedenen Wellenlängenbereichen (Radiofrequenzen, IR, sichtbares Gebiet, UV, Röntgenstrahlen), gekoppelt mit spektrographischen Untersuchungen, der Einsatz verschiedenartiger Beobachtungsgeräte erforderlich, die unmöglich einem einzelnen Observatorium oder Wissenschaftler alle verfügbar sein können.

Drittens ist eine kooperative Arbeitsteilung im allgemeinen auch zwischen Theoretikern, Rechnern und Beobachtern nötig.

Die weltweite internationale Zusammenarbeit der Fachastronomen zu organisieren ist die Aufgabe der **Internationalen Astronomischen Union** (IAU). Die speziellen Fachgebiete der gesamten astronomischen Forschung sind den rund 40 Kommissionen der IAU anvertraut. Für die Veränderlichen Sterne ist die Kommission 27 zuständig, für Bedeckungssterne die Kommission 42, doch werden selbstverständlich auch andere Kommissionen herangezogen, wie etwa die für Photometrie, Spektroskopie, Doppelsterne, Bau der Galaxis, Sternaufbau und Sternentwicklung. Auf dem Gebiet der Veränderlichen sind von besonderer praktischer Bedeutung die zwischenstaatliche Absprache von Beobachtungsprogrammen, die gemeinsame Nutzung von speziellen Beobachtungsstationen und -instrumenten durch mehrere Länder sowie die Abhaltung von wissenschaftlichen Symposien, Kolloquien und Arbeitsberatungen.

Außer der IAU existieren weitere Organisationsformen mit etwas engerer Begrenzung, so z. B. die «Problemkommission Physik und Entwicklung der Sterne zur multilateralen Zusammenarbeit der Akademien der sozialistischen Länder». In ihr befaßt sich besonders die Unterkommission 3 (Nichtstationäre Sterne) mit der Kooperation auf dem Gebiet der Veränderlichen Sterne.

Amateurastronomen sind meist auf nationaler Ebene zu mehr oder weniger locker organisierten Vereinigungen zusammengeschlossen. In den letzten Jahren sind zahlreiche neue Gruppen entstanden. Eine vollständige Aufzählung muß hier unterbleiben. Einige Beispiele von Gesellschaften, die sich mit der Pflege des Gebietes der Veränderlichen Sterne befassen, seien jedoch aufgeführt:

AKV	Arbeitskreis «Veränderliche Sterne» im Kulturbund der DDR
AAVSO	American Association of Variable Star Observers
AFOEV	Association Francaise d'Observateurs d'Etoiles Variables
BAA-VSS	British Astronomical Association (Variable Star Section)
BAV	(West-)Berliner Arbeitsgemeinschaft für Veränderliche Sterne
BBSAG	Beobachter von Bedeckungssternen in der Schweizerischen Astronomischen Gesellschaft
RASNZ-VSS	Royal Astronomical Society of New Zealand (Variable Star Section)
SUAA-VSS	Scandinavian Union of Amateur Astronomers and Ursa Astronomical Association (Variable Star Section).

In der Bundesrepublik Deutschland existieren mehrere derartige Gruppen. In manchen Ländern ist eine Fachsternwarte Zentrum einer solchen Vereinigung (ČSSR — Brno, VR Polen — Krakow), in anderen Staaten wiederum eine Schul- oder Volkssternwarte. In allen Fällen aber ist der Kontakt der Amateure mit Spezialisten unter den Fachastronomen wichtig, und auch diese Notwendigkeit kann zu internationaler Kooperation führen.

9. Literatur

9.1. Kurze Hinweise auf Sternkataloge und Karten

Bei der Entdeckung, Beobachtung und Bearbeitung Veränderlicher Sterne sind selbstverständlich der von Kukarkin u. Mitarb. (1969, 1971, 1974, 1976) herausgegebene «**Obshchij katalog peremennykh zvezd**» (General Catalogue of Variable Stars und seine drei Ergänzungen) sowie die laufend erscheinenden zugehörigen «Benennungslisten» unentbehrlich, ferner der jetzt als dritte Ausgabe vorliegende Katalog der noch unbenannten, aber verdächtigen Sterne (Kholopov 1982: New Catalogue of suspected variable stars). Ersterer wird im Text des vorliegenden Buches als «GCVS» häufig zitiert; letzterer heißt abgekürzt «NSV» (Vorläufer: «CSVS 1951» und «CSVS 1965» von Kukarkin u. Mitarb. 1951 und 1965).

Von den allgemeinen Sternverzeichnissen kommen an erster Stelle die Durchmusterungs-Kataloge und die danach gezeichneten Karten in Betracht, sofern nicht etwa genaue Örter bestimmt werden sollen. Diese in das Gebiet der Astrometrie fallende Aufgabe wird hier nicht behandelt. Es folgt die Angabe der **Durchmusterungs-Kataloge:**

Nördliche Bonner Durchmusterung, Aequinoktium 1855,0, Grenzen in Deklination $+90° \; -2°$, Abkürzung BD
Südliche Bonner Durchmusterung, Aequinoktium 1855,0, Grenzen in Deklination $-2° \; -23°$, Abkürzung BD
Cordoba-Durchmusterung, Aequinoktium 1875,0, Grenzen in Deklination $-22° \; -90°$, Abkürzung CoD
Cape Photographic Durchmusterung, Aequinoktium 1875,0, Grenzen in Deklination $-18° \; -90°$, Abkürzung CPD

Die wichtigsten älteren **Kataloge von Sternspektren** sind:

Henry Draper Catalogue of Stellar Spectra, Ann. Harvard Obs. **91** ... **99** (1918 ... ... 1924)
Henry Draper Extension, Ann. Harvard Obs. **100**; **105**; **112** (1925 ... 1949)
Potsdamer Spektraldurchmusterung, Publ. Astrophys. Obs. Potsdam **88** ... **93** (1929 ... 1938)
Bergedorfer Spektraldurchmusterung, 5 Bände (1935 bis 1953)

Zur BD und CoD sind **Karten** veröffentlicht, die im Maßstab $1° \mathrel{\hat=} 20$ mm gezeichnet sind. Sie reichen bis etwa zu Sternen 10^{m} visuell. Die Örter von Sternen, die nicht in den Durchmusterungen enthalten sind, kann man durch Einzeichnung auf etwa $0\overset{\prime}{.}5$ genau ablesen. Bei neuen Veränderlichen empfiehlt es sich indessen, jeweils ein spezielles Kärtchen zu zeichnen und zu veröffentlichen, damit das Objekt einwandfrei identifiziert werden kann.

Ein zusammenfassendes Verzeichnis von **Positionen** und Eigenbewegungen von fast 260000 Sternen liegt in dem «Star Catalog» des Smithsonian Astrophysical Observatory (SAO-Katalog) vor. Zu diesem existiert ein Atlas, der neben den Katalogsternen

(Aequinoktium 1950,0) auch nichtstellare Objekte enthält und der mit 1° ≙ 8,6 mm etwa die Hälfte des Maßstabes der BD aufweist.

Daneben gibt es weitere Atlanten mit kleinerem Maßstab, die da und dort von Nutzen sein können. Im deutschsprachigen Raum sind dies vor allem diejenigen von Beyer-Graff, Bečvář, Mikhajlov und Vehrenberg.

Von letzterem stammen zwei viel verwendete **photographische Kartenwerke.** Überhaupt sind die photographischen Karten, auch als Dokumente aus der Aufnahmezeit, von besonderer Bedeutung.

Das älteste Unternehmen dieser Art sind die Photographischen Sternkarten von Palisa und Wolf. Erschienen sind 210 Blätter, die je ein Areal von 6° × 7°,5 im Maßstab 1° ≙ 36,7 mm umfassen. Ihre Bedeutung besteht darin, daß sie mindestens bis 15^{m} reichen und daß ein Gradnetz von guter Genauigkeit eingezeichnet ist, das die Entnahme von Sternörtern mit einer Fehlergrenze von etwa 0',2 gestattet. Leider decken die Karten nicht den ganzen Nordhimmel. Die zugrunde liegenden Aufnahmen sind ursprünglich für die Milchstraße und für Kleine Planeten ausgeführt worden. Man beachte, daß das Aequinoktium nicht einheitlich ist; ein Teil der Karten gibt das Gradnetz für 1875,0, ein Teil für 1900,0.

Sehr einheitlich ist dagegen die photographische Kartierung des Südhimmels durchgeführt in der Map of the sky south of −19°, herausgegeben vom Observatorium Johannesburg. Das Aequinoktium ist 1875,0 in Übereinstimmung mit CoD und CPD. Das Areal des einzelnen Blattes umfaßt 5°,4 × 6°,8 mit dem Maßstab 1° ≙ 35,5 mm. Das Gradnetz ist ebenso genau wie das der Karte von Palisa und Wolf. Leider ist die Reichweite auf manchen Blättern unbefriedigend. Insbesondere bei der Bestimmung von Örtern, die genauer sind als die aus den Durchmusterungskarten zu entnehmenden, leisten diese photographischen Karten gute Dienste.

Besondere Bedeutung hat der Palomar Sky Survey Atlas gewonnen, der vom Palomar Mountain Observatory gemeinsam mit der National Geographic Society herausgegeben worden ist. Die Karten überdecken den Himmel vom Nordpol bis −33°. Die Aufnahmen wurden mit dem großen 126 cm-Schmidt-Teleskop gemacht. Das Bildfeld ist 6°,5 × 6°,5, die Seitenlänge 35 cm, der Maßstab 1° ≙ 53,5 mm. Die Grenzgröße liegt etwa bei 21^{m}. Jedes der 935 Felder ist zweimal aufgenommen, in Blau und Rot. Durch ein Vergleichen der beiden Blätter kann man die Farbe eines Sterns bestimmen. Darin liegt die große Bedeutung der Palomar-Karte für die Veränderlichenforschung.

Der Palomar-Atlas ist später um zwei Zonen bis −45° Deklination erweitert worden, jedoch nur im roten Spektralbereich. Eine dem Palomar Sky Survey vollständig äquivalente Ergänzung am Südhimmel ist gegenwärtig mittels des britischen 124 cm-Schmidt-Spiegels auf dem Siding Spring Mountain in Australien und des 100 cm-Schmidt-Spiegels der Westeuropäischen Südsternwarte in Chile in Arbeit.

Für eine große Anzahl der nach 1900 photographisch gefundenen Veränderlichen vermißt man leider meist die so sehr erwünschten **Aufsuchungskarten**. Nur für die mehr als 10000 an der Sternwarte Sonneberg entdeckten Veränderlichen liegen Kärtchen der engsten Umgebung vollständig vor, zuerst in den «Mitteilungen» der Sternwarte, dann eine große Reihe in «Mitt. Veränderl. Sterne» Nr. 245 bis 330, darauf in der Zeitschrift «Astronomische Nachrichten». Ferner sei auf die Sammlung von Umgebungskarten von RR-Lyrae-Sternen und anderen Veränderlichen, die Tsesevich u. Kazanasmas, Odessa, (1963, 1971) veröffentlicht haben, hingewiesen, sowie auf die «Charts of Southern Variable Stars», die Bateson u. Mitarb. seit 1952 in zahlreichen Serien im

Auftrag der Variable Star Section der Royal Astron. Society of New Zealand herausgegeben haben.

Die zunehmende Fülle des astronomischen Datenmaterials hat zur Gründung des **Internationalen Sterndatenzentrums** in Strasbourg (Frankreich) geführt. Dort sind alle wichtigen Katalogwerke EDV-gerecht gespeichert, und auch nicht-publizierte Datensammlungen von Instituten finden Eingang. Der Vorteil ist, daß Recherchen oder Kompilationen von gewünschten Katalogangaben bestimmter Sterne oder Sterntypen maschinell ausgeführt werden können und daß das gespeicherte Material laufend ergänzt werden kann. Solche auf den neuesten Stand gebrachten Verzeichnisse sind z. B.:

A General Catalogue of UBV photoelectric photometry von MERMILLIOD und NICOLET, enthaltend Angaben über rund 53000 Sterne;

MK Extension Catalog von KENNEDY, enthaltend über 32000 moderne Spektralangaben im Spektraltyp-Leuchtkraft-System von MORGAN und KEENAN.

Im Sterndatenzentrum ist auch der Bibliographic Catalogue of Variable Stars (BCVS) von HUTH u. WENZEL (1981) gespeichert, der über 270000 Literaturangaben von den bis 1976 benannten Veränderlichen Sternen enthält und der auf dem an der Sternwarte Sonneberg seit vielen Jahren geführten Zettelkatalog basiert (s. WENZEL 1981). Der BCVS kann als Fortsetzung der «Geschichte und Literatur des Lichtwechsels der Veränderlichen Sterne» gelten, ein mehrbändiges Werk, dessen erste Ausgabe von HARTWIG u. MÜLLER besorgt wurde, und dessen zweite Ausgabe (1934 ... 1963), die auch heute noch viel benutzt wird, in den Händen von PRAGER u. SCHNELLER lag. Auch der BCVS soll laufend ergänzt werden.

9.2. Zusammenfassende Darstellungen, Sammelwerke, Handbuchartikel

Im folgenden wird eine Auswahl wichtiger zusammenfassender Werke und Beiträge gegeben. Auf die Erwähnung älterer Darstellungen wurde fast ganz verzichtet, im Gegensatz zur 1. Auflage des vorliegenden Buches, auf die in diesem Zusammenhang ausdrücklich verwiesen wird. Vollständigkeit wurde nicht angestrebt.

IAU-Symposien (Reidel Publ. Comp., Dordrecht):

Nr. 59 Stellar Instability and Evolution — 1974
67 Variable Stars and Stellar Evolution — 1975
70 Be and Shell Stars — 1976
73 Structure and Evolution of Close Binary Systems — 1976
83 Mass Loss and Evolution of O-type Stars — 1979
88 Close Binary Stars — 1979
98 Be Stars — 1981

IAU-Kolloquien (verschiedene Verlage):

Nr. 4 Non-periodic Phenomena in Variable Stars — 1969
6 Mass Loss and Evolution in Close Binaries — 1969
15 New Directions and New Frontiers in Variable Star Research — 1971
21 Variable Stars in Globular Clusters and in Related Systems — 1972
29 Multiple Periodic Variable Stars — 1975

32 Physics of Ap Stars — 1975
42 The Interaction of Variable Stars with their Environment — 1977
46 Changing Trends in Variable Star Research — 1978
53 White Dwarfs and Variable Degenerate Stars — 1979
69 Binary and Multiple Stars as Tracers of Stellar Evolution — 1981
70 The Nature of Symbiotic Stars — 1981

Astrophysics and Space Science Library (Reidel Publ. Comp., Dordrecht):

Vol. 6 Underhill, The Early Type Stars — 1966
13 Hack (Herausg.), Mass Loss from Stars — 1968
45 Cosmovici (Herausg.), Supernovae and Supernova Remnants — 1974
48 Gursky u. Ruffini (Herausg.), Neutron Stars, Black Holes and Binary X-Ray Sources — 1975
66 Schramm (Herausg.), Supernovae — 1977
68 Kopal, Dynamics of Close Binary Systems — 1978
77 Kopal, Language of the Stars — 1979

Stars and Stellar Systems (University of Chicago Press, Chicago u. London 1963ff):

Vol. 3 Kukarkin, Parenago, Surveys and Observations of Physical and Eclipsing Variable Stars.
Wood, Empirical Data on Eclipsing Binaries.
Kraft, The Absolute Magnitudes of Classical Cepheids.
Payne-Gaposchkin, Gaposchkin, The Luminosities of Variable Stars.
Vol. 5 Kraft, Distribution of Classical Cepheids.
Plaut, Distribution and Motions of Variable Stars.
Plaut, Distribution of Novae in the Galaxy.
Vol. 6 Kraft, The Spectra of Supergiants and Cepheids of Population I.
Underhill, Early Type Stars with Extended Atmospheres.
Wilson, Eclipses by Extended Atmospheres.
Merrill, Spectra of Long Period Variables.
Mc Laughlin, The Spectra of Novae.
Joy, Spectra of Dwarf Variable Stars.
Vol. 7 Haro, Flare Stars.
Vol. 8 Schatzman, Theory of Novae and Supernovae.
Zwicky, Supernovae.

Handbuch der Physik Bd. 51 (Springer-Verlag, Heidelberg 1958):

Ledoux u. Walraven, Variable Stars
Payne-Gaposchkin, The Novae
Zwicky, Supernovae

Landolt-Börnstein, Zahlenwerte und Funktionen NS, Gr. VI, Bd. 1 (Springer-Verlag, Heidelberg 1965):

Herczeg, Spektroskopische Doppelsterne
Beyer, Veränderliche Sterne

Advances in Astronomy and Astrophysics (Academic Press, Chicago ab 1962):

Zahlreiche Beiträge

Annual Review of Astronomy and Astrophysics (Ann. Rev. Inc., Palo Alto ab 1963):

Zahlreiche Beiträge

Einige andere **Konferenzberichte** (mit Herausgeber sowie Ort und Jahr der Konferenz):

Arakelyan, Nestatsionarnye Zvezdy, Byurakan 1956
Ledoux, Problèms d'Hydrodynamique Stellaires, Liège 1975
Mirzoyan, Vspykhivayushchie Zvezdy, Byurakan 1976
Zytkow, Nonstationary Evolution of Close Binaries, Warszawa 1977
Mirzoyan, Vspykhivayushchie Zvezdy, Byurakan 1979
Hill u. Dziembowski, Nonradial and Nonlinear Stellar Pulsations, Tucson 1979
Wheeler, Type I Supernovae, Austin 1980
Ledoux, Variability in Stars and Galaxies, Liège 1980
Carling u. Kopal, Photometric and Spectroscopic Binary Systems, Maraka (Italien 1980)

Neuere Monographien:

Alksne u. Ikaunieks, Uglerodnye Zvezdy (Zinatne, Riga 1971)
Glasby, Variable Stars (Harvard University Press, Cambridge 1969)
Glasby, The Dwarf Novae (Constable, London 1970)
Glasby, The Nebular Variables (Pergamon Press, Oxford 1974)
Gurzadyan, Flare Stars (Pergamon Press, Oxford 1980)
Ikaunieks, Dolgoperiodicheskie Peremennye Zvezdy (Zinatne, Riga 1971)
Kukarkin u. Mitarb., Nestatsionarnye Zvezdy i Metody ikh Issledovaniya, 5 Bände (Nauka, Moskva 1970 ff)
Mirzoyan, Nestatsionarnost' i Ehvolyutsia Zvezd (Izd. A. N. Arm. SSR, Erevan 1981)
Payne-Gaposchkin, The Galactic Novae (Dover, New York 1964)
Sahade u. Wood, Interacting Binary Stars (Pergamon Press, Oxford 1978)
Shklovskij, Sverkhnovye Zvezdy (Nauka, Moskva 1976)
Strohmeier, Variable Stars (Pergamon Press, Oxford 1972)
Strohmeier, Veränderliche Sterne I (Treugesell, Düsseldorf 1974)
Tsesevich, Peremennye Zvezdy i Sposoby ikh Issledovaniya (Pedagogika, Moskva 1970)
Tsesevich (Herausg.), Eclipsing Variable Stars (Wiley, New York 1973)
Zhilyaev u. Mitarb., Zvezdy Tipa R Severnoj Korony (Naukova Dumka, Kiev 1978)

9.3. Literaturnachweis

Die Abkürzungen der Publikationen und die Transliteration des russischen Alphabets beruhen auf dem von «Astronomy and Astrophysics Abstracts» (Springer-Verlag, Heidelberg) benutzten System, das auf Festlegungen und Empfehlungen des Abstracting Board im International Council of Scientific Unions zurückgeht. Zur Vereinfachung wird, wo keine Mißverständnisse auftreten können, nur die erste Seitennummer der betreffenden Arbeit zitiert.

Acker, A., u. *Marcout, J.* (1977) Astron. Astrophys., Suppl. Ser. **30**. 221
Ahnert, P. (1939) Astron. Nachr. **269**. 241
Alekseev, G. N. (1973) Astron. Tsirk. No. 788. 3
Alexander, J. B., u. Mitarb. (1972) Mon. Not. R. Astron. Soc. **158**. 305
Alksne, Z., u. *Ikaunieks, J.* (1971) Trans. Riga Obs. **13**
Alksnis, A., u. *Alksne, Z.* (1977) Trans. Riga Obs. **16**. 7

Allen, D. A. (1981) Anglo-Australian Obs. Prepr. No. 146
Allen, D. A., Ward, M. J., u. *Wright, A. E.* (1981) Mon. Not. R. Astron. Soc. **195**. 155
Ambartsumyan, V. A. (1949) Astron. Zh. Akad. Nauk SSSR **26**. 3
Amnuel, P. R., Guseinov, O. H., u. *Rakhamimov, Sh. Yu.* (1979) Astrophys. J., Suppl. Ser. **41**. 327
Anderson, C. M., u. *Cassinelli, J. P.* (1981) Wisconsin Astrophys. No. 127
Anderson, L. (1981) Astrophys. J. **244**. 555
Andriesse, C. D., u. *Viotti, R.* (1979) IAU Symp. **83**. 47
Appenzeller, I., Mundt, R., u. *Wolf, B.* (1978) Astron. Astrophys. **63**. 289
Argue, A. N., u. *Sullivan, C.* (1982) Observatory **102**. 4
Arkhipova, V. P., u. *Mustel, E. R.* (1975) IAU Symp. **67**. 305
Ashbrook, J. (1980) Sky Telesc. **60**. 21

Baade, W., u. *Swope, H.* (1963; 1965) Astron. J. **68**. 435; **70**. 212
Bailey, J. (1979) Mon. Not. R. Astron. Soc. **189**. 41P
Balasz, B. (1980) Mündl. Mitt.
Balog, N. I., Goncharskij, A. V., u. *Cherepashchuk, A. M.* (1981) Astron. Zh. Akad. Nauk SSSR **58**. 67
Balona, L. A. (1977) Mem. R. Astron. Soc. **84**. 101
Barbaro, G., u. Mitarb. (1969) Mitt. Sternw. Ungar. Akad. Wiss. **6**. 41
Barkhatova, K. A., u. Mitarb. (1973) Astron. Tsirk. No. 743. 4
Barlow, M. J., u. Mitarb. (1981) Mon. Not. R. Astron. Soc. **195**. 61
Barnes, Th. G., u. *Du Puy, D. L.* (1975) Astrophys. J. **200**. 364
Bath, G. T. (1972) Astrophys. J. **173**. 121
Bath, G. T. (1976) IAU Symp. **73**. 173 = Publ. Univ. Obs. Oxford No. 163
Bath, G. T., u. Mitarb. (1974) Mon. Not. R. Astron. Soc. **169**. 447
Bath, G. T., u. *Shaviv, G.* (1978) Mon. Not. R. Astron. Soc. **183**. 515
Batten, A. H. (1973) Binary and Multiple Systems of Stars, Pergamon Press, Oxford
Batten, A. H., u. *Plavec, M.* (1971) Sky Telesc. **42**. 213
Becker, W. (1964) Z. Astrophys. **58**. 202
Belserene, E. (1952) Astron. J. **57**. 237
Bertaud, Ch., Dumortier, B., u. *Pollas, C.* (1975) Inf. Bull. Variable Stars 970
Bertaud, Ch., Véron, M.-P., u. *Pollas, C.* (1972) Inf. Bull. Variable Stars 703
Bertout, C. (1980) Preprint Fifth Europ. Reg. Meet., Liège
Bessell, M. S. (1969) Astrophys. J., Suppl. Ser. **18**. 195
Beyer, M. (1948) Erg. Astron. Nachr. **11**. Nr. 4
Beyer, M. (1965) Landolt-Börnstein Neue Serie Gruppe 6, **1**. 517, Springer-Verlag, Heidelberg
Beyer, M. (1977) Veröff. Remeis-Sternw. Bamberg **12**, Nr. 123
Bidelman, W. P. (1979) IAU Symp. **83**. 306
Biermann, P., u. *Kippenhahn, R.* (1971) Astron. Astrophys. **14**. 32
Binnendijk, L. (1960) Properties of Double Stars, University of Pennsylvania Press, Philadelphia, Kapitel VI
Blair, W. P., u. Mitarb. (1981) Astron. Astrophys. **99**. 73
Böhm-Vitense, E., u. Mitarb. (1974) Astrophys. J. **194**. 125
Bohusz, E., u. *Udalski, A.* (1980) Acta Astron. **30**. 359
Bond, H. E. (1976) Publ. Astron. Soc. Pacific **88**. 192
Bond, H. E. (1978) Sky Telesc. **56**. 12
Bond, H. E. (1980) Sky Telesc. **60**. 106
Bond, H. E., Kron, R. G., u. *Spinrad, H.* (1977) Astrophys. J. **213**. 1
Borgman, J. (1956) Publ. Groningen No. 58
Borkowski, K. J. (1980) Acta Astron. **30**. 393
Bowers, P. F., u. *Cornett, R. H.* (1974) Astrophys. Letters **15**. 181
Boyarchuk, A. A. (1969) Mitt. Sternw. Ungar. Akad. Wiss. **6**. 395
Boyarchuk, A. A. (1975) IAU Symp. **67**. 377
Brandt, R. (1967) Sterne **43**. 4
Brecher, K., Morrison, P., u. *Sadun, A.* (1977) Astrophys. J. **217**. L 139; siehe auch Sky Telesc. **54**. 364
Breger, M. (1979) Publ. Astron. Soc. Pacific **91**. 5

Breger, M. (1980) The Nature of Dwarf Cepheids V (Preprint)
Breger, M. (1981) Preprint
Brown, D. A., u. *Huang, S.-S.* (1977) Astrophys. J. **218**. 461
Bruch, A., *Duerbeck, H. W.*, und *Seitter, W. C.* (1981) Mitt. Astron. Ges. **52**. 34
Brun, A., u. *Vehrenberg, H.* (1965) Atlas der Kapteynschen Eichfelder (Selected Areas), Treugesell-Verlag, Düsseldorf
Burbidge, G. R., *Crowne, A. H.*, u. *Smith, H. E.* (1977) Astrophys. J., Suppl. Ser. **33**. 113
Cahn, J. H., u. *Wyatt, S. P.* (1978) Astrophys. J. **221**. 163
Cannon, A. J. (1912) Popular Astronomy **20**, No. 2, 3 und 4
Cannon, A. J. (1920) Ann. Harvard Obs. **81**. 179
Catalano, S., u. *Rodonò, M.* (1967) Mem. Soc. Astron. Italiana **38**. 395
Catchpole, R. M., u. Mitarb. (1979) South African Astron. Obs. Circ. **1**. 61
Celis, S. L. (1981) Astron. Astrophys. **99**. 58
Chanmugam, G., u. *Dulk, G. A.* (1981) Astrophys. J. **244**. 569
Chapman, R. D. (1981) Astrophys. J. **248**. 1043
Charles, P. (1980) Sky Telesc. **59**. 188
Chentsov, E. L. (1980) Pis'ma v Astron. Zhurn. **6**. 360
Chentsov, E. L. (1981) Vortrag in Sonneberg
Chernykh, N. S. (1981) private Mitteilung
Chester, T. J. (1979) Astrophys. J. **230**. 167
Chevalier, C., u. Mitarb. (1980) Astron. Astrophys. **81**. 368
Chevalier, R. A. (1977) Astrophys. Space Sci. **66**. 53
Chevalier, R. A. (1981) Astrophys. J. **246**. 267
Chugainov, P. F. (1966) Inf. Bull. Variable Stars 122
Chugainov, P. F. (1973) Izv. Krymskoj Astrofiz. Obs. **48**. 3
Chugainov, P. F. (1976) Izv. Krymskoj Astrofiz. Obs. **54**. 85
Ciatti, F., *Mammano, A.*, u. *Vittone, A.* (1978) Astron. Astrophys. **68**. 251
Clark, D. H., u. *Stephenson, F. R.* (1977) The Historical Supernovae, Pergamon Press, Oxford
Clark, F. O., u. Mitarb. (1981) Astrophys. J. **244**. L 99
Clayton, M. L., u. *Feast, M. W.* (1969) Mon. Not. R. Astron. Soc. **146**. 411
Cocke, W. J., *Disney, M. J.*, u. *Taylor, D. J.* (1969) IAU Circ. 2128
Cohen, M. (1981) Sky Telesc. **62**. 300
Cordova, F. A., *Jensen, K. A.*, u. *Nugent, J. J.* (1981a) Mon. Not. R. Astron. Soc. **196**. 1
Cordova, F. A., *Mason, K. O.*, u. *Nelson, J. E.* (1981b) Astrophys. J. **245**. 609
Cosmovici, C. B. (1974) Astrophys. Space Sci. Libr. **45**
Coutts, C. M., u. *Sawyer-Hogg, H. B.* (1969) Publ. David Dunlap Obs. **3**, No. 1
Cowley, A. P., *Crampton, D.*, u. *Hesser, J. E.* (1977) Astrophys. Space Sci. Libr. **65**. 54
Cowley, A., u. *Stencel, R.* (1973) Astrophys. J. **184**. 687
Cox, A. N., *King, D. S.*, u. *Hodson, W.* (1979) Astrophys. J. **228**. 870
Cox, A. N., *King, D. S.*, u. *Tabor, J. E.* (1973) Astrophys. J. **184**. 201
Craine, E. R. (1977) A Handbook of Quasistellar and BL Lacertae Objects, Parchert Publishing House, Tucson
Culhane, J. L. (1977) Vistas Astron. **19**. 1
Dautcourt, G. (1976) Was sind Pulsare, 2. Auflage, Teubner Verlagsgesellschaft, Leipzig
Dawson, D. W. (1979) Astrophys. J., Suppl. Ser. **41**. 97
De Groot, M. (1978) Irish Astron. J. **13**. 267
Delpino, F. (1981) Coelum **50**. 65
Detre, L. (1969) Mitt. Sternw. Ungar. Akad. Wiss. **6**. 3
Deupree, R. G., u. *Hodson, S. W.* (1976) Astrophys. J. **208**. 426
Dickens, R. J., u. *Carey, J. V.* (1967) R. Obs. Bull. Greenwich No. 129. E 335
Diethelm, R. (1981) ESO Messenger 25. 29
Dickinson, D. F., u. Mitarb. (1978) Astrophys. J. **220**. L 113
Dixon, R. S. (1970) Astrophys. J., Suppl. Ser. **20**. 1
Dokuchaeva, O. D. (1976) Inf. Bull. Variable Stars 1189
Dorschner, J., u. *Gürtler, J.* (1980) Sterne **56**. 117
Dorschner, J., *Gürtler, J.*, u. *Fröhlich, H.-E.* (1980) Sterne **56**. 245
Duerbeck, H. W. (1977) Astrophys. Space Sci. Libr. **65**. 150

Duerbeck, H. W. (1981) Publ. Astron. Soc. Pacific **93**. 165
Dufay, J., *Bloch, M.*, u. *Chalonge, D.* (1965) Novae, Novoides et Supernovae, Centre National de la Recherche Scientifique, Paris, S. 63
Duldig, M. L., *Thomas, R. M.*, *Haynes, R. F.* (1980) Proc. Astron. Soc. Australia **4**. 108
Durisen, R. H., u. *Burns, J. O.* (1981) Mon. Not. R. Astron. Soc. **195**. 535
Dziembowski, W. (1974) Commun. 20. Colloq. Int. Astrophys. Liège = Mém. Soc. R. Sci. Liège, Sér. 6, **8**, S. 287

Eachus, L. J., u. *Liller, W.* (1975) Astrophys. J. **200**. L 61
Eaton, J. A., u. *Hall, D. S.* (1979) Astrophys. J. **227**. 907
Eddington, A. S. (1918) Mon. Not. R. Astron. Soc. **79**. 177
Efremov, Yu. M., u. *Kopylov, I. M.* (1967) Izv. Krymskoj Astrofiz. Obs. **36**. 240
Eggleton, P. P. (1976) IAU Symp. **73**. 209
Evans, D. A. (1975) IAU Symp. **67**. 93
Evans, T. L. (1976) Mon. Not. R. Astron. Soc. **174**. 169
Faulkner, J. (1971) Astrophys. J. **170**. L 99
Feast, M. W. (1974) Proc. ESO Conference on New Large Telescopes Genf, S. 169
Feast, M. W. (1975) IAU Symp. **67**. 129
Fernie, J. D., u. *Demers, S.* (1966) Astrophys. J. **144**. 440
Ferrari, K. (1950) Mitt. Sternw. Wien **4**. 207
Fetlaar, J. (1923) Rech. astr. Obs. Utrecht **9**. 1
Feuchter, C. A. (1967) Astron. J. **72**. 702
Finlay, E. A., u. *Jones, B. B.* (1977) Australian J. Phys. **26**. 389
Fitch, W. S. (1970) Astrophys. J. **161**. 669
Fitch, W. S. (1976) IAU Colloq. **29**. 185
Fitch, W. S., u. *Szeidl, B.* (1976) Astrophys. J. **203**. 616
Flannery, B. P., u. *Ulrich, R. K.* (1977) Astrophys. J. **212**. 533
Foy, R., *Heck, A.*, u. *Mennessier, M.-O.* (1975) Astron. Astrophys. **43**. 175
Frank, J., u. *King, A. R.* (1981) Mon. Not. R. Astron. Soc. **195**. 227
Frenk, C. S., u. *White, S. D. M.* (1982) Mon. Not. R. Astron. Soc. **198**. 173
Fried, J. W. (1980) Astron. Astrophys. **81**. 182
Friedemann, C., u. *Gürtler, J.* (1975) Astron. Nachr. **296**. 125
Friedemann, C., u. *Schmidt, K.-H.* (1967) Astron. Nachr. **289**. 223
Fuhrmann, B. (1982) Mitt. Veränderl. Sterne **9**, Heft 4
Fürtig, W. (1975) Inf. Bull. Variable Stars 1071

Gahm, G. F. (1979) Trans. IAU **27A**, part 2. 121
Gahm, G. F. (1980a) The Universe in UV Wavelengths: The First Two Years of IUE, Nasa Publication
Gahm, G. F. (1980b) Astrophys. J. **242**. L 163
Gaposchkin, S. (1946) Bull. Harvard Obs. No. 918
Garcia, M., u. Mitarb. (1980) Astrophys. J. **240**. L 107
Gascoigne, S. C. B. (1972) Q. J. R. Astron. Soc. **13**. 274
Gershberg, R. E. (1970) Flares of Red Dwarf Stars, Armagh Obs., S. 111
Gershberg, R. E., u. *Shakhovskaya, N. I.* (1974) Izv. Krymskoj Astrofiz. Obs. **49**. 73
Geßner, H. (1981) Inf. Bull. Variable Stars 1789
Geßner, H. (1981a) Mitt. Veränderl. Sterne **9**. 55
Geßner, H. (1982) Veröff. Sternw. Sonneberg **9**, Heft 4
Geßner, H. (1982a) Mitt. Veränderl. Sterne **9**, Heft 4
Ghigo, F. D., u. *Cohen, N. L.* (1981) Astrophys. J. **245**. 988
Gieseking, F. (1973) Veröff. Inst. Bonn Nr. 87
Gilmozzi, R., *Messi, R.*, u. *Natali, G.* (1981) Astrophys. J. **245**. L 119
Gingold, R. A., u. *Monaghan, J. J.* (1979) Proc. Astron. Soc. Australia **3**. 364
Ginzburg, V. L., u. *Zheleznyakov, V. V.* (1975) Annu. Rev. Astron. Astrophys. **13**. 511
Glass, I. S., u. *Feast, M. W.* (1982) Mon. Not. R. Astron. Soc. **198**. 199
Gorbatskij, V. G. (1949) Astron. Zh. **26**. 307
Gorbatskij, V. G. (1975) IAU Symp. **67**. 357
Götz, W. (1961) Veröff. Sternw. Sonneberg **5**, Heft 2
Götz, W. (1965) Sterne **41**. 150
Götz, W. (1968) Mitt. Veränderl. Sterne **5**. 1

Götz, W. (1973) Veröff. Sternw. Sonneberg 8, Heft 3
Götz, W. (1980) Veröff. Sternw. Sonneberg **9**, Heft 3
Götz, W. (1981) Veröff. Sternw. Sonneberg **9**, Heft 5
Götz, W., Wenzel, W. (1967) Mitt. Veränderl. Sterne **4**. 71
Graham, J. A. (1972) IAU Colloq. **21**. 120
Graham, J. A. (1974) IAU Symp. **59**. 107
Graham, J. A. (1975) Publ. Astron. Soc. Pacific **87**. 641
Graham, J. A. (1979) IAU Symp. **84**. 195
Graham, J. A., u. *Araya, G.* (1971) Astron. J. **76**. 768
Gunther, J., u. *Schweitzer, E.* (1982) Bull. AFOEV No. 19. 8
Gurzadyan, G. A. (1980) Flare Stars, Pergamon Press, Oxford
Guthnick, P. (1902) Nova Acta Leopoldina 79 = Astron. Nachr. **157**. 1
Guthnick, P., u. *Prager, R.* (1917) Sitzungsber. Preuß. Akad. Wiss., math.-naturwiss. Klasse, 1917, S. 222
Gyldenkerne, K. (1970) Vistas Astron. **12**. 199
Gyldenkerne, K., u. *West, R. M.* (1970) IAU Colloq. **6**
Hall, D. S. (1972) Publ. Astron. Soc. Pacific **84**. 323
Hall, D. S. (1976) IAU Colloq. **29**. 287
Hall, D. S., u. Mitarb. (1979) Sky Telesc. **57**. 132
Hamilton, D., Keel, W., u. *Nixon, J. F.* (1978) Sky Telesc. **55**. 372
Hamzaoğlu, E. (1981) Astron. Astrophys. **104**. 65
Hamzaoğlu, E., Keskin, V., u. *Eker, T.* (1982) Inf. Bull. Variable Stars 2102
Handbury, M. J., u. *Williams, I. P.* (1976) Astrophys. Space Sci. **45**. 439
Hanley, C. M., u. *Shapley, H.* (1940) Harvard Obs. Bull. No. 913
Hansen, C. J. (1980) Proc. Workshop on Nonradial and Nonlinear Stellar Pulsations, Springer-Verlag, Heidelberg, S. 445
Harmanec, P., u. *Kříž, S.* (1976) IAU Symp. **70**. 386
Haro, G. (1968) Nebulae and Interstellar Matter, University of Chicago Press, Chicago, S. 157
Haro, G., u. *Morgan, W. W.* (1953) Astrophys. J. **118**. 16
Harris, W. E. (1976) Astron. J. **81**. 1095
Hartmann, L., u. *Rosner, R.* (1979) Astrophys. J. **230**. 802
Haynes, R. F., Lerche, I., u. *Murdin, P.* (1980) Astron. Astrophys. **87**. 299
Hazard, C., u. *Mitton, S.* (1979) Active Galactic Nuclei, Cambridge University Press, New York
Hazlehurst, J. (1976) IAU Symp. **73**. 323
Henize, K. G. (1961) Publ. Astron. Soc. Pacific **73**. 159
Herbig, G. H. (1958a) Astrophys. J. **127**. 312
Herbig, G. H. (1958b) Astrophys. J. **128**. 259
Herbig, G. H. (1960) Astrophys. J., Suppl.Ser. **4**. 337
Herbig, G. H. (1962) Adv. Astron. Astrophys. **1**. 47
Herbig, G. H. (1968) Contrib. Lick Obs. No. 282
Herbig, G. H. (1977) Astrophys. J. **217**. 693
Herbig, G. H., u. *Rao, N. K.* (1972) Astrophys. J. **174**. 401
Hertzsprung, E. (1926) Bull. Astron. Inst. Netherlands **3**. 115
Hewitt, A., u. *Burbidge, G.* (1980) Astrophys. J., Supp. Ser. **43**. 57
Hill, P. W., u. Mitarb. (1981) Mon. Not. R. Astron. Soc. **197**. 81
Hoffmeister, C. (1929) Astron. Nachr. **236**. 233
Hoffmeister, C. (1933) Astron. Nachr. **250**. 397
Hoffmeister, C. (1934) Astron. Nachr. **253**. 91
Hoffmeister, C. (1944) Astron. Nachr. **274**. 232
Hoffmeister, C. (1949) Astron. Nachr. **278**. 24
Hoffmeister, C. (1955) Astron. Nachr. **282**. 257
Hoffmeister, C. (1962a) Kleine Veröff. Remeis-Sternw. Bamberg **3**. 105
Hoffmeister, C. (1962b) Z. Astrophys. **55**. 46; Astron. Nachr. **287**. 55
Hoffmeister, C. (1963) Astron. Nachr. **287**. 169
Hoffmeister, C. (1964) Astron. Nachr. **289**. 49 u. Inf. Bull. Variable Stars 67
Hoffmeister, C. (1965) Veröff. Sternw. Sonneberg **6**, Heft 3

Hoffmeister, C. (1970) Veränderliche Sterne, 1. Auflage, Verlag J. A. Barth, Leipzig
Hofmeister, E. (1965) Delta-Cephei-Sterne vom Standpunkt der Sternentwicklung, München
Hofmeister, E., *Kippenhahn, R.*, u. *Weigert, A.* (1964) Z. Astrophys. **59**. 215 u. 242
Hofmeister, E., u. *Kippenhahn, R.* u. *Weigert, A.* (1965) Z. Astrophys. **60**. 57
Hopp, U., *Witzigmann, S.*, u. *Geyer, E. H.* (1982) Inf. Bull Variable Stars 2148
Hoyle, F., u. *Wickramasinghe, N. C.* (1962) Mon. Not. R. Astron. Soc. **124**. 417
Hudec, R. (1981a) Bull. Astron. Inst. Czechoslovakia **32**. 93
Hudec, R. (1981b) Bull. Astron. Inst. Czechoslovakia **32**. 108
Hudec, R., u. *Meinunger, L.* (1977) Mitt. Veränderl. Sterne **7**. 194
Hudec, R., u. *Wenzel, W.* (1976) Bull. Astron. Inst. Czechoslovakia **27**. 325
Humphreys, R. M. (1978) Astrophys. J. **219**. 445 u. IAU Symp. **84**. 93
Hutchings, J. B. (1977) Highlights of Astron. **4**, I. 129
Huth, H. (1966) Sterne **42**. 129
Huth, H., u. *Wenzel, W.* (1981) Bibliographic Catalogue of Variable Stars, Centre de Données Stellaires, Strasbourg
Iben, I. (1974) IAU Symp. **59**. 3
Ikaunieks, J. (1963) Trans. Astrophys. Lab. Riga, **9**. 33
Ikaunieks, J. (1971) Trans. Riga Obs. **12**
Ilovaisky, S. A., u. *Chevalier, C.* (1977) Astrophys. Space Sci. Libr. **65**. 149
Jarrett, A. H., u. *Gibson, J. B.* (1975) Inf. Bull. Variable Stars 979
Jensch, A. (1934) Astron. Nachr. **253**. 91
Jensch, A. (1936) Unterrichtsblätter für Mathematik und Naturwissenschaften, S. 253
Jerzykiewicz, M. (1978) Acta Astron. **28**. 465
Jerzykiewicz, M., u. *Sterken, C.* (1979) IAU Colloq. **46**. 474
Jerzykiewicz, M., u. *Wenzel, W.* (1977) Acta Astron. **27**. 35
Joy, A. H. (1942) Astrophys. J. **96**. 344
Joy, A. H. (1945) Astrophys. J. **102**. 168
Joy, A. H. (1952) Astrophys. J. **115**. 24
Jurcsik, J., u. *Szabados, L.* (1979) Inf. Bull. Variable Stars 1722
Kafatos, M., *Michalitsanos, A. G.*, u. *Vardya M. S.* (1977) Astrophys. J. **216**. 526
Kahn, S. M., u. Mitarb. (1981) Astrophys. J. **250**. 733
Kaler, J. B. (1981) Astrophys. J. **245**. 568
Kamper, K., u. *van den Bergh, S.* (1976) Sky Telesc. **51**. 236
Katz, J. I. (1975) Astrophys. J. **200**. 298
Keenan, P. C. (1966) Astrophys. J., Suppl. Ser. **13**. 333
Kellermann, K. I. (1980) Ann. New York Akad. Sci. **336**. 1 = Green Bank Repr. B No. 509; siehe auch Green Bank Repr. B No. 478 und Galactic and Extra-Galactic Radio Astronomy, Springer-Verlag, Heidelberg, 1974, Kapitel 12
Kellermann, K. I., u. *Pauliny-Toth, I. I. K.* (1981) Annu. Rev. Astron. Astrophys. **19**. 373 = Green Bank Repr. B No. 524
Kholopov, P. N. (1951) Perem. Zvezdy, Byull. **8**. 83
Kholopov, P. N. (1956) Perem. Zvezdy, Byull. **11**. 325
Kholopov, P. N. (1982) New Catalogue of Suspected Variable Stars, Nauka, Moskva 1982 (NSV)
Kiang, T. (1962) Observatory **82**. 57
King, I. R. (1977) Highlights of Astron. **4**, II. 41
Kinman, T. D. (1959) Mon. Not. R. Astron. Soc. **119**. 559
Kinman, T. D. (1964) Astrophys. J., Suppl. Ser. **11**. 999
Kinman, T. D. (1975) IAU Symp. **67**. 573
Kinman, T. D., *Wirtanen, C. A.*, u. *Janes, K. A.* (1964) Astrophys. J., Suppl. Ser. **11**. 223
Kinman, T. D., *Wirtanen, C. A.*, u. *Janes, K. A.* (1966) Astrophys. J., Suppl. Ser. **13**. 379
Kippenhahn, R. (1973) Sterne Weltraum **12**. 133
Kippenhahn, R., *Kohl, K.*, u. *Weigert, A.* (1967) Z. Astrophys. **66**. 58
Kippenhahn, R., u. *Thomas, H.-C.* (1978) Astron. Astrophys. **63**. 265
Kippenhahn, R., u. *Weigert, A.* (1964) Sterne Weltraum **3**. 173
Kippenhahn, R., u. *Weigert, A.* (1965) Sterne Weltraum **4**. 148
Kippenhahn, R., u. *Weigert, A.* (1967) Z. Astrophys. **65**. **251**; siehe auch Sterne Weltraum **6**. 176

Kirshner, R. P. (1974) Highlights of Astron. **3**. 533
Kohoutek, L. (1982) Inf. Bull. Variable Stars 2113
Kopal, Z. (1965) Adv. Astron. Astrophys. **3**. 89
Kopal, Z. (1978) Astrophys. Space Sci. Libr. **68**
Kopal, Z. (1979) Astrophys. Space Sci. Libr. **77**
Kopylov, I. M. (1957) IAU Symp. **3**. 71
Kraft, R. P. (1958) Astrophys. J. **127**. 625
Kraft, R. P. (1959) Astrophys. J. **130**. 110
Kraft, R. P. (1974) Sky Telesc. **48**. 18
Kraft, R. P., u. *Luyten, W. J.* (1965) Astrophys. J. **142**. 1041
Kraft, R. P., u. *Schmidt, M.* (1963) Astrophys. J. **137**. 249
Krautter, J. (1978) Sterne Weltraum **17**. 56
Kreiner, J. M., u. *Tremko, J.* (1978) Inf. Bull. Variable Stars 1446
Krelowski, J. (1975) IAU Symp. **67**. **149**
Kron, G. E. (1952) Astrophys. J. **115**. 301
Krzemiński, W., u. *Serkowski, K.* (1977) Astrophys. J. **216**. L 45
Kuhi, L. (1964) Astrophys. J. **140**. 1409
Kukarkin, B. V. (1949) Issledovanie stroeniya i rasvitiya zvezdnykh sistem na osnove izlucheniya peremennykh zvezd, Gos. Izd. Tekhn.-Teor. Lit., Moskva-Leningrad; deutsche Ausgabe: Erforschung der Struktur und Entwicklung der Sternsysteme auf der Grundlage des Studiums der Veränderlichen Sterne, Akademie-Verlag, Berlin 1954
Kukarkin, B. V. (1972) IAU Colloq. **21**. 9
Kukarkin, B. V. (1975) IAU Symp. **67**. 511
Kukarkin, B. V., u. *Parenago, P. P.* (1934) Perem. Zvezdy, Byull. **4**. 251
Kukarkin, B. V., u. Mitarb. (1951) Katalog zvezd, zapodozrennykh v peremennosti, Izd. Akad. Nauk SSSR, Moskva (CSVS) 1951)
Kukarkin, B. V., u. Mitarb. (1965) The Second Catalogue of Suspected Variable Stars, Astronomical Council and Sternberg Astron. Institute, Moskva 1965 (CSVS 1965)
Kukarkin, B. V., u. Mitarb. (1969) General Catalogue of Variable Stars, 3. Edition, Astronomical Council and Sternberg Astron. Institute, Moskva (GCVS)
Kukarkin, B. V., u. Mitarb. (1971) GCVS, Suppl. 1
Kukarkin, B. V., u. Mitarb. (1974) GCVS, Suppl. 2
Kukarkin, B. V., u. Mitarb. (1976) GCVS, Suppl. 3
Kunkel, W. E. (1975) IAU Symp. **67**. 42
Kundt, W. (1981) Naturwissenschaften **68**. 63
Kundt, W. (1982) Sterne Weltraum **21**. 66
Kurochkin, N. E. (1960) Astron. Tsirk. No. 210 und 212
Kvíz, Z. (1956a) Bull. Astron. Inst. Czechoslovakia **9**. 70
Kvíz, Z. (1956b) Contr. Astron. Inst. Brno **1**, No. 14
Kvíz, Z. (1959) Bull. Astron. Inst. Czechoslovakia **11**. 71
Kwee, K. K. (1968) Bull. Astron. Inst. Netherlands **19**. 260
Kwok, S., u. *Purton, C. R.* (1979) Astrophys. J. **229**. 187
Lafler, J., u. *Kinman, T. D.* (1964) Astrophys. J., Suppl. Ser. **11**. 216
Lamb, D. Q., u. *Van Horn, H. M.* (1975) Astrophys. J. **200**. 306
Lamla, E. (1965) Landolt-Börnstein, Zahlenwerte und Funktionen NS, Gr. VI, Bd. **4**. 322, Springer-Verlag, Heidelberg
Landolt, A. U. (1968) Astrophys. J. **153**. 151
Leavitt, H. A. (1908) Ann. Harvard Obs. **60**. 87
Leavitt, H. A. (1912) Circ. Harvard Obs. No. 173
Ledoux, P. (1951) Astrophys. J. **114**. 373
Ledoux, P., u. *Walraven, Th.* (1958) Handbuch der Physik **51**. 384, Springer-Verlag, Heidelberg
Lewin, W. H. G., u. *van Paradijs, J* (1979) Sky Telesc. **57**. 446
Lightman, A. P. (1976) Sky Telesc. **52**. 243
Liller, W. (1977) Sky Telesc. **53**. 351
Loreta, E. (1934) Astron. Nachr. **254**. 151
Lü, P. K. (1977) Astron. J. **82**. 773
Lub, J. (1977) Astron. Astrophys., Suppl. Ser. **29**. 345

Ludendorff, H. (1928) Handbuch der Astrophysik **6**. 99, Springer-Verlag, Heidelberg
Lynds, R., u. Mitarb. (1969) IAU Circ. 2129
Lyuty, V. M., u. *Pronik, V. I.* (1975) IAU Symp. **67**. 591
Maeder, A. (1981) Astron. Astrophys. **99**. 97
Maffei, P. (1967) Astrophys. J. **147**. 802
Mallama, A. D., u. *Trimble, V. L.* (1978) Q. J. R. Astron. Soc. **19**. 430
Mammano, A., u. *Ciatti, F.* (1975) Astron. Astrophys. **39**. 405
Manchester, R. N., u. *Taylor, J. H.* (1981) Astron. J. **86**. 1953
Margon, B., *Grandi, S. A.*, u. *Downes, R. A.* (1980) Astrophys. J. **241**. 306
Marino, B. F. (1980) J. R. Astron. Soc. New Zealand **28**. 158
Markova, L. T., u. *Fomin, S. K.* (1975) Astron. Tsirk. No. 856
Martynov, D. Ya. (1971) in Tsesevich, zatmennye peremennye zvezdy, Izdatel'stvo Nauka, Moskva
Mauder, H. (1981) ESO Messenger 24. 13
Mayall, M. W. (1949) Astron. J. **54**. 191
Mayall, M. W. (1960) J. R. Astron. Soc. Canada **54**. 194
Mayor, M., u. *Acker, A.* (1980) Astron. Astrophys. **92**. 1
Mc Graw, J. T. (1978) zitiert ohne Literaturangabe bei Pettersen, B. R. (1980)
Mc Laughlin, D. B. (1945) Publ. Astron. Soc. Pacific **57**. 69
Mc Laughlin, D. B. (1960) Stars and Stellar Syst. **6**. 585
Mc Laughlin, D. B. (1965) Novae, Novoides et Supernovae, Centre National de la Recherche Scientifique, Paris, S. 3
Meinunger, I. (1976) Astron. Nachr. **297**. 23
Meinunger, I. (1977) Astron. Nachr. **298**. 171
Meinunger, L. (1971) Mitt. Veränderl. Sterne **5**. 177
Meinunger, L. (1979) Mitt. Veränderl. Sterne **8**. 105
Meinunger, L. (1981) Mitt. Veränderl. Sterne **9**. 67
Meinunger, L. (1982) mündliche Mitteilung
Meinunger, L., u. *Wenzel, W.* (1971) Mitt. Veränderl. Sterne **5**. 170
Mennesier, M. O. (1981) Astron. Astrophys. **93**. 325
Merrill, P. W. (1952) Astrophys. J. **115**. 145
Merrill, P. W. (1959) Sky Telesc. **18**. 480
Meyer, F., u. *Meyer-Hofmeister, E.* (1979) Astron. Astrophys. **78**. 167
Millis, R. L. (1973) Publ. Astron. Soc. Pacific **85**. 410
Mitchell, S. A. (1935) Publ. Leander Mc Cormick Obs. **6**. 201
Moffett, Th. J. (1974) Astrophys. J., Suppl. Ser. **29**. 1
Möllenhoff, C., u. *Schaifers, K.* (1978) Astron. Astrophys. **64**. 253; siehe auch Sterne Weltraum **17**. 336
Molteni, D., u. Mitarb. (1980) Astron. Astrophys. **87**. 88
Mumford, G. S. (1962) Sky Telesc. **23**. 135
Mumford, G. S. (1963) Sky Telesc. **26**. 190
Mustel, E. R. (1974) Highlights of Astron. **3**. 545

Nather, R. E. (1973) Vistas Astron. **15**. 91
Nather, R. E., u. *Robinson, E. L.* (1974) Astrophys. J. **190**. 637
Nather, R. E., u. Mitarb. (1977) Astrophys. J. **211**. L 125
Nather, R. E., *Robinson, E. L.*, u. *Stover, R. J.* (1981) Astrophys. J. **244**. 269
Nather, Warner u. *Mac Farlane* (1969) IAU Circ. 2129
Nelson, B., u. *Young, A.* (1970) Publ. Astron. Soc. Pacific **82**. 699
Nelson, B., u. *Young, A.* (1976) IAU Symp. **73**. 141
North, P., u. *Rufener, F.* (1981) Inf. Bull. Variable Stars 2036
Nugis, T., *Kolka, I.*, u. *Luud, L.* (1978) IAU Symp. **83**. 39

O'Keefe, J. A. (1939) Astrophys. J. **90**. 294
Oort, J. H. (1965) Sterne **41**. 169
Oort, J. H., u. *Plaut, L.* (1975) Astron. Astrophys. **41**. 71
Oosterhoff, P. Th. (1941) Ann. Sternw. Leiden **17**. 4
Oosterhoff, P. Th. (1957) Bull. Astron. Inst. Netherlands **13**. 317
Oskanyan, V. (1964) The UV Ceti Variable Stars, Publ. Obs. Astron. Beograd 10
Oskanyan, V. S., u. Mitarb. (1977) Astrophys. J. **214**. 430

Osvalds, V., u. *Risley, A. M.* (1961) Publ. Leander Mc Cormick Obs. **11**, part XXI
Osvath, I. (1957) Mitt. Sternw. Ungar. Akad. Wiss. Budapest Nr. 42
Ott, H.-A. (1979) Sterne Weltraum **18**. 206
Ourassine, L. A., u. *Ourassina, I. A.* (1975) Inf. Bull. Variable Stars 973
Overbye, D. (1979) Sky Telesc. **58**. 510
Ozernoy, L. M., u. *Usov, V. V.* (1977) Astron. Astrophys. **56**. 163
Pacini, F., u. *Salvati, M.* (1981) Astrophys. J. **245**. L 107
Paczynski, B. (1976) IAU Symp. **73**. 75
Paczynski, B. (1980) Acta Astron. **30**. 113
Paczynski, B. (1981) Acta Astron. **31**. 1
Paczynski, B., u. *Rudak, B.* (1980) Astron. Astrophys. **82**. 349
Parenago, P. P. (1953) Tr. vtorogo soveshchaniya po voprosam kosmogonii, Akademiya Nauk SSSR, Moskva, S. 334
Parenago, P. P. (1954) Tr. Gos. Astron. Inst. Shternberga **25**. 225
Parenago, P. P. (1957) Mitt. Sternw. Ungar. Akad. Wiss. Nr. 42. 53
Patkós, L. (1981) Astrophys. Letters **22**. 1
Patterson, J. (1979) Astrophys. J. **233**. L 13
Patterson, J. (1981) Astrophys. J., Suppl. Ser. **45**. 517
Pavel, F. (1949) Astron. Nachr. **278**. 57
Pavlovskaya, E. D. (1957) Astron. Zh. **34**. 956
Payne-Gaposchkin, C. (1954) Variable Stars and Galactic Structure, The Athlone Press, London
Payne-Gaposchkin, C. (1957) The Galactic Novae, North-Holland Publishing Company, Amsterdam, S. 98
Payne-Gaposchkin, C. (1958) Handbuch der Physik **51**. 753, Springer-Verlag, Heidelberg
Payne-Gaposchkin, C. (1963) Astrophys. J. **138**. 320
Payne-Gaposchkin, C. (1971) Smithsonian Contr. Astrophys. No. 13
Payne-Gaposchkin, C. (1977a) Astron. J. **82**. 665
Payne-Gaposchkin, C. (1977b) Astrophys. Space Sci. Libr. **65**. 3
Pedersen, H. (1979) ESO Messenger No. 18. 34
Pel, J. W. (1976) Astron. Astrophys., Suppl. Ser. **24**. 413
Perek, L. (1951) Contrib. Astron. Inst. Brno **1**, No. 8
Perek, L., u. *Kohoutek, L.* (1967) Catalogue of Galactic Planetary Nebulae, Academic Publishing House, Praha
Persi, P., u. *Ferrari Toniolo, M.* (1980) Mem. Soc. Astron. Italiana **51**. 695
Petersen, J. O. (1973) Astron. Astrophys. **27**. 89
Petersen, J. O. (1976) IAU Colloq. **29**. 195
Petit, M. (1960) Ann. Astrophys. **23**. 713
Pettersen, B. R. (1980) Astron. Tidsskr. **13**. 173
Plaut, L. (1963) Bull. Astron. Inst. Netherlands **17**. 81
Plaut, L. (1965a) Stars and Stellar Syst. **5**. Kapitel 13
Plaut, L. (1965b) Stars and Stellar Syst. **5**, Kapitel 14
Plaut, L. (1966) Bull. Astron. Inst. Netherlands, Suppl. Ser. **1**. 105
Plaut, L. (1968a) Bull. Astron. Inst. Netherlands, Suppl. Ser. **2**. 293
Plaut, L. (1968b) Bull. Astron. Inst. Netherlands, Suppl. Ser. **3**. 1
Plaut, L. (1970) Astron. Astrophys. **8**. 341
Plaut, L., u. *Borgman, J.* (1954) Observatory **74**. 181
Pollock, J. T., u. *Hall, D. L.* (1974) Astron. Astrophys. **30**. 41
Popova, M. (1975) IAU Symp. **67**. 223
Poveda, A. (1964) Nature **202**. 1319
Prager, R. (1932) Kleinere Veröff. Sternw. Berlin-Babelsberg 12
Prager, R. (1940) Bull. Harvard Obs. No. 912
Preston, G. W. (1959) Astrophys. J. **130**. 507
Prialnik, D., *Shara, M. M.*, u. *Shaviv, G.* (1978) Astron. Astrophys. **62**. 339
Proust, D., *Ochsenbein, F.*, u. *Pettersen, B. R.* (1981) Astron. Astrophys., Suppl. Ser. **44**. 179
Pskowski, Jur. P. (1978) Novae und Supernovae, Teubner-Verlagsgesellschaft, Leipzig
Pustil'nik, S. A. (1976) Commun. Spec. Astrophys. Obs. USSR AS No. 18. 5
Racine, R. (1968) Astron. J. **73**. 588

Reimers, D. (1975) Commun. 19. Colloq. Int. Astrophys. Liège = Mém. Soc. R. Sci. Liège, Sér. 6, **8**, S. 369
Reimers, D. (1977) Astron. Astrophys. **61**. 217 und Mitt. Astron. Ges. Nr. 43. 70
Richter, G. (1960) Astron. Nachr. **285**. 274
Richter, G. (1967a Veröff. Sternw. Sonneberg **7**, Nr. 3
Richter, G. A. (1967b) Sterne **43**. 38
Richter, G. A., u. *Börngen, F.* (1981) Astrophys. Letters **21**. 101
Richter, G., Schaifers, K., u. *Wenzel, W.* (1961) Mitt. Veränderl. Sterne **1**. 526
Richter, G. A., u. *Meinunger, I.* (1972) Astron. Nachr. **294**. 39
Richter, G. A., u. Mitarb. (1981) Astron. Nachr. **302**. 211
Ritter, H. (1976) IAU Symp. **73**. 205
Ritter, H. (1980) ESO Messenger No. 21. 16
Ritter, H. (1982) Publ. Max-Planck-Inst. Astrophys. 22/1982, Garching/München
Robertson, B. S. C., Warren, P. R., u. *Bywater, R. A.* (1976) Inf. Bull. Variable Stars 1173
Robertson, B. S. C., u. *Feast, M. W.* (1981) Mon. Not. R. Astron. Soc. **196**. 111
Robinson, E. L. (1975) Astron. J. **80**. 515
Robinson, E. L. (1976a) Astrophys. J. **203**. 485
Robinson, E. L. (1976b) Annu. Rev. Astron. Astrophys. **14**. 119
Robinson, E. L., u. *Mc Graw, J. T.* (1976) zitiert ohne Literaturangabe bei Hansen, C. J. (1980)
Rodonò, M. (1980) Mem. Soc. Astron. Italiana **51**. 623
Rodonò, M. (1981) Photometric and Spectroscopic Binary Systems (ed. Carling, E. B., u. Kopal, Z.), Reidel Publ. Comp., Dordrecht, S. 285
Rosenberg, H. (1906) Nova Acta Leopoldina **85** Nr. 2; vgl. Geschichte und Literatur Veränderl. Sterne I. **2**. 224
Rosino, L. (1972) IAU Colloq. **21**. 51
Rosino, L. (1978) Vistas Astron. **22**. 41
Rosner, R., Tucker, W. H., u. *Vaiana, G. S.* (1978) Astrophys. J. **220**. 643
Rößiger, S. (1979) Sterne **55**. 76
Rößiger, S. (1982) Sterne **58**. 147
Rößiger, S., u. *Wenzel, W.* (1972) Astron. Nachr. **294**. 29
Rößiger, S., u. *Wenzel, W.* (1974) Astron. Nachr. **295**. 47
Rucinski, S. M. (1981) Acta Astron. **31**. 37
Russell, H. N. (1912) Astrophys. J. **35**. 315 u. **36**. 54
Sahade, J. (1976) Commun. 20. Colloq. Int. Astrophys. Liège = Mém. Soc. R. Sci. Liège, Sér. 6, **8**, S. 303
Sahade, J. (1980) The Wolf-Rayet-Stars, College de France, Paris
Sahade, J., u. *Wood, F. B.* (1978) Interacting Binary Stars, Pergamon Press, Oxford
Sandage, A., u. *Tammann, G. A.* (1969) Astrophys. J. **157**. 683
Sanders, W. T., Cassinelli, J. P., u. *van der Hucht, K. A.* (1981) Wisconsin Astrophys. No. 143
Sanford, R. (1949) Astrophys. J. **109**. 208
Sawyer-Hogg, H. (1973) Publ. David Dunlap Obs. **3**., No. 6
Scalo, J. M. (1981) Astrophys. Space Sci. Libr. **88**. 77
Schatzman, E. (1950) Ann. Astrophys. **13**. 384
Schatzman, E. (1951) Ann. Astrophys. **14**. 294
Schiller, K. (1923) Einführung in das Studium der veränderlichen Sterne, Verlag J. A. Barth, Leipzig
Schlickeiser, R. (1981) Astron. Astrophys. **94**. 229
Schmidt, E. G. (1972) Astrophys. J. **176**. 165
Schmidt, M. (1956) Bull. Astron. Inst. Netherlands **13**. 15
Schneller, H. (1949) Veröff. Sternw. Sonneberg **1**. 355
Schneller, H. (1952) Geschichte u. Literatur Veränderl. Sterne II, 3
Schneller, H. (1960) Kleine Veröff. Remeis-Sternw. Bamberg Nr. 27. 32
Schneller, H. (1965) Mitt. Veränderl. Sterne **2**. 86
Schramm, D. N. (1977) Astrophys. Space Sci. Libr. **66**
Schwarzschild, M., u. *Härm, R.* (1959) Astrophys. J. **129**. 637
Schwartz, D. A., u. Mitarb. (1981) Mon. Not. R. Astron. Soc. **196**. 95

Seares, F. H. (1925) Contr. Mt. Wilson Obs. **13**. 145
Shapley, H. (1914) Astrophys. J. **40**. 448
Shapley, H. (1915) Princeton Contr. No. 3
Shapley, H. (1916) Astron. J. **43**. 217
Sharov, A. S. (1975) IAU Symp. **67**. 275
Sharov, A. S., u. *Alksnis, A. K.* (1975) Astron. Tsirk. No. 869
Sharov, A. S., u. *Lyuty, V. M.* (1976) IAU Symp. **70**. 105
Sherwood, V. E., u. *Plaut, L.* (1975) IAU Symp. **67**
Shklovskij, I. S. (1976) Sverkhnovye zvezdy, Izd. Nauka, Moskva
Shklovskij, I. S. (1978) Astron. Zh. **55**. 726
Shobbrook, R. R., u. *Stobie, R. S.* (1976) Mon. Not. R. Astron. Soc. **174**. 401
Slowak, M. H. (1980) Publ. Astron. Soc. Pacific **92**. 550
Smak, J. (1971) IAU Colloq. **15**. 248
Smith, H. A. (1981) Astron. J. **86**. 998
Smith, H. J. (1955) Astron. J. **60**. 179
Starrfield, S., *Sparks, W. M.*, u. *Truran, J. W.* (1974) Astrophys. J., Suppl. Ser. **28**. 247 u. Astrophys. J. **192**. 647
Starrfield, S., *Sparks, W. M.*, u. *Truran, J. W.* (1976) IAU Symp. **73**. 155
Starrfield, S., u. Mitarb. (1981) Astrophys. J. **243**. L 27
Stebbins, J., u. *Huffer, C. M.* (1930) Washburn Obs. Publ. **25**, part 3. 143
Stein, W. A., *O'Dell, S. L.*, u. *Strittmatter, P. A.* (1976) Annu. Rev. Astron. Astrophys. **15**. 173
Stellingwerf, R. F. (1975) Astrophys. J. **199**. 705
Stephenson, C. B. (1967) Publ. Astron. Soc. Pacific **79**. 584
Stephenson, C. B., u. *Herr, R. B.* (1963) Publ. Astron. Soc. Pacific **75**. 253
Stepinski, T. (1980) Acta Astron. **30**. 414
Sterken, C., u. *Jerzykiewicz, M.* (1980) Proc. Workshop on Nonradial and Nonlinear Stellar Pulsations, Springer-Verlag, Heidelberg, S. 113
Sterne, T. E. (1934) Harvard Obs. Circ. No. 386 u. 387; Popular Astron. **42**, No. 10; Harvard Repr. No. 107
Stobie, R. S. (1975) IAU Colloq. **29**. 102
Stockman, H. S., u. *Sargent, T. A.* (1979) Astrophys. J. **227**. 197
Stothers, R. (1977) Astrophys. J. **213**. 791
Strittmatter, P. A. (1976) The Physics of Non-Thermal Radio Sources (ed. Setti, G.), Reidel Publ. Company, Dordrecht
Strom, S. E. (1977) IAU Symp. **75**. 190
Struve, O. (1947) Publ. Astron. Soc. Pacific **59**. 192
Struve, O. (1953) Sky Telesc. **12**. 99
Struve, O. (1954) Sky Telesc. **13**. 368
Struve, O. (1957) Sky Telesc. **16**. 418
Struve, O. (1962) Astronomie – Einführung in ihre Grundlagen, Verlag W. de Gruyter & Co., Berlin
Struve, O., *Herbig, G.*, u. *Horak, H.* (1950) Astrophys. J. **112**. 216
Szeidl, B. (1965) Mitt. Sternw. Ungar. Akad. Wiss. Budapest **5**. 265
Szeidl, B. (1975) IAU Symp. **67**. 545
Szeidl, B. (1976) IAU Colloq. **29**. 133
Taam, R. E. (1980) Astrophys. J. **242**. 749
Tapia, S. (1977) Astrophys. J. **212**. L 125
Thackeray, A. D. (1953) Mon. Not. R. Astron. Soc. **113**. 237
Thackeray, A. D. (1958) Mon. Not. R. Astron. Soc. **118**. 117
Thackeray, A. D. (1967) Mon. Not. R. Astron. Soc. **135**. 51
Thiessen, G. (1956) Zeitschr. Astrophys. **39**. 65
Thomas, H. (1932) Veröff. Sternw. Babelsberg **9**, Nr. 4
Tomkin, J., u. *Lambert, D. L.* (1978) Astrophys. J. **222**. L 119
Torres, C. A. O., u. *Ferraz-Mello, S.* (1973) Astron. Astrophys. **27**. 231
Trimble, V. (1972) Mon. Not. R. Astron. Soc. **156**. 411
Truran, J. W. (1980) Illinois Astron. Prepr. 80-12
Truran, J. W. (1980) Illinois Astron. Prepr. 80-41

Tsesevich, V. P. (1971) Zatmennye peremennye zvezdy, Izdatel'stvo Nauka, Moskva; Engl. Übersetzung (1973): Eclipsing Variable Stars, Halsted Press, New York-Toronto
Tsesevich, V. P., u. *Kazanasmas, M. S.* (1963) Atlas poiskovykh kart, Odesskaya Astron. Observatoriya
Tsesevich, V. P., u. *Kazanasmas, M. S.* (1971) Atlas poiskovykh kart peremennykh zvezd (Odessa), Izdatel'stvo Nauka, Moskva
Turner, H. H. (1920) Mon. Not. R. Astron. Soc. **80**. 279
Underhill, A. B. (1966) Astrophys. Space Sci. Libr. **6**. 237
Usher, P. D. (1972) Astrophys. J. **172**. L 25
Van Agt, S. (1973) IAU Colloq. **21**. 35
Van Agt, S. (1978) Publ. David Dunlap Obs. **3** No. 7
Van de Kamp, P. (1978) Sky Telesc. **56**. 397
Van den Bergh, S. (1974) Highlights of Astron. **3**. 559
Van den Bergh, S. (1978) Vistas Astron. **22**. 307 = Contr. Dominion Astrophys. Obs. No. 360
Van den Bergh, S., Herbst, E., u. *Pritchet, Ch.* (1973) Astron. J. **78**. 375
Van Gent, H. (1933) Bull. Astron. Inst. Netherlands **7**. 21
Van Herk, G. (1965) Bull. Astron. Inst. Netherlands **18**. 71
Van Paradijs, J. (1981) ESO Messenger No. 23; siehe auch Astron. Astrophys. **103**. 140
Van Schewick, H. (1937) Astron. Nachr. **262**. 97
Visvanathan, N., u. *Wickramasinghe, D. T.* (1981) Mon. Not. R. Astron. Soc. **196**. 275
Vogt, N. (1980) Astron. Astrophys. **88**. 66
Vogt, N., u. *Bateson, F. M.* (1981) ESO Prepr. No. 161
Vogt, N., u. Mitarb. (1981) Astron. Astrophys. **94**. L 29
Vojkhanskaya, N. F., u. Mitarb. (1980) Astron. Zh. **57**. 520
Wachmann, A. A. (1961) Astron. Abh. Sternw. Hamburg **6**. 4
Walker, A. R. (1976) Mon. Not. R. Astron. Soc. **179**. 587
Walker, M. F. (1954) Publ. Astron. Soc. Pacific **66**. 230
Walker, M. F. (1963a) Mitt. Veränderl. Sterne **2**. 17
Walker, M. F. (1963b) Astrophys. J. **138**. 313
Walker, M. F. (1978) Astrophys. J. **224**. 546
Walker, M. F., u. *Bell, M.* (1980) Astrophys. J. **237**. 89
Wallace, P. T., u. Mitarb. (1977) Nature **266**. 692
Wallerstein, G. (1958) Astrophys. J. **127**. 588
Wallerstein, G. (1959) Astrophys. J. **130**. 564
Wallerstein, G., u. *Crampton, D.* (1967) Astrophys. J. **149**. 225
Wallerstein, G., u. *Greenstein, J. L.* (1980) Publ. Astron. Soc. Pacific **92**. 275
Wamsteker, W. (1979) ESO Messenger No. 18. 31
Warner, B. (1973) Mon. Not. R. Astron. Soc. **162**. 189
Warner, B. (1974) Mon. Not. R. Astron. Soc. **167**. 61 P
Warner, B. (1974a) Mon. Notes Astron. Soc. Southern Africa **33**. 21
Warner, B. (1976) IAU Symp. **73**. 85
Warner, B., u. *Nather, R. E.* (1972) Sky Telesc. **43**. 82
Warner, B., u. *Robinson, E. L.* (1972) Mon. Not. R. Astron. Soc. **159**. 101
Watson, M. G., Warwick, R. S., u. *Corbet, R. H. D.* (1982) Mon. Not. R. Astron. Soc. **199**. 915
Weaver, H. (1974) Highlights of Astron. **3**. 509
Webbink, R. F. (1978) Publ. Astron. Soc. Pacific **90**. 57
Webster, B. L., u. *Allen, D. A.* (1975) Mon. Not. R. Astron. Soc. **171**. 171
Weedman, D. W. (1977) Vistas Astron. **21**. 55 u. Annu. Rev. Astron. Astrophys. **15**. 69
Wehlau, A. (1964) Sky Telesc. **27**. 147
Weiler, K. W., u. *Johnston, K. J.* (1980) Mon. Not. R. Astron. Soc. **190**. 269
Weiss, W. W., Jenkner, H., u. *Wood, H. J.* (1976) IAU Colloq. **32**
Welter, G. L., u. *Worden, S. P.* (1980) Astrophys. J. **242**. 673
Wenzel, W. (1961) Veröff. Sternw. Sonneberg **5**, Nr. 1
Wenzel, W. (1962) Mitt. Veränderl. Sterne Suppl. 2
Wenzel, W. (1963) Mitt. Veränderl. Sterne **1**. 730
Wenzel, W. (1969) Mitt. Veränderl. Sterne **5**. 75

Wenzel, W. (1975) Astron. Nachr. **296**. 183
Wenzel, W. (1976) Inf. Bull. Variable Stars 1222
Wenzel, W. (1980) Mitt. Veränderl. Sterne **8**. 141
Wenzel, W. (1980a) Mitt. Veränderl. Sterne **8**. 182
Wenzel, W. (1980b) Astronomie u. Raumfahrt **18**. 37
Wenzel, W. (1981) Bull. Inf. Cent. Données Stellaires No. 20. 105
Wenzel, W., Dorschner, J., u. *Friedemann, Chr.* (1971) Astron. Nachr. **292**. 221
Wenzel, W., u. *Fürtig, W.* (1967) Sterne **43**. 19
Wenzel, W., u. *Geßner, H.* (1975) Mitt. Veränderl. Sterne **7**. 23
Wenzel, W., u. *Meinunger, I.* (1978) Astron. Nachr. **299**. 239
Wheeler, J. C. (1980) Proc. Texas Workshop on Typ 1 Supernovae, Mc Donald Observatory, Austin
White, N. E., u. *Swank, J. H.* (1982) Astrophys. J. **253**. L 61
Whitney, C. A. (1978) Astrophys. J. **220**. 245
Wilkens, H. (1964) Mitt. Veränderl. Sterne **2**. 101
Williams, G., u. *Hiltner, W. A.* (1980) Publ. Astron. Soc. Pacific **92**. 178
Willmore, A. P. (1977) Highlights of Astron. **4**, I. 87
Willson, L. A. (1980) Bull. American Astron. Soc. **12**. 805
Wilson, R. E. (1942) Astrophys. J. **96**. 371
Wilson, R. E., u. *Fox, R. K.* (1981) Astron. J. **86**. 1259
Wilson, jr., R. H. (1937) Publ. Astron. Soc. Pacific **49**. 202
Wittmann, A. (1974) Sterne Weltraum **13**. 269
Wolf, M. (1914) Astron. Nachr. **198**. 371
Wolf, M. (1916) Astron. Nachr. **202**. 415
Wood, F. B. (1950) Astrophys. J. **112**. 196
Wood, P. R. (1974) IAU Symp. **59**. 101
Wood, P. R. (1975) IAU Colloq. **29**. 69
Wood, P. R. (1979) Astrophys. J. **227**. 220
Wood, P. R., u. *Cahn, J. H.* (1977) Astrophys. J. **211**. 499
Wood, P. R., u. *Zarro, D. M.* (1981) Astrophys. J. **247**. 247
Woolley, R. (1966) Observatory **86**. 76
Woolley, R., u. *Savage, A.* (1971) R. Obs. Bull. Greenwich No. 170
Yahel, R. Z. (1980) Astron. Astrophys. **90**. 26
Yamashita, Y., Maehara, H., u. *Norimoto, Y.* (1978) Publ. Astron. Soc. Japan **30**. 219 = = Tokyo Astron. Obs. Rep. No. 532
Young, P. J., u. Mitarb. (1976) Astrophys. J. **209**. 882
Zhilyaev, B. E., u. Mitarb. (1978) Zvezdy tipa R Severnoj Korony, Naukova Dumka, Kiev
Zombeck, M. V. (1980) Smithsonian Astrophys. Obs. Spec. Rep. No. 386

Sachregister

Findet man einen zusammengesetzten Ausdruck nicht unter dem Grundwort, so suche man unter dem Bestimmungswort, und umgekehrt.

Sternregister

(Um Verwechslungen mit Sternbezeichnungen zu vermeiden, stehen die Seitenangaben kursiv)